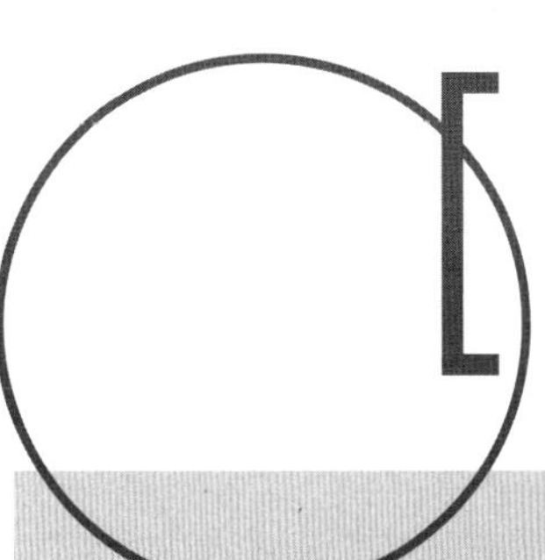

INTERNATIONAL AGREEMENT OF RECORDING PRACTICES

动物记录实践国际协议

ICAR Recording Guidelines

ICAR 操作指南（2016年版）

刘光磊　郭凯军　王 赞　安朋朋　等 编译

国际动物记录委员会　组织编写

INTERNATIONAL COMMITTEE FOR ANIMAL RECORDING - ICAR

中国农业科学技术出版社

图书在版编目（CIP）数据

ICAR操作指南／国际动物记录委员会组织编写；刘光磊等编译. —北京：中国农业科学技术出版社，2018.12

书名原文：ICAR Recording Guidelines

ISBN 978-7-5116-3799-4

Ⅰ.①I… Ⅱ.①国…②刘… Ⅲ.①家畜育种-指南 Ⅳ.①S82-62

中国版本图书馆CIP数据核字（2018）第158300号

责任编辑 金 迪 崔改泵
责任校对 马广洋

出 版 者 中国农业科学技术出版社
北京市中关村南大街12号 邮编：100081
电 话 (010) 82109194 (编辑室) (010) 82109702 (发行部)
(010) 82109709 (读者服务部)
传 真 (010) 82106650
网 址 http://www.castp.cn
经 销 者 各地新华书店
印 刷 者 北京富泰印刷有限责任公司
开 本 787mm×1 092mm 1/16
印 张 33.5
字 数 815千字
版 次 2018年12月第1版 2018年12月第1次印刷
定 价 238.00元

译校者名单

主 编 译：

刘光磊　上海奶牛育种中心有限公司
郭凯军　北京农学院/国际动物记录委员会中国协调人
王　赞　光明牧业有限公司
安朋朋　上海奶牛育种中心有限公司

副主编译：

孙先枝　上海奶牛育种中心有限公司
周鑫宇　国际奶业战略和技术研究中心
赵晓铎　上海奶牛育种中心有限公司
唐新仁　光明牧业有限公司
刘　林　北京奶牛中心
王天坤　奶牛现代产业技术体系北京创新团队

编译人员：

上海奶牛育种中心有限公司
许诗凡　李倩倩　吕昕哲　张　鹏　王亚飞
朱　凯　李俊松　孙咏梅　孙乃峰

光明牧业有限公司
张春刚　刘　祯　张幸怡　高　明　张　杨　龚　诣　刘洋
苏衍菁　杨　光　王治国　叶耿坪　曹斌斌　王月萍

北京农学院
郭　勇　盛熙晖　李艳玲　曹素英　邢　凯　王　峰　赵　茜
张胜杰　符程瑶　张皓月　王瑾瑾　龙欣然　闫田田　余斯炅

奶牛现代产业技术体系北京创新团队
付　瑶　王　俊　齐志国

北京恩帝斯科技发展有限公司
李　辉

审　　校：

张胜利　中国农业大学教授/国家奶牛产业技术体系专家
孟庆翔　中国农业大学教授/国家肉牛产业技术体系专家

序

经过改革开放四十年的努力，中国已发展成为世界第一大畜牧业生产国。目前，中国养着全世界一半的猪、1/3 的家禽、1/5 的羊、1/10 的牛，庞大的生产规模，迫切需要建立现代畜禽种业，为畜牧业高质量发展提供支撑。中国是人口大国，拥有世界最大的动物产品消费市场，随着消费结构升级，人们更加关注畜产品舌尖上的安全和美味。这就需要我们从畜禽种业的源头抓起，下功夫提升动物源产品质量安全，优化畜产品供给结构，实现我国畜牧业绿色生态和可持续发展。

“他山之石、可以攻玉”，国际动物记录委员会（ICAR）为其成员提供国际统一的动物个体识别、生产性能记录、数据分析以及遗传评估方面的质量标准和服务，在国际上具有重要的影响力。动物记录是畜牧生产管理中的一项基础工作，全面精准的动物记录是一个国家或地区开展遗传评估、加速遗传进展的前提条件，也是进行疫病防控、实现产品可追溯、保证食品质量安全的基础。*ICAR Recording Guidelines* 是世界上畜牧业发达国家动物记录实践和智慧的结晶，涵盖了奶牛、肉牛、羊、奶水牛等反刍动物的个体识别、生产记录、繁殖记录、健康记录等全产业链各个方面，提供了不同国家和地区生产条件下多种记录方案。可以作为我国完善动物记录体系、促进动物育种进程和保证畜产品质量安全的借鉴。

《ICAR 操作指南》由有多年相关工作经验和较高学术水平的编译团队编译而成，经过主审校的认真校对，该书真实、准确、详实的反映了 *ICAR Recording Guidelines* 的内容。相信该书的编译出版能为致力于动物种业、畜产品质量安全等相关工作人员提供参考，助力我国畜牧业早日实现数字化、精准化、信息化，加快我国畜牧业与国际接轨的步伐。

特作此序，以飨莘莘。

全国畜牧总站站长： 杨振海

2018 年 11 月

译者的话

ICAR 是一个旨在为其成员提供动物识别、生产性能记录、数据分析以及遗传评估方面的高质量标准和服务的国际性组织。ICAR 操作指南汇集了 59 个成员国 117 个成员组织的实践经验，并将成员组织之间动物个体识别、性能记录、遗传评估标准化，使其能在国际统一平台上进行对比，对于在国际范围内实现兽医防控、产品可追溯性、保证食品质量和安全，以及加速遗传进展具有重要的意义。农业农村部全国畜牧总站对 ICAR 的工作及其操作指南给予了高度评价，指出现阶段我国对动物个体识别、性能记录、遗传评估非常重视，全国畜牧总站正在开展的遗传性能评估工作和 ICAR 的工作范围非常接近，目前我国动物个体识别、性能记录、遗传评估还没有和国际接轨，ICAR 操作指南的翻译出版将对我国畜牧业国际化发展、提升牧场养殖水平和经济效益起到积极的推动作用。

由于 ICAR 自 2018 年以后不再印刷纸质版的操作指南，本书根据 *ICAR Recording Guidelines*（2016）编译而成，共包括 15 章，内容涵盖一般性规则，关于奶牛生产记录的规则、标准和指南，关于肉类生产记录的规则、标准和指南，奶牛、肉牛、奶山羊体型鉴定技术规程，繁殖力记录，功能性状指南，数据定义和数据传输，遗传评估的标准方法，动物识别装置的测试及认证，产奶记录设备检测、校准及核查的规则、标准和推荐程序，DHI 分析质量控制指南，在线乳成分分析指南，羊驼的标识及其驼毛标准指南，以及牲畜电子数据交换指南等。ICAR 操作指南在改版的过程中，强化了功能性状的规则、标准和指南，更加重视健康和繁殖性状，说明了 ICAR 操作指南按照产业发展的需要，与时俱进，不断调整 ICAR 工作的重点，对实际生产具有较强的指导意义。

本书由上海奶牛育种中心有限公司刘光磊研究员、ICAR 中国协调人/北京农学院郭凯军教授、光明牧业有限公司王赞、上海奶牛育种中心有限公司安朋朋副研究员担任主编译，参与编译此书的人员均为从事反刍动物教学、生产、科研、推广的经验丰富的专家。国家奶牛产业技术体系专家、中国农业大学张胜利教授和中国农林牧渔业经济委员会肉牛专业经济委员会会长、中国农业大学孟庆翔教授为本书的主审校。本书的编译出版得到国内外各方面的认可和支持。由上海市科技兴农推广项目、奶牛现代产业技术体系北京创新团队项目资助，农业农村部管理办公室、全国畜牧总站、ICAR、欧洲动物生产联盟、国家奶牛产业技术体系、中荷奶牛发展中心、中国畜牧业协会、中国奶业协会、中国农林牧渔业经济委员会肉牛专业经济委员会、光明牧业有限公司、上海奶牛育种中心有限公司、北京奶牛中心、北京恩帝斯科技发展有限公司对本书的编译和出版都给予了极大的支持并做了重要的工作。特别感谢中国畜牧业协会秘书长何新天研究员、牛业分会会长许尚忠研究员、国家奶牛产业技术体系首席专家李胜利教授、ICAR 首席执行官 Martin Burke 博士、荷兰瓦赫宁根大学与研究中心奶牛学校 Kees de Koning 博士等国内外专家对本书编译工作的高度重视和支持。在此，译者谨向他们致以诚挚的谢意。

本书属于非营利性技术材料，仅供科技人员交流学习。鉴于编译者水平所限，译文中难免存在偏误，恳请读者批评指正。

编译者

2018 年 11 月

国际动物记录委员会（ICAR）介绍

ICAR 是一个旨在为其成员提供动物识别、生产性能记录以及遗传评估方面的高质量标准和服务的国际性组织。ICAR 拥有来自 59 个国家的 117 个组织成员，主要畜牧业发达国家如欧盟各国、美国、加拿大等国家和地区都已经成为其成员。ICAR 的主要任务是提供国际统一的动物识别体系、生产性能记录（数量和质量）和基因评估（国际公牛组织）。ICAR 由于其具有公正性、可靠性以及权威性，其工作被国际标准化组织（ISO）、国际乳品联合会（IDF）、世界畜产协会（WAAP）、欧洲动物生产协会（EAAP）认可并互相建立了密切的合作关系。许多国家通过采用 ICAR 操作指南，根据自己国情制订了行业发展规划，使本国畜牧业得到了飞跃式的发展。ICAR 历史悠久，同时也与时俱进，针对国家畜牧业发展存在的问题，采用最先进的科研成果，制定最合理的操作指南，并依据需求随时成立新的工作小组以期解决新问题。

目　录

动物记录实践国际协定

导　言

ICAR 是什么?

国际动物记录委员会（以下均简称 ICAR）是对农场动物标识、性能记录和遗传评估实施标准化的全球性会员制组织。其目的是促进和改善动物生产力、动物健康、动物护理、食品安全及动物生产对环境的影响。ICAR 通过制定规则、定义，发布标准、指南记录动物重要的经济性状和生产体系的特征，并将记录的数据及相关信息公布在 www.icar.org 网站上。

免责声明：

1. 可靠性和可说明性

以下规程由 ICAR 提供，其他出版物及刊物无权随意摘录。尽管我们对 ICAR 指南的内容进行了慎重细致地准备和校对，但其中仍可能包含不正确和或不完整的观点。ICAR 对借鉴使用本指南所造成的直接或间接损失不承担任何责任。ICAR 保留在没有事先告知的情况下对指南中条款、信息、logo 和图片进行修改和变更的权利。该指导手册提供了第三方网站的链接（除 www. icar. org 以外的链接），ICAR 对第三方网站提供的信息不承担责任。

2. 版权所有

针对本指导手册内容的知识产权申请，包括在任何情况下的版权、数据库著作权和商标权。未经 ICAR 授权，无权对本指导手册的任何内容进行利用、复制或销售。如需使用本指导手册中的素材信息，请与 ICAR 取得联系。

本条款和条件是根据意大利的现行法律制定的，任何争端首先适用于意大利现行法律。ICAR 保留在任何需要的时刻更改指南和该声明文本内容的权利。

最新版本的 ICAR 操作指南可在如下网页下载：www. icar. org/index. php/publications-technical-materials/recording-guidelines

纸质版指南可从 ICAR 秘书处获得：

ICAR 秘书处地址：

Via Savoia，A-3，00198，罗马，意大利

电话：+39-06-85237361，传真：+39-06-44266798

E-mail：icar@ icar. org

动物标识、性能测定和遗传评估的国际协定

第 1 条　前言

1. 国际动物记录委员会（ICAR）是致力于促进改善动物生产力、动物保健、食品安全及动物生产对环境影响的全球性会员制组织。ICAR 通过制定规则、定义，发布标准、指南来记录重要的经济性状和生产体系的特征。

2. ICAR 是在意大利注册的国际非政府和非营利性组织。其目标和作用在其章程中有详细描述。

3. 考虑到影响会员的国家和国际的法规，ICAR 会将合法的协定整合到规章、标准和指南当中。

4. 本协定中所列规章、标准和指南是为确保获取满意的性能测定记录、遗传评估数据和动物标识的最低要求。

5. 在确保成员间记录保存和遗传评估方法大体一致性的前提下，本协定允许成员组织对规章、标准和指导方针在一定程度上进行选择和灵活运用。

6. 经 ICAR 会员大会批准，可不定时对规则、标准和指导手册进行附加条款补充。

第 2 条　一般性规则

1. 任何新成员都应在入会 2 年内采纳并遵守本协定。

2. 各成员都应根据要求提交记录规则的英文版至协会秘书处。

3. 任何会员或准会员如欲退出协定或撤回其记录许可，应当在计划的退出日期前将退出的计划告知协议秘书处。秘书处将向所有其他成员通报其退出事实及退出日期。

4. 如果某成员组织不再符合本协定要求，ICAR 董事会可以撤销对该组织的会员许可。

第 3 条　记录和遗传评估活动

各成员组织如在秘书处提供的范围内对记录和遗传评估相关内容有任何修改变化，应该第一时间通知 ICAR 秘书处。

第 4 条　遵守 ICAR 操作指南

成员组织一致同意按照最新版的 ICAR 操作指南规定的标准和指南进行记录和遗传评估相关活动。

第 5 条　认证

1. 包含记录和遗传评估结果的认证只能由成员组织依据 ICAR 操作指南相关章节颁发。

2. 与动物健康、动物护理、畜产品安全和环境保护相关的认证只能由执行相关领域记录的成员组织颁发。

3. 个体标识和记录设备适宜性的认证由 ICAR 签发。

4. ICAR 可签发确认遵守本协议和 ICAR 指南的质量认证。

第 6 条 记录：基本原则

1. 畜群——以相同目的、饲养于同一区域的任何一群动物被认为是一个整体畜群。按照官方记录的要求，上述定义的整个畜群必须记录在案。

2. 个体标识——畜群中每一个动物都必须有唯一标识，标识系统必须由所在国家认可，并与 ICAR 操作指南相一致。

3. 基本记录——每一个动物都必须按照 ICAR 操作指南相关章节准确记录基本数据，包括出生日期、性别、血统、进出场时间和死亡日期。

4. 性状记录——动物的任何性状记录都必须按照 ICAR 操作指南相关章节进行。

5. 生产体系特征记录必须按照 ICAR 操作指南相关章节记录，这些记录应是反映动物健康、动物护理、食品安全和环境现状的真实指标。

第 7 条 评估：基本原则

1. 动物个体各性状的遗传评估必须按照 ICAR 操作指南相关章节进行。

2. 对生产体系的评价必须按照 ICAR 操作指南相关章节进行。

3. 从事遗传评估和生产体系评估的成员组织可以获得 ICAR 的认证。

第 8 条 监督和质量保证

1. 参与记录和/或评估相关活动的所有成员应当建立系统的监督制度。

2. 参与产品标识、记录和分析设备的相关成员应建立质量控制和质量保证体系。

3. 为了达成协议目的，ICAR 的质量认证和 ISO 资质认证被确定为公认的质量保证体系。

第 9 条 结果公布

1. 发布的记录结果必须是真实有效的，包括动物的性能、系谱和遗传育种值。官方记录和证书只能由会员组织或经其批准授权的组织颁发。

2. 所有公布的官方记录应符合 ICAR 指南中所规定的标准。

2.1 任何情况下，官方公布的记录都必须注明采用 ICAR 指南规定的方法。

2.2 如果记录中包括数据缺失的评估数据，必须注明。

2.3 个体本身及其父母代以及、祖代的品种、性别、唯一性个体识别及出生日期应在官方记录上显示，记录机构需要知道这些信息。

2.4 如记录受到动物健康因素的影响严重，应注明。

2.5 如记录受到非正常管理措施和/或环境条件的影响，应注明。

3. 记录公布的详细说明见 ICAR 指南中的章节 1.4 “动物个体身份认证”。

第 1 章　一般性规则

1.1　ICAR 个体识别的规则、标准和指南

1.1.1　动物识别的一般性规则

1. 每只记录备案的动物需拥有所在地成员国官方唯一 ID 号。

2. 如果动物个体的 ID 号不是唯一的，须注明所在畜群（例如山羊/绵羊的畜群代码）。畜群的代码必须是唯一的。

3. 动物 ID 号必须是可识别的。

4. 动物 ID 号应具有唯一性且不能重复使用。

5. 动物识别的设备和方法必须符合相关法律要求。

6. 识别装置丢失的个体必须重新进行标识，在可以确认动物个体的情况下，应使用原 ID 号（如果无法确认，必须保留与原 ID 号的相互对照）。

1.1.2　动物识别的标准方法

1. 可以通过标签、烙印、画图、照片、标牌或电子设备将 ID 号与动物个体关联。

2. 当动物从一个成员国转移至另一个成员国后，应尽可能保留原始的 ID 号和名称。

3. 当进口动物的 ID 号被更改时，原始 ID 号和名称也应列入官方记录。另外，在出口证书、人工授精记录以及一些重要的展销会图册中，原始 ID 号和名称也要予以标注。凡使用植入式电子芯片类识别装置的，必须明确标注可读取电子芯片的设备类型。

1.1.3　动物识别方法的要求

1. 成员组织必须使用其所在国家认可的动物识别方法。

2. 成员组织需根据所在国的法律规定出台相关动物个体、畜群的识别方法。

1.1.4　动物识别代码的 ICAR 标准

1. 动物 ID 号由最多 12 位的数字码（含校验码）和 3 位国家代码两部分组成。国家代码与 ISO 3166 所列国家代码一致，用以明确动物来源国。在进行数据存储和转移时，必须标明 3 位数国家代码。在印刷品或出版物中需要使用 ISO α 国际代码。

2. 电子识别装置的标准请参阅本章附录。

1.2　系谱记录方法

1.2.1　系谱信息记录

1. 参配母畜和公畜的 ID 号必须在配种当天现场记录。

2. 配种服务机构所做的配种记录（或由农户自行配种的记录）必须包含配种日期、参配母畜的官方 ID 号及种公畜的官方 ID 号和名称，如果可能，所配母畜的名称也进行记录。

3. 登记机构需尽快记录配种信息，最迟不超过配种后 4 个月。

4. 所产幼畜的性别和 ID 号必须在出生当天进行登记，并在出生登记后，相关管理机构的人员第一次上门记录时进行告知。

5. 胚胎移植记录需包含供体母畜、受体母畜以及种公畜的 ID 号。

1.2.2　系谱信息核查的 ICAR 规则

在进行官方系谱登记前，必须进行以下核查：

（a）确保参配母畜 ID 号的正确性。

（b）确保种公畜 ID 号的正确性。

（c）实际妊娠天数与种公畜品种的后代平均妊娠天数差异在±6%以内。

（d）确保幼畜 ID 号的正确性。

（e）与配公畜信息需通过人工授精记录或本交记录核实，或者由兽医提供相关证明（例如在胚胎移植情况下）。

1.2.3　ICAR 系谱监管指南

1.2.3.1　范围

本指南旨在为使用基因组测试进行亲子鉴定的组织机构提供相关参考指南。

1.2.3.2　血型

在国家范围内可以使用血型测定来进行亲子鉴定，但当进行跨国数据交流时不推荐使用。由于实验室之间的测试条件不一致，因此无法保证测试结果的一致性。当对任何亲本信息有怀疑时，需使用 DNA 检测的方法进行验证。如果无法获得亲本的组织样品，该动物不能用于精液生产或胚胎生产。

1.2.3.3　微卫星或 SNP 亲本分析

根据本指南第 4 章所述分子生物学相关进展，越来越多的 SNP 数据将可以用于亲子鉴定。

使用微卫星或 SNP 的方法可以进行亲子鉴定。为了确保亲子鉴定的准确性，需要同时测定父本和母本的 DNA，但是如果无法获取父本的 DNA，则也可以仅对母本进行测定。

过去，许多动物的 DNA 已使用微卫星进行分析，但越来越多的动物使用 SNP 芯片进行基因测试。SNP 芯片可以仅包含用于亲子鉴定的 SNP，也可以设计成用于基因组测序的高通量芯片。关键在于，芯片所包含的必须是 ICAR 认可的 SNP 信息，并且在 ICAR 认证的实验室进行分析。该标准确保亲子鉴定所使用的SNP可以在各组织之间通用。如果已经使用包含这些SNP的芯片完成基因测试，则有可能利用数据库中的亲本SNP信息实现亲子鉴定的目的。

微卫星方法和SNP方法进行亲子鉴定的结果可能存在一些差异。通过使用特制的高通量的SNP芯片可以对微卫星的信息进行验证。使用高通量SNP芯片可以获得更多关于动物的信息；它可以用于公畜的身份识别、识别外祖父信息、用于基因组遗传评估，并可用于检查遗传疾病和性状。成员组织可以决定要求120个亲本SNP和微卫星基因型。ICAR认可的进行微卫星或SNP亲本鉴定的实验室的列表可以在ICAR网站上获得（www.icar.org/index.php/icar-certifications/certification-accreditation-dna-geneticlaboratories/accredited-laboratories-for-parentage-testing-in-cattle）。实验室认证程序在本指南第4.2章节中有完整说明。

1.2.3.4 亲子鉴定程序

如果使用基因组测试的方法进行亲子鉴定，成员组织必须建立一套完善的管理体系，对DNA测试申请、样品采集、样品处理、样品分析和报告进行有效控制。

为了获得有效的DNA分析结果，需要高质量的DNA样品。样品可以是血液、精液、黏液、组织或毛囊等。关键在于，样品中要有足够的高质量DNA。

收集样品时，样品必须标识清楚，以便在实验室收到样品时，可以准确记录样品所属的动物个体。分析样品时，需将幼畜的SNP/微卫星分析结果与其父亲和母亲的分析结果进行比较，以确定幼畜与亲本之间的亲缘关系。DNA测试结果的解读可由测试实验室或委托服务机构执行。执行DNA测试结果解读的机构将根据要求颁发动物的亲子鉴定证书。

如果DNA测试结果不能确定其父母，则可能需要提供额外的DNA样品。

1.2.3.5 缺失亲本的微卫星重建

只有当鉴定样品亲本去世，没有DNA样本的时候可用，可以使用亲本基因型重建技术，非此情况不建议使用该技术。

在没有其他选择的情况下，建议使用来自5个后代的微卫星位点重建缺失的亲本信息；否则可能没有足够的数据来正确地确定亲本，特别是如果动物是近交的。使用的微卫星基因型应尽可能来自后代的直接基因分型，而不是重建或推定的微卫星基因型。

在重建的基因型上应当做标记，以指示该基因型是推算出来的，因此，亲子鉴定来自衍生的基因型。

祖父母的基因型可作为辅助工具用于验证亲本。

亲子鉴定的可靠性也由遗传多样性决定，此遗传多样性存在于后代以及合格的亲本中。

估算亲本SNP和使用微卫星和SNP验证来核实亲本的方法将在本指南后续版本中列出。

1.2.3.6 后代的外观检查

外观检查方法不能单独用于亲子鉴定，但针对一些极易辨别的外观特征，可以作为粗略判断亲子关系的简易方法。

外观检查方法最好用于排除而不是验证。

1.2.4　AI 数据记录和验证的参考规程

1.2.4.1　目的

该参考规程的目的是通过协调和改善数据收集方法来提高奶牛人工授精（AI）数据的质量，以保证国际间高水平的数据交流。它规定了人工授精记录被纳入官方有效数据需包含的基本记录内容和必要的监督程序。附录 1 描述了除遗传评估以外的最低数据要求。

1.2.4.2　参考规程的适用范围

用于遗传评估的人工授精数据参考使用方法包括：

在良种登记和任何性状的遗传评估之前，使用 AI 数据建立系谱档案。

- 在妊娠母畜系谱上注明 AI。
- 对公牛生产力、女儿怀孕率进行遗传评估，以及计算不返情率。

该规程适用于已完成系谱记录的牛群。例如，进行性能测定（产奶和产肉性能）和/或已进行品种登记注册的群体。

该规程适用于已被核准将 AI 数据录入到遗传数据处理系统的国家。遗传数据处理系统是为了实现上述目的而建立的。

该规程不应用于非育种目的。

1.2.4.3　定义

首配：青年母牛的第一次配种或经产母牛产犊后第一次配种。

返情：在一个繁殖周期内进行第一次试情后进行人工授精。每次返情对应一个配序。

配序：首次配种返情后，后续配种选用的公牛冻精的顺序。

配娠：配种后经过一段时间（2、3、4 个月）后未返情，或诊断为妊娠，或经一个妊娠周期后产犊。

复配：在较短时间内（例如 48h）用同一头公牛精液或不同公牛精液对同一母畜进行两次人工授精。记录该信息是为了防止数据核查时将其作为无效数据排除。

配种员：执行人工授精的人员，包括配种服务机构技术人员、个体配种员、兽医或牧场主等。

特殊特征：与精液（新鲜精液/冻精，稀释）、细管（支为单位）或特殊目的的人工授精（如胚胎生产）相关的技术指标。

1.2.4.4　人工授精数据记录

按照育种要求，下列数据信息应录入到遗传育种数据中心。一般来说，对数据的格式没有具体要求。其中，条目 4.4~4.11 是必须记录的。

1.2.4.4.1　实施人工授精时需要记录的数据

进行人工授精记录时，有些数据是必须记录的。记录的方式可以是手工记录（纸质版），也可以是电子记录（掌上电脑或手持机）。这些数据构成基础数据库。

必须记录内容如下：

- 以育种为目的，实施人工授精的 AI 中心或组织机构。
- 配种员。
- 配种日期。
- 畜群名称。

- 受配母畜。
- 种公畜。
- 其他有利于数据处理和优化的数据。

可选的记录内容如下：(目的是使数据库信息更加完善)

- 配序。
- 复配记录。
- 特殊特征。
- 冻精细管批号。

1.2.4.4.2 记录顺序

对于信息记录的顺序无明确要求，但如有变化，需要注明。

1.2.4.4.3 记录方式

记录的方式可以是手工记录，也可以是电子记录。

1.2.4.4.4 发布人工授精数据的 AI 中心或组织/机构

AI 记录必须传回人工授精中心或 AI 数据发布机构。

1.2.4.4.5 配种员

负责人工授精的组织必须建立一套针对配种员的管理体系以保证能及时收集配种信息。配种员包括配种服务机构技术人员、兽医、牧场雇佣的配种员、个体配种员或牧场主等。

1.2.4.4.6 配种日期

每次实施人工授精时，必须记录受配母畜的配种日期。

1.2.4.4.7 畜群

畜群信息必须在国家遗传育种数据平台进行登记。

1.2.4.4.8 受配母畜

母畜必须在国家遗传育种数据平台进行登记。每次人工授精时，必须记录包含国家代码的母畜 ID 号。

选项：

品种代码属于可选记录。如果受配母畜的出生日期和胎次信息已经在数据平台中进行登记，可以不再重复记录。名称和场内管理号为可选记录。

1.2.4.4.9 种公畜

母畜必须用种公畜的冷冻精液进行人工授精。公畜身份标识使用按照“ICAR 公牛精液细管标识指南”确定的国际精液编号或国际公牛注册号。每次人工授精时需至少记录其中一个号码。

对用于遗传育种的数据记录，国际公牛注册号必须与国际精液编号相互关联。

1.2.4.4.10 配序

在同一繁殖周期内多次配种时，精液的配序必须进行人工记录或由计算机自动记录。

第一次人工授精的配序为 1，每次返情后再次进行人工授精，配序为前一次人工授精配序加 1。

执行复配程序时，两次人工授精配序相同。

备注：通过计算机自动记录时，配序不可人为修改。

1.2.4.4.11 复配

如果执行复配程序，可以使用代码记录或者自动记录两种方式记录。

1.2.4.4.12 特殊特征

为了对配种数据进行更好的分析，需要对细管信息、精液和配种服务等相关信息进行记录。相关特征的定义需在数据文件中进行描述。

该项记录可以包含以下内容：冷冻技术、稀释液特性、细管分装技术、性控精液、胚胎产品的人工授精等。

1.2.4.5 配种记录的核查

配种记录在用于遗传数据处理之前，需进行一系列核查工作。该项工作可以由相关机构进行不同方面的核查。

1.2.4.5.1 数据的完整性和有效性核查

配种记录的每项内容都必须与数据模型进行比对，以核实数据的有效性。在进行遗传数据处理前，必须确保必要数据是可用的。

1.2.4.5.2 数据的一致性核查

将配种数据录入数据库时，必须与已有数据进行比对，保证前后信息的一致性。

- 数据提交的组织是否已注册。
- 配种员是否被认证机构认证过。
- 畜群是否已注册。
- 母畜是否已注册。
- 种公畜是否已注册。

此外，母畜需符合以下要求：

- ID 号符合母畜动物注册的相关要求。
- 母畜已达到开配月龄（月龄要求由国家/育种者/配种员决定）。
- 如果复配程序的两次配种在同一天同一头母畜上执行，必须进行相应标注。
- 母畜必须在群。

另外，推荐选用数据库中公布的种公畜所产精液进行配种。

1.2.4.5.3 可靠性检验

为了保证信息质量，必须实施可靠性检验：

- 在实施人工授精当日，必须记录母畜的数据。
- 必须使用已经记录的 AI 公牛的精液。
- 首次配种时间和已登记的上一胎次繁殖周期的最后一次配种时间需满足最低时间间隔要求（最低间隔要求由国家/育种者/配种员决定）。
- 畜群代码必须有效（家畜必须对应特定的畜群）。

1.2.4.6 将配种数据导入数据库用于亲子鉴定

本建议旨在将配种数据与其他相关数据（例如出生日期）进行汇总，以期提高亲子鉴定的准确性。

导入配种数据时，还需满足以下条件：

- 配种数据传输到数据库与出生信息汇总时，必须按照一定的频率。
- 在出生日期到达之前，所有数据库中的配种数据必须是可用的。
- 无论人工授精是否成功，数据库里面必须包括所有配次的数据。

通过将配种数据和出生信息进行汇总，可以根据记录的出生日期、配种日期以及母畜妊娠时间估计人工授精的受胎率。如果只有这些信息需要录入，处理数据的负责机构必须对数据的使用方法进行说明。

1.2.4.7 质量控制

信息系统的有效性取决于数据的质量。对于人工授精来说，质量控制负责保证数据用于遗传育种时的准确性，并为确定亲子关系提供可靠的证据。

建议负责配种数据处理的组织开展下列控制措施并应用相关指标：

- 记录上述每项检验的失败次数，包括 AI 数据的完整性、有效性、一致性和可靠性。
- 随机抽检：使用血型检测、微卫星和 SNP 基因型分析验证（或否定）部分动物或特定动物的系谱信息。

1.2.5 除育种需要以外的最低要求

配种数据不仅用于严格的遗传育种，还用于群体或个体水平的繁殖管理。

在这种情况下，详细的在群信息和入群日期、离群日期记录相比公畜信息更为重要。

除了以上提到的需要记录的信息外，例如配种记录和出生记录，其他数据也应进行记录：

- 每次妊娠结束的日期（包括流产）。
- 发情观察。
- 母畜的同期发情（注意在一些情况下，需详细记录同期操作的时间、所用材料和实施的畜群。
- 妊娠诊断（诊断方法和诊断结果）。

针对每项资料，至少在同一群体内母畜的标识必须是唯一的。

1.3 泌乳性能记录

按照 ICAR 指南第 6 章中的规定，ICAR 允许会员单位在执行泌乳性能记录时根据自身情况对记录方法进行一定的调整。

ICAR 记录方法如下。

方法 A：所有记录由会员单位的官方代表完成，包括在官方代表监督下的农业系统内的记录人员，但不能由农场主或其代理人执行。 方法 B：所有记录由农场主或其代理人完成。 方法 C：由农场主或其代理人、以及记录组织的官方代表进行记录。

1. 对于官方记录，ICAR 核准的监督体系要求能够对数据库进行定期的维护和核查，并保留相应核查记录，以确保数据的真实性。

2. ICAR 成员必须保证与他们合作的记录组织能够完全按照 ICAR 认证的记录方法进

行操作。

1.4 动物个体身份认证的一般规则

1.4.1 基本规则

1. 由 ICAR 成员出具的官方证书需要包含确定动物个体身份和价值的必要信息。
2. 官方证书必须注明产生官方记录的方法。
3. 官方证书必须包含发布时获得的最新数据。
4. 对于任何估计信息，官方证书中必须注明。

以下信息必须包含在证书中：

(a) 颁发证书的组织（ICAR 成员）。
(b) 证书颁布日期。
(c) 动物 ID 号和名称。
(d) 如果动物有曾用 ID 号或曾用名，需列出。
(e) 动物的出生日期。
(f) 动物的父亲、母亲祖代的 ID 号和名称。
(g) 动物的品种，如果是杂交品种，注明主要品种的血统比例。
(h) 动物的性别。
(i) 动物携带的国际育种联盟关注的遗传缺陷性状基因。

以下信息可以包含在证书中：

1. 动物养殖者的姓名和地址。
2. 如果动物的出生地与现在所在地区不同，可注明转入现在地区的时间。
3. 每个生产周期开始和结束的日期。
4. 每个生产周期开始和结束的情况。
5. 每个生产周期的性能测定日。
6. 动物的健康记录。
7. 每次配种的时间和公畜信息。
8. 动物所有后代的 ID 号和性别。
9. 如果动物被用于提供卵子，需记录冲卵的日期及数量。
10. 如果动物被用作胚胎移植的受体，记录移植的时间、胚胎的遗传学父本和母本以及胚胎的性别。
11. 动物繁殖记录，包括现在的繁殖状态。
12. 其他性能记录和评估，例如泌乳力和运动评分。
13. 动物是否死亡。
14. 每个生产周期的性能记录数量（无缺失值）。
15. 动物记录登记人的名称。
16. 动物的育种值。
17. 动物生产记录。

18. 动物外貌鉴定评估。
19. 任何会严重影响动物生产性能的事项。
20. 最后一次记录时动物所在地区。
21. 记录生产性能的方法包括非推荐方法，需注明所用方法。

1.5 泌乳记录监督的一般规则

1.5.1 基本规则

1. 参与动物记录的 ICAR 成员应建立监督和质量控制体系。
2. ICAR 成员需要向 ICAR 秘书处做泌乳记录监督的情况说明并作年度核查报告。

1.5.2 监督措施的一般规则

必须监督以下内容：

1. 所有的记录均采用 ICAR 认证的方法和设备。
2. 所有的记录设备必须正确安装、精确校正和合理使用。
3. 所记录的动物必须准确、清楚地标识。
4. 有发现不一致和不准确信息的常规核查程序。
5. 发现不一致或者不准确信息时，需要采取相应措施，可以用正确的信息替换（缺失数据程序），或者删除错误数据。
6. 执行监管的工作人员不能是数据记录人员或数据处理人员。

1.5.3 推荐的监督措施

以下为推荐的附加监督措施：

1. 数据质量监控应作为日常记录的一部分而不是突击检查的任务。
2. 数据质量核查结果需报告给记录组织、数据使用者以及监督部门，并写入 ICAR 成员的年度核查报告。
3. 对核心畜群及优秀的动物个体，应额外增加监督手段，确保数据的准确性，以维持记录组织和 ICAR 成员的声誉。

1.6 ICAR 记录方法的一般性规则

1.6.1 实施记录服务的成员组织的职责

每个成员组织有义务告知 ICAR 其使用的记录方法。

当记录方法改变，需通知 ICAR。对记录方法的描述应包括下列条目。

1.6.2 个体标识和系谱

1. 记录动物出生日期、品种和性别的方法。

2. 记录系谱的方法。
3. 监督方法及描述。
4. 记录的频率。
5. 检验记录收集准确性的方法。
6. 检验记录处理准确性的方法。

1.6.3　生产性能（泌乳性能）

1. 记录产奶量的方法。
2. 记录频率。
3. 样品检测程序。
4. 如果挤奶次数和采样次数不一致，需记录挤奶次数和采样次数。
5. 检验记录收集准确性的方法。
6. 检验记录处理准确性的方法。
7. 计算官方胎次总产量的方法。
8. 所使用的记录方法的准确度由 ICAR 计算并确定。

1.6.4　生产性能产量（产肉性能和其他性能）

1. 记录的方法。
2. 检验记录收集准确性的方法。
3. 检验记录处理准确性的方法。
4. 用于计算官方记录的方法。
5. 所使用的记录方法的准确度，由 ICAR 委员会计算并确定。

第 2 章　ICAR 关于奶牛生产记录的规则、标准和指南

2.1　ICAR 关于产奶量和乳成分记录的规则、标准和指南

2.1.1　总则

1. 产奶量的记录和奶样的收集必须使用 ICAR 批准或暂时批准的设备。

2. 批准及暂时批准的设备清单包含在《ICAR 关于设备批准检查规则、标准及指南》中，并由秘书处监督与更新，且随时对会员开放。

3. 乳成分的分析方法、所用材料以及设备在第 11 章以及本章的附录中提及。

4. 必须由会员组织认可的机构，使用常规系统性的 ICAR 批准的方法对产奶记录及分析的设备仪器进行核查。ICAR 关于设备批准检查规则、标准和指南中有一个方法清单。

5. 分析牛奶样品的化学组成应该用相同的牛奶样品进行检测。样品应该代表 24 h 挤奶期，或者使用 ICAR 认可的方法校正到 24 h 挤奶期。

6. 记录时期：泌乳期。

6.1　只有认可的泌乳期可以使用。ICAR 指南中关于泌乳期中列出了一条列认可的泌乳时期。

6.2　泌乳期应该参考 ICAR 指南中的描述。

6.3　除了参考的泌乳期，生产性能记录也可以提交给其他记录时期，如年产量。

7. 计算方法

7.1　牛奶数量及牛奶组成应该根据 ICAR 指南中泌乳期计算的方法进行计算。

7.2　会员组织应向董事会告知使用的计算方法。在其国家记录处理操作，并负责确保根据 ICAR 泌乳指南规定的记录进行校正和计算。

2.1.2　ICAR 记录间隔标准

	记录间隔（周）	最小记录数量	每年（天）记录间隔	
			最小	最大
参考方法	4	11	22	37
	1	44	4	10
	2	22	10	18
	3	15	16	26
	4	11	22	37

（续表）

记录间隔（周）	最小记录数量	每年（天）记录间隔	
		最小	最大
5	9	32	46
6	8	38	53
7	7	44	60
8	6	50	70
9	5	55	75
每天	310	1	3

季度产奶期和干奶期

当一个牛群一年内一段时间处于干奶期，最小采样次数可依据产奶期按比例进行调整，最小记录数应至少达到正常记录数量的 85%。

2.1.3 记录中使用的 ICAR 标准符号

2.1.3.1 参考方法是每天挤奶两次

除了参考方法以外的记录必须使用合适的符号标注。

每天挤奶次数	符号
挤奶 1 次	1×
挤奶 3 次	3×
挤奶 4 次	4×
连续挤奶（如机器人挤奶）	R×
每天不在同一时间挤奶（如每周挤奶 10 次）	1.4×
表示每天挤奶平均数。动物同时进行挤奶和哺乳。（挤奶次数前缀以 S 开头）	S×

2.1.3.2 关于部分挤奶记录的方案

1. 如果牛群在本次测定时采用一次挤奶方式，在下一次测定时采用不同的挤奶方式，则应使用符号 T 表示（交替挤奶）。

2. 如果牛群在所有测定时期都采用同样的挤奶方式，应使用符号 C 标记（校正挤奶）。

2.1.4 ICAR 关于泌乳期计算的标准方法

2.1.4.1 间隔测试法（TIM）（Sargent，1968）

间隔测定法是计算泌乳期的参考方法。

下面计算公式用于计算乳产量（MY）、乳脂量（FY）和乳脂率（FP）。

$$MY = I_0M_1 + I_1^* \frac{(M_1+M_2)}{2} + I_2^* \frac{(M_2+M_3)}{2} + I_{n-1}^* \frac{(M_{n-1}+M_n)}{2} + I_nM_n$$

$$FY = I_0F_1 + I_1^* \frac{(F_1+F_2)}{2} + I_2^* \frac{(F_2+F_3)}{2} + I_{n-1}^* \frac{(F_{n-1}+F_n)}{2} + I_nF_n$$

$$FP = \frac{FY}{MY} * 100$$

其中：M_1，M_2，M_n 是记录当天的 24h 的产奶量，单位 kg，精确到小数点后 1 位。

F_1，F_2，F_n 是记录当天的乳脂量，通过产奶量乘以乳脂率（精确到至少小数点后 2 位）得到。

I_1，I_2，I_{n-1}是测定间隔，以天为单位。

I_0 是泌乳期开始日和第一次记录日期的间隔，以天为单位。

I_n 是最后的记录日与泌乳期结束日期的间隔，以天为单位。

乳脂量和乳脂率的计算公式适用于其他乳成分，如乳蛋白、乳糖。

如何应用公式，见附录中的详细说明。

2.1.4.2 AM/PM 挤奶方式下测定日挤奶量的计算方法

2.1.4.2.1 Liu 等提出的方法（2000）

用多元回归方法（MRM），根据早晨和晚上产奶估算 24h 日产奶量（DMY）、日乳脂量（DFY）和日乳蛋白量（DPY）。乳脂率（DFP）和乳蛋白率（DPP）根据估计的 24h 日产奶量计算得到。多元回归可以作为计算日产奶量和乳成分含量的推荐方法。下面的公式根据上午（AM）或下午（PM）的部分产奶量（PMY）、部分乳脂量（PFY）和部分乳蛋白量（PPY）来计算 DMY、DFY 和 DPY。根据上午（AM）或下午（PM）的产奶量计算日产奶量。

$$y_{ijk} = a + b_{ijk} * X_{ijk}$$

其中，y_{ijk}是 24h 日产量（DMY、DFY 和 DPY）

X_{ijk}是测试当天上午（AM）或下午（PM）的部分产奶量（PMY，PFY 和 PPY）

下标 i 表示胎次效应分类：头胎和经产。

下标 j 表示 4 个水平的挤奶间隔长度：AM 挤奶方式：<13h，13～13.5h，13.5～14h 以及≥14h；PM 挤奶方式：<10h，10.5～11h，11～11.5h，≥11.5h。

下标 k 表示泌乳阶段分类（k=1，2，…，12）其用泌乳天数/30+1 计算，如果 k>12，则取 k=12。

a 是特定性状的估计值，基于上午（AM）或下午（PM）挤奶，考虑胎次水平 i，挤奶间隔 j 和泌乳阶段 k 的互作。

b_{ijk}是上述组合效应的估计斜率。

对于给定的产奶性状，根据上午（AM）或下午（PM）挤奶的部分产奶量，总共有 96 个公式用来估测计算 24h 日产量。24h 每日的乳成分含量、DFP 或 DPP 的计算用每日脂肪或蛋白的产量除以产奶量得到：

$$DFP = DFY/DMY * 100;\quad DPP = DPY/DMY * 100$$

2.1.4.2.2 用 Liu（2000）等的方法计算实例

下午挤奶数据例子

牛奶检测日期：2000.05.18

挤奶时间（AM/PM）：PM

挤奶间隔：11h（6：30—17：30）

牛号	产犊日期	胎次	产奶量（kg）	乳脂率（%）	乳蛋白率（%）	乳脂量（kg）	乳蛋白量（kg）
A	1999.11.28	1	21.2	4.54	3.20	0.962	0.678
B	2000.01.13	1	21.2	4.54	3.20	0.962	0.678
C	1999.10.15	2	25.7	4.11	3.15	1.056	0.810
D	2000.02.15	2	25.7	4.11	3.52	1.056	0.905

上午挤奶的例子

测试日期：2000.06.16

挤奶时间（AM/PM）：AM

挤奶间隔：13h（17：30—6：30）

牛号	产犊日期	泌乳次数	产奶量（kg）	脂肪含量（%）	蛋白含量（%）	脂肪产量（kg）	蛋白产量（kg）
A	1999.11.28	1	21.2	4.54	3.20	0.962	0.678
B	2000.01.13	1	21.2	4.54	3.20	0.962	0.678
C	1999.10.15	2	25.7	4.11	3.15	1.056	0.810
D	2000.02.15	2	25.7	4.11	3.52	1.056	0.905

计算 24h 日产奶量和晚上奶样的乳成分

测试日期：2000.05.18

挤奶时间（AM/PM）：PM

挤奶间隔：11h（6：30—17：30）

牛号	日产奶量（kg）	日脂肪产量（kg）	日蛋白产量（kg）	日脂肪率（%）	日蛋白率（%）
A	2.322+1.934×21.2=43.32	0.172+1.755×0.962=1.860	0.074+1.935×0.678=1.386	1.860/43.32×100=4.29	1.386/43.32×100=3.20
B	2.204+1.980×21.2=44.18	0.168+1.776×0.962=1.876	0.062+2.005×0.678=1.422	1.876/44.18×100=4.25	1.422/44.18×100=3.22
C	2.356+1.905×25.7=51.31	0.158+1.729×1.056=1.984	0.088+1.889×0.810=1.618	1.984/51.31×100=3.87	1.618/51.31×100=3.15
D	2.837+1.920×25.7=52.18	0.251+1.629×1.056=1.971	0.098+1.908×0.905=1.824	1.971/52.18×100=3.78	1.824/52.18×100=3.50

注：回归方程中的截距和斜率用下划线标出

计算 24h 日产奶量和早晨奶样的成分

牛奶测试日期：2000. 05. 18

挤奶时间（AM/PM）：AM

挤奶间隔时长：13h（17：30—6：30）

牛号	日产奶量（kg）	日脂肪产量（kg）	日蛋白产量（kg）	日脂肪率（%）	日蛋白率（%）
A	0. 364+1. 850×21. 2=39. 58	0. 082+1. 742×0. 962=1. 757	0. 031+1. 816×0. 678=1. 262	1. 757/39. 58×100=4. 44	1. 262/39. 58×100=3. 19
B	0. 748+1. 800×21. 2=38. 91	0. 089+1. 722×0. 962=1. 746	0. 040+1. 776×0. 678=1. 244	1. 746/38. 91×100=4. 49	1. 244/38. 91×100=3. 20
C	1. 099+1. 783×25. 7=46. 92	0. 107+1. 714×1. 056=1. 917	0. 047+1. 763×0. 810=1. 475	1. 917/46. 92×100=4. 09	1. 475/46. 92×100=3. 14
D	0. 867+1. 820×25. 7=47. 64	0. 203+1. 595×1. 056=1. 887	0. 039+1. 804×0. 905=1. 672	1. 887/47. 64×100=3. 96	1. 672/47. 64×100=3. 51

注：回归方程中的截距和斜率用下划线标出

2. 1. 4. 2. 3 Delorenzo 和 Wiggans（1986）方法

日产奶量（DMY）和乳脂量（DFY）是根据测量的产奶量和挤奶频率来计算的。

每天挤奶两次，要对产奶量进行调整，因为挤奶间隔和泌乳阶段有交互作用，将泌乳中期（158 DIM）设置成 0。挤奶间隔不影响乳蛋白和非脂乳固体（SNF）百分率，也不影响测定日的奶样采集。乳蛋白产量是根据测量的百分数和校正的产奶量计算得到。

对于每日挤奶 2 次的畜群，根据上午或下午单次的挤奶数据对奶牛 DMY 和 DFY 的预测需要一些因子，即单次挤奶产量占总产量的比例的倒数与挤奶时间间隔相关。

挤奶间隔的校正

挤奶间隔是这次挤奶开始到下次挤奶开始的间隔。挤奶间隔被分成 15 个等级。牛奶和乳脂量的因子计算规则如下：

因子=1/（截距+斜率×挤奶间隔）

泌乳阶段的校正

因为奶牛的泌乳阶段对不同挤奶间隔的产奶量有影响，第二个校正是通过产奶天数作为协变量进行第二次调整：

协变量×（泌乳天数-158）

估算样品日产奶量

用 2 次挤奶预测牛群样品日产奶量和百分比的公式：

DMY=因子×测量的产奶量+协变量×（产奶天数-158）

测定日乳脂率=乳脂率银子×测量乳脂率

DFY=DMY×日脂肪百分含量

DPY=DMY×日蛋白百分含量

实际应用

有两组因子可用于利用单次挤奶估算 DMY，分别用于上午挤奶和下午挤奶的样品。根据前面描述的公式计算因子，如下表。

一天两次挤奶的牛群产奶量因子及协变量

泌乳间隔长度 以小时表示（分钟用小数表示）	上午挤奶		下午挤奶	
	因子	协变量	因子	协变量
<9. 00	2. 465	0. 00710	2. 594	0. 00378
9. 00～9. 24	2. 465	0. 00710	2. 534	0. 00485
9. 25～9. 49	2. 465	0. 00710	2. 477	0. 00486
9. 50～9. 74	2. 411	0. 00716	2. 423	0. 00511
9. 75～9. 99	2. 359	0. 00726	2. 370	0. 00473
10. 00～10. 24	2. 310	0. 00458	2. 321	0. 00337
10. 25～10. 49	2. 262	0. 00399	2. 273	0. 00214
10. 50～10. 74	2. 217	0. 00294	2. 227	0. 00000
10. 75～10. 99	2. 173	0. 00223	2. 183	0. 00000
11. 00～11. 24	2. 131	0. 00000	2. 140	0. 00000
11. 25～11. 49	2. 091	0. 00000	2. 099	0. 00000
11. 50～11. 74	2. 052	0. 00000	2. 060	0. 00000
11. 75～11. 99	2. 014	0. 00000	2. 022	0. 00000
12. 00	2. 000	0. 00000	2. 000	0. 00000
12. 01～12. 24	1. 978	0. 00000	1. 986	0. 00000
12. 25～12. 49	1. 943	0. 00000	1. 951	0. 00000
12. 50～12. 74	1. 910	0. 00000	1. 917	0. 00000
12. 75～12. 99	1. 877	0. 00000	1. 884	0. 00000
13. 00～13. 24	1. 846	0. 00000	1. 852	-0. 00190
13. 25～13. 49	1. 815	0. 00000	1. 822	-0. 00231
13. 50～13. 74	1. 786	-0. 00167	1. 792	-0. 00308
13. 75～13. 99	1. 757	-0. 00258	1. 763	-0. 00339
14. 00～14. 24	1. 730	-0. 00347	1. 736	-0. 00509
14. 25～14. 49	1. 703	-0. 00363	1. 709	-0. 00471
14. 50～14. 74	1. 677	-0. 00332	1. 683	-0. 00454
14. 75～14. 99	1. 652	-0. 00316	1. 683	-0. 00454
15. 00	1. 628	-0. 00235	1. 683	-0. 00454

测定日乳脂率，早上挤奶和下午挤奶只有一个表，如下所示。

一天两次挤奶的群体乳脂率因子

挤奶间隔（小时）	脂肪（百分比因子）
<9.00	0.919
9.00~9.24	0.927
9.25~9.49	0.934
9.50~9.74	0.941
9.75~9.99	0.948
10.00~10.24	0.955
10.25~10.49	0.961
10.50~10.74	0.968
10.75~10.99	0.974
11.00~11.24	0.980
11.25~11.49	0.986
11.50~11.74	0.992
11.75~11.99	0.997
12.00	1.000
12.01~12.24	1.003
12.25~12.49	1.008
12.50~12.74	1.013
12.75~12.99	1.018
13.00~13.24	1.023
13.25~13.49	1.028
13.50~13.74	1.033
13.75~13.99	1.037
14.00~14.24	1.042
14.25~14.49	1.046
14.50~14.74	1.050
14.75~14.99	1.054
15.00	1.058

挤奶间隔因子用下面公式计算：

挤奶间隔因子 = 1/截距+（斜率×挤奶间隔）

其中，截距和斜率如下：

参数	截距		斜率
	测定上午奶样	测定下午奶样	
产奶量	0. 0654	0. 0634	0. 0363
乳脂产量	0. 1965	0. 1939	0. 0254

挤奶间隔对乳蛋白率没有显著影响，因此，样品的乳蛋白率可以作为日乳蛋白率含量。

2. 1. 4. 2. 3. 1　用 Delorenzo 和 Wiggans（1986）方法实例对奶产量和乳成分的交替记录方法计算

一头奶牛早晨挤奶的数据例子

记录开始	6：15	（早晨挤奶）
前次挤奶开始时间	17：25	
挤奶间隔	12h 50min	（用小数表达为 12. 83）
早晨牛奶结果	12. 0	牛奶（kg）
	4. 12	脂肪（百分含量）
	3. 5	蛋白（百分含量）
	120	产奶天数（天）

根据早晨挤奶计算日产量

表 1 产奶量的因子是	1. 877
协变量是	0
由表 2 可知脂肪百分含量的因子是	1. 018
采样日日产奶量：	1. 877×12. 0kg+0×（120−158）= 22. 5kg
采样日的脂肪百分含量：	1. 018×4. 12 = 4. 19
采样日的脂肪产量	22. 5kg×0. 0419 = 0. 94kg
采样日的蛋白产量	22. 5kg×0. 0345 = 0. 78kg

一头奶牛晚上挤奶的数据例子

记录开始	16：48	（晚上挤奶）
前次挤奶开始时间	6：35	
挤奶间隔	13h 47min	（用小数表达为 13. 78）

（续表）

记录开始	16：48	（晚上挤奶）
晚上牛奶结果	14.0	牛奶（kg）
	4.00	脂肪（百分含量）
	3.40	蛋白（百分含量）
	120	产奶天数（天）

根据晚上挤奶计算日产量

表 1 产奶量的因子是	1.763
协变量是	-0.00339
由表 2 可知脂肪百分含量的因子是	1.037
采样日日产奶量：	1.763×14.0kg-0.00339×（120-158）= 24.8kg
采样日的脂肪百分含量：	1.037×4.00=4.15
采样日的脂肪产量	24.8kg×0.0415=1.03kg
采样日的蛋白产量	24.8kg×0.0340=0.84kg

使用交替记录来记录牛群的乳成分，但是需要使用 2 次挤奶记录计算产奶量。

此计划里只有采样日脂肪产量与挤奶间隔有关，要根据它来计算。产奶量是早晨和晚上产奶量的总和。

1 头牛 2 次挤奶的数据实例

晚上记录开始时间	17：25	
晚上产奶量	10.0	牛奶（kg）
早晨记录开始时间	6：15	
早晨产奶结果	12.0	牛奶（kg）
	4.20	脂肪（百分比）
	3.50	蛋白（百分比）

根据一天挤奶结果计算日产奶量

挤奶间隔长度	12h 50min（用小数表示为 12.83）
表 2 中脂肪百分含量因子是 1.018	
采样日的产奶量	10.0kg+12.0kg=22.0kg
采样日的脂肪含量	1.018×4.20=4.28
采样日脂肪产量	22.0kg×0.0428=0.94kg
采样日的蛋白产量	22.0kg×0.0350=0.77kg

每天挤奶 3 次计算

对每天挤奶 3 次的群体。可以称量一次或连续两次的挤奶量。收集一次或者两次挤奶时的奶样。泌乳阶段×挤奶间隔调整因子不适用于每天挤奶超过 2 次的情况。用于估计测定 3 次挤奶方式下日挤奶量的 AP 因子不应当与将 3 次记录调整为 2 次记录的因子混淆。挤奶时间因子可以采用如下表中的截距和斜率的相同公式计算挤奶间隔。

特性	截距			斜率
	2：00—9：59 的奶样	10：00—17：59 的奶样	18：00—1：59 的奶样	
产奶量	0. 077	0. 068	0. 066	0. 0329
脂肪产量	0. 186	0. 186	0. 182	0. 0186

当 2 次挤奶都采样时，每次挤奶截距和间隔都包含在计算产奶量的因素里。

挤奶间隔因子 = 1/（截距 1+截距 2）+（斜率×（挤奶间隔 1+挤奶间隔 2）

牛奶和脂肪百分含量因素根据产奶量或采样重量来分别计算。

对于每天挤 4~6 次奶的情况

用 3 次挤奶计算的截距因子（0. 077、0. 068 和 0. 066）乘以因子（3/每天挤奶次数）作为挤奶次数超过 3 次的挤奶计算方法。

参考文献

Delorenzo, M. A., and G. R. Wiggans. 1986. Factors for estimating daily yield of milk, fat, and protein from a single milking for herds milked twice a day. J. Dairy Sci. 69; 2386

Liu et. al., 2000, Approaches to estimating daily yield from single milk testing schemes and use of am-pm records in test-day model genetic evaluation in dairy cattle. J. Dairy. Sci 83: 2672-2682.

2. 1. 4. 3 其他泌乳计算方法

2. 1. 4. 3. 1 标准泌乳曲线插值（ISLC）（Wilmink，1987）

使用“标准泌乳曲线插值”来计算缺失的测定日产量和 305 天校正挤奶量。对某一群体生产水平、产犊年龄和产犊季节以及产量特点来说，可以借助不同的标准泌乳曲线代表泌乳的预期过程。通过标准泌乳曲线插值，产犊后产奶量通常增加，随后又会减少这一事实需要考虑进去。此方法可对泌乳期固定天数的产奶量预测：第 0、10、30、50 天等。

累计产量计算如下：

$$\sum_{i=1}^{n}[(INT_i - 1) * y_i + (INT_i + 1) * y_{i+1}]/2$$

其中：y_i = 第 i 天产奶量；

INT_i = 第 y_i 产奶量和 y_i+1 产奶量之间的间隔天数

n = 日产量的总数量（测定日产量和预测日产量）

下一个例子是阐述了一个记录的计算过程。奶牛在泌乳的第 35 天和第 65 天被测定。为了测定泌乳期产量，在泌乳期的第 0，10，30 和 50 天通过标准泌乳曲线测定日产奶量。日产奶量见下表。

测定和推算出的日产量，用于计算实例中的记录过程

泌乳天数	牛奶产量（kg）	备注
0	25.9	预测值
10	27.8	预测值
30	31.7	预测值
35	31.8	测定值
50	32.9	使用标准泌乳曲线插值
65	33.0	测定值

然后记录进展可以通过如下公式来计算一个累积产奶量，如下：

[（10-1）* 25.9+（10+1）* 27.8］/ 2+
[（20-1）* 27.8+（20+1）* 31.7］/ 2+
[（5-1）* 31.7+（5+1）* 31.8］/ 2+
[（15-1）* 31.8+（15+1）* 32.9］/ 2+
[（15-1）* 32.9+（15+1）* 33.0］/ 2=2 005.3kg

这对应于通过预测和测量的每日产量线（图 1）。

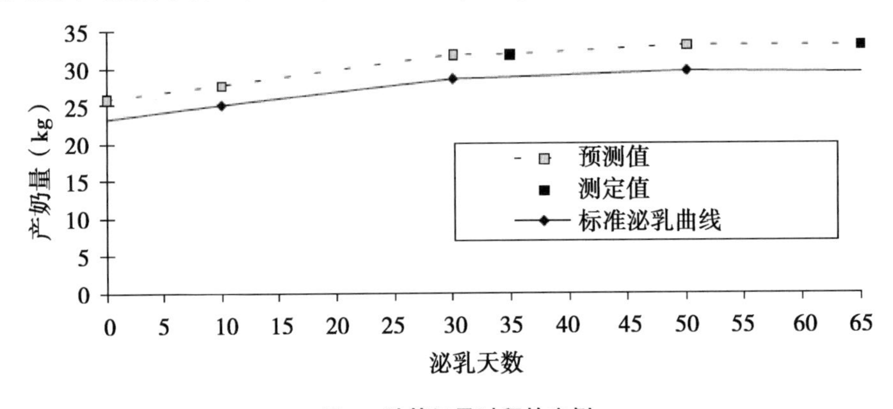

图 1　计算记录过程的实例

2.1.4.3.2　最佳预测（BP）（VanRaden，1997）

采用标准选择指数法将记录的产奶量汇总形成泌乳期产量。向量 y 包含 M_1，$M_2 \cdots M_n$，E（y）为每个记录日的奶量期望值，E（y）可从群体的标准泌乳曲线获得，但要考虑奶牛的年龄和其他环境因素，如季节、挤奶频率等。产量 y 为记录间隔的协方差函数［1］。Var（y）的对角元素为记录日的群体方差，非对角元素可通过自回归或相似的函数获得（如相关系数 Corr（M_1，M_2），第一泌乳期为 0.995[I]，此后的泌乳期为 992[I]）。一个泌乳期的协方差 Cov（M_1，MY）为 305 天记录日协方差的总和。E（MY）为 305 天期望值的总和。

泌乳期产奶量的预测公式如下：

$$MY=E(MY)+Cov(y, MY)^{1}Var(y)^{-1}[y-E(y)]$$

采用最佳预测法，预测挤奶量与实际挤奶量之间差异较小。而 TIM 法估计的挤奶量与实际挤奶量差异较大。原因是预测的挤奶量最终回归至平均值，除非掌握了 305 天的全部日挤奶量数据。采用最佳预测法，当没有任何产量记录时，预测的泌乳期挤奶量为 E（MY），E（MY）为某个体在某年龄和季节的群体平均值。采用 TIM 法，如果缺乏日挤奶量数据，就无法预测泌乳期挤奶量。

产奶量、乳脂量和乳蛋白量可采用单性状最佳预测法分别计算，或采用多性状最佳预测法同时进行计算。采用单性状法预测乳脂量和乳蛋白量时，应将 M_1，$M_2 \cdots M_n$ 替换成 F_1，$F_2 \cdots F_n$ 或 P_1，$P_2 \cdots P_n$。多性状预测法需要大量的向量和矩阵，但代数相同。性状相关和自回归相关的数据可提供所需的协方差。

2.1.4.3.3　多性状估计方法（Multiple-Trait Procedure，MTP）（Schaeffer and Jamrozik，1996）

结合标准泌乳曲线和产奶量、乳脂量、乳蛋白量、SCS 之间的协方差，可用多性状估计方法预测 305 天泌乳期的产奶量、乳脂量、乳蛋白量和 SCS。奶牛的测定日产量可根据相应的方差、相同品种标准泌乳曲线、地区、胎次、产犊年龄和季节等因素估计每头奶牛的泌乳曲线参数计算。多性状估计方法用于测试日间隔较长、且仅记录了测试日当天的挤奶量时，从而仅依据每头奶牛的测试日记录预测其 305 天的泌乳期产奶量。这种方法也用于计算泌乳峰值、泌乳高峰期、泌乳持续性和测试日产量期望值，是挤奶记录系统中十分有用的管理工具。

MTP 法是基于 Wilmink's 模型，并与特定方法（将具有相同生产性能个体的标准曲线参数进行合并）相结合所形成。单性状 Wilmink's 公式如下：

$$y=A+Bt \pm C\exp(-0.05t)+e$$

其中，y 是泌乳期第 t 天的产量，A、B、C 与泌乳曲线形状相关。

要对每个产量性状分别估计参数 A、B、C。产量性状之间具有高的表型相关，应用 MTP 要考虑这些相关性。即使某个体的测试日数据不可用，也可采用 MTP 法预测产量。一头个体参数向量的估计如下：

$$\hat{c}=\begin{vmatrix} A_M \\ B_M \\ C_M \\ A_F \\ B_F \\ C_F \\ A_P \\ B_P \\ C_P \\ A_S \\ B_S \\ C_S \end{vmatrix}$$

其中，M、F、P 分别代表产奶量、乳脂和乳蛋白；S 代表体细胞评分（Somatic cell scores，SCS）；向量 c 可根据测试日数据进行估计；c_0为从与待估个体具有相同生产性能的群体中估计得出的相应参数；y_k为在泌乳期第 t 天第 k 次测定的产量性状和 SCS 向量。

$$y_k = \begin{vmatrix} M_k \\ F_k \\ P_k \\ S_k \end{vmatrix}$$

关联矩阵 X_k的构建如下：

$$X'_k = \begin{vmatrix} 1 & 0 & 0 & 0 \\ t & 0 & 0 & 0 \\ \exp(-0.05t) & 0 & 0 & 0 \\ 0 & 1 & 0 & 0 \\ 0 & t & 0 & 0 \\ 0 & \exp(-0.05t) & 0 & 0 \\ 0 & 0 & 1 & 0 \\ 0 & 0 & t & 0 \\ 0 & 0 & \exp(-0.05t) & 0 \\ 0 & 0 & 0 & 1 \\ 0 & 0 & 0 & t \\ 0 & 0 & 0 & \exp(-0.05t) \end{vmatrix}$$

MTP 方程为：

$(X'R^{-1}X+G^{-1})\ \hat{c}=X'R^{-1}y+G^{-1}c_0$

其中，

$$X'R^{-1}X = \sum_{k=1}^{n} X'_k R_k^{-1} X_k$$

$$X'R^{-1}y = \sum_{k=1}^{n} X'_k R_k^{-1} y_k$$

n 为个体的测定次数。R_k是一个包含泌乳期第 t 天第 k 次测定的产量之间方差和协方差的 4 阶矩阵。矩阵元素来自回归方程（依据拟合的表型方差、产量与 t/t^2的协方差）。因此，R_k的元素 ij 可通过以下公式得到：

$$r_{ij}(t) = \beta_{0ij}+\beta_{1ij}(t)+\beta_{2ij}(t^2)$$

G 是一个 12×12 的矩阵，包含 c 参数之间的方差和协方差，代表这些参数在个体之间的差异，包括遗传效应、持久性环境效应，但不包括个体之间的遗传协方差。G 和 R_k的参数在品种间存在差异。起初，除了品种差异外，这些矩阵在加拿大的不同地区间亦存在差别。这会导致虽然在泌乳期的同一天具有相同生产记录的两头奶牛，却由于饲养地区的不同，而具有不同的预测准确性。这对于乳品生产者而言容易造成混淆。因此，方差—协方差矩阵的地区差异被忽略不计，仅针对特定品种设置适用于所有地区的一套参数。关于 G 的评估在下面会进行阐述。

如果仅记录了测定个体的产奶量，则

$$y'_k \ (M_k \quad 0 \quad 0 \quad 0)_1$$

并且

$$R_k = \begin{vmatrix} r_{MM}^{(t)} & 0 & 0 & 0 \\ 0 & 0 & 0 & 0 \\ 0 & 0 & 0 & 0 \\ 0 & 0 & 0 & 0 \end{vmatrix}$$

R_k的逆矩阵是 R_k内非零子矩阵的逆，不考虑零行/列。因此，可利用 MTP 补充缺失的产量记录。

305 天泌乳期总产量的预测准确性取决于泌乳期内测定目的记录天数和每次记录相关的 DIM。因此，任何预测程序均需利用图表进行结果呈现，尤其是测定次数少且测定间隔不固定的挤奶记录。目前，可采用一个近似程序，其应用了如下导数函数。

$$(X'R^{-1}X+G^{-1})^{-1}$$

计算举例

一头 25 月龄的荷斯坦奶牛，6 月在加拿大安大略产犊，其 4 个测定日的记录见下表。

奶牛测试日数据

测定序号	DIM = t	exp（−0. 05t）	产奶量（kg）	乳脂量（kg）	乳蛋白量（kg）	体细胞评分
1	15	0. 47237	28. 8			3. 130
2	54	0. 06721	29. 2	1. 12	0. 87	2. 463
3	188	0. 000083	23. 7	0. 97	0. 78	2. 157
4	250	0. 0000037	20. 8			2. 619

注意：其中的两次测定中没有乳脂量和乳蛋白量的记录，且测定间隔大、无规律。根据所用类似个体的可用数据可得到标准曲线参数向量为：

$$c_0 = \begin{vmatrix} 27.533957 \\ -0.024306 \\ -2.996587 \\ 0.874776 \\ -0.000044 \\ 0.172253 \\ 0.801297 \\ -0.000208 \\ -0.109917 \\ 2.042824 \\ 0.001917 \\ 0.997263 \end{vmatrix}$$

由回归方程可得到针对每个测定日记录的 R_k 矩阵。荷斯坦奶牛的方程为：

$$r_{MM}(t) = 71.0752 - 0.281201t + 0.0004977t^2$$

$$r_{MF}(t) = 2.4365 - 0.013274t + 0.0000302t^2$$

$$r_{MP}(t) = 2.0504 - 0.008286t + 0.0000163t^2$$

$$r_{MS}(t) = -1.7993 + 0.013209t - 0.000056t^2$$

$$r_{FF}(t) = 0.1312 - 0.000725t + 0.000001586t^2$$

$$r_{FP}(t) = 0.0739 - 0.000386t + 0.000000926t^2$$

$$r_{FS}(t) = -0.0386 + 0.000292t - 0.000001796t^2$$

$$r_{PP}(t) = 0.066 - 0.000267t + 0.0000005636t^2$$

$$r_{PS}(t) = -0.0404 + 0.000369t - 0.000001743t^2$$

$$r_{SS}(t) = 3.0404 - 0.000083t - 0.000006105t^2$$

4 个测定日产量记录的残差方差—协方差矩阵的逆矩阵如下：

$$R_1 = \begin{vmatrix} 0.0151259 & 0 & 0 & 0.0080354 \\ 0 & 0 & 0 & 0 \\ 0 & 0 & 0 & 0 \\ 0.0080354 & 0 & 0 & 0.3334553 \end{vmatrix}$$

$$R_2 = \begin{vmatrix} 0.1685584 & 0.345947 & -4.851935 & 0.0254775 \\ -0.345947 & 26.830915 & -17.40281 & -0.041445 \\ -4.851935 & -17.40281 & 187.18579 & -0.584885 \\ 0.0254775 & -0.041445 & -0.584885 & 0.3365425 \end{vmatrix}$$

$$R_3 = \begin{vmatrix} 0.2620161 & 0.1479068 & -7.943903 & 0.0316069 \\ 0.1479068 & 54.446977 & -56.01333 & 0.3306741 \\ -7.943903 & -56.01333 & 317.9609 & -0.92601 \\ 0.0316069 & 0.3306741 & -0.92601 & 0.3654369 \end{vmatrix}$$

$$R_4 = \begin{vmatrix} 0.0329465 & 0 & 0 & 0.0251039 \\ 0 & 0 & 0 & 0 \\ 0 & 0 & 0 & 0 \\ 0.0251039 & 0 & 0 & 0.3981981 \end{vmatrix}$$

相同品种的所有奶牛具有相同的 12 阶矩阵 G，分段表示如下：

左上 6×6

$$\begin{vmatrix} 0.1071767 & 0 & 0 & -0.136926 & 0 & 0 \\ & 7715.8655 & 0 & 0 & -17488.1 & 0 \\ & & 0.0081987 & 0 & 0 & -0.01643 \\ & & & 23.298605 & 0 & 0 \\ & & & & 1758757 & 0 \\ & & & & & 1.235102 \end{vmatrix}$$

右上 6×6

-3. 277253	0	0	0. 0159958	0	0
0	-216515. 9	0	0	2036. 696	0
0	0	-0. 2011	0	0	0. 002507
-18. 22036	0	0	0. 1014891	0	0
0	-1261220	0	0	8337. 366	0
0	0	-0. 585594	0	0	-0. 00712

右下 6×6

135. 02387	0	0	-0. 425106	0	0
	8761798. 3	0	0	-29796. 5	0
		7. 648804	0	0	-0. 04183
			0. 2667083	0	0
				18672. 44	0
					0. 021171

注意：泌乳曲线不同参数之间的很多协方差均设为 0，当考虑全部的协方差时，个体的预测误差较大，可能是因为性状内和性状间的协方差都高度相关。只有当仅考虑性状中相同参数之间的协方差时，才能减小预测误差。

这头奶牛的 12 阶 MTP 方程元素亦分段显示如下：

$X'R^{-1}X=$

左上 6×6

0. 4786468	66. 824686	0. 0184957	-0. 19804	9. 125325	-0. 023239
	11814. 771	0. 7230498	9. 125325	4218. 8356	-1. 253252
		0. 0041365	-0. 023239	-1. 253252	-0. 001563
			81. 277893	11684. 901	1. 8078249
				2002612. 9	98. 228104
					0. 1212006

右上 6×6

-12. 79584	-1755. 458	-0. 326758	0. 0902237	13. 714392	0. 0055107
-1755. 458	-294917. 5	-17. 73328	13. 714392	2762. 2093	0. 1499179
-. 326758	-17. 73328	-0. 021917	0. 0055107	0. 1499179	0. 001908
-73. 41614	-11470. 26	-1. 174292	0. 2892287	59. 928675	-0. 002758
-11470. 26	-2030482	-64. 03474	59. 928675	11566. 49	-0. 14526
-1. 174292	-64. 03474	-0. 078612	-0. 002758	-0. 14526	-0. 000187

右下 6×6

$$\begin{vmatrix} 505.14668 & 69884.681 & 12.607147 & -1.510895 & -205.6737 & -0.039387 \\ & 11783844 & 684.32233 & -205.6737 & -34434.43 & -2.137195 \\ & & 0.8455549 & -0.039387 & -2.137195 & -0.002642 \\ & & & 1.4336329 & 191.42681 & 0.1801651 \\ & & & & 38859.772 & 3.5902121 \\ & & & & & 0.0759252 \end{vmatrix}$$

$$X'R^{-1}y = \begin{vmatrix} 1.813004 \\ 257.30912 \\ 0.24295 \\ 18.048269 \\ 2762.4114 \\ 0.3174273 \\ 3.6520902 \\ 653.97454 \\ 0.0166432 \\ 4.9935515 \\ 678.86668 \\ 0.6708264 \end{vmatrix}$$

和

$$G^{-1}c_o = \begin{vmatrix} 0.2378446 \\ -137.8976 \\ -0.002795 \\ 2.2183526 \\ 624.94513 \\ 0.3192604 \\ 1.1512642 \\ 3441.8785 \\ -0.380704 \\ 0.7334103 \\ -7.895393 \\ 0.0169737 \end{vmatrix}$$

这头奶牛的解向量为：

$$\hat{c}=\begin{vmatrix}28.875659\\-0.028768\\-0.454583\\0.9842104\\-0.000124\\0.3339813\\0.8375506\\-0.00034\\-0.038198\\2.084599\\0.0017539\\1.9446955\end{vmatrix}$$

预测的 305 天产奶量为：

$$Y_{305}=\sum_{t=1}^{305}\left(\hat{A}+Bt+C\exp(-0.05t)\right)$$
$$=305(A)+46665(B)+19.504162(C)$$

这个公式用于单独计算每个性状（产奶量、乳脂量、乳蛋白量和 SCS）。这头奶牛的计算结果是：产奶量 7 456kg、乳脂量 301kg、乳蛋白量 239kg、SCS 除以 305 得到平均每天 SCS 为 2.477。

2.1.5 ICAR 关于泌乳期计算指南

2.1.5.1 测定间隔法（TIM）计算实例（Sargent，1968）

测定间隔法是计算泌乳期的推荐方法（表 1~表 3）。

采用下列公式计算泌乳期的挤奶量（MY），乳脂量（FY）和乳脂率（FP）。

$$MY=I_0M_1+I_1^*\frac{(M_1+M_2)}{2}+I_2^*\frac{(M_2+M_3)}{2}+I_{n-1}^*\frac{(M_{n-1}+M_n)}{2}+I_nM_n$$

$$FY=I_0F_1+I_1^*\frac{(F_1+F_2)}{2}+I_2^*\frac{(F_2+F_3)}{2}+I_{n-1}^*\frac{(F_{n-1}+F_n)}{2}+I_nF_n$$

$$FP=\frac{FY}{MY}*100$$

其中：

M_1，M_2，M_n 表示重量，单位千克，保留一位小数，测定日 24h 的挤奶量。

F_1，F_2，F_n 是估计的乳脂量，通过测定日的挤奶量和乳脂率（保留至少两位小数）计算得到。

I_1，I_2，I_{n-1}是测定间隔，单位为天，测定日期间隔。

I_0 是测定间隔，单位为天，泌乳期开始日期和第一次记录日期间隔。

I_n 是测定间隔，单位为天，最后一次记录天数和泌乳期结束日期间隔。

乳脂量和乳脂率的计算公式必须应用于其他乳成分的计算，例如乳蛋白和乳糖。

如何应用公式的详细说明见附录。

表 1　示例中使用的原始数据（TIM）

日期（3 月 25 日产小牛）	记录时间	间隔天数	产奶量（kg）	乳脂率（%）	乳脂量（g）
4 月	8	14	28.2	3.65	1 029
5 月	6	28	24.8	3.45	856
6 月	5	30	26.6	3.40	904
7 月	7	32	23.2	3.55	824
8 月	2	26	20.2	3.85	778
8 月	30	28	17.8	4.05	721
9 月	25	26	13.2	4.45	587
10 月	27	32	9.6	4.65	446
11 月	22	26	5.8	4.95	287
12 月	20	28	4.4	5.25	231

表 2　哺乳期总结（TIM）

开始泌乳	3.26
结束泌乳	1.3
持续泌乳阶段	284 天
测试数量（称重）	10

表 3　使用测试区间法计算

时间间隔	天数		每日产量		总量	
			产奶量（kg）	乳脂量（g）	乳脂量（kg）	乳脂量（kg）
3 月 26 日	4 月 8 日	14	28.2	1 029	395	14.410
4 月 9 日	5 月 6 日	28	$\frac{(28.2+24.8)}{2}$	$\frac{1\ 029+856}{2}$	742	26.389
5 月 7 日	6 月 5 日	30	$\frac{(24.8+26.6)}{2}$	$\frac{856+904}{2}$	771	26.400
6 月 6 日	7 月 7 日	32	$\frac{(26.6+23.2)}{2}$	$\frac{904+824}{2}$	797	27.648
7 月 8 日	8 月 2 日	26	$\frac{(23.2+20.2)}{2}$	$\frac{824+778}{2}$	564	20.817
8 月 3 日	8 月 30 日	28	$\frac{(20.2+17.8)}{2}$	$\frac{778+721}{2}$	532	20.980

（续表）

时间间隔		天数	每日产量		总量	
			产奶量（kg）	乳脂量（g）	乳脂量（kg）	乳脂量（kg）
8 月 31 日	9 月 25 日	26	(17.8+13.2)/2	721+587/2	403	17.008
9 月 26 日	10 月 27 日	32	(13.2.2+9.6)/2	587+446/2	365	16.541
10 月 28 日	11 月 22 日	26	(9.6+5.8)/2	446+287/2	200	9.536
11 月 23 日	12 月 20 日	28	(5.8+4.4)/2	287+231/2	143	7.253
12 月 21 日	1 月 3 日	14 284	4.4	231	62 4973	3.234 190.216

总产奶量：4 973kg
总乳脂量：190kg
平均乳脂率：190.216×100/4973＝3.82（%）

2.1.5.2 其他认可的计算方法（定心日期法）

	记录日	牛奶量（kg）	间隔天数	乳脂率（%）	总奶量（kg）	乳脂量（kg）
4 月	8	28.2	28	3.65	790	28.820
5 月	6	24.8	28	3.45	694	23.957
6 月	5	26.6	28	3.40	745	25.323
7 月	7	23.2	28	3.55	650	23.061
8 月	2	20.2	28	3.85	566	21.776
8 月	30	17.8	28	4.05	498	20.185
9 月	25	13.2	28	4.45	370	16.447
10 月	27	9.6	28	4.65	269	12.499
11 月	22	5.8	28	4.95	162	8.039
12 月	20	4.4	28	5.25	123	6.468
					4 866	186.577

总的牛奶产量为：4 866kg

总的牛奶脂肪量为：187kg

平均的乳脂率：186.575×100/4 866＝3.83（%）

2.1.6 ICAR 关于泌乳期的指南

2.1.6.1 哺乳期被认为是开始的

a. 动物产犊的日期

b. 在没有产犊日期的情况下，估计奶牛开始泌乳的日期为准。

一个（有效）产犊被定义为分娩后：

c. 如果有配种记录，产犊定义为妊娠中期之后发生的分娩。

如果没有配种记录，产犊定义为上一次产犊之后经过正常妊娠期至少 75%的时间后发生的分娩。如果分娩发生于以上定义的时期以外，则被认为是终止妊娠或流产，不会开始泌乳。

奶牛正常妊娠长度应为 280 天，除非有更具体的品种信息可供使用。

如果第一次记录是在产犊日期或产犊后 4 天内完成的，第一次记录产奶量和乳成分含量不应构成正式泌乳的一部分，特别是对于具有多个记录日的自动记录挤奶系统（AMS）。

2.1.6.2 泌乳期结束

1. 泌乳天数已经达到成员国或 ICAR 规定的泌乳天数时，

或家畜停止泌乳（干奶），

或除泌乳开始时外，开始转为哺乳幼畜的时间，

或家畜的日产量低于该品种家畜的标准日产量时（除非记录显示为生病或记录缺失）。

最低标准产量如下：

（a）奶牛：日产低于 3kg，或单次泌乳量低于 1kg。

（b）山羊或绵羊：日产低于 0.2kg，或单次泌乳量低于 0.05kg。

2. 如果在日常生产中会对家畜的干奶日期进行记录，如果不做约定，可以使用日常记录的干奶日，也可以假设最后一次产奶记录后该泌乳牛即干奶，

而如果在日常生产中不对家畜的干奶日期进行记录，则将最后一次泌乳记录日与首次干奶记录日的中值作为干奶日。

泌乳周期的结束日期取上述两条判断标准首先出现的日期。

除非在记录日当天家畜生病或出现数据缺失，只要符合上述判断标准均视为该泌乳期结束。

2.1.6.3 挤奶期

在泌乳期开始以后，一些动物哺乳很长一段时间，泌乳记录可以表示为“挤奶期（milking period，MP）”记录。

挤奶期（符号 MP）在动物最后吮吸后的第二天开始，并在哺乳期结束。

2.1.6.4 生产期

在一个生产周期的基础上计算生产量，通常是一年，这一时期称为“生产周期（production period record，PP）”记录。最近一次生产期结束到本一次生产期结束的一段时期，称为一个生产周期。

2.1.7 ICAR 对结果丢失或异常时间间隔的指南

1. 在记录日当天 24h 内采样和记录，其测定值是产奶量和乳成分的最佳估计值。

当牛群日常挤奶间隔不是 24h，产量按如下方法（或 ICAR 认可的其他方法）调整为 24h 间隔。

24除以挤奶间隔时间，然后乘以间隔期间产量。例如：

(a) 间隔25h (24/25) ×35kg=33.6kg

(b) 间隔20h (24/20) ×35kg=42kg

2. 记录需要对规定条件的动物在规定的测定日收集数据，可能会出现一个、部分甚至全部数据的丢失（缺失值）。

3. 缺失值可能原因如下：

-超出范围（第5条）。

-生病、受伤、正在接受治疗或处于热应激状态（第6条）。

-灾难（必须予以说明）。

-没有样品分析结果。

4. 必须上报泌乳期内官方完整记录（产奶量、乳脂率和乳蛋白率）的数量。

5. 日测定值允许见下表：

	产奶量（kg）		乳脂率（%）		乳蛋白率*（%）	
	最小	最多	最小	最多	最小	最多
主要奶牛品种	3.0	99.9	1.5	9.0	1.0	7.0
高脂牛品种*	3.0	99.9	2.0	12.0	1.0	9.0
山羊	0.3	30.0	2.0	9.0	1.0	7.0
绵羊	0.3	30	2.0	15.0	1.0	9.0

* 品种平均乳脂率大于5%

超出上述范围，当日测定值将被视为缺失值。

6. 由养殖者记录的生病、受伤、正在治疗或处于热应激状态的动物的真实日测定值需用于该泌乳期数据的计算，除非该次产奶量低于上一次产奶量的50%或预测产奶量的60%。在这种情况下，日测定值将被视为缺失值。

7. 记录日缺失值的估计可以通过使用由ICAR认可的插值法或其他更准确的方法。

8. 对于任何ICAR估计方法，两个连续测定日的间隔时间必须在可接受范围内。但该要求不适用于初次记录和最后一次记录的情况。

9. 如果初次记录时间在泌乳前14 d内，则在计算泌乳期数据时无需对初次测定结果进行调整。但如果初次记录时间在泌乳第15~80 d，则需要对测定结果进行相应的调整。

10. 如果最后一次记录时间在泌乳第305 d之后，则305 d内最后一段时间的产奶量计算也应使用插值法。

2.1.8 采用自动挤奶系统（AMS）进行挤奶记录

2.1.8.1 预测24h产奶量

2.1.8.1.1 应用多天的数据（Lazenby et al.，2002）

2.1.8.1.1.1 原则

最近期的挤奶平均重量用于估计自动挤奶系统24h的日产奶量。最近挤奶平均重量可由前几次或前几天的挤奶数据计算。如果采用之前几次的挤奶样品，最优挤奶速率的估计可由当前挤奶与之前 12 次挤奶的平均数得到。最优估计是差异曲线的最大值，与 24h 的真实产奶量最接近，挤奶样品之间的差异最小。如果使用之前几天的挤奶样品，最优挤奶速率的估计可由最近 96h（最近 4 天）所有挤奶量的平均数得到。下表列出了几次或几天挤奶样品的最大差异百分比，最优估计与泌乳阶段和胎次无关。

不同天数或挤奶次数最大百分比

天数	最大百分比	当前挤奶+最近挤奶	最大百分比
1	49. 38	10	97. 85
2	77. 26	11	99. 08
3	92. 34	12	99. 70
4	98. 91	13	99. 81
5	98. 50	14	99. 40

2. 1. 8. 1. 1. 2　计算 24h 产奶量举例

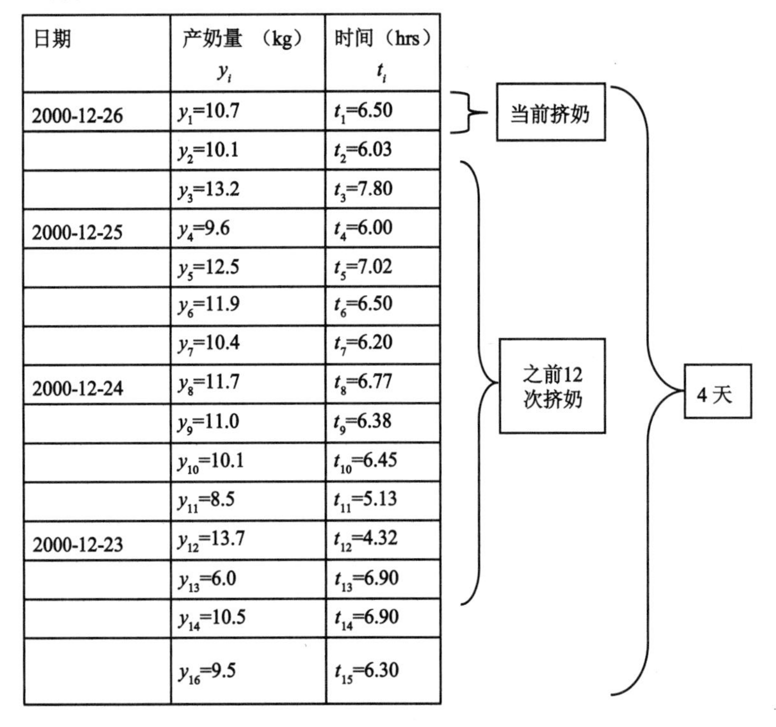

日期	产奶量（kg）y_i	时间（hrs）t_i
2000-12-26	y_1=10.7	t_1=6.50
	y_2=10.1	t_2=6.03
	y_3=13.2	t_3=7.80
2000-12-25	y_4=9.6	t_4=6.00
	y_5=12.5	t_5=7.02
	y_6=11.9	t_6=6.50
	y_7=10.4	t_7=6.20
2000-12-24	y_8=11.7	t_8=6.77
	y_9=11.0	t_9=6.38
	y_{10}=10.1	t_{10}=6.45
	y_{11}=8.5	t_{11}=5.13
2000-12-23	y_{12}=13.7	t_{12}=4.32
	y_{13}=6.0	t_{13}=6.90
	y_{14}=10.5	t_{14}=6.90
	y_{16}=9.5	t_{15}=6.30

采用最近挤奶（12+1）数据计算 24h 产奶量：

$$24h\ 产奶量=\left(\frac{\sum_{i=1}^{13} y_i}{\sum_{i=1}^{13} t_i}\right)\times 24=\left[\frac{(10.7+10.1+13.2+L+8.5+13.7+6.0)}{(6.5+6.03+7.8+L+5.13+4.32+6.9)}\right]\times 24=40.8$$

24h 产奶量

也可采用最近 96h（最近 4 天）的所有挤奶量来评估 24h 产奶量：

$$24h\text{产奶量} = \left(\frac{\sum_{i=1}^{15} y_i}{\sum_{i=1}^{15} t_i}\right) \times 24 = \left[\frac{(10.7+10.1+13.2+L+6.0+10.5+9.5)}{(6.5+6.03+7.8+L+6.9+6.9+6.3)}\right] \times 24 = 40.2$$

2.1.8.1.1.3　这种方法的优缺点

与仅评估 24h 产奶量相比，这种方法能更准确地评估出真实的挤奶量。然而，如果仅记录了一天的挤奶指标时，则挤奶量与各项内容物（脂肪、蛋白质）之间会存在脱节问题。而且，一部分奶牛在记录期间就可能开始或结束泌乳，在这种情况下必需计算调整产奶量。需要验证有效的数据会更多（如两次挤奶时间成分差别较小）。

2.1.8.1.2　仅采用 1 天的测量数据（BouLoc 等人，2002）

如果记录挤奶次数减少到一天，真实性能评估的准确性和两次记录之间有同样时间间隔的经典挤奶记录方法一样。例如要从 24h 内的所有挤奶记录中评估挤奶量，4 周的两次挤奶记录之间的间隔和 A4 具有同样的准确性。

2.1.8.2　乳脂量和乳蛋白质量的评估（Galesloot 和 PeTES，2000）

乳脂率和乳蛋白率的计算必需根据采集样品时的挤奶量。通过挤奶样品中的蛋白质百分比可以预测 24h 的乳蛋白率，无需调整。然而，因为乳脂率与总挤奶量呈反比，24h 的乳脂率很难预测。所以采样时间与实际挤奶量应密切联系。24h 乳脂率的最佳预测应包括脂乳脂率、乳蛋白质率、挤奶量与挤奶样品之间的时间间隔、挤奶量与前次挤奶时间间隔，挤奶间隔与样品中脂肪/蛋白质比率之间的相互作用。评估出 24h 的乳脂率和乳蛋白率以后，采用前次 24h 平均挤奶量可计算出 24h 的乳脂肪量和乳蛋白质量。在明确的条件（正确匹配，最少间隔 4h，不间断挤奶）下，一次挤奶样品就可以得到测试日脂肪产量令人满意的估计。

这种方法的缺点是：利用最近一天挤奶记录的平均数计算出的 24h 的产奶量，变动幅度较高（表 2.1.8.1）。一个解决方法是：考虑乳脂率、乳蛋白率和挤奶量两者之间的负相关关系，利用 24h 最优估计挤奶量（12 次挤奶量或 4 天挤奶量）来解决该问题：

$$Fat\%_{est} = Fat\%_{obs} + b \times (Milk_{est} - Milk_{obs})$$

$Fat\%_{obs}$是奶样品的乳脂率，$Milk_{est}$是 24h 最优估计产奶量，$Milk_{obs}$是采样时观察到的挤奶量，b 是挤奶量对乳脂率的线性或曲线回归。需进一步研究对特定种群/品种估计 b 值。

2.1.8.3　采样时期（Hand 等，2004；Bouloc 等，2004）

由于 24h 内单个奶牛或奶牛之间的挤奶频率变化较大，只有在完整的期间内取样时，乳脂率和乳蛋白率才能得到最好的评估。然而，24h 取样因为其成本很高不一定可行。少于 24h 取样期可能足以对乳脂率和乳蛋白率进行合理评估。不同方案的比较表明，16h 测试日取样（校正或不校正协变量）是评估 24h 乳脂产量和乳蛋白质量的最优方案。下表显示了不同取样时期的不同相关系数。

乳脂率、一致性相关系数和95%置信区间

取样时间(h)	校正协变量			不校正协变量		
	一致性相关系数	下限	上限	一致性相关系数	下限	上限
10	0.887	-0.668	0.678	0.886	-0.772	0.770
12	0.836	-0.833	0.843	0.905	-0.707	0.700
14	0.922	-0.584	0.579	0.921	-0.645	0.626
16	0.936	-0.607	0.493	0.938	-0.573	0.545
18	0.953	-0.462	0.458	0.953	-0.503	0.467

评估挤奶样品中的内含物：建议选用前一次挤奶之后至少4h的挤奶样品。

2.1.8.4 数据记录系统采集的挤奶事件

（ADR，2000：Recommendation 1.8 for Milk Procedures with Systems and for Calculation of Performance；Bouloc et al.，2002）

数据记录系统应该记录所有的挤奶样品和挤奶量（即原始数据）。为了保证生产指标计算方法的一致性，由挤奶记录组织计算24h的生产指标，而并非通过自动挤奶系统（AMS）软件。

2.1.9 电子挤奶计量器（EMM）的挤奶记录

2.1.9.1 预测24h产奶量

2.1.9.1.1 采用多天的数据（Hand等，2006）

2.1.9.1.1.1 原则

从电子挤奶计量器收集的最近挤奶重的平均数来评估24h日产奶量。利用之前几天挤奶样品可计算出最近挤奶量的平均数。下表报道了几种多天均值的一致相关性。如果使用至少前3天的挤奶数据进行计算，一致相关性至少达到高值0.981。3、4、5、6与7天的平均值之间并没有显著差异。相关性不依赖于泌乳阶段和胎次。所以，当采取乳脂和乳蛋白样品时，可利用测试日之前3~7天的日挤奶量的平均数得到24h的产奶量、乳脂量和乳蛋白量。

几种多天挤奶平均值的一致性相关系数差异

多日均值	平均相关系数
1	0.957
2	0.975
3	0.981
4	0.981
5	0.982
6	0.981

（续表）

多日均值	平均相关系数
7	0.981
10	0.979
14	0.977

2.1.9.1.1.2　计算 24h 产奶量举例

过去 5 天的数据

日期	产奶量（kg）y_i	24h产奶量（kg）
2007-11-10	y_1=21.5 y_2=21.0	m24=42.5
2007-11-09	y_1=22.5 y_2=23.0	m24=45.5
2007-11-08	y_1=24.0 y_2=17.0	m24=41.0
2007-11-07	y_1=25.0 y_2=22.0	m24=47.0
2007-11-06	y_1=26.5 y_2=16.5	m24=43.0

前5天

利用 5 天挤奶量的平均值计算 24h 产奶量：

$$24h\ 产奶量=\left(\frac{\sum_{i=1}^{5} m24_i}{5}\right)=\left[\frac{(42.5+45.5+41.0+47.0+43.0)}{5}\right]=43.8$$

2.1.9.1.2　这种方法的优缺点

与仅评估 24h 产奶量相比，这种方法能更准确地评估出真实的产奶量。然而，产奶量与各项内容物（脂肪、蛋白质）之间会存在脱节问题。随着计算 24h 均值使用天数的增加，估计偏差会逐渐增大。如果挤奶重是唯一的变量时，可采用这种方法评估。如果取样内容物作为变量时，则应从同一天的挤奶量中计算挤奶重。

2.1.9.2　评估 24h 的乳脂量和乳蛋白量

从取样当天 24h 的挤奶量可计算乳脂量和乳蛋白质量，不需要用到平均值。

2.2　奶绵羊性能记录标准和指南

原则表述

本节的目的是为奶绵羊的性能记录提供定义、指南和标准。

这些准则是 1992 年首次设立的，目的是提供信息而不是进行规范。以后定期更新。读者必须牢记以下考虑因素才能清楚地理解指南的原则。与奶牛产犊后基本上仅用于产奶的简单情况不同，奶羊系统更加多样化和复杂。在大多数情况下，正常饲养系统包括至少一个月的哺乳（或哺乳加产奶）期。系统中的这些变化在确定用于绵羊的乳记录方法和哺乳计算中的差异中起主要作用。

此外，由于其高成本，奶羊产奶记录的影响较弱，甚至更多用于定性记录。因此，强烈推广简化方法，如 AT 和 AC 设计，以集体价值为目的的官方奶类记录应集中于参与育种计划的农民。对于这种金字塔式管理的商业羊群，已经提出了一种非常简化的非官方记录，称为 D 方法，仅用于在羊群内的技术和经济发展。

为了满足羊奶记录的基本规则可能不能被遵守的特定情况，还描述了官方羊奶记录的替代方法，例如 E 记录或 AC 记录的改变。

最后，由于功能和健康性状日益受到关注，2014 年的最新更新包括乳房形态记录。

2.2.1 ICAR 关于泌乳性状的标准定义

以下学术名词用于描述所有的动物繁育体系：

哺乳期长度指羔羊哺乳期或哺乳期与产奶期同时进行的时间长度。如果仅在初乳阶段进行哺乳，则哺乳期被认为是 0。如果存在初期哺乳阶段，在只哺乳的情况下，这一时期的产奶量就等同于哺乳量，或否则产奶量等于哺乳量加上产奶量。

独立挤奶期长度是指羔羊断奶，母羊开始产奶直到干奶期间时间段。

泌乳期长度等于哺乳期加上独立挤奶期，是指母羊产羔日期与干奶日期之间的时间间隔。

总产奶量（TMY）是母羊从产羔开始整个泌乳期的产奶量（不包括哺乳期）。

总挤奶量（TMM）是指独立挤奶期的产奶量，即哺乳期之后泌乳期的产奶量。

哺乳和产奶总量（TSMM）是哺乳期的哺乳奶量加上 TMM（哺乳奶量或哺乳奶量加上挤奶量）。

记录产奶量是指可作为农场产奶记录的产奶量。如果哺乳期不是 0，绵羊产奶量仅考虑产奶期和独立挤奶期长度（开始于羔羊完全断奶，结束于母羊干奶）的产奶量，即 TMM。

主要存在以下几种情况。

2.2.1.1 产羔后开始挤奶

母羊产羔后开始挤奶（一旦初乳期结束），这种情况对牛来说很常见。

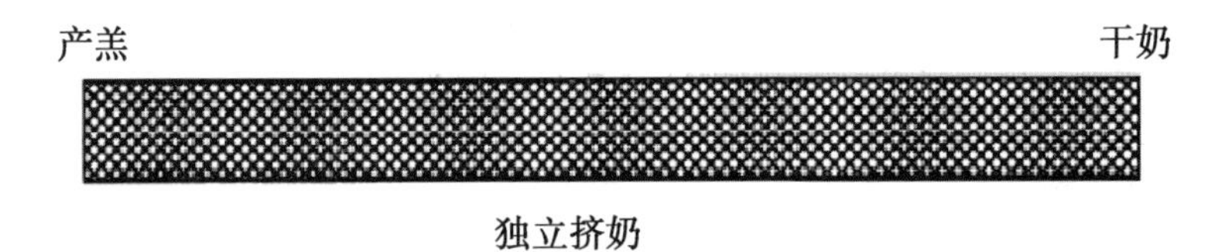

泌乳期长度和独立挤奶期长度是相等的（不包括生产初乳期）。独立挤奶期的产奶量等于泌乳期的总产奶量（TMY）。

2.2.1.2 哺乳期后开始产奶

母羊对羔羊完成哺乳之后或产奶与哺乳结合一段时间之后，对母羊进行挤奶。

独立挤奶期（TMM）的产奶量小于整个泌乳期的产奶量（TSMM）：几乎所有记录都只记录泌乳曲线的下降阶段，在哺乳期（或哺乳结合部分挤奶）泌乳高峰就会下降。独立挤奶期长度就等于泌乳期长度减去哺乳期时间长度。

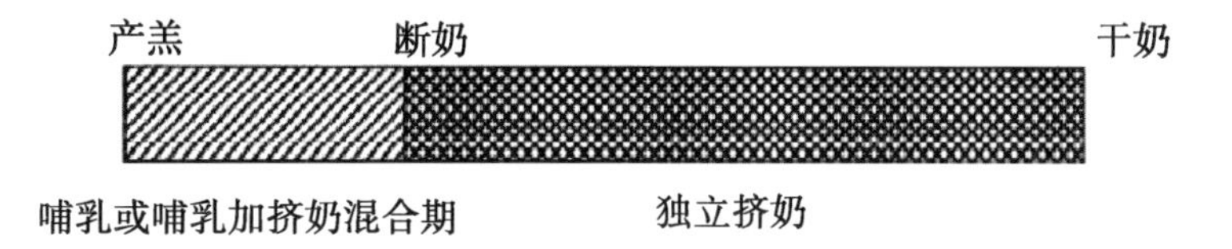

我们经常用一些不准确的语言粗略描述如何计算泌乳期，然而，这里应严格采用独立挤奶期计算产奶量（TMM）。

2.2.1.3 总产奶量和参照生产标准

泌乳期总产奶量（TMY 或 TSMM）或独立挤奶期的产奶量（TMM）是根据在产羔或哺乳期以后采用机械/手工产奶的量来计算的。因为区域（品种）之间繁育体系不同，我们不可能定义出一个标准的泌乳期长度或独立挤奶期长度：我们建议采用已经获得认可的组织根据每个品种或母羊自身繁育体系（年龄或泌乳期次数）制定的泌乳期长度或独立挤奶期长度参考生产标准，公布结果时必需注明所选择的标准泌乳期长度（天数）。

2.2.2 ICAR 的规则和标准

这一章节描述了在实际应用中的官方 A、B、C 或 D 产奶记录方法的所有强制性规则和标准。

2.2.2.1 记录的责任与类型

由国家职员或官方注册组织职员执行各种记录操作（方法 A 用于官方组织测试员进行产奶记录，方法 B 用于农场主或农场工人进行产奶记录，方法 C 和 E 用于官方测试员或农场主进行产奶记录）：

- 根据国家体系赋予畜群内或畜群间每个动物唯一编号，通过纹身（或其他形式的安全标记或电子标识）鉴别动物身份。
- 记录信息包括：交配、人工授精（如果记录交配）、产羔、产奶记录（母羊和群体）、自繁种群的公羊、母羊存栏量。
- 检查记录并定期访问绵羊农场：组织控制配种、产羔记录、标记新出生的羔羊，根据平均妊娠期长度和标准偏差检查母系/父系的关系（即 x 妊娠期平均天数±y 天数）。每个地区必须提供每个种群/品种的 x、y 值。

无论采用 A、B、C、E 哪种方法进行产奶记录，农场主必须提供相关的信息，如交配和产羔信息（如果控制交配）：这些信息应提交到一个监督系统内，由被认证的记录组织统一管理：例如血型检查谱系。养殖者直接提供的任何信息（不是由官方记录员提供）必须接受记录组织的监督审查。

2.2.2.2 监控的母羊

2.2.2.2.1 *方法 A，B，C 的例子*

饲养员可以将羊群分成一个或若干个羊群。如果饲养员管理几个羊群，可以只记录一个羊群，条件是必需要将记录羊群和其他未记录羊群分开，未记录羊群可看作商业羊群。同样，如果饲养员仅记录了其中的一个羊群，那么在产奶期内禁止其与未记录羊群混合。

饲养员要对记录羊群中的母羊从开始到结束整个产奶期进行记录。

无论何时对记录羊群记载（定量的）产奶量，要单独记录每个品种或基因型所有母羊的产奶：单独记录可避免样本偏差。不需要记录哺乳期母羊（哺乳或哺乳—挤奶结合，见章节 2.2.1）的产奶量：不可能简单而又准确测量（哺乳或哺乳—挤奶结合）母羊的个体产奶量（在农场大规模应用产奶记录的先决条件）。所以，当母羊完全与羊羔分离才能进行产奶记录，也就是说当母羊只产奶时才进行产奶记录。

同样，如果另一个羊场的奶山羊在一年的某时段在该农场的产奶被正式记录的话，这些记录不能包含在这个农场的官方记录中。饲养员采用 A、B 或 C 方法对羊群中所有母羊进行产奶记录，其数据要及时更新，存栏量要准确。

2.2.2.2.2 方法 E 的例子

当繁育的目的是为了维持种群典型标准的性状特征时（群体没有产奶量或仅记录了部分母羊），可采用官方批准的方法 E，这种方法应用时较为灵活。在第一种情况下，不需要记录母羊哺乳（在测试当天之前至少 12h 将羔羊与母羊分离）。在第二种情况下，不需要对群体所有动物进行记录（仅记录那些指定的母羊或指定泌乳期）。2002 年 5 月 28 在因特拉肯举行的绵羊产奶记录工作组会议，对方法 E 的实际应用情况进行了详细描述。

2.2.2.3 首个测试日

2.2.2.3.1 羊群

羊群的首个测试日为机械或手工挤奶后的 4 到 15 天，本建议适用于以按月进行记录的实际测试。

2.2.2.3.2 母羊

母羊的第一次产奶记录应在其与羔羊完全分离后的 35 天内开始（方法 E 除外），考虑到记录员访问的周期性波动和批量记录，可以有 17 天的偏差。因此，产羔到母羊第一次（定量的）产奶记录的时间最多等于该品种的平均哺乳期长度加上 52 天（35+17 天）。如果时间大于上述阈值时，这个母羊应该没有哺乳期计算。例如，对于那些平均哺乳期只有 0 天（只有初乳阶段）、25 天、45 天的品种，每个母羊的第一次定量的产奶记录应该分别发生在产羔后的 52 天、77 天、97 天内。

2.2.2.4 产奶记录的频率和次数

2.2.2.4.1 羊群

对于一天两次挤奶来说，用方法 A4，B4，C4 或 E4，羊群两个连续产奶记录的平均记录间隔为一个月（30 天，28 到 34 天范围内），用方法 A5，B5 或 C5，和 A6，B6 或 C6 分别可以达到 36 天和 42 天。如果是一天一次产奶记录（用方法 AT，BT，CT，AC，BC，CC，EC 或 ET），用方法 A4（公认为标准方法）平均记录间隔为 1 个月（30 天）。因为没有最小间隔，所以必要的时候可以根据产羔分离的方式进行补充测试（例如：为了包含哺乳母羊泌乳的开始以及成年母羊测试的间隔，两个连续测试间隔 2 周或 3 周）。

每个羊群每月记录的次数和每个泌乳期并不固定：因此必须由官方组织决定，同样的，必须遵循一个泌乳期里羊群第一次和最后一次（定量的）产奶测试的最大间隔（天）。

2.2.2.4.2 母羊

同一头母羊的两个连续非零测试的最大间隔是 70 天（2×35 天）。因此，在每月测试

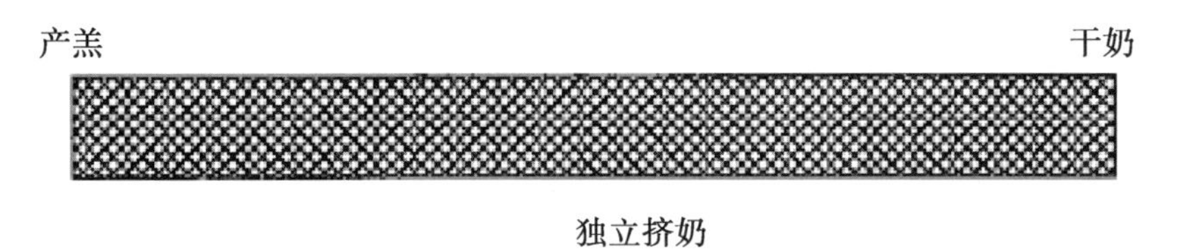

独立挤奶

的基础上，允许存在一次测试缺失。如果第（i）和（i+1）次测试的间隔大于该最大值，那么所测母羊的哺乳期的计算要在第（i）次测试终止。

计算母羊哺乳期需要的有效月测试次数（产奶记录非零）的最小值不确定：因此，必须对所涉及的每个品种及类别的母羊的哺乳期进行描述（第一个、第二个和更多个哺乳期）。

2.2.2.5 产奶记录的类型和表达方式

羊奶的重量（即定量的记录）是唯一必要的记录。对羊奶的化学成分测试或定性测试则不是必需的（见第 2.2.3 节）。一般条件下在农场挤奶时，不管是手工还是机械挤奶，定量记录都包括母羊的产奶量。虽然应该采用机械挤奶，我们也建议不要分别计算手工和机械的个体产奶量以避免对机械挤奶能力的间接选择。

然而如果分别记录了（手工或机械）挤奶量，那么就有必要在结果描述中提到。

如果产奶量是以一天两次挤奶记录的（用 A4、B4、C4 或 E4，方法 A5、B5 或 C5、方法 A6、B6 或 C6），该方法只需要记录一天两次中的一次：在这种情况下，无论是用严格交替的每月测试（方法 AT、BT、CT 或 ET），还是为早/晚差异而做的每月精确测试，都要考虑整个羊群两次挤奶的产奶总量（用方法 AC、BC、CC、EC）。

羊奶可以通过重量（g）或体积（ml）进行测定。体积测量与称重（如果奶流量的测量与泡沫无关）一样精确，比称重更加快速，因此较为常用。重量换算体积的系数为 1.032g/ml（正常的绵羊奶密度）。每日重量测试的最小值为 200g 或 200ml。误差限制（误差的标准偏差）为 40g 或 40ml。

ICAR 批准的奶羊设备自 1995 以来已上市。在 ICAR 网站上列出了被批准用于绵羊的设备。同时，如果可能的话，由政府机构进行检查，牛奶也可以通过在 1995 年 1 月 1 日前使用的装置批准或测量。

2.2.2.6 泌乳期计算方法

2.2.2.6.1 羊群

对于给定的产奶期，农场主必须采用单一的测试方法：方法 A（A4 或 A5 或 A6 或 AC 或 AT），方法 B（B4 或 B5 或 B6 或 BC 或 BT），方法 C（C4 或 C5 或 C6 或 CC 或 CT），方式 E（E4 或 EC 或 ET）。

2.2.2.6.2 母羊

当从产羔开始挤奶时，泌乳期总产奶量（TMY）利用 Fleischmann 方法计算（或者其他的证明具有等效准确度的方法）。当只从哺乳期之后挤奶，产奶期间的产奶量（TMM）也是用 Fleishmann 方法（或者其他具有等效精度的方法）计算，基本测量只与幼畜到完全断奶后的产奶量有关（作为例外，方法 E 可算出产奶与哺乳奶总量 TSMM）。

计算公式可以基于实际断奶与干奶的日期，也可基于哺乳期的标准时长和最后一次非零产奶记录到干奶的间隔所计算的天数。整个计算过程由各个国家和/或品种定义，因此在公布结果时需要准确介绍计算方法（见 15.1.2.4）。

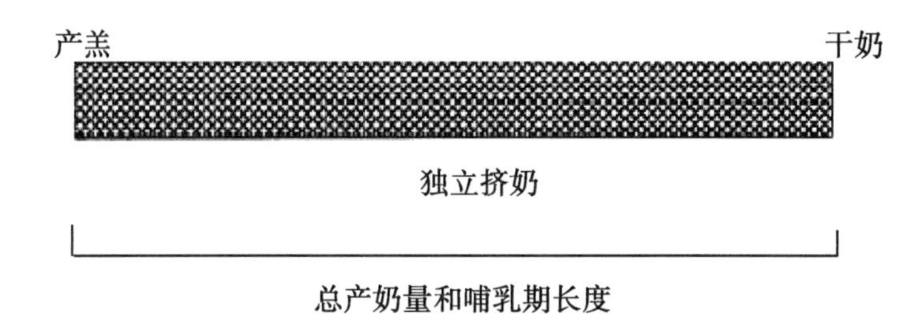

泌乳期总产奶量（TMY）和相应的泌乳期是一起计算（例如牛）的（泌乳期为从干奶日期和分娩日期的差值）。分娩日期是真实日期，干奶日期是真实日期或者计算出来的。在应用 Fleischmann 方法前每只母羊的测试最小次数不一定存在。其计算过程由履行责任的相关组织确定。

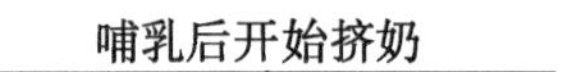

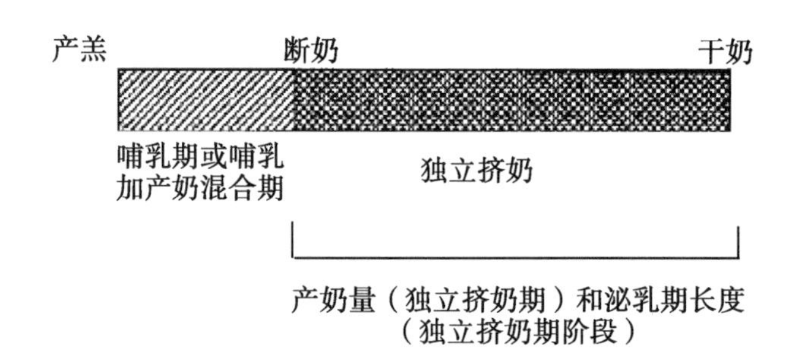

独立挤奶期的产奶量和相应的产奶时长是一起计算的［产奶时长指从干奶日期到断奶日期］。分娩日期是真实日期，干奶日期是真实日期或者计算的日期（标准哺乳时长）。断奶日期也可以是真实日期或者计算的日期。应用 Fleischmann 方法前每头母羊的测试最小次数不一定存在。其计算过程由履行责任的相关组织确定。

2.2.2.7 AC 法的质量保证措施

本节的的主要目的是解决 AC 法使用过程中存在的具体问题。然而，所述程序也可应用于 BC、CC 和 EC 法，同时也有涉及 AT、BT、CT 和 ET 法的内容。

AC 法要求记录在 24h 内羊群产奶量的总和，用于计算每只母羊在记录当天的 AC 系数，以得到日产奶量。但在下列情况下，使用 AC 法将产生偏差：

- 羊群中的部分羊为注册羊需进行记录，而大罐奶量是整个羊群的产奶量。这在很多国家或品种中特别常见，这种情况下的产奶记录非常困难，只能靠养殖者对这一部分注册羊进行单独记录。在很多时候，如果允许农民只对部分羊群进行记录，则会有更多的羊群参与记录（事实上，如果允许对部分羊群进行产奶记录，则一些存栏较多的羊场会坚持产奶记录）。这一策略可以大大增加参与产奶记录的羊只数量，从而分摊记录成本，提高产奶记录的成本效益，同时可以加快遗传改良的进度。

- 羊群中一部分羊每天挤奶一次，而另一部分则每天挤奶两次。每天挤奶一次的情况在许多的羊场越来越频繁，目的是减少劳动力；例如，省出时间用来进行干酪生产，以及降低能源成本。每天挤奶一次的情况较多的出现在泌乳末期（初夏），从而为秋天产羔做准备，但产羔后往往恢复为每天两次挤奶。

虽然根据指南的要求，这样的做法并不提倡，但同时也制定了相应的质量保证程序来控制和明确 AC 系数。该程序将在下文予以介绍；程序的完整内容可在 2012 年 5 月 29 日在科克郡召开的 ICAR 会议发布的文件中获得，同时可在 ICAR 网站上下载（www.icar.org/index.php/technical-bodies/working-groups/performance-recording-of-dairy-sheep/）。该程序介绍了对于执行一天两次挤奶的羊群的月度记录方法，目的是对 AC 法记录的质量核查。该方法将获得一个群体系数（个体系数的平均值），该系数可直接应用于所有测试日期，也可用于对 AC 系数进行核查。

然而，执行该质量保证程序需要较高的投入，应尽量避免应用，而且，在执行之前，强烈建议牧场的育种人员首先将未注册的羊只分离出来。或者，对于存在一天挤奶一次的羊群，要么将已经挤过一次奶的羊分离出来，要么设法将其辨别出来。这种做法可以确保 AC 系数仅应用于适当的母羊。

应用该质量保证程序属于可选项，根据实际需要，由记录组织决定是否执行。该程序解决了产奶量问题，但并不是针对于采样。

2.2.3 ICAR 可选记录指南

描述内容：

- 一方面，能够保留在官方方法 A、B、C 或 E 记录框架里的可选记录。
- 另一方面，产奶记录的一个非官方方法——方法 D。

2.2.3.1 用官方方法 A、B、C、E 进行的定性测试或羊奶化学成分测试

因为测试仪器非常昂贵，通常技术上也难以支持大型羊群，所以羊奶化学成分测试（需要取典型样品来分析脂肪和蛋白质含量）为可选测试。

不管是实验目的，还是产奶数量的记录规模已经非常有效的综合选择模型框架，这样的定性测试都可以实现。在第二种情况下，不管采用每月或部分月份实施，定性测试必须是羊群每月定量记录的一部分（A4，B4，C4 或 E4，AC，BC，CC，EC，AT，BT，CT，ET）或者大约每月定量记录的一部分（A5，B5 或 C5，A6，B6 或 C6）。此外，为避免采样偏差，必须尝试在一个或多个品种中为全部或大部分母羊采样，或在相应的定量测试期间按年龄分等级采样。

各官方认可组织对定性测试过程描述：定性测试的目标（实验或供甄选之用），测试频率，抽样程序，样本母羊的类别以及被记录产奶量的母羊的百分比，遵循的监管程序（用于抽取的样品和羊奶分析实验室），所做化学分析和计算的类型。

蛋白质含量（或氮含量）和脂肪含量必须在产奶记录中同一参照样本下进行分析，用于测定脂肪和蛋白质含量的设备应定期检查，检查标准由 ICAR 提供。

2.2.3.2 乳房形态记录

在日益受到关注的功能性特征中，为了降低生产成本这一目的，与乳房健康和乳房形态学相关的功能特征有越来越多的文献记载。体细胞计数是乳房健康的标准指标，而乳房形态的评分根据品种和所涉及的国家的不同而具有不同的形式。

本部分旨在：

1. 根据每个品种的特异性提出可以评分的不同性状。

2. 列出了遗传参数参考，特别是围绕泌乳性状和乳房性状之间的关系。没有提出指南，因为在现阶段不需要合理化。

本部分结果在在西班牙莱昂（2002 年 5 月 27—29 日）举办的“乳房记录比较”研讨会上欧盟框架 QLK5-2000-00656“基因断层安全”项目公布。

和牛一样（本指南第 5.1 节），线性性状单独评分，评分覆盖生物范围。描述性状的程度，而不是符合性。推荐的范围是 1~9。乳房评分包含几个特征。至少在一个品种/国家中评分的性状如下：

1. 乳头位置

<table>
<tr><td>西班牙Churra</td><td>垂直=9 </td><td>水平=1 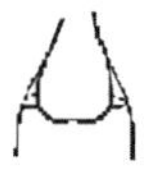</td></tr>
<tr><td>打分依据</td><td colspan="2">乳头位置</td></tr>
<tr><td>法国 Lacaune</td><td colspan="2">垂直=1
水平=9 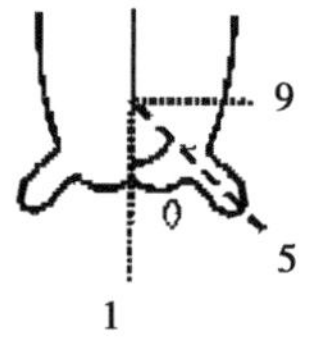</td></tr>
<tr><td>打分依据</td><td colspan="2">石乳头角度</td></tr>
<tr><td>意大利 Sarda</td><td colspan="2">垂线最底端=1
乳房下部侧面=5
乳房上部侧面=9 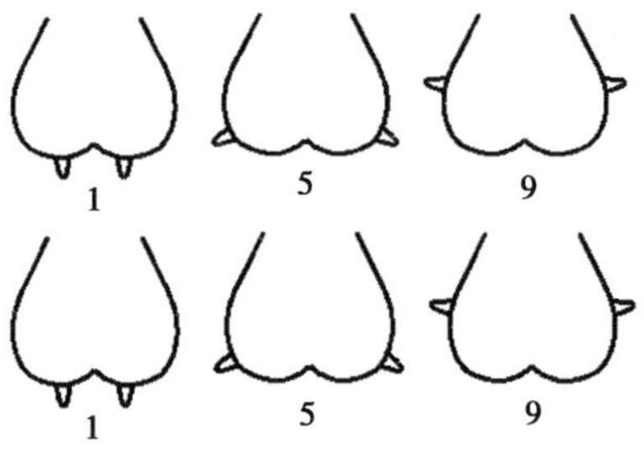</td></tr>
<tr><td>打分依据</td><td colspan="2">乳房乳他高度</td></tr>
</table>

2. 乳房深度

西班牙 Churra	浅=1 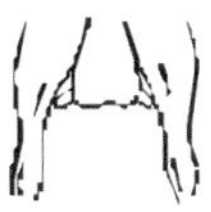	深=9 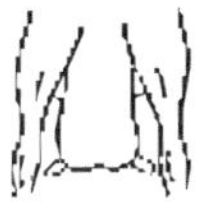
打分依据	相对于腹基部的乳房深度	
法国 Lacaune	深=1 浅=9 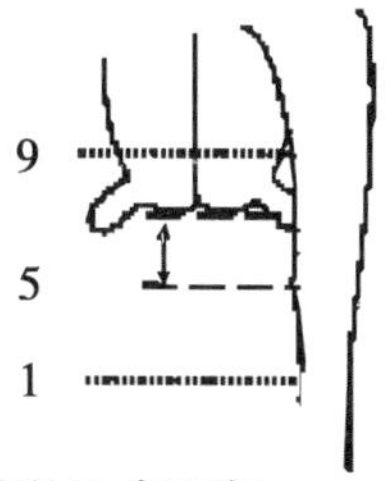	9 5 1
打分依据	乳房基部到飞节的垂直距离	
意大利 Sarda	深=1 浅=9 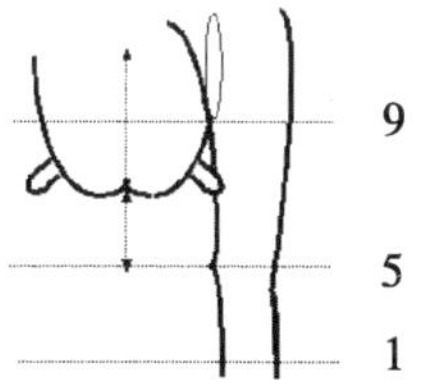	9 5 1
打分依据	乳房中央悬韧带最低点到飞节的垂直距离	
以色列 Afec Assaf	浅=1 	深=9 
打分依据	相对于腹基部的乳房深度	

3. 乳房附着

西班牙Churra	宽阔的=9 	纤弱的=1 
打分依据	乳房附着在腹壁	
意大利 Sarda	宽度大于高度上的周长=9 宽度等于高度=7 宽度小于高度=1 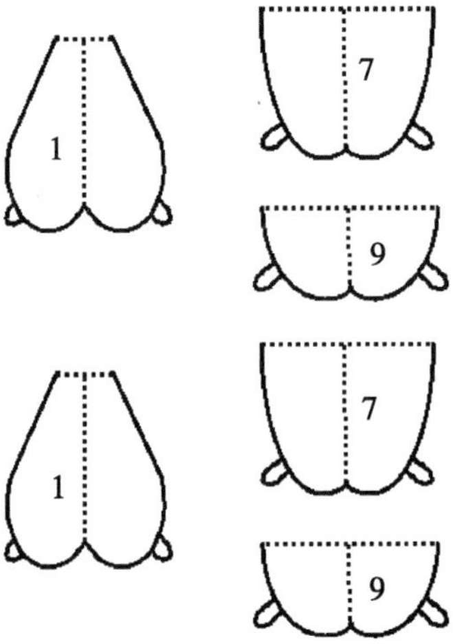 1 7 9 1 7 9	
打分依据	乳房高度与附着宽度的比值	

4. 乳房裂

法国 Lacaune	无乳房沟=1 乳房沟显著=9 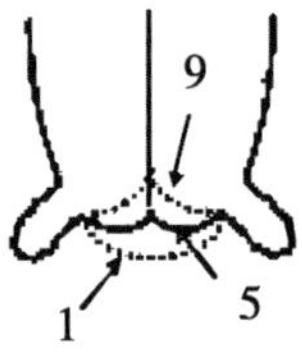 9 1 5
打分依据	观察乳房沟痕迹
意大利 Sarda	无乳房沟=1 深度一般=5 深度很深=9 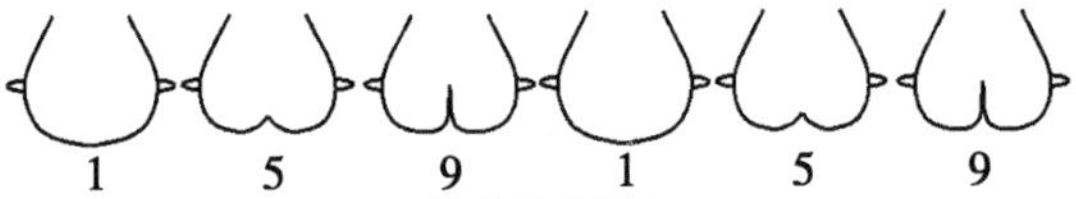 1 5 9 1 5 9
打分依据	乳房沟深度

5. 乳头大小

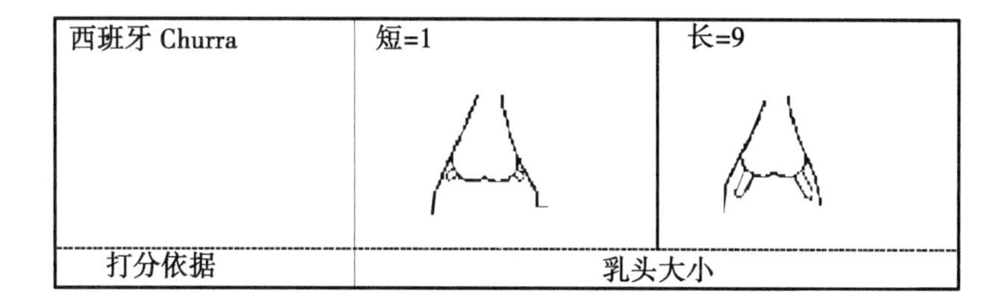

西班牙 Churra	短=1	长=9
打分依据	乳头大小	

上述特征和相应的表格（包括在乳房评估性状列表）可能会被实施乳房形态记录的其他品种/国家，或者如果它们的性状或表格改进，由上述品种/国家更新。请向奶山羊工作组主席提供任何性状表的更新建议。

各个国家估计的性状的遗传参数和以上表格从以下论文获得：

• Barillet F. , Astruc J. M. , Lagriffoul G. , 2007. Taking into account functional traits in dairy sheep breeding programs through the French example. EAAP publication No. 121, 2007. Proceedings of the 35th Biennial Session of ICAR, 6-10 June 2006, Kuopio, Finland.

• Casu Sara, Pernazza I. , and Carta A. , 2006. Feasibility of a linear scoringmethod of udder morphology for the selection scheme of Sardinian sheep. J. Dairy Sci. 89: 2200-2209.

• Fernandez G. , Baro J. A. , de la Fuente L. F. , San Primitivo F. , 1997. Genetic parameters for linear udder traits for dairy ewes. J. Dairy Sci. 80, 601-605.

• Gootwine E. , Alef B. , Gadeesh S. , 1980. Udder conformation and its heritability in the Assaf (Awassi x East Friesian) cross of dairy sheep in Israel. Ann. Génét. Séle. Anim. 1980, 12 (1), 9-13.

• Marie - Etancelin C. , Astruc J. M. , Porte D. , Larroque H. , Robert - Granié C. , 2005. Multiple-trait genetic parameters and genetic evaluation of udder-type traits in Lacaune dairy ewes. Livestock Production Science 97 (2005) 211-218.

2.2.3.3 A、B、C 或者 E 官方方法中其他的测试类型

从包含体细胞数、乳腺炎的定性产奶记录中能得到其他可能结果，类似地，羊奶的其他特性，机械产奶的能力都可以通过奶流量测量，奶流量由绵羊奶自动记录系统记录。

甚至在进行产奶记录前，也可以记录繁殖性状，包括繁殖方法（通过诱导发情的人工授精、诱导发情、人工配种和自然交配等）、出生幼畜的数量和性别、从产羔到受孕的空怀期等信息。这种可选的记录由负责此任务的官方承认的组织确定。

2.2.3.4 方法 D

方法 D 为简化的非官方记录方法，它规定每个羊群每年有 2~4 次的记录，以保证每只母羊在哺乳期中期有 2~3 次的测试日。这个记录可以选择日常产奶中的一次，或者对所有日常产奶记录进行，其中日常产奶为所有母羊在测试日均完全产奶。因为这是一个非常简化的方法，所以建议只记录其中一次日常产奶量。在这种情况下，测试日可能会为了得到日产奶量而调整（例如，乘以 2 或者其他任何考虑到早/晚差异的系数）。目的是实现羊群中母羊的排名以管理替代和淘汰（个体排名或子羊群的个体排名）。排名可以基于平均测试日或泌乳期计算，泌乳期可能用泌乳期次数、年龄、分娩月份等因素校正。然而，由于给每只母羊的测试日次数较少，即使可以也不建议使用这种简化设计的泌乳期计算。方法 D 在两种情况下可能有用：

可以应用于金字塔育种方案核心群之外的商业羊群。

- 这种简化的产奶记录类型也可能适用于发展中国家，为农民提供饲养、健康、育种（如果遗传学上可能的话）等建议。在这种情况下，这可能是为了遗传目的实施官方记录前的第一步。

不管什么情况，方法 D 都不提供 ICAR 的印章。

2.2.4 关于结果描述的规则

本部分涉及方法 A、B、C、D，E。

为表述方便，以下词汇用于产奶量的计算：

- 总产奶量/总挤奶量
- 产奶时长

产奶量相当于：从产羔就开始产奶时的泌乳期总产奶量（TMY）或哺乳期后产奶时的产奶量（TMM）。

产奶时长相当于：从产羔就开始产奶时的泌乳期时长或哺乳期后产奶时的产奶时长。

2.2.4.1 强制记录的结果

有义务为给定的品种和年份或产奶时期提供以下结果。

2.2.4.1.1 *产奶记录和计算方法信息*

组织机构负责产奶记录；

- 定量记录使用方法：方法 A4、B4、C4 或 E4，A5、B5 或 C5，A6、B6 或 C6，AT、BT、CT、ET、AC、BC、CC 或 EC。
- 产奶量的计量单位：升或者千克。
- 计算产奶量的设备类型（奶量计等）：需要说明。
- 负责计算泌乳期的组织名称。
- 干奶日期：实际上的或者计算得到的日期；详细说明计算过程或者描述泌乳期判定准则。
- 乳羊断奶日期（假如有哺乳期）：实际上或者计算得到的日期；若要计算乳羊断奶期，也只能表明平均哺乳时长。
- 计算产奶量需要每只母羊最少产奶记录次数。
- 产奶量的计算：根据产奶的真实时长或者描述的标准时长。
- 已公布的产奶时长：提供计算公式（日期之间的差值）。
- 是否有产奶量的调整值：类型及名称（如对年龄、母羊产羔期等的调整）。

- 是否有监管体系：类型及描述。

2.2.4.1.2　采用方法 A、B、C 或 E 进行产奶量记录涉及的绵羊群体信息

- 具有官方产奶记录的饲养场数量（年）。
- 饲养场的母羊数量（包括羊羔数量）。
- 饲养场的泌乳母羊数量（计算产奶量）。
- 泌乳期体系：

体系 1：从母羊产羔开始产奶，

体系 2：从哺乳期后开始产奶。

- 若为体系 2，需记录：哺乳期的平均时长（天）、开始哺乳的详细描述、哺乳+产奶阶段的描述。
- 母羊繁殖目标：每次泌乳期繁殖一只或多只羔羊；初次繁殖的年龄。
- 挤奶方式：机械操作（占官方记录的饲养场和母羊数量的百分比）；人工操作（占官方记录的饲养场和母羊数量的百分比）。
- 产奶记录结果：总产奶量和产奶时长（参加上述解释）；平均每日产奶量（总产奶量/产奶时长）。若有可能，产奶量结果应代表所有泌乳期并且取决于哺乳次数。而且，需给出未经根据变异因子调整的原始产奶量结果。

2.2.4.1.3　母羊的相关信息

对于强制公布的每个泌乳期，需要提供以下信息：

- 母羊的 ID 号。
- 产羔年龄。
- 泌乳胎次或者年龄分类。
- 在有羔羊的情况下，真实或者标准的哺乳时长。
- 总产奶量（未经过校正）：TMY；TMM。
- 产奶时长。
- 平均每日产奶量。

有可能公布的其他信息：

- 产羔日期与初次测试日期之间的时长（天）。
- 最多产奶记录测试（包括泌乳期）。
- 母羊每月产奶测定总数。
- 参照生产（及选择的标准尺度）。

2.2.5　可选记录结果公布

2.2.5.1　实施羊奶品质记录的信息

本段适用方法 A、B、C 或 E（15.1.2.2.1 和 15.1.2.2.2）和方法 D（15.1.3.4）

实施羊奶品质记录所需的信息有：

- 质量测定的目的：实验或选育。
- 所采用的取样步骤。
- 所采用的测量方法：测定奶样、测定频率、抽样的母羊分类。

- 结果：取样母羊占测定产奶母羊中的百分比（应用于同类母羊）。
- 分析：羊奶类型分析、测量结果采用的方法和单位。
- 计算：计算方法的描述，公布的结果。
- 对品种、羊群、母羊平均结果的表现。
- 是否有监管体系：类型及描述。

2.2.5.2 繁殖结果

- 根据对繁殖体系的概括描述将绵羊分为两大主要类型：一年产羔一次；一年产羔多次。
- 采用的繁殖方法描述（在记录产奶牧场中的频率）：诱导发情及人工授精；诱导发情及辅助交配；自然交配；从绵羊产羔到怀孕的时长。
- 绵羊初次繁殖平均年龄的计算结果取决于所采用的的繁殖方法。
- 对每个年龄组产羔期（频率）及繁殖方法的描述。
- 每个年龄组的平均生育结果及繁殖方法。
- 每个年龄组的平均繁殖力结果及繁殖方法。

2.2.5.3 其他选择性记录信息

提供与某一绵羊品种、羊群、母羊、养殖区域的信息，举例如下：

- 羔羊出生或断奶时的体重。
- 母羊分娩或产羔时的体重。
- 乳量记录格式变更的原因。
- 患乳腺炎的频率等。

2.2.5.4 方法 D

方法 D 的精确描述可用作简化的设计：

- 设计（每个羊群每年的记录数量）。
- 计算和建立归类方法。

无论何种设计、计算和归类方法，方法 D 都不提供 ICAR 的印章。

2.3 山羊奶记录的规则、标准和指南

本标准和指南旨在促进综合选择方案的应用以及动物和信息的国际交流。

2.3.1 产奶性状的定义

以下术语用于描述动物育种体系：

- 哺乳期长度可分为哺乳期或哺乳期+产奶期。如果幼畜只饲喂初乳，哺乳期等于零。如果开始有一个哺乳阶段，若羊奶仅用于哺乳，则哺乳期的产奶量等于用于哺乳的奶量；若羊奶不仅仅用于哺乳，哺乳期的产奶量等于哺乳的羊奶量加上哺乳期间挤出的羊奶量。
- 独立挤奶期是指羔羊断奶后至母羊干奶的这一时期。
- 泌乳期长度是哺乳期与仅产奶期之和，即产羔日与干奶日之间的间隔时间
- 泌乳期总产奶量（total milk yield per lactation，TMY）是指从产羔开始至干奶的整

个泌乳期的产奶量（不包括哺乳期）。

- 总产奶量（total milked milk，TMM）是指仅产奶期间的产奶量，也就是哺乳期之后的产奶量。
- 哺乳和产奶总量（total suckled and milked milk，TSMM）是哺乳期阶段（哺乳羊奶量，或者哺乳的羊奶量加上哺乳期间挤出的羊奶量）的产奶量加上总产奶量（TMM）的和。

只有断奶后的产奶量才能做为养殖场产奶量记录的一部分。如果哺乳期产奶量不是零，奶山羊的产奶量只考虑产奶期和仅产奶期的时长（从幼畜完全断奶时开始至母羊干奶时结束）：相当于 TMM。

因此，有以下几种情况：

2.3.2　产羔后产奶

与奶牛类似，奶山羊也是产羔后产奶（一旦初乳期结束）。

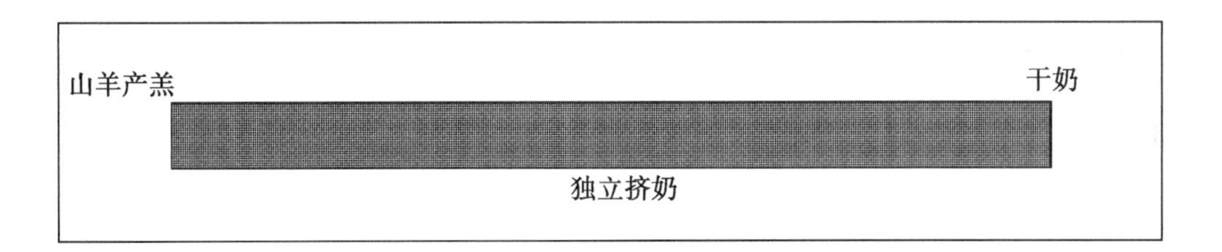

泌乳期时长和独立挤奶期时长是相等的（不包括初乳期）。独立挤奶期间的产奶量等于泌乳期的总产奶量（TMY）。

2.3.3　哺乳期后产奶

哺乳后或哺乳加部分产奶期。

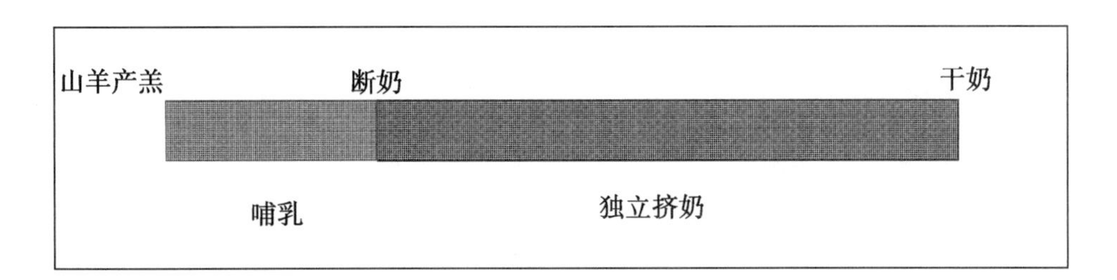

仅产奶期间（TMM）的产奶量小于整个泌乳阶段的总产奶量（TSMM）：几乎所有情况下，都只记录了泌乳曲线的下降阶段，而泌乳高峰落在最初的哺乳（或哺乳加部分产奶）时期。仅产奶期的长度等于泌乳期长度减去哺乳期长度。

我们广义上讲的泌乳期的计算方式并不准确，在这里，我们用独立挤奶期（TMM）来严格规定产奶量的计算。

2.3.4 总产奶量和参考产奶量

由于不同地域（品种）之间的育种体系有很大的区别，因此很难定义一个标准泌乳期时长或标准产奶时长（在独立挤奶期间）：我们建议组织机构根据山羊育种体系、品种和种类（年龄或泌乳天数）定义泌乳期产奶量或独立挤奶期产奶量的参考值。所发布的结果必须声明所选的标准时长（天）。

2.3.5 规则和标准

这一部分描述了在实际应用中的官方 A、B、C 或 E 产奶记录方法的所有强制性规则和标准。

2.3.6 记录的责任与类型

下面描述的对各种记录的操作均由政府工作人员或官方认可机构的人员来实施（方法 A 中产奶量记录由官方人员实施，方法 B 由农场主或其工人实施，方法 C、D、E 由官方人员和/或农场主实施）：

- 出生后 30 天内用传统方法或电子耳标对动物进行个体认证，每个动物的标识是唯一的。此认证方式仅针对用于育种目的动物。
- 做好交配、人工授精（在做好交配记录的情况下）、产羔、产奶记录（个体和全群）、奶山羊和公山羊的存栏信息记录。
- 检查记录并定期走访山羊场：选择育种机构（可选的）、保存产羔记录、标记幼畜，根据妊娠的平均天数及其标准差（平均怀孕天数 x±y 天）进行产检。x 和 y 的值须由各国家的动物品种或品种群提供。

无论采用 A、B、C、E 哪种方法记录产奶量，农场主都必须提供相关信息，如交配和产羔信息（控制交配的情况下）：这些都受到官方机构监管体系的监管。例如，可以通过 DNA 分析进行系谱确认。饲养员（而不是官方记录员）直接提供的任何信息必须通过官方记录机构的审查。

2.3.7 母山羊的监控

2.3.7.1 A、B、C、D 方案案例

饲养员可以把羊群分为一个或数个小群。如果饲养员管理几个羊群，当记录羊群信息时，只记录一个羊群的繁殖信息，其他被视为商业用途的羊群不记录。如果只记录了一个羊群的繁殖信息，那么未记录的羊群和已记录的羊群产奶期间严禁混群。

所有的奶山羊群体都要记录从产奶开始到结束的产奶量。当被记录羊群中有（定量）产奶量记录，就必须记录所有仅产奶的山羊（育种计划内的品种或基因型）。记录的重要原则是避免取样偏差。因为不能简单准确地测定哺乳期或哺乳阶段包含部分产奶期山羊的个体奶产量（农场大规模应用产奶量记录的先决条件），所以哺乳期或哺乳+部分产奶期（参考第 1 章）的产奶量不包含在内。所以只有当母羊和羊羔完全分离后才进行产奶量记录，此时仅需要考虑产奶的情况（参考第 1 章）。所有奶山羊都应准确记录日产奶量。如果另一羊场的奶山羊一年内的部分产奶量已被官方记录，那么这些记录不能出现在这个农

场的官方记录中。这就是为什么所有山羊必须固定饲养员的原因，该饲养员用 A、B、C、D 方法来记录羊群的产奶情况，该羊群的存栏必须定期更新并确保准确。

2.3.7.2　方法 E 的案例

当繁育的目的是为了维持种群特定的性状特征时（群体中只有一部分羊群被记录），可采用官方批准的方法 E，这种方法应用时较为灵活，且不需要对群体中所有山羊进行记录（只记录指定山羊或指定的哺乳期）。

2.3.8　第一个检测日

2.3.8.1　羊群

羊群的第一个检测日在羊群开始机械或手工挤奶后的 4～15 天。第一检测日适用于按月进行记录。

2.3.8.2　母羊

2.3.8.2.1　*产羔后产奶*

考虑到挤奶器记录的批量性和波动性，母羊的第一次产奶记录不早于产后 6 天，不晚于产后 80 天。如果间隔大于以上所描述的阈值，则该山羊不计算哺乳期。

2.3.8.2.2　*哺乳期后产奶*

与幼畜完全分离后的 35 天内，母羊进行第一次产奶量记录。考虑到挤奶器记录的批量性和波动性，可以有 17 天的偏差。因此，产羔和母羊第一次产奶量记录的间隔最多等于该品种哺乳期的平均时长加上 52 天（35 天+17 天）。如果间隔大于以上所描述的阈值，那么按没有哺乳期计算。

2.3.9　产奶记录的频率和次数

2.3.9.1　羊群

一天挤奶 2 次的情况下，用方法 A4，B4，C4，D4 计算羊群 2 次连续产奶量的平均记录间隔（天）为一个月（30 天，28 到 34 天范围内），而用方法 A5、B5、C5、D5 和 A6、B6、C6、D6 分别为 36 天和 42 天。如果一天记录一次产奶量（方法 AT、BT、CT、AC、BC、CC、DC），方法 A4 则是标准方法，平均记录间隔为一个月（30 天）。因为没有最小间隔，因此补充记录可以根据分娩方式进行（例如：两个连续记录间的 2～3 周）。

每个羊群和每个泌乳期的月记录次数并不固定，由各官方组织决定，且在羊群产奶操作中第一个和最后一个（定量）产奶记录之间的最大间隔（天）之内。

方法	记录间隔（周）	记录间隔（天）		
		平均	最小值	最大值
A4/B4/C4/D4	4	30	28	34
A5/B5/C5/D5	5	36	32	40
A6/B6/C6/D6	6	42	38	46

（续表）

方法	记录间隔（周）	记录间隔（天）		
		平均	最小值	最大值
AT/BT/CT/DT	4	30	28	34
AC/BC/CC/DC	4	30	28	34

2.3.9.2 母羊

同一母羊的两个连续非零记录日之间的最大间隔是 2×记录间隔中的平均天数（取决于方法），因此以按月测试为基础的测试允许存在一次记录缺失。如果两个测试（i）和（i+1）之间的时间间隔大于最大值，山羊的哺乳期计算要在记录第（i）次停止。

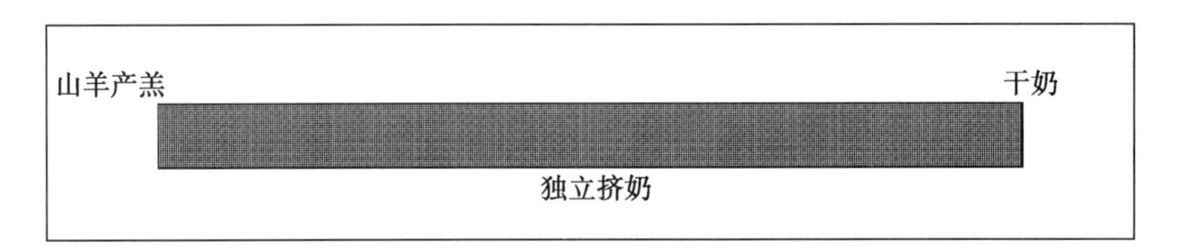

由于没有设定计算山羊哺乳期需要的有效月测试次数（产奶记录非零）的最低数量：因此，必须对所涉及的每个品种及类别的母羊的哺乳期进行描述（第一个、第二个和更多个哺乳期）。

2.3.10 产奶记录的类型和表达方式

产奶记录的目的是记录羊奶的重量（即定量记录）。羊奶的乳成分测定或定性测定是可选的（参见第 2.2.3 节）。一般在农场，不论是手工挤奶或机械挤奶，定量记录指的是所挤的山羊奶的重量。机器挤奶时，不考虑手工和机器挤奶过程中的奶体积因素，以免间接选择挤奶能力较好的机器。而在记录的产奶量时，必须在结果中标注挤奶方式（手工或机器）。

奶量一天记录 2 次（方法 A4、B4、C4、D4、E4 和方法 A5、B5、C5、D5 和方法 A6、B6、C6、D6）。但是，该方法只需记录一天 2 次挤奶中的一次：在这种情况下，无论是用严格交替的每月测试（方法 AT、BT、CT 或 DT），还是为早/晚差异而做的每月精准测试，都要考虑整个羊群 2 次挤奶的奶总量（用方法 AC、BC、CC、DC）。

产奶量可以用重量（g）或体积（mL）来测量。体积测量通常具有快速而且和称重一样准确的特性而被接受（如果奶流量的测量与泡沫无关）。重量与体积的换算系数为 1.032g/mL（正常山羊奶的密度）。每天产奶量测定的最小值为 200g 或 200mL。误差限制（误差的标准偏差）为 40g 或 40mL。

在此期间，羊奶产量应该用组织机构认可的工具进行称重或测量，而且，如果可能的话，应该由相关政府机构进行检查。

在 ICAR 网站上列出了被批准用于绵羊和山羊的设备：www.icar.org/index.php/icar-certifications/recording-and-sampling-devices/icar-certified-milkmeters-for-sheep-and-goats/。

2.3.11 哺乳期计算规则

2.3.11.1 羊群

农场主必须采用单一的方法测定给定的产奶期：方法 A（A4 或 A5 或 A6），方法 B（B4 或 B5 或 B6），方法 AT（AT4，AT5 或 AT6），方法 C（C4，C5 或 C6），D 法（D4，D5 或 D6）和方法 E（E4）。

2.3.11.2 母羊

从产羔开始，每个泌乳期的总产奶量（TMY）用 Fleishmann 方法（或者其他具有等效精度的方法）计算。在哺乳期之后产奶期间的产奶量（TMM）也使用 Fleishmann 方法（或者其他具有等效精度的方法）计算，基本测量值只与羔羊完全断奶后的产奶量有关。

计算公式可以基于实际断奶和干奶的日期，也可以基于哺乳期标准时长所计算的天数以及最后一次非零产奶记录与干奶的间隔天数。整个计算过程均由各国家或品种制定，因此在公布结果时需要准确介绍计算方法。

2.3.11.3 产羔后产奶

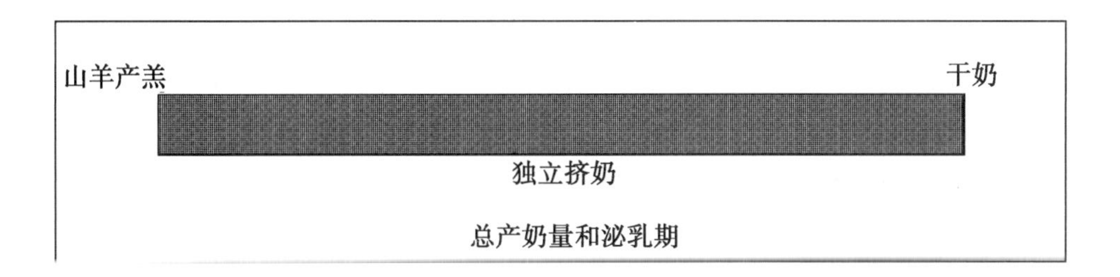

每个泌乳期的总产奶量（TMY）（例如，牛）与相应的泌乳期时长一起计算（干奶日和产羔日之间的间隔）。产羔日期是真实日期，干奶日期可以是真实日期或者计算的日期。在应用 Fleischmann 方法计算前每头山羊最少进行 3 次产奶量记录。其计算过程由相关组织确定。

2.3.11.4 哺乳期后产奶

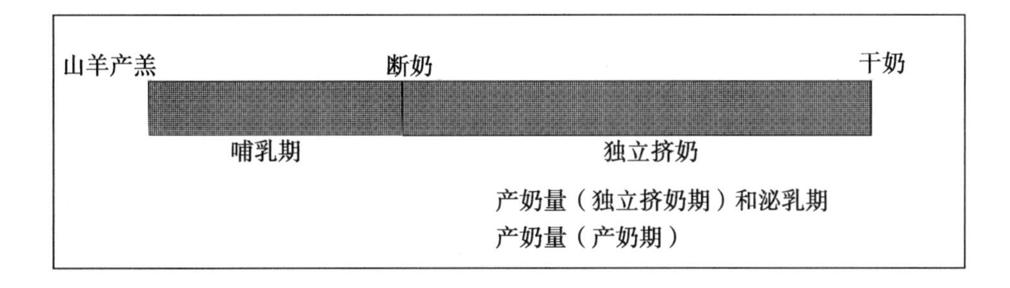

独立挤奶期的产奶量和相应的产奶期长度一起计算（产奶期长度指从干奶日期到断奶日期）。产羔日期是真实日期，断奶日期是真实日期或者计算的日期（标准哺乳时长）。

干奶日期可以是真实日期也可以是计算的日期。应用 Fleischmann 方法前每只母羊最少进行 3 次产奶量记录。其计算过程由履行责任的相关组织确定。

2.3.11.4.1 哺乳结束

估算最后一次产奶量记录到干奶期间的产奶量，须将产量乘以所选时间间隔的一半。

选择的哺乳期时常须由公认的组织公布。

2.3.11.5 计算方法

产奶量和乳脂率、乳蛋白率应通过以下两种方法计算（或是被证明的具有同等的精度的另一种方法计算）。最好选择中心原则，采用中心原则（来计算产奶量）是比较好的，即以某一记录日为中点的某段时间，然后计算每天的平均值，或计算某段时间的第一天和最后一天结果的平均值。(参见 2.3.11.5.2 方法 2)。

2.3.11.5.1 *方法 1*

根据连续两次记录间的时间间隔乘以记录当天的称重结果来计算产奶量。通过这些间隔产量计算整个泌乳期的总产奶量。乳脂量和乳蛋白量以相同的方式计算。

山羊奶中所含脂肪和蛋白质的平均百分比等于脂肪和蛋白质总量（kg）乘以 100 再除以奶总量（kg）。

2.3.11.5.2 *方法 2*

两个连续记录日之间的间隔等于两个记录日的产奶量相加并除以 2 单独计算。

- 然后将商再乘以两个记录日之间的天数。
- 通过总和所有间隔的山羊奶产量获得总的泌乳产量。
- 以相同的方式获得乳中所含的脂肪和蛋白质的量。
- 用方法 1，获得乳中所含的乳脂率和乳蛋白率。

如果记录暂停时间不超过 100 天，可通过对前面和后面的记录或另一种适当的方法取平均值来估计缺失的一个或多个数字。

2.3.12 ICAR 关于可选记录的准则

本部分介绍：

一方面，可以保存在官方方法 A，B，C 或 E 记录框架内的可选记录；

另一方面，方法 D 是非正式的产奶记录方法。

2.3.12.1 用官方方法 A、B、C、D 或者 E 进行的乳成分分析

由于大群测定价格高且存在技术难题，不要求必须进行全群乳成分分析，因此可选取有代表性的样品来分析乳脂肪和乳蛋白质的含量。

乳质量的测试可以根据实验目的或综合选择方案进行，所述综合选择方案对于所讨论的群体产奶量非常有效。在第二种情况下，乳质量测试必须是群体每月产量记录（A4，B4，C4 或 E4，AC，BC，CC，AT，BT，CT）或等同于每月定量记录（A5，B5 或 C5）的一部分，A6，B6 或 C6)，无论是每月进行还是仅在某些月份进行检测，应对定量测试期间存在的一个或多个类别或年龄类别中的所有或大多数山羊进行采样，以避免采样偏差。

奶质量检测程序要按成员组织官方规定的流程进行：质量检测目的（实验或选育）、检测频率、采样程序、采样的山羊类别和样本数量占山羊数量的百分比、检测程序的监控

（采集的样本和奶样分析实验室）、化学分析类型和计算过程。蛋白质含量（或氮含量）和脂肪含量的分析必须用有记录的代表性奶样。乳脂肪和乳蛋白质含量的检测设备应按照 ICAR 批准的标准进行定期检查。

1. 使用委员会批准的用于估计乳脂肪和乳蛋白质（或氮物质）含量的方法。

用于分析的设备和材料由委员会的技术服务部门准备或批准。

2. 乳蛋白质含量（或氮含量）和乳脂肪含量的分析必须使用有记录的代表性奶样。

应在挤奶时取样，且在 24h 内混合当天的奶样再进行分析。若使用防腐剂，防腐剂应不影响分析的结果。

3. 用于测定脂肪和蛋白质含量的设备应按照标准进行定期检查。

每个成员组织都必须将这些标准通知委员会。

2.3.12.2　A、B、C、D 或者 E 官方方法中其他的测试类型

通过乳成分分析检测体细胞数量，估测山羊是否患有乳房炎，以及羊奶的其他特征。自动记录产奶量的设备通过羊奶流量（挤奶速度）来评定机器的挤奶性能。在产奶前，也可以记录繁殖性状，包括繁殖方法（诱导发情后的人工授精，诱导发情和辅助交配、自然交配等），新生羊羔的数量和性别，空怀期（从产羔到妊娠的时间）等信息。这些测定程序都是可选择的，且由官方认可的组织描述。

2.3.12.3　方法 D

方法 D 是一种非官方的记录方法。方法每年针对每个群体进行 2~4 次个体记录，以在泌乳期间获得 2~3 个测试日数据。记录下当天产奶的所有山羊的日产奶量或其中一次的产奶量。为方便操作，建议只记录测定日的一次产奶量，并通过相应计算获得全天产奶量数据（例如，一次产奶量乘以 2，或者根据早晚产奶量的差异情况乘以相应的系数）。目的是在山羊群体内进行排序（单个排名或在群体分组中的排名）从而作为淘汰的依据。排序可基于平均检测时间或计算的泌乳期进行校正，或不考虑变异因素，如泌乳次数、年龄、产羔月份等。在这样的简化设计即使有可能也不建议计算泌乳期，因为每只山羊的检测期较短。方法 D 适用于以下两种情况。

第一种是应用于已建立的金字塔育种计划的核心之外的商业群。

这种简化类型的泌乳记录也应适用于发展中国家，以便向农民提供关于饲养、健康、繁殖（如果可能的话还有遗传学）方面的建议。在这种情况下，它可能是进行遗传育种的第一步。

无论情况如何，方法 D 不提供 ICAR 质量证书。

2.3.13　ICAR 关于结果描述的规则

本部分涉及方法 A、B、C、D 或者 E。

为表述方便，以下词汇用于总产奶量的计算：

- 总产奶量；
- 产奶时长。

总产奶当量：从产羔开始至干奶的整个泌乳期的总产奶量（TMY）或哺乳期后仅挤奶时的产奶量（TMM）。

产奶时长：从产羔开始至干奶的泌乳时长或奶山羊哺乳后仅产奶时的产奶时长。

产奶量可以用千克或升表示，不包括母羊哺乳幼羔时所产生的奶量。乳脂肪或乳蛋白质含量（或氮物质）的测定是可选的。

2.3.13.1 强制记录的结果

必须为给定的品种和年份或产奶时期提供以下结果：

2.3.13.1.1 *产奶记录和产奶量计算方法*

- 负责产奶记录的组织机构；
- 定量记录使用方法：方法 A4、B4、C4、D4 或 E4；A5、B5、C5 或 D5；A6、B6、C6 或 D6；AT、BT、CT、DT、AC、BC、CC 或 DC；
- 产奶量的计量单位：升或者千克；
- 需要说明计算产奶量的设备类型（奶量计等）；
- 负责计算哺乳期的组织名称；
- 干奶日期：真实的或者计算得到的日期；无论采用哪种标准判定泌乳期结束，都需详细说明计算或者描述过程；
- 羔羊断奶期（假如有哺乳期）：真实或者计算得到的日期；若要计算羔羊断奶期，需注明平均哺乳时长；
- 需要使用每只母羊最低产奶量记录次数和计算产奶量；
- 总产奶量的计算：根据产奶的真实时长或者描述的标准时长进行计算；
- 已公布的产奶时长：提供计算公式（日期之间的差值）；
- 是否有产奶量的校正值：类型及名称（如年龄、产羔日期等校正）；
- 是否有监管体系：若存在监管体系，则需要监管体系的类型及描述。

2.3.13.1.2 *采用方法 A、B、C、D、E 进行乳量记录所涉及的山羊群体信息*

- 官方有记录的奶山羊养殖场（年）；
- 养殖场的奶山羊数量（包括羊羔数量）；
- 养殖场的泌乳奶山羊数量（计算产奶量）；
- 泌乳期体系：

体系 1：从产羔开始计算产奶量

体系 2：哺乳期后开始计算产奶量。若为体系 2 需记录：哺乳期的平均时长（天）、哺乳的详细描述、哺乳+产奶阶段的描述。

- 山羊繁殖记录：每一泌乳期产一只或多只羔羊；初产月龄；
- 产奶方式：机械挤奶（占官方记录的养殖场和山羊数量的百分比）；人工挤奶（占官方记录的养殖场和山羊数量的百分比）；
- 产奶量记录结果：总产奶量和产奶时长（参照上述解释）；日平均产奶量（总产奶量/产奶时长）；若有可能，产奶量结果应是整个泌乳期的产奶量并且取决于哺乳次数，而且需给出未经使用变异因子调整的原始产奶量结果。

2.3.13.1.3 *山羊的相关信息*

对于强制公布的每个泌乳期，需要提供以下信息：

- 山羊的 ID 号。
- 产羔月龄。

- 根据泌乳次数或者年龄进行分类。
- 在奶山羊哺乳的情况下，真实或者标准的哺乳时长。
- 总产奶量（未经过校正）：TMY；TMM。
- 产奶时长。
- 日平均产奶量。

不强制要求公布的其他信息：

- 产羔日和初检日之间的时长（天）。
- 产奶量最大值（包括哺乳期）。
- 月产奶量。
- 参考值（及选择的标准尺度）。

2.3.14　可选记录结果公布的 ICAR 准则

2.3.14.1　实施奶品质记录的信息

本段适用方法 A、B、C（2.2.3.1 和 2.2.3.2）和方法 D、E（2.2.3.3）

实施奶品质记录所需的信息有：

- 乳品测定的目的：实验或选育。
- 取样步骤说明。
- 检测方法：挤奶方式、检测次数、母羊类型。
- 结果：乳品取样百分比与山羊奶乳品质检测相关（相同类型的母山羊）。
- 分析：类型分析，计算结果采用的测量方法和单位。
- 计算：计算类型和结果说明。
- 结果描述：品种、羊群和山羊。
- 监管体系的类型及说明。

2.3.14.2　繁殖结果

- 育种体系将山羊区分为两种主要类型：一种是一年繁殖一次；另一种是一年繁殖多次。
- 繁殖方法的描述（在产奶记录牧场中的频率）：诱导发情及人工授精；诱导发情及辅助交配；自然交配；（空怀天数——从山羊产羔到怀孕的时长）。
- 山羊初产月龄的计算结果取决于所用的繁殖方法。
- 对每个年龄组产羔期（频率）及繁殖方法的描述。
- 每个年龄组的平均生殖结果及繁殖方法。
- 每个年龄组的平均繁殖力结果及繁殖方法。

2.3.14.3　其他可选择记录信息

提供与某一山羊品种、羊群、山羊、养殖区域的相关信息，以下信息是可选结果的示例：

- 羔羊出生重或断奶重；
- 母羊妊娠或产羔时的体重；
- 产奶记录格式变更的原因；
- 患乳房炎的频率等。

2.3.14.4 方法 D

方法 D 可简化设计的精确描述：

- 设计（每个羊群每年的记录数量）。
- 计算和建立排序归类方法。

无论何种设计、计算和归类方法，方法 D 都不提供 ICAR 的质量证书。

2.4 低、中、高投入生产系统的水牛奶记录 ICAR 指南

2.4.1 目标

水牛产奶记录包括：

- 泌乳期产奶量。
- 脂肪含量（可选）。
- 蛋白质含量（可选）。

2.4.2 负责的机构

水牛产奶量记录应得到国家、地区或者当地所设立的唯一机构的支持和监管。这个机构既可以是公立也可以是私立的，如：研究机构、农民合作社、非政府组织（NGO）甚至是一家私人公司。为保障其持续发展，这些机构需要获得相关政府部门的正式认可，以及从产奶量记录中受益的相关人员的促进与支持。

想要成为国际认可的国家和产奶记录组织，需要成为 ICAR 的成员。

机构职责：

- 准备好数据搜集所需的表格和工作簿。
- 数据处理。
- 打印泌乳期证明。
- 公布年度报告。
- 监督养殖场及其办公室的所有活动。

2.4.3 养殖者职责

参与产奶量记录的养殖员必须做到：

- 遵守记录机构的规定。
- 按照记录机构提供的水牛标识记录其养殖的水牛信息。
- 记录水牛群中所有水牛的产奶记录。

注：如果水牛群数量非常少，可以由一个村庄的水牛共同组成一个水牛群。

2.4.4 技术人员职责

产奶量记录由受过培训的技术人员进行，要做到以下几点：

- 向牧场主提供所有新生犊牛的身份证明。

- 根据记录日程所安排的时间视察牛群。
- 记录水牛授精、交配、产犊、死亡、干奶、疾病等信息。
- 每天对每头水牛进行2次奶量称量。用精度最小为250g的称称重或者用最小精度为250cc的工具测体积。也可采用ICAR认证的测量工具。
- 根据组织设定的格式记录产奶量。

2.4.5　产奶记录

1. 整个泌乳期都要有产奶记录。
2. 水牛群中的所有水牛都要有产奶记录。
3. 必须记录产奶量。
4. 确定乳脂肪及乳蛋白质含量百分比。
5. 第一次产奶量记录不得早于水牛产犊第5天晚上。
6. 第一次产奶量记录必须在水牛产犊75天内进行。
7. 两次产奶量记录之间的最小间隔不少于25天。
8. 两次产奶记录之间的最大间隔不超过46天。
9. 如果泌乳期间2次产奶记录之间的平均时间间隔在28~33天，建议用A4方法记录产奶量；若介于38~44天，建议用A6方法记录产奶量。使用的方法必须在泌乳期记录报告档案中进行说明。
10. 如果原因合理，一次哺乳期内只允许出现一次时间间隔较长的记录，前提是两次连续记录之间的时间间隔不得超过75天。
11. 产奶量记录记录的是牛群24h内所产的奶量，同时须记录挤奶时间。
12. 产奶量的单位可以是千克或者升。
13. 产奶量称重工具的精度须高于250g或体积测量工具必须有标准刻度。
14. 奶量计及奶罐经实验验证后还须由各国家的ICAR成员组织批准。实验结果将会送至ICAR，国家组织会将认可的奶量计及奶罐公布在本规程的附录中。
15. 测定乳脂肪/乳蛋白质含量的样本必须来自产奶量记录期间的所有水牛，如果抽样，可以采用以下几种方法：

(a) 每次挤奶抽取一个样本；

(b) 按比例混合24h内所产的牛奶；

(c) 连续抽样时间内交替采样（即上午/下午）；

(d) 样本需添加分析仪器允许的防腐剂；

(e) 奶样分析必须在记录日期之后的4天内进行；

(f) 分析乳成分的方法须经过ICAR批准。

16. 如果在产奶量记录中发现水牛处于干奶期，则干奶日期为最后一次产奶量记录日后的14天。
17. 如果经过较长的记录时间间隔（46~75天）后发现水牛处于干奶期，则记录人员须向养殖者询问干奶的确切日期。如果此日期在最后一次产奶记录的30天以内，则这只水牛的干奶期定为最后一次产奶量记录后的第14天，否则就定为泌乳期最后一次产奶记录后的第44天。

2.4.5.1 总产奶量计算

总产奶量的计算方法如下：

a. 从产犊到首次产奶量记录时的产奶量：此产奶量为首次记录的产奶量乘以从产犊到首次产奶记录的间隔天数。

例如：产犊日期为3月10日，首次产奶量记录日期为4月6日，4月6日当天的产奶量为3.2kg，则从产犊到首次乳量记录期间的产奶量为：3.2kg×27天=86.4kg。

b. 整个产奶量记录期间的产奶量：相邻两次产奶量记录的平均产奶量与产奶量记录间隔天数的乘积即为该期间的产奶量。

c. 最后一次产奶量记录到干奶期间的产奶量：水牛最后一次记录的产奶量乘以最后一次记录产奶量与干奶的间隔天数即为此阶段的产奶量。

（1）最后一次产奶量记录发现水牛进入干奶期为2月1日：最后一次产奶量的记录值乘以14，2kg×14=28kg。

（2）发现水牛已进入干奶期，最后一次产奶量记录日期为2月23日，饲养员证明水牛的干奶期为2月20日：最后一次的产奶量乘以30+［（最后一次产奶量+最后一次产奶量/2）/2］×14。即：（2×30）+［（2+1）/2］×14=81kg。

总产奶量为3个部分产奶量之和，即：（a）+（b）+（c）。

例如：

记录日期	产奶量（kg）	间隔时间（d）	两次相近记录的平均产奶量（kg）	两次记录间的产奶量（kg）	总产量（kg）
3月10日	产犊				
		27	3.2	86.4	
4月6日	3.2				
		40	3.2	128	214.4
5月16日	3.2				
		37	3.55	131.35	345.75
6月22日	3.9				
		38	4.45	169.1	514.85
7月30日	5.0				
		42	5.75	241.5	756.35
9月10日	6.5				
		37	6.25	231.25	987.6
10月17日	6.0				
		37	4.5	166.5	1 154.1
11月23日	3.0				
		41	2.5	102.5	1 256.6
1月3日	2.0	299			

（续表）

记录日期		产奶量（kg）		间隔时间（d）		两次相近记录的平均产奶量（kg）		两次记录间的产奶量（kg）	总产量（kg）
2 月 1 日		干奶		14		2		28.0	
	2 月 23 日		干奶		44		2+1.5		81.0
总计				313	343			1 284.6	1 337.6

2.4.5.2　计算 270 天的产奶量

270 天内产奶量的计算方法如下：

如果水牛在 270 天产奶量记录后仍在产奶，其产奶量为 270 天前后两次产奶量的平均值乘以 270 减去 270 天前最后记录的天数。

例如：在上表中，270 天前后的两次记录分别为：11 月 23 日（3kg 牛奶）和 1 月 3 日（2kg 牛奶）。

水牛产犊后的 258 天为 11 月 23 日，11 月 23 日之前的产奶量为 1 154.1kg，因此：（270－258）×［（3+2）/2］=12×2.5=30 然后 1 154.1+30=1 184.1kg。

例中水牛的总泌乳期为 313（或 343）天，总产奶量为 1 284.6kg（1 337.6kg），270 天内的总产量为 1 184.1kg。

如果水牛在 270 天之前进入干乳期，总产奶量和 270 天的产奶量相同。270 天的产奶量≤总产奶量，不得高于总产奶量。

注意 1：总泌乳期或者 270 天的产奶量只是生产参数，并不代表水牛的遗传价值。因此不能做延伸映射。非正常因素导致泌乳期时间严重缩短，其原因应在该水牛个体产量证明旁边编号注明。例如：①出售；②意外事故；等。

注意 2：当使用 270 天的产奶量计算水牛群、水牛群落及养殖区域水牛产奶量平均值时，只能利用泌乳期超过 150 天的产奶量信息。

2.4.6　数据处理

机构负责收集和处理技术人员记录的所有信息。

机构进行如下所示的数据处理和计算：

1. 每只奶水牛整个泌乳期的产奶量（泌乳期总产奶量）；
2. 每只奶水牛产犊至 270 天的产奶量（270 天产奶量）；
3. 牛群、村落、总覆盖区域内泌乳期总产奶量及 270 天产奶量的平均值；
4. 牛群、村落、总覆盖区域内水牛产犊的平均年龄；
5. 牛群、村落、总覆盖区域内水牛的平均产犊数；
6. 牛群、村落、总覆盖区域内水牛的平均空怀天数；
7. 牛群、村落、总覆盖区域内水牛的平均泌乳期时长。

参数 1 和参数 2 是有关个体奶水牛的产奶量信息，可以随时根据养殖者的需要计算得出。

参数 3 至参数 7 是依据水牛群养殖者的需要，由机构定期计算得出。任何情况下，养殖区域内参数 3 至参数 7 的年平均值每年须发送给 ICAR。

乳脂肪和乳蛋白质量计算（可选）方法同产奶量计算方法一样。

乳脂肪和乳蛋白质的平均含量百分比计算（可选）方法为：

（乳脂肪/乳蛋白质质量（kg）×100）/牛奶质量（kg）

计算过程中，最后两个参数在计算上述参数 1~参数 7 的过程中得出。

2.4.7 责任机构提供的信息

责任机构应当提供 3 种类型的信息：

1. 向养殖者提供有助于管理决策的反馈报告。该报告包括：①每只水牛的生产力表，包括：谱系、出生日期、产犊日期、每个泌乳期产奶量（泌乳天数和总产奶量）、每个泌乳期 270 天产奶量（天数和总产奶量）、哺乳中断的迹象。②水牛群泌乳期总产奶量的平均值、产奶天数、泌乳期 270 天产奶量（*）、产犊间隔、初产月龄、泌乳胎次。

2. 给推广人员、水牛奶产业、政府机构、政策制定者提供群落、区域、全国范围的水牛产奶量等信息（所有泌乳期产奶量的平均值、产奶天数、270 天产奶量（*）、产犊间隔、初产月龄、群落的泌乳胎次）。

3. 为进行国际对比，向 ICAR 提供的养殖区域内水牛奶生产信息（与 2 中的参数相同）。

2.4.8 经认证的水牛奶测量体系

名　称	类　型	批准国家
Milko Scope Ⅱ	奶量计	意大利
Alfa-Laval 7274031-80	奶罐	意大利
Tecnozoo	奶罐	意大利

* 计算平均 270 天的产奶量，只考虑超过 150 天的泌乳量数据。

第3章　肉类生产记录的 ICAR 规章、标准和指南

3.1　ICAR 肉牛测定指南

3.1.1　引言

肉牛记录是畜群管理和遗传评估、育种的基本工具。其目的是收集相关经济性状的信息，以用作遗传评估的依据。

3.1.1.1　目的

2001 年 ICAR 调查显示，许多国家已经开展了几十年的肉牛记录工作，并且独立开发了自己国家的肉牛记录方法。因此，现在可以看到各种各样的国家记录方案。鉴于这一背景，本指南旨在提供以下内容：

- 肉牛记录方案达成共识，以便各个国家之间的生产者和育种工作者能够有效地沟通；
- 肉牛记录的全球性标准；
- 为建立新的国家肉牛记录方案提供建议和帮助；
- 肉牛特性遗传评估的可靠数据接口；
- 通过实施适当的数据结构，提高遗传数据的可靠性；
- 通过识别和记录重要的非遗传效应，提高遗传评估结果的准确性；
- 建立国际肉牛数据库，更有效地实现国家和国际层面数据的交换；
- 在遗传评估项目上对记录和育种机构起到帮助作用；
- 一种可靠的实践守则。

3.1.1.2　范围

本指南旨在为肉牛记录方案日常运行中开展相关事宜提供指导。

肉牛生产主要是基于专门的肉牛品种。它采取自然交配，犊牛由它们的母亲进行哺育，青年牛在专用的育肥栏中进行育肥。兼用和乳用品种使用人工授精，在犊牛出生后立即与母亲分离，这一做法对许多国家肉牛生产做出了重要贡献。因此，本指南就是提供所有用于肉类生产的牛的记录。

在本指南中没有具体考虑遗传评估，因为遗传评估是高度复杂的过程，这一过程通过专家队伍正在不断地加强。标准化是不合适的，因为它将会阻碍未来的发展。

ICAR 的调查清楚地展现两种主要的肉牛记录传统方法。一种是欧洲模式的方法，另一种是以肉牛遗传改良联合会（BIF）为代表的北美模式方法。它们之间主要差异可以追溯到消费者需求差异从而造成价格体系差异，最终导致了选择目标、以及生产环境和特定群体规模的显著差异。

本指南旨在尽可能多的结合各地区的记录标准，然而难以完全实现记录标准的一致性。例如，到目前为止，还未达成犊牛断奶重的标准化协议。大多数欧洲国家使用 210 日龄的标准，而在北美使用 205 日龄的标准。像这样的差异，不应该被看作是制定实施国际标准的失败之处，当记录了断奶犊牛体重或校正了断奶犊牛的日龄，只要所有的相关信息被提供，如体重、记录日期和同期群体信息，其他的都无关紧要了。

记录差异能够使解读数据的人明白不同来源的断奶重，可能并不意味着同样的事情，但根据适当的信息，就有可能对这些数据进行校正，并用于进行有意义的比较或评价。

本指南推荐的是基本程序。然而，在有些情况下，国家组织机构将制定更适合其成员使用且更加细化的程序。

此外，还有可能是国家或法律限制被推荐的测量单位的使用（如不使用公制单位），从而防止一个机构使用统一的国际标准。

3.1.2 概况

3.1.2.1 肉牛记录应用方案

肉牛记录需要能够适应实践中实施的肉牛生产的记录方案。记录方案必须考虑到所有重要的影响因素，例如基因（型）—环境互作效应。

可以在如下场地开展肉牛测定：

- 育种场；
- 育肥场；
- 个体测定站；
- 后裔测定站；
- 屠宰场。

按照现有 ICAR 术语的记录，方法“A”“B”和“C”可用于描述下列记录方法。

- “A”方法指由技术人员来完成的记录；
- “B”方法指由农场主来完成的记录；
- “C”方法是指由农场主和技术人员通过混合记录系统完成的记录。

3.1.2.2 应考虑的因素

以下是肉牛记录的基本要求：

- 同期群体可能包含同一品种、性别和日龄相近的动物，同时这些动物饲养在相同或相似的环境。同期群体的定义应当审慎。
- 动物试验应以获得最多的信息的方式来组织。特别是与同期群体的组成有关。同时尤其与当代群体内部关联的程度有关。当代群体动物应该尽可能不相关。
- 动物必须用一个永久且唯一的编号来标识，这个编号与所有个体记录或与动物相关的文件一起保存。
- 不变的或永久的动物数据和更多关于动物的基本信息应该存储在一个中央数据库/集中储存内。动物的所有性能数据加载到数据库时应该经过核实并确认正确。
- 用于动物标识、记录和监测动物出生、变动和死亡的国家牛只数据库应该尽可能用在肉牛记录方案中。
- 负责数据收集工作的所有人员，必须明白需要准确记录，并注明日期，其中也应该包括对记录人员的标识。数据可以由农场工作人员或经过培训的技术人员根据性状特点进行收集。复杂的性状，如使用线性评分或脂肪和肌肉的超声波测定进行的外貌评估必须由经过培训的人员进行，专业人员需进行常规评估，必要时需再次培训。

- 数据核验系统必须实行，确保对记录内容进行彻底地检查，并且识别和剔除不一致或无法接受的数据。
- 同期群体应该包括至少两头公牛的后代。

3.1.2.3　肉牛数据记录原则

一些基本的原则必须应用于肉牛记录实践操作过程，以提高记录效率、数据存储、数据交换和动物性能数据的可用性。

在整个记录流程中，对任何动物的数据记录，都应包括 4 种重要的关键信息：

- 动物标识编号；
- 记录日期；
- 记录地点编号（场，站）；
- 记录人编号（记录人员）。

从实践角度出发，我们希望能够给动物、地点（持有身份标识号码）、记录人员分配唯一的标准化标识或数字。动物的身份标识编号与记录人员（身份）标识（编号）能够为校正环境的影响提供信息，是进行统计分析和遗传评估所需要的。此外，按照 ICAR 的一般标准，有关记录人员的信息需顾及记录方法的标识（A=由官方技术人员记录；B=由饲养员记录；C=混合记录体系记录）。

一般情况下，涉及动物的详细说明可分为下述 4 种不同类型：

3.1.2.3.1　恒定数据

3 组恒定的数据。

3.1.2.3.1.1　恒定动物数据

这些数据对动物来说是特定的，包括动物在出生时就可以获得并在它的生命周期内不会改变的所有数据，这组数据中至少包括：

- ID 号；
- 出生日期；
- 出生地点；
- 出生类型（单胎、双胎、三胎等）；
- 如果动物是同卵双生或克隆，另一个基因相同的动物的 ID 号；
- 性别；
- 品种或品种组成；
- 动物遗传双亲的 ID 号；
- 胚胎移植的相关信息（如果有）；
- 受体母畜 ID 号（如果是胚胎移植）；
- 哺育的相关信息（如果有）；
- 寄养情况下，养母 ID 号。

3.1.2.3.1.2　恒定地点数据

在遗传评估中，所持有的资产都应该有一个永久的、唯一的身份标识来准确地辨识遗传评估中固定效应，并研究这些固定效应（特别是群体效应）随时间的演化。此外，这种固定地点的身份标识在整个生产链中，可以用来追溯动物的最初和后续所在的位置。

3.1.2.3.1.3 恒定的记录人员资料

许多记录会受到操作员或记录人员的影响。由于不同记录人员在记录准确性和个人主观想法的显著不同，这种影响造成的记录结果差异不仅包括主观的评估，如线性评分，而且一定程度上也包括测量的性状，如体重。因此，在技术人员记录的数据中，操作员的身份标识 ID 也应该包含在每个记录里。

3.1.2.3.2 生活史数据

这一类动物数据包括动物的状态信息（生或死，哺乳或断奶等）和动物所处的农场或管理条件信息。这些数据对于特定的动物和特定的日期，是有严格时间要求的，这些数据应该可以追溯到关于管理条件、繁殖状态等的所有相关信息。

在这类数据中，有两个主要的信息需要收集和持续更新。

3.1.2.3.3 动物实际位置

许多动物在其一生中都会变换生存地。位置记录可以开始于出生牛群、在育肥牛群或测定站、然后在屠宰场结束。动物从各个机构抵达的日期和离开的日期必须记录，必要时便于从记录牛群中对各个阶段收集的数据进行核实。

动物的标识在不同的地点不得改变。原始标识在离开一个地点到下一个地点之前和到达之后均需核查一致。

记录地点或状态变化的标准格式包括以下内容：

- 动物 ID 号；
- 状态或地点变化的日期；
- 记录人；
- 当前地点：农场 ID 号（如果有，农场内管理小组）；
- 新地点：农场 ID 号（如果有，农场内管理小组）；
- 描绘体重、断奶、死亡、架子牛出售、屠宰出售等事件的代码范围。

从一个牛群到另一个牛群的畜群间或管理小组群体内的移动，应尽快记录。

3.1.2.3.4 动物的繁殖状态

繁殖状态描述了动物繁殖周期/状态方面的状况。它包括母畜的交配、受精、胚胎移植和出生/产犊、公畜的阉割等内容。如果母畜在交配期间，同一个或几个公牛关在一起，在交配期间应该记录所有的交配可能情况。凡使用自然交配的，应记录公畜引入与撤出的日期。

相关数据也可以以标准格式收集：：

- 动物 ID 号；
- 日期；
- 记录人；
- 准确地点：农场 ID 号（如果有，注明农场内管理小组）；
- 描述繁殖事件的代码；
- 其他涉及动物的 ID 号（如果有，如交配伴侣、犊牛、寄养犊牛等）。

有了这两种类型的动物生活史数据，就应该能够获得进行性能数据计算和统计分析的所有相关信息。

3.1.2.3.5　记录数据

记录关于动物或动物群体的细节，它既包括客观度量指标，也包括主观评价。

这些数据适用一般性原则。

- 只要是与国家法定的计量单位没有冲突的，数据应用公制单位记录（米、厘米、千克）；
- 所有记录数据不应该进行任何改动或转换，需存储为原始数据；
- 记录数据应包括所有已知的非遗传效应和影响记录水平的环境信息。

值得注意的是，“记录性状”应该严格地进行实际测量、计算或主观评分。如果由于特定日龄原因或环境因素需要对一个性状进行标准化，那么产生的校正体重是一种经过计算或衍生的性状。校正体重可能是记录体重和由称重日期和出生日期衍生出的日龄的一种函数。因此，体重是一个记录性状，而 200 日龄体重是一种经过计算或衍生出的性状。原则上，可产生 4 种不同类型的数据记录。

3.1.2.3.5.1　客观测量

体重、身高等的度量是利用一些技术设备来进行评估的。如果记录正确，这些测量方法有很高的准确度；如果定义清晰，则相对容易进行标准化。然而，应该指出的是，一些记录设备（如超声波测量）需要对操作人员进行细致地培训和监督，否则不能保证测量的准确性。

3.1.2.3.5.2　日期/时间

为了达到记录的目的，强烈建议应该记录出生日期而不是动物的年龄。其原因是需要额外的信息来推导获得动物的年龄，这可能会导致错误的记录，如由于不同的标准（年龄、月龄或日龄）或仅是（立刻可以被校正的）不充足的或不准确的信息，这些信息随后可以被校正。记录日期结合出生日期时，可以计算年龄。数据库中每一个动物都应有出生日期记录。

记录日期还提供了开展记录的月度或季度的信息。这个信息可能有利于对记录数据的进一步解释或统计/遗传分析。

记录数据采集的日期应使用 8 位数字存储格式：

- YYYYMMDD。

对于大多数生产性能性状，数据采集日期信息就足够了，除非是管理的需要，一般时间记录通常是不需要的。然而，如果需要采集记录时间，应使用 24h 制，时间应该使用 6 位数字存储格式：

- HHMMSS。

3.1.2.3.5.3　名义分类

对于离散的、无序的记录观测值，如品种或出售理由，需要明确、全面的类型以便获得尽可能多的信息。这些类型应该是相互排斥的，即类别没有重叠。对于所有情况，可能需要一个额外的可以拓展的类型，它应该不属于已定义的类型之一，这个类型应该尽可能地小，并且应包括一个简要的说明，以便在有必要的情况下，增加额外的类型。

3.1.2.3.5.4 主观评分

这种记录类型用一个有限的顺序刻度值将动物分类到许多可能类别之一。通常情况下，这个分类使用数值评分的顺序排列，这个序列中，最低和最高的数值代表所考虑群体内的极端表现型。这些不同类别的描述最好可以用文本的形式提供，并且有相应的图片/图画来说明。

主观评分的主要问题是应确保评分值具有可比性，即使它们是由不同的人或同一个人在不同的时间和不同的地点进行的评估。这需要明确的定义及持续的、系统的培训，以及对记录过程持久的监督。至关重要的是，要对记录的技术人员资质进行定期核查。

不管记录性状是什么类型，应该使用标准的格式：

- 动物 ID 号（如果适用，或者用动物群体的 ID 号）；
- 记录日期；
- 记录人；
- 实际地点：农场 ID 号（如果适用，农场内的管理群体 ID 号）；
- 性状名称/性状代码；
- 性状评分值；
- 动物相关的附加信息；
- 记录（程序）相关的附加信息。

在给定的记录方案中所有的记录性状都必须要有充分明确的界定。另外如果使用全名不现实，可以用特定的 2 个或 3 个字母（代码）指定性状代码（例如，一个（代码表示）“肩宽”代码，另一个（代码表示）“腿围”代码）。强烈建议使用与国际标准相一致的性状定义和/或性状代码，国际标准可以从国际品种组织中获得。

3.1.2.3.6 计算性状

这种性状类型不同于其他的类别，计算性状是从“原始”数据信息中衍生出来的。这些性状是根据明确的定义规则计算的。计算性状需要复杂的计算过程或被频繁地使用，其结果是可以存储的，而不是每次都重新计算。

一般情况下，计算性状可以分成 3 个不同的性状类型。

3.1.2.3.6.1 计数性状

这一类性状包含从记录中得到的汇总信息，如每个配种阶段授精或配种的次数、每单位面积观测到的犊牛出生数和蜱虫数。

3.1.2.3.6.2 校正或衍生性状

原始数据为了符合定义的标准，通常必须调整到规定的年龄、体重、测定期长度，如 365 日龄体重被定义为一个标准的肉牛性状。一个 2000 年 3 月 1 日出生的肉牛，在 2001 年 3 月 15 日称的体重，记录的是 380 天的体重。因此，它必须通过一个线性的或其他校正程序，校正到标准年龄。

对于这些性状类型，应该使用相似的数据格式记录未经校正的性状。为了避免混淆，应使用不同的性状编码。在校正程序中已经考虑到信息可以省略。

3.1.2.3.6.3 几个记录性状的函数

很多受关注的性能性状都源于记录性状的组合。例如，测定期间的日增重是测定期的末重和始重的差除以测定期结束日龄和开始日龄之差，以 g/天表示。这种数据类型能够从原始的记录数据和校正过的性状中获得。

对于此类性状，往往有几个重叠的附加信息部分。例如，组合性状是由不同的记录者在不同日期和不同的地点记录。组合性状的定义在很大程度上不依赖于这种附加信息类型。测定期间日增重应与标准化的试验长度有关。

在下面一节中给出的性状定义将指定必需的详细的附加信息。

所计算的性状的一般数据格式可能如下所示：

- 动物 ID 号（如果适用，动物群体 ID 号）；
- 记录日期（测定期开始/结束等）；
- 动物的年龄；
- 相关地点；
- 计算性状的性状代码（如适用）；
- 计算性状的评分值；
- 动物相关的附加信息（如同期群体）；

请注意，在这种情况下，年龄（作为一个计算性状）被包括在内，而为了记录的目的，强烈建议记录事件的实际日期。

3.1.2.3.7　遗传验证和其他与群体有关的指标

这类数据可证明同一群体内一个动物的性能是否与其他动物性能相关。遗传评估包括（原始或经过校正的）性状信息、系谱资料、固定的环境效应分类和协变量等。通常，这种分析对一个群体内的所有动物同时进行。

按照定义，遗传验证的结果不受任何环境因素的影响，但随时间而变化。因此，动物的身份标识号码、评估日期和在特定遗传评估中使用的参考基础的定义应一起储存。

3.1.2.3.8　计算遗传验证所需要的数据

多数情况下，遗传评估系统中对于性状信息所需数据的格式、固定效应与随机效应和系谱信息都做了明确的规定。数据文件应当以标准格式记录。原始数据在维护过程中允许其历史数据发生改变（如改变亲子关系、固定效应等），所提交的遗传评估数据应包含该相关群体的所有动物，而不仅仅是新发现或最近才记录的亚群。

计算遗传验证的数据应全面考虑管理环境和其他影响动物性能的非遗传效应，对在相似管理环境下同期群体的定义应该审慎。然而对于同期群体定义，既要考虑群体精确规范时同期的可能缺失，又要考虑更广泛的规范引起固定效应信息的遗失，所以常常采用二者折中的定义。

通常，系谱文件是一个独立的文件，包含该动物的 ID 号和它双亲代的品种、性别和出生日期；这个系谱文件应包括对育种群体遗传结构有贡献的所有动物。倘若系谱数据来源于不同地区、历史亚群或独立的数据库，就有可能同一动物有不同的 ID 号和/或不同的命名现象的发生。因此，要特别考虑到相关的动物要给出确定且唯一的 ID 号。

还有一些特殊情况需要考虑：

• 如果发生同卵双生或克隆的情况，要如实地记录好这两个或两个以上的个体在基因上是完全相同的，如果仅基因系谱信息（相同的父母 ID），这些动物会被错误的认定为是全同胞。

• 在遗传评估系统中，系祖动物这种“遗传群体”很常见，未知双亲的动物根据年龄（出生年份）、起源地和/或品种组成（如果包括多个品种）被分组。因此，记录好这些数据至关重要，尤其是系谱档案中的年长动物。

3.1.2.3.9 *数据存储和管理*

由于遗传验证会被用于动物生产或繁殖潜能的评估，因此数据以一个集中的形式储存至关重要，通常是国家级数据库，但也可以是各地区、大型养殖场、商业育种公司或品种协会等建立的数据库。由于不同动物或不同阶段的同一动物的性能数据可以结合起来去推导相关的信息，因此建立数据库是很有必要的。

理想情况下，“繁殖群体”的数据存储到一个数据库，或存储到为数据交换而联系良好、界面清晰、具有共同结构的数据库中。数据结构应该能够针对不同目的，灵活、高效使用各种相关数据。“结构”是指数据记录和存储的不同类型层次和一般格式等级。

3.1.3 数据收集的具体建议

3.1.3.1 标识

3.1.3.1.1 *动物*

在1.1章节ICAR国际通用记录协议中已经对动物标识进行了详细概述。因此，以下内容仅对标识问题的重点方面进行简要概述。更多详细信息可以在相关的国际协议中查找。

在决定了所要测量的性能性状后，该系统要成功地记录与动物个体相关的数据，并将其上传到遗传评估机构。该过程成功的关键点在于该动物的ID号。

动物ID号必须具有唯一性。欧盟采取的做法是采用双字符国家代码，然后是包含地理、畜群和个体编号的数字代码。在品种协会中，编号系统可能配合耳标或墨刺使用。它可以是政府官方的编号系统的附加系统，也可以是一个独立系统。如果两个系统都在使用，必须应用其中一个编号系统作为确定的标识，用于一个动物所有数据的收集、通信和评估。

凡是有正式的政府标识系统的，建议将该标识系统作为每个动物的主要标识符。

国际标准规定动物ID号最多为12个数字（包括一位校验码），如果需要确认来源国家，则加上ISO国家字母代码。每一个新出生的犊牛都必须尽早标上其唯一的ID号，理想时间是在出生后24h之内，但如果采取一些临时措施来确保其身份不与同群混淆，也可以在30天内进行ID号登记。动物的ID号可以附在标签、墨刺、草图、照片、烙印或电子设备。理想的方法首选那些最不容易混淆或丢失的载体。为了保险起见，推荐将两种方法结合使用或重复使用一种方法（例如两个标签，每只耳朵一个）。

相比于可视化的动物ID号，3位数字的ISO国家代码可能会被国家字母代码所取代，用于数据的存储和传输。按照ISO 3166规定，这15位数字中，前3位数字代表出生的国家，其余12位数字代表其在出生国的唯一代码。建议前面用零补全12位数字。

对于丢失ID号的动物必须重新确认其身份，尽可能还原它们的原始代码，如果怀疑其代码的真实性，要尽一切努力，确定其正确的ID号，必须考虑通过已知（或怀疑）亲属的DNA基因型分析以确定其真正代码。

对于生产性能记录的目的来说，将出生死亡或出生后不久死亡的犊牛录入系统是十分必要的。如果将产犊视为繁殖母牛的事件，则可以不对死亡犊牛进行编号。

如果动物从一个国家运送到另一个国家，或作为父母代在另一个国家使用（通过人工授精或胚胎移植），应该继续使用其原始 ID 号和名称进行标识。

对于进口动物，其编码已经改变的情况下，官方记录也应该显示原有的名称和代码。原始名称和代码必须标注在出口许可证、人工授精目录和销售目录上。

相关负责机构必须维护好能够确定动物自身生产性能的及其父母 ID 号的数据库。在胚胎移植的情况下，提供遗传基因的父母代和代孕母牛的 ID 号都应该记录下来。

3.1.3.1.2　亲子记录

亲子记录在章节 1.2 国际通用记录协议中已详细讲述。以下介绍依旧只对该内容做简要概述。农场人员应在人工授精当天，记录好母畜和公畜的身份信息。对于自然交配的母牛群，应记录其预期双亲，并在妊娠诊断时对其确认或删除。记录必须包含公母畜的 ID 号，包括名称、品种或杂交品种、交配日期，并注明使用的是人工授精，还是自然交配。如果无法证实何时进行交配，那么将公母畜在一起的时间记录下来。

为了验证亲子记录，母牛和公牛必须进行正确地身份标识，并存储于或输入到数据库中。妊娠期长度，可通过配种公牛品种的平均妊娠期长度±6%来计算。配种公牛必须有人工授精记录或有配种当天在服务农场的证据，如果是胚胎移植，则由主管兽医提供有关的、必要的信息。

建议在交配活动结束后，尽快将所有交配的详细信息录入数据库。这不仅为繁殖力性状的评估提供所需的基本信息，而且也有助于及早发现繁殖问题。同时建议在交配完成后 60 天内将详细内容上报。这将有助于减少系谱错误并提供有用的繁殖和妊娠信息。

对后代进行外貌鉴定或 DNA 分析，也可实现亲子关系的确认。

3.1.3.1.3　农场/畜群

特定动物的数据必须从有关的出生群、育肥群、测定站或屠宰场中收集。一个动物的生产性能记录可能有多个数据来源，所以一定要注明来源。负责数据收集的组织必须确认农场和畜群的唯一性。这个标识可以使用政府或国家认可的现有的农场标识系统，也可以建立专门用于数据收集的标识。

农场或畜群内同类动物的不同管理，必须明确标识。通过刻意使用不同的饲养制度或通过使用不同牧草类型和营养价值的草场，可能产生分化。

畜群或农场 ID 号的组成形式可以包括一个国家的地理地点。

这为改善同期群体的设计提供基础。

3.1.3.2　生活史

3.1.3.2.1　引言

生活史是指动物繁殖和生产的完整周期。繁殖母畜和肉用幼畜数量比繁殖公畜要多很多。高效的肉牛生产取决于 3 个组成要素，即母畜繁殖、幼畜生活力和成长，及淘汰的母畜生产。在生产系统中，繁殖公畜可被视为一种成本。

动物的繁殖寿命由初情期（或性成熟）年龄和持续期决定。初情期年龄是指动物开始具有繁殖后代能力的时期，持续期是指繁殖动物保留在繁殖群的能力。通过雄性动物与雌性动物（见附件）初情期定义的精确事件，可以计算处于初情期的年龄。牛的初情期是 9~15 月龄，但是由于难以准确地确定这些事件的日期，所以初情期没有实用意义。

生产寿命是指青年动物的生长期到育肥动物屠宰期和母牛淘汰期。

繁殖寿命和生产寿命受多种因素影响，包括遗传、环境、营养和管理等因素。

3.1.3.2.2 生活史记录事件概要

状态		记录要求①
犊牛	怀孕	繁殖结果，成功或失败
		相关繁殖日期
	出生	日期、ID 号、性别、体重②
	断奶前期	称重日、测量③
	断奶期	日期、体重、测量
	断奶后期	称重日、测量
	死亡/处理	日期、原因
繁殖母畜	初情期	日期
	首次交配及后续交配	类型（人工授精、自然交配、多次配种）
		人工授精等级
		公畜 ID 号
		日期（人工授精、交配、配种期）
		测量、体重①
	产犊	日期、胎次
		产犊难易、测量②
		体重
	死亡/处理	日期、原因
繁殖公畜	初情期	日期
	交配/采精	日期、测量、体重、精液品质
	死亡/处理	日期、原因
屠宰动物	育肥	日期（开始/结束）
		测量、体尺
	屠宰	日期、胴体、测量
		体重
		肉品质测定

①这些事件发生的地点应该按照动物实际位置相关章节的规则进行记录，畜群 ID 号和屠宰 ID 号至关重要；

②体重是指活重或胴体重；

③测量是指任何有关活体或胴体的体尺测量。

3.1.3.3　公畜与母畜的繁殖与繁殖力

3.1.3.3.1　引言

繁殖力是肉牛最重要的经济性状。繁殖性状的记录和使用在肉牛养殖中具有重大意义，因为它们直接关系到动物的出生和生产循环。环境效应（如繁殖季节和疾病）对繁殖性能具有显著影响。繁殖力也会受犊牛的分组、配种员检测发情的能力、生产体系等管理因素的影响。一些可提高生长期动物的生长速度或高产奶牛的生产水平的管理方式也会极大地影响动物的繁殖力。

一些繁殖性状是动物个体的简单性状（如初情期、配子生产），其他还有复杂的性状，因为它们涉及母畜、公畜及胚胎或胎儿的繁殖特性（即怀孕、发育胚胎的产量）。基本上，大多数公畜与母畜的繁殖性状是所记录动物的生理性状（公牛精子生成和母牛的发情或受孕）和从生活史记录中得到的计算性状，如繁殖的日期和繁殖结果。

从动物生活史信息得到的计算性状可提供繁殖周期各阶段的年龄，有利于不同繁殖阶段时间间隔的计算。这些信息也有利于受胎率的计算。

3.1.3.3.2　公畜繁殖

公牛繁殖性能可以通过公牛本身的测定性状（精液生产和性欲）或配种记录的繁殖结果（受胎率）进行评估。此外，人工授精的公牛可以通过它们雌性动物亲属限性繁殖性状记录进行遗传评估（如产犊年龄，产犊间隔）。

对于所有的人工授精的公牛的要求就是有繁殖能力精子的来源；对于自然交配的公牛来说，性欲和交配能力是最重要的。

此外，一些实验表明，公牛的繁殖性状与母牛的繁殖力及公牛自身生长发育有遗传上的相关性。例如，睾丸大小与母牛的初情期、排卵率及公牛的体重有关。

3.1.3.3.2.1　精液生产

采精完成后，精液进行一般性检查和显微镜检查，并且通过测定或几项标准评分评估精液的数量和质量。这些检查包括射精量、精子密度、精子活率、直线前进运动的精子数，精子畸形率和精液的冷冻能力。动物繁殖协会（www.therio.org）已经建立了精液评估程序。精液检查有助于初情期的计算。精液处理后，在特定时间内生产的细管精液数量可以评估公牛的繁殖力。

此外，已经确定青年公牛总精子数、睾丸大小和阴囊周长（SC）性状高度相关。因此，阴囊周长可作为衡量一头公牛 5 岁前时产精能力的指标。阴囊周长随公牛的品种、身体大小和年龄变化而变化。不同品种的一岁公牛的阴囊周长（SC）在 30~36cm。

阴囊周长的记录

- 阴囊周长的记录

将两个睾丸并排置于阴囊左右两侧，用一条柔韧的测量尺围住阴囊的底部，轻贴阴囊的直径最大处测量阴囊周长（cm）。

- 一岁公牛阴囊周长的计算

利用日龄和体重对品种进行校正。

校正后的 365 天 SC =实际 SC+（365−日龄）×品种校正因子。

3.1.3.3.2.2　性行为

公牛的繁殖行为在自然交配中尤为重要，此外，这些性状的遗传因素在人工授精时也不应被忽视。

行为性状的记录

- 性欲或性冲动：定义为公牛尝试爬跨并与母牛交配的“意愿和渴望”。性能力评分系统可用来评估动物性欲和交配能力（Chenoweth，1981）。
- 交配能力：公牛完成交配的体能。
- 服务能力：通过一头公牛在规定的条件下完成交配的数量来衡量，包括性欲和交配能力两个方面（Blockey，1976，1981）。

3.1.3.3.2.3 受胎率/繁殖指数的计算

受胎率和繁殖指数是通过单一的繁殖结果来计算的，即母牛是（代码=1）否（代码=0）怀孕，或受精卵是否发育成胚胎。根据所应用的妊娠诊断方法，在妊娠期的不同时期评估单一繁殖结果。在记录母牛交配时，受胎率可以作为精细胞受精能力切实的衡量方法，因此该指标可视为公牛的繁殖力性状。

为了避免因连续授精所引起的依赖性或相关并发症（发情等级而造成的母牛繁殖力的变异、繁殖种公牛的使用或第二次自然交配和后续配种、与反复人工授精服务相关的不同的付费系统），只把第一次授精作为有效记录。

性状的记录

- 繁殖指数：交配次数/怀孕、妊娠或产仔的数量。

只有当同一（只有一个）公牛被用来与每头母牛进行配种，并且成功怀孕、妊娠或产犊时，繁殖指数才具有实际应用价值。

- 初次交配受胎率：与一头公牛交配过或用一头公牛精液授精过的母牛中怀孕或在妊娠的特定阶段怀孕或产犊（产犊率）母牛数所占的比例。

3.1.3.3.2.4 不返情率的计算（NRR）

不返情率（NRR）是受胎率一种特定表达方式，主要在人工授精产业中使用。NRR是基于一头已受精/交配的母牛在规定天数内没有再次配种的统计。为了便于对NRR的理解和协调不同国家间的计算方式，ICAR为NRR的表述推荐了一个精确的描述。

不返情率真正的价值体现在人工授精产业，因为它们能对大量配次进行计算。

在人工授精产业，不返情率通常作为公牛的繁殖力和配种员效率的指标来计算。这些指数是基于这样一种假设，即一头母牛一次受精怀孕，而不需在规定的时间内进行第二次授精。

由于群体中母牛的淘汰（销售或死亡）、胚胎或胎儿的死亡、未能检测到任何后续发情症状和晚于规定时间间隔发生的反复配种的原因，通常导致不返情率所估计的产犊率过高。此外，在某些情况下，高达10%的怀孕母牛可能表现出发情行为的信号。

ICAR“国际记录实践协议”（ICAR，2003）给出了适用于人工授精组织的不返情率表达式的指南（见6.1章节）。

初次授精不返情率（NRR）是指第一次人工授精后在规定时间（例如一个月）内没有再次进行配种，并因此确定已怀孕的母牛比例。

若只考虑首次授精，就意味着仅后备繁殖母牛首次受精或妊娠结束后繁殖母牛的首次受精才被使用。

母牛授精后到返情的时间间隔应符合规定（例如56天NRR）。

只要很短时间就可确定母牛是否为不返情母牛，即认为怀孕（包含在计算之中），或是未受精的母牛（排除在计算之外）。

在人工授精后的3天内，短时间返情建议考虑为非受精母畜，并且应该标明时间间隔的两个限制（如3~56天NRR），包括这两个限制。还应该提到任何其他的选项。

NRR性状详情

- NRR与每次人工授精日期相关。

对首次授精的母牛，在每次人工授精日后，在相同的时间间隔内（3~24，18~24）内观察返情。

ICAR推荐的NNR表达法：

“规定时间”（n=）：“间隔的开始”－“间隔的结束”＝NRR天数

- 60~90天NRR。

在指定的一个月里首次授精的母牛，从授精月的第一天开始，在一个90天的间隔期内观察返情。在这种情况下，在授精月第一天授精的母牛，将有90天的时间来记录随后配种情况，而在授精月最后一天，授精的母牛则只有60天。

- 其他信息记录。
    - ○ 母牛授精的准确日期；
    - ○ 第一次授精母牛的数量（n=）；
    - ○ 短期返情母牛的处理，既像非返情母牛，也像怀孕母牛（计算在内），或非授精母牛（不计算在内）；
    - ○ 在返情间隔开始阶段返情的被认为是短的返情，在上述给出的表达式中间隔的开始。
    - ○ 记录第一次授精后，又一次配种的返情间隔；
    - ○ NRR已校正的因素，如胎次和季节。

3.1.3.3.2.5　公畜的其他信息

为了确定繁殖和环境因素对公牛和母牛繁殖性能的影响，应记录一些与公牛相关的额外信息。可能是关于与配的一些额外信息，也可能是与公牛的繁殖性能相关的信息（见关于母牛的额外信息）。

- 授精方式（用冷冻精液或新鲜精液进行人工授精、自然交配）
- 在人工授精的情况下
    - ○ 人工授精情况下，精液的处理（例如稀释）；
    - ○ 细管上精液采集、收集或生产标识日期；
    - ○ 人工授精通过人工授精员输精还是自己动手输精（DIY）；
    - ○ 人工授精员的标识；
    - ○ 本周人工授精日；
    - ○ 从发情检测到人工授精完成的时间间隔。

3.1.3.3.3　母牛繁殖

母牛的繁殖性能不仅指产生发育胚胎的能力，也指生出一个活的犊牛并为其正常生长确保一个适当的产后母体环境的能力。母牛的繁殖性状包括从生活史数据和生命周期事件如繁殖、妊娠、分娩和断奶结果计算出来的繁殖力性状。

此外，公牛的育种值可以从亲缘母畜记录的多个繁殖性状来预测。

应该认识到，一些繁殖性状取决于饲养者的决定，如配种日期或淘汰决定。

3.1.3.3.3.1 发情/配种/受胎/产犊日期

利用每头母牛繁殖生活史的记录日期，可以计算不同繁殖阶段的各种繁殖事件的年龄和时间间隔。

重要事件包括：

- 后备母牛初次发情的日期（初情期）；
- 产后第一次发情日期；
- 繁殖日期：
  - 后备母牛首次配种日期或母牛产后第一次配种日期。这些日期用于计算 NRR；
  - 后续或重复的人工授精日期；
  - 观察到自然交配的日期；
  - 牧场公开自然交配日期（繁殖季节的开始和结束）。
- 授精繁殖日期，怀孕日期；

如果实行连续几天的配种或交配，产犊前最后的配种日期视为怀孕日期。此外，最后配种的公牛为犊牛的假定或假设父亲，最后的配种日期应与妊娠期长度相兼容。

- 产犊日期作为母牛的一个性状。

3.1.3.3.3.2 计算不同繁殖事件的年龄

据报道，有许多计算年龄和时间间隔的繁殖性能测定方法。因此为了提供性状的全面信息，需要所涉及的动物和计算所需要素的所有详细资料。

- 初情期年龄；
- 第一次配种年龄（日龄或月龄）；
- 首次成功配种的年龄（日龄或月龄）；
- 第一次产犊的年龄（日龄或月龄）；

头胎产犊要与标准生物标志进行核对，并报告产犊数。

- 第 n 次产犊年龄（日龄或月龄）。

3.1.3.3.3.3 各生殖事件间时间间隔的计算

- 产犊到产后第一次发情的间隔（天数），测量产后恢复发情周期的早熟度；
- 产犊到第一次配种的间隔（天数）；
- 产犊到再次受孕的间隔（空怀天数），可以用以前的繁殖周期计算（天数）；
- 配种间隔，当前繁殖效率的评估（天数）。
- 产犊间隔，应详细说明所涉及的产犊次数，它可以用以前的繁殖周期计算（天数）。产犊事件必须与产犊次数一致；
- 平均产犊寿命间隔，指第一次和最后一次产犊之间的天数除以产犊次数，应指明最后一次产犊的次数；
- 产犊的平均天数 = 从公牛进入到产犊的天数，适用于在一个繁殖季节内进行自然交配的牧场；
- 妊娠期长度，已知的受孕日期和随后的产犊日期之间的天数，如果是连续几次配种，我们把最后一次配种日期认定为是受孕日期。

3.1.3.3.3.4　妊娠诊断，母牛繁殖结果的记录

妊娠诊断可以确定配种的结果，它的成败可以记录为一个二进制的性状（怀孕=是，没怀孕=否）。

- 妊娠诊断的方法：
  - 在特定的时间间隔观察是否返情，来判断受孕的成败（配种后 18~24 天）；
  - 卵巢触诊，持久性黄体的存在（18~24 天）；
  - 孕酮测试（24 天）；
  - 羊膜囊触诊（从 30~65 天）；
  - 超声波法检测胚胎（20 天后）（Kastelic 等人，1988）；
  - 犊牛出生。
- 妊娠诊断的日期

3.1.3.3.3.5　计算受胎率或指数

根据配种的结果计算受胎率（一头牛是否怀孕），它是母牛排卵、产生正常受精卵的能力和完成胚胎着床的能力的度量。因此，受胎率可以看作一个母牛生育能力的性状。而且，受孕几乎不受农场主的影响，因为一旦他决定繁殖一头牛，那么他想要的结果就是成功完成受孕。受胎率作为一个母牛性状，也能用于公牛的遗传评估。

下面给出的是主要受胎率和使用指数的基本定义，但受胎率和指数有多种计算方法。所以重要的是要清楚地界定分子和分母上的信息，包括从配种日期妊娠诊断的时间或时间间隔，以及配种次数。

- 母牛繁殖指数

配种次数/受孕次数或妊娠次数或产犊次数。母牛生育能力的测定往往受农场主决策的影响，例如优秀的母牛可能会比其他的母牛有更多的繁殖次数，其他的牛有可能会被更早的淘汰。

- 牛群每头母牛每年产犊的数量

根据妊娠诊断的方法，单一的繁殖结果可以用妊娠期的不同时间来进行评估。所以，受胎率应该用明确的天数或从配种时间开始的时间间隔来计算，并且应基于牛群或后代牛的水平来计算。繁殖级别和胎次也应该记录。

- 受胎率：牛群或后代牛群中，在妊娠期的一个规定阶段（天或间隔）受孕、怀孕或产犊（产犊率）的繁殖母牛所占的比例。

- 给定时间间隔内不返情率。

见 ICAR 指南，公牛繁殖章节中 NRR 的计算。

3.1.3.3.3.6　每次妊娠所产犊牛的数量，繁殖力

每次妊娠所产犊牛的数量是非常重要的，它可能会影响产犊模式、出生重、断奶重和断奶前期的生长。此外，在母牛哺乳双胞胎的情况下，断奶前的生长和母性能力的评估也受影响。

- 犊牛数代码：（1）单个犊牛；（2）双胞胎；（3）三胞胎或更多。

- 附加信息：母亲哺乳双胞胎或寄养一个犊牛或人工饲养一个或两个。

繁殖力是一个目标性状，胚胎、胎儿或犊牛的数量可能成为一个发情周期排卵率的一个衡量指标，这里仅考虑异卵双胞胎。应用血型或 DNA 多态性能，评估受精卵的状态。

双卵双胎被视为全同胞。

3.1.3.3.3.7 关于母牛其他信息

为了更加明确繁殖管理和环境效应对公牛和母牛繁殖性能的影响，应该记录与母牛相关的一些其他信息，与公牛相关的一些其他的信息也与母牛的繁殖性能相关（请参阅关于公牛的其他信息）。

- 发情开始时的配种时间；
- 发情检测的方式（视觉、设备、诱情公牛）；
- 母牛激素处理（诱导发情）。
- 母牛以前的产犊方式；
- 母牛产后病理情况（子宫炎、胎衣不下）。
- 母牛繁殖力问题（发情、排卵、卵巢囊肿）。
- 配种失败时，不孕/不育母牛的处理；
- 犊牛饲养类型（哺乳犊牛，犊牛寄养，人工饲养），这可能会影响产后发情周期恢复的时间，哺乳会延迟产后发情；
- 流产。

3.1.3.3.3.8 母性倾向（见性情/行为）

母性行为可能会影响犊牛的生存力，并且需要对犊牛进行哺乳：

- 生产性状，母牛的产奶可以用于犊牛断奶前生长，通常由断奶重进行评估；
- 母亲对犊牛的行为性状，即母亲照顾出生后的犊牛的方式。

3.1.3.3.3.9 胚胎移植和采卵

在一些品种中，超数排卵和受精卵移植（MOET）被用作一种育种技术或/和选择方案。采卵技术（OPU）是奶牛胚胎的一种可选择来源，采集的卵母细胞在体外成熟、体外授精、培养至囊胚期，然后进行受精卵移植。

为了满足动物数据的标准性和记录的正确使用，应记录下列信息：

- 胚胎及其遗传双亲的 ID 号；
- 移植日期；
- 由胚胎移植所生产的犊牛的编码；
- 受体牛的 ID 号；
- 供体和受体母牛的编码，以确定没有自然生育犊牛的奶牛。

为了专门地分析超数排卵技术的效率，应记录下列性状：

- 未受精的卵母细胞数/冲洗次数；
- 退化的胚胎数/冲洗次数；
- 移植的胚胎数/冲洗次数。

此外，一些环境因素可能影响移植结果，并且应记录供体牛的特定信息，包括超数排卵所用的处理方法和日期、人工授精日期、冲洗日期和技术人员的标识。

关于受精卵移植的结果，应记录下列信息：

- 受精卵移植日期；
- 移植模式，新鲜的胚胎还是解冻的胚胎；
- 受体发情的类型，自然发情还是激素处理后发情；

- 技术人员的 ID 号。

3.1.3.3.3.10　顺产或难产，产犊模式

难产可以导致犊牛和母牛死亡率提高，并可能损害犊牛及母牛的健康，影响母牛随后的生育能力和生产性能。

难产由胎儿或母牛所引起，涉及母牛的因素如下：

1. 骨盆生理和病理的缺陷（骨盆开放区域的不同、骨盆发育不成熟、生殖系统的纤维化）；
2. 分娩准备不足，或宫缩不足。

涉及胎儿的因素如下：

1. 胎儿过大（相对的、绝对的或病态的）；
2. 胎位不正；
3. 死胎；
4. 双犊。

从繁育的角度来讲，引起难产的最显著的原因是胎儿过大和与母牛年龄相关的骨盆面积狭窄。在产犊的过程中，这些原因所致的难产与兽医是否在现场没有必然联系，但由任何其他原因引起的难产可能需要兽医。因此从育种角度来看，有兽医帮助下的产犊模式等级描述毫无意义。

对于产犊模式和易度的建议评分：

1. 顺产；
2. 助产；
3. 难产（强行牵拉，两人或更多的助产，机械力助产）；
4. 剖腹产；
5. 碎胎术。

记录其他额外的信息：产犊日期、母牛的胎次和年龄、犊牛性别、分娩时牛的行为、双犊、母牛的品种及 ID 身份。

3.1.3.3.3.11　初生重

难产最常见原因是胎儿过大，种公牛繁育性能中与产犊易度最为相关的是初生重。

3.1.3.3.3.12　骨盆开口

大多数产犊困难或难产发生在初产的小母牛。研究表明，犊牛大小（出生重）与母牛骨盆入口（骨盆区）之间不相称是难产的一个主要原因。因此，在一岁时进行骨盆测量，可以作为减少潜在的难产发病率和初产小母牛产犊困难严重程度的筛选手段。

- 骨盆的测量。
  - 骨盆垂直直径（cm）；
  - 骨盆水平直径（cm）。
- 计算骨盆区面积（cm^2）。

骨盆区面积为垂直和水平测量的乘积。

- 头胎骨盆区面积的计算。

骨盆测量应取 320~410 日龄范围的母牛，调整到 365 天的日龄来准确评估一岁的公牛和母牛。BIF 提出应该按照具体品种校正的公牛和母牛的计算公式（见附件计算性状

定义）。

3.1.3.3.3.13 出生后死亡

死亡的时间可以用日期或/和编码进行记录。通常情况下，编码与其生活史的重大事件（出生，断奶，断奶后）或特定事件发生的时间段有关。死亡时间一般记录如下。

- 死亡日期。
- 死亡时间的编码。
  - 死胎：出生时死亡；
  - 分娩过程的死亡时间；
  - 围产期死亡通常定义为第一个48h内死亡；
  - 从出生到死亡一个特定的时间；
  - 在特定的时间间隔中死亡；
  - 断奶后死亡。

根据这些记录可以计算各种死亡率或存活率，因此，我们需要明确定义充当分子、分母的动物以及一生中重要的事件发生时间或时间间隔。这些比率可以按群体或公牛计算，也可以按既定的不同死亡原因分类。

- 犊牛死亡率的计算。

在一个时期或特定事件内，死犊占母牛怀孕、产犊或产活犊的百分数。

- 犊牛存活率的计算。

在一个时期或特定事件内，活犊占母牛怀孕、产犊或产活犊的百分数。

- 断奶率：特定分母下断奶犊牛的比率。
- 死亡原因。
  - 先天性缺陷；
  - 难产；
  - 意外事故；
  - 疾病（呼吸系统、消化系统、传染病、代谢系统......）；
  - 其他。

3.1.3.3.3.14 出生后淘汰

淘汰的时间可以记录成日期或/和编码。编码通常与生活史事件或特定事件时间段相关。

- 淘汰的日期。
- 淘汰时间的编码。
  - 出生后、断奶前、断奶后、其他。
- 淘汰的原因。

淘汰的原因有很多，而且随生产系统不同而不同。所以很难建立一个完整而明确的淘汰原因清单。此外，牧场可以根据多个原因来决定是否进行淘汰。大体上可以将这些原因划分为育种员的主动淘汰和被动淘汰。

  - 主动淘汰：育肥销售、种畜销售及屠宰销售。
  - 被动淘汰：缺陷、疾病、不孕不育、生产低下、母性性能、性情等原因淘汰。
- 处理和淘汰的年龄的计算

根据这些记录可以计算各种淘汰原因的统计值和比率。因此，需要明确定义充当分子、分母的动物以及一生中重要的事件发生时间或时间间隔。这些比率可以按群体或公牛计算，也可以按既定的不同淘汰原因分类。

- 对于特定类型的动物在其特定的年龄、事件或特定时期，计算淘汰率。

3.1.3.4 寿命性状

3.1.3.4.1 总论

寿命是育种目标中重要的一部分，反映了动物成功应对生产系统中出现的环境因素的能力。一个动物的寿命可以从它的生产历史数据进行计算，因为任一存活性状可以界定为在2个事件间的时间长度。寿命性状的测定，从出生或从开始生产至动物生命中最后一次测定特定性状时的日期。

生活史的记录对寿命性状的计算是（见指南其他章节）非常重要，它包括出生记录、产犊记录和淘汰记录。此外，为了计算寿命性状，还需要记录淘汰的原因。

3.1.3.4.2 寿命性状的计算

通常建议用生产寿命（有时也称生产期）这一性状来描述动物寿命的长度。生产期的长度是从开始生产和到结束生产这段时间。正如指南中详细描述的那样，如果按要求记录动物生命历史的话，则可以计算出生产寿命这一性状。

生产寿命的计算需要定义生产的起始时间，通常一头奶牛的生产始于第一次产犊，一直到它的死亡。使用这些数据进行遗传评估时，必须考虑以下两个问题。

首先，在计算生产寿命时，必须要考虑到不完整的记录，因为人们有时会选取与动物死亡的时间点不同的时间点作为结束，如一些动物还活着或因商业用途而出售。从评估中排除掉这些不完整记录的数据或者认为这些动物死亡势必导致偏差的结果。解决这一问题的方法是使用间接寿命指标，如可判断母牛在某一年龄阶段是否活着（生存力）。然而这一方法也会造成大量信息的缺失。因此我们建议，不完整的数据需要特别审查或者需要设计特别的统计工具来处理，以便于分析。对于后者，用准确的代码来记录动物淘汰是必要的。

其次，功能性寿命这一性状也应成为遗传评估的一项考虑因素，也就是说生产性能校正寿命。这种情况下，生产性能是不同的选育标准，因低生产率而被淘汰的动物不算在内，只有健康问题或其他非生产性能问题而造成的淘汰才要被考虑在评估范围内。例如奶牛，根据断奶体重或某一固定年龄的体重所评估的产奶量，来对奶牛生产性能进行校正。

在许多情况下，生产期的早期预测被用于青年动物的育种值预测。这些预测通常与线性类型性状、身体测量和生产记录有关。

3.1.3.5 活体动物的体重

收集活体动物体重对分析肉牛生产能力是至关重要的。生产者收集的典型的体重包括：出生重、断奶体重和一岁的体重。保持体重收集的连贯性很重要，以确保信息分析。动物称重通常使用磅秤或电子秤。确保称重设备始终保持在水平位置，尤其是移动称重台。称重设备应定期校准，以确保记录的数据的准确性。作为最低限度，称量出生体重的称量精度应该是1kg/2磅，后期体重的称精度应该是2kg/5磅。

牛体重的测定必须考虑以下几个方面。出生体重通常用磅秤记录。要确保犊牛完全离开地面，没有任何方式的阻碍。最好将称固定放置在一个站点，以确保记录下来的测量结果的精确性。在平台或悬挂秤上称牛体重时，要定期检查设备是否有杂物，并经常清洗或者调整秤的平衡。

3.1.3.5.1 初生重

初生重是影响母牛难产的一个主要因素。因此，收集和分析出生体重信息对于许多育种程序是十分有用的。出生体重应该在犊牛出生 48h 内收集。应该在出生时收集的数据包括：母畜 ID；犊牛的 ID；出生日期；出生体重；称重日期和产犊易度评分。犊牛应保持身体干燥并允许母牛喂奶给犊牛。

3.1.3.5.2 断奶体重

断奶体重对于肉牛生产者之所以重要，主要有以下几个原因。断奶体重是衡量母牛生产力和犊牛断奶前生长的遗传潜力性能的主要指标，它也作为确定断奶后生长的初始体重。此外，许多生产者根据犊牛断奶时的体重来对其进行营销；断奶体重对农场收入有很大影响。遗传评估会计算环境因素对断奶体重贡献，并分开母牛和生长基因组分。断奶体重应该选择在犊牛的断奶时期进行收集。所有同期群体犊牛应在同一时间进行体重测量。不同国家断奶犊牛的年龄不同，为了使调整目的更为准确，犊牛的平均年龄应该尽可能接近该国家或者可接受的管理体系的年龄校正标准。例如，美国的断奶校正年龄是犊牛生长到 205 日龄，因此建议测量断奶体重的时间应该是所有犊牛的平均年龄接近 205 天的时候。如果体重不是在这个年龄范围内测量的，那么校正的体重则会不准确。

3.1.3.5.3 断奶后的生长

断奶后生长的评估一般以断奶体重作为起始体重，一岁犊牛的体重作为终点体重。在正式断奶体重于犊牛离开母畜之前就采集的情况下，起始体重应该于犊牛离开母牛时采集。犊牛断奶后生长性能的遗传评估可能会有不同版本的记录，可能记录为断奶后生长情况或者一岁的体重（通常是断奶体重的基因值加上断奶后生长的基因值）。无论哪一种情况下，母牛这一因素都要考虑进去，以确保这一评估生长潜力。犊牛断奶后生长的最终体重，传统上是尽可能以犊牛接近 365 日龄时的体重为准。然而，根据国家和管理系统，也有例外。例如，在美国有 3 个被认可的测量一岁犊牛体重的时间天数：365 天、452 天、550 天。断奶后的体重应该在犊牛生长到一定合适的平均年龄的时候再进行收集。同一周期的犊牛应该在同一时间段测量。

3.1.3.5.4 出栏体重

在动物出栏或者屠宰时，收集出栏的体重作为销售体重，对估计屠宰率至关重要。根据不同国家或者不同胴体利用目的，动物出栏或屠宰的最适时间有所不同。以遗传评估为目的时，这些权重都要校正到一致终点（如年龄、脂肪厚度等）。空腹体重（至少 12h 没有喂养饲料或水）应该在出栏的时候记录下来。用来测量体重的称的精确度应保持在 2kg/5 磅或者更小的范围内。

3.1.3.5.5 体重测定

计算生长率的起始体重和终点体重可以是动物饱腹或绝食（空腹）体重。若使用饱腹体重，起始体重和终点体重应该是在饲喂影响最小情况下，连续两天的平均体重。否则，动物空腹 12h（没有饲料或水），仅需一次称重即可。可以在测量不同阶段称重，以确保适当的增重。用来测量体重称的精确度应保持在 2kg/5 磅或者更小的范围内。

3.1.3.5.6　生长情况的预测——胸围周长

在某些肉牛管理系统中，不能直接记录体重，那么可以将牛的胸围这一记录来作为预测肉牛品质的一个指标。

胸围一般可以使用卷尺来记录，或者也可以使用专用的设备。这种设备通过对于动物的图像的处理来获得其胸围。该设备必须由一个数字式光学部件组成，用于专门捕捉动物的数字图像，同时由专门的软件来解析这些动物的数字图像，最终由专门的软件估算出动物的胸围周长。

估计胸围周长的设备精确度必须定期进行现场校准，卷尺读数和预测的胸围之间的平均差不应超过卷尺胸围读数的 2.5%。

活重作为一个直接的肉牛性能性状，可以借助如下两个因素的转换公式估算出来：

1. 动物的年龄；

2. 胸围周长。

动物的年龄是根据记录日期和出生日期之间的天数的差值来计算，转换公式可能要因品种和性别不同而不同。

建议所使用的转换公式来源于足够大的数据库，数据库中同一个动物不同年龄阶段均同时记录了胸围和体重。如果转换公式来源于一个多元回归方程，其 R^2 应该至少为 0.90。

以胸围周长估算动物活重的建议如下：

• 动物胸围周长的记录特征是特定的，采用计量单位也需是固定的（如厘米，英寸，米等）；

• 要记录下来实际的胸围；

• 记录下来的胸围周长存储于中央数据库，利用经过验证的转换公式来进行体重估算；

• 通过胸围周长估算出来的动物活重应与其原始的胸围周长一起记录在数据库中；

• 数据库中要给每个动物一个对应的代码，以指示本生长评估过程基于胸围测量。

3.1.3.5.7　生长和体重的校正

动物的体重的记录包括原始体重和其称重日期。为了使得同一品种和性别的动物体重之间具有可比性，同时也为了方便不同国家之间数据和信息的交流，通常将动物活重校正到某一特定参照年龄。例如，动物 365 日龄活重（即一岁的体重）可以将同一品种、同一性别或同一畜群的动物按生长潜力排序。

选择参考年龄要根据具体的繁殖活动来确定；例如，200 日龄指犊牛的断奶。动物在特定年龄的体重这一数据很重要，因为该数据可将不同的环境和国家的动物进行对比分析。通常，在对某一畜群进行记录时，要求记录当天所有动物的体重，可能无法在所要求的确切日期进行规定的测量。例如，现在需要记录一岁犊牛的体重，但是在技术上只能每月，或隔 2 个月、甚至 3 个月测量一次，那么，就只能通过某一校正程序来对犊牛 365 日龄体重进行估算，结果被记录为“计算性状”。

当被记录的性状如体重被按照一定年龄标准化，获得的校正的体重就变成计算或者衍生性状，校正体重是所记录的体重和年龄的函数。因此，“体重”一词就是直接记录的数值，而“在 200 天的体重”则为计算出来的数值。为了方便国际间的数据交流，强烈建议时间间隔的标准化，每个国家的机构要为其肉牛品种明确界定测量体重的参考日龄。在存储这些体重的数据时，有必要明确标出哪些体重数据是根据原始数据计算获得。

动物活重的测定，既可以直接被记录（磅秤），也可以通过生物体尺计量方法获得（如通过胸围周长计算获得），该数据对于监控动物生长情况非常重要。正如前面提到的，体重记录是将原始体重和测量日期一起记录，并且可以被校正到某一特定年龄的体重。这些数据也可用于计算出其他的数值，这些被计算出的数据更容易提供有关动物的生长潜力的信息。

该类被计算出来的数据指的就是某一特定时间间隔的生长率，能够体现出动物在某一特定阶段的生长潜力。动物活重可以反映动物在某一天的体重，而生长率性状则涉及到两个时间节点的体重，反映某一特定时间段内动物的生长性能。这些数据结果对于不同生长阶段的动物生长潜力的管理和对比非常有用。

因为动物的生长性能与零售产品的经济价值高度相关，所以生长率这一性状对肉牛养殖和肉牛行业来说至关重要。这一性状通常用每天增重克数计算。生长率这一性状是计算性状，可被分为两大类：

- 从动物出生到某一特定年龄（如 365 天）的生长率。
- 动物生命周期内某一特定时间段内的生长率。

3.1.3.5.8 体重校准到标准年龄的建议

计算标准年龄体重的常用方法首先是确定两个相邻的体重记录之间平均日增重，然后假设动物的生长，在不同的记录节点之间呈线性规律，估计从第一个记录日起参考日间所增加的体重，将其和第一次记录体重相加就是标准年龄体重。体重校正日龄最好是在两个连续记录之间，否则，如果最后一次记录日龄处于距离标准年龄的某一时间间隔内，可以使用外推法。每个记录组织根据记录频率决定时间间隔。

3.1.3.5.8.1 计算方法

不同情况下的计算方法：

1. 除初生重外，出生后仅有一个体重记录可用：

设 AR 为参考日龄；

设 WR 为参考日龄的体重；

设 D_B为出生日期；

设 D_t为记录日期 t；

设 W_B为初生体重；

设 W_t作为 t 日记录体重；

设 A_t为记录时动物日龄（$= D_t - D_B$）；

如果 $AR < A_t$时计算用 $WR = [(W_t - W_B) / A_t] * AR + W_B$；

如果 $AR > A_t$时计算用 $WR = \{[(W_t - W_B) / A_t] * (AR - A_t)]\} + W_t$。

2. 出生记录后有更多的体重记录。以下的公式适用两个记录（n = 2）的情况。这个公式可以应用到任意 n 个记录，注意在这种情况下，参考日龄应该包含在两个连续记录的日龄间隔中，否则，应该尽可能靠近最后一个可用的记录。每个记录组织根据记录频率等决定日龄范围公差或限制值。

设 RA 为参考日龄；

设 RW 为参考日龄的体重；

设 D_B为出生日期；

设 D_{t-1}为记录的日期 1；

设 D_{t-2}为记录的日期 2；

设 W_{t-1}为记录日期 1 的重量；

设 W_{t-2}为记录日期 2 的重量；

设 A_{t-1}为记录日期 1 的日龄（ $= D_{t-1}-D_B$）；

设 A_{t-2}为记录日期 2 的日龄（ $= D_{t-2}-D_B$）；

设 $RA < A_{t-1}$时

$RW = \{ [(W_{t-2}-W_{t-1}) / (A_{t-2}-A_{t-1})] * (A_{t-1}-RA) \} -W_{t-1}$；

设 $A_{t-1} < RA < A_{t-2}$时，

$RW = \{ [(W_{t-2}-W_{t-1}) / (A_{t-2}-A_{t-1})] * (RA-A_{t-1}) \} + W_{t-1}$；

设 $RA > A_{t-2}$时，

$RW = \{ [(W_{t-2}-W_{t-1}) / (A_{t-2}-A_{t-1})] * (RA-A_{t-2}) \} + W_{t-2}$。

哺乳期牛群从出生到断奶的记录方案，其中参考生产性能的性状是校正为 200 天的体重，推荐的计算方法如下：

设 A_t为称重的日龄天数；

设 W_t作为体重公斤数；

设 W_B为记录的出生体重或品种标准体重；

然后参考性能计算为：

$$RW - ((W_t-W_B) / A_t) * 200 + W_B。$$

如果有必要外推到较低和较高的记录日龄之外，应该确定参考校正日龄和可用记录日龄之间最大允许间隔。在所考虑的阶段，这个时间间隔与牛的品种、性别和生长潜力相关。间隔大于阈值不应使用。例如，可以确定，如果记录时间段为± 45 天时才可以计算 365 日龄体重。用于计算 365 日龄体重所需体重只能记录在 320 日龄和 410 天的日龄之间。考虑到记录方案中这些参数的变化，确定不同品种标准年龄体重的阈期由各成员国负责。一般来说，计算方法是标准的线性插入法。然而，如果阈值时间是非常大的，记录方案中非线性标准化也是必要的。对于国际交易，建议至少提供原始重量和日期记录。

3.1.3.5.9　生长性状计算的建议

体增重的定义有很多：

• 平均日增重：两个体重记录的重量增加值，除以两个体重记录之间的天数。此性状以 g/天的方式表示。

• 日增重：给定一个动物特定日龄下所测定的重量记录，给定一个实际的或默认的初生体重，可以计算从出生起的动物活重增加。对于这一性状的计算，动物的初生体重和出生日期应该是强制性的数据。如果数据缺失或无效，可以使用该品种和性别的平均出生体重。此性状以 g/天的方式表示。

• 净日增重：商业胴体重除以屠宰日龄。为了计算屠宰日龄，出生日期是必须记录的。净日增重用 g/天表示。记录胴体的分割规范是非常重要的，因为它可能造成显著差异。

上述生产性能性状是由记录性状（体重记录和相应的日期）组合计算而来。这种性状类型可由原始记录数据和校正体重衍生而来。

计算方法：

参考当前 ICAR 指南方法。

3.1.3.5.10　从初生到断奶的哺乳牛群

体增重可以如下方式进行计算：

设 WW 为校正断奶活重，用 kg 表示；

设 BW 为初生体重，用 kg 表示；

设 AW 断奶的年龄，用天来表示；

然后，体重从出生到断奶计算公式为：（WW-BW）×1 000 / AW。

3.1.3.5.11　测定站

测定站把平均日增重作为参考生产性能性状；

设 AS 为测试开始的日龄，用天表示；

设 AF 为测试结束的日龄，用天表示；

设 SW 为测试开始的体重，用 kg 表示；

设 FW 为测试结束的体重，用 kg 表示；

因此，计算日平均增重计算公式为：

（FW-SW）×1 000 / （AF-AS）。

用 kg 表示。

3.1.3.5.12　断奶后到屠宰的育肥牛群

参考生产性能性状是平均日增重；

设 n 为这期间检测的体重记录；

设 A_{n-1}为体重 n-1 次记录日龄，用天表示；

设 A_n为体重 n 次记录的日龄，用天表示；

设 W_{n-1}为体重 n-1 次记录的活体重，用 kg 表示；

设 W_n为体重 n 次记录的活体重，用 kg 表示；

因此，日平均增重计算为：

$$(W_{n-1}-W_n)\times 1\,000 / (A_{n-1}-A_n)$$

用 g/天来表示。

3.1.3.6　活体动物评估

3.1.3.6.1　肌肉性能评估

线性评分是一项对动物外貌进行系统描述的技术，线性评分可揭示动物的部分经济价值，如果评分性状是可遗传的，那么也揭示其部分遗传价值。经济和环境条件随时间和国家变化，所以每个评分性状经济重要性因情况不同而不同。具体的相对重要性必须由相关育种机构来决定。

像单一动物的描述，线性评分数据常用于奶用、兼用和专门化肉牛品种的遗传评估。

许多育种者、育种机构和那些在 AI 行业工作人员，利用线性评分进行日常动物记录。

在肉牛品种中，肌肉形状的线性评分对于每头牛作为可供出售的牛肉产量的指标尤其重要，从而是肉牛记录系统中不可或缺的一部分。

为了满足世界范围内有效的基因交换、国际品种比较和国家之间个体肉牛更多可比性的需求，肌肉的线性评分程序应该统一。由国际公认的一套标准规范来满足这一需求。

以下的建议可以帮助组织者设计一个记录肉牛性能的线性评分系统，该系统可适合市场状况，并且使得不同国家之间分数更具有同质性和可比性。

目前的建议仅是指肉牛肌肉等级的线性评分，这通常是品种内完整的综合评分系统中的一部分。它不涉及线性评分的全部范围，一个完整的线性评分系统对于一个给定的品种通常包括其他项目，如骨骼特征、乳房、大腿等。

下面的建议也许可用于兼用品种以及用于专门化肉牛品种。线性评分可以用于任何肉牛类别，如公牛犊和母牛犊、后备母牛、母牛、公牛和阉牛。

3.1.3.6.2 实施线性评分的推荐的方法

线性评分有以下特征：

- 线性评分是对动物外貌一种系统的描述；
- 通常是一个线性评分方案考虑了几个解剖部位；
- 解剖部位必须精确定义；
- 在一个单一的解剖部位，线性评分提供了生物极端和很多中间状态的描述。
- 评分代表一个等级分类，应该充分考虑线性性状的表达程度的差异。
- 根据性状的表达程度确定极端和中间的值顺序。例如薄和厚、长和短等。
- 高或低的评分没有特定的意义，它不一定是理想的或不合理的。
- 按照惯例，其中一极端值评分为 1 ；另一种水平则按照升序的方式描述所要表达特征，从而得到一个评分。
- 对大多数性状，推荐使用数值范围为 1~9 分。
- 如果考虑的动物群体中生物极端范围是很大（如兼用或杂交品种记录方案），建议数值范围扩大到 1~15 分。
- 评分系统在同群组织应该是一致的，即品种/品种组。
- 如有可能，线性评分应对同一性别和年龄的动物评分。
- 为每个类别的动物肌肉形状的评分尺度应该是相同的。
- 肌肉度评分只与肌肉外形相关。

肌肉度的线性评分方案应该考虑性状至少包括：

- 肩宽；
- 腰宽；
- 臀部长度；
- 臀部宽度；
- 后腿宽度；
- 后腿高度；
- 大腿内侧；
- 大腿围。

下面是线性肌肉评分解剖部位的图形表示

a. 肩宽

  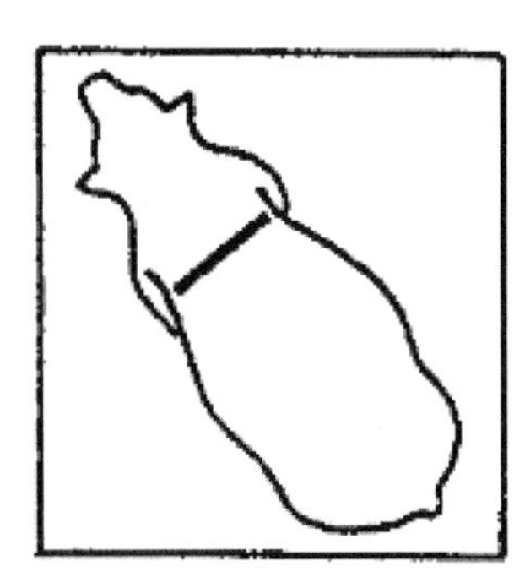

b. 腰宽/发育

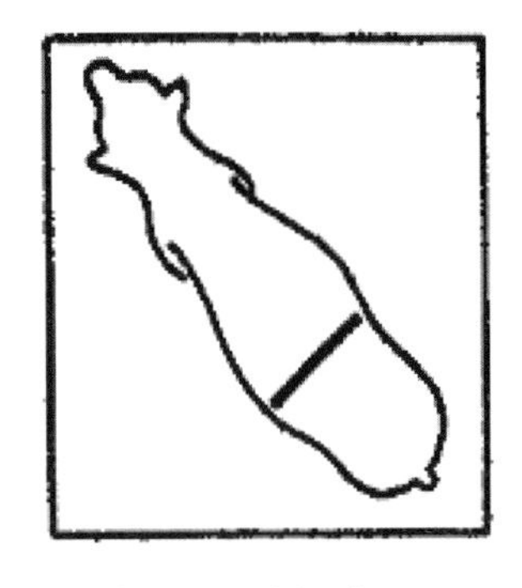 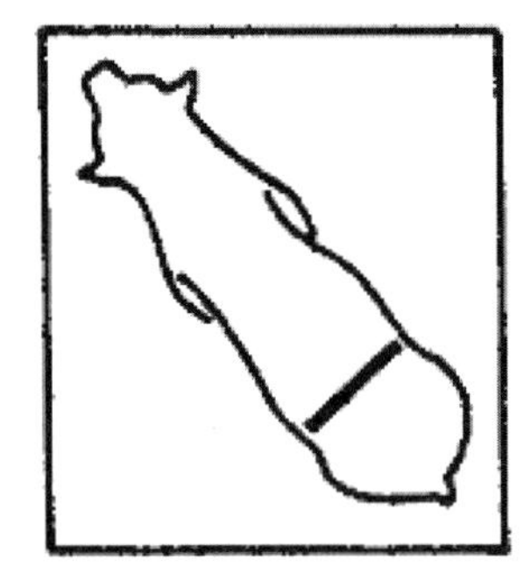 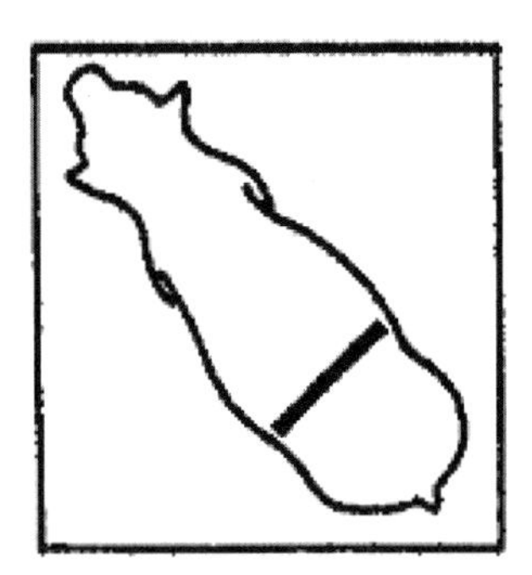

c. 臀部及骨盆长度

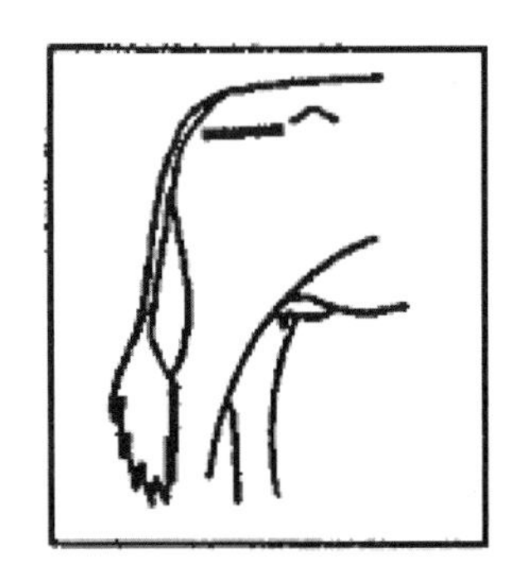 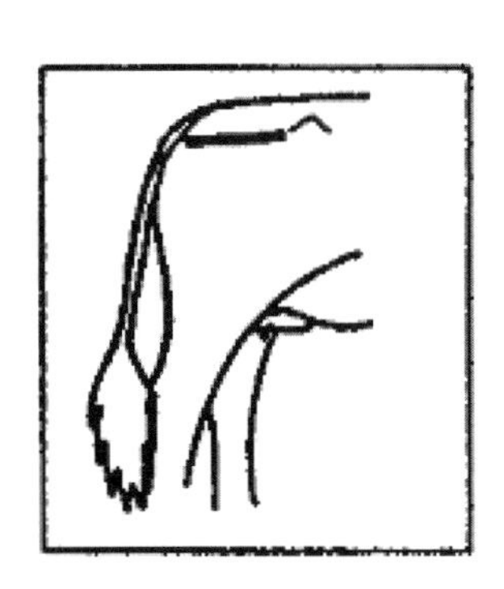 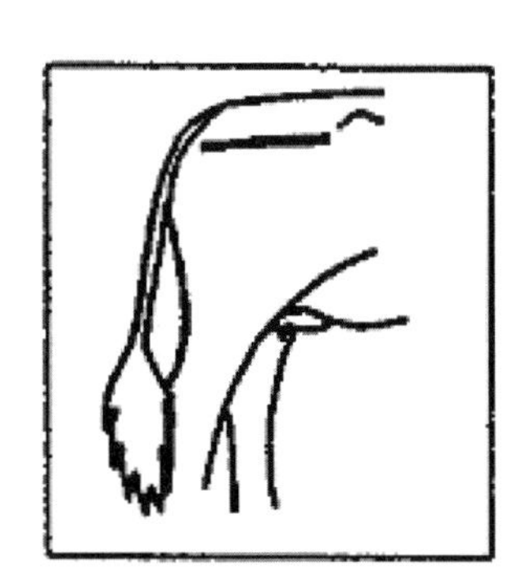

d. 臀部宽度

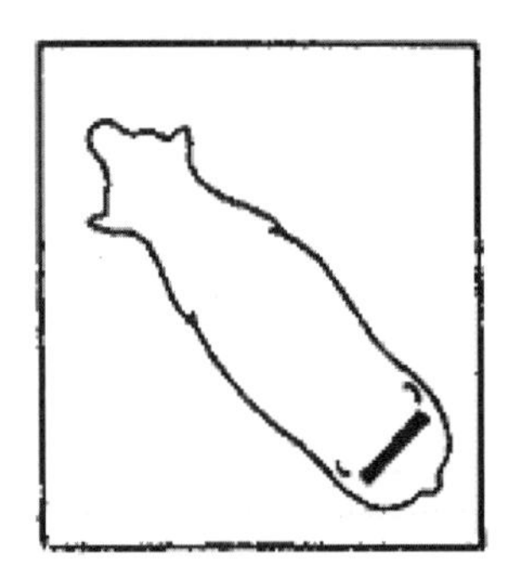 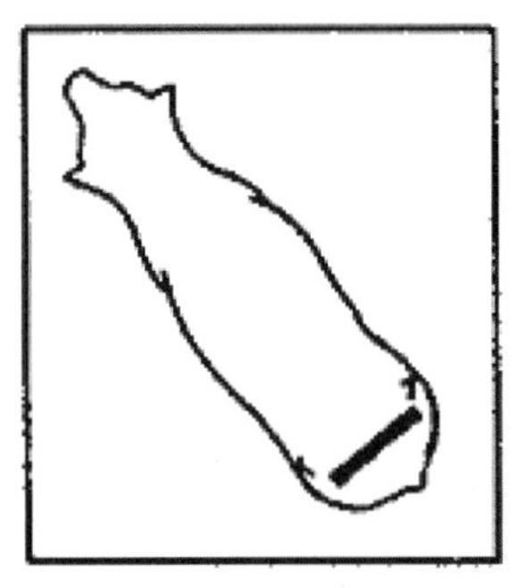 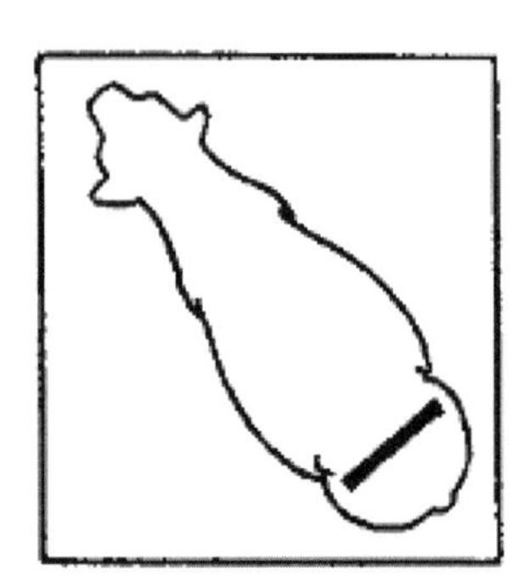

e. 后腿宽度

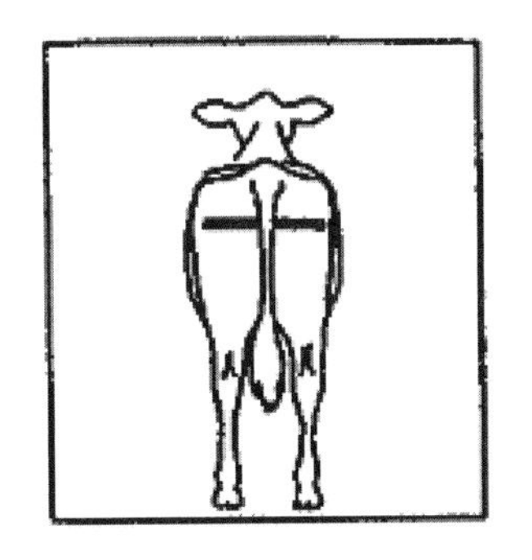
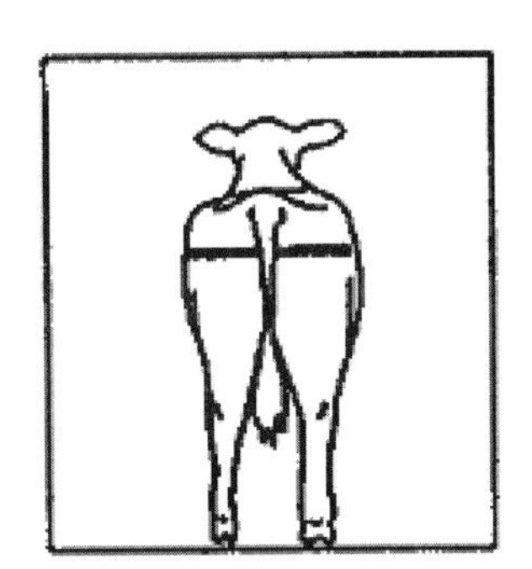
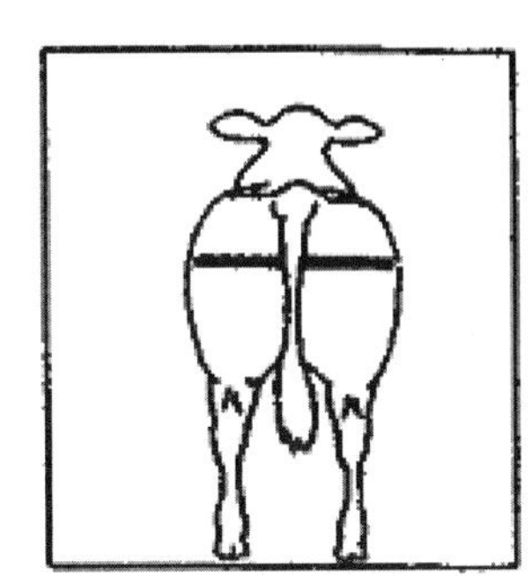

f. 后腿深度

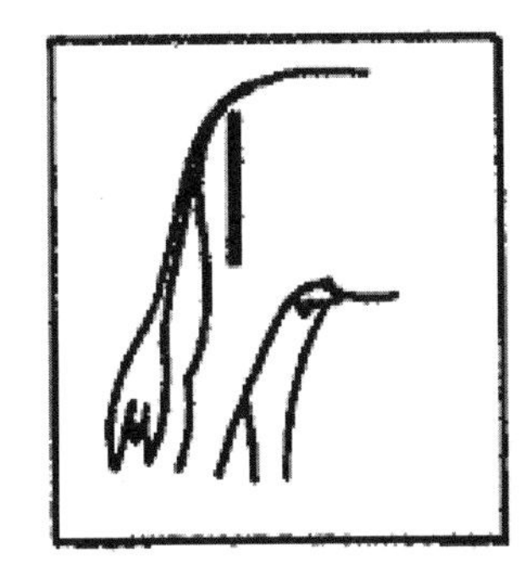
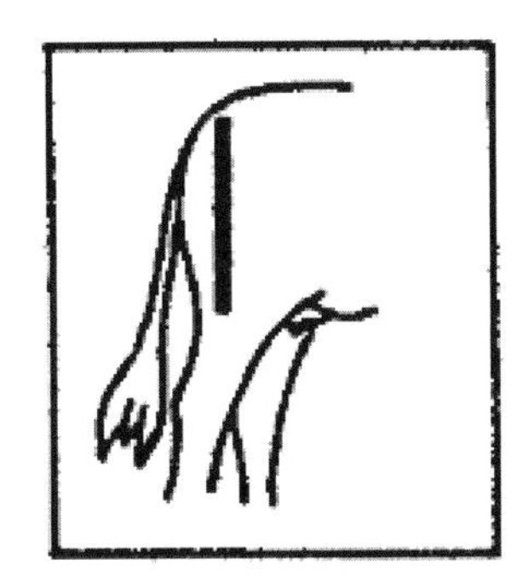
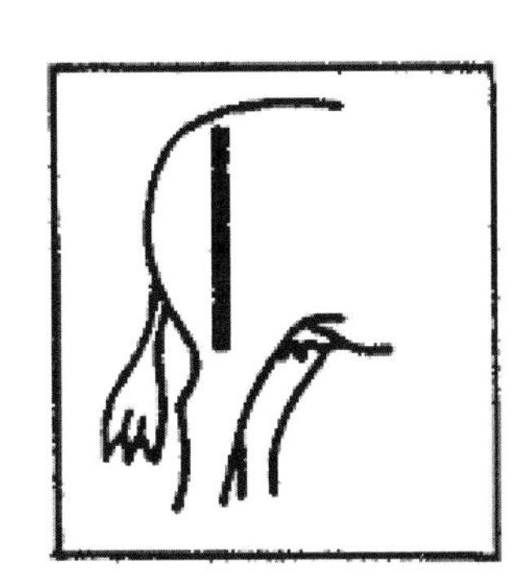

g. 大腿内侧

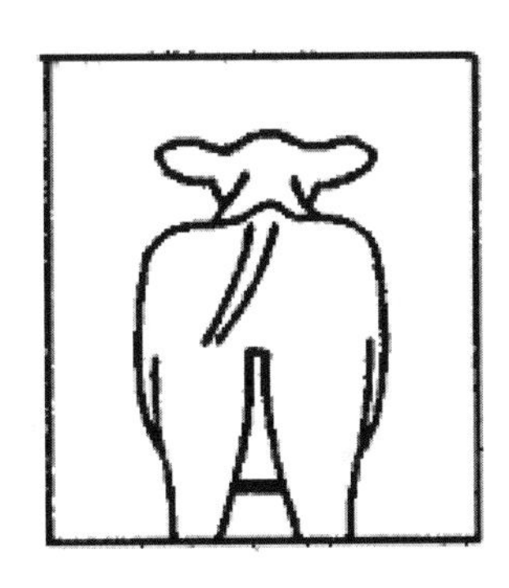
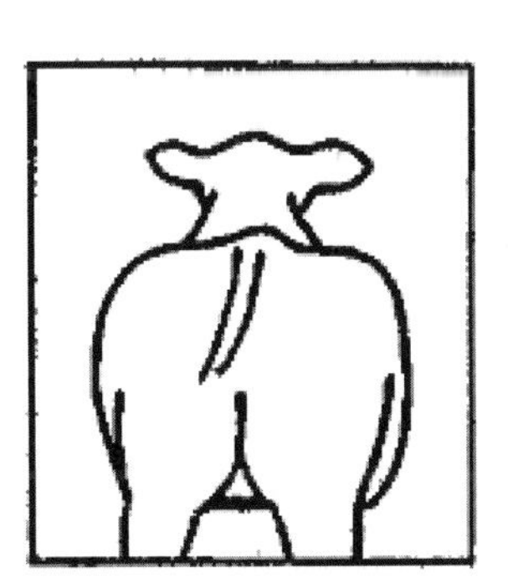

h. 大腿围/大腿发育

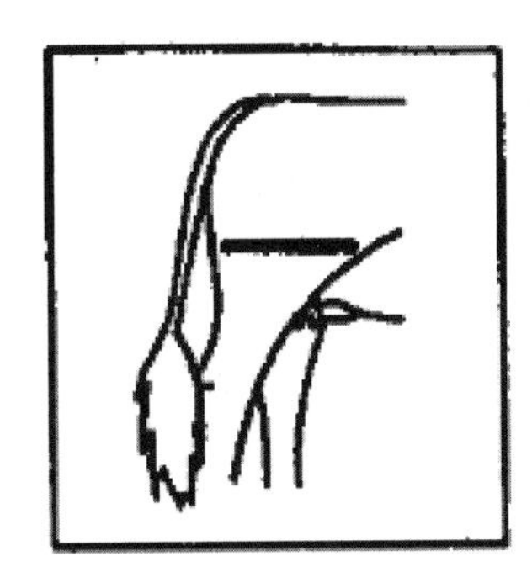
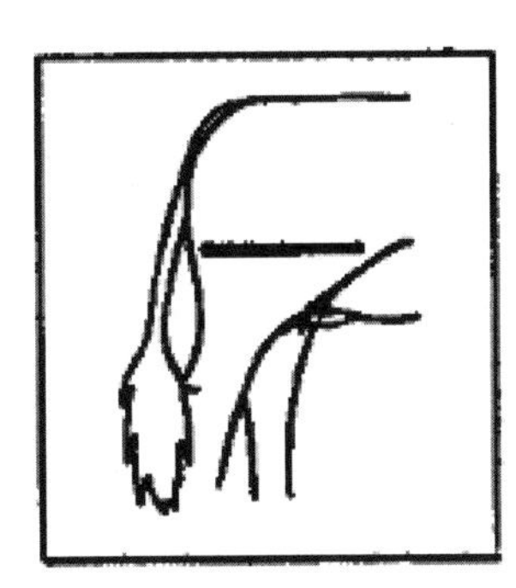
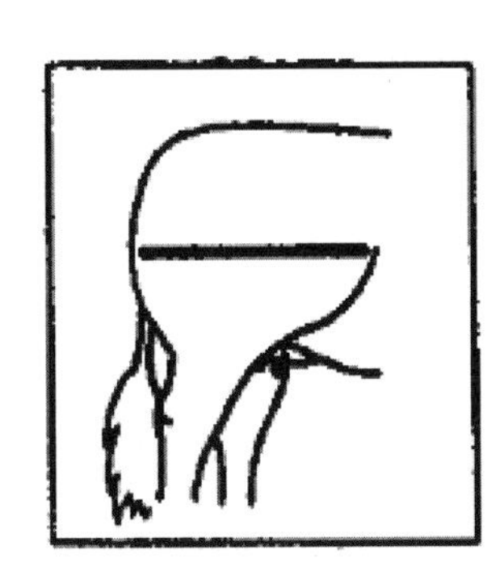

3.1.3.6.3 线性评分的要求

应记录所有与任何非遗传变异相关的因素。例如，

- 评分者的资质。
- 评分的时间。
- 牛群的管理情况。
- 营养状况等。

如果可能，所有的信息都应该按照 ICAR 的建议记录。

在同期动物群（如农场内同一个评分季节的动物）内，应该对同一类别的所有动物根据适当的类别标准进行评分。

为了防止评分者在评分前的任何预校正，评分时除了提供动物 ID 以外，不能提供其他信息，特别是涉及动物的祖代或者它的年龄信息。

线性评分需要训练有素的技术人员。接受适当的培训后，应该测试评分人员实践和理论知识。评分者培训应该包括以下内容：

- 熟练运用不同类别的数值范围，来记录动物。
- 评分者本人具有最低水平的可重复性。
- 评分者之间有一个最低水平的可重复性。

如果可能，建议开展评分员常规区域轮换制度，从而更好的估计评分员效应，有利于改善不同牛群线性评分时的数据统计分析。

育种机构的责任是要建立对评分员定期的监督程序，要监控每个评分员的能力，并且每年或根据需要更经常性的对他们进行培训。

3.1.3.6.4 体况评估

体况评分是通过目测，主观描述牛体况或膘情的一种方法。通过调节营养水平可以很大程度上调控体况。

3.1.3.6.4.1 目的

体况评分提供一种获得期望的目标体况评分的方法，以实现最佳生产和繁殖性能，同时优化饲料资源的利用。记录同期畜群内体况差异可以量化动物间差异，也可用于遗传评估模型。

3.1.3.6.4.2 推荐的方法

动物记录体系经历了数年的发展变化。例如，东苏格兰农学院在 1973 年就建立了一个这样的体系。其中，分数介于 1（极瘦）至 5（极肥），有时也会用到半分来记录。

推荐的方法是一个基于 Nicholson 和 Butterworth（1985）为瘤牛设计 9 分制的体系或与之相似的体系。9 分制体系提供了非常清晰、可辨识的记录步骤，这些步骤能够描述包括从温带到热带地区牛的体况。这一体系避免了像 5 分制 0 体系中普遍使用的半数记录的方法。首先定义了 3 个主要类别，每个类别随后各自细分为 3 个选项，这样共有 9 个选项可以给出可重复的结果，同时也便于向别人介绍和解释。主观评价时，采用这 3 个类别评分，效果良好。每端各有一个类别，一个在中间，这样更加便于做决策。

3.1.3.6.4.3 如何进行体况评分

评估脂肪覆盖度时，体况评分体系主要考虑两个区域（图 1）。第一个区域是腰部

（介于髋骨和最后一个肋骨之间），包含腰椎的刺状突起的和横断面伸展的部分。第二部分为环绕尾根和针状骨的周边区域。

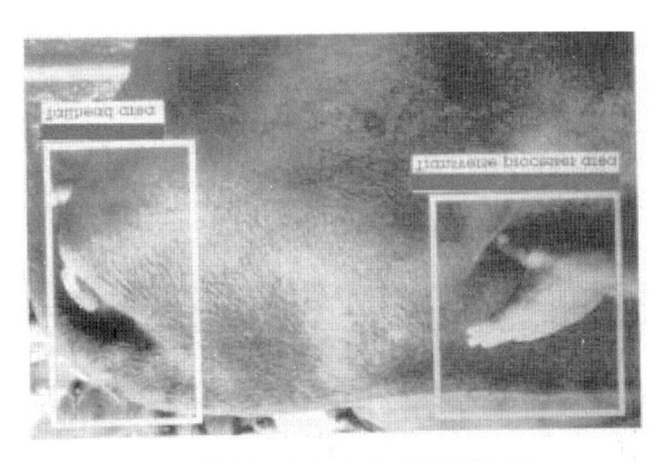

图 1　体状评分时，评估脂肪覆盖区域

腰部的脂肪覆盖（腰椎刺状突起的和横断面伸展的部分）是体况记录的最重要区域，因为这里可以很清楚的感知和评估脂肪积淀的变化，尤其对于较瘦的动物（分数介于 9 分制体系中的 1~5）。牛身上的脂肪积淀超过 5 分的时候，腰椎横断面伸展部分就很难能摸到，甚至乳牛的针状骨和尾根周边的脂肪积淀明显增多，分数一般是 7、8、9。6 和 7 的差别就是尾根两边的脂肪积累是否明显可见。

理想情况下，动物的称重和体况记录要同时进行，以便感知动物相关评估区域。持续对牛的体况进行记录会增加操作员评估的精确度和速度。

牛体况评分 1~9 分值描述

分　值		描　述
1	很瘦（过瘦）	动物明显很瘦弱，骨架显而易见；肌肉很少；动物虚弱无力，昏昏欲睡
2	瘦	动物很瘦弱，各个脊柱棘突，肋骨，骨盆荐结，坐骨结，肩胛骨和脊柱都非常突出，清晰可见；肌肉不多，脖子细，脊椎突出，肩膀瘦削，尾根周边完全凹陷下去
3	较瘦	脊柱突出，每个脊柱棘突能够触摸到，膘少，能看到棘突上隆起的肌肉，肋骨，骨盆荐结，坐骨结突出；腰臀区域凹下去；脊椎和肩膀上有少许肌肉或肥肉
4	中等偏瘦	脊柱突出，每个脊柱棘突能够触摸到；膘少，能看到棘突上隆起的肌肉；肋骨，骨盆荐结，坐骨结突出；腰臀区域凹下去；脊椎和肩膀上有不多的肌肉或肥肉
5	中等	很容易能看到棘突上隆起的肌肉；能摸到脊柱；骨盆荐结丰满，臀部丰满，突起；看不到坐骨结；肩膀周围和脖子下面可以感到有膘肉；能摸到肋骨，但看不到
6	中等偏肥	不是很容易能摸到棘突；背部长满膘肉，臀部丰满并长满肌肉；脖子，脖子底部和肩膀周围都能摸到膘肉；脖子粗壮伸展到肩膀；骨盆荐结可见

（续表）

分 值		描 述
7	较肥	背部平坦，摸不到棘突，骨盆荐结可见；脖子和肩膀周围的膘肉扩展至肋骨部分；体格丰满，脖子变粗
8	肥	动物看起来圆圆的，长满膘肉，看不见骨头；体格丰满，背部宽阔
9	很肥（过度肥胖）	膘肉覆盖了骨头；背部宽阔平坦，有时甚至脊椎周边堆起褶皱；脖子上，肩膀上和臀部很多的膘肉；身体两边也长满膘肉

备注：1~3 骨架明显，4~6 骨架和膘肉平均，7~9 骨架不如膘肉明显

下面图示可以作为体况评分指南（图 2）

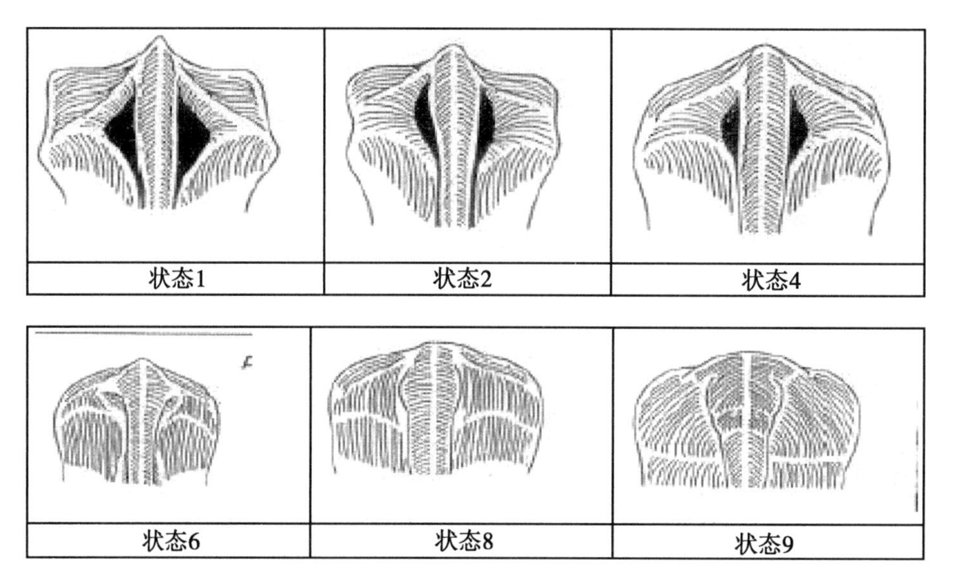

图 2 体况评分图示

体况评分不能代替动物称重，最好将这两个操作同时进行，体况评分不应受到体重、年龄和品种的影响。

此外也有其他更精确分辨动物体况差异的方法，例如，用实时超声方法测量皮下脂肪厚度。然而，观察体况评分的方式更加简便和快捷。

3.1.3.7 超声波测量

3.1.3.7.1 引言

采用实时超声成像设备记录动物胴体特征的方式，在家畜改良进程中已经应用 20 多年。尤其是在肉牛上，其作用得到了充分的发挥，如 Brethour（1994），Brethour（1998）。

20 世纪 80 年代后期，超声扫描技术应用于肉牛育种计划，以克服在散养条件下，后裔测定和生产性能测定过程中，记录胴体数据的固有困难。在这些情况下，不可能得到胴体信息。现在很多遗传评估计划都将超生扫描数据作为常规分析数据。

3.1.3.7.2 超声成像的实际应用

超声的应用具有很高的技术要求：

- 会使用复杂的设备；

- 严格执行恰当的设备校准；
- 准备适合的动物；
- 坚持一个标准的扫描协议；
- 坚持一个标准的图像判读协议；
- 适宜的动物处理设备。

3.1.3.7.3 扫描的动物

3.1.3.7.3.1 为遗传评估而进行的扫描

遗传评估最重要的是使动物发挥其遗传潜能。因为脂肪测定与动物营养状况直接相关，所以只记录在合理营养水平的动物群体是十分重要的。否则，将会记录太多低脂肪水平或没有肌间脂肪生成的动物，因为其遗传潜力没有表现出来，所得的信息没有什么价值。遗传评估是为了鉴别基因差异，这些信息是无效的。

超声波测定用于提供动物胴体特征和有限范围内的肉质信息，对于选择做育种用的青年动物和胴体信息不能直接采集的动物最有价值。一岁的青年公牛和青年母牛是最常被扫描的动物，在很多商业生产系统中，也可能通过阉牛或公牛进行后代测定。

总之，扫描能够为评估胴体 EBVs 或 EPDs 提供有用的信息。可利用的记录来源如下：

- 一岁的青年公牛；
- 一岁的后备母牛；
- 用来屠宰的后代。

青年种畜的最常见年龄范围是320~500日龄，根据养殖体系的不同天数会有所差别。

动物身体组份 EBVs 或 EPDs 的开发，要求所扫描的动物为明确界定的同期群组。

如果所扫描的动物在出生农场，同期群组包括所有在一起喂养和管理的同一性别的动物，建议出生范围为60天。如果动物群体规模比较小，产犊季节延长，同一时期的动物也可以包含较长的出生日期范围。典型的同期群组的定义包括群体代码、出生季节、断奶组（日期、地点、管理）、操作者（如果有多个操作者扫描）、扫描组（日期、地点、管理）。

如果扫描动物在中心试验站，同期群组包括出生日期60~90天内、同一性别、同时结束的动物。可能包括出生牛群、其他出生和断奶群组信息。

不同屠宰时间，尤其是在不同的屠宰场屠宰的动物，其记录数据不应直接比较，当动物长到市场目标体重时，群组中动物的屠宰减小了管理群组规模。第一次选择屠宰动物之前的胴体性状扫描，可以作为同一群组中所有动物直接比较的基础。

3.1.3.7.3.2 屠宰动物的扫描

皮下脂肪实时超声波扫描也用于决定商业上屠宰动物的市场适合度。但是，达到市场目标需求动物的扫描记录不能和用同样技术进行的生产性能测试的记录做对比。

一定要特别注意避免观测中的偏差。如果屠宰动物不符合市场需求，这种偏差可能会导致严重的经济问题。在做遗传评定的时候，一致的偏差作为管理群组效应的一部分，不会影响到遗传评定的精确度。

3.1.3.7.4 技术要求

3.1.3.7.4.1 记录装置

市场上的实时超声记录设备有很多。其中很多都被用在人体健康检查或兽医行业中

(如测试孕期)。小型医用传感器在扫描胴体性状时用途有限，因此扫描胴体性状需要特殊的传感器。

动物记录扫描设备清单详见附录1。超声设备在持续不断地发展和提高，更小更成熟的仪器正在被开发和销售。

3.1.3.7.4.2 设备

用超声波技术高效地扫描大量动物时，要事先设计好庭院、过道、滑槽，使动物处于无应激、安全的状态，记录完所有必要的信息后马上放动物出来。在开始扫描前，操作员应确保扫描用的牛处理设备，能够保证牛的健康和安全。两边可折叠的牢靠的滑槽是扫描牛的最佳选择。

操作员需要准备一个暗光环境以便设备拥有很好的显示效果，因为阳光直射会使得显示屏看起来很费劲，因此，滑槽应放置在一个顶棚下面，这样可以避免阳光直射，同时也避免了下雨或其他恶劣天气的影响。滑槽周边要有干净的接地电源信号，而且最好是专用电源，避免受其他电器设备如发动机等干扰。

大多数超声设备在周围空气温度低于8℃或45℉时，便不能高效和精确的工作。饲养员在遇到这样的情况的时候应该提前做好准备，保证超声设备的温度。必要时，操作员应准备好便携式补充加热系统来维持超声设备的温度。

3.1.3.7.4.3 动物的准备

动物要进行定期的清洗和毛发修剪，特别是冬季或早春时节，会因动物毛发过长而无法得到高质量的图像。如果扫描的目的是为了测量肌间脂肪比率（IMF%），那么对于修剪程度要求就更高了，因为超声传感器和动物皮肤接触不良会直接影响到脂肪比率的测量结果。通常来讲，被毛厚度不要超过1.5cm。扫描前，可将常见的植物油涂在扫描的部位，使传感器与皮肤得到最大程度的接触。植物油的温度应该保持在20℃或68℉以上，其扫描效果最佳。在低温环境下，可能需要将装有植物油的瓶子置于温水中水浴。

湿的动物可以被成功扫描，因为水可以被很容易地从扫描区域清理掉。

扫描眼肌区域的时候，用手势上下来回指引，同时轻拍牛，以便获得弧度区域的图像，避免使用强压来达到接触的效果，因为这样会使得肌肉变形并且会影响脂肪测定的结果。

3.1.3.7.5 性状的记录

迄今为止，实时超声成像被用于皮下脂肪的覆盖情况、眼肌面积、肌肉深度和背最长肌的肌间脂肪百分比的测量。测量的区域如图3所示。

3.1.3.7.5.1 臀部脂肪厚度

臀部脂肪厚度或者P8扫描是衡量脂肪的指标，可用于提高外部脂肪测定的整体准确度。这一测定特别对于扫描较瘦动物非常有用，如一岁的公牛。

测量的时候，超声传感器置于钩骨和针状骨之间，而不是很随意的来收集图像。臀部脂肪厚度是在肌二头肌肉顶尖部位测量的。这一区域位于高骨线（第三骶椎）和坐骨结节（坐骨结）（附件2，图2和图3）内部线的垂直相交的区域。臀部脂肪厚度应精确到毫米或者1/25英寸。如果需要的话，操作员也可以将测量单位精确度提高一些。

3.1.3.7.5.2 肋部脂肪厚度

肋部脂肪、眼肌深度或眼肌面积的测量位置的选择可能与一个国家传统四分体位点相

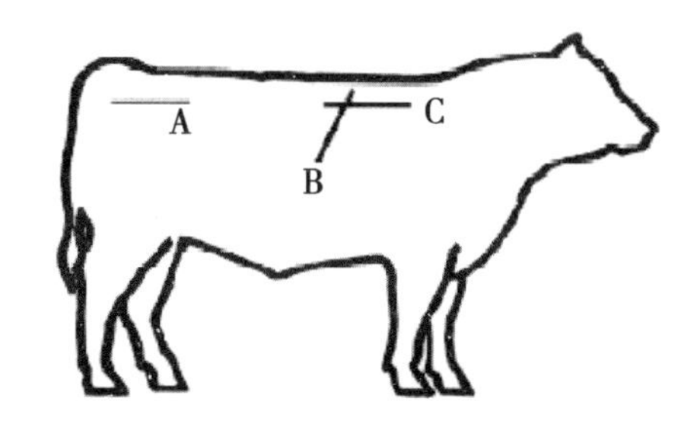

图3　用超声来评估胴体特征的常见区域

A. 臀部脂肪图像；B. 眼肌面积/深度的横断层面影像以及第12到13肋骨区的脂肪厚度；C. 肌间脂肪纵向图像。

一致。通常，不同位点测量的结果之间有很高的基因相关性，然而因为不同肌肉可能存在影响，所以不同位点测量结果之间会呈现不同变异，并且记录的容易程度不同。

在许多国家（例如澳大利亚、加拿大、新西兰、美国），常用位点位于从背最长肌的中间起到背部结束的3/4处第12根到13根肋骨之间的一侧。肋部脂肪厚度应精确到毫米或者1/25英寸，像臀部脂肪厚度一样，有时也会要求有较高的精确度。肋部和臀部脂肪厚度密切相关（基因相关度超过0.70），肋部脂肪通常拥有较低平均值。不同品种、不同的管理体系以及环境的之间也会有互作效应。

3.1.3.7.5.3　眼肌面积（EMA）/眼肌深度

胴体眼肌通常是测量第12~13肋骨之间的肌肉。超声波测量眼肌一般使用和测量第12~13肋间脂肪厚度相同的图像。

眼肌面积/眼肌深度测量的是背最长肌横截面积。应该注意不包括出现在这个部位其他肌肉。同样，图像应在肋间，而不是在肋骨上，否则会造成失真。

背最长肌下明确的肋间肌肉是传感器正确放置在第12~13肋骨间的标志（附件2，图4）。

3.1.3.7.5.4　肌间脂肪百分比（IMF%）

肌间脂肪百分比或大理石花纹是市场一些高价位肉质的重要特性，因为消费者把它等同于良好的食用品质。胴体肌间脂肪的标准检查方法是使用化学方法提取一片背最长肌肉样中所有的脂肪。大多数肌间脂肪百分比（IMF%）分析软件采用纵向的位于第11、12和13肋骨图像，大约是背最长肌中点到末端2/3的位置（附件2，图5）。

实验显示，纵向样本和横断面样本之间具有非常高的相关性。研究表明，同侧图像变异大于同一图像内选择不同但有重叠区域的变异（附件2，图6和图7）。

肌间脂肪百分比（IMF%）是超声性状中最难以准确测量的。设备校准、动物准备、电力信号噪声、大气无线电波的存在和传感器与动物的接触是影响测量准确性一些因素。因此强烈建议肌间脂肪百分比（IMF%）的结果应该是至少3个图像的平均报告结果或者最好是5个图像的平均报告结果，以提高测量的准确性。

大部分机器不提供肌间脂肪百分比（IMF%）的直接测量，因此需要有一个专门的电脑软件。超声扫描图像的数字化和分析由计算机完成。这样的分析软件通常是专门为特定的超声波机器设计的（Hassen等，2001）。

3.1.3.7.5.5　体重的扫描

每个动物都应该在扫描日期±7天之内测量体重。

3.1.3.7.6 数据的记录

记录的数据应该最少包括以下几项：

- 操作员信息。
- 扫描仪的类型。
- 扫描日期。
- 农场/群体信息
- 动物的数量。
- 性状定义。
- 实际测量记录。
- 计量单位。

3.1.3.7.7 操作员的资质

3.1.3.7.7.1 图像的解析

对脂肪厚度、眼肌面积和肌间脂肪百分比（IMF%）的实时超声图像的准确解析，需要高水平的技能。目前肉牛产业有很多培训计划。超声扫描操作人员在从事扫描操作之前应该参与并且完成此类培训。

3.1.3.7.7.2 商业操作员的认证

为了保证高质量数据用于遗传评估和研究目的，实时超声扫描仪应定期测试，以保证设备的精确性（如每年）。成功完成这样的精确度测试，是管理肉牛数据访问和输入的组织（如记录组织或者育种组织）接受检测数据并将其纳入国家遗传评估系统的先决条件。

3.1.3.7.8 训练和测试协议

3.1.3.7.8.1 测试设计

选择30头针对某一性状如脂肪深度、眼肌面积、肌肉深度和肌间脂肪有一定变异的动物。测试前给所有的动物剪毛，并在测试位点涂一些油。

因为每个操作者将对动物进行两次测量，因此所有的动物都应标有数字（最好在背上），这些数据在测试间要进行改变。

所有操作员都应该有一个自己的扫描站和固定的时间（如每个动物6min）来完成所有的动物测量。所有操作员应按顺序排列，这样一个操作员的延迟会使整个团队延迟。避免两个机器插到同一个插座上，以免机器之间的干扰，尤其是影响肌间脂肪的检测。

3.1.3.7.8.2 测试方案

应提供正式的表格用于记录所测量的数据。表格应该根据不同的操作者和机器定制。不允许有其他记录。这些表要在每轮测试后收集，至少记录脂肪深度。将表格进行复印并递交给需要提交眼肌面积、眼肌深度或肌间脂肪测试的操作员。

其他测量，例如眼肌面积应在完成测试的48h内提交结果。当提交眼肌面积记录时，操作员要提交测定眼肌面积影像带。希望当场递交眼肌面积测量值的操作者也可以这样做。

肌间脂肪的测量值，应在完成检测的48h内提交。

实验动物完成测试，并且经过一个足以克服动物胴体因为任何相关应激因素所引起的品质降级的安顿期后，应在24~48h内处死。

动物胴体数据应由至少两名经验丰富的工作人员独立记录，以便校正测量误差。应注意，在冷库中记录胴体数据也会发生错误，也需要一定的技巧。在鉴定胴体时必须留心，因为它的物理特性在屠宰过程已经发生改变，例如，通常一些隐性的拉力可以使臀部或肋骨的皮下脂肪移位。密封紧密的胴体可能扭曲和减少肌肉面积。左右四分体会影响表面积的测量，并可能引起眼肌测量结果出现偏差。

3.1.3.7.8.3 检定标准

必须建立通过精确度测试的标准条件。以澳大利亚的肉牛育种协会（PBBA）和美国的肉牛改良联盟建立的标准作为示例，见表 1 和表 2。如果在检查中发现胴体性状的均值和标准差与建立的标准值不同，这些标准可以作出调整。这里不需要达到最小偏差。偏差以同样的方式影响所有的动物，它可以看做是动物的群体效应。但是请注意，扫描记录和实际记录之间偏差较大，将会削弱育种员对这项技术的信心。应该记录动物之间和胴体分级之间的平均值和标准偏差，以监控胴体数据的质量和测试动物之间的变异。为了显示扫描仪的精确度，应该计算大量不同的统计数值。

1. 同一动物的第一次和第二次扫描数值的标准偏差及其相关系数。动物不必宰杀，这些统计数据可以用来评估测试阶段的扫描仪。只有扫描仪达到最低标准，也就是说他们所测量的数据结果一致，才可尝试进行胴体数据的昂贵认证。

2. 扫描结果和平均胴体测量值的标准偏差，扫描结果和胴体测量结果之间的相关系数。

3. 扫描值和胴体测量值之间的偏差。

表 1 澳大利亚用于活体奶牛的实时超声设备的精度测试的推荐标准

肋部脂肪厚度（第 12、13 肋骨）		
重复性的最大标准误差	1.0mm	0.04 英寸
测量的最大标准误差（预测）	1.0mm	0.04 英寸
胴体测量的相关性	0.9	0.9
臀部脂肪厚度（第 12、13 肋骨）		
重复性的最大标准误差	1.5mm	0.06 英寸
测量的最大标准误差（预测）	1.5mm	0.06 英寸
胴体测量的相关性	0.9	0.9
眼肌面积（EMA）		
重复性的最大标准误差	6.0cm^2	0.90 平方英寸
测量的最大标准误差（预测）	5.5cm^2	0.80 平方英寸
胴体测量的相关性	0.8	0.8
肌间脂肪百分比（IMF%）		
重复性的最大标准误差	1.0%	1.0%
测量的最大标准误差（预测）	0.9%	0.9%
与胴体测量的相关性	0.75	0.75

表 2 由美国牛肉改良联盟为操作者设定的最低要求的指南

特性	标准预测误差	重复测量的标准误差	偏差
脂肪厚度	≤0.10	≤0.10	≤0.10
眼肌面积	≤1.20	≤1.20	≤1.20
肌间脂肪百分比（IMF%）	≤1.20	≤1.10	≤0.70

当对操作者（扫描员）进行精确度的评估时，也可以考虑其他的统计方法，比如拟合优度。

3.1.3.7.8.4 操作者的监督

育种组织机构应该针对操作者建立一个日常监督程序。监督所有操作者的职能素质，并为操作者提供定期的培训。

3.1.3.7.9 附件 1

用于肉牛生产性能性能记录的超声波扫描仪

型号	制造商	使用情况	备注
SSD 210 DX Ⅱ	Aloka	堪萨斯州	需要测定肌间脂肪百分比的软件
SSD 500V	Aloka	爱荷华州	需要测定软件（爱荷华州）
Pie 200 Vet	Pie	澳大利亚、美国	包括测定肌间脂肪百分比的软件
Scanner 200 SLC	Tequesta	美国	需要测定肌间脂肪百分比的软件

3.1.3.7.10 附件 2

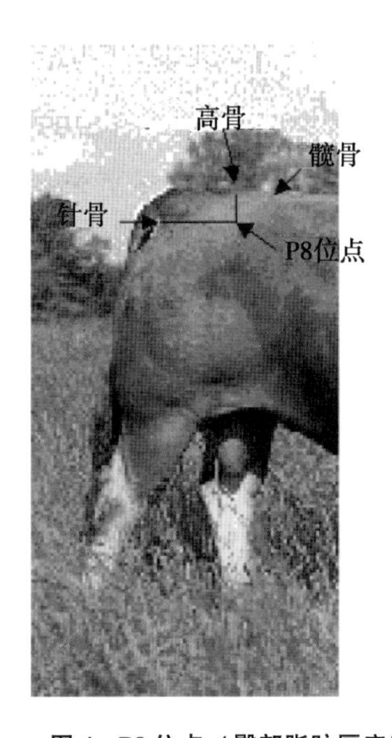

图 4 P8 位点（臀部脂肪厚度）

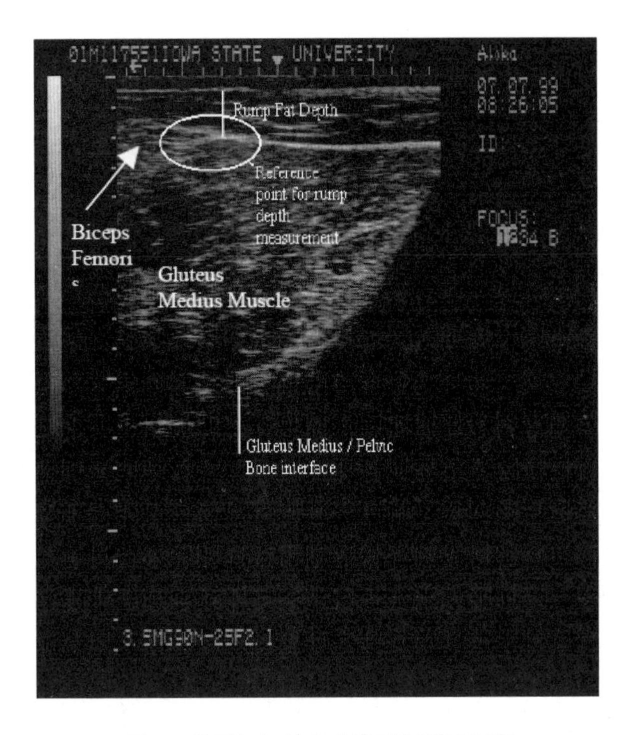

图 5　典型标识的超声波臀部脂肪图像

注意股二头肌尖端是图像的 2/3 附近，脂肪线非常清晰，而不模糊。此外，图像的右下部分为骨盆骨吸收的的超声波。传感器放到钩骨和针骨之间的直线上。动物头在图像的右侧，尾巴在图像的左侧。Rump Fat Depth 臀部脂肪深度；Reference point for rump depth measurement 臀部深度测量参考点；Biceps Femon 二头肌；Gluteus Medius Muscle 臀中肌；Gluteus Medius/Pelvic Bone Interface 臀中肌和髋骨界面。

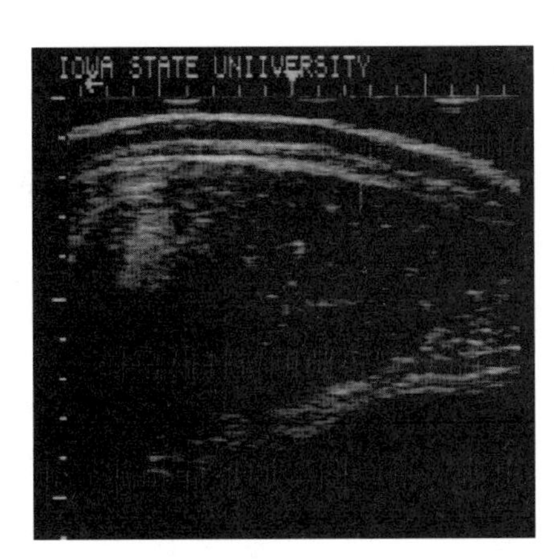

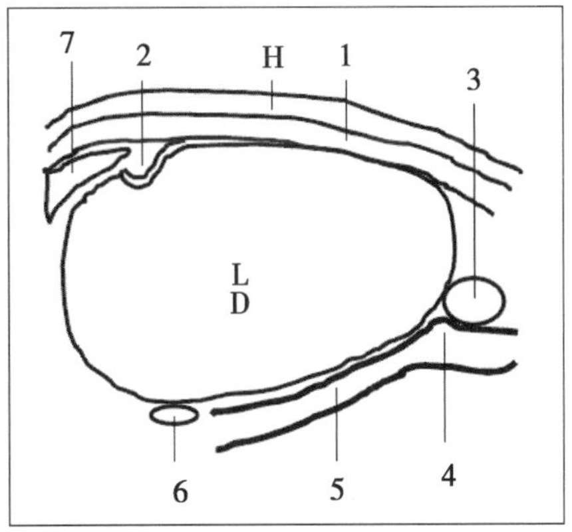

图 6　12~13 肋间截面的超声图像与重要部位的轮廓图，在这里将胴体畜体切分为四分体

1——背侧脊柱棘肌；2——肋间脂肪或眼肉的“小勾”；3——最长肋弓；4——肋间“断裂”；5——肋间肌肉的边缘。

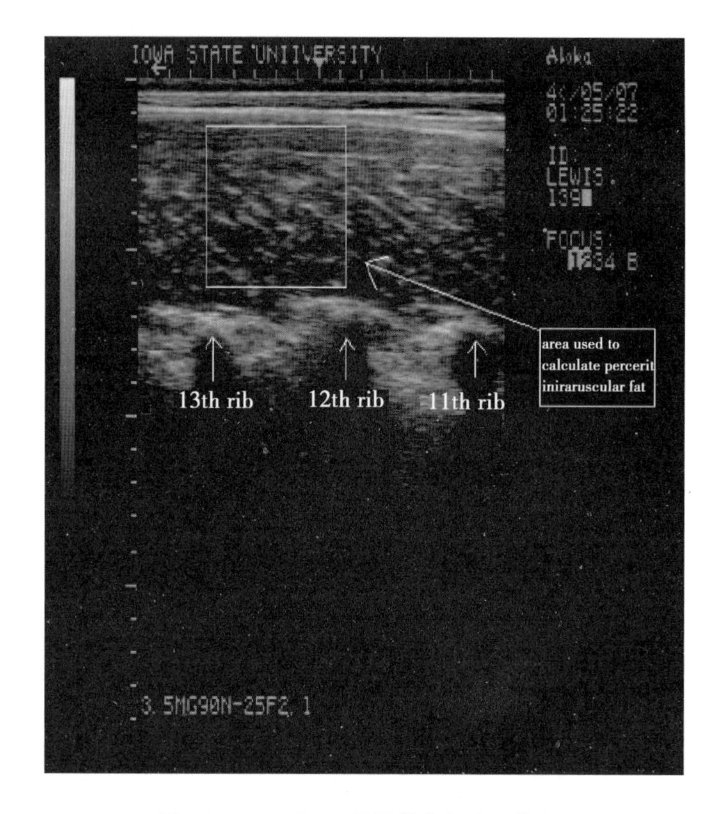

图 7　13、12 和 11 肋骨纵向超声图像间

第一个均质层是动物的皮肤。第二层是皮下脂肪层。要注意第 11 肋骨的脂肪层下，背侧棘肌的三角形区域，还有背侧棘肌下侧图像的高亮度。

3.1.3.8　饲喂期间的测试及测试方案

3.1.3.8.1　采食量

记录采食量以及计算饲料转化率或饲料净转化效率的育种值（EBV）是很多育种计划的目标。规程明确规定，记录采食量与饲料转化率是首要必备的。然而，最终目标是在尽可能多地排除非遗传性变异基础上得出 EBVs。在区域内与区域间建立标准化的试验流程将减少非遗传变异。并且利用检测中心间的基因关联，不同时间、不同地点的实验记录可用于计算 BVs。

3.1.3.8.1.1　饲料转化效率

肉牛生产中的增重效率可以定义为：投入营养与产出牛肉的比值。通常表示为每 kg 增重所消耗的饲料（kg）。无论如何，在任何特定的动物记录计划中都要明确定义饲料转化率。试验动物也许饲养方式有所不同。动物的日粮可能是包括粗饲料与浓缩饲料的全价料，并以压缩成立方体的形式或以松散形式饲喂。试验动物也可能是饲喂某标准日粮，再补充一些粗饲料，如干草或稻草。在一些饲料转化效率的测定实验中，在计算时可能不包含粗饲料的营养。

饲料消耗量也可用干物质单位来表示，当日粮的干物质含量不同时，这一点非常重要。牛肉的产出一般表示为活体总增重。胴体增重可以是牛肉产出的另一种衡量方法。

建议：

- 在试验方案中，应明确实验动物的营养需要和牛肉产出的定义。
- 试验中或试验间，应遵循标准化饲养制度，使日粮中干物质的变化降到最低。

3.1.3.8.1.2 实验设施

饲料转化效率测定可以在农场或中心试验站进行。实验设施应满足完成实验的最低标准，并且隔一段时间进行监控，以确保符合实验的最低标准。任何与实验相关的设施发生变动时，应及时通知负责遗传评估的机构。

3.1.3.8.1.3 试验动物资格

3.1.3.8.1.3.1 试验动物的年龄和年龄范围

理想的试验动物是年轻动物，这样可以将试验前的非遗传性因素降低到最小。同期畜群内动物年龄差距越小越好。但是由于饲养的种群大小和出生方式等多种原因，非常严格地限定同期动物的年龄范围是不可行的。建议在同期动物中，年龄范围不要超过90天。

动物年龄通常会受到生产体系的影响，使得在试验过程中，饲料转化率的测定出现差异。实验可以在犊牛出生后马上进行，并一直持续到其生长期末期，但通常不会超过2年。因为该测试的运行成本昂贵，因此一般尽可能限制试验期的长度，以便测试大量动物，并使成本降到最低。

3.1.3.8.1.3.2 性别

公牛、阉牛或母牛均可用于测试。建议在资源有限情况下，特别是在中央测试站，可以仅测试公牛。

3.1.3.8.1.4 试验周期

饲料转化率的测定大多在犊牛断奶后进行，大约为6月龄，试验期应该足够长以便于更加精确的计算饲料转化率或净饲料效率。试验期间应提供足够的预试期，使得试验前的环境影响最小化，并确保所有的动物已经适应环境和日粮。

3.1.3.8.1.4.1 试验期建议

饲料转化率测定的试验期应保证饲养时间至少为60天，同时要有至少21天的预试期。

3.1.3.8.1.5 试验前的处理

凡是进入到生产性能测定试验站的动物，要保证有充足的时间完成所有必要的健康检查。在开展饲料转化率试验之前，除了摄入正常的营养需求外，不应该进行任何的特殊处理。给待测动物饲喂精料，并给予充足的时间使其断奶，以便其进入生产性能测定站的应激最小，确保它们在预试期适应试验条件。

3.1.3.8.1.6 动物健康

试验中的所有动物，都应接受相同的健康治疗方案。

所有进入到测定系统的动物应该接受统一标准的健康治疗方案，以便于每个动物在该环境条件下实现最大的生产潜能。

应保存试验中每只动物的任何治疗记录。

3.1.3.8.1.7 退出试验

试验动物如果遇到对生长性能有显著影响的情况或环境时，且在短时间之内不能尽快恢复的，应退出试验。

3.1.3.8.1.8 动物分组

一个"组"可由每圈中任何数量的动物所组成。每一圈之间彼此相邻，并处在相同的自然环境中。

不同饲料转化率的测定设施间差异相当大，因此试验设施的设计应包括：

- 单独的圈。
- 每一圈大小相似，并配有独立食槽。
- 每圈有自动喂料装置。

在测定过程中，如果有一只动物因任何原因临时退出测试，当其可以重新开始测定时，应该返回到该动物原来的圈里。

建议

如果单圈饲养，所有被测动物应该被随机分配到圈里。如果成组饲养，为了管理方便，一般将动物按个体大小分群。每个群组又被随机分到不同的圈。

在测定过程中，要保证饲养环境相同，饲料批次一致。

3.1.3.8.1.9 饲喂制度和日粮

一个组织良好的饲喂系统需要使用可靠的设备。日粮和饲喂程序的变异是同期畜群和检测中心间发生变异的主要来源。饲喂系统从原始的人工称重、记录和配送，到不同水平的自动化，包括机械配送到电脑控制系统，该系统是对各个圈组里的个体动物进行电子标识配送饲料。

许多测定程序都是以自由采食为基础来计算饲料转化率。而有些评价方案则是在限饲条件下计算饲料转化率，这种限饲水平是以生产性能达到预定水平为基础而定的。这样的饲喂系统需要严密监控，以确保所测动物达到生产性能的平均目标。

采用自由采食饲喂模式的动物，测试一开始，就要尽可能增加其采食量。

在给料系统出现机械故障或者任何其他故障时，替代程序要确保所有的牛都在24h内得到正常的饲料供给。如果因为任何原因，使得一天的饲料不能准确称量或记录，那么要及时对当天的数据进行检查，并且在数据库中做出适当的调整。如果丢失了一天的采食量数据，则那天的采食量应该依据前7天采食量的平均值来确定。为了确保达到正常的饲喂水平，且动物自愿使用该设备，应对饲料自动配送系统实施监控。

应进行定期检查饲料配送系统和记录系统，以确保所有记录数据的准确性。

建议

给料系统必须计量准确，并准确记录动物个体每天的采食量。

3.1.3.8.1.10 饲喂

应该给动物饲喂满足其生理需要的平衡日粮，并且尽可能减少挑食现象。日粮配方可能随着动物营养需求的变化而改变。同期动物应该饲喂相同成分的饲料。粗饲料的饲喂可以不严格按照饲料配方要求，粗饲料可以作为改善瘤胃功能的辅助饲料进行饲喂。应该控制粗饲料的饲喂量以免其影响日粮采食量。为了满足良好瘤胃功能，需要添加适量的粗饲料，圈舍结构和垫料不应该影响试验动物日粮和粗饲料采食。

日粮中可以添加市场上销售的饲料添加剂以减少健康风险，或确保配方中代谢能、粗蛋白均达到最低标准，前提是这些添加剂按照工业生产标准生产并按照制造商要求添加。

建议

对饲料进行随机的抽样，并使用认证的饲料分析仪器进行分析，确保饲料符合预先设定标准。

多个测试中心同时参与联合评估时，所饲喂的日粮就应该尽可能相似。注意要确保日粮应适合于动物生长阶段。

强烈建议在测试开始前进行饲料分析，如果发现有日粮水平不符合要求而造成数据被拒的风险，则可以有足够的时间调整日粮。

3.1.3.8.1.11 适应期

为了让被测动物更好的适应试验环境，要给其提供充分的适应时间。在此期间，动物的自由采食量要逐渐增加，直到到达理想范畴。在此期间应进行评估，以确定动物采食水平占动物实际采食潜力的比例。

建议

至少21天适应期。

3.1.3.8.1.12 数据记录

建立全面准确的数据记录系统。

细节如下所述。

3.1.3.8.1.12.1 个体测定内容

至少包括以下数据：

- 测定站编号
- 测定年份。
- 测定编号。
- 测定类型。
- 开始时间（适应期的开始时间）。
- 测定开始时的饲料转化效率。
- 测定的结束时间。

3.1.3.8.1.12.2 动物在测定过程中的记录内容

- 测定站编号。
- 测定年份。
- 测定编号。
- 动物个体信息。
- 每个测定站参与测定的动物数量。
- 圈组编号。

3.1.3.8.1.12.3 采食量记录情况

采食量在一定程度上由饲喂系统来决定。全自动系统可以通过每一个饲料配送站，计算出每日平均饲料供给量。非全自动系统的采食量，通过所记录的每日采食量累计数据计算得出。一般采食量累积计录的时间段由体重记录的时间段来确定。

数据记录至少包括：

- 动物身份信息。
- 记录日期。

• 这段时间吃的饲料量。

3.1.3.8.1.12.4 体增重记录情况

此项工作记录动物体增重。称重时，要避免应激，减少不适。定期称重，严密监控测试过程中出现的问题，遇到问题要尽早解决。通过体增重与采食量数据，可计算饲料转化率和每日收益。采食量和体重变化的记录，可能会影响到整个系统的测定效果。

数据记录包括：

• 动物基本信息。
• 称重日期。
• 体重。

3.1.3.9 健康特性

3.1.3.9.1 一般性特征

动物的健康对于任何生产测定系统来说都是必要前提。健康问题对于牛肉追溯起着越来越重要的作用。疾病可能会影响动物的生产水平，缩短生产寿命，甚至会导致部分或整个胴体被销毁。当动物健康对消费者健康造成威胁，或是影响了牛肉品质时，该胴体就会被销毁。通常，牛肉生产系统的盈利多少，取决于人们对牛疾病的治疗情况，胴体或肉产品价值亏损的同时，也增加了屠宰成本和对消费者的影响。

汇编健康数据为控制动物健康状况提供了途径，此办法可以对肉牛企业盈利情况、动物福利和消费者健康带来一定影响。动物健康数据的记录，也可做为监测和控制动物疾病的工具。同时，它还对于畜产品进出口贸易，人畜共患病等流行病的控制起着重要作用。

在基因改良进程中，抗病性状依然是最难的。它需要对所选择的动物的疾病状况，进行良好的现场评估。尤其是环境，对传染病的影响很大，比如暴露于环境中的病原体。在这种情况下，一种方法是，可利用分子信息技术对动物进行育种，另一种方法是，将动物健康作为一个整体，将延长器官寿命作为育种目标。分子信息可以成为选择抗病性基因的重要工具。

3.1.3.9.2 数据记录的现状

免疫接种和疫病筛查是疫病防控的重要组成部分。在动物群体中，疫病防控可有效减少动物发病率和死亡率。很多健康服务机构可以通过疫苗接种和季节性的治疗，来建立群体免疫力。然而，通过选择抗病性状，可能减少肉牛群一些高患病率疾病的的发生。所以说，记录肉牛的健康状况，可以提高其抗病力。有些 ICAR 的成员国记录动物健康状况，目的是为了更好的服务于繁殖和流行病学。在其他情况下，很有必要为负责动物和养殖人员健康的专业人员建立记录体系。对于必须对外公布的疾病来说，至少需要针对疾病记录体系的折衷解决方案。动物世界卫生组织（OIE）（http://www.oie.int/eng/normes/mcode/a_ summry.htm）每年都会提供传染性和经济影响最显著的流行病学事件。同时，OIE 组织还公布了两份（A 和 B）疫病名录，A 类疾病表示传染性较高或对经济影响较大的疾病种类，B 类疾病的传染性没有 A 类疾病的传染性高，但是也会对国家经济和公众健康造成威胁。定期对屠宰场的屠宰数据进行记录和储存，将会对牛肉的病原体检测，提供重要的数据来源。更有意思的是，当数据被链接到养殖场的记录系统时，系统就会标识未知风险因子，从而规避了疫病的发生。

数据记录要有一定基础和规范，包括环境记录、时间记录、数据传输等要素。

3.1.3.9.3 数据记录

- 动物信息标识：将动物信息与实验数据相联系，如性别，出生日期，品种，以及牛群的出生和地点的变化等。
- 疾病代码。
- 是否有临床不良症状，如果有，就要记录以下内容：
  - 临床症状评估时间；
  - 负责人。
- 诊断类型。
  - 临床：症状；
  - 特异性病变；
  - 实验室技术。

-技术：直接检测（检测剂）：大便次数（卵或幼虫数），免疫组化，PCR，抗原，培养和分离。间接检测：迟发型超敏反应：抗体，其他。

-实验室。

-特异性或该技术的灵敏度。

- 样品。
- 样品日期。
- 是否接种过疫苗，如果接种过，就要记录以下内容：
  - 疫苗种类；
  - 接种疫苗的日期。
- 是否接受过治疗，如果接受过，就要记录以下内容：
  - 治疗的疾病名称；
  - 治疗时间。
- 是否复发。
- 复发的日期。

3.1.3.9.4 疫病的分类

疫病数据的记录和存储要建立分类系统。按照世界卫生组织（WHO）的分类，疾病可分为以下内容（包含 http：// www. who. int）：

- 传染病和寄生虫病。
- 全身性疾病。
- 内分泌、代谢和营养疾病与免疫性疾患。
- 神经系统或神经的疾病。
- 呼吸系统疾病。
- 循环系统疾病。
- 消化系统疾病。
- 泌尿生殖系统疾病。
- 皮肤和皮下组织疾病。

- 肌肉骨骼系统和结缔组织疾病。
- 外伤、损伤和中毒。
- 遗传性疾病。
- 血液和造血器官疾病。
- 怀孕和分娩并发症。

3.1.3.9.5 附件 1——世界动物卫生组织划定的 A 类和 B 类疾病

A 类疾病：

- 口蹄疫.
- 蓝舌病。
- 水泡性口炎。
- 牛瘟。
- 牛传染性胸膜肺炎。
- 裂谷热。

B 类疾病：

- 炭疽病。
- 伪狂犬病。
- 棘球蚴病/包虫病。
- 钩端螺旋体病。
- Q 热。
- 狂犬病。
- 副结核病。
- 旋毛虫病。
- 新世界螺旋蝇。
- 旧世界螺旋蝇（蛆症金蝇）。

B 类疾病中的牛病：

- 牛边虫病。
- 牛巴贝斯虫病。
- 牛布氏杆菌病。
- 牛生殖器弯曲菌病。
- 牛结核病。
- 牛囊尾蚴病。
- 嗜皮菌病。
- 流行性牛白血病。
- 出血性败血病。
- 牛传染性鼻气管炎（IBR）/传染性脓疱性外阴阴道炎。
- 泰勒虫病。
- 锥虫病（采采蝇传播）。
- 恶性卡他热。
- 牛海绵状脑病（BSE）。

3.1.3.9.6 附件 2——单基因遗传病

单基因遗传性疾病网址链接（http：//www.angis.org/Databases/BIRX/omia）

- 无汗性外胚层发育不良.
- 心肌病。
- 心肌病，扩张型
- 蜡样质脂褐质沉积。
- 先天性白细胞颗粒异常综合征。
- 软骨发育异常。
- 慢性间质性肾炎伴弥漫性纤维化呈带状。
- 瓜氨酸血症。
- 毛色，白化病。
- 脊柱畸形综合征。
- 尿苷酸合酶缺乏症。
- 侏儒症，德克斯特症。
- 侏儒症，生长激素受体缺乏。
- 侏儒症。
- 红细胞生成不良症。
- 埃勒斯—当洛综合征。
- 埃勒斯—当洛综合征，Ⅶ型。
- 不全性上皮增生。
- 因子Ⅺ缺乏症。
- 神经节苷脂，GM1。
- 二型糖原累积病。
- 五型糖原累积病。
- 家族性甲状腺肿大。
- 高胆红素血症，未分类。
- 少毛症。
- 牛遗传性锌缺乏致死性 A46。
- 白细胞黏附缺陷症。
- α 型甘露糖苷贮积症。
- β 型甘露糖苷贮积症。
- 枫糖尿症。
- 黏多糖病。
- 肌肉肥大。
- 肌阵挛。
- 卟啉病，先天性红细胞生成性。
- 渐进的退行性脑脊髓病。
- 鱼精蛋白-2 缺乏症。
- 原卟啉。

- 肾发育不良。
- 性逆转：XY 雌性。
- 痉挛致死。
- 球形红细胞增多症。
- 脊髓髓鞘脱失。
- 脊髓性肌萎缩。
- 并指畸形。
- 睾丸雌性化。
- 睾丸发育不全。
- 胫骨半肢畸形。
- 三甲基胺尿症。
- 垂直光纤隐藏缺陷。

3.1.3.10 记录蜱虫数

3.1.3.10.1 管理方面

记录蜱虫数的目的是评估动物之间对蜱易感性的遗传变异。因此，所选取的被测动物，都是接触过蜱虫的群体。

3.1.3.10.1.1 指南

- 记录蜱虫数应在饲养于自然环境中（例如天然牧场）的动物群体中完成。（通常在规模养殖场里，动物很少或没有感染蜱虫，导致动物之间蜱虫载量很少或没有变化。）
- 蜱虫控制措施

○ 测定期间，在特定的群体中，控制蜱虫最好的办法不是浸渍或其他的方法。但是，如果动物严重感染时，也可以使用浸渍或其他方法。

○ 在测定期间，如果必须用到浸渍或其他蜱虫控制方法，那么必须遵守以下准则：

-操作前先计数。在记录蜱虫数日期的前 3 周内不要对记录的动物浸渍或使用其他的蜱虫控制措施。

○ 依据

-有效控制时间。（建议至少 2 周的长效措施和 1 周的短效措施）

-重点地区的主要蜱虫种类。（单宿主蓝色蜱虫的生长周期为 3 周，因此，浸渍时间间隔短于 3 周的，可完全将其杀灭。蜱的幼虫是非常小的，可以忽略不计。在单宿主蓝色蜱虫的重灾区，浸渍是行之有效的办法。）

- 一般程度的蜱虫感染，是特定在某些群体的地点和时间点上的。
- 开展蜱虫记录工作，最好是选在蜱虫高发期（夏季）。原因是，较多的蜱虫会增加其遗传变异的个体表达数量，这样有利于将来的动物群体抗蜱虫的遗传评估工作。
- 每 2 次记录间隔时间至少 3 周，多次测定，增加遗传评估的准确性。
- 所记录的每一个数据，都要被计入被测动物的个体信息中。
- 无论是性别、成熟程度是否相同的各类蜱种，都应该做详细的记录。
- 每做一次滴虫操作，都需要进行一次记录。

观察部位	描述情况
肛门	尾下及肛门周围的情况
阴囊/乳房	阴囊和乳头周围的情况
耳朵	左右耳内侧区域
其他部位	非特殊部位（仅限于曾经没有数据记录的部位）

3.1.3.10.1.2　分组

依据分组的总体要求，青年动物分为一组，蜱虫控制措施和记录时间应该相同，不同个体间出生日期相差最多不能超过 100 天。

对于日龄较大的动物（奶牛和种公牛），不同年龄的个体可能被分到一组，但它们一定是处在同一个生产阶段的（干奶期和哺乳期的牛除外）。

相同时间段、同一组别的蜱虫记录工作，应该由一个工作人员专门负责。

3.1.3.11　胴体评估

所有肉牛生产体系的最终目标都是有效地生产更多的可食用牛肉。可食用部分牛肉品质和产量是评估胴体品质的基本因素。当然，品质和产量相对重要性随市场变化需求而不同。

不是所有的牛肉生产商都需要完整的胴体数据，应该仔细考虑有用的具体信息。增加大量胴体上的记录性状数量需要耗费时间、成本，以及出错的概率，从而会降低牛肉生产商的合作兴趣。在大型加工场，只有经过专业培训的人才能从事这项工作。胴体重量、成分、品质是屠宰场需要记录的重要数据。

屠宰场取得数据的前提是活体动物的 ID 要和胴体 ID 要保持一致。

表 4 列出了为育种目的而建议必须记录的性状。

表 4　为育种目的要求记录的性状

性　状	记录内容
胴体重	重量
预计产肉量	百分比；评价分数
胴体等级/评分系统	分数

3.1.3.11.1　胴体重量

胴体重不受缩水的影响，因此，除了称的影响外，与活重比差异不大。与活重相比，胴体重量与产肉量和终端消费者更相关。净收益的计算是基于屠宰体重的。

通常情况下，胴体重量是由商业屠宰场来记录的，也考虑使用实验性屠宰场。胴体重的收集应该是持续不断的，以确保有效的数据分析。

一般情况下，国家法规会明确的规定称重之前需要除去哪些部分后称取胴体重。

在没有法律规定的情况下，胴体重是指屠宰后去皮、放血、去内脏、去外生殖器、在腕和踝处去四肢、去头、去尾、去肾及后肾脂肪、去乳房之后的两半热的胴体重量。

计算单位最好用公制，精确到500g。

3.1.3.11.2 胴体等级

胴体等级对其价值有很大影响。因此，等级的高低是具有重大经济价值的性状，应该用作后代生产力的评定。等级划分通常根据具有法规基础的国家标准所确定。

通常情况下，国家分级体系目标根据市场需求不同，从而其组成性状也不同。全世界目前主要有两种分级方案。

- 美国农业部分级方案包括以下内容：
  - ○ 类别（去势公牛、公牛犊、公牛、青年母牛、成年牛）。
  - ○ 成熟度。

    -肉色；

    -纹理（瘦肉的质地）。
  - ○ 品质等级：8 级（极好肉、精选肉、可选肉、标准肉、可上市肉、多功能用途肉、碎肉、制作罐头用肉）。

    -大理石花纹；

    -剪切力。
  - ○ 产量等级。

    -表面脂肪；

    -肾脏、盆骨、心脏脂肪；

    -眼肌面积；

    -胴体重。
- 欧盟分级方案包括以下内容：
  - ○ 类别（犊牛、小公牛、公牛、去势公牛、小母牛、成年牛）。
  - ○ 肉质等级：6 级（S-E-U-R-O-P）。
  - ○ 脂肪等级：5 级（1—2—3—4—5）。

这样分类导致的问题就是，在不同地区，如北美、欧洲和其他国家之间，肉质报告结果没有可比性。因此，在本测定系统中，要明确标示出所用的分级制度，适用于哪个国家或地区。同时，为了提供本地市场外可能有价值的信息，还建议在等级评定中增加组成等级的成分。

3.1.3.11.3 屠宰率

屠宰率是指屠宰后胴体重量和屠宰前重量的比率。虽然屠宰率是用于评估动物的胴体重，但它提供了有关动物类型的附加内容，即使是直接测量胴体重量。

屠宰测量活重的秤的精确度为 1kg 或 2 磅。

屠宰率应考虑到活重受空腹影响很大，所以需要通过 12h 禁食将其标准化。同时校正系数应适用于特定的生产环境。

屠宰率数据用保留一位小数点的百分数表示。

3.1.3.11.4 净肉率

净肉率是指肉牛胴体分割后净肉的百分比。然而由于胴体分割成本很高，净肉率通常用屠宰时容易测量的替代性状估计。在一些地区，净肉率包括胴体全部瘦肉，而其他地区，指的是胴体价值体现最明显的特定分割肉。

净肉率数据用保留一位小数点的百分数表示。

有些地区应用产量等级而不是净肉率，比如美国农业部产量等级是一个从 1 到 5 的数值评分。他们所选取的是臀部、腰部、肋骨周围、颈部周围的去骨精修分割肉，这些分割肉代表了 75%的胴体重和 90%的胴体价值。

Y. G. =2. 5+（2. 5×校正脂肪厚度，英寸[①]）+
（0. 2×肾、盆腔、心脏脂肪%）+
（0. 0038×热胴体重，磅）-
（0. 32×眼肌面积）

产量等级和产肉量直接的关系，如表 5 所示。

表 5　美国农业部产量等级和产肉量情况

产量等级	去骨精修分割肉
1	>53. 3
2	52. 3～50. 0
3	50. 0～47. 7
4	47. 7～45. 4
5	< 45. 4

3. 1. 3. 11. 5　肉质

3. 1. 3. 11. 5. 1　肉质定义

广泛意义上说，肉质是指适口性、外观、营养价值和食品安全。实际上，肉质是指胴体可食用部位的整体外观和适口性。质量可以通过动物的成熟度、嫩度、皮下脂肪、肌间脂肪（大理石花纹）、肉色、脂肪色、肉硬度（瘦肉）和纹理的评估来确定。还有像多汁性、风味、香味和不良口味（异味）等，也都是质量性状的体现，但这些是通过感官评价的，因此很少被记录并进行评价。

肉品质的主观分数（例如大理石花纹评分），可以通过品尝小组或技术设备在不同的时间点对肉质颜色、嫩度、肌间脂肪、pH 值等生理参数进行评估。

主要从以下 4 个重要方面评价肉质。

- 视觉质量：

影响胴体分级和消费者购买欲的因素（如皮下脂肪覆盖度、骨含量、肉和脂肪颜色）。

- 味觉质量：

烹调好的一块牛肉嫩度、多汁性、气味和风味。

- 营养成分：

蛋白质、维生素、矿物质相对于能量的比例。

① 1 英寸=2. 54cm，全书同

• 肉质安全性：

无食源性疾病和中毒的风险，无药物、化学制剂、抗生素或激素残留（Dikeman，1990）。

本节内容将集中于视觉质量和味觉质量（适口性）。

3.1.3.11.5.2 肉质成熟度

成熟度是指评定胴体生理年龄的指数，成熟度可以通过测量动物体尺、体态、骨骼和软骨的骨化程度、以及门牙数和瘦肉的颜色和纹理来确定。尽管动物的实际年龄和生理年龄不一定相同，但仍可以使用实际年龄来表示成熟度。

如果动物的实际年龄未知，则成熟度评分是一个有用的测量单位。成熟等级通常是根据胸椎（Choracic button）软骨的骨化百分比来划分，如表 6 所示。

表 6 成熟度评定标准

成熟等级	分数	实际月龄	胸椎（Choracic button）软骨组织骨化程度百分比
A	1.0~1.9	9~30	<10
B	2.0–2.9	30~42	10
C	—	—	35
D	—	—	70
E	—	—	90

在一些成熟度分级系统中，为了更加准确地判定成熟度，在实际年龄群组里给出了数值评分。1.5 分表示成熟度“A”的中等级别，1.9 分的表示成熟度“A”的上等级别，但是还不如 B 级的成熟。

最初的成熟度评分标准是按照瘦肉组织校正的骨架的特性来确定的。但是，瘦肉特征不能用于校正多于 1 个全成熟群体的最终胴体度。

3.1.3.11.5.3 大理石纹

大理石纹是指脂肪在瘦肉间的分布情况。大理石纹通常通过肉眼判断第 12 和第 13 肋骨之间眼肌肌肉来评定。大理石纹有助于肉质鲜嫩，同时也与多汁性和风味的适口性相关。

大理石纹通过评定肌间脂肪百分比进行分级（比如 9 分制，从没有纹路到充满了丰富的纹路）。这种等级划分制度，只限于在北美地区进行胴体评估，不一定适用于其他国家。

因此，大理石纹的评定方法应按照 BIF 标准。如表 7 所示，将每个等级分为 10 分计算。

表 7 大理石纹评分为 A 的成熟胴体品质等级

品质等级[1]	大理石纹	评分
极好肉	最多	10.0~10.9
极好肉	非常多	9.0~9.9

（续表）

品质等级[1]	大理石纹	评分
极好肉	比较多	8.0~8.9
精选肉	中等	7.0~7.9
精选肉	偏少	6.0~6.9
精选肉	比较少	5.0~5.9
可选肉	非常少	4.0~4.9
达标肉	只有一点点	3.0~3.9
达标肉	几乎没有	2.0~2.9

[1]胴体成熟度 B 级肉，由于纹路数量太少，故无法进行品质等级评定

大理石纹等级内质量分级也有很多变异，如果大理石纹是决定胴体品质的主要因素，如果不考虑成熟度、色泽、瘦肉质地等，一个等级内大理石纹的分级数值应该是一样的。

大理石纹分级与肌间脂肪的百分比关系如表 8 所示。

表 8　大理石纹和肌间脂肪

大理石纹	肌间脂肪百分比评定
比较多	10.13
中等	7.25
偏少	6.72
比较少	5.04
非常少	3.83
只有一点点	2.76

收集胴体数据，从事质量分级评估者，需要经过专业培训并取得认证资格。

3.1.3.11.5.4　瘦肉颜色和质地

眼肌颜色是评价动物成熟度和生理年龄的一个附加指标。销售橱柜里牛肉的视觉诱惑取决于肉的理想颜色。胴体肉呈暗红色甚至是黑色是由于屠宰前的应激反应造成，黑色肉食用安全，其适口性也不会受到严重影响。但是消费者的接受程度和胴体价值急剧下降。

肉品硬度指眼肌肉的坚硬或柔软程度，质地指眼肌肉的细腻或粗糙程度。牛肉颜色、硬度、质地的记录评定标准广泛应用于北美地区，不一定适用于其他国家。这些性状按 BIF 标准要求如表 9 所示。

表 9　肉质评分

分数	颜色	硬度	质地
7	浅红色	非常硬	非常好
6	红色	硬	好

（续表）

分数	颜色	硬度	质地
5	大红色	中等	中等
4	深红色	偏软	一般
3	暗红色	柔软	略粗糙
2	红黑色	很软	粗糙
1	黑色	非常软	非常粗糙

3.1.3.11.5.5 利用标准化 Warner-Bratzler 剪切力测定程序评估公牛

利用 Warner-Bratzler 剪切法测定嫩度评估牛肉适口性和专家组们评估牛肉的嫩度、口味和多汁性比质量等级标准更直观。但是费用和可行性限制了这些方法的应用。

1994 年 4 月，在国家牛肉嫩度计划大会上，签署了使用 Warner-Bratzler 剪切力方法的协议。此协议的目的是为了便于不同情况下进行比较评估，从而统一使用 Warner-Bratzler 剪切力方法。测得数据可用于后裔测定和开发胴体育种值，提高牛肉的嫩度。在肉牛业，任何机构遵循这些指南的机构都可以授权测定 Warner-Bratzler 剪切力。

3.1.3.11.5.5.1 屠宰过程

屠宰过程对肉质的嫩度具有显著的影响。因此要严密控制屠宰流程和环境，要监控对 Warner-Bratzler 剪切力值产生影响的外界条件，包括电刺激和死后冷却。虽然这些因素会影响到牛肉的嫩度，但这些变量可能无法由研究人员控制。如果有条件的话，应该记录冷却温度和电刺激的方法。

3.1.3.11.5.5.2 样品准备

样本收集和准备工作，对于获得可重复性和一致性的 Warner-Bratzler 剪切力数值至关重要。以下方法是剪切力测定牛肉的工作流程：

1. 选取第 12 根肋骨和第 5 根腰椎之间的背部最长肌，切成厚度为 25mm 的一块牛肉。每头肉牛选取一块牛肉进行评估即可，牛肉不应含有脂肪和骨。

2. 切好牛肉后，用真空包装在 0~3℃下保存 14 天，这个过程是一个成熟过程（此目的是为了模仿牛肉在第 14 天时，从胴体上切下来的模式），然后放到-20℃以下的环境中，直到评估时使用。每一块牛肉需要单独冷冻，避免重叠，并且采用快送冷冻的方法。

3. 开始烹饪时牛肉内部温度的高低，直接影响着肉质的鲜嫩度，因此，要将这个变量标准化。解冻时，要将样品放置在 2~5℃的环境中，直到牛肉内部温度也达到 2~5℃。解冻 1 英寸厚的牛肉，需要 24~36h（解冻时间大部分取决于冻肉和冰箱/冷库大小比例）。解冻过程中，要避免牛肉重叠，以提高解冻过程的一致性。

4. 烹饪之前要确定牛肉的内部温度，不到 2~5℃时，不要进行烹饪，并且不要在室温下进行解冻。

5. 为了加强机构间一致性，牛肉要在 Farberware Open Hearth Electric Broiler 开放瓦斯炉式电烤炉（纽约州布朗克斯凯德公司生产）或烤箱上烤制。当内部温度达到 40℃时，翻面，继续烹饪，直到内部温度达到 71℃时，停止加热。每个 Farberware 烤箱里，一次放置不多于 4 块牛肉。

6. 利用直径小于0.02cm的铜质或铁质的电偶丝控制温度，温度误差小于2℃。将如带有通管丝的15Ga脊椎针的金属探针热电偶插入到牛肉几何中心。将探针（带通管丝）穿透牛肉，取出通管丝，通过尖端将热电偶线进针。取出针，并将热电偶的端部拉回至肉的中心。温度可以使用电位计或手持式温度记录仪进行监测。

7. 为了不影响牛肉的冷却速度，不要使用箔或其他金属材质的容器。

3.1.3.11.5.5.3 肉柱准备

1. 冷却温度、烹饪后、剪切前时间都应标准化。建议两种冷却方法，一种方法是把样品放在2~5℃的环境中过夜（牛肉用保鲜膜包裹，以防脱水），另一种方法是冷却到室温时再进行剪切。剪切前，应该将样品冷却至室温，这样保证了所有样品都处在均匀温度的条件下。25mm厚的牛肉，至少需要4h的冷却时间。这两种方法都能避免剪切时核心温度造成剪切力的改变，所以，实验室每隔一段时间就要进行一次冷却方法检查，这样可以确保整块牛肉温度均匀。如果上述时间不够长，那么可以通过加长冷却时间来进行校正。

2. 核心直径为1.27cm，沿最长肌纤维方向取肉柱，以保证剪切方向与肌肉纤维垂直。可以使用手持式剪切装置和自动式剪切装置，剪切设备要锋利，否则所取肉柱直径不同，会影响剪切力值。

3. 每块牛肉可剪切6（最少）~8（最多）块肉柱，如果肉柱有明显的结缔组织或者存在剪切缺陷，而造成肉柱直径不同，那么这样的样品将不具有代表性，应被舍弃。剪切前冷却样品，应使肉柱保持在2~5℃。最后，以所有数据的平均值作为有效剪切力值，除非有明显的证据表明应该被舍弃（如有结缔组织存在）。

4. 为了避免样品边缘处的肉风干硬化，剪切的每一个肉柱都应该在样品的中心位置。

5. 必须使用带有WBS附件和十字头速度为20cm/min的Warner-Bratzler剪切机或自动测试机。

3.1.3.11.5.5.4 剪切力值认证

使用Warner-Bratzler剪切力测定法的机构必须保证按照上述程序操作和采集嫩度数据的一致性和准确性，这对判定牛肉的嫩度是至关重要的。每个检测机构要保证同一肉牛两块牛肉剪切力的重复值在0.65或者更高的水平。

在没有标准品的情况下，应该用同一动物烹饪过的熟肉作为标准。所有的剪切力值都要调整到MARC剪切力当量。相关机构可以从每15头肉牛身上选取4块牛肉，一组送至MARC人员检测剪切力，另一组自己分析测定。因为变异数量可能会影响其重复性，牛肉剪切力的变异系数必须介于20%~35%。如果需要，MARC人员会计算重复性数值和校准系数，将检测机构剪切力值校准到MARC当量。

3.1.3.11.5.6 记录数据

为了对屠宰场收集的肉质性状进行遗传评估，有必要收集所有可能影响肉质性状的相关数据。这些额外记录的数据包括屠宰前的饲养管理（如生长激素埋植）、屠宰方式（如电刺激方法）、冷却（如时间）、肉质成熟过程（如时间）以及烹饪加工（如烹饪方法）等。

所需记录的数据包括：

- 饲养场记录。

○“育肥群体”章节 3.1.4.2 中提到的常规数据。
○ 生长激素植入信息（如果有）。
-日期；
-类型；
-剂量/数量；
-单次或是重复植入。
○ β-受体激动剂（如果有）。
-开始时间；
-结束时间。
○ 屠宰前的条件。
-运输距离；
-天气情况；
-货物装车到卸货的时间；
-到达屠宰场到屠宰的时间。

- 屠宰和热胴体记录。
  ○“商业屠宰数据”章节中提到的常规数据。
  ○ 脂肪颜色评估。
  ○ 肉色评估。
  ○ 大理石花纹的评估。
  ○ 肾脏和脂肪重量。
  ○ 眼肌面积。
  ○ 电刺激。
  -是否进行了电刺激；
  -刺激类型；
  -电压；
  -时间/期限。
  ○ 屠宰后 1.5h 后的 pH 值。
- 冷胴体记录。
  ○ 脂肪厚度（如背膘和 P8）。
  ○ 冷却。
  -温度；
  -时间。
  ○ 屠宰后 24h 内的 pH 值。
- 适口性记录。
  ○ 成熟程度。
  -温度；
  -时间/期限。
  ○ 冷冻重量。
  ○ 解冻重量。

○ 解冻温度。
○ 开始时间。
○ 结束时间。
○ 烹调方法。
○ 最终（肉核心）温度。
○ 煮熟的重量。
○ 剪切力。
-测量类型；
-肉柱直径；
-剪切力值。

除剪切力外，还应记录每块牛排的冷冻重量，解冻重量，解冻温度，开始时间，结束时间，最终温度和烹饪后的重量。Warner-Bratzler剪切力报告的是肉柱剪切力的平均值。

○ 感官评分。
-最大值；
-最低值。
○ 感官属性。
-多汁性等级；
-风味等级；
-嫩度等级；
-香味等级；
-异味等级。
○ 大理石花纹的化学测定。

3.1.4 检测方案的组织和执行

3.1.4.1 现场检测

3.1.4.1.1 适用领域

此建议适用于哺乳犊牛至4月龄以上的母牛群的性能记录。

数据收集为养殖户提供畜群管理有用信息，同时为遗传评估提供原始数据。

允许同时对生长能力和泌乳能力进行遗传评估。

3.1.4.1.2 标志

推荐标记为“SH”。

3.1.4.1.3 记录方法

ICAR记录方法可使用A、B、C。

3.1.4.1.4 参考性能

参考性能为205日龄的断奶体重。其他参考可以是100天体重。

3.1.4.1.5 最低要求

3.1.4.1.5.1 记录动物

记录需包含所有基于同一目的而饲养在相同场地的同一群体中的所有母畜/牛犊。

3.1.4.1.5.2 必填数据

每只动物应按要求填写以下数据：

- 动物个体信息。
- 称重日期。
- 90~250 天中任何一天体重。
- 养殖场信息。
- 与同期动物不同的特殊处理的异常记录。
- 存活期畜群分组管理信息。
- 寄养（如适用）。
- 与患病或其他性能相关因素有关的特殊信息。

3.1.4.1.6 选择性填写数据

3.1.4.1.6.1 称重

在哺乳畜群中可包括以下附加称重记录：

- 母畜或牛犊的定期体重（例每 30 天或每 90 天）。
- 母畜在配种期的体重。
- 母畜在产犊期的体重。
- 牛犊断奶时母畜的体重。

附加称重记录应当遵从统一标准，其中动物个体信息、称重日期、畜群管理分组等都将记录在称重信息中。

3.1.4.1.6.2 评估

在哺乳畜群中可包括以下附加评估记录：

- 体况。
- 体高。
- 肌肉发育。
- 性情。

3.1.4.1.7 年龄限制及测定周期

断奶重推荐年龄为 205 天±45（161~250）天。在同一检测中的所有犊牛出生日期相差不超过 90 天。这意味着在同一检测中最大最小年龄差（所有犊牛在同一时期称重时）不超过 90 天。表 10 为出生、断奶前和断奶的建议年龄限制。

表 10 哺乳畜群检测记录中的年龄限制

测定时期	年龄限制
出生	0~3 天
断奶前	51~150 天
断奶	161~250 天

3.1.4.1.8 同期的定义

除了第 2 章的定义，适用以下情况：

适当的同期分组主要是养殖者的责任。在大多数情况下，出生于同一农场、同一季节中的犊牛分为一组（最好不超过90天区间范围）。然而，也应考虑到对犊牛饲养管理的方式和它们的营养体系。同一季节的相同牛场中也可能存在差异而需要建立两个或更多同期群体。

补饲犊牛应当和非补饲犊牛分开。同样的，未经母乳喂养的犊牛和极度虚弱的犊牛也不应与正常群体犊牛形成对照。除了适当的校正和模型增加可比性，杂交犊牛和直系犊牛也不应形成对照。

在大型牧场或牲畜作业中，同一属性的牛群可能存在环境、牧场性质甚至管理差异。在这些情况下，推荐将牛群看做不同畜群，犊牛也看做不同期犊牛。

维护数据库中同期动物的定义信息，以便于同期分组中后期的任何变化。每组2个动物的同期畜群在牛的评估方面是有用的，但是缺少必要的变异。

同期个体的出生或断奶应当是独立的，这有利于涵盖断奶前死亡的犊牛的出生体重。

3.1.4.2 育肥畜群

3.1.4.2.1 适用情况

此建议适用于从开始到屠宰的育肥畜群的牧场肉牛记录。

数据收集为养殖户提供畜群管理有用信息，即为遗传评估提供原始数据。它有助于对包括生长在内的性能性状进行遗传评估。

本测试常用于早期断奶的兼用品种。由于通常可能将同期动物混合，因此尽可能优化测定设计是十分重要的。该属性使得本测定方案有别于其他现场测定，例如屠宰场中的肉牛记录，其不可能对测试设计产生影响。

因此，屠宰场数据将不会影响该监测系统的适用。

3.1.4.2.2 标志

对于此类牛群记录系统，推荐ICAR标志或缩写为FH。

3.1.4.2.3 记录方法

ICAR记录方法可使用A、B、C。

3.1.4.2.4 测定概述

3.1.4.2.4.1 测定组织

测定和参照公牛的断奶后代共同分组到在同一管理条件下的育肥单位。一个组别应至少包括6个动物单体。为了得到信息丰富的测定设计，饲养过程中必须确保该组包含了若干公牛的后代。

对于进入育肥畜群和出栏的每一只动物都应当进行精确的称重。如果一头牛明显受疾病影响，将重量和称重日期加载数据库时应该记录细节。

推荐测定周期至少为一年。测定结束时，像体况、肌肉和骨骼发育等数据特征均需记录。动物的屠宰信息诸如动物的禁食体重、胴体重量、国家等级分数、胴体修剪细节和肉产量等也应记录。

3.1.4.2.4.2 最低要求

3.1.4.2.4.2.1 记录动物

记录需包含所有基于同一目的而饲养在同一区域的育肥动物同一群体中的所有动物。

3.1.4.2.4.2.2 必填数据

每只动物应按要求填写以下数据：

- 养殖场信息。
- 现存畜群分组管理信息。
- 动物个体信息。
- 测定开始和结束时，两次称重数据。
- 称重日期。
- 与同期动物不同的特殊处理的异常记录。
- 因疾病或其他因素对动物造成负面影响的记录。

3.1.4.2.4.3 选择性填写数据

3.1.4.2.4.3.1 屠宰记录

可以记录育肥牛群以下附加内容：

- 屠宰时间。
- 禁食重量。
- 热胴体重。
- 按国家标准划分的胴体等级。
- 提供净肉量的胴体分割信息。

3.1.4.2.4.3.2 线性评估

可以记录育肥牛群包括活畜数据的以下附加内容：

- 评分日期。
- 身体情况。
- 肌肉发育情况。
- 骨骼发育情况。
- 其他线性性状。

3.1.4.2.4.4 数据验证

评估前，要结合数据库中的数据（例如出生地点、日期、品种、父母代等）进行记录。删除不准确或不真实的数据。保留除因疾病原因而删除和拒绝的数据之外的其他记录。

3.1.4.2.5 同期的定义

同期动物可能包含来自同一品种、性别、育肥周期和管理组别的所有动物。由于同期动物所处的环境是相同的，可以预计由中到高的遗传力。

3.1.4.3 测定站

3.1.4.3.1 引言

主要目的是最小化非遗传变异的可能来源来估计潜在种公牛的育种值。测定站通常可以测定饲料转化率。

测定站的条件越接近商业动物饲养条件，测定越具有商业价值。测定程序设计应该满足特定的生产体系需求。

测定标准，比如测定周期、测定结束时动物的年龄、日粮能量水平，可以按照商业生产实际确定。因此，此类测定的很多不同的程序都可满足本建议。

3.1.4.3.2　适用领域

测定站可用于个体性能测定，也可用于测定公牛的后裔（公畜或母畜）。

3.1.4.3.2.1　个体性能测定

测定的目的是在同一场地、统一标准的条件下，评估来自不同畜群的多个公牛的个体性能的遗传差异。测定多头公牛可用于人工授精或自然交配。

利用记录公牛关系的动物模型可以利用充足的遗传相关性数据比较不同组别或不同测定站的公牛。

3.1.4.3.2.2　后裔测定

测定的目的是在同一场地、统一标准的条件下，评估来自不同畜群的一个种公牛后代性能的遗传差异。当胴体性状或母畜性状，如繁殖力、产犊性能、产奶性能为重要指标时，后裔测定非常有用。测试公牛主要用于人工授精。

通常所测公畜是根据个体性能测定预先确定。后代群体的大小由育种值评估所需精确度来确定。

3.1.4.3.3　测定过程描述

测定过程应该准确地记录并公布。

3.1.4.3.4　记录方法

只采用“A”方法，由官方记录组织执行。

3.1.4.3.5　记录动物

所测公牛可以是奶用、兼用或专用肉牛品种并来自不同畜群。

公牛所在牛群最好是参与过ICAR兼容性能测定的群体，这样可以确保数据库中有测定前影响相关记录。

3.1.4.3.6　组织

3.1.4.3.6.1　测定开始年龄

动物出生后，应尽早开展测定工作，这样可以最大限度地减少畜群环境带来的影响。根据动物生产类别（奶牛或哺乳牛）、品种不同和卫生防疫要求，开始测定的年龄也有所不同。

奶牛或者是肉奶兼用型群体应该在断奶前，最好是出生后几天内，开始准备测定，在保育室人工喂养至断奶。对于哺乳牛群体，应该在断奶后尽早选择动物。

3.1.4.3.6.2　适应期

动物在保育舍或来源畜群断奶后就被集中在育肥场。为了最大限度地减少环境对其干扰，以及补偿生长对动物的影响，被测动物在断奶后需要进行一段时间的预试期。哺乳牛群开始测定年龄较大，这一点尤其重要。适应期畜舍和饲养环境应使动物很容易地过渡到测定期。预试适应期时间至少4周。

3.1.4.3.6.3　测定期/终点

测定期是由开始测定动物年龄、营养水平、理想屠宰年龄所决定的。测定期应足够长以克服预试期的影响。当被测动物达到一定年龄、体重、一定的肥育程度或固定的育肥期限时，可结束测定工作。

性能测定的测定期时间至少 4 个月（120 天）。

3.1.4.3.6.4 饲喂和营养

动物品种、营养及其互作会影响增重速度、增重组成和饲料效率。

浓缩料和粗饲料的物理形态应该可以防止动物挑食，从而允许饲料效率的有效对比和评估。

如果自由采食高能量饲料（浓缩料自由采食、粗饲料限饲），公牛日增重取决于其潜能，相反，如果自由采食低能量饲料（浓缩料限饲、粗饲料自由采食），日增重还会受到公牛采食量的影响。

限饲标准是根据测定组中每头动物体重所允许的一定的平均日增重来确定的。

饲喂水平和方法记录如下：

- 饲养水平：能量和蛋白质的浓度。

使用浓缩料还是粗饲料，采用限饲方法还是自由采食。

- 饲喂方法：限制年龄还是控制体重或是自由采食的方式。

3.1.4.3.6.5 屠宰

后裔测定群体通常要进行屠宰性能测定。

在理想条件下，动物屠宰时的胴体重，应满足市场需求。屠宰动物要么在恒定的活重，要么在恒定的年龄或育肥程度上完成。

屠宰时要在同一地点，动物屠宰前处理、屠宰流程、以及屠宰后成熟都应该标准化。如果不能一次屠宰所有的动物，要保证屠宰牛群之间必要的关联性。

3.1.4.3.6.6 参考性能

在测定期间，参考性能为平均日增重。

如果进行屠宰（后裔测定），参考性能为平均日净胴体增量。

3.1.4.3.7 必填数据

对于所有被测动物，以下数据为必填内容。

3.1.4.3.7.1 测定时期

- 动物个体信息。
- 测定站信息。
- 管理组信息，如果有。
- 测定期开始时称重时间。
- 测定期开始时体重。
- 测定期结束时称重时间。
- 测定期结束时体重。

测定活体重时，应该取连续两天的平均值。

如果测定禁食体重，禁食 12h 一次称重就足够了。实际重量也可以用环境对动物个体影响的回归方程进行校正。所有原始数据都应该被记录并保存下来。

3.1.4.3.7.2 屠宰

- 屠宰动物标示必须和动物 ID 信息相关联。
- 屠宰场信息。
- 屠宰日期。

- 屠宰时的活重（禁食或不禁食的）。
- 官方商业胴体重（热胴体和冷胴体）。

3.1.4.3.8 选择性数据的记录

- 进入保育舍时的日期和体重。
- 进入饲养场的日期和体重。
- 肌肉和骨骼发育的线性评分及其功能。
- 测试期个体采食量（千克）。
- 官方胴体结构和胴体脂肪评分。

3.1.4.3.9 性状的计算

- 测定期的平均日增重（千克）。
- 饲料转化率应表示为饲喂饲料重量与动物增重的比值（该比值应该调整到一个普通体重以允许体重和生产速率的差异，而体重和生长速率影响维持需要）。饲料采食量监控方式要明确说明。
- 屠宰率（%）。

3.1.4.3.10 同期的定义

同期动物，应该是品种、性别相同，年龄相近的，在同一时期测定时，要保证其饲料及畜舍环境的相同，并进行了相同的免疫工作。

同期动物之间的出生日期不能相差90天以上。

一年中任何季节都可以进行测定工作。

同期动物间应该有足够的遗传相关性，每组动物最少为15头。

3.1.4.4 商业屠宰数据

3.1.4.4.1 应用范围

此建议适用于肉牛屠宰场的日常记录。由于只有育肥区域才能被确定，并且动物所有权链的变化通常不可获悉，所以建议只有在育肥场饲养一年以上的肉牛才可进行此测定。此测定还适用于人工授精的乳肉兼用型个体，以及2~3个月龄时进入到育肥场饲养直至屠宰的小牛犊。

屠宰记录和肉牛基本信息是通过ID编号提供的。如果国家标识号码和胎体号码不加以区分的话，那么ICAR将把这种牛肉记录为“SH”。

3.1.4.4.2 说明

3.1.4.4.2.1 测定组织

在肉牛出生时，就要将养殖场ID、动物ID、动物出生日期、出生地点、性别、犊牛健康评价分数，这些常规数据储存到数据库中。屠宰时，还要将热胴体重和屠宰等级数值储存到屠宰场的数据库中。屠宰数据应定期报送到数据管理中心。通过查询肉牛的ID号，就可以调取屠宰记录和一些常规数据。

3.1.4.4.2.2 参考性能

参考性能定义为热胴体重及年龄因素在屠宰分割中体现的净收益。

3.1.4.4.2.3 最低要求

3.1.4.4.2.3.1 必填数据

每只动物应按要求填写以下数据：

- 在加工厂中的。
- 动物个体信息。
- 热胴体重。
- 屠宰日期。
- 按照国家分级系统胴体等级。

3.1.4.4.2.4 选择性填写的数据

可记录的其他数据包括：

- 禁食重量。
- 能够决定肉产量的酮体切割细节和修整规格。
- 可以决定肉产量、瘦肉率、体型外貌和脂肪评分的视屏录像结果。

3.1.4.4.2.5 数据编辑、数据验证

在数据评估之前，应该检查记录并结合动物的其他数据。不一致或者不可信的数据应该从数据文件中删除。除此之外，其他任何数据都应保留。

3.1.4.4.3 同期的定义

同期动物包括来自同一品种、类型、性别、屠宰日期和加工厂的所有动物。由于特定环境未知，可以预计同期群体的低到中等遗传力，因此需要大量的后代群体进行准确的育种值估计。

3.1.5 数据传输

3.1.5.1 概述

计算机之间自动化的数据交流是一种快速增长的业务，互联网的推广应用加强了这一趋势。畜牧生产的大部分领域也涉及这一方法，例如在不同生产水平的程序控制计算机、农场计算机和主机之间，农场、繁育和记录组织、贸易公司和管理部门内部及相互间的日常数据交流。

如果要求畜牧生产有品质保证和/或是在复杂的生产系统中进行，即产业链归属不同业主和生产地点，那么动物必须在超过其生命周期的整个生产过程中都伴随着其个体数据背景。

3.1.5.2 ADIS-ADED 标准的应用

数据交换常常通过传送者和接收者就数据内容及数据结构达成的各种特定协议进行。另一种交换方法是通过伞形组织定义固定数据格式应用于每个成员组织和个人会员。然而，由于系统需要将复杂或快速增长的信息分配给各个参与者，该系统很快变得十分低效了。

解决这一问题的办法是在一个基于灵活的国际标准上进行完全自动化的数据交换。自动数据交换使用国际电子数据交换协议（EDI），可以避免无休止的双边数据接口问题。任何个人数据描述的协议被取消，不再需要调整计算机程序或手动操作。在农业部门的许多处理器、个人和大型计算机使用国际 ISO 标准 ADIS-ADED 已成为常规应用。

与现已禁止而过去经常用于贸易的 EDIFACT 系统相比，ADIS-ADED 可以逐步实施从而节约资源。一个 ADIS-ADED 接口是一个简单的遵循 ADIS-ADED 的规则 ASCII 文件，因为这个属性能够确保异构系统平台数据流动。然而 ADIS-ADED 有只包含顺序列表的限制，不会呈现分层或树结构。

ADIS-ADED 提供了一个关于数据区域非常透明和清晰的解释。这种解释需要用户提前了解并接受数据定义，进而明确定义的数据项，以及不同输入模式的唯一实体表格，如明确定义的关键字段、强制性和可选字段。相关资料库数据结构和处理语法的相似性使 ADIS-ADED 最适合资料库的数据交换，而不会造成像 XML 或 EDIFACT 标准互联网数据交换协议那样的系统开支。通过使用一个适当的 SQL 转换程序，数据可以很容易地传输给内部数据资料库。

3.1.5.3　ADIS-ADED 的结构

现代 EDI 系统是由模块化结构组成的，以允许简单的扩展或来自不同制造商的多种网络系统的软件组件或模块的逐步集成。ADIS-ADED 的最重要的组件是数据字典 ADED（农业数据元素字典）和数据传输协议 ADIS（农业数据交换语法）。本部分以下内容将简要介绍 ADIS-ADED 的最重要的元素。更多细节可以在 ISO http：//www. iso. ch 中找到。ADIS-ADED 就是自 1995 年以来由 ISO 发展而成的。

3.1.5.3.1　数据字典 ADED

3.1.5.3.1.1　概述

在通过电脑进行数据交换的情况下，传输数据必须是已知的结构，且必须定义数据元素，以便使接收程序根据其意义将其传递到内部数据模型。为此数据字典包含的数据对象（实体），是由一组数据元素（项目和代码集）组成。

数据字典 ADED 最初定义的数据元素主要是用于过程控制计算机和管理计算机之间的数据交换。然而，这并不意味着不得用于其他数据元素水平的数据交换，比如在管理计算机和外部计算机之间的数据交换，或者通过软件应用程序实现管理计算机相互之间的数据交换。任何的数据交换都有一个重要的先决条件，那就是数据发送方和接收方使用相同版本的 ADED 字典。

ADED 的一般结构是由 ISO11788-1 定义的。有 3 种不同的数据元素标准水平。

水平 1：

- 国际 ISO 11788-2 定义的数据元素被集中存储，并在世界范围内广泛应用。
- 国际数据元素数字以数字“9”开头。

水平 2：

- 国家数据元素集中存储，并应用在国家层面上。
- 国家数据元素数字由“1”到“8”之间的数字开头。

水平 3：

- 个人数据元素用于特定软件开发人员。
- 个人数据元素数字以数字“0”开头。

在大多数情况下，数据交换是包含国际和国家数据元素的混合物。关于“牛”的国际数据字典由 ISO 11788-2 详细描述。在这方面，值得注意的是国际数据字典只包含一个非常有限的用于奶牛业的条目，目前大多数数据字典元素在国家数据元素层面上开发。因此，很有必要广泛扩展国际数据字典，以便包含更多的关于奶牛业和肉牛业的数据元素。

3.1.5.3.1.2 数据元素（项目、代码集）

在数据字典中，数据元素（DDI=项目）为每一个项目提供一个独特而清晰的的定义。它们的定义包含以下的特征：

- 独特的标识号码。
- 名字的长度最多为65个字符。
- 可能是数字或字母。
- 使用ISO单位。
- 使用扩展8字节ASCII字符（ISO 8位代码）。
- 至少是一个数据对象的一个组成部分。

3.1.5.3.1.3 数据对象（实体）

数据交换需要定义实体。实体描述根据ADIS规则传输记录的内容和结构。一个实体可能包含国际、国家和个人特定的数据元素。它被定义为一个逻辑单元，而且是由属性列表构成的结构，用来描述一个事件或一个简单的对象。实体展示数据资料库内的一些类比表。根据公约，关键字段应该记录在每行开端。在某些合适情况下，可选字段也可以省略。

3.1.5.4 建议

ADIS-ADED标准是能够在不同的系统平台和点对点系统计算机通信中，提供一个明确的、灵活的、完全自动化和廉价的数据交换标准。因为这些属性，在肉牛生产和肉牛记录的任何类型的数据传输中，均已推荐使用ADIS-ADED标准。

3.1.5.4.1 范围

国际数据词典ADED中对“牛”的定义，旨在使“牛”的数据交换在国际层面，或在某些情况下的国家和个人层面，得到统一和标准化。此外，它的目标是绘制关于“牛”生产的综合数据模型，尽可能帮助国家和私人机构建立起特定的国家标准。

ADIS-ADED定义和描述应用于控制器、个人电脑和计算机主机等系统内部或之间任何方向的ASCII文件数据交换。数据交换适用于农场内部或之间、农场水平的管理和评估计算机程序、提高服务者（如记录组织、育种机构、兽医和公共服务）的计算机程序。

3.1.5.4.2 责任

3.1.5.4.2.1 ISO ADIS-ADED工作组

数据交换的国际标准ADIS-ADED是由ISO工作组织ISO/TC 23/SC 19/WG 2开发的。然而，对于“牛”数据字典的维护、更新和新发展，强烈建议与国际专业机构如ICAR密切合作。

3.1.5.4.2.2 ICAR的功能

在ICAR内部，动物记录工作小组负责发展反刍动物的国际社会数据字典。因此，更新和扩展牛的国际字典的建议只能由该工作组向ISO/TC 23/SC 19/WG 2提出。动物记录工作小组与ISO组织密切合作，收集从ICAR的其他工作组和致力于国际ADED发展的国家开发小组的意见和建议。

其他ICAR工作组根据其特定的专业知识，为ICAR动物记录组织做出了贡献，包括被转发到动物记录组织的新的数据字典元素的初稿和建议。

肉牛记录包含在肉牛记录和繁育过程中涉及的众多参与者间集中的数据交换。因此，ICAR 肉牛记录组正在开发一个如前面章节中提到过的，涉及每个记录方案的综合的数据模型。这个数据模型可以被视为“牛”数据字典一个子组，构成“牛”数据元素的基础，将考虑到不同国家的法律法规、育种和生产计划。

个人和组织可以提议在国际数据字典中肉牛记录和育种的元素。然而，ICAR 动物记录组织将在做出处理之前，ICAR 的肉牛组将评估其重要性、完整性和系统正确性。如果肉牛组同意，相关建议将转发到动物记录组织。

3.1.6　术语表

ABRI：新英格兰大学（UNE）农业研究所，负责品种计划的数据处理和商业运作。

AGBU：新南威尔士州农业部和新英格兰大学动物遗传和育种联合研究所，负责育种方案的研究、开发和管理。

初次产犊日龄：第一次产犊的年龄。

青春期年龄：动物获得繁殖后代的能力的时间（第一次自发排卵或一次射精达5 000万精子/mL 的射精能力）。

青年母牛第一次发情年龄：青年母牛第一次发情的日龄。

初生重：小牛出生后 48h 内的体重。

体况评分：描述动物身体营养状况的分值。

骨百分比：骨重占胴体重的百分比。

配种方式：自然交配或人工授精服务。

育种方案：澳大利亚肉牛遗传评估系统。

犊牛死亡率：新生牛犊在出生后 48h 内的死亡率。

胴体长度：固定点之间的胴体长。

死因：从死亡原因的代码集中选择。

业务规程：在任何情况下实施操作必须满足的最低要求。

妊娠：一个二倍体合子形成。

公牛妊娠率：同（只有）一头公牛给母牛配种时，每次（a）妊娠，（b）怀孕或（c）产犊所需服务或交配次数。

牛群妊娠率：妊娠期的特定阶段与同一头公交交配或用其精液授精的母牛怀孕或妊娠的比例。

结构评分：活体动物的结构或胴体的主观评价。

CRC：牛和牛肉行业（肉质）的合作研究中心，总部设在新英格兰大学和罗克汉普顿昆士兰热带牛肉中心。

处置的原因：描述动物退出群的编码列表。

1. 在农场死亡；
2. 种畜售出；
3. 育肥售出；
4. 屠宰。

EBV：估计育种值，衡量一个动物某一性状遗传价值。

胚胎：合子有丝分裂形成的胎儿。

估测体重：胸围和年龄、品种的线性方程。

脂肪评分：胴体上覆盖的脂肪的主观评价。

繁殖力：一种动物的繁殖潜能，即其产生配子的数量和质量或发育卵的数量或（后代）具有再生育能力的数量。

生育率：生殖潜能，产生配子的数量和质量或发育卵的数量或（后代）具有再生育能力的数量。

受精：一个二倍体合子形成。

第一次成功的采精：第一次成功采精的日期。

胎儿：孕体植入完成、器官形成完成后的新生有机体。

母牛群不返情率：第一次授精后在给定的时间内（比如一个月），没有进行第二次授精而被认为怀孕了的母牛的比例。

热胴体重：放血并去头、腿、皮肤、内脏器官后胴体的重量。

移植：开始于19~20日，在35~42日完成的孕体和子宫的附着过程。

不孕不育：个体产生功能性配子或成活受精卵的完全或部分（半不育）失败。

肾脂肪率：肾脂肪重量占胴体重量的百分比。

线性评分：使用数字描述生物变异的一个或多个动物解剖位点的数值评分记录。

活空腹体重：断绝食物和饮水12h后的活体重。

全活体重：动物有食物和水供给情况下两次间隔24h连续活体重量的平均值。

交配日期：实际交配日期。

净饲料效率：指与增长速率和体重需求无关的动物采食量差异。

净采食量：根据体重和生长的采食量表型校正的性状，用作衡量NFE。

生产的卵母细胞：每一次冲卵获得的卵母细胞。

牧场的自然交配日期：与公牛接触的开始和结束的日期。

肉牛性能育种者协会：进行集团年度肉牛育种规划分析代表每一品种的技术委员会。

骨盆直径：垂直或水平盆腔直径。

母牛多胎性：每次妊娠犊牛数。

繁殖年限：青春期和保持期的函数。

阴囊围：包绕两侧睾丸并列放置的阴囊最大周长。

交配能力：规定条件下一头公牛交配的母牛的数量。

不育：个体产生功能性配子或成活受精卵的完全或部分（半不育）失败。

断奶体重：断奶时犊牛体重。

3.1.7 参考文献

Amin, V., D. E. Wilson, and G. H. Rouse. 1997. USOFT: An ultrasound image analysis software for beef quality research. Beef Research Report, A. S. Leaflet R1437, Iowa State Univ., Ames.: 41-47.

Andersen B B et al. 1981. Performance testing of bulls in AI: Report of a working group of the commission on cattle production. Livest. Prod. Sci. 8: 101-109.

Beef Improvement Federation Guidelines Brethour, J. R., 1994 Estimating marbling score in live cattle from ultrasound images using pattern recognition and neural network procedures. J. Anim. Sci. 72: 1 425-1 432

Beef Improvement Federation. Guidelines for uniform beef improvement programs. 8th edition. Blockey M A de B. 1976. Serving capacity . a measure of the serving efficiency of bulls during pasture mating. Theriogenology; 13: 353-356.

Blockey M A de B. 1981. Development of a serving capacity test for beef bulls, Appl. Anim. Ethol., 7: 307-319.

Chenoweth P. J. 1981. Libido and mating behaviour in bulls, boars and rams. A review. Theriogenology, 16: 155-177.

Chenoweth P. J. 1992. A new bull breeding soundness evaluation form. Proc. Ann. Meeting Soc. Theriogenology, 63.

Courot M. (Ed.) 1984. The male in farm animal reproduction. Martinus Nijhoff Publishers, Dordrecht, for the Commission of the European Communities.

Hanzen C., Laurent Y., Lambert E., Delsaux B. Ectors F; 1990. Etude épidémiologique de l. infécondité bovine. 2. L. évaluation des performances de reproduction. Ann. Méd. Vét., 134: 105-114.

Hassen, A., D. E. Wilson, V. R. Admin, and G. H. Rouse. 1999. Repeatability of Ultrasound-predicted percentage of intramuscular fat in feedlot cattle. J. Anim. Sci. 77: 1 335-1 340.

Hassen, A., D. E. Wilson, V. R. Admin, G. H. Rouse, C. L. Hays 2001. Predicting percentage of intramuscular fat using two types of real-time ultrasound equipment. J. Anim. Sci. 79: 11-18.

Herring, W. O., L. A. Kriese, J. K. Bertrand, and J. Crouch. 1998. Comparison of four real-time ultrasound systems that predict intramuscular fat in beef cattle. J. Anim. Sci. 76: 364-370.

ICAR . International Agreement of Recording Practice. 2003. Approved by the General Assembly held in Interlaken, Switzerland, on May 30 2002.

ISU, 1994. Real-time ultrasonic evaluation of beef cattle. Study Guide. Iowa State University. Department of Animal Science, Ames, IA. Jansen P. 1985. Genetic aspects of fertility in dairy cattle based on analysis of AI data . A review with emphasis on areas for further research. Liv. Prod. Sc., 12: 1-12.

Kastelic B. J., Curran S., Pierson R. A., Ginther O. J. 1988. Ultrasonic evaluation of the bovine conceptus. Theriogenology, 29: 39-54.

Kräusslich H et al. 1974. General recommendations on procedures for performance and progeny testing for beef characteristics. Livest. Prod. Sci. 1: 33-45.

Lewis W H E and Allen D M. 1974. Performance testing for beef characteristics. Proc. 1st World Congress on Genetics Applied to Livestock Production. Madrid, Spain: 671-679.

Meredith M. J. (Ed.) . 1995. Animal breeding and infertility. Blackwell Science, Oxford. Nicholoson, M J and Butterworth, M H, 1985. A guide to condition scoring of zebu cattle. International Livestock Centre for Africa. Addis Ababa. Ethiopia.

Pearson, R A and Ouassat, M, 2000. A guide to live weight estimation and body condition scoring of donkeys. Centre for Tropical Medicine. University of Edinburgh. UK. Philipsson J. 1981.

Genetic aspects of female fertility in dairy cattle. Liv. Prod. Sc. , 8: 307-319.

Proc. Internat. Workshop on Genetic Improvement of Functional Traits in Cattle; Fertility and reproduction, Grub, Germany. November, 1997. Interbull Bulletin NO. 18, 1998.

Van Niekerk, A and Louw, B P, 1990. Condition scoring of beef cattle. Natal Region. Department of Agricultural Development. Pietermaritzburg. South Africa.

Wilson, D. E. , H. -U. Graser, G. H. Rouse and V. Amin. 1998. Prediction of carcass traits using live animal ultrasound. Proc. 6th WCGALP Vol 23: 61.

第 4 章　DNA 和其他技术的应用

4.1　分子遗传学

4.1.1　引言

分子生物学的飞速发展为畜牧业提供了崭新的发展机遇。一方面，分子信息的应用有助于增强农场主监测、控制动物生产线的能力和信心。另一方面，分子标记辅助选择（MAS）、基因重组、杂种优势预测以及正确的系谱控制方法，在很大程度上帮助我们实现了对动物性状的遗传改良。在大多数情况下，应用分子信息可以提高选种精确度、缩短世代间隔、并增加选择强度。尽管如此，仍有必要进一步研究和寻找遗传标记与目标性状之间的相关性。另外，在利用分子信息进行实际选择之前，应充分了解基因的功能、基因间的互作、以及基因的差异表达情况，以提高选择效率。同时，在肉牛的分子育种进程中，畜牧产业（繁育场、育肥场、屠宰厂和零售商）与科研院所之间的互助合作是十分必要的。

4.1.2　DNA 技术的研究现状与应用前景

4.1.2.1　亲子鉴定和系谱追溯

目前，亲子鉴定已经成为遗传标记（如微卫星标记）的主要商业用途之一。若某个体的基因型与假定的亲缘个体基因型不一致，则排除二者的亲缘关系。目前，动物生产中倾向于鼓励在更广泛的条件下进行动物生产以适应环境和生产的相关约束。因为随着分析成本的降低和标记数量的增加，品种协会能够利用遗传标记建立系谱记录，并在小牛出生的第一时间追溯其系谱。当然，前提是已掌握候选公牛和母牛的遗传背景及相关标记。成功进行系谱追溯的概率取决于每个位点的等位基因数、群体中的等位基因频率、候选父母的数量，以及可能的配对数量。国际动物遗传学会（ISAG）（http：//www. isag. org. uk）已经确定并公布了用于系谱追溯的一组标记。

4.1.2.2　牛肉产品追溯和已知品种来源的牛肉产品认证

自从疯牛病危机以来，牛肉产品的追溯引起了消费者的极大关注。其中，可追溯性需要建立在一个能够监控牛肉生产线全部细节的验证和控制系统之上。由于个体的遗传信息是唯一且稳定的，即从个体的出生到形成产品的整个过程中，其 DNA 都是不变的。因此，利用基因组中大量的位点信息，例如微卫星和单核苷酸多态性标记（SNP），我们可以将个体与产品进行比对。

对于标明了地理位置（GPI）、特定品种或杂交品种的牛肉产品，遗传标记对其产品质量的认证都是非常有用的。这就意味着每个品种都要建立其自身的分子标准。目前，很多的标记信息来自品种间的遗传多样性研究，其中与毛色、角的有无、角的形状等性状相关的基因信息颇受关注。

4.1.2.3 基于分子遗传信息的标记辅助选择

数量性状是由多基因控制的复杂性状。不过，有时单个基因也会引起性状的显著变化，如双肌基因。由于个体的基因型在其一生中不会改变，因此，鉴定与生产性状 QTLs 相连锁的分子标记或鉴定性状的主效基因，在未来将具有广阔的研究前景。然而，由于性状的复杂性，建立一个足够大的分子标记库来辅助个体选择是十分必要的。尤其对于测定困难、测定成本高或测定时间晚的生产性状来说，利用分子标记辅助选择显得更加重要。截至 2004 年，已鉴定出牛的大约4 000个位点，其中多数是与 QTLs 连锁的遗传标记。目前，已发现许多与肉牛性状相连锁的 QTLs（http：//locus. jouy. inra. fr/）。

登记系统用于收集畜禽动物的生产性状测定信息。目前，收集的信息量在不断增长。其中，胴体和肉质性状的遗传标记为重点研究对象。正如前面所提到的，肉质性状可以从不同的角度进行评估。在许多情况下，牛肉品质的评估非常昂贵，难以在动物的养殖过程中执行和获取。因此，登记的质量信息在日益变少，并且仅包括单一性别的数据资料。另一方面，肉品质评估的许多措施降低了最终产品的商业价值。遗传标记将为这种性状的测定发挥重要作用。目前，已经鉴定出一些与大理石花纹、瘦肉率等性状相关的基因位点。此外，饮食与健康之间的联系越来越受到人们的重视。消费习惯也在改变。现在的消费者更加关注食品的营养价值，并根据他们对健康和有益成分的需求选择食物。由此，牛肉制品营养价值的相关质量性状则愈显重要，比如胆固醇含量、脂肪酸组成、维生素含量等。用于分析、评估营养价值或其他相关性状所涉及的精密技术十分昂贵，所以利用这些性状的分子信息则更加实用，并且降低了分析成本。同时，由于登记系统得到日益普及，我们可以应用遗传标记来增加选择强度。

4.1.2.4 抗病性和遗传缺陷

抗病性是分子标记适用的另一类性状。许多复杂疾病是由多基因和环境因素共同作用的结果，因此抗病性是遗传改良难度最大的性状之一。因为这需要对动物疾病状态的准确判定，并且能够矫正环境条件和饲养管理对动物健康的影响。传染病在很大程度上取决于环境因素，如暴露于病原体的程度等。如果暴露程度低，动物的表型变化就不十分明显。抗病性的不同表现则可能与暴露程度的差异有关。因此，如果鉴定出与抗病性相关的基因或遗传标记，我们就可以根据个体的分子信息来选择抗病动物。对许多疾病来讲，抗性基因的鉴定仍需要进一步的科学研究。

目前，我们已经可以利用遗传分析手段鉴定单基因疾病的携带者，例如牛白细胞黏附缺陷（BLAD）等（http：//www. angis. org/Databases/ BIRX/omia）。在 OMIA（动物孟德尔遗传在线）数据库中，已登记了 300 多种牛的遗传疾病，包含 56 种单基因疾病，其中 27 种疾病的致病突变已被鉴定。

4.1.3 技术方面

4.1.3.1 DNA 收集

我们建议对肉牛群体进行系统地 DNA 收集工作。DNA 可以从机体内的任何有核细胞中抽提得到。目前，从血液（白细胞）、精液、唾液（上皮细胞）、毛囊、皮肤、肌肉以及肝、脾等器官中抽提DNA的技术已经十分成熟，并且常规DNA分析仅需要少量的组织样品。然而，如果所收集的DNA将用于多种目的，如大量性状的选择和可追溯性分析等，则必须确保DNA用量，并且需要降低抽提及存储成本。目前常用的收集方法包括：干血滤纸片法（室温保存）、组织样品密闭保存法以及毛囊样品法。

4.1.3.2　常用的遗传标记

4.1.3.2.1　微卫星标记

微卫星标记是由2~3个碱基组成的串联重复序列。这些位点遍布于整个基因组中，并通常位于非编码区。由于其重复次数的变异程度较大，因此每个位点在基因组中都是独一无二的。

4.1.3.2.2　SNP

SNP是指基因组中存在的单核苷酸多态性。SNPs可以位于编码区，其多态性会导致编码蛋白质结构或功能的改变。SNPs亦可位于非编码区，与基因的调节功能有关。

4.1.3.2.3　数据采集

可建立专门储存遗传信息的中心数据库，用于以下研究：

- 亲子鉴定和系谱追溯。
- 牛肉产品追溯。
- 品种鉴定和品种多样性。
- 质量性状和数量性状。

数据库中应包含以下信息。

- 个体的身份编号：可链接到系谱等全部个体信息。
- 遗传标记的数量：n。
- 每个标记的编号i（i=1…n）。
- i标记的第一等位基因。
- i标记的第二等位基因。
- 与其他性状的相关性。
- 每个品种的标记信息表。
    - 标记的标准名称；
    - 别名；
    - 基因全序列、部分基因序列或标记序列；
    - 基因登录号；
    - 等位基因大小；
    - 基因型。

基因或位点的标准命名可查询网站：http：//www.gene.ucl.ac.uk/nomenclature/，标记的命名可查询网站：http：//www.ncbi.nlm.nih.gov/。

4.2　ICAR准则和指南：牛亲子鉴定的实验室认证

错误的亲子鉴定或身份信息会影响遗传参数的估计以及国家之间和国际的遗传评估工

作，因此高标准的亲子鉴定与身份验证工作十分重要。基于此考虑，在两年遗传分析工作的基础上，ICAR 决定出台关于 DNA 亲子鉴定和身份验证实验室的基本要求，为进行牛的微卫星和 SNP 分析提供认证指南。其他物种 DNA 检测的相关要求后续会给予说明。

欲获得微卫星和/或 SNP 分析认证的实验室，需要在 ICAR 网站下载并填写相应的表格（附录 2 和附录 5 分别是关于微卫星和 SNPs 的申请表格）以提出申请。表格必须填写准确、完整，并按照要求提供必要的文件信息。此申请将由 ICAR 指定的专家委员会进行评估，有可能被批准、或被要求提供额外的信息、也有可能被拒绝。如被拒绝，再次申请应在至少一年后提交。认证的有效期为两年，两年后并在通过 ISAG 的对比测试后，方可提交新的申请。

在 4. 2. 1 和 4. 2. 2 中介绍了利用微卫星和 SNP 技术对牛进行 DNA 亲子鉴定的实验室准则和指南。

附录 1、附录 2 分别为利用微卫星进行牛 DNA 亲子鉴定的实验室认证申请表，以及 ISAG 推荐的微卫星标记列表。

附录 3、附录 4 分别为利用 SNP 进行牛 DNA 亲子鉴定的实验室认证申请表，以及推荐的 SNP 标记列表。

4.2.1 ICAR 准则和指南：牛的亲子鉴定

本指南明确规定了关于牛 DNA 亲子鉴定实验室的基本认证标准。

附录 1 为申请人需要填写的调查问卷，填写后需将其发送至 ICAR 秘书处（邮箱：dna @ icar. org）。附录 2 为 ISAG 推荐的微卫星标记列表，以及用于计算单亲和双亲排除概率的方法。

1. 明确实验室信息

申请人须准确提供如下信息：

- 实验室和相关组织机构的名称。
- 相关组织机构的信息。
- 地址和国别。
- 实验室联系人的联系方式。

2. 实验室主管和操作人员的教育背景与培训情况

这里列出了对于实验室主管和高级操作人员在教育背景和培训方面的最低要求：

- 实验室负责人应具有学士以上学位。
- 实验室的高级操作员应具备至少 5 年的分子诊断经验。

在数据处理和结果分析中，经验至关重要。

3. 仪器设备

- 必须列出用于微卫星检测的仪器设备。
- 必须提供仪器的购买时间和最新版本——这便于 ICAR 对技术方法的适用性进行评估，以确保每个实验室均能遵循正确的操作程序，并获得高质量的数据和结果。
- 每年进行至少一次的年检。
- 设立实验室仪器性能的反馈意见簿，以便进行必要的质量改进。

4. 相关资质

• 实验室需具备国际质量体系 ISO 17025 或者 ISO 9001 的质量认证，这是获得 ICAR 实验室认证的最低要求。

5. 在环试中的参与度和表现

• 须公开在 ISAG 和国内环试中的参与度和表现，并提供相关证书。申请人须签署协议，允许 ISAG 能够向 ICAR 的 DNA 委员会公开其环试结果。

• 至少参加两次以上的 ISAG 环试。

• 从 2009—2010 年开始，ISAG 环试要求实验室公开其对于官方指定的 12 个微卫星的分型效率（以前的要求为至少 9 个微卫星）（附录 2）。

• 专家委员会将根据该年度全部实验室在环试中的平均表现来制定环试的合格标准。

6. 微卫星标记

• 须公开至少近两年内检测的动物数量、全部微卫星的名称（标记组一）、以及用于系谱追溯时检测的微卫星名称（标记组二）。

• 需要至少将 ISAG 指定的 12 个微卫星用于国际交流。

• 为保证实验室得到充分、有效的利用，每年至少检测动物 500 头（或只）。

• 应在申请中提供单个标记与全部标记的排除概率（双亲或单亲），以及用于计算的群体类型及规模［至少 150 头（或只）］。ICAR 推荐应用荷斯坦牛作为参考群体。ICAR 专家委员会将根据群体情况提出排除概率的认证标准。

7. 标记的命名

• 须提供标记的标准名称。

• 对于官方指定的 12 个微卫星应使用 ISAG 命名法。

4.2.2　ICAR 准则和指南：基于 SNP 检测技术的牛亲子鉴定

本指南明确规定了基于 SNP 检测进行牛 DNA 亲子鉴定的最低认证标准。

附录 3 为基于 SNP 检测进行牛亲子鉴定的认证申请表格，填写后需发送至 ICAR 秘书处（邮箱：dna @ icar. org）。附录 4 是推荐的 SNP 标记列表。

1. 明确实验室信息

申请人须准确提供如下信息：

• 实验室名称。

• 相关组织机构信息。

• 地址和国别。

• 实验室联系人的联系方式。

2. 实验室主管和操作人员的教育背景与培训情况

这里列出了对于实验室主管和高级操作人员在教育背景和培训方面的最低要求：

• 实验室负责人应具有学士以上学位。

• 实验室的高级操作员应具备至少 5 年的分子诊断经验。

在数据处理和结果分析中，经验至关重要。

3. 仪器设备

• 必须列出用于 SNPs 检测的仪器设备及操作方法。

• 必须提供仪器的购买时间和最新版本——这便于 ICAR 对技术方法的适用性进行评估，以确保每个实验室均能够遵循正确的操作程序，并获得高质量的数据和结果。

• 每年进行至少一次年检。

4. 相关资质

• 目前尚无明确要求。未来将需要至少具备国际质量体系 ISO 17025 或者 ISO 9001 的质量认证。

5. 在环试中的参与度和表现

• 须公开在 ISAG 环试中的参与度和表现，并提供相关证书。申请人须签署协议，允许 ISAG 能够向 ICAR 的 DNA 委员会公开其环试结果。

• 至少参加一次以上的 ISAG 环试。

• 专家委员会将根据该年度全部实验室在环试中的平均表现来制定环试的合格标准。

6. SNP 标记

• 须公开至少近 2 年内检测的动物数量、全部 SNPs 的名称（标记组Ⅰ）、以及用于系谱追溯时检测的 SNPs 名称（标记组Ⅱ）。

• 至少将 ISAG 推荐的 95 个 SNPs（附录 6）用于动物检测。

• 为保证实验室得到充分、有效的利用，每年至少检测动物 500 头（或只）。

• 应提供全部标记的排除概率（双亲或单亲），以及用于计算的群体类型及规模［至少 150 头（或只）］。ICAR 推荐应用荷斯坦牛作为参考群体。ICAR 专家委员会将根据群体情况提出排除概率的认证标准。

7. 标记的命名

• 须提供标记的标准名称；

• 对于官方指定的 SNPs 应使用 ISAG 命名法。

4.3 亲子鉴定基因分析结果验证的申请准则

随着 SNP 测试的出现，分析和验证的功能有可能分离。因此，ICAR 对于应用基因型分析结果有单独的认证，可以由实验室、品种登记平台和任何其他涉及亲子鉴定的组织进行。它关注的是实验室从 DNA 样品分析中得到的结果，因此充当的是数据库功能。这些组织可作为使用 SNP 方法进行 DNA 亲子鉴定的实验室与最终用户之间的服务供应商。

服务供应商可以针对不同品种/物种使用不同的实验室。

要求使用 SNP 方法进行 DNA 亲子鉴定工作必须下载和填写相应的申请表。(附录 5)。

此表格必须准确、完整地填写，并根据要求提供必要的文件，并提交给 ICAR。该表格将由 ICAR 任命的专家委员会进行评估，该委员会将决定批准，要求完善更多信息或直接拒绝。如果被拒绝，申请人可以在申请失败后至少一年后提交新表格。认证有效期为 4 年，超期须提交新的申请。

附录 5 为问卷调查表，需要通过电子邮件发送给 ICAR 秘书处。

4.3.1 ICAR 准则和指南：应用基因型分析结果进行亲子鉴定的认证

该指南包含对基于 SNP 的亲子鉴定的基因型分析结果应用的最低要求。

4.3.1.1 组织标识

申请人必须提供以下资料来表明申请人信息：

- 机构名称。
- 机构地址和国别。
- 本机构的联系人，以及联系方式（电子邮件和电话号码）。

4.3.1.2 教育和培训机构

本机构负责人的教育和培训的最低要求是：

- 具有本科及以上学历。
- 具有分子生物学，数据处理和结果解读的经验。
- 通过基因型分析的数据深入了解亲子鉴定的原理。

经验是解读基因型分析结果的关键因素。

4.3.1.3 认证

- 目前执行此职能的一些机构将是ISAG或ICAR的成员，而有些机构则不是ICAR或ISAG的成员。有些机构会希望获得认证，如品种登记组织，但他们不一定是ICAR的成员。
- 机构必须提供其能进行亲子鉴定服务的能力证明。ISO 17025资质认证可以得到承认。如果没有，其他类似的认证也可以得到承认。
- 如果机构作为数据处理和解读的供应商而成为ICAR认证实验室，则该机构不要求必须通过ISO 17025。

4.3.1.4 参加环测及表现

由于此认证涉及用于亲子鉴定SNP的数据处理和解读，作为认证的一部分，将会向检测机构发送一组动物的SNP信息，并对应亲本信息，而事实上亲本信息可能是已知的或未知的，该问题会被隐藏起来。相关要求如下：

- 必须参加数据处理和解读的测试。
- 必须每四年进行一次测试。
- 要有一个设计并监控测试程序的小组。

4.3.1.5 SNP命名

- ISAG100核心模块被用于国际间亲子鉴定SNP的交流。当存在不一致或不确定的亲缘关系结果时，需要使用来自ISAG200模块的其他SNP。
- 必须标明基因分型所有SNP（ISAG200）的名称和在未确定亲本（其他SNP组如500SNP，800SNP或更大）的情况下测定的其他标记的名称，以及至少在最近2年里鉴定的动物数量。
- ISAG200——ISAG100核心模块加上额外的ISAG SNP。
- ISAG200plus——ISAG200加上其他用户确定的SNP。

4.3.1.6 SNP标记和解读

- 使用ISAG200时，请遵循ISAG网站上的指南，网址如下：

http：//www. isag. us/Docs/Guideline-for-cattle-SNP-use-for-parentage-2012. pdf

- ISAG200plus也可以用于验证和确认，使用时，最低要求是完成对ISAG100核心模块的SNP进行比对（见附录6-ISAG100小组）。

- 允许父母与子女之间的最大的 SNP 误差为 1%。
- 如果使用 SNP 排除一个亲本，则可以使用 3 个选项：
  - ○ 如果 ISAG100 或 ISAG200 已用于验证，ISAG200plus 可用于确认。

在低 SNP 水平，基因分型错误可能会对 SNP 不一致率略高于 1%的情况做出错误的判断。

  - ○ 使用 ISAG200 模块对养殖者或品种登记册给出的可能亲本进行亲子确认。
  - ○ 使用 ISAG200plus 进行亲子鉴定。

• 对于亲子鉴定，推荐使用至少 500SNP 的芯片（ISAG200plus 或 ISAG200 和 300 附加标记 MAF>0.40）。当使用较小芯片时必须谨慎，因为可能推测出多个公牛和母牛。这需要根据群体大小和品种组成进行选择。

• 如果预测有多个亲本，除了同卵双胞胎之外，必须使用更大的 SNP 芯片来确定最可能的亲本。

• 为确保组织内有足够的数据，认证的最低要求每年至少做 500 个动物个体的亲子鉴定。

• 必须计算并声明所使用的完整标记芯片的排除概率（PE；2 个亲本和 1 个亲本）。描述用于计算的群体的类型和动物的数量（最小 150）。评估小组将根据所分析的群体，评估是否达到了认证要求的排除概率。

4.3.1.7 建议

如果可能的话，使用同样的 SNP 芯片进行亲子鉴定和确认，而不是开始使用较小的 SNP 芯片鉴定，而用较大的芯片进行确认。

实验室到服务供应商之间数据交换需要使用标准的格式。

建议使用足够的 SNP 以减少亲子鉴定错误的可能性。SNP 的数量将由芯片工艺、牛群亲缘记录和 SNP 可利用性决定。

第5章　奶牛、肉牛、奶山羊体型鉴定技术规程

引言

本章描述了奶牛、肉牛、奶山羊的体型鉴定评定标准，分别列出了各种动物具体鉴定的性状，并用文字和图示对性状进行定义，同时对数据收集和鉴定人员评分方法提出了改进的建议。

5.1　奶牛的体型鉴定评定记录

ICAR奶牛体型鉴定评定准则与世界荷斯坦联盟在体型鉴定评分、性状定义、评定标准、以及验证公牛成绩的发布等方面的规范进行了整合。

对于本指南中的体型鉴定性状，国际上所有评定组织应以统一的标准进行评分，以进一步推动体型鉴定评分国际化。这些标准性状收集的数据也适用于Interbull的MACE方法评估。

本指南还列出了其他5项国际上常用于乳用及乳肉兼用品种的体型性状。这些性状可作为标准性状的补充。

除用于定义标准性状外，本指南旨在改进数据收集方法和提高鉴定人员评定的水平。

5.1.1　性状定义

5.1.1.1　线性性状

线性性状是所有体型鉴定系统的基础，也是奶牛所有评定体系的基础。线性评定方法对各个性状独立进行评定，各性状功能分别在部位评分中占有一定的权重，对每一性状用数字化的线性尺度进行评估，而非主观评价。数字的大小只客观地反映性状的状态，而不反映性状的优劣。

线性评定的优势：

- 每个性状独立评分；
- 评分涵盖该性状生物学特性的全部变异范围；
- 线性评定为数量化的评分标准，可准确反映性状的变化；
- 评分反映性状的状态，而不反映性状的优劣。

5.1.1.2　标准性状

标准性状应满足以下条件：

- 具有一定的生物学功能；
- 单一性状；

- 可遗传性；
- 具有一定的经济价值：与育种目标直接或间接相关；
- 可度量性；
- 群体内存在遗传变异；
- 每个性状对应牛的一个部位，不与其他性状重合。

推荐标准性状

1. 体高；
2. 胸宽；
3. 体深；
4. 棱角性；
5. 尻角度；
6. 尻宽；
7. 后肢后视；
8. 后肢侧视；
9. 蹄角度；
10. 前乳房附着；
11. 后乳房高度；
12. 中央悬韧带；
13. 乳房深度；
14. 前乳头位置；
15. 乳头长度；
16. 后乳头位置；
17. 运动能力；
18. 体况评分。

补充标准性状

19. 飞节发育；
20. 骨质地；
21. 后乳房宽度；
22. 乳头粗细；
23. 强壮度。

5.1.1.3 标准性状定义

准确的性状描述是对每个性状进行线性评定的基础，每一性状都用数字化的线性尺度来表示其从中等到极端的不同状态。用于计算的参数是基于对头胎奶牛该性状的生物学变异范围评估的，代表当前群体该性状的生物学变异范围。

建议使用 9 分制评分标准。

备注：

目前使用的线性评定，适用于对全国奶牛群体进行评定。

1. 体高

• 测定部位：十字部最高点到地面的垂直高度。精确测定到厘米或英寸，或使用线性评分。

○ 1　极矮；
○ 5　中等；
○ 9　极高。

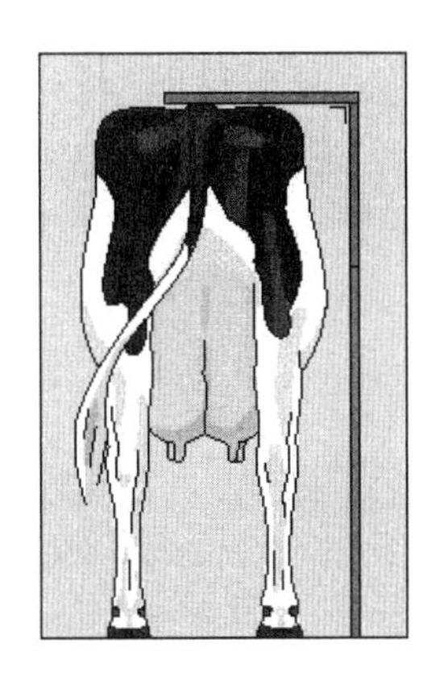

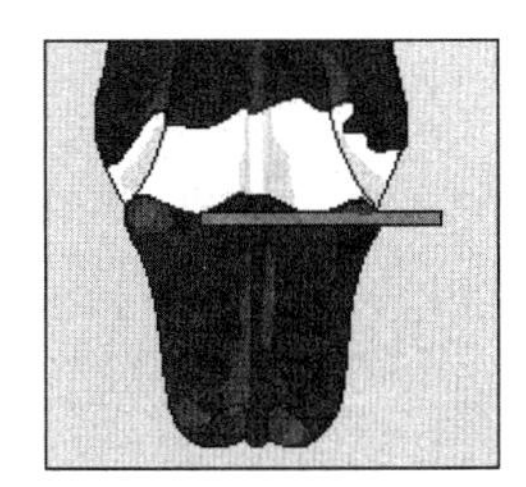

2. 胸宽

• 测定部位：两前肢内侧胸底的宽度。

○ 1　极窄；
○ 5　中等；
○ 9　极宽。

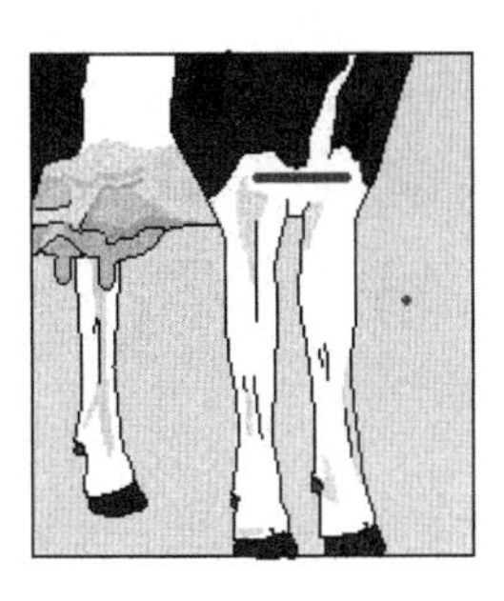

1　极窄

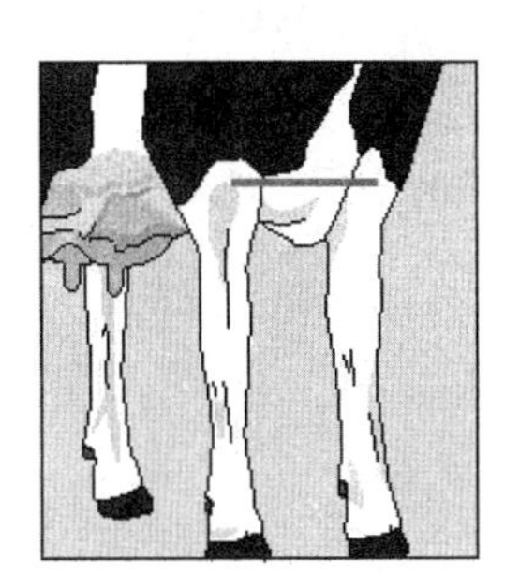

5　中等

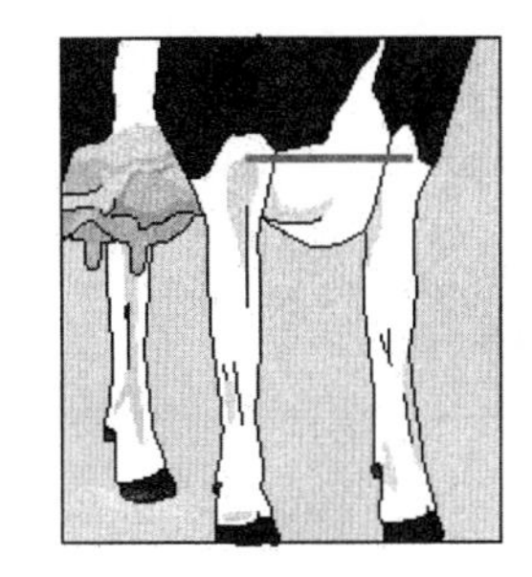

9　极宽

3. 体深

• 测定部位：最后一根肋骨处腰椎至腹底部的垂直距离与最后一根肋骨处腰椎至地面垂直距离的比例关系。

○ 1　极浅；
○ 5　中等；
○ 9　极深。

1 极浅

5 中等

9 极深

4. 棱角性

- 测定部位：肋骨的开张程度和骨骼轮廓清晰度。该性状为非线性性状。
    - ○ 1 棱角不明显：粗糙，肋骨不明显；
    - ○ 5 中等，肋骨明显；
    - ○ 9 棱角明显，肋骨非常明显。

参考尺度：两个主要衡量因素为肋骨的开张程度和骨骼轮廓清晰度。

1 棱角不明显

5 中等

9 棱角明显

5. 尻角度

- 测定部位：腰角和坐骨结节连线与水平线的夹角。
    - ○ 1 逆斜；
    - ○ 5 理想；
    - ○ 9 极斜。

根据群体水平，尻角度得分可评为 3~5 分。

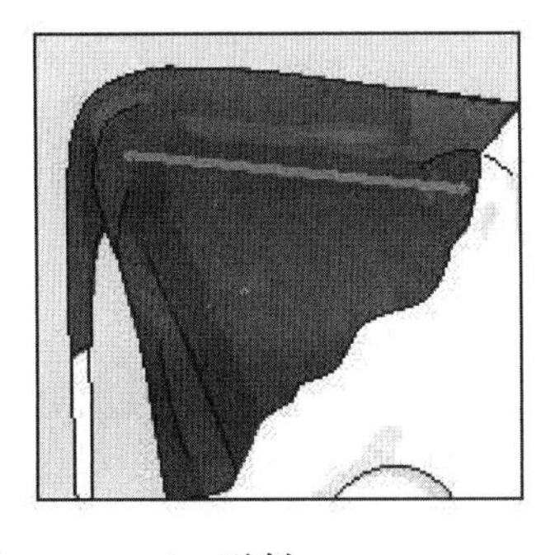

1　逆斜

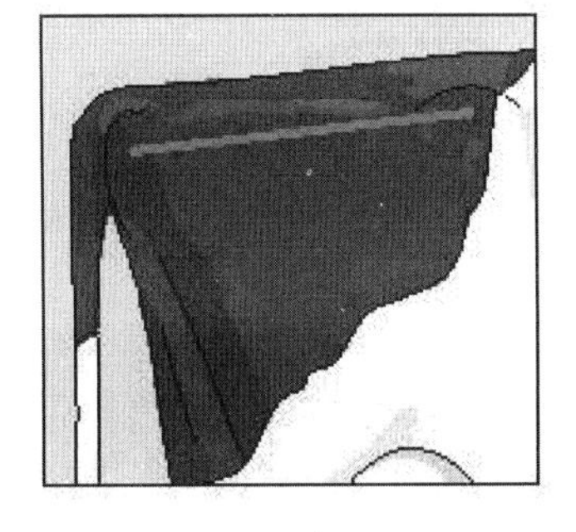

5　理想

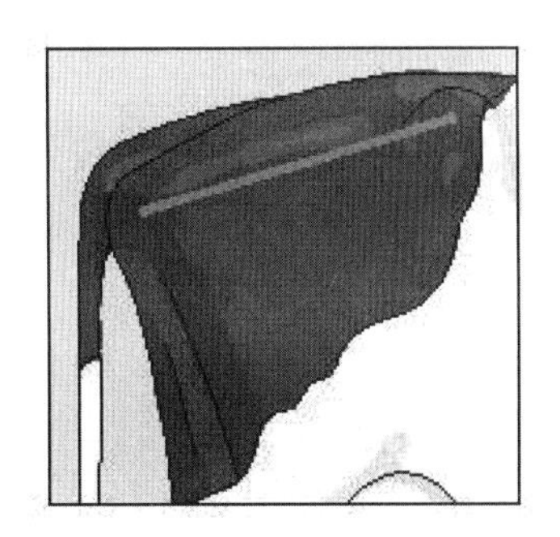

9　极斜

6. 尻宽

- 测定部位：尻端两坐骨结节间的宽度。
  - ○ 1　极窄；
  - ○ 5　中等；
  - ○ 9　极宽。

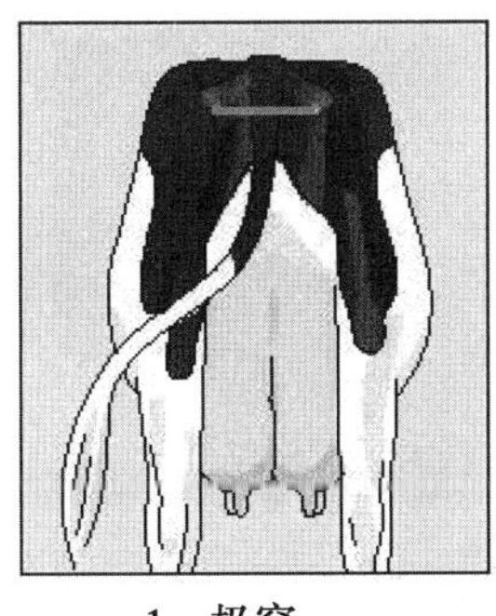

1　极窄

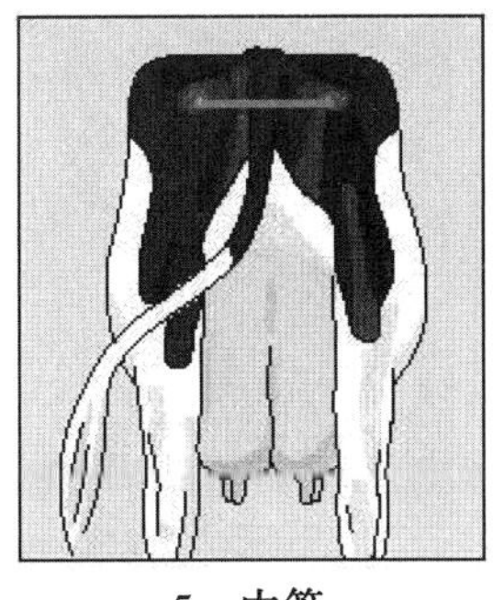

5　中等

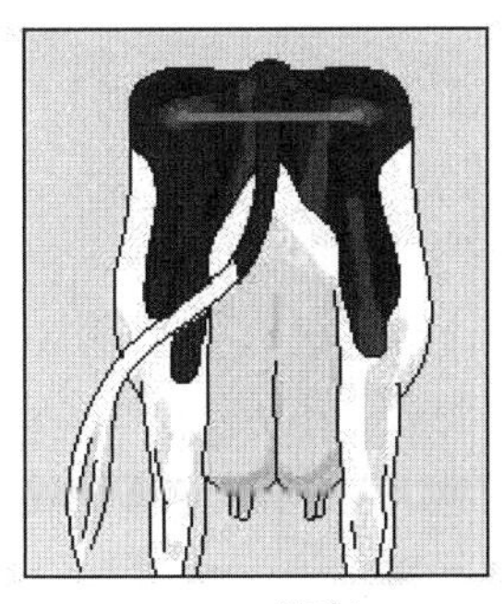

9　极宽

7. 后肢后视

- 测定部位：后肢飞节的内向程度。
  - ○ 1　极“X”形后肢，脚趾极度朝外；
  - ○ 5　中等，轻度“X”形后肢，脚趾轻微朝外；
  - ○ 9　后肢平行。

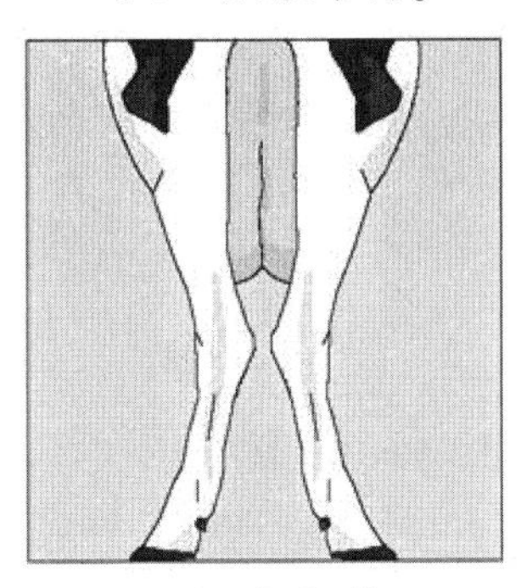

1　极“X”形

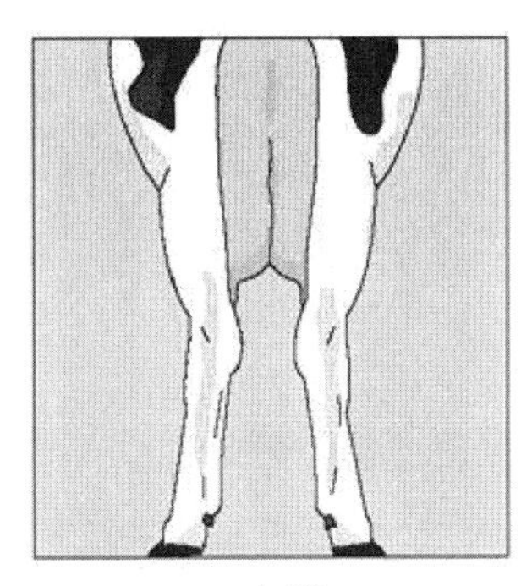

5　中等

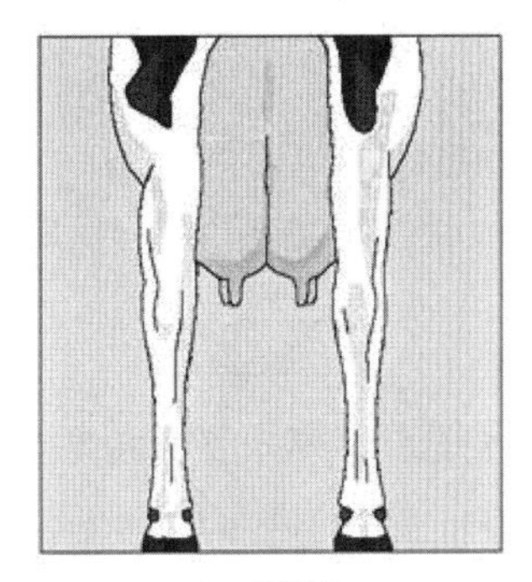

9　平行

8. 后肢侧视

- 测定部位：从侧面观察后肢飞节处的弯曲程度。
  - ○ 1　极直；
  - ○ 5　中等；
  - ○ 9　极曲，呈镰刀状。

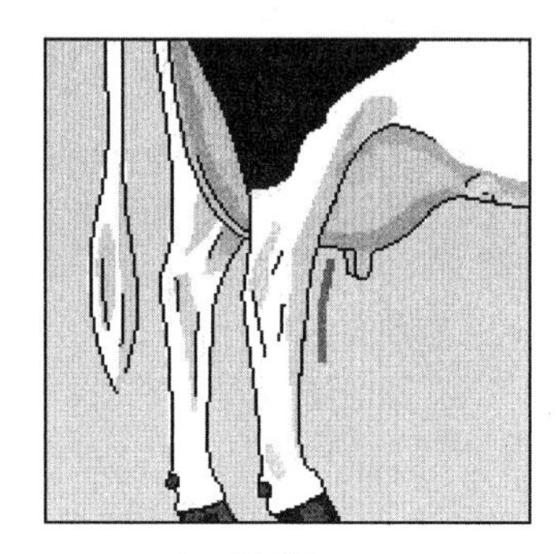

1　极直

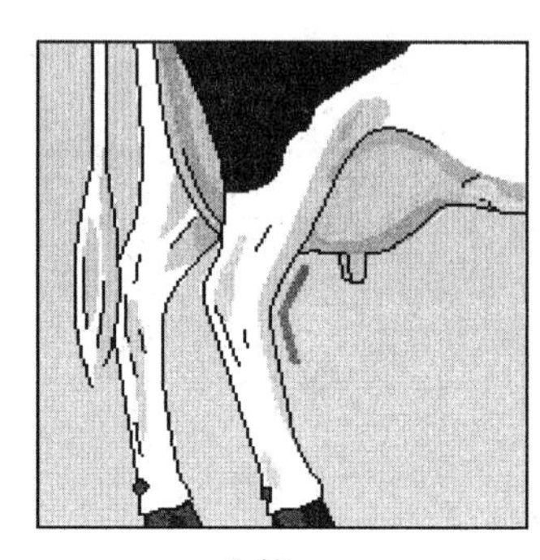

5　中等

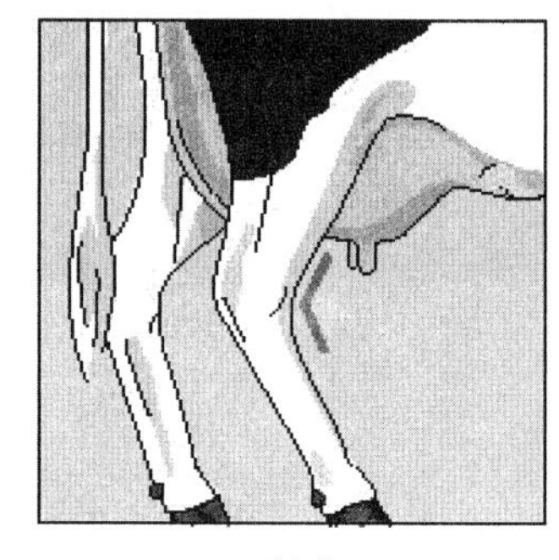

9　极曲

如两后肢侧视存在差异，应记录相对极端值。

9. 蹄角度

- 测定部位：后蹄壁前沿与地面所形成的夹角。
  - ○ 1　极低；
  - ○ 5　中等；
  - ○ 9　极陡。

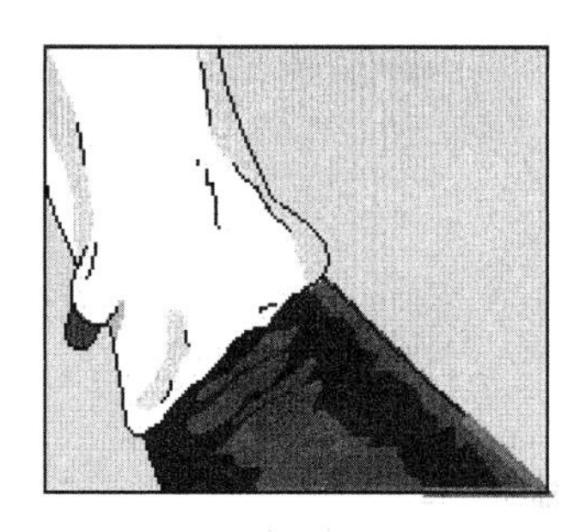

1　极低

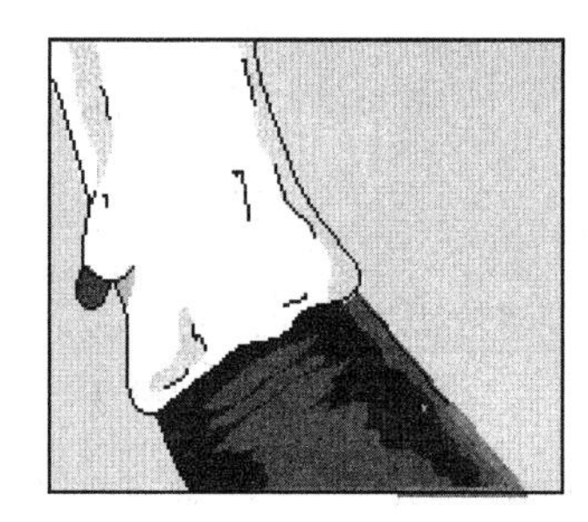

5　中等

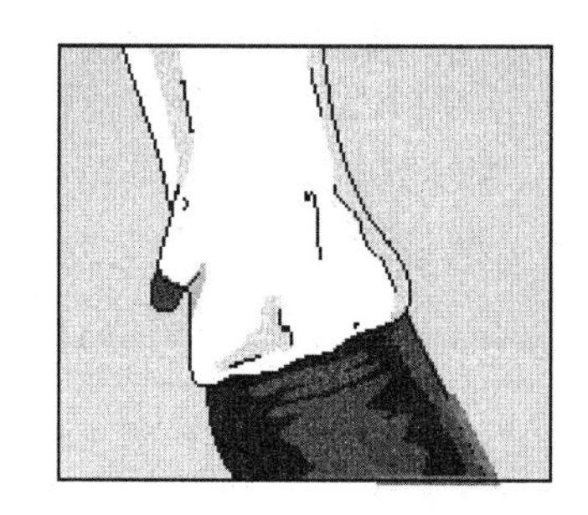

9　极陡

如两蹄角度存在差异，应记录相对极端值。

由于修蹄、垫料等因素干扰，使得蹄角度难于评定时，可观察边际线角度。

10. 前乳房附着

- 测定部位：前乳房与体躯腹壁连接附着的强度。该性状为非线性性状。
  - ○ 1　极弱且松散；
  - ○ 5　中等；
  - ○ 9　极强且紧凑。

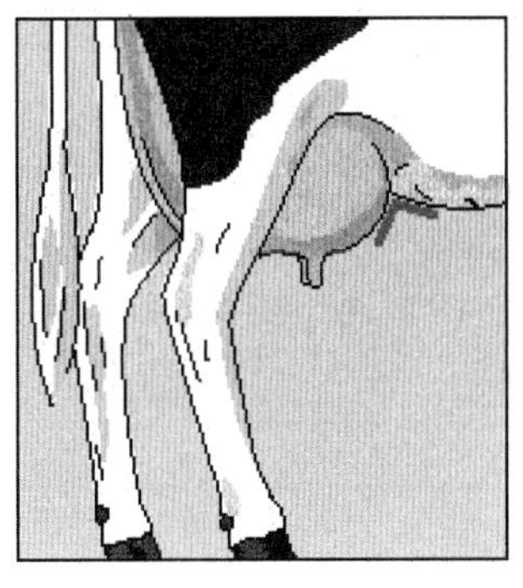
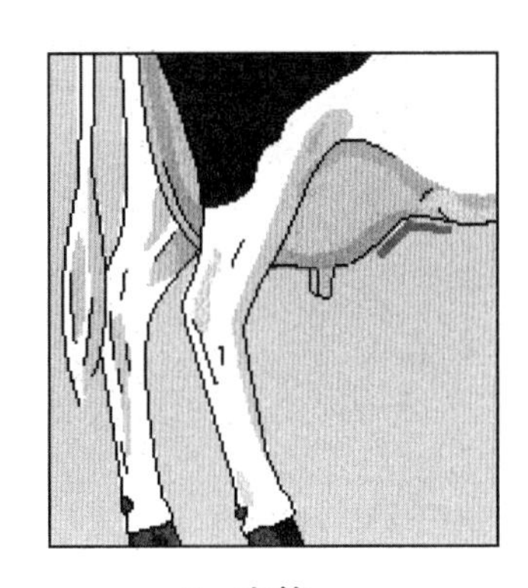
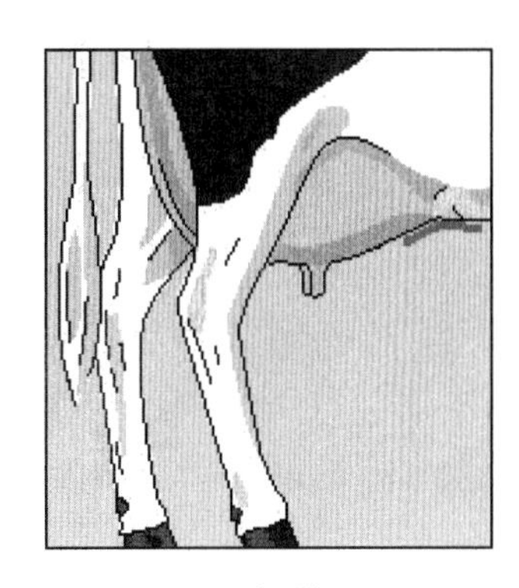

1　极弱　　5　中等　　9　极强

11. 前乳头位置

- 测定部位：前乳头基底部所在乳区的相对位置。
  - ○ 1　极外；
  - ○ 5　中等；
  - ○ 9　极内。

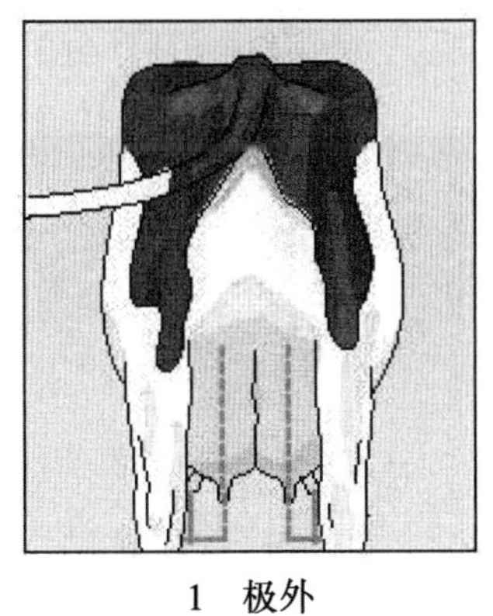
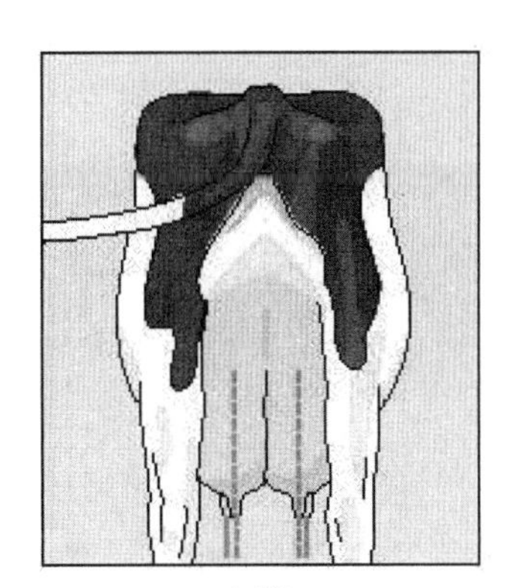
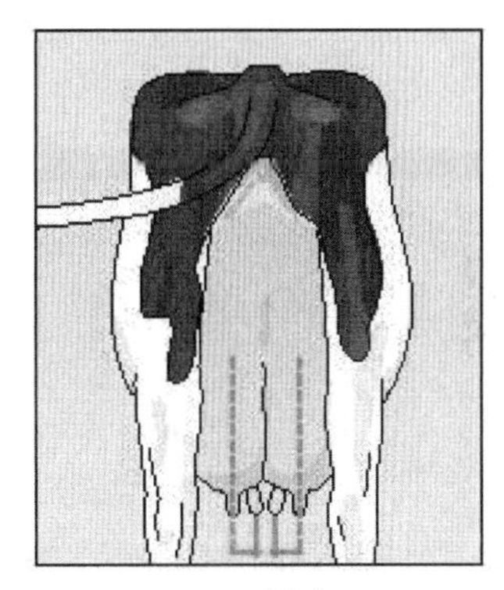

1　极外　　5　中等　　9　极内

12. 乳头长度

- 测定部位：前乳头的长度。
  - ○ 1　极短；
  - ○ 5　中等；
  - ○ 9　极长。

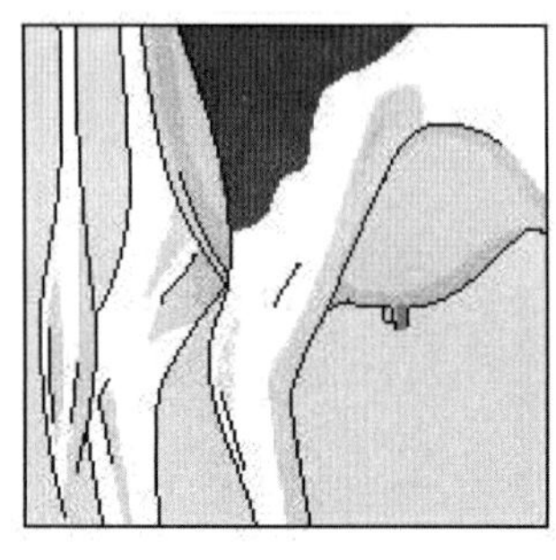

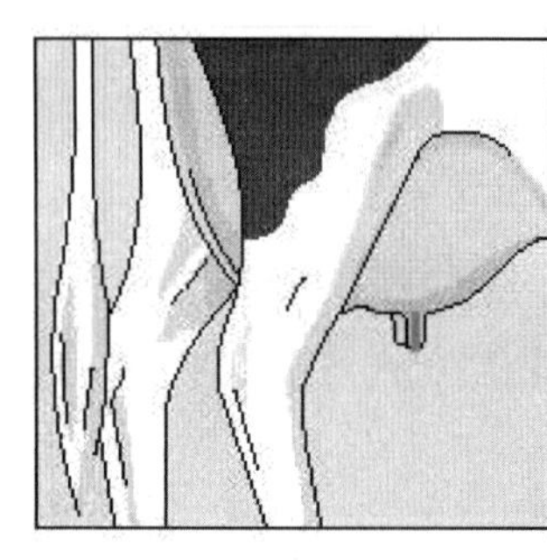
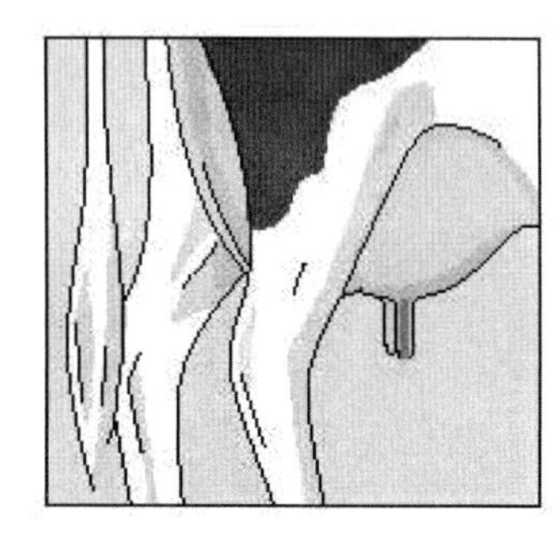

1　极短　　5　中等　　9　极长

后乳头长度也可进行评分。在实际评分中，无论选择前乳头还是后乳头，应总体保持一致。

13. 乳房深度

● 测定部位：乳房底部至飞节的垂直距离。

○ 1　极深；

○ 5　中等；

○ 9　极浅。

应以飞节的水平延长线为基准。

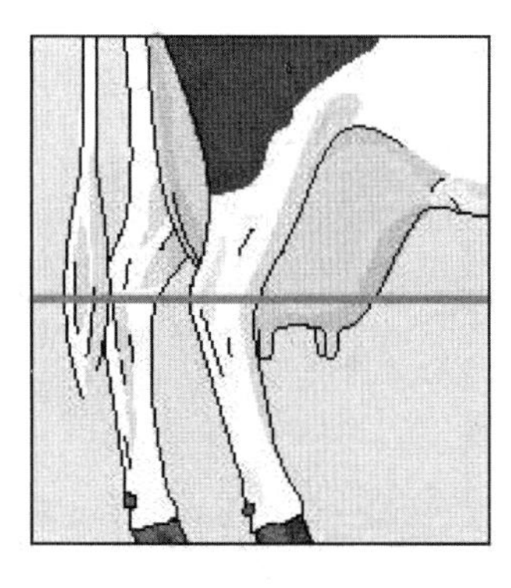
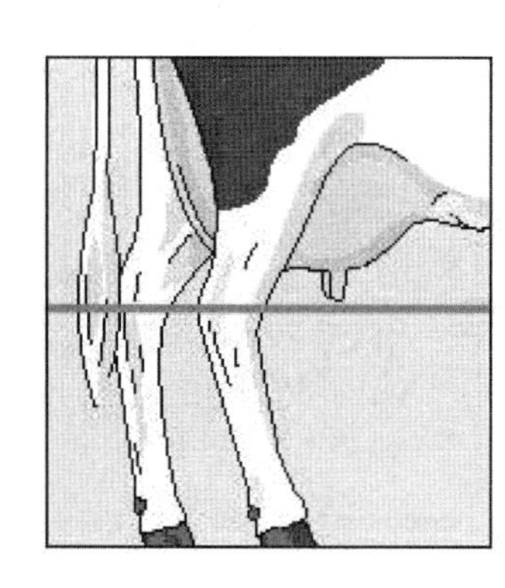
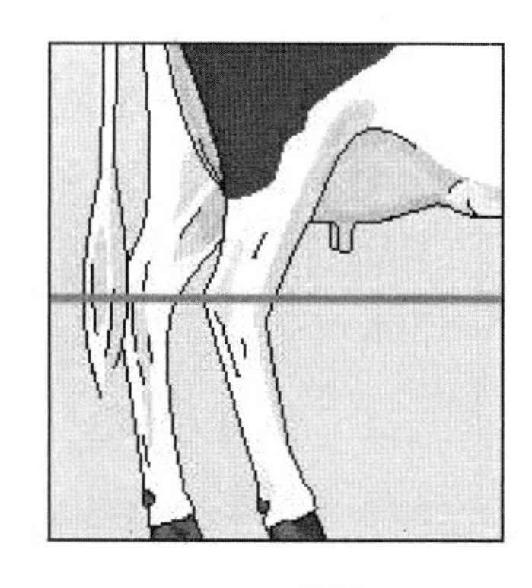

1　极深　　5　中等　　9　极浅

14. 后乳房附着高度

● 测定部位：后乳房乳腺组织最上缘与阴门基底部之间的垂直距离。该性状与个体的身高有关。

○ 1　极低；

○ 5　中等；

○ 9　极高。

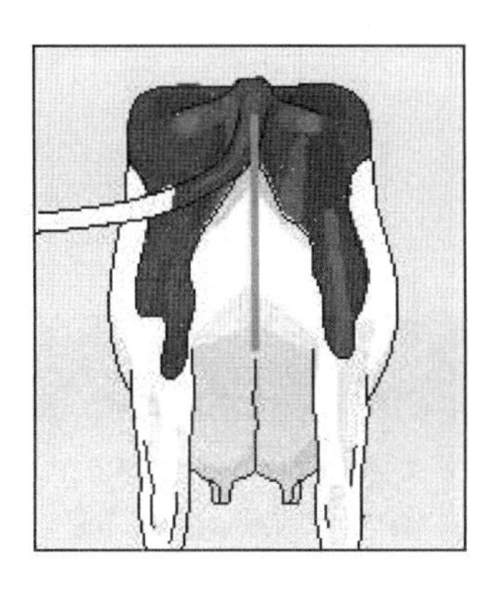
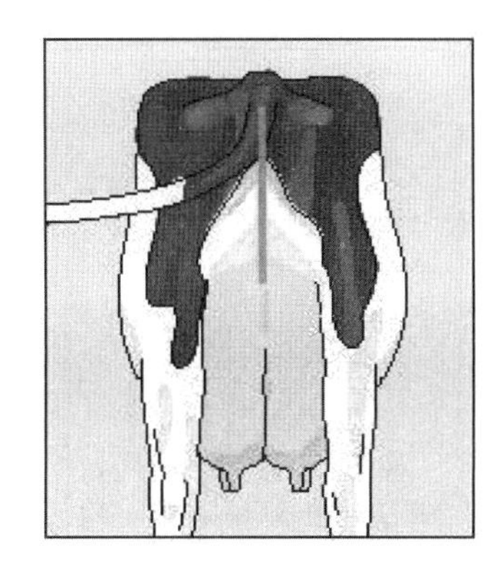
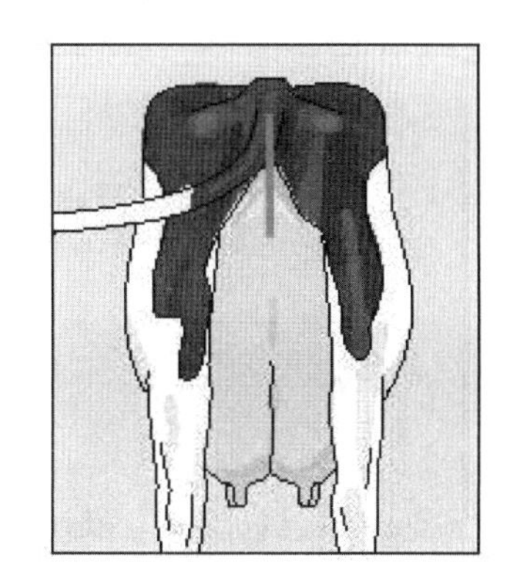

1　极低　　5　中等　　9　极高

15. 中央悬韧带

- 测定部位：中央悬韧带基底部与乳房底部的垂直距离。
  - ○ 1　无乳中沟；
  - ○ 5　中等；
  - ○ 9　深乳中沟。

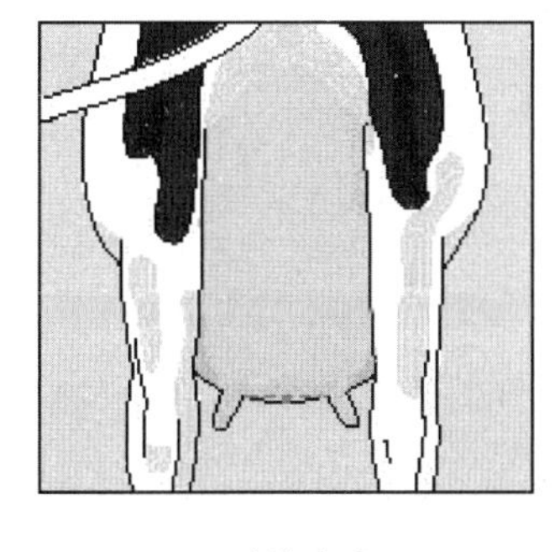
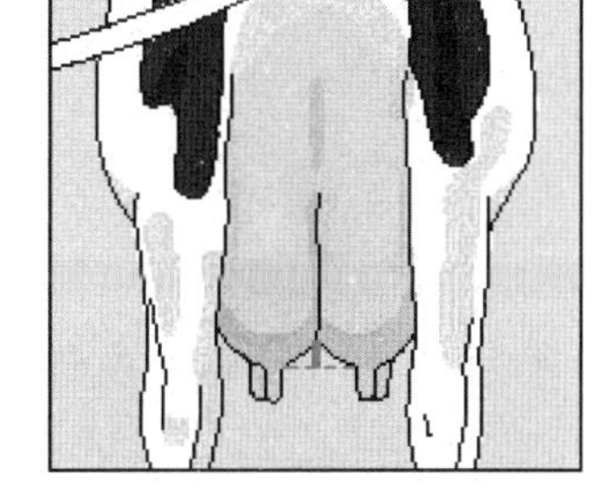
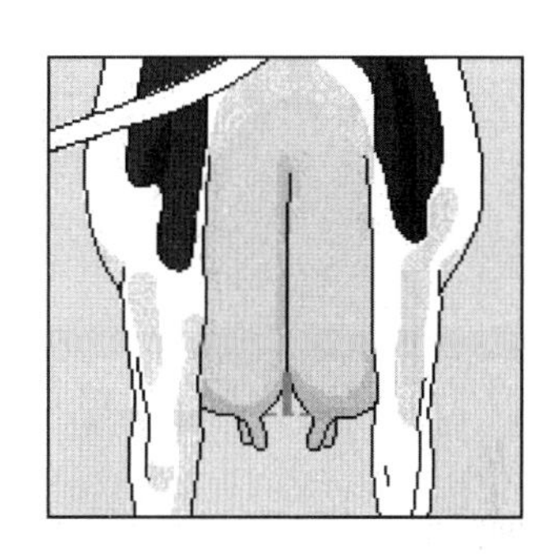

1　无乳中沟　　5　中等　　9　深乳中沟

16. 后乳头位置

- 测定部位：后乳头基底部所在乳区的相对位置。
  - ○ 1　极外；
  - ○ 5　中等；
  - ○ 9　极内。

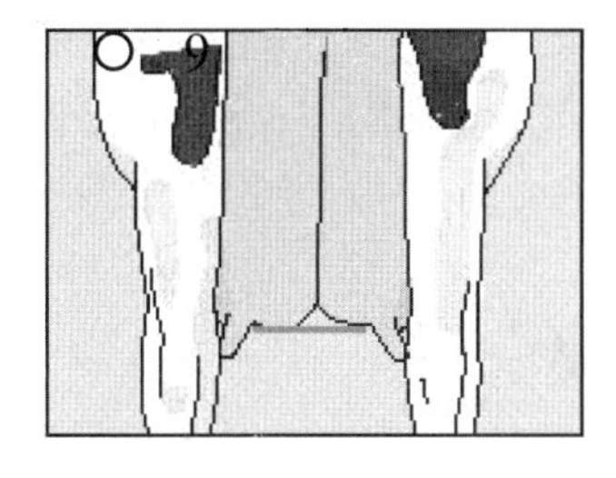
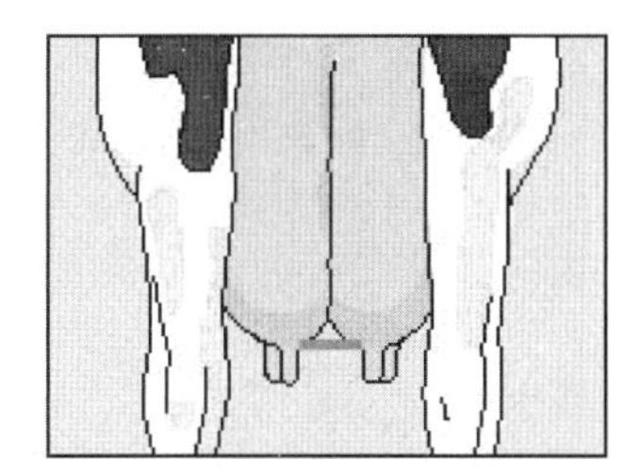
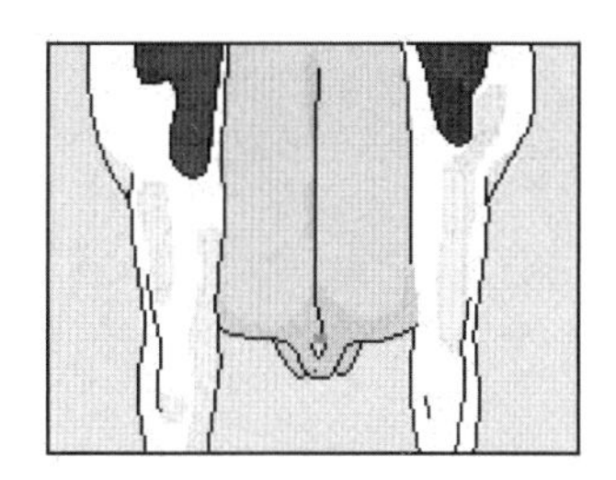

1　极外　　5　中等　　9　极内

17. 运动能力

- 观测点：腿和蹄的运动能力，步伐的长度和方向。
  - ○ 1　极度外展，步幅小；
  - ○ 5　轻度外展，中等步幅；
  - ○ 9　无外展，步幅大。

对于失去运动能力的牛不能进行该性状的评分。

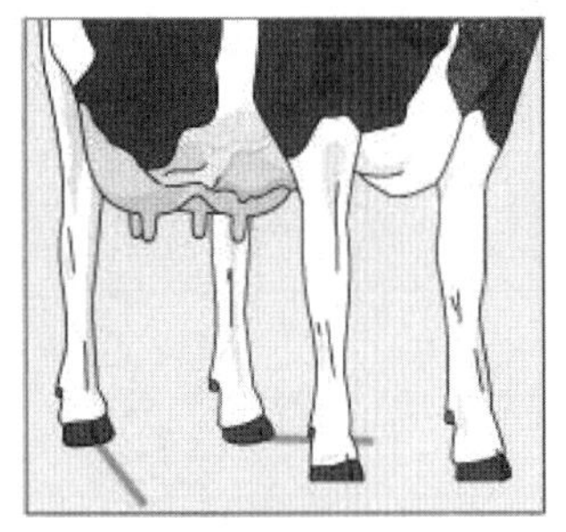
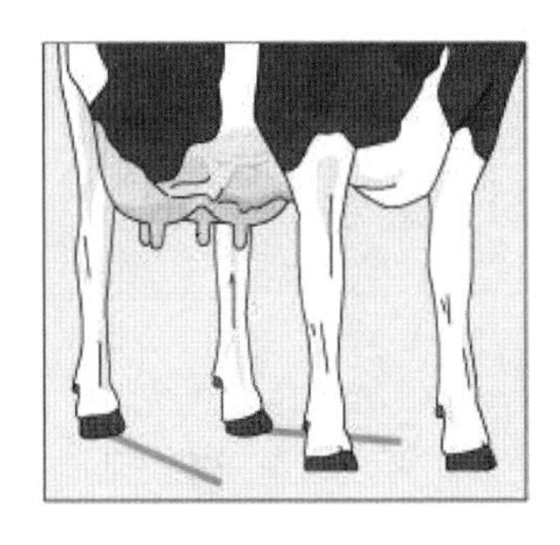
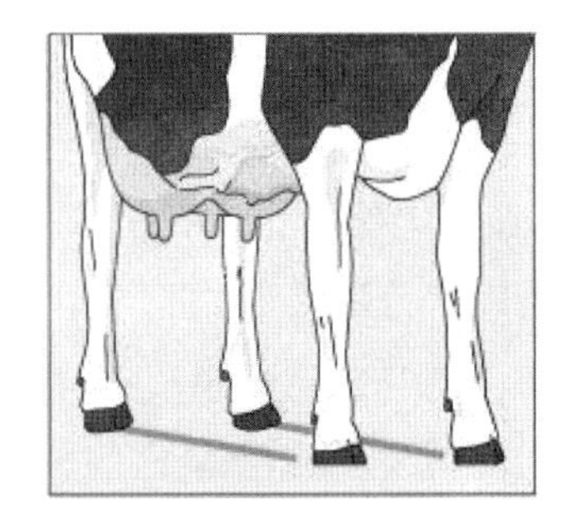

1　极度外展　　　5　中等　　　9　无外展

18. 体况评分

- 观测点：尾根和臀部脂肪的积蓄情况。非线性性状。
  - ○ 1　极瘦；
  - ○ 5　中等；
  - ○ 9　极胖。

如只有腰部有脂肪沉积，则评为 1～6 分；如尾根亦有明显的脂肪沉积，则评为 7～9 分。

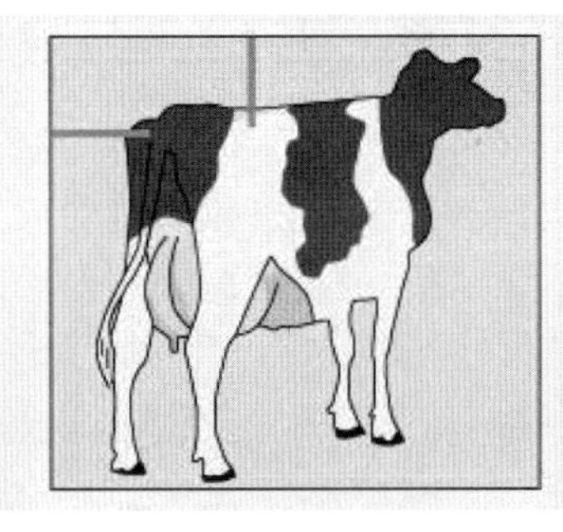

1　极瘦　　　5　中等　　　9　极胖

19. 飞节发育

- 观测点：飞节的洁净度与干燥程度。
  - ○ 1　飞节黏附大量黏液；
  - ○ 5　中等；
  - ○ 9　洁净并干燥。

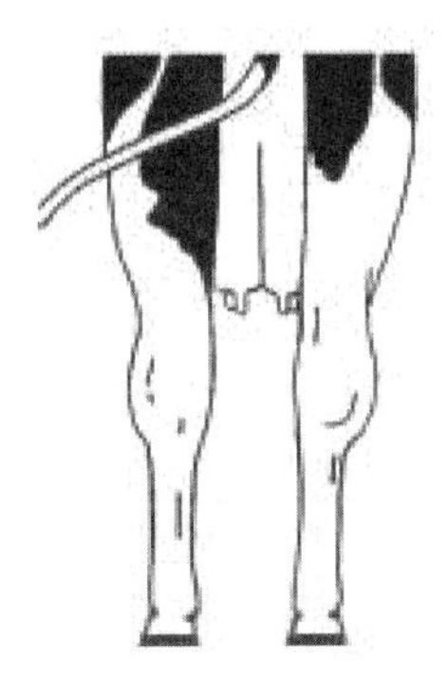
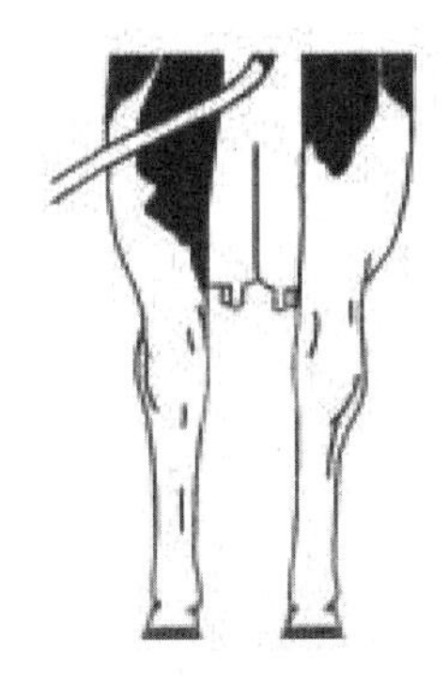
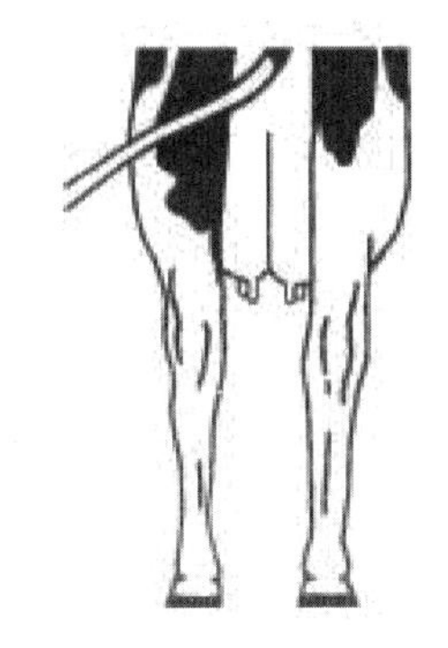

1　黏附大量黏液　　5　中等　　9　洁净并干燥

20. 骨质地

- 观测点：后肢骨骼的细致程度与结实程度。
  - 1　粗圆；
  - 5　中等；
  - 9　扁平。

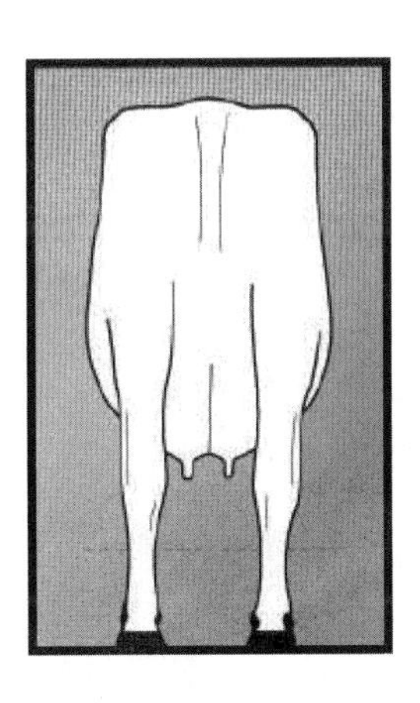
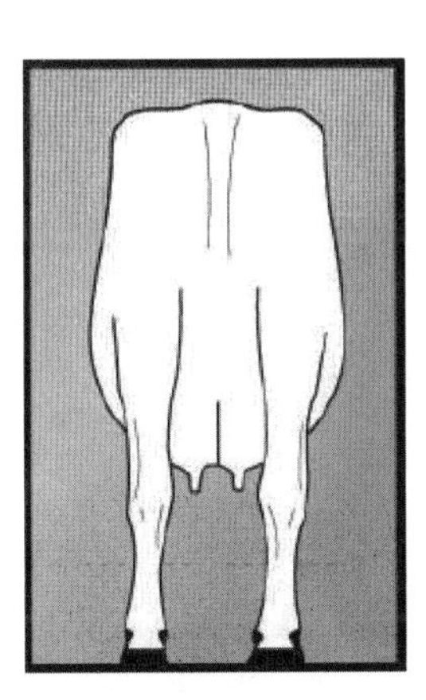
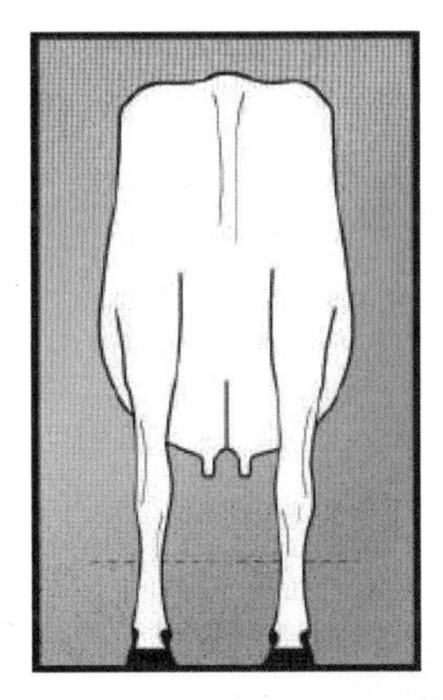

1　粗圆　　5　中等　　9　扁平

21. 后乳房宽度

- 测定部位：后乳房乳腺组织上缘的宽度。
  - 1　极窄；
  - 5　中等；
  - 9　极宽。

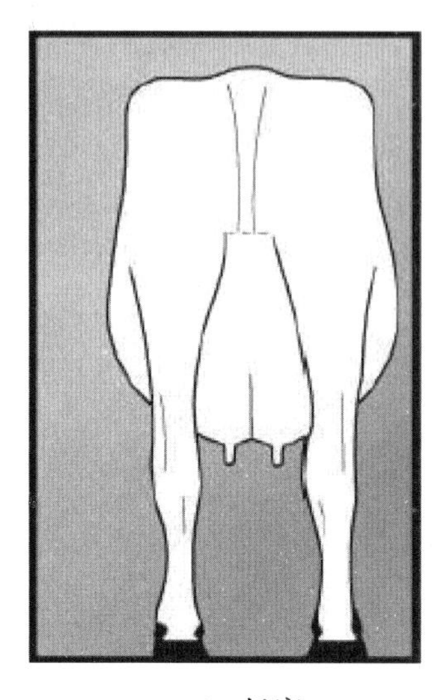

1 极窄

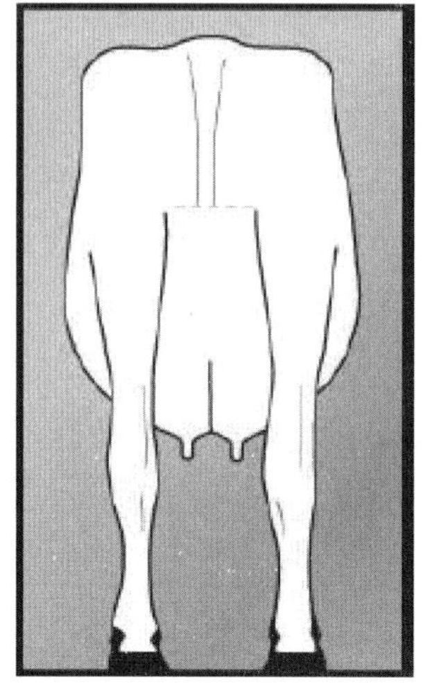

5 中等

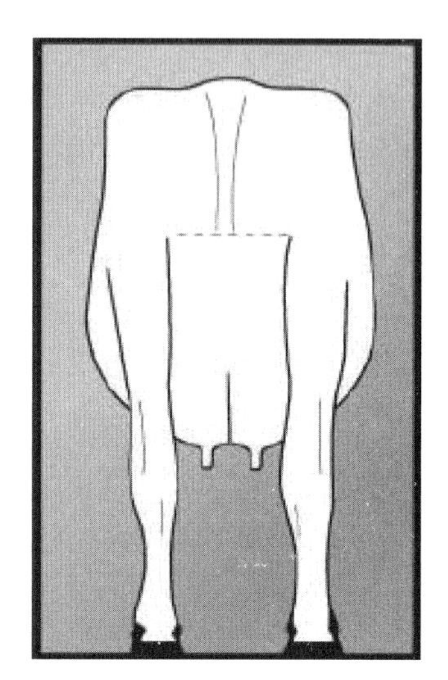

9 极宽

22. 乳头粗细

- 测量部位：前乳头中部的粗细。
  - ○ 1 极细；
  - ○ 5 中等；
  - ○ 9 极粗。

23. 强壮度

- 观测点：腰部和大腿处的肌肉附着程度。非度量性状。
  - ○ 1 干瘦；
  - ○ 5 中等；
  - ○ 9 丰满。

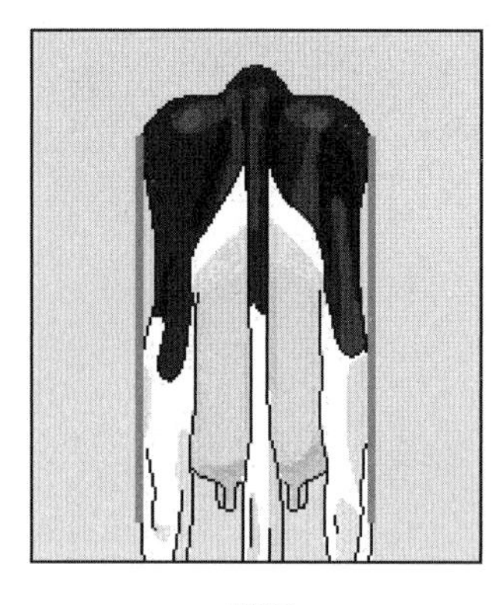

1 干瘦

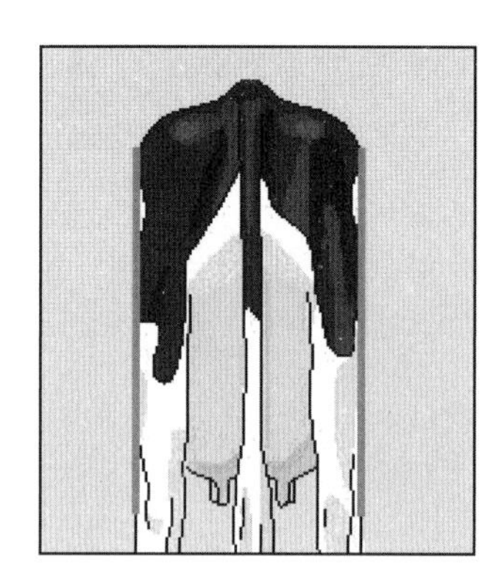

5 中等

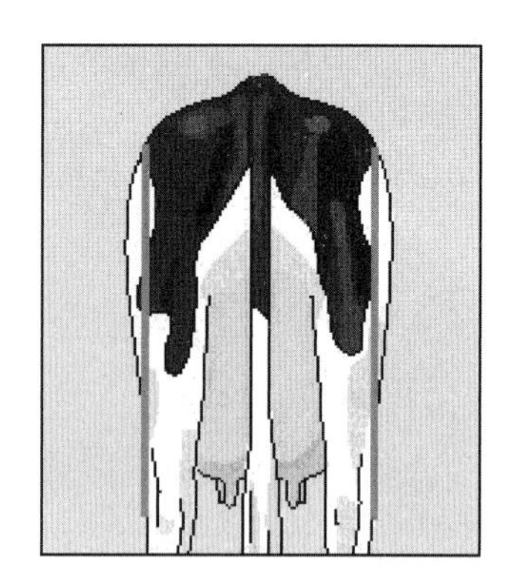

9 丰满

5.1.1.4　遗传评估

5.1.1.4.1　体型线性评定——遗传评估

a. 对全群头胎牛进行评定得到公牛和母牛的育种值。

b. 全群头胎牛在分群后，鉴定人员要对所有头胎牛进行评定。

c. 获得验证公牛的成绩，必须满足：同一鉴定组织，在数量足够大的群体中，随机抽取相同年龄的女儿，在一次评定中，至少获得符合遗传评估条件的5头头胎泌乳牛的数据。

5.1.1.4.2　评估模型

a. 现代BLUP（最佳线性无偏预测）评估方法可获得准确的无偏估计值。

b. 当数据受到年龄、泌乳期或季节等因素的影响时，可利用模型进行校正。鉴定员在评分期间不能作校正。

c. 鉴定员之间的差异亦需要进行校正以避免方差不齐。

d. 同胎次奶牛是指与待评估个体处于相同泌乳期的母牛，并由同一鉴定员在同一评估期进行评分。

5.1.1.4.3　信息公布

a. 公布的公牛成绩平均数为0，遗传标准差为1.0。

b. 公牛成绩以柱状图表示，标准差范围为-3～+3。

c. 或者：使用平均数100代表在一个基础群体中母牛成绩标准差可靠性为100%。

d. 种公牛和母牛的评估应遵循国际公牛组织有关生产成绩认证的规定。遗传基础每5年调整一次。评估应以5年前出生的母牛群体为遗传基础。

5.1.1.5　综合性状和一般特征

5.1.1.5.1　综合性状

a. 综合性状指与某一特定部位相关联的线性性状群。

b. 每个综合性状根据经济育种目标给予加权。

c. 主要混合性状有：尻部结构、乳用特征、乳房系统、肢蹄。

5.1.1.5.2　一般特征或非线性性状

a. 体型鉴定方案也包括表型评估。这些性状作为一般特征或综合性状加以描述，在生物学特征上为非线性性状。其得分是根据育种目标所给出的主观评分。

b. 对母牛进行检查、分类和评级，评分范围为50～97分。

c. 成母牛（第一次产犊后的母牛）的常见评级标准如下：

优（EX）	90～97分
很好（VG）	85～89分
好+（G+）	80～84分
好（G）	79～75分
一般/差（F/P）	50～74分

d. 根据育种目标不同，每个国家的评级标准也不同，因此评分时需考虑本国国情。

e. 最终的评级和得分来自母牛主要功能区域的分项得分：

- 尻部结构；
- 乳用特征；
- 乳房系统；
- 肢蹄。

f. 分项得分的权重应该符合本国的育种目标。建议头胎牛的分数范围为70~90分，其平均分在此范围之内则为良好。

5.2 肉牛的体型鉴定记录

ICAR肉牛体型鉴定记录准则描述的肉牛体型鉴定性状，可用于各国各品种肉牛。这些性状是普适性状而非品种特异性的性状。

针对本章节列出的体型鉴定性状，国际上的所有评定组织均应以统一的标准进行评分，以进一步推动体型鉴定国际化。

5.2.1 性状定义

5.2.1.1 线性性状

线性性状是所有体型鉴定系统的基础，也是肉牛评定体系的基础。线性评定方法对各个性状独立进行评定，对每一性状用数字化的线性尺度进行评估，而非主观的评价。数字的大小只客观地反映性状的状态，而不反映性状的优劣。

线性评定的优势：

- 每个性状独立评分；
- 评分涵盖该性状生物学特性的全部变异范围；
- 线性评定为数量化的评分标准，可准确反映性状的变化；
- 评分反映的是性状的状态，而不反映性状的优劣。

5.2.1.2 标准性状

标准性状应满足以下条件。

- 具有一定的生物学功能；
- 单一性状；
- 可遗传性；
- 具有一定的经济价值：与育种目标直接或间接相关；
- 可度量性；
- 群体内存在遗传变异；
- 每个性状对应牛的一个部位，不与其他性状重合。

推荐标准性状

体躯结构

1. 体长；
2. 背长；

3. 胸宽；
4. 髋宽；
5. 体深；
6. 胸深；
7. 胁腹深；
8. 尻长；
9. 耆甲高；
10. 十字部高；
11. 肋骨开张度；
12. 尻角度；
13. 尾根；
14. 腰角宽；
15. 坐骨宽。

肌肉度特性

16. 肩部肌肉俯视；
17. 肩部肌肉侧视；
18. 背宽；
19. 背腰厚度；
20. 股弧侧视；
21. 股宽后视；
22. 股长；
23. 体况评分。

体型性状

24. 口鼻宽度；
25. 背线；
26. 皮肤厚度。

腿部性状

27. 前肢前视；
28. 前骹侧视；
29. 后肢后视；
30. 后肢侧视；
31. 后骹侧视；
32. 蹄角度；
33. 骨质地。

乳房性状

34. 乳头粗细；
35. 前乳头长度；
36. 乳房的匀称性；
37. 乳房深度。

5.2.1.3 标准性状定义

准确的性状描述是对每个性状进行线性评分的基础，每一性状都用数字化的线性尺度来表示其从中等到极端的不同状态。用于计算的参数是基于对相同品种不同性别和年龄阶段，其性状的生物学变异范围预估的，代表当前品种群体该性状的生物学变异范围。极端和中间值根据性状的表现程度来定义。例如，瘦和壮，长和短等。评分的高与低没有特定的含义，不代表性状的好与坏。

建议使用 9 分制评分标准。

备注：目前使用的线性评定，适用于对全国肉牛群体进行评定。

1. 体长

- 测量部位：肩端至坐骨端的长度。
    - ○ 1 极短；
    - ○ 5 中等；
    - ○ 9 极长。

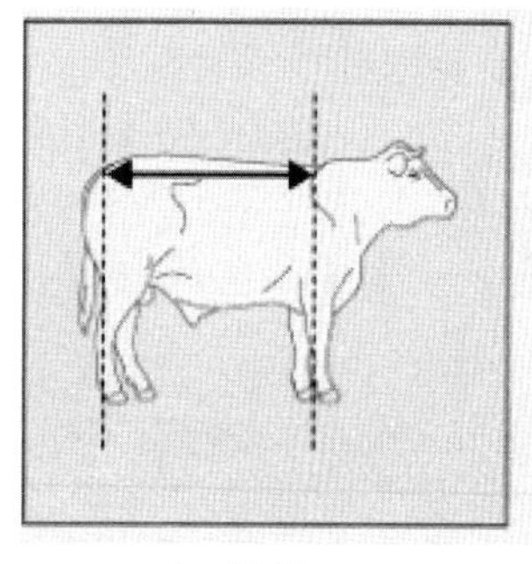

1 极短

5 中等

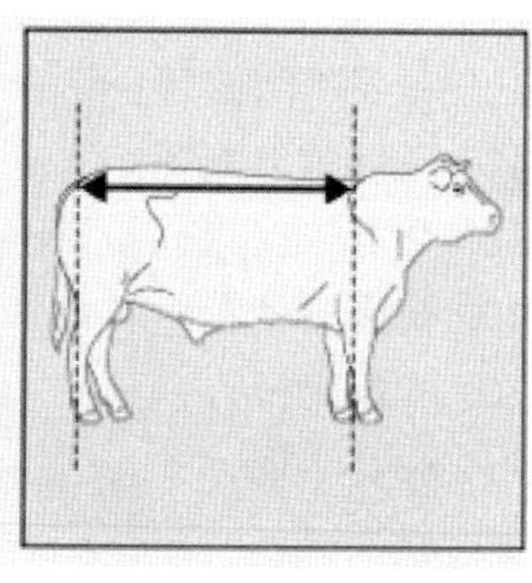

9 极长

2. 背长

- 测量部位：肩端至腰角的长度。
    - ○ 1 极短；
    - ○ 5 中等；
    - ○ 9 极长。

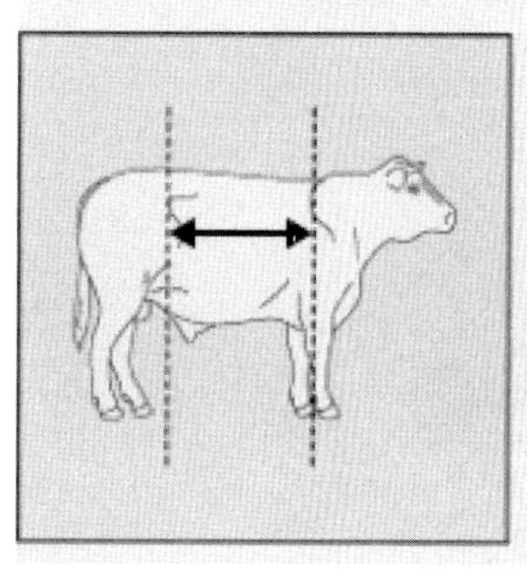

1 极短

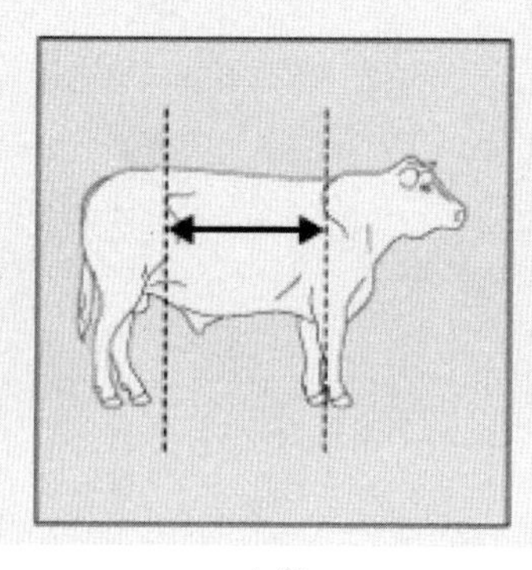

5 中等

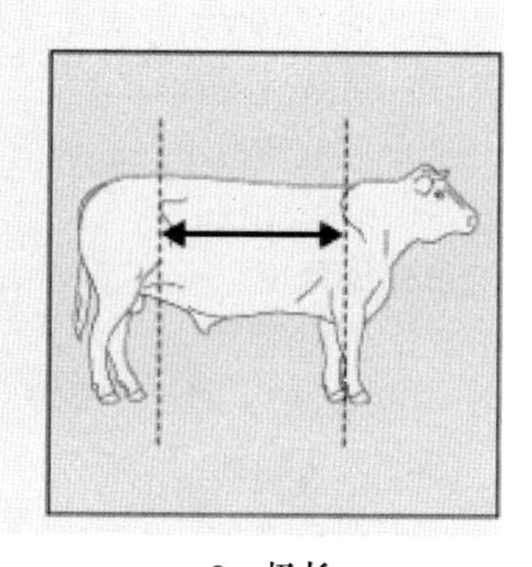

9 极长

3. 胸宽

- 测量部位：两前肢上部内侧的胸底宽度。
  - ○ 1 极窄；
  - ○ 5 中等；
  - ○ 9 极宽。

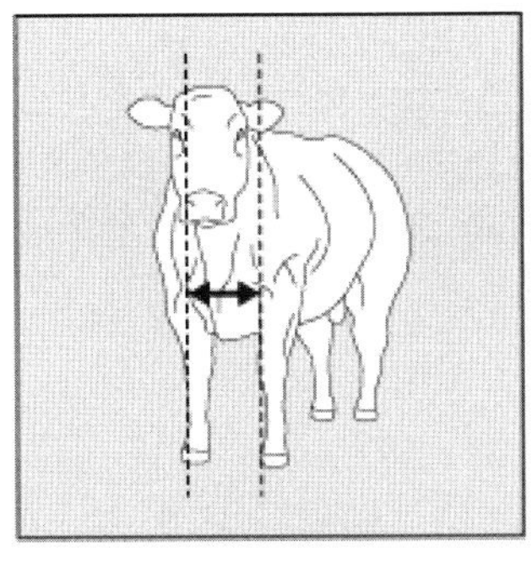

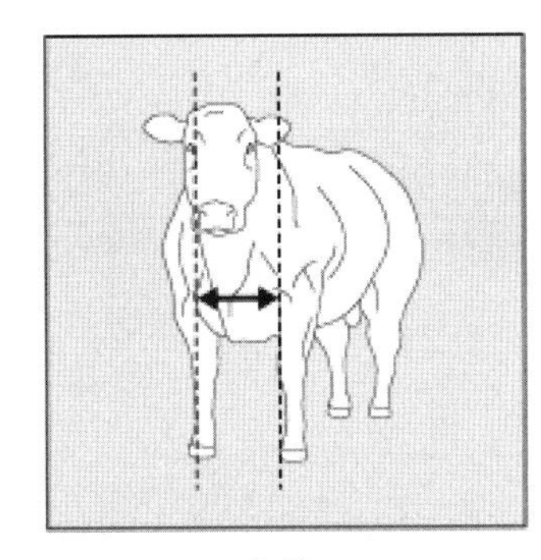

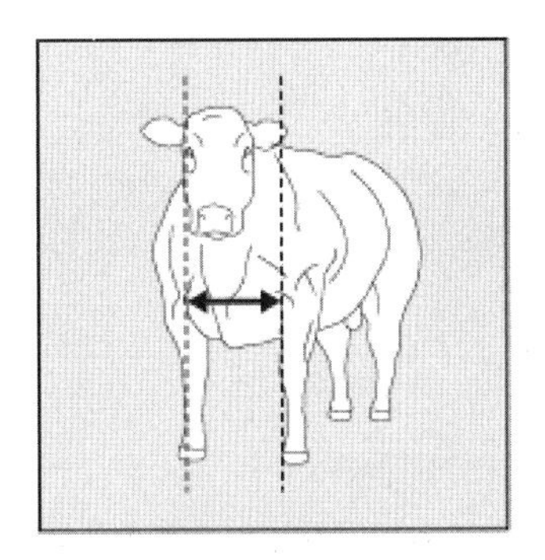

1 极窄　　5 中等　　9 极宽

4. 髋宽

- 测定部位：测量髋关节之间的距离。
  - ○ 1 极窄；
  - ○ 5 中等；
  - ○ 9 极宽。

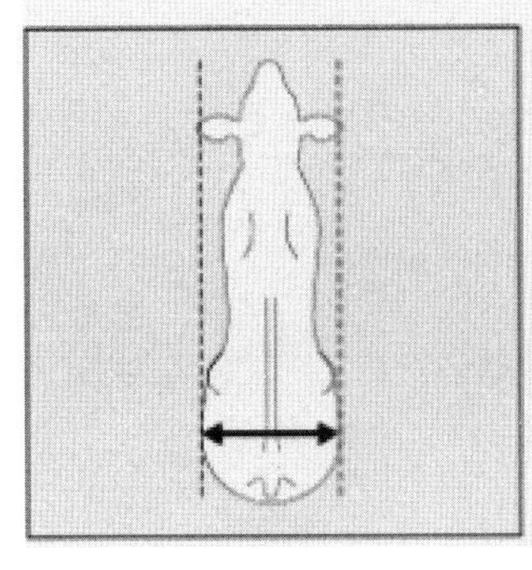

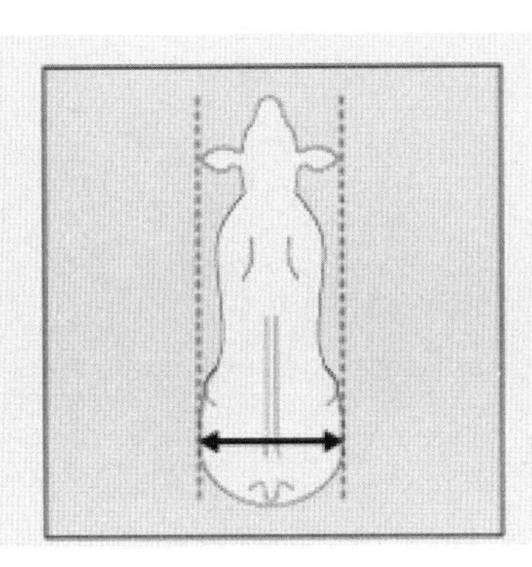

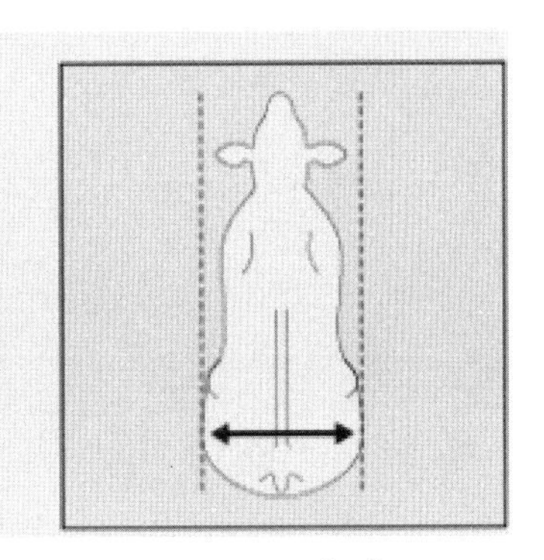

1 极窄　　5 中等　　9 极宽

5. 体深

- 测定部位：最后一根肋骨处（最深点）脊柱顶部到腹部下沿之间的垂直距离。
  - ○ 1 极浅；
  - ○ 5 中等；
  - ○ 9 极深。

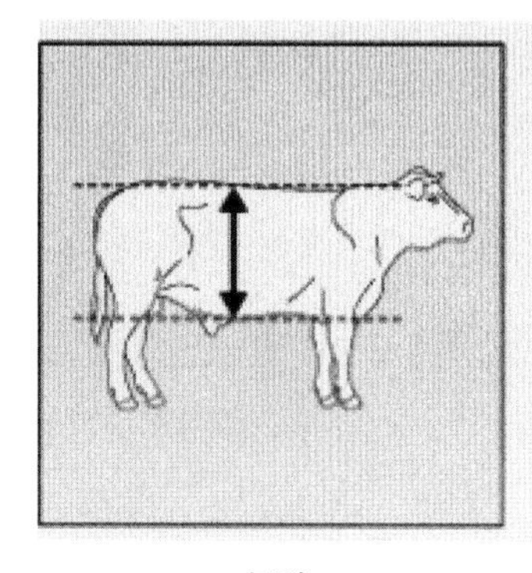
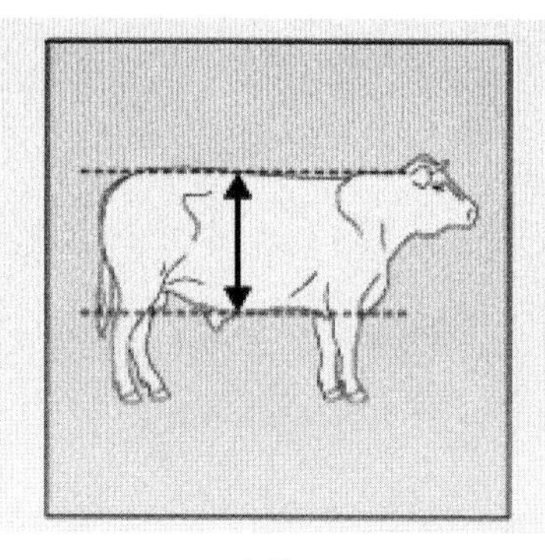
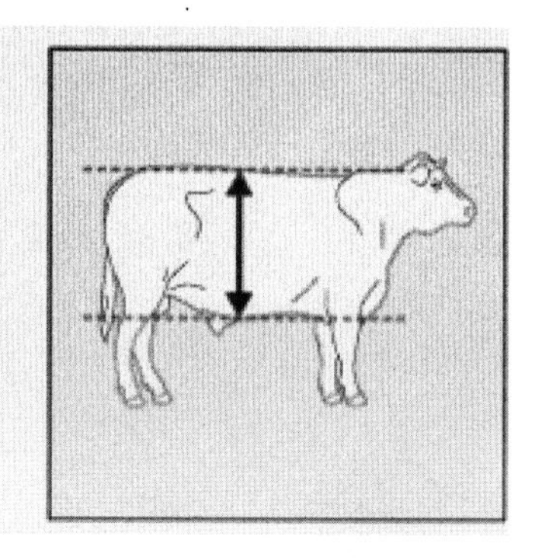

1　极浅　　　5　中等　　　9　极深

6. 胸深

• 测定部位：背部肩端后方到胸底部前肢后方之间的垂直距离。

○ 1　极浅；

○ 5　中等；

○ 9　极深。

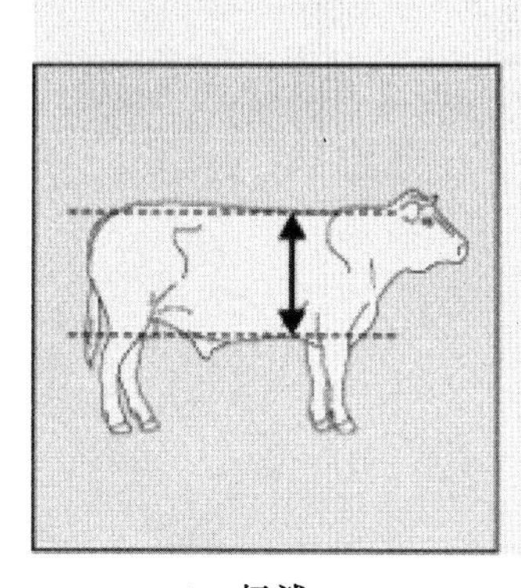
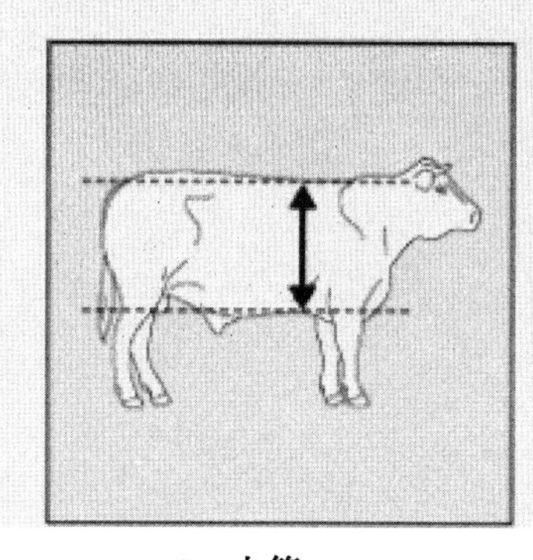
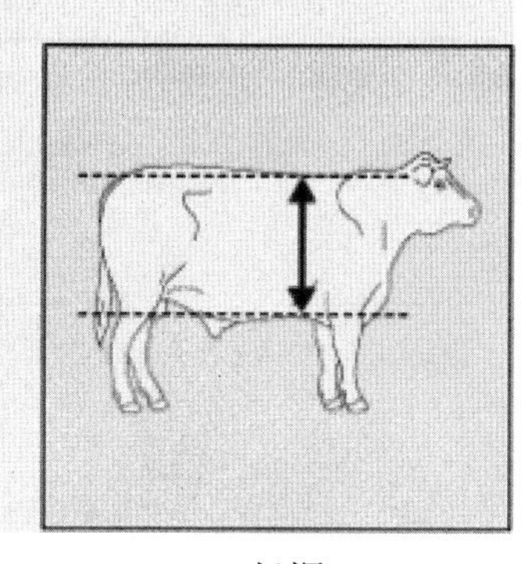

1　极浅　　　5　中等　　　9　极深

7. 胁腹深

• 测定部位：腰角前缘对应的背部最高点到后肢前缘对应的腹部最低点之间的垂直距离。

○ 1　极浅；

○ 5　中等；

○ 9　极深。

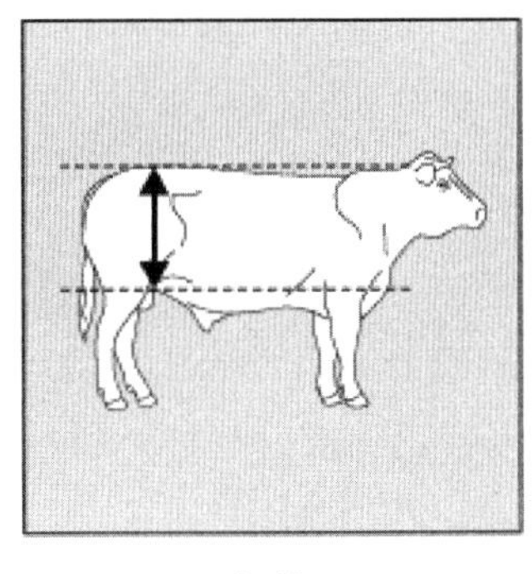
1　极浅

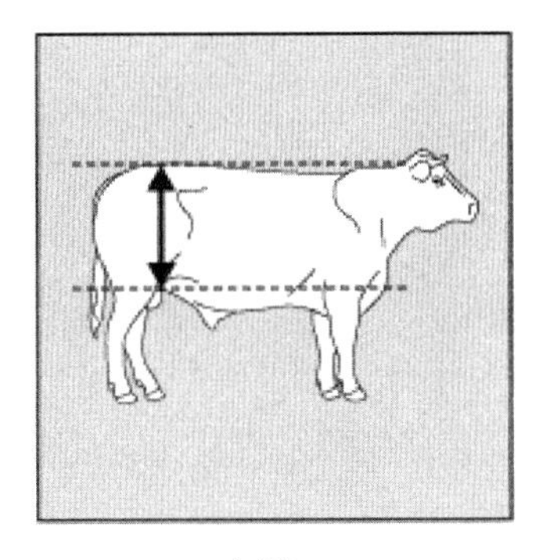
5　中等

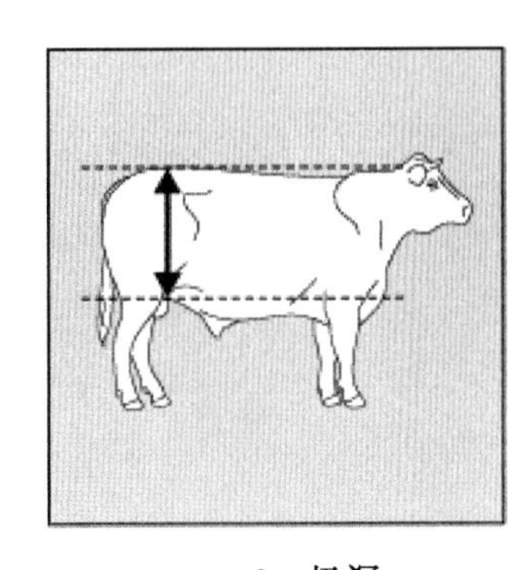
9　极深

8. 尻长

- 测定部位：腰角前缘至坐骨端后缘的垂直距离。
  - ○ 1　极短；
  - ○ 5　中等；
  - ○ 9　极长。

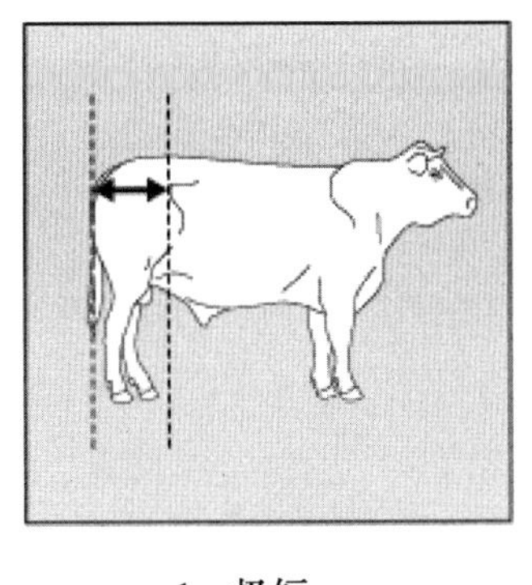
1　极短

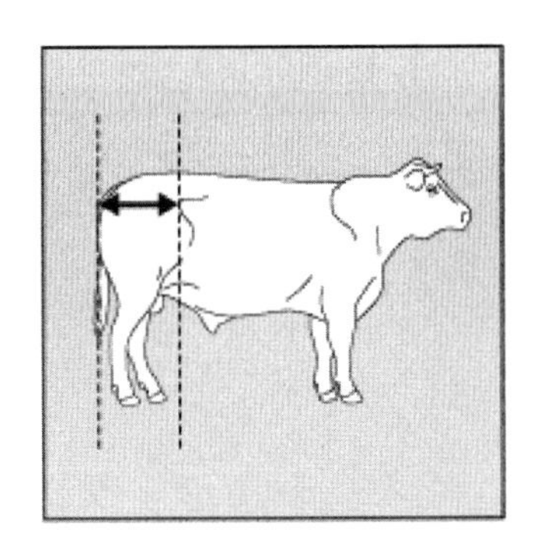
5　中等

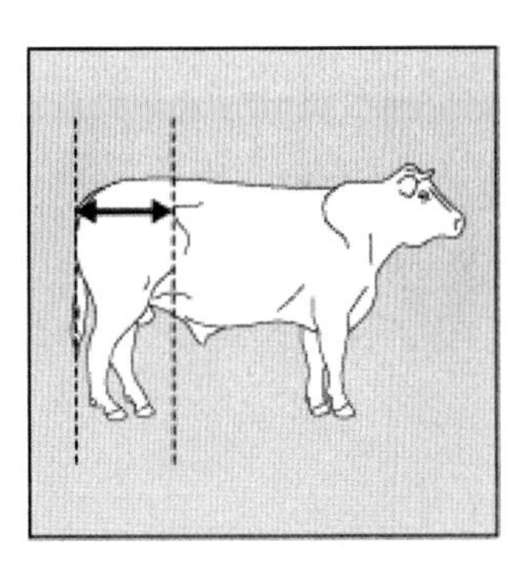
9　极长

9. 耆甲高度

- 测定部位：耆甲最高点至地面的垂直距离。
  - ○ 1　极矮；
  - ○ 5　中等；
  - ○ 9　极高。

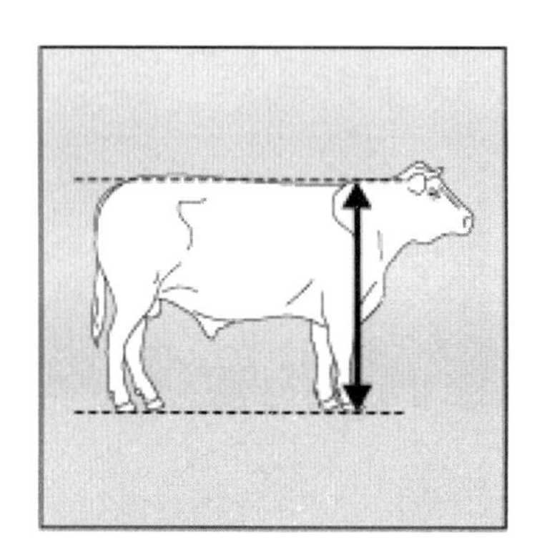

10. 十字部高

- 测定部位：腰角前缘对应的背部最高点至地面的垂直距离。
  - ○ 1　极矮；
  - ○ 5　中等；
  - ○ 9　极高。

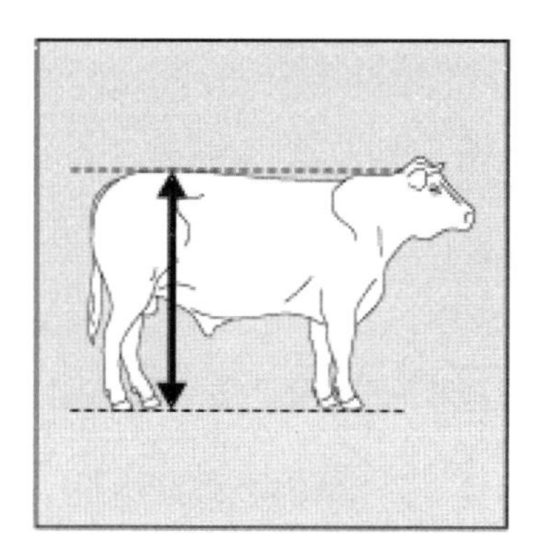

11. 肋骨弧度

- 测定部位：指肋骨的弯曲度。
  - ○ 1　平直；
  - ○ 5　中等；
  - ○ 9　弧形。

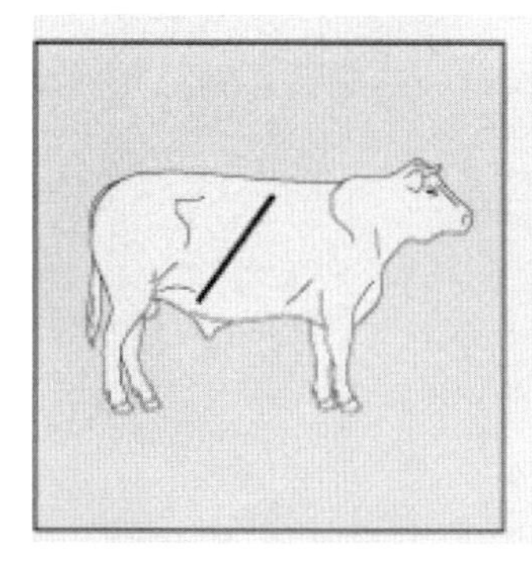

1　平直

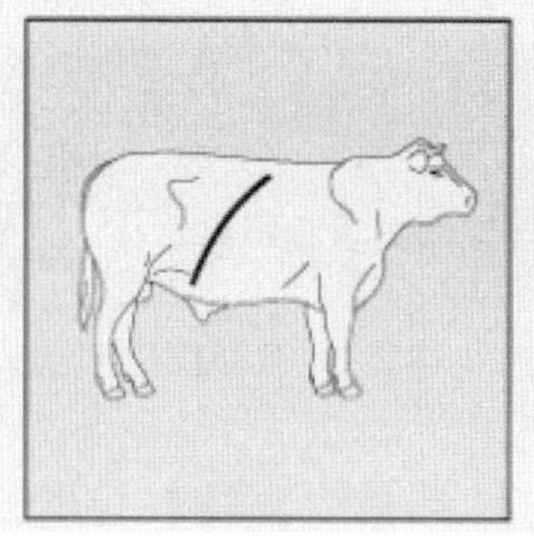

5　中等

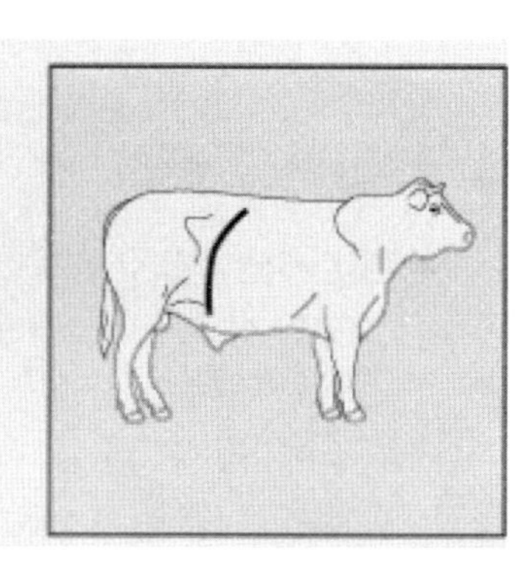

9　弧形

12. 尻角度

- 测定部位：指腰角和坐骨结节连线与水平线的夹角。
  - ○ 1　逆斜；
  - ○ 5　中等；
  - ○ 9　极斜。

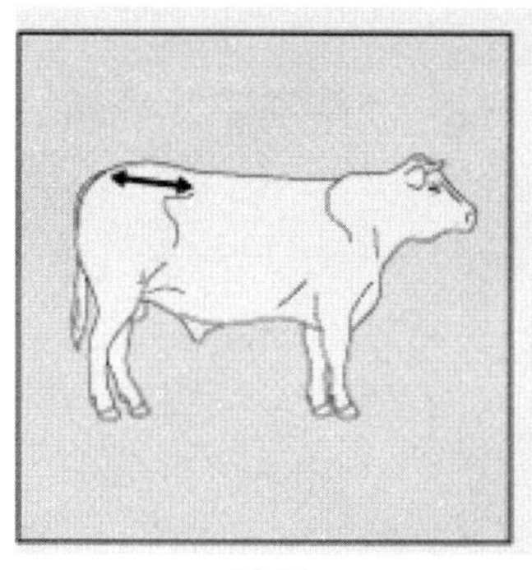

1　逆斜

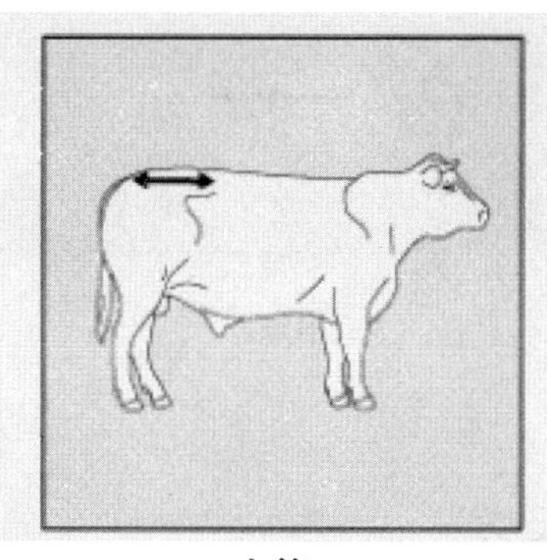

5　中等

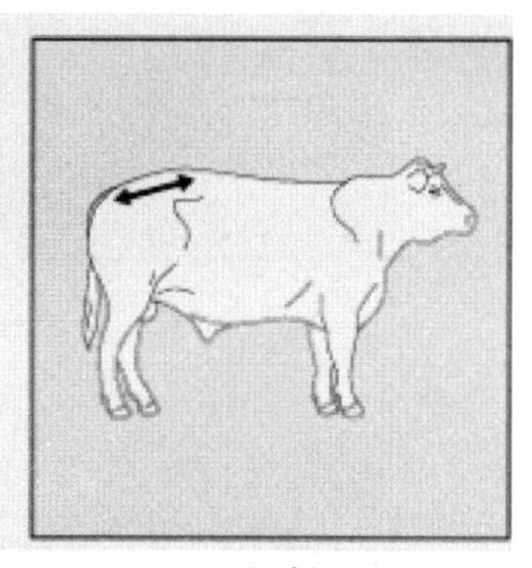

9　极斜

13. 尾根

- 测定部位：指尾基部与荐椎相连部位与后躯最高线的相对位置。
  - ○ 1　低；
  - ○ 5　中等；
  - ○ 9　凸起。

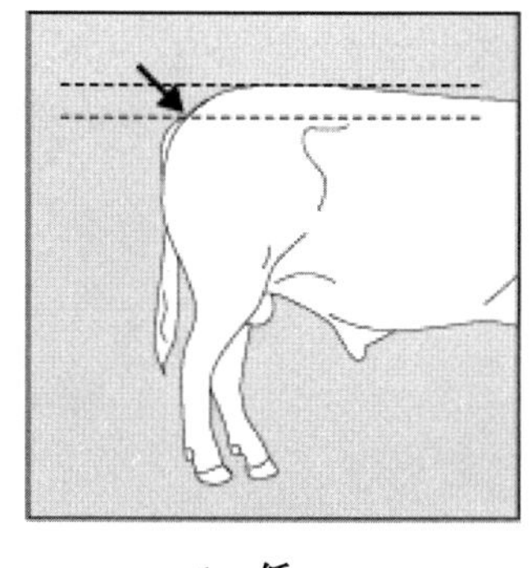

1　低

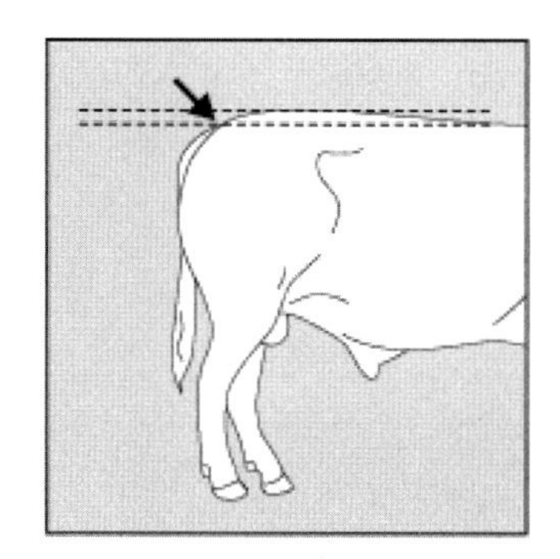

5　中等

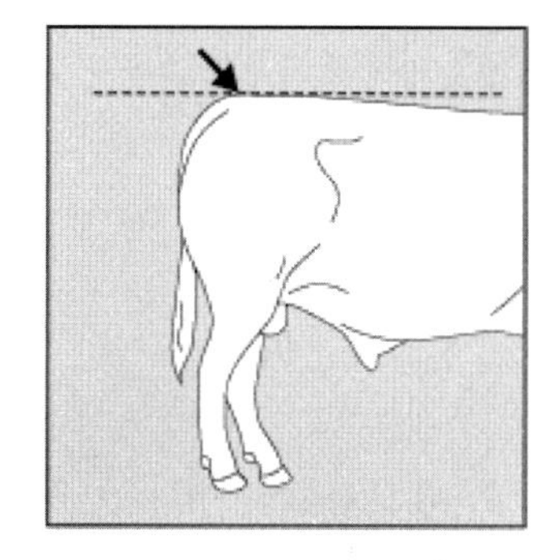

9　凸起

14. 腰角宽

- 测定部位：指腰角之间的距离。
  - ○ 1　极窄；
  - ○ 5　中等；
  - ○ 9　极宽。

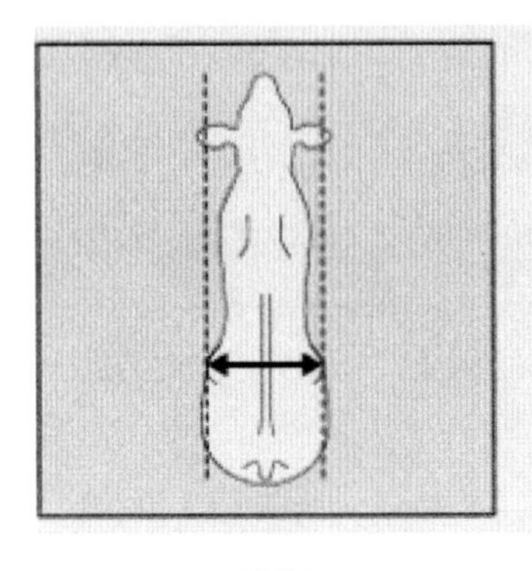

1　极窄

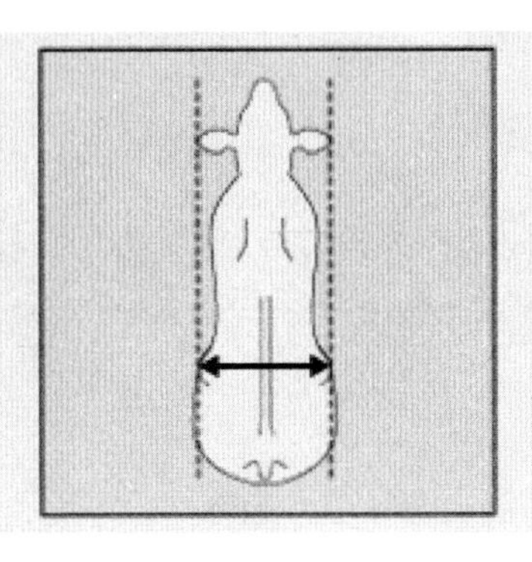

5　中等

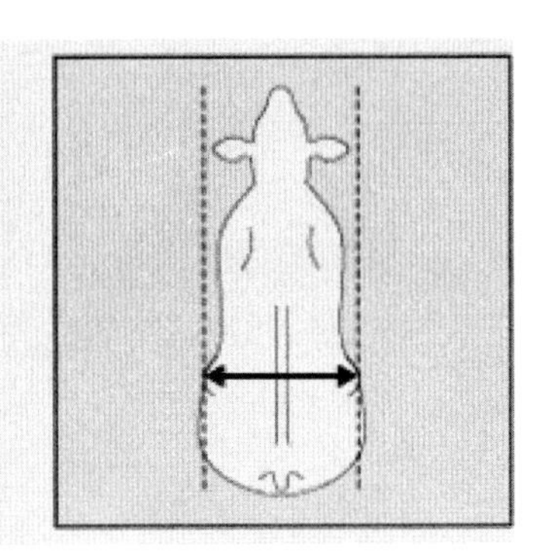

9　极宽

15. 坐骨宽

- 测定部位：指坐骨端之间的距离。
  - ○ 1　极窄；
  - ○ 5　中等；
  - ○ 9　极宽。

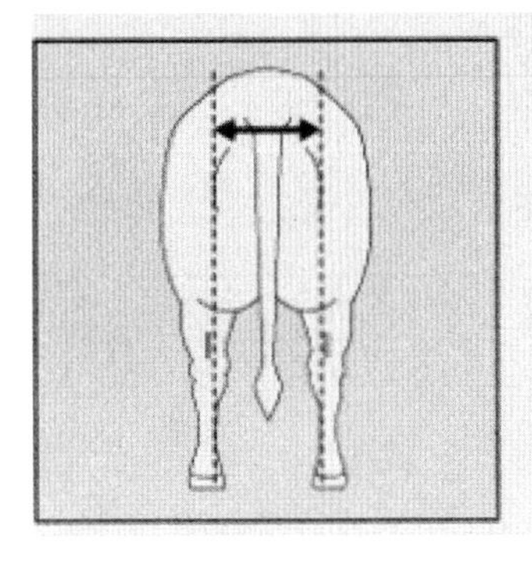

1　极窄

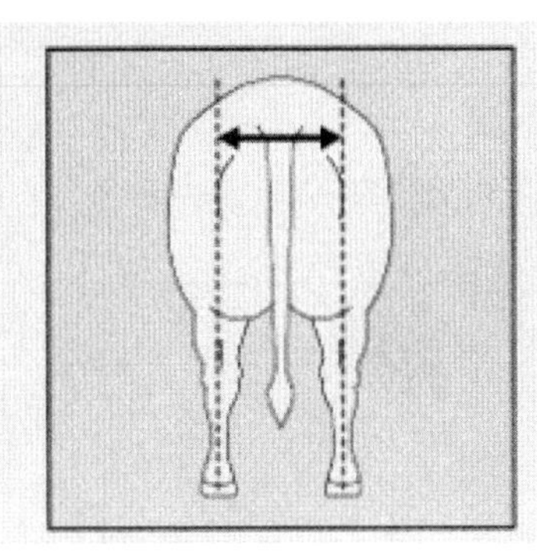

5　中等

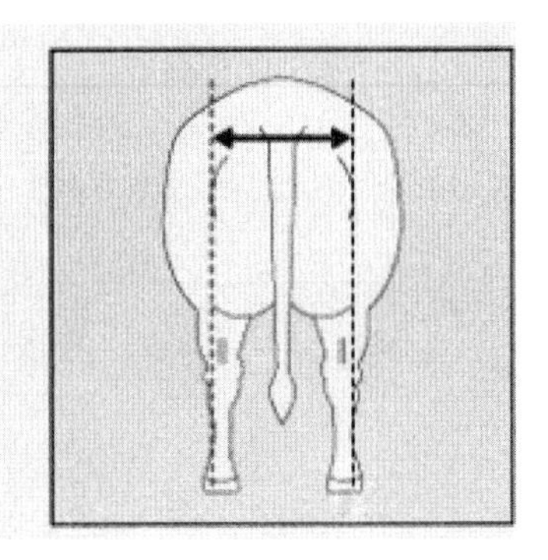

9　极宽

16. 肩部肌肉俯视

- 测定部位：指俯视观察肩部之间的距离以及肌肉发达情况。
  - ○ 1　极窄小；
  - ○ 5　中等；
  - ○ 9　极宽厚。

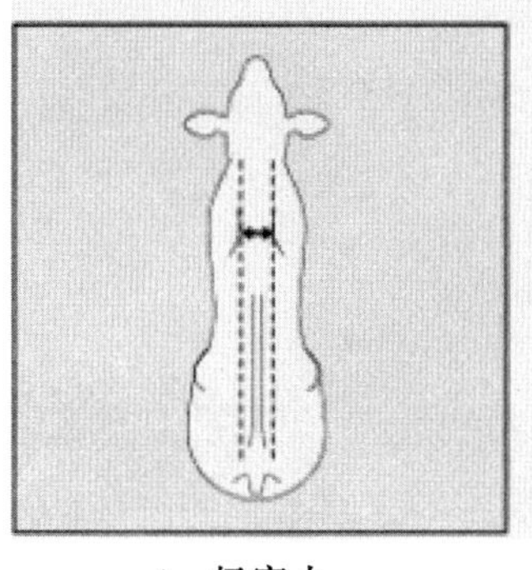
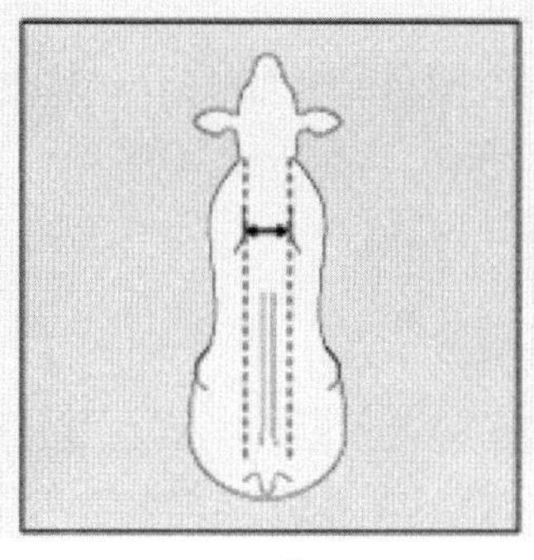
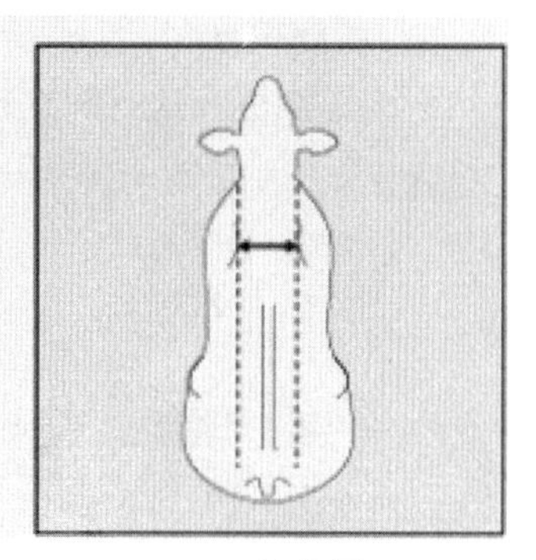

1　极窄小　　　　5　中等　　　　9　极宽厚

17. 肩部肌肉侧视

- 测定部位：侧视观察肩部肌肉的厚度。
  - ○ 1　极薄；
  - ○ 5　中等；
  - ○ 9　极厚。

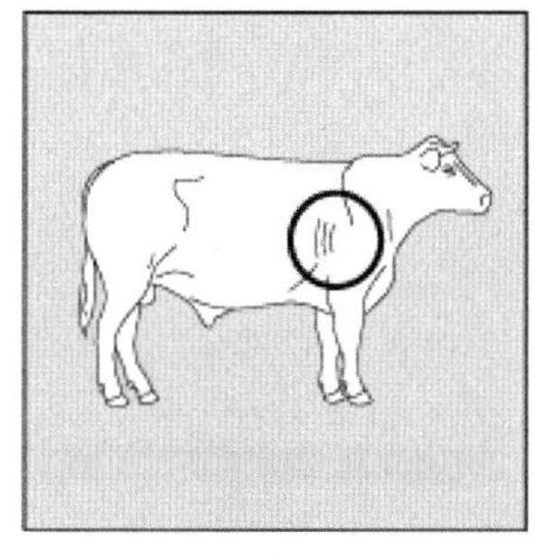
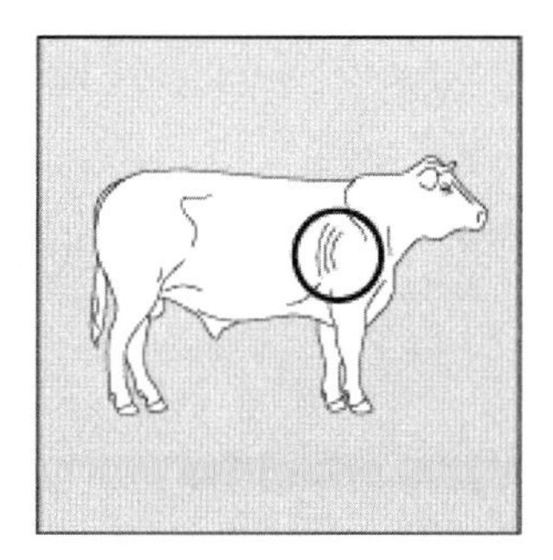
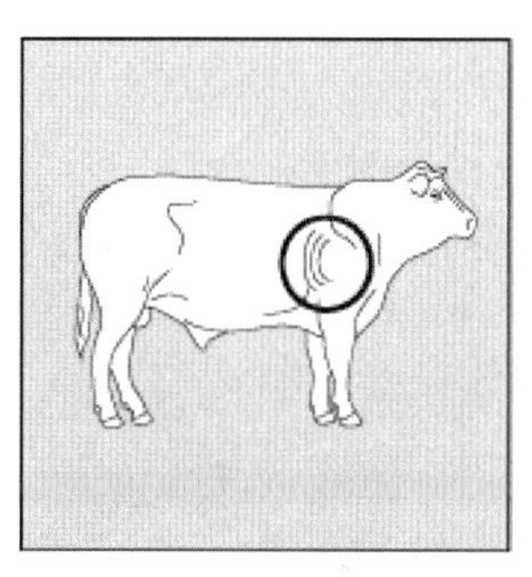

1　极薄　　　　5　中等　　　　9　极厚

18. 背宽

- 测定部位：肩后缘对应的背部宽度。
  - ○ 1　极窄；
  - ○ 5　中等；
  - ○ 9　极宽。

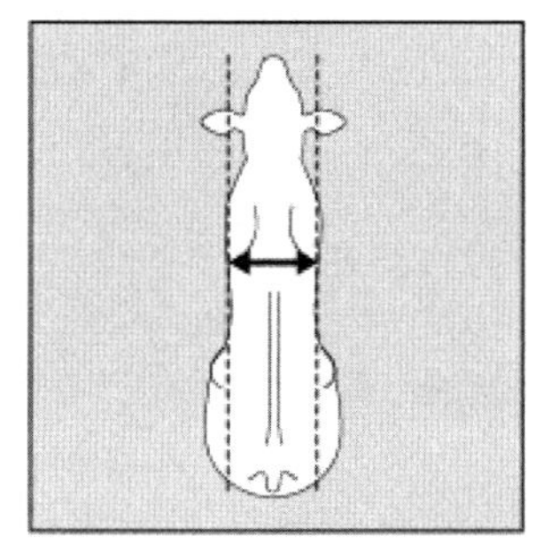
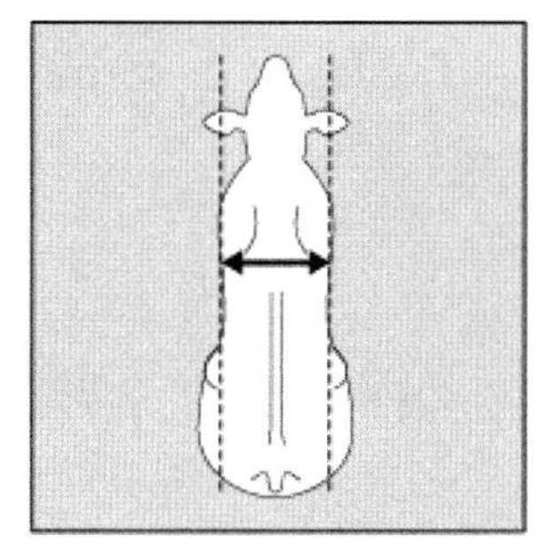
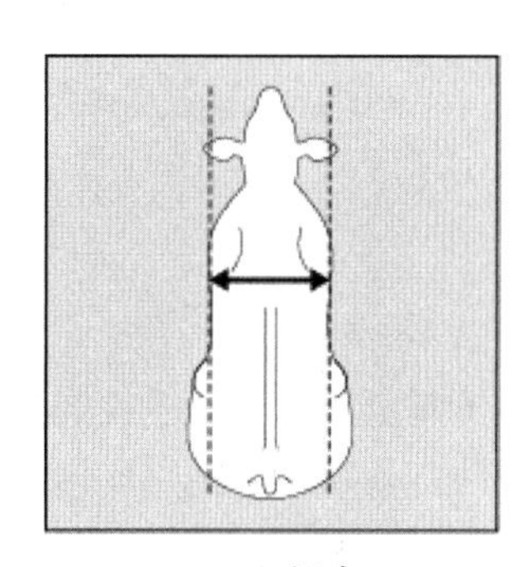

1　极窄　　　　5　中等　　　　9　极宽

19. 背腰厚度

- 测定部位：从右侧方观察，腰角前缘与最后一根肋骨间的皮肉厚度。
  - ○ 1　极薄；
  - ○ 5　中等；
  - ○ 9　极厚。

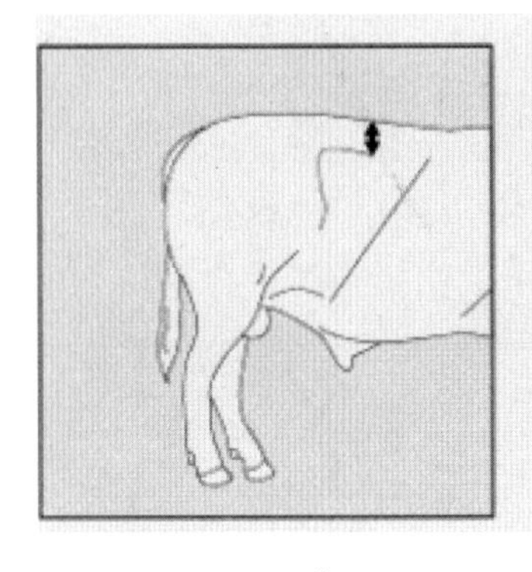
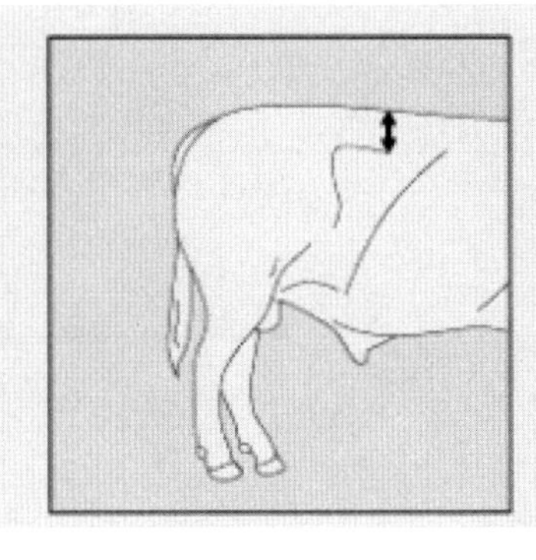
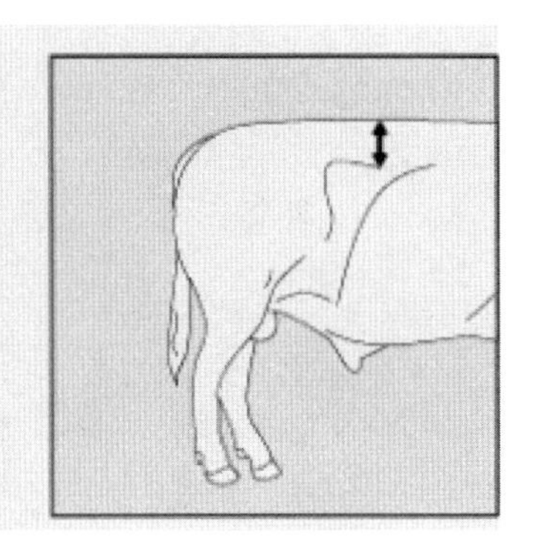

1　极薄　　5　中等　　9　极厚

20. 股弧度侧视

- 测定部位：侧面观察坐骨端垂线与飞节垂线之间的股弧度。
  - ○ 1　平直；
  - ○ 5　中等；
  - ○ 9　弯曲。

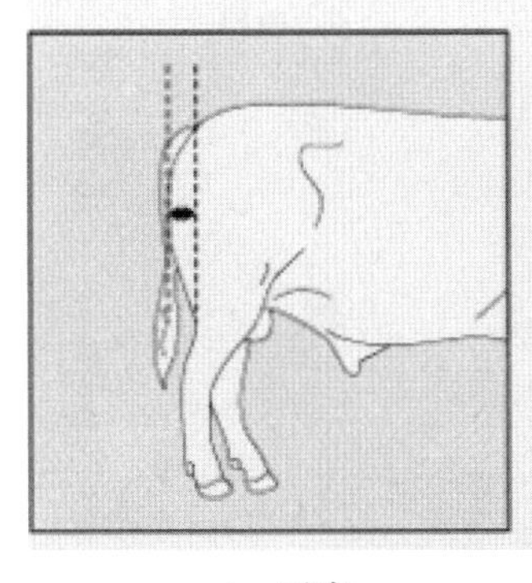
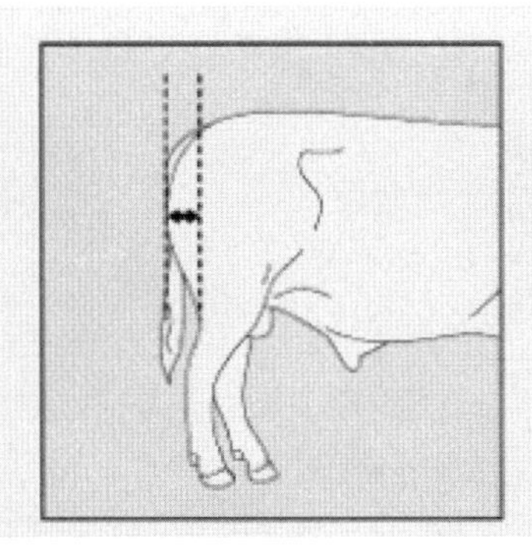
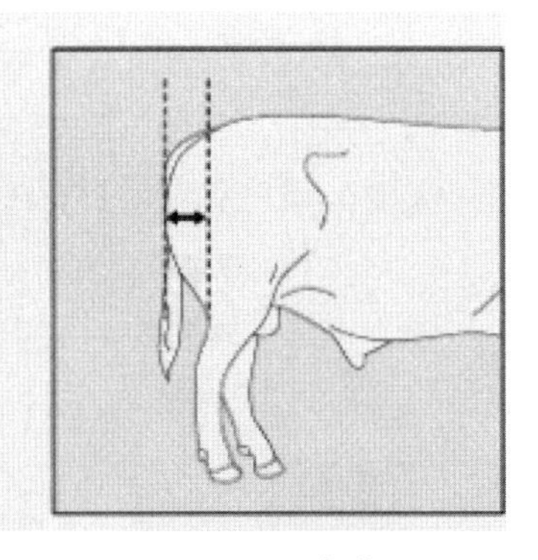

1　平直　　5　中等　　9　弯曲

21. 股宽后视

- 测定部位：指后视观察股中部的宽度，相当于臀部的外弧线。
  - ○ 1　极窄；
  - ○ 5　中等；
  - ○ 9　极宽。

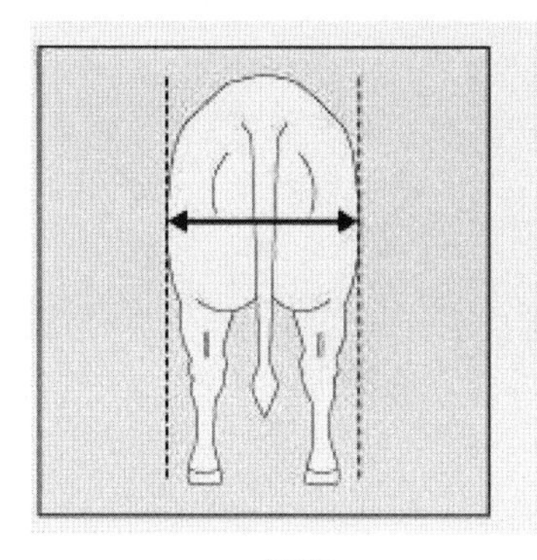
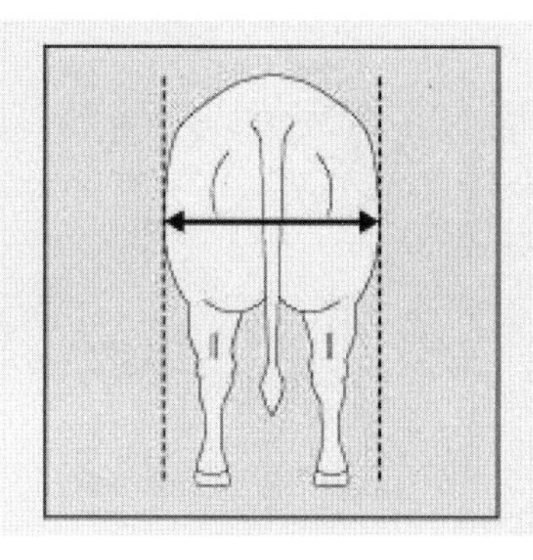
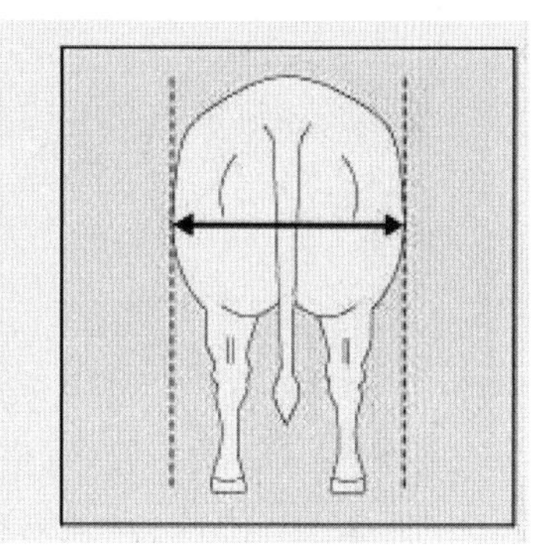

1　极窄　　5　中等　　9　极宽

22. 股长度

- 测定部位：指坐骨端到腿与股的连接点的垂直距离。
  - ○ 1　极短；
  - ○ 5　中等；
  - ○ 9　极长。

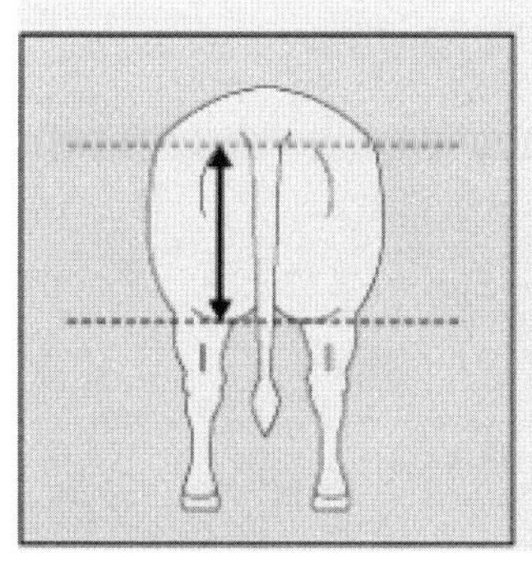
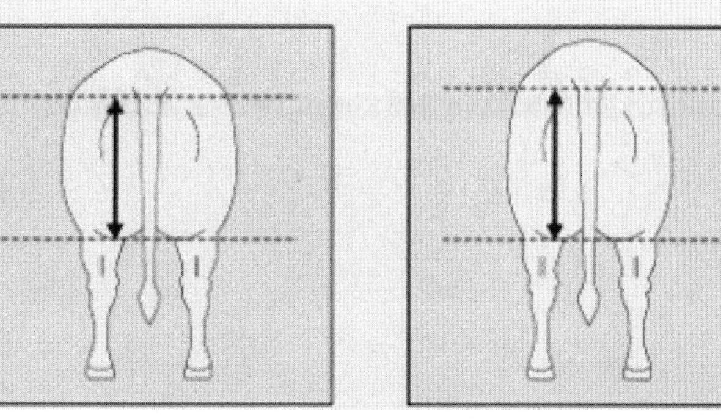

1　极短　　5　中等　　9　极长

23. 体况评分

- 观测点：尾根和臀部脂肪的积蓄情况，非线性性状。
  - ○ 1　极瘦；
  - ○ 5　中等；
  - ○ 9　极胖。

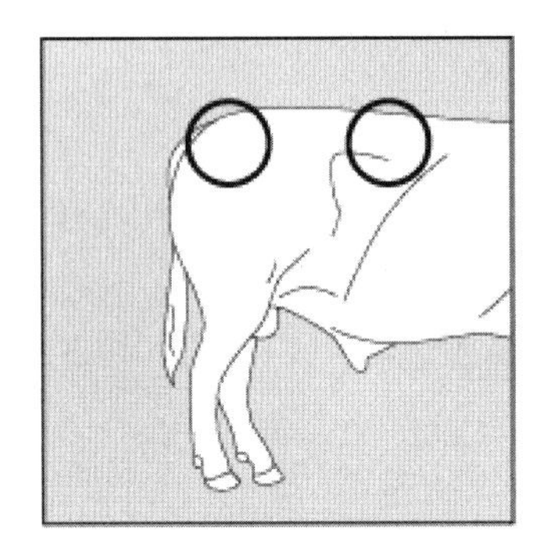
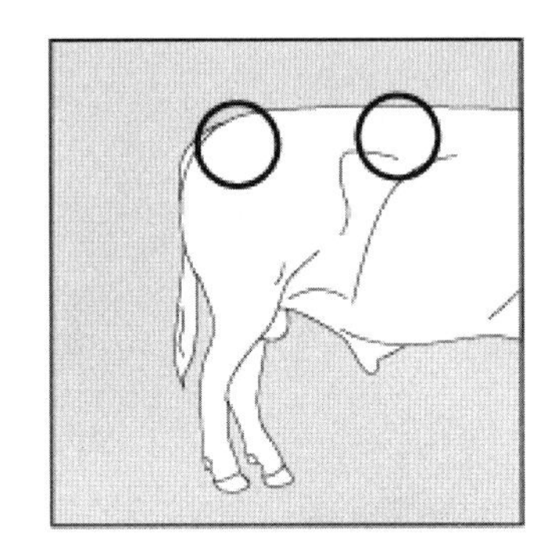

1 极瘦　　5 中等　　9 极胖

24. 口鼻宽度

- 观测点：指口鼻的宽度。
  - ○ 1　极窄；
  - ○ 5　中等；
  - ○ 9　极宽。

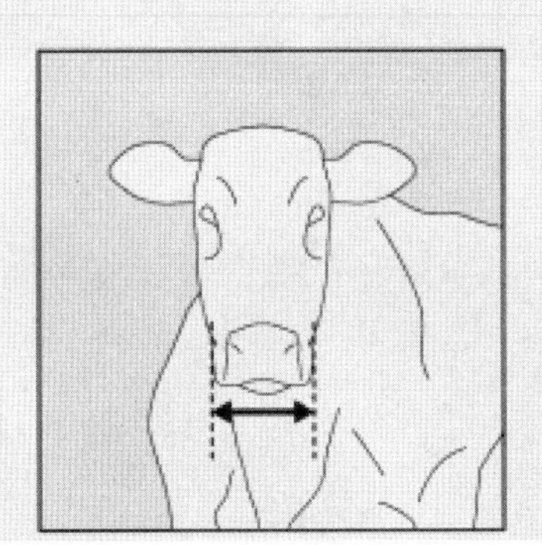
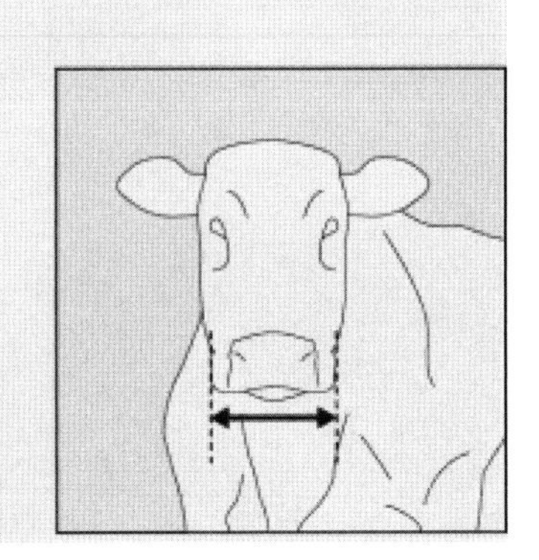

1 极窄　　5 中等　　9 宽

25. 背线

- 观测点：指肩与臀之间的背部弧线。
  - ○ 1　极弱（凹腰）；
  - ○ 5　中等；
  - ○ 9　强壮（凸腰）。

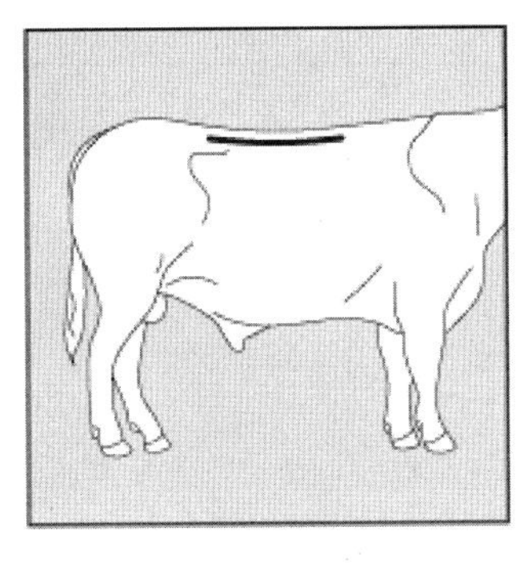

1　极弱（凹腰）

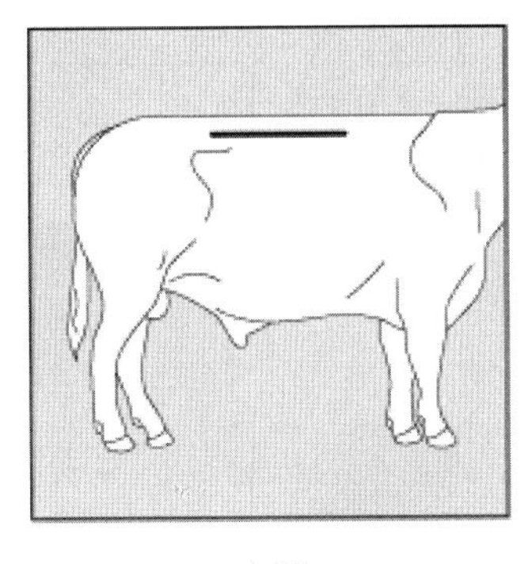

5　中等

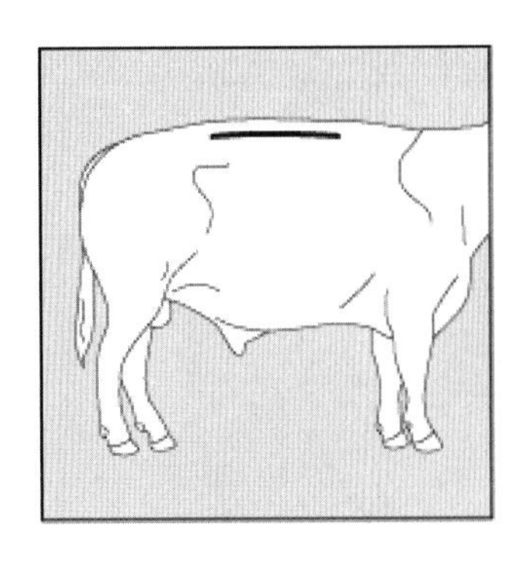

9　强壮（凸腰）

26. 皮厚观测点：指皮的厚度。

○ 1　极薄；

○ 5　中等；

○ 9　极厚。

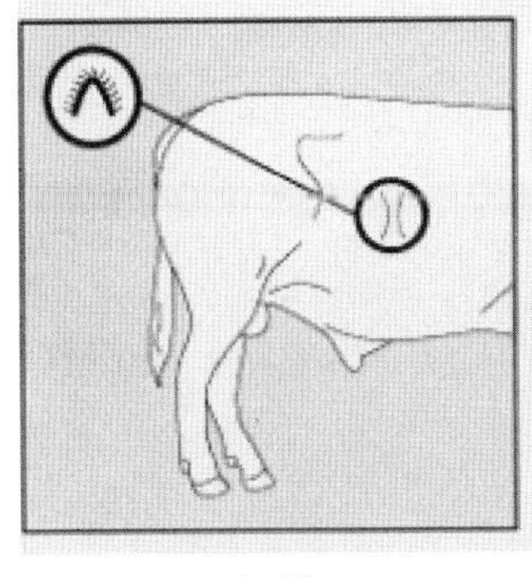

1　极薄

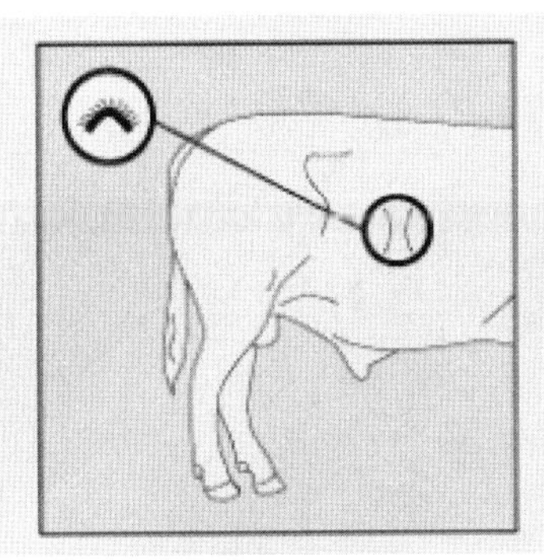

5　中等

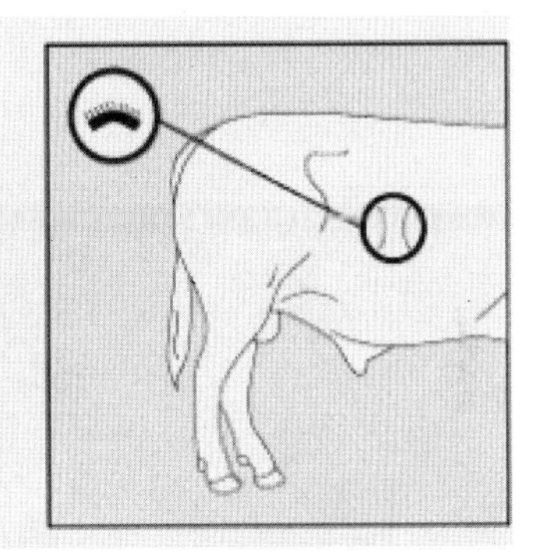

9　极厚

27. 前肢前视

● 观测点：从正面观察前肢的站立方向。

○ 1　内八字；

○ 5　中等；

○ 9　外八字。

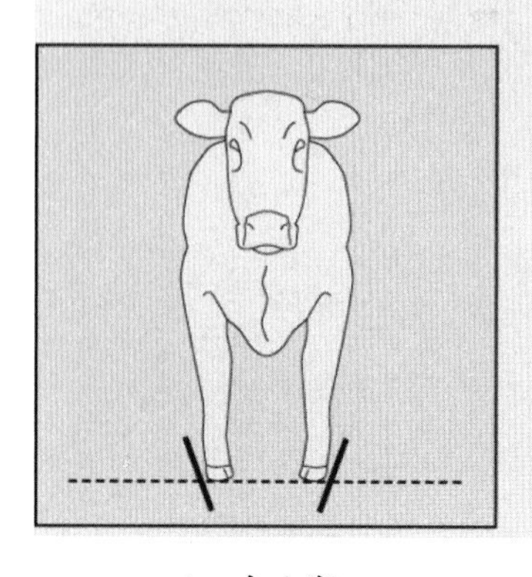

1 内八字

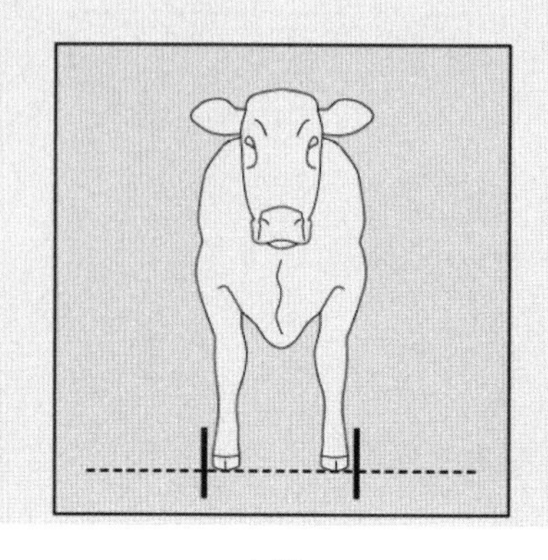

5 中等

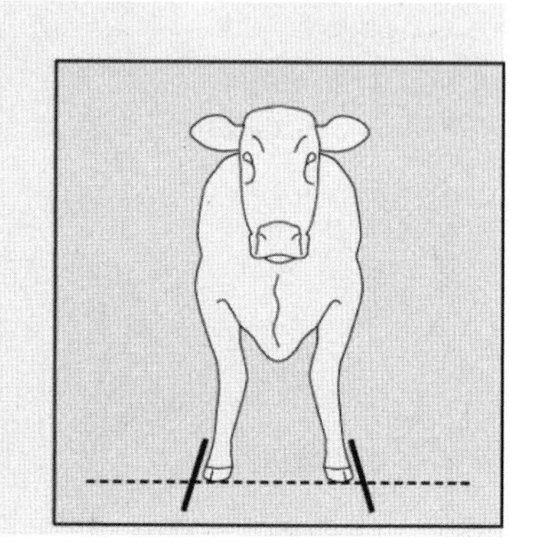

9 外八字

28. 前肢侧视

- 观测点：侧视前肢系部与地面的角度。
  - ○ 1 平缓；
  - ○ 5 中等；
  - ○ 9 陡峭。

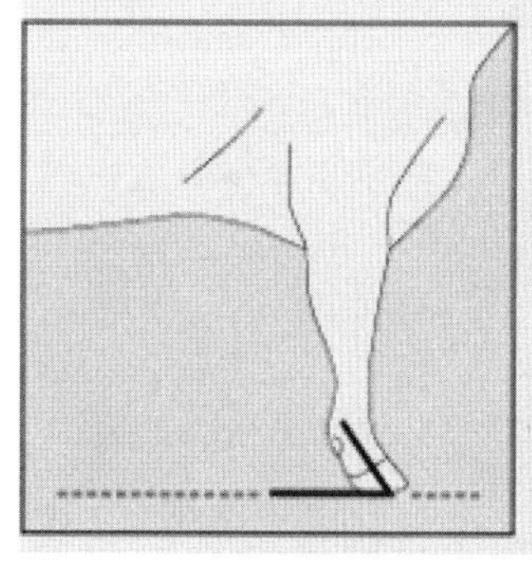

1 平缓

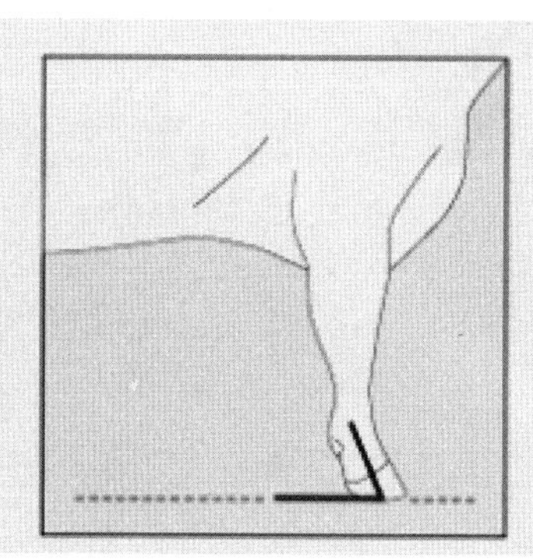

5 中等

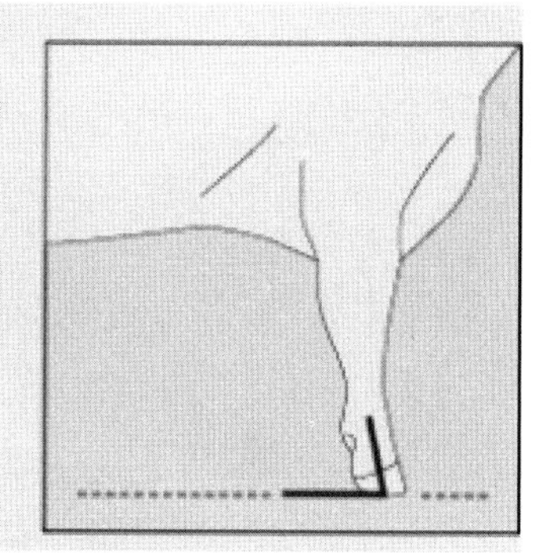

9 陡峭

29. 后肢后视

- 观测点：后方观察后肢的站立方向。
  - ○ 1 内八字；
  - ○ 5 中等；
  - ○ 9 外八字。

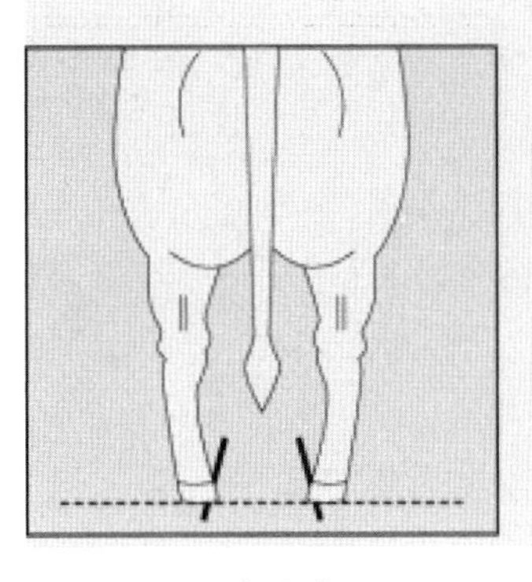

1　内八字

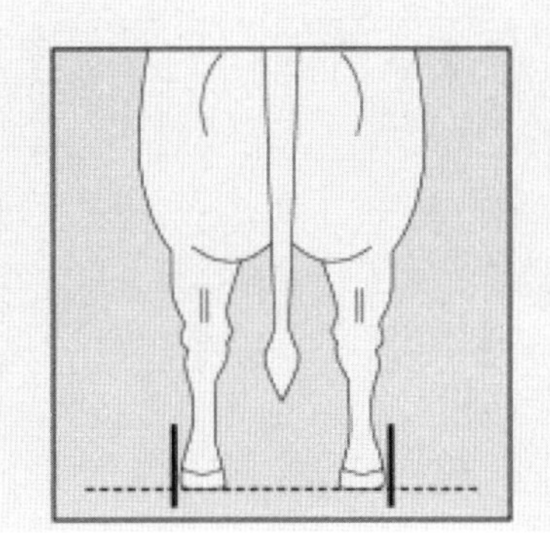

5　中等

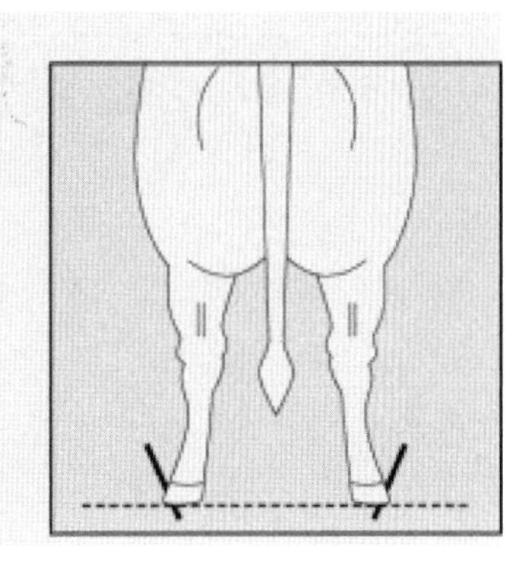

9　外八字

30. 后肢侧视

- 观测点：测定后肢飞节处的弯曲程度。
  - ○ 1　直；
  - ○ 5　中等；
  - ○ 9　镰刀状。

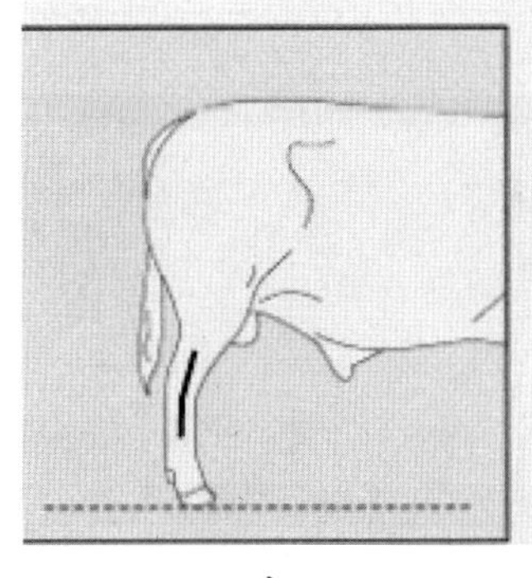

1　直

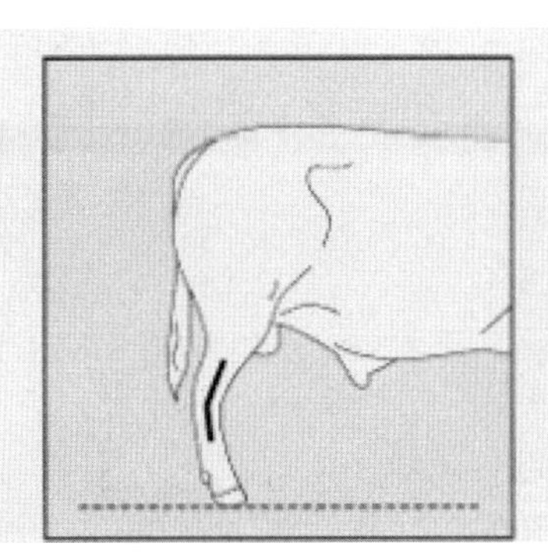

5　中等

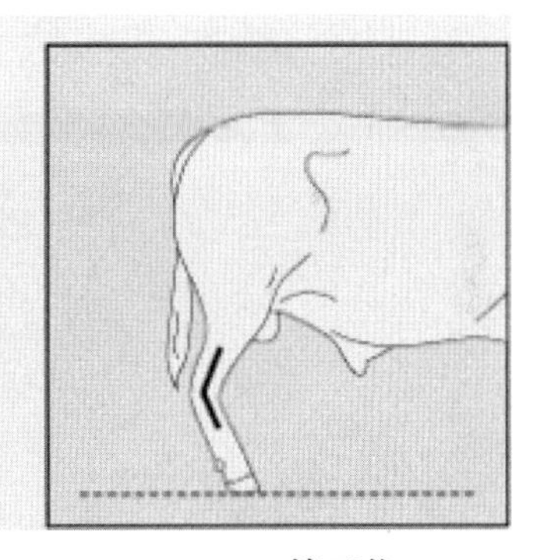

9　镰刀状

31. 后系侧视

- 观测点：指后肢系部与地面的角度。
  - ○ 1　平缓；
  - ○ 5　中等；
  - ○ 9　陡峭。

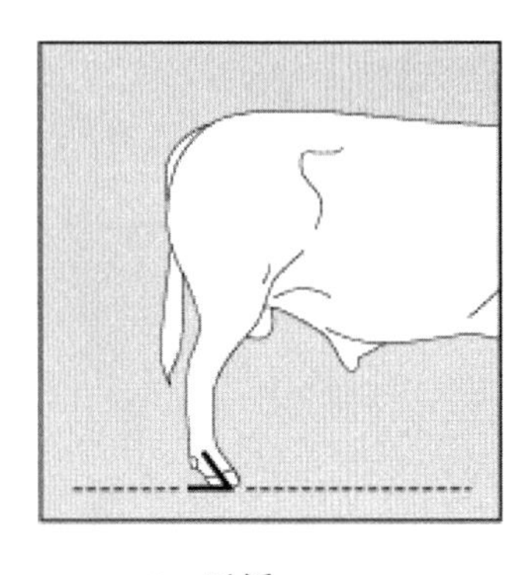
1 平缓

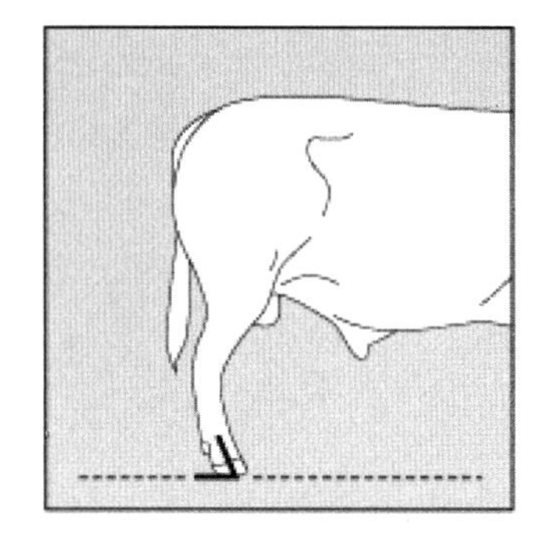
5 中等

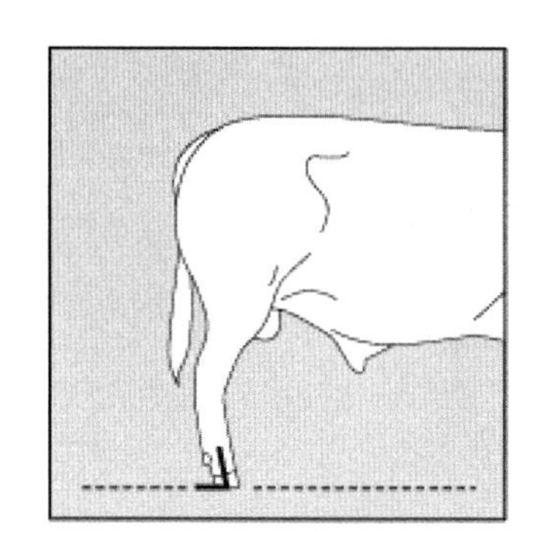
9 陡峭

32. 蹄角度

- 观测点：测定后蹄壁前沿与地面所形成的夹角。
  - ○ 1 极低；
  - ○ 5 中等；
  - ○ 9 极陡。

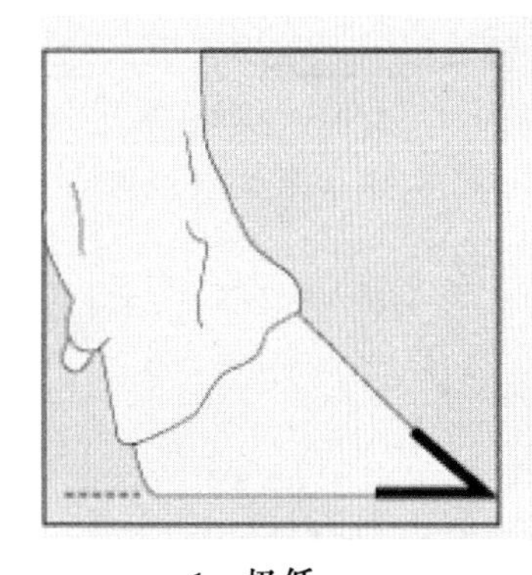
1 极低

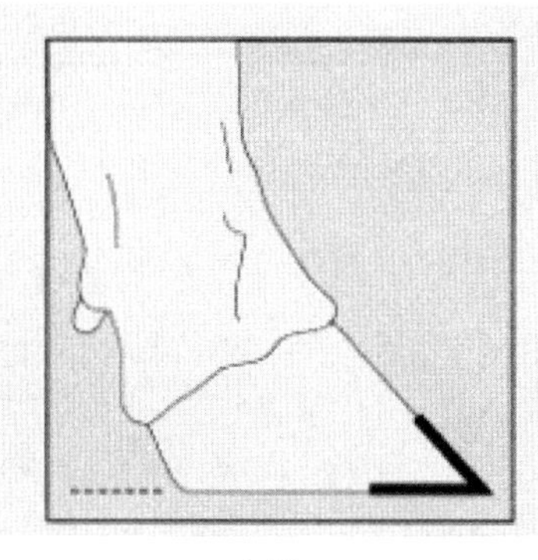
5 中等

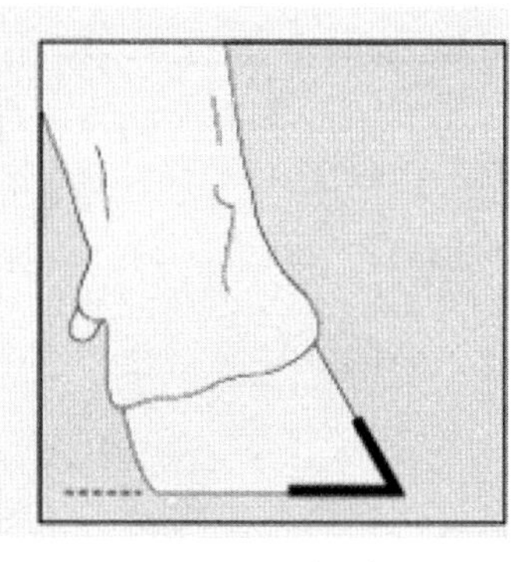
9 极陡

33. 骨质地

- 观测点：指前肢骨骼的细致程度。
  - ○ 1 极细；
  - ○ 5 中等；
  - ○ 9 极粗。

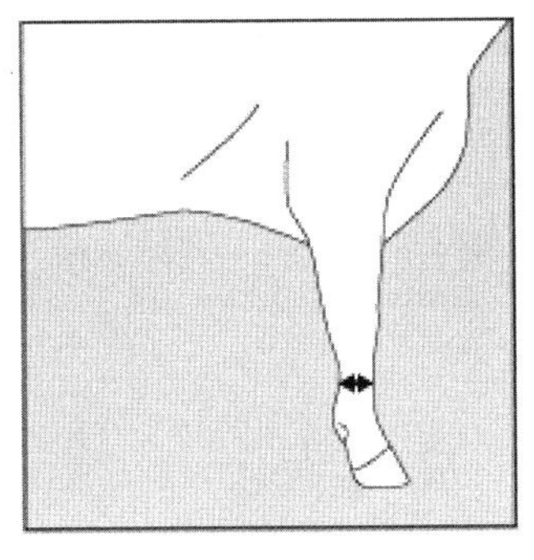

1　极细

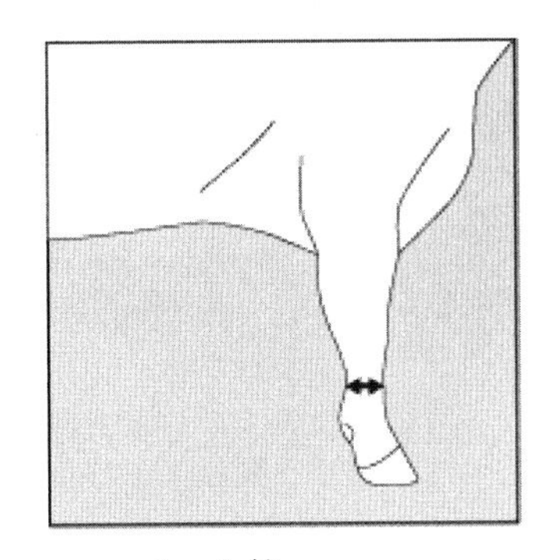

5　中等

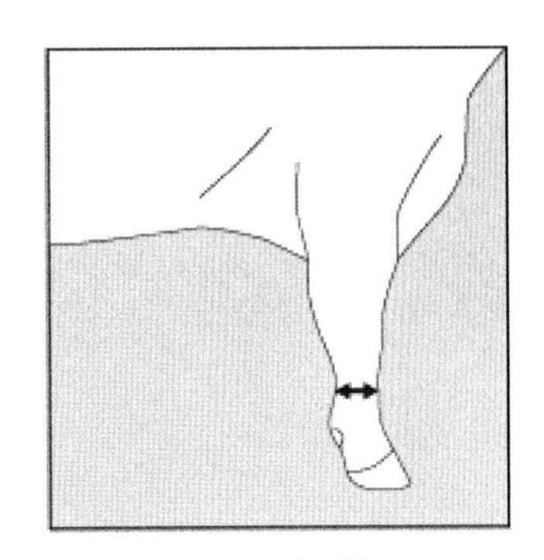

9　极粗

34. 乳头粗细

- 测量部位：前乳头中心处的粗细。
  - ○ 1　极细；
  - ○ 5　中等；
  - ○ 9　极粗。

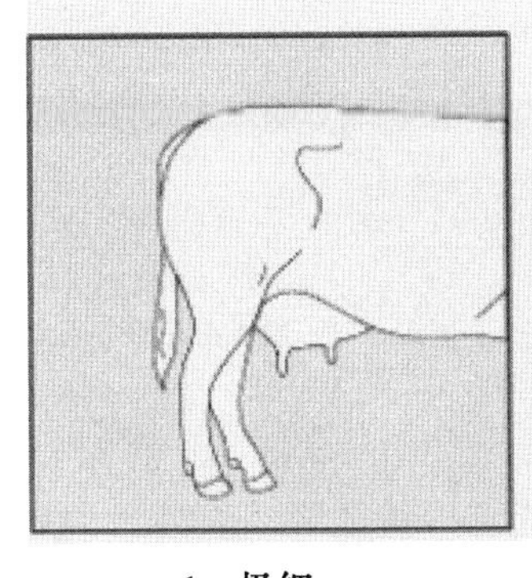

1　极细

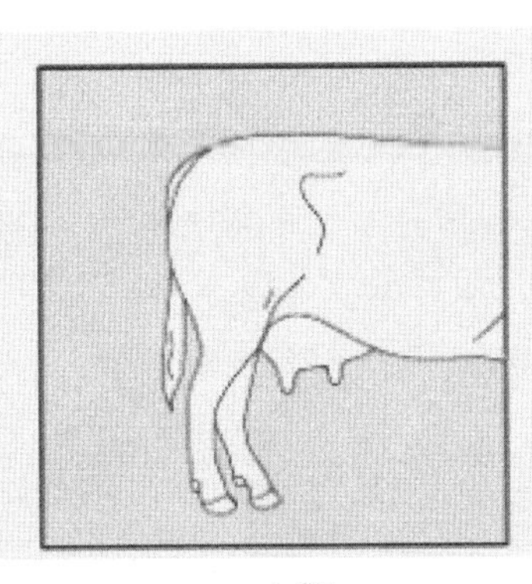

5　中等

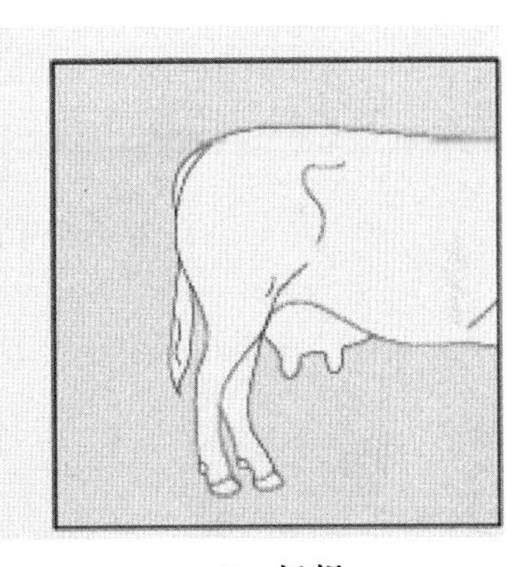

9　极粗

35. 乳头长度

- 测定部位：前乳头的长度。
  - ○ 1　极短；
  - ○ 5　中等；
  - ○ 9　极长。

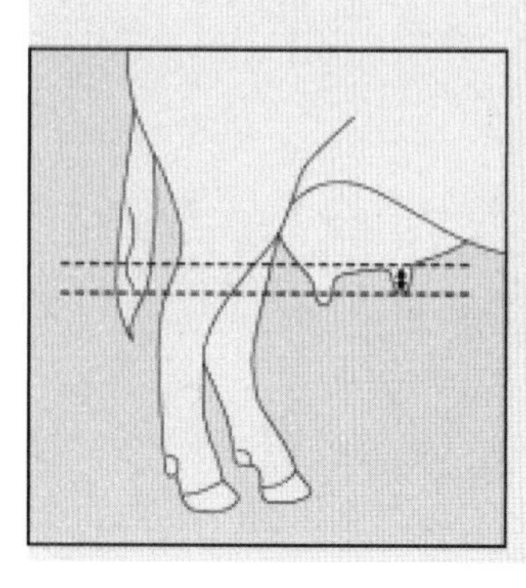

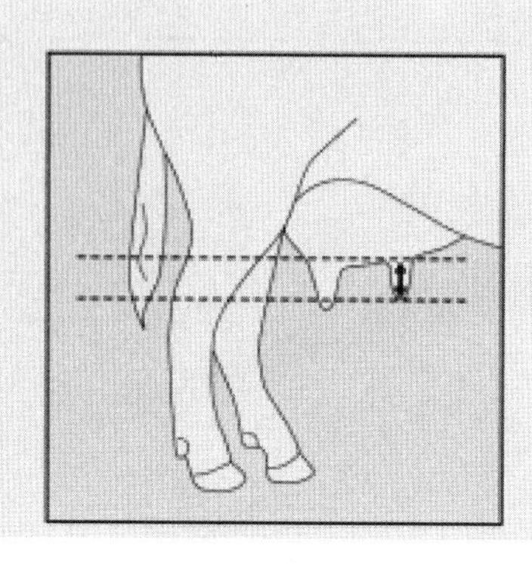

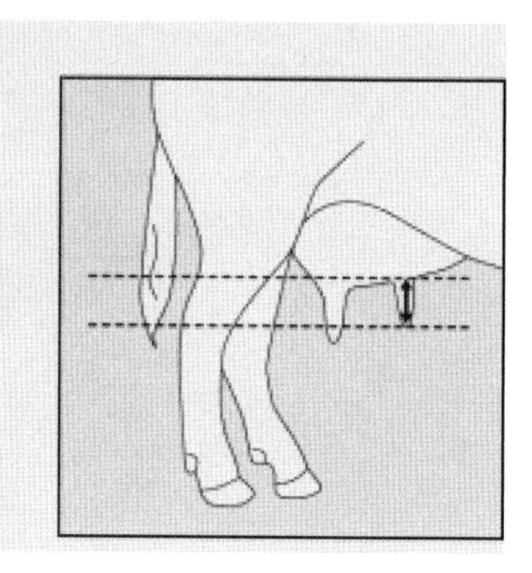

1 极短　　5 中等　　9 极长

36. 乳房的匀称性

- 测定部位：指前乳房基部与后乳房基部的相对水平位置。
  - 1 前乳比后乳高；
  - 5 中等；
  - 9 前乳比后乳低。

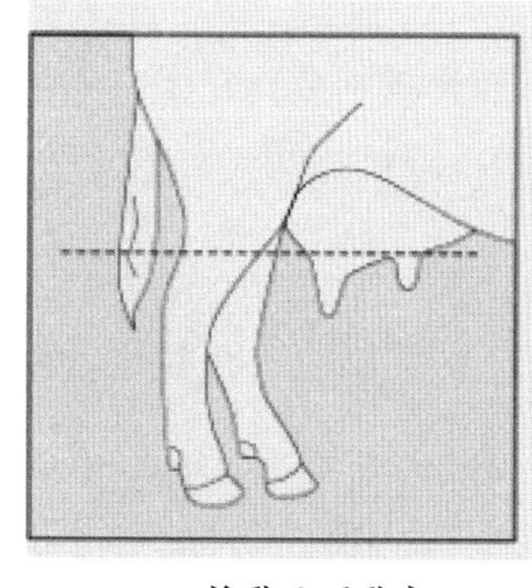

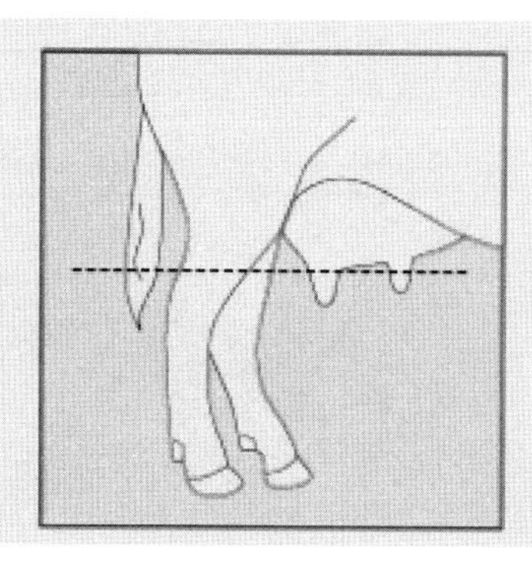

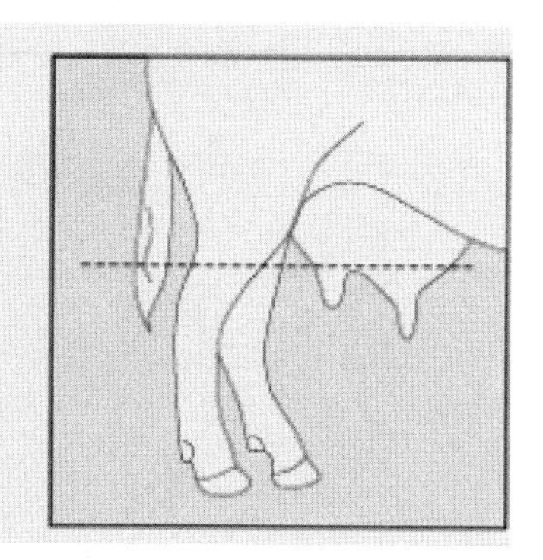

1 前乳比后乳高　　5 中等　　9 前乳比后乳低

37. 乳房深度

- 测定部位：乳房最高点到乳房最低点的垂直距离。
  - 1 极深；
  - 5 中等；
  - 9 极浅。

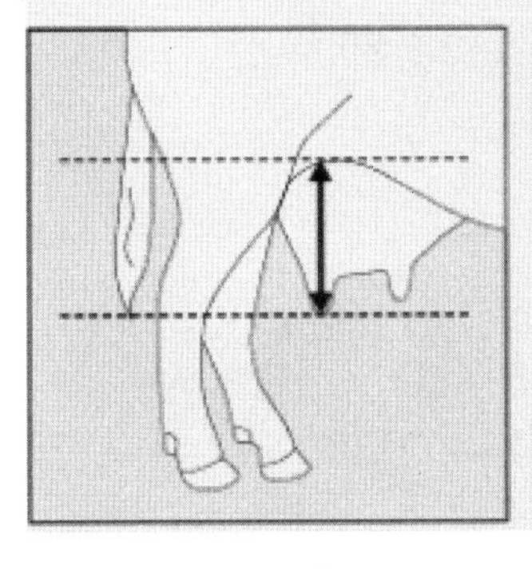
1　极深

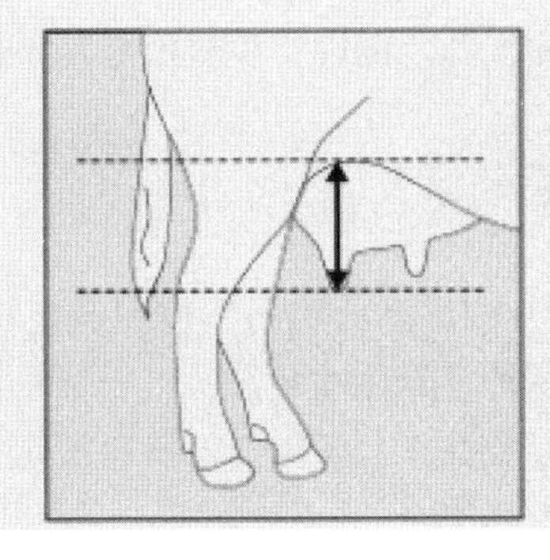
5　中等

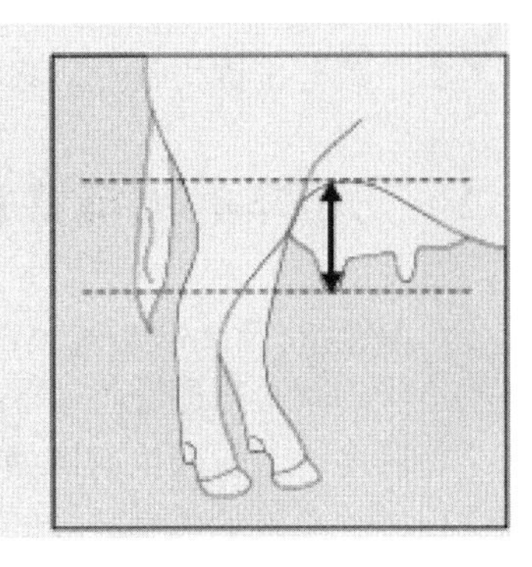
9　极浅

5.2.1.4　综合性状和一般特征

5.2.1.4.1　综合性状

a. 综合性状指与某一特定部位相关联的多个线性性状组合。

b. 每个综合性状根据经济育种目标给予加权。

c. 主要综合性状包括肌肉发育度、体型（品种标准）、肢蹄、生长发育和最终评分。

5.2.1.4.2　一般特征

a. 体型鉴定方案也包括表型评估。这些性状作为一般特征或综合性状加以描述，在生物学特征上为非线性性状。其得分是根据育种目标所给出的主观评分。

b. 对家畜要进行检查、分类和评级，评分范围为 60~99 分。

c. 常见评级标准如下：

优（EX）	90~97 分 或++
很好（VG）	85~89 分 或+
好+（G+）	80~84 分 或=
好（G）	79~75 分 或-
一般/差（F/P）	60~74 分 或-

d. 根据育种目标不同，每个国家的评级标准也不同，因此评分时需考虑本国国情。

e. 最终的评级和得分来自家畜主要功能区域的分项得分：

- ○ 肌肉发育度；
- ○ 体型（品种标准）；
- ○ 肢蹄；
- ○ 生长发育。

f. 为保证数据质量，需选择年龄相似、性别相同的同一品种个体进行评分。例如：

- ○ 断奶牛（5~10 月）；
- ○ 青年牛：产犊前 6 个月；
- ○ 成母牛：头胎牛。

g. 分项得分的权重应该符合本国的育种目标。建议肉牛的分数范围为 60~99 分，其平均分在此范围内为良好。在此推荐范围内，种群的平均值应接近于 80 分。

5.3 奶山羊的体型鉴定记录

ICAR 奶山羊体型鉴定记录准则描述的奶山羊体型鉴定特征，用于部分国家的部分品种。这些性状是普适性状而非品种特异性性状。

针对本章节所列出的体型鉴定性状，国际上的所有评定组织均应以统一的标准进行评分，以进一步推动体型评分的国际化。

5.3.1 性状定义

5.3.1.1 线性性状

线性性状是所有体型鉴定系统的基础，也是奶山羊评价体系的基础。线性评定方法对各个性状独立进行评定，对每一性状用数字化的线性尺度进行评估，而非主观评价。数字的大小只客观地反映性状的状态，而不反映性状的优劣。

线性评定的优势：

- 每个性状独立评分；
- 评分涵盖该性状生物学特性的全部变异范围；
- 线性评定为数量化的评分标准，可准确反映性状的变化；
- 评分反映的是性状的状态，而不反映性状的优劣。

5.3.1.2 标准性状

标准性状应满足以下条件：

- 具有一定的生物学功能；
- 单一性状；
- 可遗传性；
- 具有一定的经济价值：与育种目标直接或间接相关；
- 可度量性；
- 群体内存在遗传变异；
- 每个性状对应一个部位，不与其他性状重合。

推荐标准性状

体躯结构

1. 体高；
2. 胸宽；
3. 体深；
4. 髋宽；
5. 尻角；
6. 腰强度；
7. 棱角性。

腿部性状

8. 后肢后视；
9. 后肢侧视；
10. 运动情况。

乳房性状

11. 前乳房附着；
12. 后乳房高度；
13. 中央悬韧带；
14. 后乳房宽度；
15. 乳房深度；
16. 乳头位置后视；
17. 乳头位置侧视；
18. 乳头长度；
19. 乳头形状。

5.3.1.3　标准性状定义

准确的性状描述是对每个性状进行线性评分的基础，每一性状都用数字化的线性尺度来表示其从中等到极端的不同状态。用于计算的参数是基于对相同品种、不同性别和年龄阶段，其性状的生物学变异范围预估的，代表当前品种群体该性状的生物学变异范围。极端和中间值根据性状的表现程度来定义。例如，瘦和壮，长和短等。评分的高与低没有特定的含义，不代表性状的好与坏。

建议使用 9 分制评分标准。

备注：

目前使用的线性评定，适用于对全国奶山羊群体进行评定。

1. 体高

- 测定部位：肩端到地面的垂直高度。精确测定到厘米或英寸，或使用线性评分。
  - ○ 1　极低；
  - ○ 5　中等；
  - ○ 9　极高。

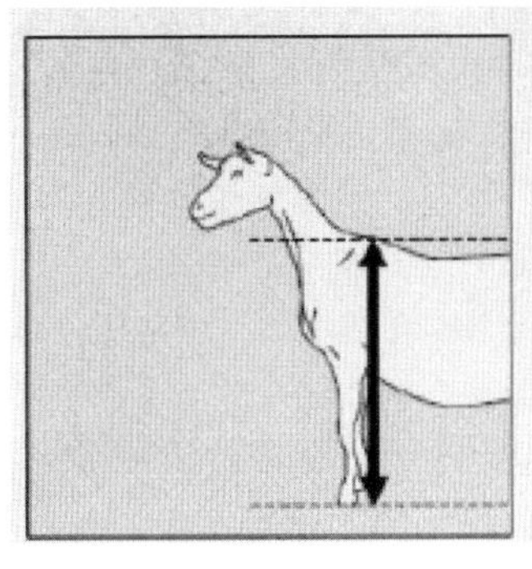

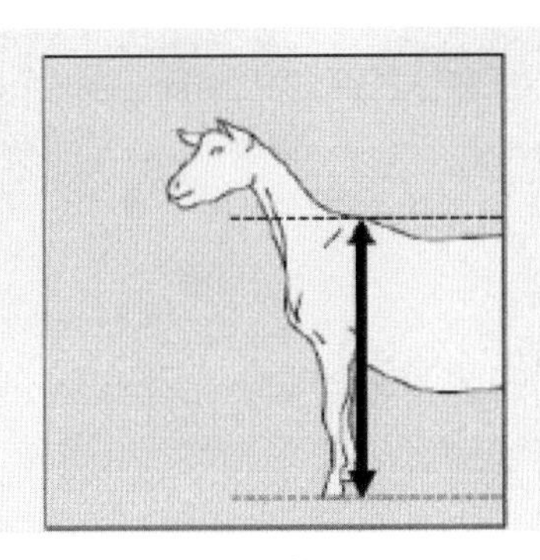

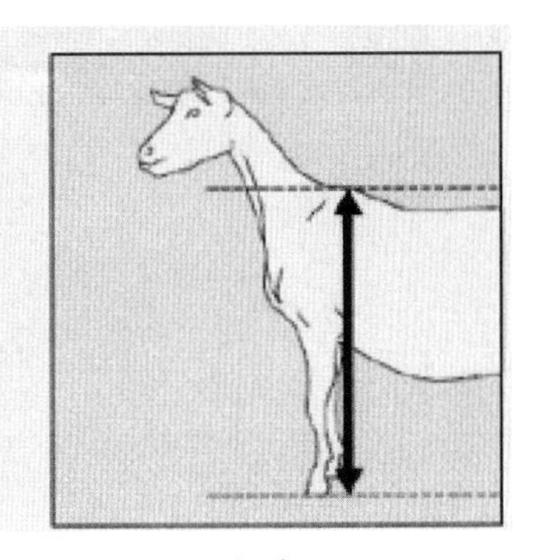

1　极低　　5　中等　　9　极高

2. 胸宽

测定部位：两前肢上部内侧的胸底宽度。

○ 1　极窄；

○ 5　中等；

○ 9　极宽。

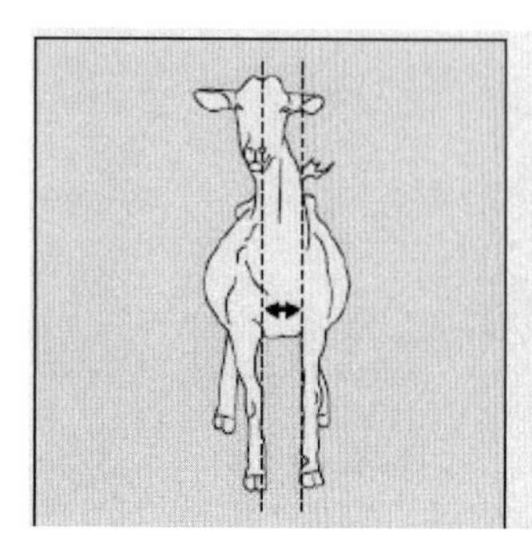

1　极窄

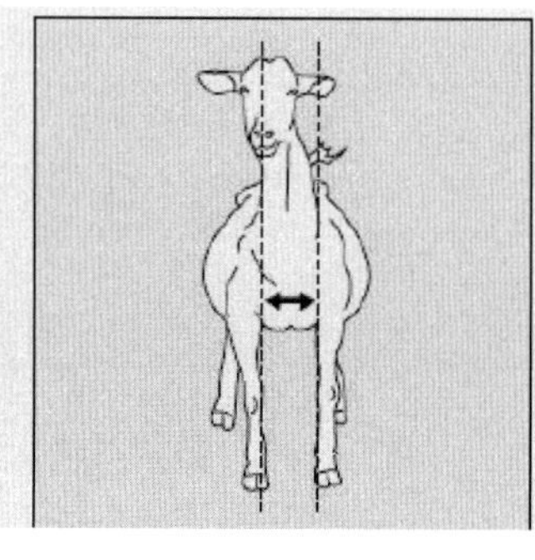

5　中等

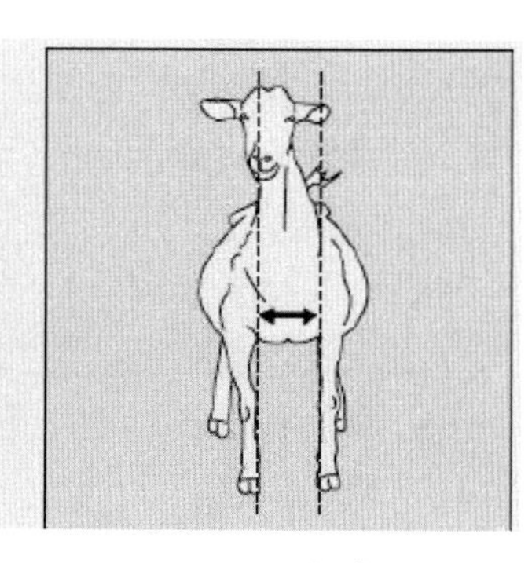

9　极宽

3. 体深

测定部位：最后一根肋骨处（最深点）脊柱顶部到腹部下沿之间的垂直距离。

○ 1　极浅；

○ 5　中等；

○ 9　极深。

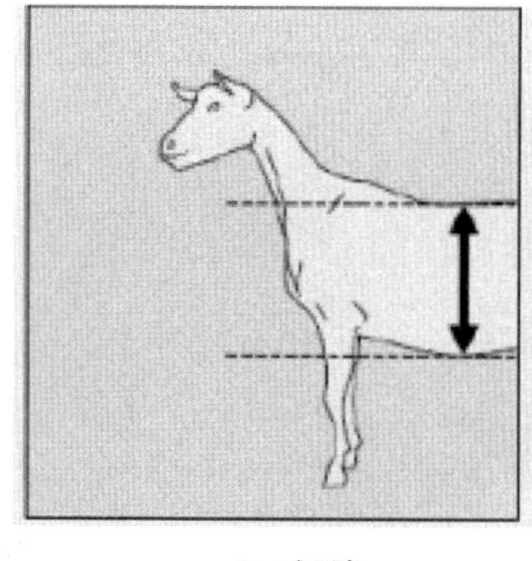

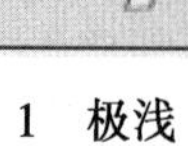

1　极浅

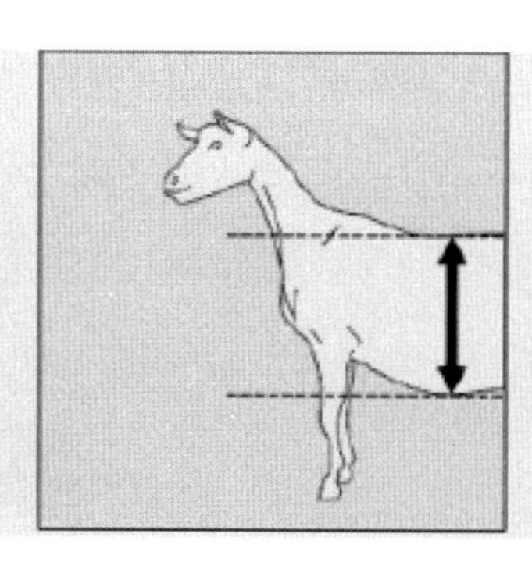

5　中等

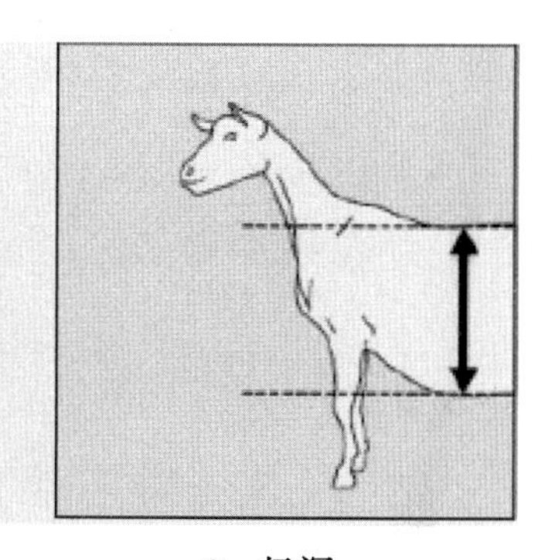

9　极深

4. 髋宽

● 测定部位：测量两臀角之间的距离。

○ 1　极窄；

○ 5　中等；

○ 9　极宽。

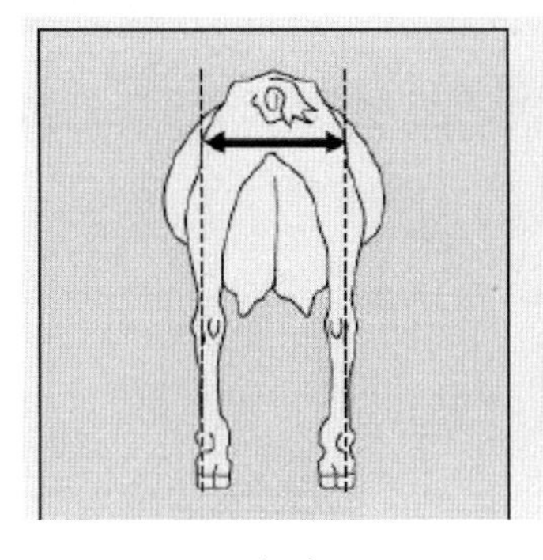

1　极窄

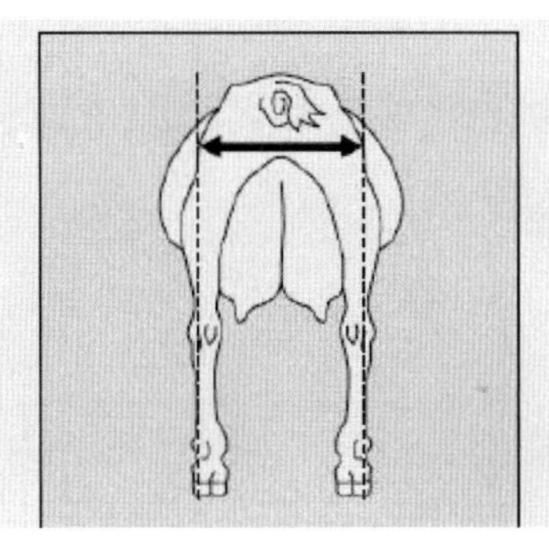

5　中等

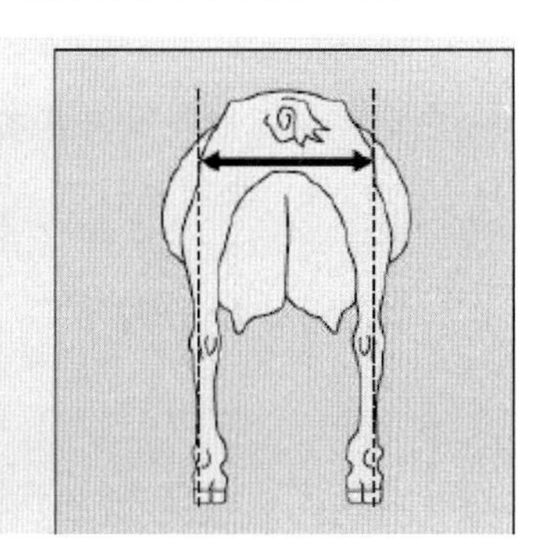

9　极宽

5. 尻角度

- 测定部位：指腰角和坐骨结节连线与水平线的夹角。
  - ○ 1　微斜；
  - ○ 5　中等；
  - ○ 9　极斜。

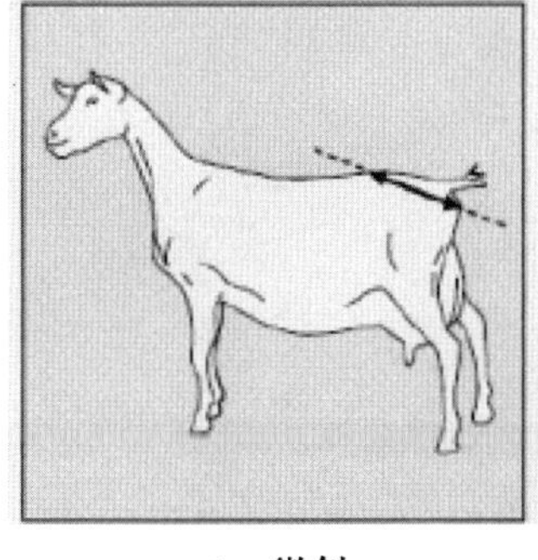

1　微斜

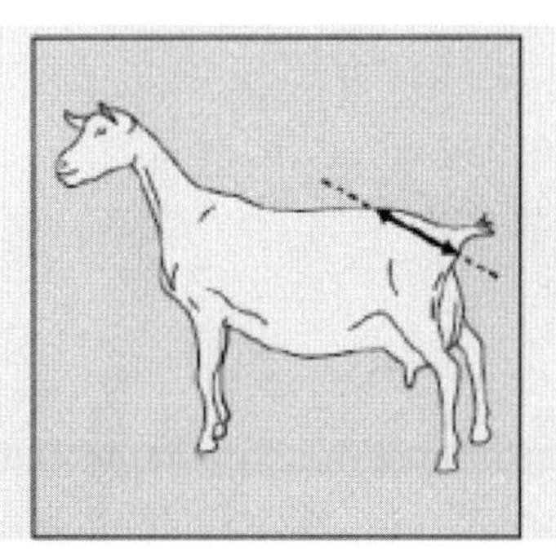

5　中等

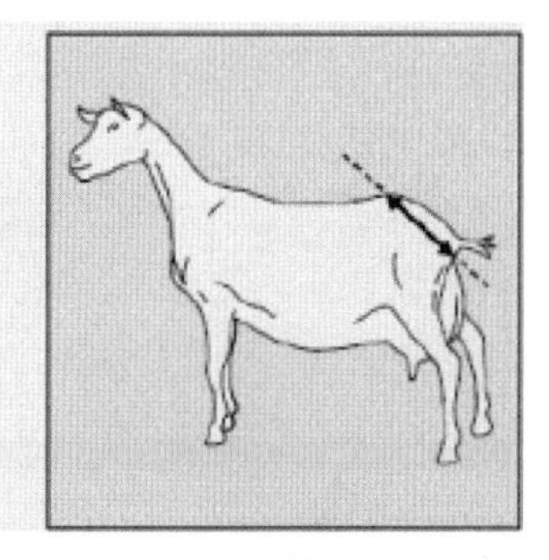

9　极斜

6 . 腰强度

- 测定部位：指腰背之间脊椎骨的强度。
  - ○ 1　极弱；
  - ○ 5　中等；
  - ○ 9　极强。

1　极弱

5　中等

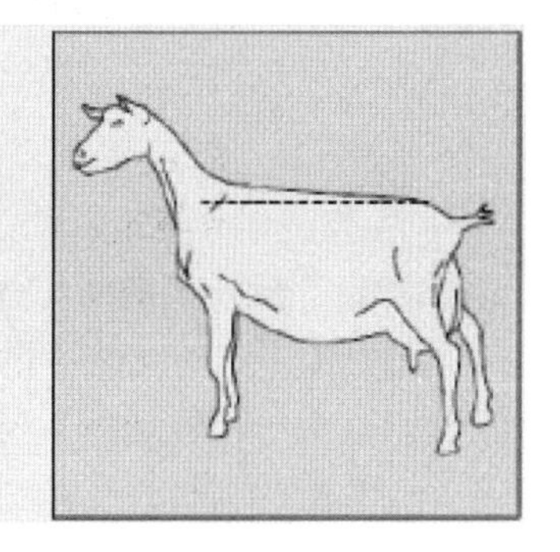

9　极强

7. 棱角性

测定部位：肋骨的开张度。

- ○ 1　小角度；
- ○ 5　中等；
- ○ 9　大角度。

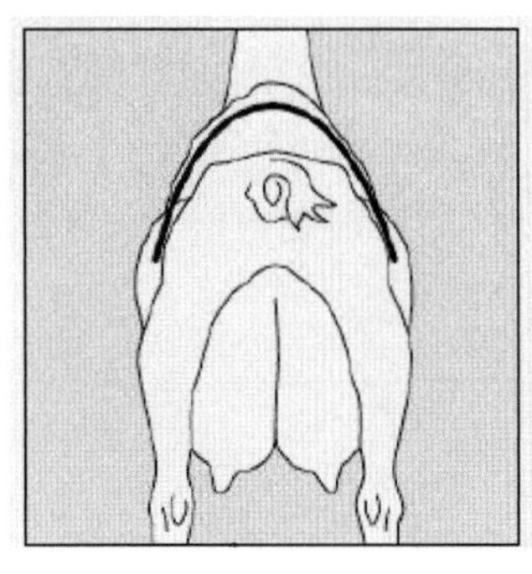
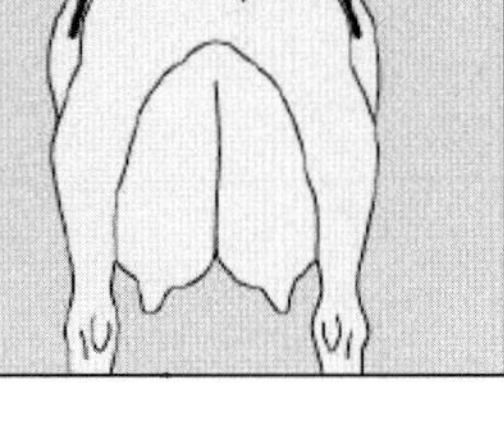
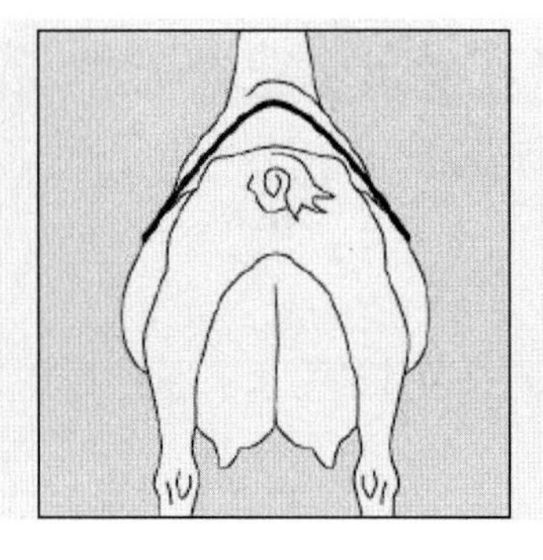
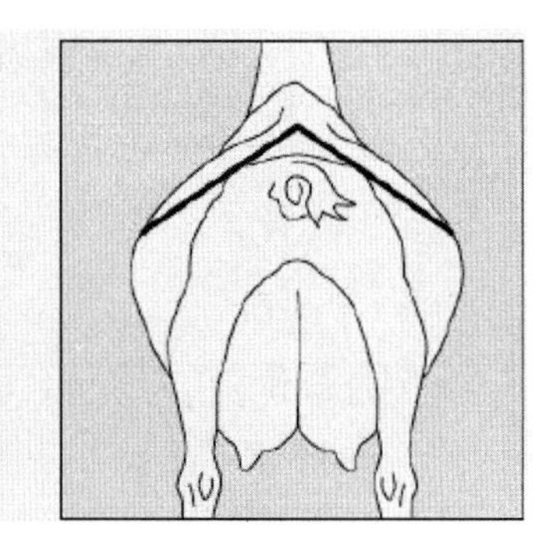

1　小角度　　5　中等　　9　大角度

8. 后肢后视

- 测定部位：后肢飞节之间的距离。
  - ○ 1　小（“X”形腿）；
  - ○ 5　适中；
  - ○ 9　大（“O”形腿）。

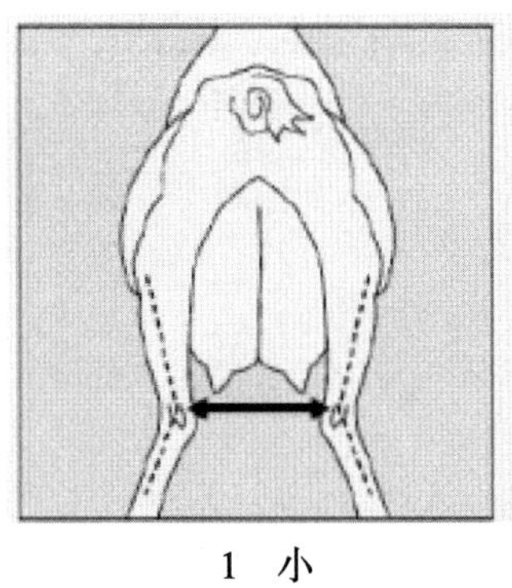
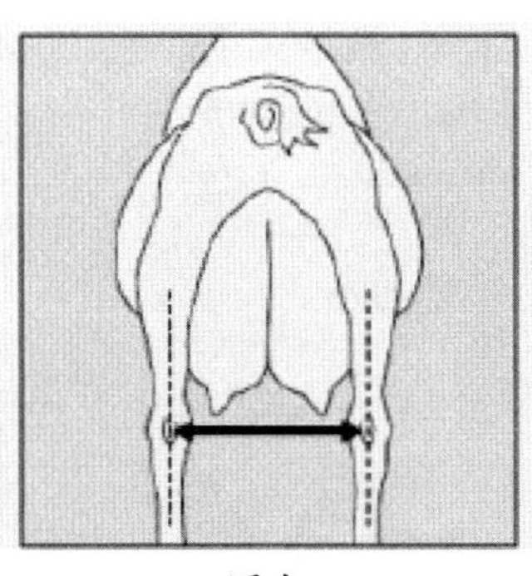
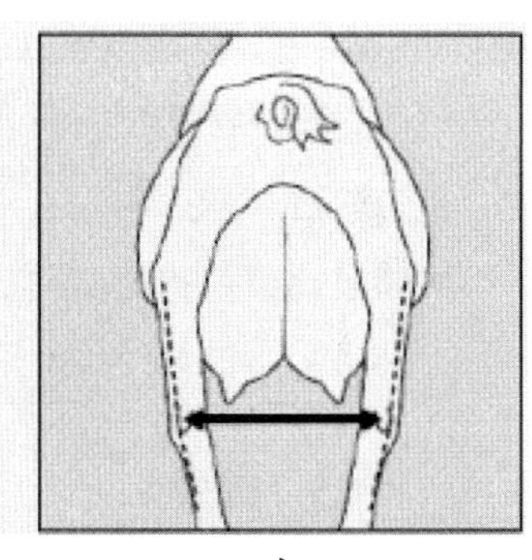

1　小　　5　适中　　9　大

9. 后肢侧视

- 测定部位：从侧面观察后肢飞节处的弯曲程度。
  - ○ 1　直；
  - ○ 5　中等；
  - ○ 9　弯曲。

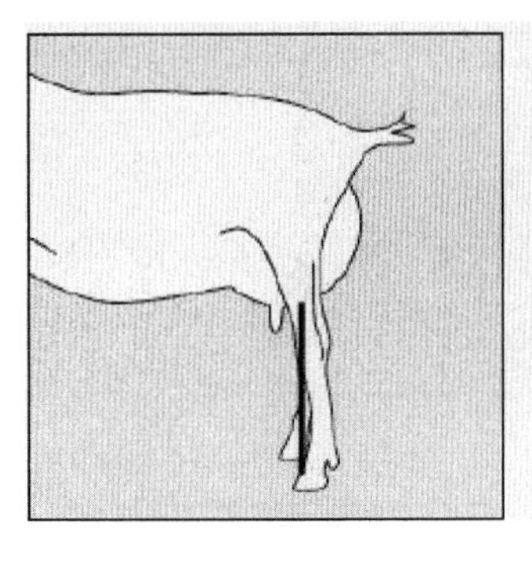
1　直

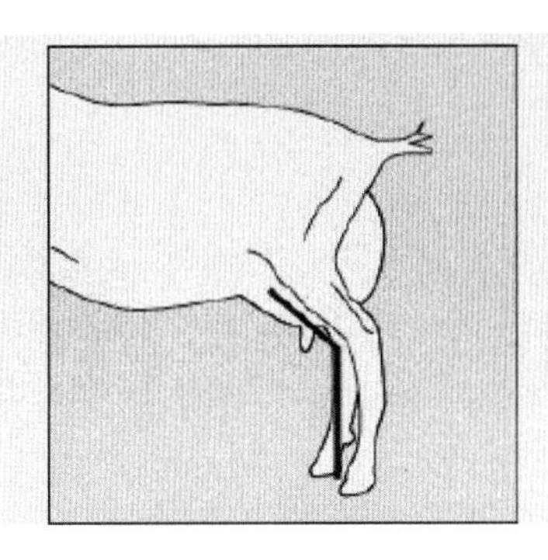
5　中等

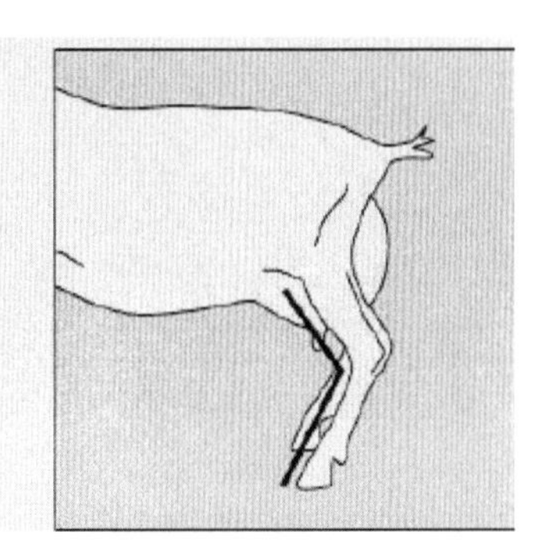
9　弯曲

10. 运动情况

- 观测点：肢蹄的移动，步伐的长度和方向。
  - ○ 1　极度外展，步幅小；
  - ○ 5　轻度外展，中等步幅；
  - ○ 9　无外展，步幅大。

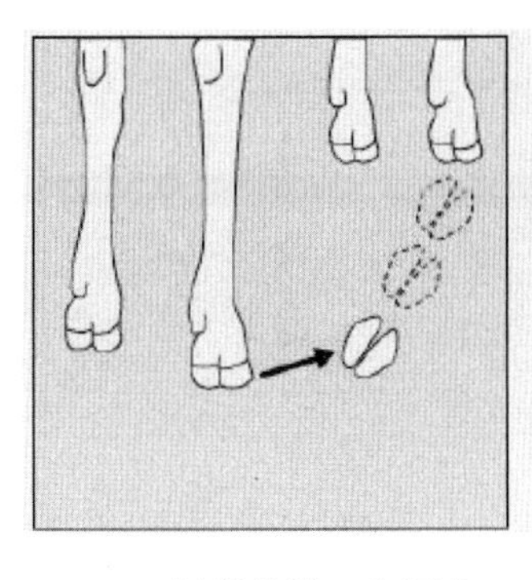
1　极度外展，步幅小

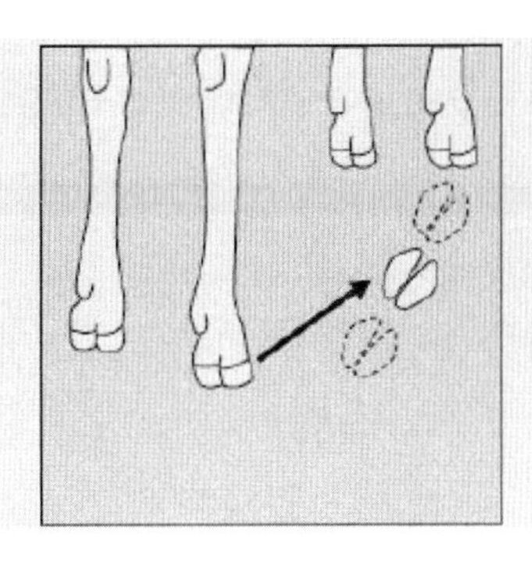
5　轻度外展，中等步幅

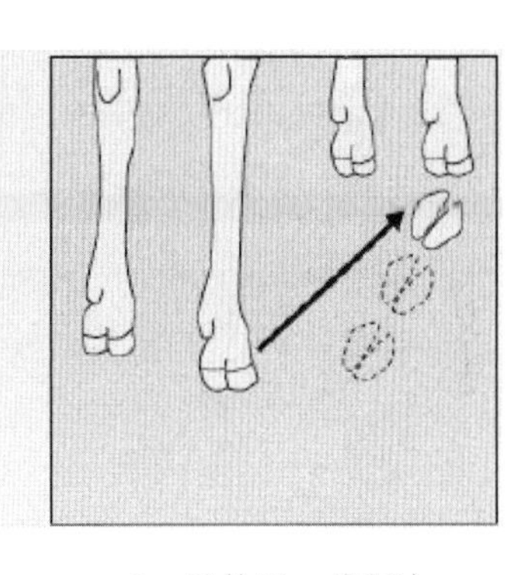
9　无外展，步幅大

11. 前乳房附着

- 测定部位：前乳房与腹壁的附着强度。非线性性状。
  - ○ 1　弱且松散；
  - ○ 5　中等；
  - ○ 9　附着极强且紧凑。

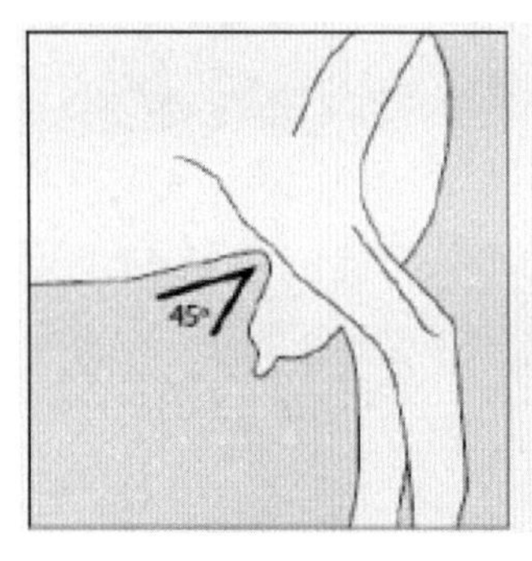

1 弱且松散

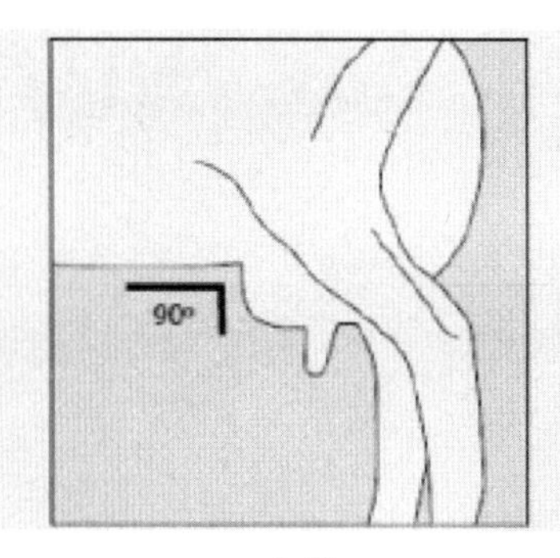

5 中等

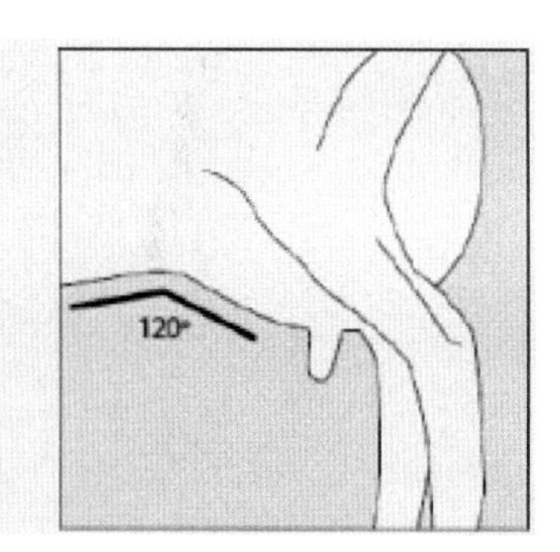

9 附着极强且紧凑

12. 后乳房高度

- 测定部位：后乳房乳腺最上缘与阴门基底部之间的距离。
  - ○ 1 极低；
  - ○ 5 中等；
  - ○ 9 极高。

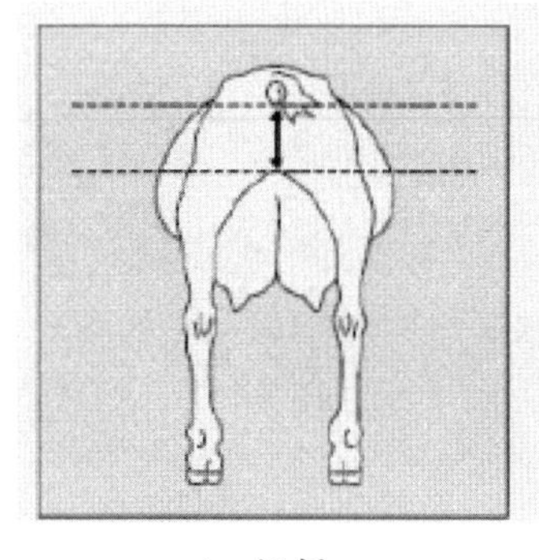
1 极低

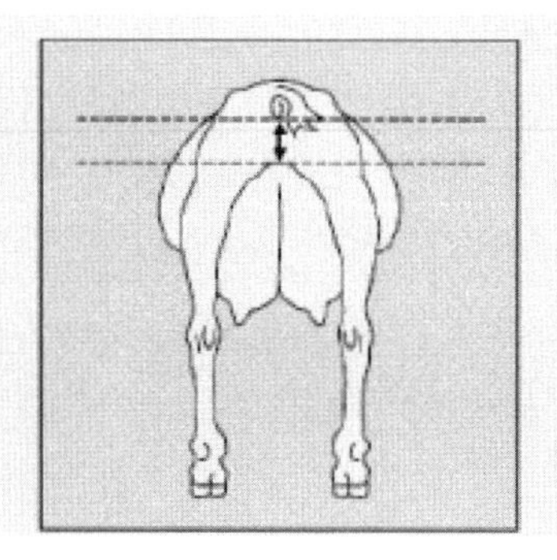
5 中等

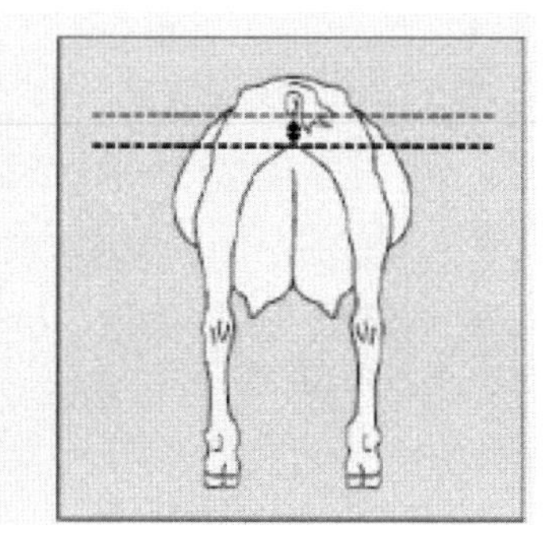
9 极高

13. 中央悬韧带

- 测定部位：后乳房底部中隔纵沟的深度。
  - ○ 1 无乳中沟；
  - ○ 5 中等；
  - ○ 9 乳中沟深。

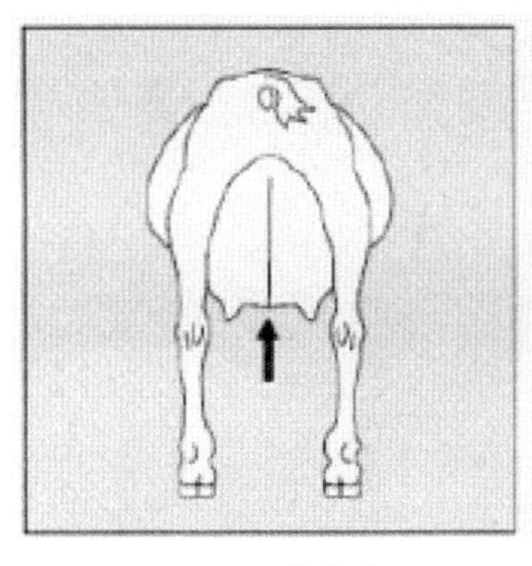
1　无乳中沟

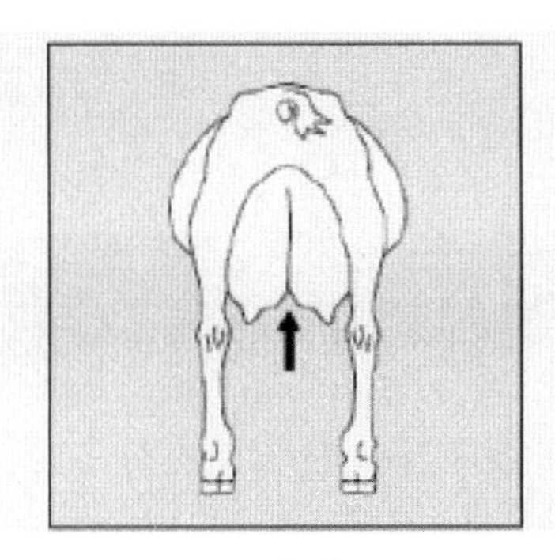
5　中等

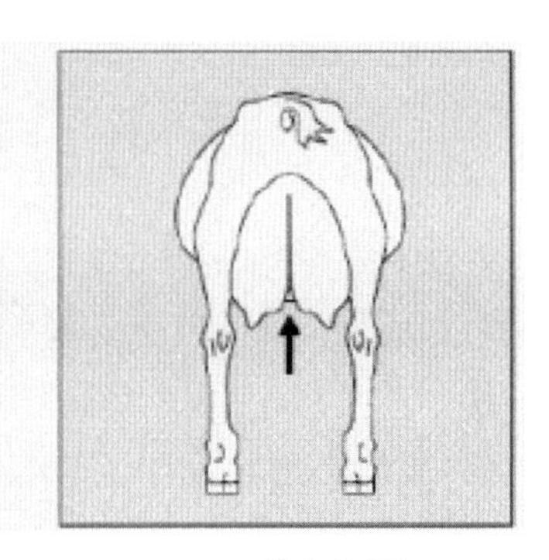
9　乳中沟深

14. 后乳房宽度

- 测定部位：后乳房乳腺组织上缘的宽度。
  - ○ 1　极窄；
  - ○ 5　中等；
  - ○ 9　极宽。

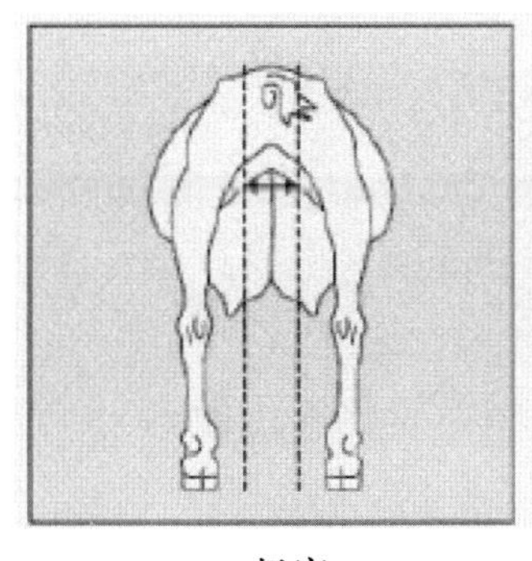
1　极窄

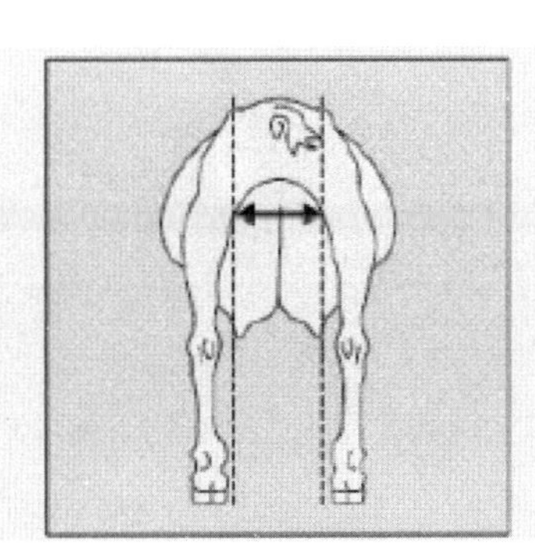
5　中等

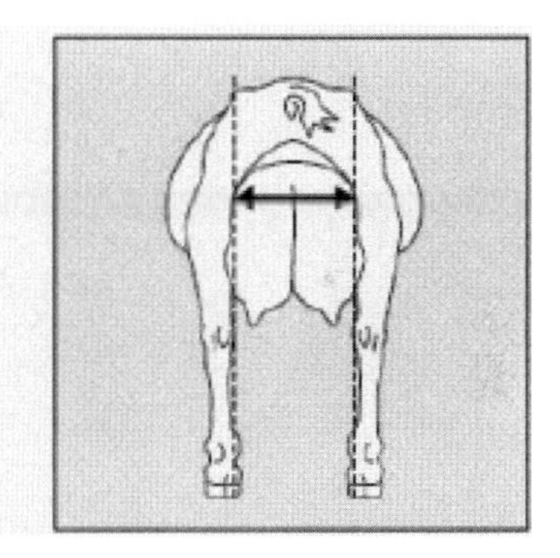
9　极宽

15. 乳房深度

- 测定部位：乳房底部至飞节的垂直距离。
  - ○ 1　深；
  - ○ 5　中等；
  - ○ 9　浅。

以飞节所在的水平线为参考线。

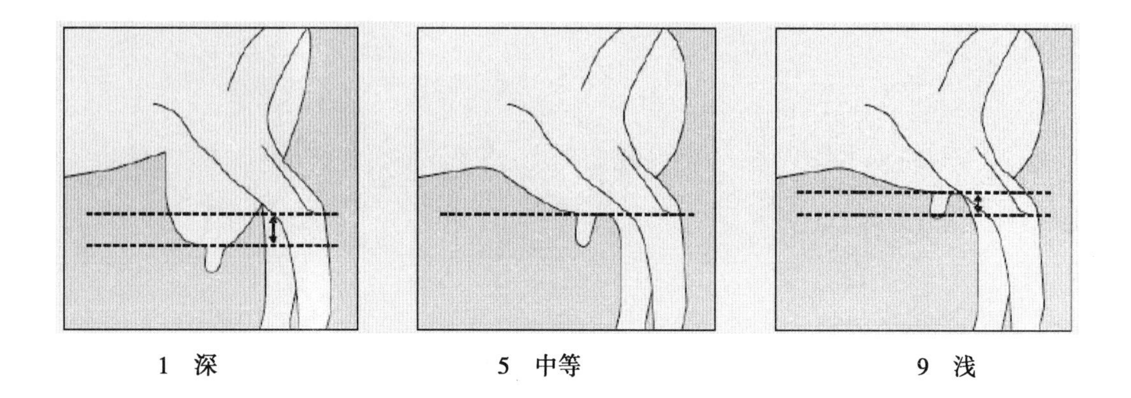

1 深　　5 中等　　9 浅

16. 乳头位置后视

- 测定部位：从后侧观察乳头在乳房上的位置。
    - ○ 1　极向外侧；
    - ○ 5　中等；
    - ○ 9　垂直向下。

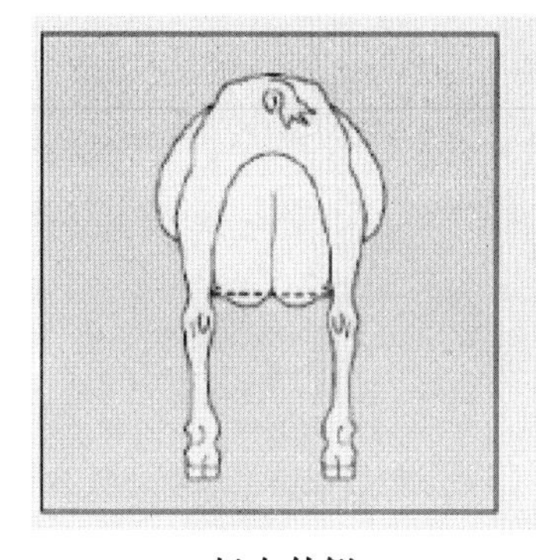

1 极向外侧

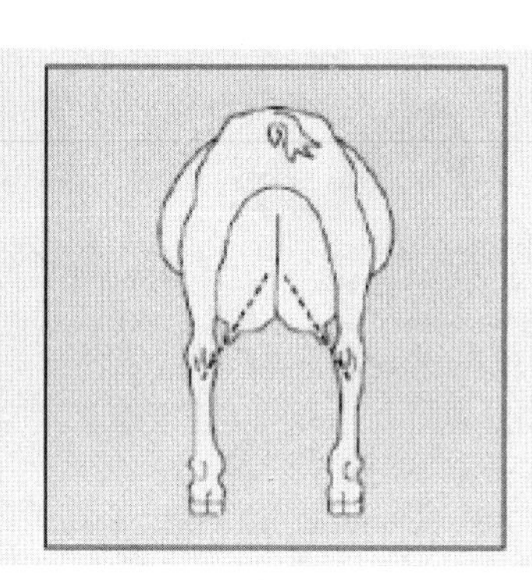

5 中等

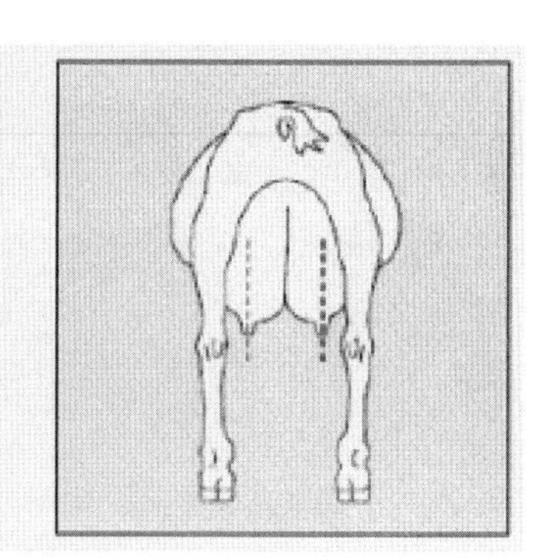

9 垂直向下

17. 乳头位置侧视

- 测定部位：从侧面观察乳头在乳房上的位置。
    - ○ 1　向前；
    - ○ 5　中等；
    - ○ 9　向下。

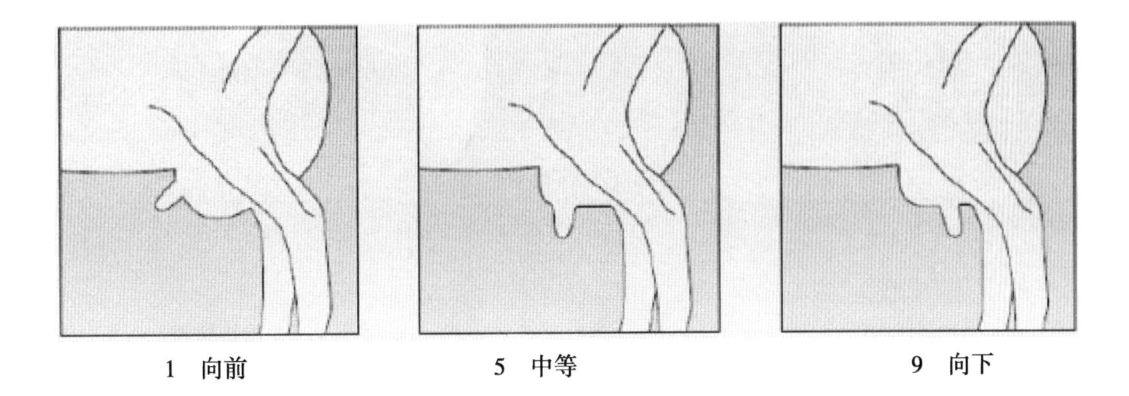

1 向前　　5 中等　　9 向下

18. 乳头长度

● 测定部位：乳头的长度。

○ 1　极短；

○ 5　中等；

○ 9　极长。

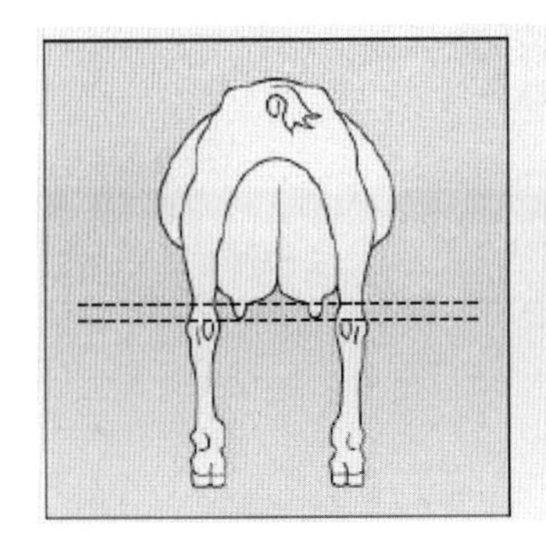

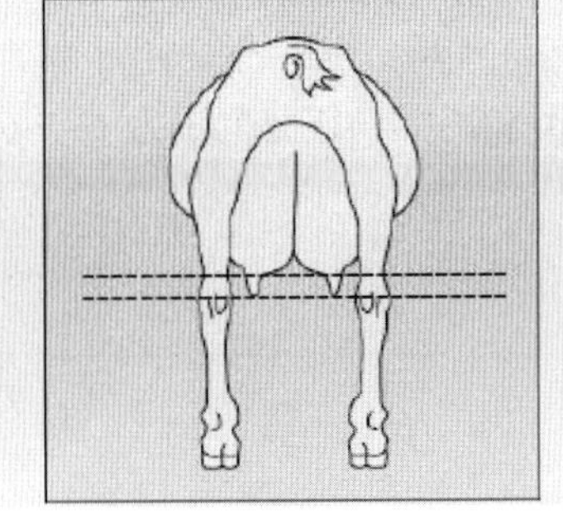

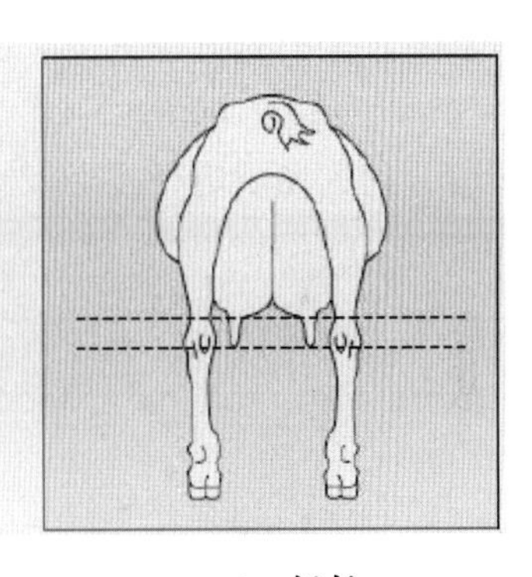

1 极短　　5 中等　　9 极长

19. 乳头形状

● 测定部位：后视或者侧视乳头的形状，三角状到狭长状。

○ 1　三角形——宽；

○ 5　中等；

○ 9　狭长状——窄。

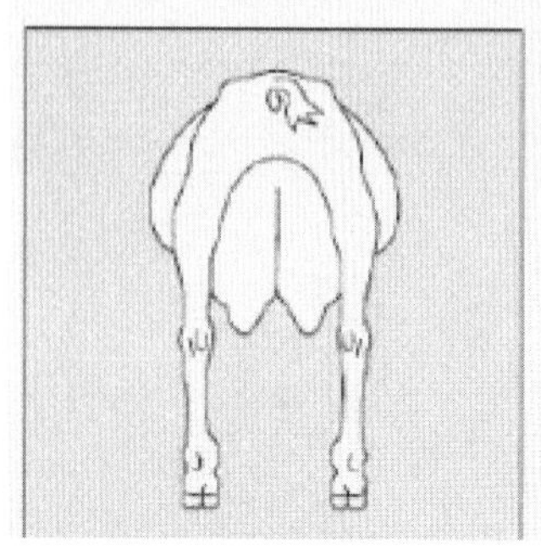

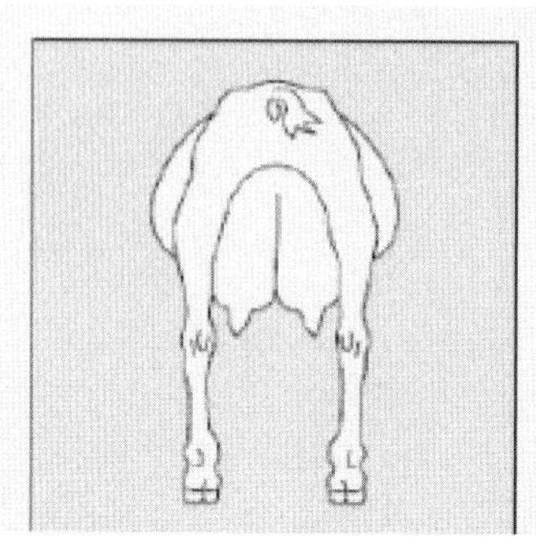

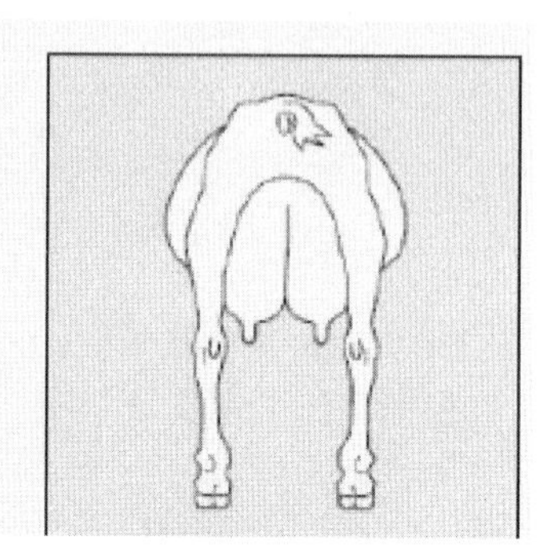

1 三角形——宽　　5 中等　　9 狭长状——窄

5.3.2 综合性状和一般特征

5.3.2.1 综合性状

a. 综合性状指与某一特定部位相关联的线性性状群。

b. 每个综合性状根据经济育种目标给予加权。

c. 主要综合性状包括体型结构、乳房、肢蹄和最终评分。

5.3.2.2 一般特征

a. 体型鉴定方案也包括表型评估。这些性状作为一般特征或综合性状加以描述，在生物学特征上为非线性性状。其得分是根据育种目标所给出的主观评分。

b. 对家畜要进行检查、分类和评级，评分范围为 1~9 分。

c. 常见划分标准如下：

优（EX）	9 分
很好（VG）	7~8 分
好+（G+）	4~6 分
好（G）	2~3 分
一般/差（F/P）	1 分

d. 根据育种目标不同，每个国家的评级标准也不同，因此评分时需考虑本国国情。

e. 最终的评级和得分来自家畜主要功能区域的分项得分：

- 体型结构；
- 乳房；
- 肢蹄。

f. 为保证数据质量，需选择年龄相似，性别相同的同一品种个体进行评分。

g. 分项得分的权重应该符合本国的育种目标。建议奶山羊的分数范围为 1~9 分，其平均分在此范围内为良好。在此推荐范围内，种群平均值应接近于 5 分。

5.4　提高数据收集和鉴定人员考评的质量和透明度的建议

5.4.1　引言

当收集家畜日常生产性能数据时，保持数据的连续性和准确性至关重要。唯有如此，才能保证数据的质量，并使所有人都清楚数据是如何获得的。这一点对于动物的体型鉴定评分同样重要，其通常由经过专业训练的评定员来操作。

本节主要介绍如何提高体型性状数据收集的质量和透明度。

5.4.2　体型鉴定系统的实际操作

a. 每个鉴定系统内的评分由一个组织负责。

b. 在鉴定系统中，由首席鉴定员负责培训和监督其他鉴定员，以保持相同的评分标准。建议来自不同组织或不同国家的首席鉴定员加强信息交流。

c. 评分应由全职专业人员完成。鉴定过程应不受育种公司商业利益的影响。

d. 鉴定员必须如实记录所观察到的性状，例如年龄、泌乳阶段、饲养管理。

e. 提供给鉴定员的基础信息不应含有奶牛的系谱或生产性能。

f. 鉴定员应该经常在不同的区域（畜群和地区）之间轮转，以确保区域之间良好的数据连接，并且尽量减少同一个鉴定员连续鉴定的家畜数量。这种方法可以减少鉴定员对区域遗传改良或羊群的主观性评定。

g. 可以设立一个在体型鉴定、统计学、育种学、人员培训等领域有专业知识的顾问团，以便更好地监督并在鉴定系统改善方面给出建议。

h. 评分时应记录牛群的所有非遗传变化因素，如鉴定人员、鉴定日期、管理组别、畜舍类型、地面类型以及营养状况，以便研究环境因素和性状评分之间的相关性。

畜舍类型可以是开放式、封闭式，或者混合式的（开放加封闭）。

地面类型可以是混凝土、土木结合、板条、沙子、橡胶、秸秆、牧草等。

5.4.3　鉴定员的培训和监督

对鉴定员进行监督和绩效评估是 ICAR 国际评分体系标准化的重要组成部分。

ICAR 国际评分体系负责对鉴定员进行监督和绩效评估。

目标

1. 为了提高数据采集的准确性，同一国家内的所有鉴定员都应该按照要求做到：

○ 应用相同的性状定义；

○ 应用相同的均值；

○ 应用相同的评分范围。

实现目标 1 的途径：

○ 国家级培训课程；

○ 对每个鉴定员评分的平均值、范围及正态分布等进行统计监测；

○ 应用二元分析方法计算每个鉴定员的评分与评定组评分之间的相关性，以反映评定员之间对于性状定义认识的一致性。

2. 提高国家之间线性性状的遗传相关性（Interbull 评估）。

○ 所有国家应用相同的性状定义。

实现目标 2 的途径：

- 首席鉴定员的国际培训；
- 国际标准的培训课程；
- 系统审查；
- 如果某一国家决定修订某一性状定义，那么建议不再使用以前的评分标准，或在国家遗传评估体系中仅将其作为辅助性状。

5.4.3.1 国家级培训课程

通过定期组织鉴定员的培训课程可以提高鉴定员之间评分的统一性。

在培训课程中可以利用诸多方法实现对性状的统一认识。通常情况下，培训中可以一个奶牛群体为例进行评分，而后进行鉴定员评分之间的比较。

注意事项：

- 用于培训示范的奶牛群体必须是有代表性的。
- 需对存在分歧的评分进行讨论，以确定奶牛某一性状的正确评分。
- 应用分析工具对鉴定员的评分逐一进行分析。
- 计算每个鉴定员对每个性状评分的离均差的平均值和标准差。离均差指个体某性状的评分与群体平均分之间的差异。由此我们能了解每个鉴定员的评分情况，例如是否经常高于或低于平均值、是否与整体评分或者首席鉴定员的评分存在很大差异。（通过分析可得出该差异是否显著）。
- 计算鉴定员对每个性状评分的离均差的分布范围。由此可反映鉴定员对性状评分的一致性（通过分析可得出该差异是否显著）。
- 可对同一群体进行两次评分，例如上午、下午各一次。基于这些评分（大约 20 个），可计算每个鉴定员对每个性状评分的重复性。

5.4.3.2 个体鉴定员的统计学监督

可对鉴定员一段时间内的评分进行分析，如 12 个月或 6 个月。

计算其平均值和标准差。平均值应近似于（最高分+最低分）/2，标准差应近似于（最高分-最低分+1）/6。例如，某性状的评分范围为 1~9，其预期平均值为 5，标准差为 1.5。

此外，可利用双变量遗传分析计算某鉴定员评分与本组其他鉴定员评分之间的相关性。由此可反映出鉴定员之间对性状定义认识的一致性（Veerkamp, R.F., C.L.M.Gerritsen, E.P.C.Koenen, A.Hamoen and G.de Jong.2002.）。

在这个分析中，需要建立两组数据。一组为待测鉴定员在一段时间内（如 12 个月）的所有评分，另一组为在相同时期内其他鉴定员的评分。用双变量分析法分析两组数据，估计不同的（遗传）参数。可应用这种方法对每个鉴定员或每个性状进行逐一分析。从分析中可以得到以下参数：

- 遗传力：依据每个鉴定员的评分估计出的遗传力，可用来衡量鉴定员间的重复性。虽然最佳值不同，但都来源于每一个性状的真实遗传力。

- 遗传相关：两组数据之间的遗传相关可以用于检测鉴定员之间的重复性。
- 遗传标准差。
- 表型标准差：等于遗传方差与误差方差之和的平方根。

鉴定员的性状评估方案见图 1。

首先，检查平均分。平均分应该接近性状标准分（线性性状为 5，描述性性状为 80）。其次，遗传标准差不应低于平均值。

如果遗传标准差较低，可能是由于评估群体的规模有限（通过表型标准差衡量），或由于鉴定员间的重复性差（低遗传力），或两者兼有。如果遗传标准差低同时表型分布小，建议鉴定员利用更多的极端分数。如果遗传分布小且伴随低遗传力，那么鉴定员应提高对性状评分的一致性，应用相同的性状定义。

如果遗传相关太低，可能是因为鉴定员对某一性状的评估标准与其他鉴定员存在较大差异。

在参数评估中，所有系统参数均可利用标准误进行检测。通过与所有鉴定员对某特定性状的评分参数的平均值进行比较，可以对每一个鉴定员进行检验。另外，评分次数少的鉴定员可能会显著偏离平均值，因此在进行统计检验时引入标准误将更为合理。

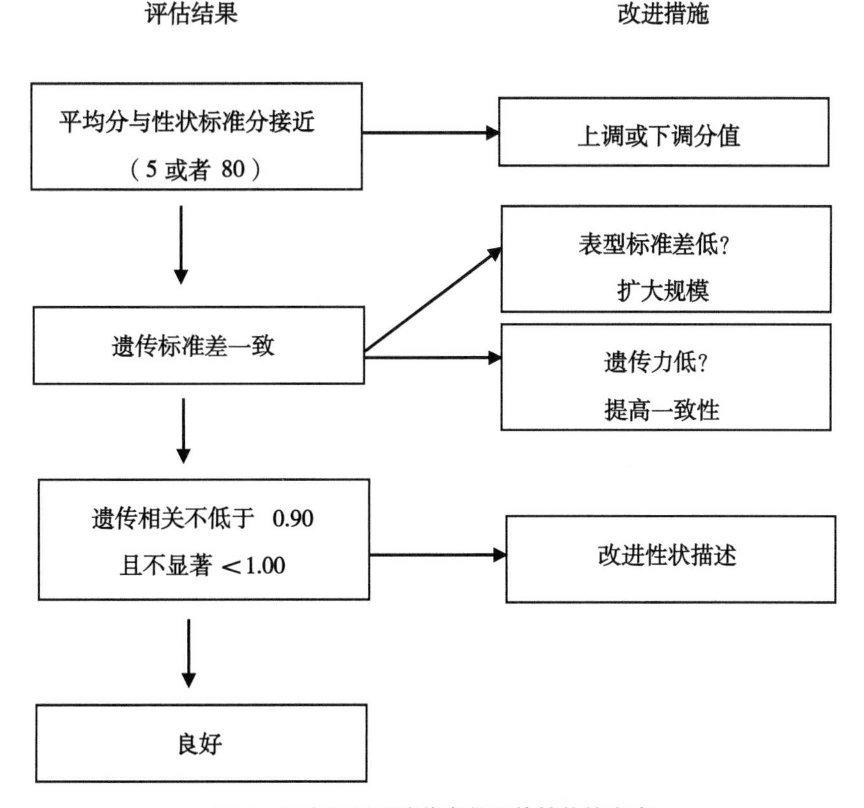

图 1　评定员利用遗传参数评估性状的方案

5.4.4　评分系统的审查

评分系统可应用审查系统进一步得到完善。由于审查系统中的专家熟悉其他国家或组织的评分体系，因此他们可以审查本国或组织的现状，予以完善。

评分系统负责人之间的信息交流十分重要。

不同的审查途径：

- 利用国际研讨会的有利条件，关于如何进行鉴定员的培训以及开展日常工作进行信息交流。
- 邀请其他国家/组织的鉴定员或首席鉴定员参加或者组织集体培训课程。
- 组织专家参观评分的负责机构，对方法和程序进行调查，并给出调研报告和改善建议。

第6章 繁殖力记录

6.1 人工授精组织关于不返情率（NRR）的描述方法指南

6.1.1 适用范围

不返情率（NRR）作为人工授精（AI）行业的管理手段，用来鉴别公牛的繁殖性能，对技术人员进行绩效考核以及对不同精液处理方法的比较。

6.1.2 目的

1. 为了便于对人工授精组织提出的“不返情率”概念的理解，特推荐一种精确描述NRR的计算方法。

2. 提供NRR计算的指导方法，以保证不同国家或育种组织计算方法的一致性。

6.1.3 定义

首次授精=在每次妊娠结束后对小母牛或母牛进行的第一次授精。

不返情率（NRR）=在特定的天数内（如24、56或90天）没有出现返情的母牛数占一段时间内（如一个月内）进行首次授精的母牛的比例。

6.1.4 计算规则

6.1.4.1 输精次数确定

进行NRR计算时只需考虑首次输精的个体（1964年在意大利特兰托举行的第五届ICAR会议中通过的公牛繁育协议）。

6.1.4.2 母牛数确定

在一个设定的畜群里，所有输精的母牛都应该用于NRR计算（不做任何基于繁殖参数的选择）。

应注明母牛的品种。

6.1.4.3 输精天数

输精当天记为第0天。

6.1.4.4 返情间隔

根据NRR的目的，NRR的计算（例如：第56天时的NRR）通常不包括早期的返情（例如：输精后3天内的返情不应该计算在内，因为这通常被认为是母牛的原因，而非公牛方面的）。

因此，返情间隔的两端限值都应该注明（例如：3~56天的NRR）。

6.1.4.5 返情间隔的两端限值

一般来说，给出的两端限值应该被包括在内。

例如，计算 3~24 天的 NRR 时，如果在周一进行输精（第 0 天），那么周二（第 1 天）或周三（第 2 天）出现的返情则不予考虑，从周四（第 3 天）至第 24 天的返情的母牛需要记录在内。

6.1.4.6 短期返情母牛的排除

如上所述的短期返情的母牛需排除，其可视为未返情母牛（“怀孕牛”）或者未输精母牛。前者会导致 NRR 的计算结果轻度偏高，后者是比较好的选择，但是实施起来会更复杂。

通常，短期返情的母牛被考虑作为非输精牛，即从本年度的计算文档中排除掉。如果选择其他处理方式，则应标明。

6.1.4.7 首次人工授精的数量

在 NRR 的计算中应注明首次人工授精的数量，因为这关系着计算结果的准确度。例如，当 NRR 为 50%时，人工授精的数量为 100 头次、400 头次或1 600头次时，对应的标准差 5%、2. 5%或 1. 25%。

6.1.4.8 NRR 的校正

根据育种状况，很多因素会影响 NRR 的计算结果。经常使用到的一些因素包括：母牛的胎次（成母牛/青年牛）、技术人员、星期几、畜群、人工输精的范围、年度季节月份、精液的价格、是否自行操作、畜群是否有产奶记录、母牛产奶量、母牛品种等。

对于 NRR 的计算，至少要对胎次（成母牛/青年牛）进行校正。

无论如何，应注明 NRR 是否经过校正，并指出校正的因素。

6.1.5 NRR 与每次输精的日期有关

综上所述，计算 NRR 时应标明以下几点信息：

- 母牛输精的指定日期；
- 母牛的数量；
- 每次输精后用于计算的返情间隔范围（3~24 天、18~24 天…）；
- 母牛品种；
- 出现短期返情的母牛按照怀孕母牛处理还是未输精母牛处理；
- NRR 是否经过校正（如已校正，需注明校正了哪些影响因素）。

推荐的 NRR 表示方法如下：

“特定时间”（n=）：“间隔开始天数” ~ “间隔结束天数” 的 NRR=

例如：2000 年 1 月 （n=1 531）：18~24 天 NRR=68. 4%

6.1.6 60~90 天 NRR

60~90 天 NRR 可以作为育种组织逐月计算育种进展的参考标准，而非日常数据。用这种方法，所有 1 月输精母牛的 NRR 应在 3 月底时计算。1 月初输精的母牛将有 90 天的时间用于返情，而 1 月底输精的母牛就只有 60 天左右的时间。

注意，请不要混淆“18~24 天 NRR”和“60~90 天 NRR”这两个概念。“18~24 天”

界定的是返情间隔的两端，而“60~90 天”只界定了间隔的结束范围，根据输精日期的不同可以有所变化。

需要注明的信息与上述相同。

推荐的 NRR 表示方法如下：

“特定时间”（n=）：“间隔开始天数” ~ “间隔的结束范围” 的 NRR=

例如：1999 年（n= 15 332）：（3~60）天~90 天 NRR=58.9%

6.2 建议：胚胎生产和胚胎移植时供体种畜血缘系谱数据的记录和确认

6.2.1 建议的目的

本建议旨在提高牛胚胎生产及移植方面的数据质量，因为这些数据对于胚胎移植技术所产小牛的血缘评估非常重要。本建议充分考虑了已在国际贸易中发挥重要作用的现有规则和指南，并作必要的扩展。这里推荐了在使用胚胎数据时应该记录的信息，以及必须进行的数据控制措施。

本建议作为胚胎贸易国际准则的一个补充，内容包括：

- 由欧盟或其他国家/国际组织发布的兽医师要求；
- 由欧盟或其他国家/国际组织发布的畜牧学要求；
- 国际胚胎移植协会（IETS）采用的技术指南。

6.2.2 建议的适用领域

本建议适用于在品种登记之前应用胚胎数据对新生犊牛进行血统评估，同时也为胚胎的可追溯性提供基础。

适用于供体母牛、供体母牛的父本、以及受体母牛，无论是何种技术（例如传统生产技术、体外授精技术、胚胎分割技术、胚胎克隆技术）生产的用于移植的胚胎。

适用于国产或从其他国家进口的胚胎。

不适用于含技术性目的的数据记录，如：

- 胚胎质量的评估；
- 冷冻胚胎的制备或其他技术性操作（如胚胎分割技术、性别鉴定）。

须提供胚胎的遗传学父母代的 DNA 参考数据（血型除外）。

DNA 参考数据指国际动物遗传学会（ISAG）推荐的标记列表。

6.2.3 定义

人工授精（AI）：对供体母牛、青年母牛或成母牛进行输精以生产胚胎。

供体母牛（Donor female）：胚胎的遗传学母亲。

复配（Double AI）：在较短时间内（例如 48h）用同一头公牛精液或不同公牛精液对同一母牛进行两次人工授精，以获得胚胎。记录该信息是为了防止数据核查时将其作为无效数据排除。

胚胎移植（Embryo transfer）：将体内或体外生产的胚胎移植给受体母牛。

国际胚胎移植协会（IETS）：从业人员、科研人员和教育管理人员间进行信息交流的专业性论坛。IETS 为从业人员提供了表格和证书手册。最新的 IETS 表格可在 www.iets.org 网站上下载。

体外授精（IVF）：在体外实验室内用公牛精液对来自供体母牛的卵母细胞进行输精的技术。卵母细胞可通过活体取卵方法或者在屠宰场获得。

操作员（Operator）：掌握从供体母牛体内取出卵母细胞及胚胎移植的技术人员，同时其还能进行体外输精和活体取卵操作。操作员是团队的成员，担负相应的职责。

活体取卵（OPU）：从活的供体母牛卵巢中获得卵母细胞的技术。获得的卵母细胞继而在实验室内用公牛精液进行输精。

受体母牛（Recipient female）：接受过移植胚胎的母牛，常被称为所生个体的“非遗传学母亲”。

收集胚胎（Recovering embryos）：对使用一头或两头公牛精液输精过的供体母牛子宫或输卵管进行冲洗以获得胚胎的技术。

登记（Registration）：在本建议中提到的动物、受体、供体母牛或供体公牛的“登记”，指的是动物在数据库中有其唯一的身份证明。同样的术语也适用于畜群。

生殖性克隆（Reproductive cloning）：对体外或体内生产的胚胎进行增殖培养的技术。

团队（Teams）：能进行胚胎或卵母细胞的收集，并能进行胚胎移植操作的官方认定的组织。其相关的参考资料已由国家或国际机构出版（代码、地址、负责人），包含国家或国际的批准范围。

6.2.4 相关数据的记录

数据记录是为了确保犊牛出生后的血缘评估和胚胎的可追溯性。包括如下内容：

- 胚胎收集，包括体外授精（IVF）程序（6.2.4.1）；
- 胚胎移植（6.2.4.3）。

此外，还需在装载冷冻胚胎的细管上标注相关信息（6.2.4.2）。

附录 6 为关于胚胎转运的规定。

6.2.4.1 胚胎生产步骤的数据记录

6.2.4.1.1 胚胎收集时的记录项目总结

当收集胚胎时，一些数据必须以手写形式（纸质版）或者使用电子设备（笔记本电脑、掌上电脑等）进行登记。这些数据将构成基本数据库，以根据不同的情况追溯胚胎的历史。

当胚胎来源为进口时，同样需要相关的数据信息。

无论是牧场收集得到的胚胎或进口胚胎，均需要如下数据信息：

在任何情况下均需记录的信息：

- 经过批准的团队和（或）操作员进行胚胎收集的参考方法；
- 收集胚胎的日期（或进口的日期）；
- 胚胎冷冻的日期（如果不同于收集日期）；
- 胚胎收集时供体母牛所在畜群的编号；

- 供体母牛的编号；
- 收集种类：胚胎或卵母细胞。

仅胚胎收集时需要记录的信息：

- 可能的供体公牛的编号（如果使用两头公牛的精液进行了复配）；
- 胚胎的发育阶段。

仅卵母细胞收集需要记录的信息：

- 收集方法：屠宰场获得或者活体取卵（OPU）。

6.2.4.1.2　授精过程或者生殖性克隆过程（相关操作）中的数据记录

任何胚胎都需记录以下信息（或者标注在细管上以确认胚胎）：

- 进行授精操作的实验室；
- 授精的日期；
- 可能的公牛编号；
- 进行克隆的操作员；
- 克隆的日期。

6.2.4.1.3　技术特性：可以解释或优化数据处理的相关信息

- 通过组织切片法进行基因型检测；
- 技术数据，例如 IETS 表格要求的编码。

6.2.4.1.4　用于犊牛血缘评估的数据记录（无论胚胎的生产方法或产地如何）

- 胚胎编号（可包括收集编号）；
- 专业的团队或操作员的鉴定结果；
- 胚胎冷冻的日期；
- 胚胎的父本：编号+品种代码；
- 胚胎的母本：编号+品种代码；
- 供体所在畜群的编号；
- 胚胎的发育阶段。

如果是进口胚胎，相关数据可以从胚胎附带的文件中获得，例如

- 畜群系谱；
- IETS（国际胚胎移植协会）给出的相关表格。

以上信息不分先后。但数据交流时，应注明数据的排序。

注意：

应采集父母的 DNA，标记（或者血型）信息与其他数据一并提供。

6.2.4.2　装胚细管的标识

每个装有胚胎的细管上都必须以印刷或手写的形式标注一个唯一标识号，以便于下述纸质版或电子版内容相互对照，确保随着胚胎的转移，这些数据可进行追溯。

- 进行胚胎收集的专业团队或操作员的鉴定结果；
- 冷冻的日期；
- 胚胎的父本：编号+品种代码；
- 胚胎的母本：编号+品种代码；

- 每管中的胚胎数量。

除了唯一标识号外，根据客户或者育种组织的需要，可以在细管上标注更多的信息。以上信息不分先后。

本建议对于唯一标识号的结构形式没有要求。但其通常应包含团队/操作员编号、收集年度、收集次序等。

如果生产的胚胎用于出口，强烈建议团队使用 IETS 鉴定系统。

6.2.4.3 胚胎移植时的数据记录总结

胚胎移植时，以下信息必须通过手写（纸质版）或电子设备（如笔记本电脑、掌上电脑）进行记录。这些数据将构成基础数据库，用于犊牛的血缘评估。

任何胚胎都需要记录以下信息：

- 操作员；
- 受体母牛所在畜群的编号；
- 受体母牛的编号；
- 移植日期；
- 胚胎的鉴定。

以上信息不分先后。但数据交流时，应注明数据的排序。

6.2.4.4 记录项目的详细说明

6.2.4.4.1 收集编号

胚胎移植官方授权团队的编号和收集年份。

6.2.4.4.2 胚胎编号

参考收集编号对胚胎进行注释：经批准的团队生产的胚胎的编号。

6.2.4.4.3 操作员

负责记录或进行胚胎移植的为授权团队的技术人员或者兽医人员。个体操作员的记录并不是强制性的。

6.2.4.4.4 日期

须记录每一步操作的日期。胚胎的收集和冷冻通常在同一天进行。

6.2.4.4.5 畜群和母牛的标识

畜群和母牛必须经过国家遗传数据处理登记系统的标识。母牛（供体或者受体）的编号（包括国家代码）必须予以记录。

6.2.4.4.6 人工授精公牛

供体母牛须用公牛的精液进行人工授精，我们可以通过其精液来了解公牛信息。公牛的标识是由“ICAR 公牛精液细管标识指南”定义的，其可作为国际标识码或者世界范围唯一的公牛代码。

6.2.4.4.7 复配

如存在复配情况，则应通过记录代码或者自动标识等方式进行标注。

6.2.4.4.8 品种代码

用于国际贸易的公牛和供体母牛，必须使用 ICAR 品种清单中的品种代码。如果生产胚胎时所用品种不在名录内，相关组织可以自由使用名录之外的其他代码。

6.2.4.4.9 畜群

畜群可以是一个牧场或者是一个工作站。

6.2.4.4.10 胚胎发育阶段

在体内或体外生产的胚胎一般在囊胚阶段进行移植，并通常是第 7 天的囊胚。

6.2.5 用于血缘评估的胚胎或者胚胎移植的数据传输

- 数据要定期向数据库传送，以便和出生时的数据相匹配。
- 胚胎鉴定数据和人工输精数据在数据库必须可有效使用。
- 胚胎移植数据在数据库中可用，并且优先于出生数据。
- 出生数据必须由受体母牛的负责人进行传输（犊牛性别在出生时记录，不需基因鉴定）。

6.2.6 血缘评估

胚胎移植的受体母牛（非人工输精或者自然怀孕）产犊后，须进行血缘评估以确定犊牛的遗传学父母。根据各个国家数据处理组织的情况，有两种方法可用：

- 必须对父母代和犊牛进行微卫星、SNP，或者血型分析，数据记录方式同 6.2.4 所述。
- 如果移植数据与出生数据相匹配，则相关数据可通过附录 2 所述方法进行检测，并根据 6.2.5 所述要求传送到数据库。

如果胚胎移植日期、产犊日期与犊牛品种的妊娠周期相一致，并结合考虑胚胎的发育阶段，即可确定犊牛的遗传学父母。

建议群体中重要个体的血缘评估应该使用 DNA 分析技术。

注：在大多数国家，人工授精公牛以及人工授精或者胚胎移植所产犊牛的血统，必须应用血型检查、微卫星技术，或者 SNP 分型技术进行核实。

6.2.7 质量控制

一切信息系统的功效都取决于数据的质量。对于胚胎而言，数据的质量包括记录的准确性以及出生犊牛的血缘认证。

建议对胚胎技术所生犊牛进行血缘评估的数据处理组织，应在记录数据的完整性、真实性、一致性和可能性方面进行控制，并完成相关指标的检测。

注：质量控制与胚胎移植团队的审批更新要求无关。

第7章　功能性状指南

7.1　健康性状记录、评估及遗传改良指南

7.1.1　技术摘要

奶牛健康状况的改善对于经济增长十分重要。健康状况不佳往往会导致较高的疾病治疗费用，额外的劳力成本以及生产力的降低，从而使总生产成本增加。由于人们需要健康的动物来提供人类食用的高品质食品，动物福利越来越受到消费者和监管机构的关注。此外，这与欧盟动保战略中强调疾病的预防比治疗更重要的观点相一致。我们可通过测评和选择治疗疾病的方法来直接解决动物健康问题，也可通过选择对抗该疾病的抗性性状来间接解决这一问题。直接观察动物的健康状况，并记录疾病，以供评估和选择，将最大限度地提高遗传选择计划的效率。斯堪的纳维亚半岛国家近年来一直定期收集和利用这些数据，恰恰证明了这种方案的可行性，而其他国家关于健康的数据仍然有限。由于对健康的重视程度和疾病的复杂性差异，不同国家间的筛选方案可能会有所不同。本节介绍了数据的收集方法、性状定义以及在遗传评估方案中利用健康数据的最佳实践案例，因此可在其他农场管理中进行推广应用。

7.1.2　简介

牛群健康状况的改善对于经济增长的重要性主要体现在以下几个方面。在乳制品和牛肉价格正在下跌的大环境下，疾病会导致生产成本的增加（兽用医疗保健和治疗费用增加、额外劳动力、生产性能降低）。消费者也希望看到食品安全和动物福利的改善。提高牛群的整体健康水平对于生产高品质的食品来说是必要的，同时也意味着动物福利的显著提升。改善动物福利也与欧盟动物保健战略中强调疾病的预防比治疗更重要的观点相一致（欧洲委员会，2007）。

健康问题可直接或间接解决。疾病的间接解决方法已被许多国家列入常规性能测试。然而，在记录、评价和选择方案的过程中也需要健康和疾病的直接观察措施，以提高动物健康遗传改良项目的效率。

在斯堪的纳维亚半岛国家，对兽医医疗诊断得到的直接健康数据的定期收集和使用已经持续多年（Nielsen，2000；Philipsson 和 Linde，2003；Østerås 和 Sølverød，2005；Aamand，2006；Heringstad 等，2007）。其他国家在直接健康数据方面的经验仍然有限，但近几年在观察或诊断疾病的记录应用方面的兴趣大大增加（Zwald 等，2006a，b；Neuenschwander 等，2008；Neuenschwender，2010；Appuhamy 等，2009；Egger - Danner 等，2010；Egger-Danner 等，2012；Koeck 等，2012a，b；Neuschwander 等，2012）。

由于健康和疾病的复杂生物特性，指南应主要解决直接健康数据收集工作中的常规问题。本章对于重大复杂疾病的具体问题进行了讨论，但对这些指南中特定品种或种群关注点可能仍然需要修订。

7.1.3 数据类型以及来源

7.1.3.1 数据类型

对于单个动物来说，收集健康和疾病状态的直接信息比收集间接信息更好。然而，整个群体可靠健康信息的收集可能通过间接措施更容易实现，而直接措施难以达到。结合使用直接和间接的健康数据对于健康性状的分析来说可能更好，但需明确区分这两种类型的数据。

7.1.3.1.1 直接健康信息

疾病的诊断或观察。

疾病的临床症状或表现。

7.1.3.1.2 间接健康信息

- 客观测量的指标性状（如体细胞数、乳中尿素氮）。
- 主观估计的指标性状（如体况评分、肢蹄结构评分）。

健康数据可能来自不同的数据源，这些数据源的信息内容和特异性有着明显差异。因此，当对健康和疾病状态信息进行收集和分析时，必须清楚地标明数据来源。在将不同来源的数据进行组合来定义健康性状时，必须考虑数据的来源。

在以下章节中，我们会讨论健康数据的可能来源及其提供的数据类型、这些数据来源的具体优点和缺点，以及使用这些数据源时需要解决的问题。

7.1.3.2 数据来源

7.1.3.2.1 兽医

内容

- 主要报告直接健康数据。
- 提供疾病诊断（申请使用药物的证明文件），可能通过发现疾病症状或性状指示信息来进行补充说明。

优点

- 获得的健康性状信息范围广泛。
- 特异性的兽医诊断（高质量数据）。
- 在某些国家是具有法律效力的证明文件（是对已经建立的记录方法的合理利用）。

缺点

- 只报告较严重的疾病情况（需要兽医干预和药物治疗）。
- 报告可能发生延迟（疾病发生和兽医来访之间的间隔）。
- 记录需要额外的时间和精力（不能直接获得完整一致的文件，需要建立日常记录和数据流）。

7.1.3.2.2　生产者

内容

• 主要为间接健康数据。

• 疾病观察（“诊断”），可能通过发现疾病症状或性状指示性信息来进行补充说明。

优点

• 获得的健康性状信息范围广泛。

• 诊断不需要兽医介入的轻微病例。

• 在疾病开始阶段获得第一手资料。

• 可以合理使用已经建立好的数据流（日常常规检测，产犊情况报告，授精记录文件等）。

缺点

• 存在错误诊断和误判疾病症状的风险（缺乏兽医医疗知识）。

• 可能需要规定只记录最相关的疾病（存在轻微误判的风险，记录需要一些额外的时间和精力）。

• 需要专家支持和培训（兽医）来保证数据的质量。

• 伴随农场工作高峰的变化，记录的完整性可能有差异。

附注

• 后备数据依赖于农场技术设备的支持，例如使用畜群管理软件来管理文档（记录修蹄、疾病、疫苗接种的软件），手持式在线记录设备，信息从工作人员到牛奶登记机构的转移等。

• 在分析的所有阶段必须考虑特定生产者可能的记录重点（检查健康/疾病记录文件的完整性；参考 Kelton et al.，1998）。

• 初步研究表明，从生产记录的数据得到的流行病学结果与兽医文献中的报道类似（Cole 等，2006）。

7.1.3.2.3　专业人员（修蹄人员、营养学家等）

内容

• 根据专业领域的不同可提供一系列针对不同症状的直接和间接的健康数据。

优点

• 针对一系列健康性状的具体详细的数据信息（高质量的数据），对于生产者来说十分有用。

• 可以对数据进行筛选（了解整个牛群在某一特定时间点的信息）。

• 可根据个人专业进行记录（可利用已经建立好的记录方法）。

缺点

• 健康性状信息的范围有限。

• 依赖专业人员的知识水平（建议选择获得从业认证或许可的记录人员）。

• 记录需要额外的时间和精力（不能直接获得完整一致的文件，需要建立日常记录和数据流）。

• 商业利益可能干扰记录文档的客观性。

7.1.3.2.4　其他（实验室，农场技术设备等）

内容

• 根据取样方案和测试要求，可获得不同种类的间接健康数据，如微生物检测、代谢产物分析、激素检测、病毒/细菌DNA、红外线检测等（Soyeurt et al. 2009a，b）.

优点

• 可获得针对一系列健康性状的具体数据信息（高质量的数据），对于生产者来说十分受益。

• 检测具有客观性。

• 自动化或半自动化记录系统（可以合理使用已经建立好的数据流）。

缺点

• 关于疾病之间关联的解释有可能不清晰。

• 数据的校验和联合使用可能存在问题。

表1是对数据来源和数据类型的总结。

表1　直接或间接健康数据来源列表

数据来源	数据类型	
	直接健康信息	间接健康信息
兽医	是	可能
养殖者	是	可能
专业人员	是	可能
其他	否	是

7.1.4　数据安全

在收集和使用现场数据时，数据安全是一个十分重要的问题。然而，在动物福利和保护消费者权益的层面上，需要保证奶牛的健康，这意味着农场主和兽医有义务进行高质量的记录，并且要着重强调健康数据的灵敏度。

根据国家要求和可应用数据保密标准，使用健康数据时必须考虑法律体制问题。进行数据记录的农场主是数据的持有者，而且在数据收集、转移或分析之前，必须签订正式的协议。在数据交换协议中必须解决以下问题：

• 存储在健康数据库中的信息类型。例如，治疗药物的使用细节、剂量和用药间隔。

• 授权管理数据库和分析数据的机构。

• 原始健康数据分析和结果的访问权限。

• 数据的所有权及允许数据转移和使用的权力。

负责数据存储和分析的机构或政府部门应该起草健康数据记录和使用的登记表。（例如，奥地利卫生部，2010）

任何健康数据库都必须保证：

• 每个农场主只能访问自己的农场的详细信息，且仅限于农场中现存的动物。

• 编辑健康数据的权利是受到限制的。

• 访问任意治疗信息的权力仅限农场主，兽医负责具体处理某一病例，并可以选择使用匿名记录。

为了使农场主对提供数据的系统产生足够的信任度，数据安全是一个必要的前提条件。治疗数据的记录比单纯诊断要更加敏感，因此需慎重考虑收集和存储这些数据的必要性。

7.1.5 文档

文档记录的最低要求：

• 特异的动物 ID 号（品种登记要求）。

• 记录的地点（农场或牛群的特异 ID 号）。

• 数据来源（兽医、养殖者、专业人员或其他）。

• 健康状况数据。

• 健康状况类型（记录用的标准代码）。

有价值的额外文档：

• 记录人员的个人信息。

• 健康状况的细节（确切位置，严重程度）。

• 记录类型和数据传输方法（农场记录软件，网上传输）。

• 诊断类型信息（首次或随访）。

如果要对直接和间接的健康数据进行系统化使用和合理解释，需要将感染动物的健康状况与其他信息结合使用（基本信息，如出生日期、性别、品种、父母代、农场/畜群；产犊日期和性能记录）。因此，用于健康数据库的个体动物的唯一标识必须与现有数据库中使用的动物 ID 号相一致。

大量健康数据的收集得益于文档的法律框架和诊断数据的使用。欧洲法规要求食物流通环节中的动物必须具有药品使用历史的健康记录文档，这样就可以通过查阅兽医和农场主保存的治疗记录来获得兽医医疗诊断，但必须确保遵循数据记录的最低要求，尤其值得注意的是，一个国家内或不同国家之间的动物标识方案可能不一致。此外，必须明确区分预防和治疗用药品之间的区别，前者应被排除在疾病统计数据之外。预防措施的信息应与健康数据的解释紧密相关（如干奶期疗法），但不应被误解为疾病的症状。同时，鼓励记录药品的使用情况，但国际上没有统一要求，无论是否记录了治疗信息，这些健康数据都应被收集。

7.1.6 规范化记录

为了便于分析，以及避免对健康信息产生错误解释，记录每种类型的健康事件时都应使用特异性的代码。这些代码必须符合下列条件：

必须记录健康事件的明确定义，不应产生不同的解释。

所包含的疾病和健康事件范围广泛，应覆盖所有的器官系统，以及传染性和非传染性的疾病。

参与数据记录的所有当事人都可以理解。

允许记录不同口径的诊断细节，应包括来自兽医的特异性诊断，同时也应有来自饲养者的初步诊断或观察。

记录系统起源于一个非常详细的诊断代码，可能发展为更广泛使用代码中的子集。然而，提交到健康数据库中相同的事件标识必须始终具有相同的含义。因此，在信息输入到健康数据库之前，数据必须使用一个全国统一标准进行记录，最好是国际统一的方案进行编码。在使用电子软件记录健康数据的情况下，软件提供商应负责确保其产品中正确安装了用于直接或间接健康数据的标准模式代码。当允许农场主自己定义代码时，这些自定义代码与标准代码之间的转换是一个重大的挑战，我们需认真考虑这个问题（例如 Zwald 等，2004 年）。

该指南的附录中提供了大约 1 000个输入选项的综合性诊断代码。它是根据德国兽医 Staufenbiel 开发的诊断代码得出的（‘ zentraler Diagnoseschlüssel’）（附录）。该代码结构是具备等级分类，并可以代表直接健康数据记录的一个“黄金标准”。它包括对于农场管理决策十分有用的特异性诊断信息，以及需要大量动物的信息来进行分析的特异性较差的宽泛评价（如遗传评估）。此外，它允许记录选择的预防和生物技术措施，这些措施可以很好地解释记录的健康数据。

在斯堪的纳维亚半岛国家以及奥地利，使用 60~100 个诊断代码，可以记录牛的最重要的健康问题。根据疾病的复杂程度对诊断文件进行分组，并由治疗兽医进行记录（Osteras 等，2007；奥地利卫生部，2010；Osteras，2012）。

对于由专业人员记录的直接健康数据来说，可以使用综合代码的特殊子集。可以在文献中找到修蹄的实际案例（Thomsen 等，2008；Capion 等，2008；Maier，2009a，b；Buch 等，2011）。

当养殖者记录数据时，应该提供简化的诊断代码，其仅包含代码的一个子集（Neuenschwander 等，2008；美国农业部，2010）。所包含的诊断必须精确，不需要动物医学专业知识也可辨别，这种简化的代码包括乳房炎、跛行、卵巢囊肿、皱胃移位、酮病、子宫炎/子宫疾病、产乳热和胎衣不下等（Neuenschwander 等，2008）。美国模式（美国农业部，2010）是根据事件进行记录的，并允许做很笼统的记录（例如，“这头牛今天有酮症。”），也可以是非常具体的（例如，“今天这头牛在右后乳房有金黄色葡萄球菌导致的乳房炎”）。

7.1.7 数据质量

7.1.7.1 总体数据质量检查

通过强制性命令对数据信息的基本真实性进行检查。如果可以获得附加的信息，就可以利用这些信息对健康数据进行更加复杂和精细地验证。

- 进行记录和传输健康数据的养殖场必须进行登记。
- 牧场提交记录数据的人必须经过授权才能为这一特定的农场提交数据。
- 提交和上报健康事件时，涉及的动物必须在各自的农场进行登记。
- 上报健康事件发生的日期必须在动物存活时间（在出生日期与屠宰日期之间），并且不能超过屠宰日期。
- 每一天每一只动物只能记录一次特定的健康事件。

• 发送的健康记录内容中必须包含一个有效的疾病代码。在选择性记录健康事件时（例如只记录肢蹄疾病，只记录乳房炎，不记录犊牛的疾病等），治疗记录必须符合提交健康数据指定的疾病类别。

• 对于有限制性提交权限的健康数据的数据来源，健康记录人员记录的必须符合指定的疾病类别（如修蹄人员只记录运动器官疾病，营养专家只记录代谢紊乱疾病）。

7.1.7.2 特定数据质量检查

为了对牛群的健康状况进行可靠和有意义的统计，应该尽可能完整地记录参与健康改善方案的所有农场的健康事件。理想情况下，不管性别、年龄和个体表现，所有动物的观察强度和记录的完整性应当一致。只有这样才能完全展现群体的整体健康状况。然而，这种统一、完整、连续记录的理想状况很少能实现，所以必须制定可以区分记录动物健康状况较好的农场及记录较差的农场的方法。

正在进行健康数据记录及评估计划的国家要求每头奶牛每年进行的诊断次数满足最低水平（例如丹麦：0.3 诊次；奥地利：0.1 诊次），需要考虑数据记录的连续性。未达到这些数值的农场会自动排除在进一步的分析之外，直到它们的记录水平有所改善。然而，为了避免由于农场过大或过小而可能出现偏差，确定上报的最低频率时需要考虑畜群规模。任何固定的程序都存在将具有健康优质群体排除在外的风险，因此要避免由于没有替代的纳入标准而造成的数据偏差，并设置报告的最低下限。对于出现频率很低的疾病和出现频率很高的疾病要设置不同的标准，特别是当这种罕见的疾病造成的损失比常见疾病严重得多的时候。

因为农场对于不同疾病种类的记录方法和完整性可能并不一致（例如生产者不记录肢蹄疾病），应定期检查按疾病进行分类的数据，以确定哪些数据应该被包含在内。如果根据最全面的健康性状的记录进行筛选，来做出将某一农场包含或排除在外的决定，可能会导致对健康数据相当大的误解。

对于每个动物要定期检查健康数据以保持其满足一系列的限制条件。一些诊断只能在特定年龄、性别或生理状态的动物中进行。可以在某些文献中找到实例（Kelton 等，1998；Austrian Ministry of Health，2010）。对于真实性检查的标准将在本指南的特定性状部分进行讨论。

7.1.8 数据流的连续性——获得长期成功的关键

不管健康数据来源于哪，长期对健康记录系统的接纳和健康改善方案的成功都将依赖于各方面的持续推动。为了实现这一目标，负责存储和分析健康数据的机构及该领域中的人员之间需要进行频繁、诚实和开放的沟通。只有在确定某种新的方法和技术对自己的企业产生积极的影响时，生产者、兽医和专业人员才能赞成采用这种方法，并且向外界清晰地传达出信息交流所产生的互惠互利和良好的成本效益比。

当数据收集的关键目标是促进健康遗传改良方案发展时，需提交给养殖者一个合理的事件时间表。与典型的生产性状相比，那些遗传力低的性状需要记录比典型生产性状更多的数据，才能准确估计其育种值。每个人都应意识到，需要积累足够的数据库才能支持这些计算，这可能需要数年的时间。这将有助于参与者保持积极进取的心态，而不是在没有新研究成果出现时灰心丧气。阶段性成果，如全国发病率和发病率随时间变化的报告，可以从数据采集开始，到应用于遗传评估的这段时间里，为生产者提供有用的工具。

为每个参与的农场和有资质的人员定期发送健康报告，将有助于给那些参加健康数据记录的人员机构提供早期的鼓励。为了帮助个体农场制定管理决策，健康报告应该包含农场畜群和区域内其他相似规模和畜群结构农场的统计数据（农场所有动物的健康状况以及根据年龄或生产性能进行的分群）。允许获得授权的兽医或专家得到健康报告，将有助于确保数据记录所产生的利益的最大化，因为他们可以为数据的解释提供帮助，有利于全面解读数据。

7.1.9　性状定义

大多数奶牛的健康事件可以归纳为几种主要的疾病（Heringstad 等，2007；Koeck 等，2010a，b；Wolff，2012），每一种疾病在进行相关健康信息的分析时需要解决的特定问题，在对录入数据的真实性进行检验时存在一定的差异，包括合格的动物群、诊断时间表以及是否需要重复诊断等。

另一方面，应该对在动物一生中只可能出现一次的疾病或在一个特定时间段内只出现一次的疾病（如每个哺乳期中只出现一次）和在整个生命周期反复出现的疾病加以区别。当比较疾病流行和传播的数据时，应该在比对疾病的流行和分布数据时考虑疾病的时间间隔问题，比如在最短的时间间隔后出现的同样的健康问题，可以被考虑成是疾病复发，而不是疾病延长。此外，必须考虑整个生命周期或哺乳期中是否仅仅包含第一次诊断的数据，还是包含了第一次诊断以及复发诊断的数据，这些差异会对健康数据分析结果的比对产生相当大的影响。

7.1.9.1　乳房健康

乳房炎是奶牛乳房健康性状的定性和定量上最为重要的疾病（Amand 等，2006；Heringstad 等，2007；Wolff，2012）。乳房炎在定义上代表了乳房的所有炎症，包括隐性和临床型乳房炎。然而，直接收集健康数据的时候应该清楚区分乳房炎的临床症状和隐性病例。隐性乳房炎的特征是牛奶中体细胞数量的增加，但没有伴随疾病症状，体细胞计数（SCC）已列入许多国家的常规性检测，是一种代表了乳房健康的指标性状（间接健康数据）。

临床乳房炎感染的牛会出现不同程度的疾病症状，包括乳房出现局部病变，或乳汁分泌产生可察觉的变化，以及可能伴随着身体状况变差的症状。临床乳房炎（直接健康数据）的记录通常需要进行特定的监控，因为还没有开发出可进行自动化记录的可靠方法。记录不应局限于奶牛初次泌乳，应包括第二次和以后的泌乳期。可用于特定分析记录的可选信息包括：

- 临床疾病类型（急性，慢性）。
- 分泌物的类型（卡他性，出血，化脓，坏死性）。
- 怀疑为某种病原体导致的炎症的证据。
- 疾病的位置（感染的乳房）。
- 综合疾病症状的表现。

对临床型乳房炎信息的正确分析需要考虑疾病开始或初次诊断的时间（产奶日期）。在泌乳早期和晚期发生的临床乳房炎应被视为不同的特性。

检查录入健康数据的参数	推荐标准	注释
合格的动物群	青年母牛及成母牛（强制性：母牛）	例外（更加年幼的母牛除外）
诊断时间表	产犊前 10 天到 305 天泌乳	例外（适当情况下，产犊 10 天以前和泌乳后 305 天可以单独考虑；可以考虑更短的诊断周期）
诊断的重复性	最好是每头牛的每个泌乳期都进行诊断（每个泌乳期多次诊断更佳）	最短时间间隔的定义是该时间段后相同疾病的发生可以被考虑成是复发，而不是疾病的延长

7.1.9.2 繁殖障碍

繁殖障碍是指一系列具有相同影响（生育力或生殖能力降低）的疾病，但发病机制、病程和受影响的器官以及可能的治疗方法等不同。为了在群体水平上利用收集的健康数据改善管理水平，应尽可能具体地记录繁殖障碍。

可以根据疾病发生的时间或所涉及的器官将繁殖障碍具体归入某一种疾病。在这些疾病种类中，必须考虑进行特定的真实性检查，例如，诊断的时间表以及和每个哺乳期中进行多次诊断（诊断疾病复发）的可能性。要考虑固定的日期，包括牛卵巢周期（21 天）和产犊后生殖器官的生理恢复时间（产褥期的总天数：42 天）。

7.1.9.2.1 妊娠期疾病和围产期疾病

例如：

- 胚胎死亡、流产。
- 分娩延缓（宫缩无力）、会阴破裂。
- 胎衣滞留、产后疾病……

7.1.9.2.2 发情周期不规律或不育

例如：

卵巢囊肿、产褥热、子宫炎（子宫感染）……

检查的录入健康数据参数	推荐标准	注释
合格的动物群	青年母牛及成母牛	年龄最低限度应与表现数据分析相一致
诊断时间表	根据疾病类型	应考虑固定的病理生理学时间段（如：产褥期，发情周期）
诊断的重复性	根据疾病类型有所不同；每个动物检查一次（如生殖畸形）；每个泌乳期都进行一次诊断（如胎衣滞留）；或每个泌乳期多次诊断（如卵巢囊肿）	应该规定相同疾病症状再次出现的最短时间间隔，可以认为该时间间隔后发生的疾病是疾病复发。如按照卵巢周期，卵巢囊肿发病周期为 21 天

7.1.9.3 运动器官疾病

可以进行不同特异性等级的运动器官疾病记录。记录的最低要求可能是运动评分（跛行评分），而没有确切诊断的详细信息。然而，这些跛行的一般特征对于改进管理措施来说没有多大价值。

因为运动器官疾病具有不同的发病机制，诊断记录应尽可能具体详细。

应该粗略的将肢蹄疾病与其他运动器官疾病区分开来，因为具有更详细的信息会使健康数据的分析结果更有意义。因此，强烈推荐记录具体的诊断信息。对于受影响的结构、确切位置、类型和肉眼可见的变化程度进行详细记录，有利于确定疾病原因，以及选择更好的预防方案。这些细节主要可通过兽医（更严重的运动器官疾病的情况下）和修蹄人员（筛选数据和不太严重的运动器官疾病的情况下）获得 。然而，有经验的农场主也可以提供有价值的牛肢蹄健康信息。

谨慎对待农场主提供的行话，因为其定义往往相当模糊，也可能与疾病的诊断不一致。根据训练和专业标准的不同，不同的人记录的方法也不同。如修蹄人员和兽医的做法不同，国内和国际上也存在差异，还有各个农场数据收集系统也可能实施了不同的方案。为确保数据统一集中存储和分析，必须开发将数据转换到同一数据库的工具，在文件中应尽可能使用毫不含糊的技术术语（兽医诊断用语）。

7.1.9.3.1 肢蹄疾病

例如：

- 蹄叶炎（白线病、蹄出血、蹄增殖、蹄壁损伤、蹄壁弯曲、蹄壁凹陷）；
- 腐蹄病（典型部位发生溃疡＝rusterholz's disease，非典型部位发生溃疡，蹄尖溃疡）；
- 蹄皮炎（mortellaro' disease＝毛状增生＝脚后跟疣＝趾疣性皮炎）；
- 蹄踵糜烂（蹄糜烂＝跟部糜烂）；
- 趾间皮炎，趾间蜂窝织炎（趾间坏死杆菌病＝蹄糜烂），趾间畸形增生（趾间纤维瘤＝limax＝tylom）；
- 局限性无菌蹄皮炎，腐败性蹄皮炎；
- 蹄裂……

专业修蹄师应当使用专业知识记录肢蹄疾病。在（由生产商或专业修蹄师）定期修蹄的牛群中，我们可以获得数据筛选，例如，无论运动正常或不正常（跛行），我们都可以获得肢蹄的状态信息；此外我们还可以知道是否存在其他疾病的征兆（例如红肿、发热），这将显著增加可用的直接健康数据的总量，并增强这些性状分析的可靠性。如果根据检查、治疗或跛行动物的数量来计算肢蹄疾病的发病率，结果可能会有所偏差。

肢蹄的其他信息也可以用来解释个体动物肢蹄的整体健康状况，如蹄角度、蹄形状或角质硬度等信息，可以记录下来。蹄结构的某些方面可能已经在体型评定过程中进行了评估。录入这些间接健康数据可能有助于对肢蹄疾病的分析。

7.1.9.3.2 足和肢蹄疾病——统一描述

名称	代码	描述	别名
不对称肢蹄	AC	内外肢蹄长宽高有显著差异不能靠修剪来平衡	

（续表）

名称	代码	描述	别名
蹄壁背侧凹陷	CD	背侧蹄壁形状凹陷	
螺旋型肢蹄	CC	肢蹄内或外的扭转，蹄壁背侧的边偏离直线	
蹄皮炎	DD	脚趾和趾间的糜烂感染，多数是由溃疡和长期的角化增殖引起的	Mortellaro 氏病，草莓病
趾间/表皮皮炎	ID	不属于蹄皮炎类的所有的肢蹄轻度皮炎	
双层底	DS	肢蹄下方有两层或多层角质	Underrun sole
蹄踵糜烂	HHE	延髓糜烂，在严重的情况下呈现 V 字形，甚至可能延伸到真皮层	根部糜烂，蹄糜烂
蹄裂	HF	（肢蹄）蹄壁撕裂	
轴向蹄裂	HFA	内（肢蹄）蹄壁纵向撕裂	
横向蹄裂	HFH	（肢蹄）蹄壁横向撕裂	
纵向蹄裂	HFV	外（肢蹄）蹄壁或背侧蹄壁纵向撕裂	
趾间畸形增生	IH	趾间纤维组织生长	蹄底真皮挫伤，胼胝，趾间纤维瘤
趾间蜂窝织炎	IP	足部疼痛肿胀且伴有气味，发病时会突然僵硬	足糜烂，足腐烂，趾间坏死杆菌病
断蹄	SC	蹄尖交叉	
蹄出血	SH	蹄底红/黄变色或白线扩散	蹄挫伤
蹄出血扩散	SHD	扩散由亮红色变为淡黄色	
蹄出血受限	SHC	变色与正常色角质有明显不同	
蹄冠和或延髓肿胀	SW	可能是由环境引起的角质囊上方组织单/双侧肿胀	
溃疡	U	肢蹄特定典型区域溃疡，如延髓溃疡，腐蹄病，趾溃疡/坏死	
腐蹄病	SU	肢蹄角质层穿透导致新鲜或坏死的真皮层暴露在外	
延髓溃疡	BU	延髓溃疡	脚后跟溃疡
趾溃疡	TU	趾溃疡	
趾坏死	TN	趾尖坏死会牵连骨组织	
薄层趾	TS	肢蹄角质用手指摸上去像是海绵触感	
白线病	WL	白线分离，有/没有脓水渗出	
白线分裂	WLF	在蹄底恢复后残留的白线分裂	
白线脓肿	WLA	真皮坏死化脓性炎症	

7.1.9.3.3　其他运动器官疾病

例如：

- 跛行（跛行评分）；
- 关节疾病（关节炎、关节病、脱位）；
- 肌肉和肌腱疾病（肌炎、肌腱炎、腱鞘炎）；
- 神经疾病（神经炎、瘫痪）……

由于特异性诊断的次数很少，这些特异性较高的运动器官疾病的分析可能会受到干扰。然而，动物运动器官的健康或农场水平的提高，需要详细的病情资料来找出需要消除的致病因素。分析兽医上报的数据可以更深入地了解改善方案。在日常检验中依靠生产者来记录跛行动物的信息，可能是最容易实现且最简单的方法，尽管精确度会显著降低，可大量的包括跛行或跛行评分在内的数据都需先进的分析系统来进行分析。

检查录入健康数据的参数	推荐标准	注释
合格的动物群	没有性别或年龄限制	记录频率应根据年龄和性别规定有所不同
诊断时间表	没有时间限制	—
诊断的重复性	处于非泌乳期的每个动物应尽量进行多次诊断	应该规定相同疾病症状再次出现的最短时间间隔，可以认为该时间间隔后发生的疾病是疾病复发，而不是疾病的持续时间较长（没有明确的生理学参考期限）

7.1.9.4　代谢和消化功能紊乱

牛的代谢和消化功能紊乱的范围相当广泛，它包括多种感染性和非感染性疾病。虽然这些疾病可能对个体动物的生产性能和福利产生显著影响，但对于群体的影响非常小。主要的疾病大致可描述为矿物质或碳水化合物代谢紊乱，这主要是由泌乳母牛的营养需求和采食量之间的失衡引起的。

7.1.9.4.1　代谢紊乱

例如：

- 乳热症（如低钙血症、围产期轻度瘫痪）、抽搐（如低血镁症）；
- 酮病（如丙酮血症）……

7.1.9.4.2　消化功能紊乱

例如：

- 瘤胃酸中毒，瘤胃碱中毒，瘤胃臌气；
- 真胃臌气，真胃溃疡，真胃移位（真胃左移、真胃右移）；
- 肠炎（卡他性肠炎、出血性肠炎、伪膜性肠炎、细菌性肠炎）。

检查录入健康数据的参数	推荐标准	注释
合格的动物群	根据疾病类型有所不同；没有性别或年龄限制，或者仅限为成母牛（产犊相关的失调）	记录频率应根据年龄和性别规定有所不同
诊断时间表	根据疾病类型有所不同；没有时间限制或者仅限为分娩前后	准确定义风险期（在某些时候，要单独考虑不处于该风险阶段的诊断数据）
诊断的重复性	根据疾病类型有所不同；一个泌乳期一次诊断（如乳热症）；或进行多次诊断（如肠炎）	应该规定相同疾病症状再次出现的最短时间间隔，可以认为该时间间隔后发生的疾病是疾病复发，而不是疾病的持续时间较长（没有明确的生理学参考期限）

7.1.9.5 其他疾病

可能会经常发生影响到其他器官系统的疾病，强烈建议对这些疾病进行记录，这将有助于获得个体动物身体健康的完整信息。只有将全部范围的健康问题包含在记录程序中，才可能得知某些疾病对于群体健康和生产性能所造成的影响。

例如：

- 泌尿道疾病（血红蛋白尿、血尿、肾功能衰竭、肾盂肾炎、尿路结石......）；
- 呼吸系统疾病（气管炎、支气管炎、支气管肺炎......）；
- 皮肤病（角化不全、疖病......）；
- 心血管疾病（心功能不全、心内膜炎、心肌炎、血栓性静脉炎......）。

检查录入健康数据的参数	推荐标准	注释
合格的动物群	没有性别或年龄限制	记录频率应根据年龄和性别规定有所不同
诊断时间表	没有时间限制	—
诊断的重复性	进行多次诊断（如气管炎）	应该规定相同疾病症状再次出现的最短时间间隔，可以认为该时间间隔后发生的疾病是疾病复发，而不是疾病的持续时间较长（没有明确的生理学参考期限）

7.1.9.6 犊牛疾病

犊牛疾病对奶牛的生产力影响很大。改善犊牛饲养环境，不仅可以降低犊牛发病率，产生短期积极效果，还可以在更新淘汰母牛时提供更好的后备母牛。然而在分析健康数据时，需要考虑到不同农场之间管理公牛和母牛的具体方案有所不同。将分析结果快速反馈给农场主和兽医，将极大地促进有效健康监测系统的发展。在对单个农场数据进不同。在大多数奶牛场，比起公牛来说，农场主更愿意对母牛进行系统、完整的健康事件记录。因此，在发病率统计和进一步数据分析中，可能需要将公牛犊排除在外。

例如：

- 脐炎（脐静脉炎、脐动脉炎等）；
- 脐疝；
- 先天性心脏缺陷（动脉导管闭锁不全、卵圆孔未闭合……）；
- 初生仔畜窒息；
- 犊牛肺炎；
- 犊牛食管沟反射异常；
- 犊牛腹泻……

检查录入健康数据的参数	推荐标准	注释
合格的动物群	犊牛	记录频率应根据性别有所不同
诊断时间表	根据疾病类型有所不同；（如初生犊牛期、哺乳期）	准确定义风险期（在某些时候，要单独考虑不处于该风险阶段的诊断数据）
诊断的重复性	根据疾病类型有所不同：一头动物诊断一次（如新生犊牛窒息）或进行多次诊断（如腹泻）	应该规定相同疾病症状再次出现的最短时间间隔，可以认为该时间间隔后发生的疾病是疾病复发，而不是疾病的持续时间较长（没有明确的生理学参考期限）

7.1.10　数据的使用

迅速的反馈对于农民和兽医鼓励开发一个高效的健康监测系统来说是至关重要的。在数据收集以个体农场统计的形式开始后不久信息就可以被提供，如果结果中包含了数据质量标准，那么养殖者可能有动力来迅速改进自己的数据收集方法，同时也应尽早提供区域性或国家性的数据分析结果。健康问题的早期发现和预防对于提高经济效率和畜牧业的可持续发展十分重要。因此，健康报告是调动起农场主和兽医积极性的极好工具，同时也可以确保记录的连续性。

要对健康状况进行大量和详细的评估，需要将直接和间接的观察结果结合起来。应当参考几个关键的因素，如产犊间隔、一次情期受胎率以及总受胎率。产犊间隔较短和繁殖障碍疾病是由于在围产期期间受到了高水平的生理应激，同时也可能表明，农场主正积极努力地提高其牛群的繁殖力。乳房炎报道的诊断率偏低不一定证明乳房健康，也可能反映了监测和记录水平很差。

除了记录疾病事件，还可以使用农场其他测定系统来记录有用的管理信息，如体型性状指数、运动评分以及产奶速度（美国农业部，2010），也可跟踪动物的个体感染疾病的状态（健康/易感染/感染），如副结核病和白血病。这些数据可能是对监测个体农场的动物福利是有益的。

7.1.10.1　改善管理（个体农场水平）

7.1.10.1.1　农场主

优化畜群管理对于养殖业的经济增长十分重要。及时有效的直接健康信息对于牛群日常生产性能的记录起到了很有价值的补充作用，有助于及早发现牛群所存在的问题。因此，健康数据统计应添加到农场现有的生产性能测定报告中，在 Egger-Danner 等人的报告（ 2007 年）和奥地利卫生部的报告（2010 年）中也提到这点。

7.1.10.1.2 兽医

欧盟动物健康战略（2007—2013 年）指出，“预防胜于治疗”，强调要逐渐将重点放在预防措施，而不是治疗措施上。这意味着兽医的工作重点正逐渐从治疗转向对畜群的健康管理。

在农场主同意的情况下，兽医可以获得所有关于畜群健康的信息。重要的信息应以同种方式提供给农场主和兽医，以便于在同一水平进行讨论，另外，兽医可能会对需要专业知识进行合理解释的额外细节感兴趣。健康记录和评估方案应考虑到用户查看不同层次的信息的需求。

牛群的整体健康状况需要农场主和兽医之间进行密切合作和频繁的交流。如果农场主对健康信息产生了误解或健康事件的记录不完整，主治兽医可以发现这些错误并帮助农场主进行纠正。牛群健康报告将为共同目标和未来战略的确定提供有价值和强有力的帮助，并且衡量之前的工作是否成功。

即时反馈

农场主和兽医可以快速获得牛群的健康数据十分重要，只有这样，他们才能及时发现和处理与管理相关的严重健康问题。因此一个可以利用网络进行传输的软件可能对于及时记录和访问数据非常有帮助。

长期调整

长期的数据记录（如一年）形成一份较详细的报告可以对牛群的整体健康状态进行概述。这样的总结报告将有助于监测农场内随着时间推移发生的变化，并可以对地区和/或省内的农场之间进行比较。因此应该提供关于区域差异的管理决策的参考资料（奥地利卫生部，2010 年；Schwarzenbacher 等，2010）。基准的定义是有价值的，为了改善牛群整体健康状况，制定目标导向性措施很重要。

7.1.10.2 监测健康状态（群体水平）

动物疫病防控部门对于监测牛群的整体健康状况很关注。消费者也越来越关注食品安全和动物福利等方面的问题。无论使用何种健康信息来源，都应制订出动物疫病监测方案以满足主管部门、消费者和养殖者的需求。消费者在食品安全和加工方面信心的增加，可以增加养殖者的效益。

建议在进行监测活动以及编写报告的过程中，将包括直接和间接观测的所有信息都包含在内。例如，应该将临床型乳房炎的信息与体细胞数或实验室检测结果结合起来。

在所有分析中对各自的参照群体进行明确的定义是很有必要的。否则，数据记录中的区域性差异，畜群结构差异以及对性状定义的不同，可能会导致结果的错误解读。为确保健康数据统计的可靠性，可能需要对录入标准进行规定，例如在一个固定的时间段中每个群体需要进行观测（健康记录）的最低数量。建立整体健康监控程序的时候，必须考虑某些最低标准（例如参与农场的规模，自愿还是强制性参与健康记录）。

发病率和患病率是可用于畜群比较的最为关键的指标。在所有报告中都必须报告其中的一个以及明确其计算的方法。

发病率

特定种群在一个特定的时间段内所出现的新发病例数，该时间段可以是在群体所有动物中固定一致的（如一年或一个月），或与个体动物年龄或生产期相关（例如，泌乳＝产奶的第 1 天到 305 天）。

例如，泌乳期临床乳房炎（CM）的（发病率 LIR）可以计算为泌乳第 1 天到 305 天之间观察到的新乳房炎病例数。

$$LIR_{CM} = \frac{\text{泌乳第 1 到 305 天新增的临床乳房炎病例}}{\text{泌乳第 1 天到 305 天个体发生的总数}}$$

另外，可以计算更精确的发病率，即考虑到群体中发病牛处于发病期的具体天数。这样我们就可以将某些动物过早离开牛群（或可能后期加入牛群）的情况考虑进去，在计算的过程中这些牛没有全部在发病期中起到作用。

$$LIR_{CM} = \frac{\text{泌乳第 1 天到 305 天新增的临床乳房炎病例}}{N(\text{天数})/305}$$

其中 N（天数）是泌乳期第 1 天到 305 天之间的个体母牛存在于牛群中的总天数，也就是说一头牛在整个泌乳期都存在于牛群中的话 N 为 305 天，而在泌乳期第 30 天被淘汰的牛只计算为 30 天（除以 305 这个分析的周期）。

患病率

在某个特定时间点或时间段内某一特定群体中感染某种疾病的个体动物数量。

$$\text{患病率}_{CM} = \frac{\text{泌乳第 1 到 305 天发生的临床乳房炎数量}}{\text{在同样时间段的群体总数(如 } N(\text{天数})/305)}$$

7.1.10.3　遗传评估（群体水平）

不同国家和不同奶牛品种的不同性状间有着不同的预计育种值。然而，在过去的几年里生产性能权重降低，功能性状权重增加（DUCROCQ，2010）。目前，大多数国家都采用体细胞数或受胎率等间接健康数据进行遗传评估，以改善奶牛群体的健康和繁殖力。未来可能使用直接健康信息进行遗传评估，斯堪的纳维亚半岛国家已经在几年前就将其列入了遗传评估（Heringstad 等，2007；Østeras 等，2007；Johansson 等，2006；Johansson 等，2008；Interbull，2010；Negussie 等，2010）。

用于遗传分析的性状定义必须考虑到健康事件的发生频率，为了得到更加可靠的遗传参数估值和预测育种值，需要对具有低发病率的健康性状进行多次记录。对健康性状进行广泛非特异性的定义可以缓解这个问题，但可能会降低选择强度。但无论如何，数据的可靠性检查必须准确进行，在后续阶段，对任何性状的组合都必须考虑各自的健康性状的病理生理学。表 2 列出了用于定义健康性状的例子及其对应的发病率的文献。

许多研究表明基于直接健康性状的育种方案研究是很成功的（如 Amand，2006；Zwald 等 2006a，b；Heringstad 等，2007），当单独使用间接性健康数据或者与直接性健康数据结合使用时，必须记住这两种类型的性状提供的信息是不相同的。例如，临床乳房炎和体细胞数的遗传相关性的范围是 0.6~0.7。

表 2 泌乳期发病率（LIR），奶牛在规定的时间内至少对同一种疾病进行一次诊断的比例

品种性状	发病时段（考虑胎次）	发病率（%）	参考文献
丹麦红牛			
乳房疾病	泌乳期前 10 天到泌乳 100 天（第 1 个泌乳期）	22	Nielsen 等，2000
繁殖障碍		12	
消化和代谢疾病		3	
运动障碍		6	
丹麦荷斯坦牛			
乳房疾病	泌乳期前 10 天到泌乳 100 天（第 1 个泌乳期）	21	Nielsen 等，2000
繁殖障碍		10	
消化和代谢疾病		3	
运动障碍		6	
丹麦泽西牛（娟姗牛）			
乳房疾病	泌乳期前 10 天到泌乳 100 天（第 1 个泌乳期）	24	Nielsen 等，2000
繁殖障碍		3	
消化和代谢疾病		2	
运动障碍		4	
挪威红牛			
临床乳房炎	泌乳期前 15 天到泌乳 120 天（第 1、2、3 个泌乳期）	15.8 19.8 24.2	Heringstad 等，2005
产乳热（产后瘫痪）	泌乳期前 15 天到泌乳 30 天（第 1、2、3 个泌乳期）	0.1 1.9 7.9	
酮病	泌乳期前 15 天到泌乳 120 天（第 1、2、3 个泌乳期）	7.5 13.0 17.2	
胎衣留滞（胎衣不下）	泌乳期开始到泌乳 5 天（第 1、2、3 个泌乳期）	2.6 3.4 4.3	
瑞典荷斯坦牛			
临床乳房炎	泌乳期前 10 天到泌乳 150 天（第 1、2、3 个泌乳期）	10.4 12.1 14.9	Carlén 等，2004
芬兰埃尔郡奶牛			

（续表）

品种性状	发病时段 （考虑胎次）	发病率 （%）	参考文献
临床乳房炎	泌乳期前 7 天到泌乳 150 天（第 1、2、3 个泌乳期）	9.0 10.6 13.5	Negussie 等，2006
弗莱维赫牛（西门塔尔牛）			
临床乳房炎	泌乳期前 10 天到泌乳 150 天	9.6	Koeck 等，2010a
早期繁殖障碍	泌乳期 0~30 天	7.2	Koeck 等，2010a
晚期繁殖障碍	泌乳期 31~150 天	14.3	Koeck 等，2010b
美国荷斯坦牛			
产乳热（产后瘫痪）	泌乳期 1~7 天	2.9	Cole 等，2006
胎衣留滞（胎衣不下）	泌乳期 1~7 天	3.7	Cole 等，2006
子宫炎	泌乳期 7~30 天	9.8	Cole 等，2006
真胃移位	泌乳期 0~305 天	4.2	Cole 等，2006
酮病	泌乳期 0~305 天	6.6	Cole 等，2006
卵巢囊肿	泌乳期 0~305 天	12	Cole 等，2006
临床乳房炎	泌乳期 0~305 天	13.4	Cole 等，2006
运动障碍	泌乳期 0~305 天	20.9	Cole 等，2006
加拿大荷斯坦牛			
乳房炎	泌乳期 0~305 天（第一个泌乳期）	12.6	Koeck 等，2012b
真胃移位	泌乳期 0~305 天（第一个泌乳期）	3.7	Koeck 等，2012b
酮病	泌乳期 0~100 天（第一个泌乳期）	4.5	Koeck 等，2012b
胎衣留滞（胎衣不下）	泌乳期 0~14 天（第一个泌乳期）	4.6	Koeck 等，2012b
子宫炎	泌乳期 0~150 天（第一个泌乳期）	10.8	Koeck 等，2012b

（续表）

品种性状	发病时段（考虑胎次）	发病率（%）	参考文献
卵巢囊肿	泌乳期 0~305 天（第一个泌乳期）	8.2	Koeck 等，2012b
跛行	泌乳期 0~305 天（第一个泌乳期）	9.2	Koeck 等，2012b

乳房炎的间接度量方法定义（如 Koeck 等，2010b）。由于早期繁殖障碍和 56 天不返情率之间存在-0.4 的中度负遗传相关，所以繁殖性状的相关性估计较低（Koeck 等，2010a）。

直接健康性状的遗传力在 0.01 到 0.20 范围内，第一泌乳期的健康性状的遗传力比所有泌乳期的要高一些（Zwald 等，2004）。弗莱维赫牛和挪威红牛的研究结果表明，代谢性疾病的遗传力可能比乳房、运动器官和生殖系统疾病的遗传力高（Zwald 等，2004；Heringstad 等，2005）。当比较遗传参数估计值时，需要考虑方法上的差异，例如使用线性阈值模型。

存在于种公畜之间功能性状的遗传变异可以用于动物健康和生产寿命的选择。北欧国家的经验表明，直接健康性状的遗传评估可以成功应用。对于一些复杂性疾病诊断，直接和间接健康数据的结合可能更有利（如 . Johansson 等，2006；Johanssen 等，2008；Negussie 等，2010；Pritchard 等，2011；Urioste 等，2011；Koeck 等，2012a，b）

更多关于已经建立的功能性性状遗传评估信息可以在 Interbull 网站上查到（www-interbull. slu. se/national_ ges_ info2/framesida-ges. htm）.

国家遗传评估实例（2010）

2010-04-21 的情况

国际遗传评估的描述
国家：丹麦、芬兰、瑞典
主要性状组：乳房保健
注意：每张表只有一个性状组
品种：娟姗牛

性状定义和度量单位	1 TD 体细胞数值（SCC）		平均=4.56	一胎
附加	2 —		平均=4.86	二胎
	3 —		平均=4.03	三胎
	4 临床乳房炎	15~50DIM	平均=0.159	一胎
	5 —	51~300DIM	平均=0.127	一胎
	6 —	15~150DIM	平均=0.161	二胎
	7 —	15~150DIM	平均=0.179	三胎
	8 乳房前附着		平均=5.75	一胎

（续表）

	9 乳房深度		平均=5.71	一胎
测量和收集数据的方法	性状 1~3：产奶记录 性状 4~7：兽医报告以及来自产奶记录报告 性状 8~9：通过体型线性评分			

国际遗传评估系统的说明
国家：挪威
主要性状组：健康
注意：每张表只有一个性状组

品种	挪威奶牛（NRF）
性状定义和度量单位	体细胞数数值：305 天泌乳期数值的几何平均数。
附加	其他疾病：产前 15 天到产后 120 天酮病、产乳热和胎盘滞留的治疗记录。0 代表无治疗记录，1 代表 1 次或多次治疗记录。
	乳房炎：1 胎、2 胎和 3 胎泌乳期急性或慢性乳房炎的治疗记录。
	CM1：第 1 胎泌乳，泌乳期前 15 天到 30 天，特征 0994；
	CM2：第 1 胎泌乳，泌乳期 31 天到 120 天，特征 0439；
	CM3：第 1 胎泌乳，泌乳期 121 天到 305 天，特征 0627；
	CM4：第 2 胎泌乳，泌乳期前 15 天到 30 天，特征 1043；
	CM5：第 2 胎泌乳，泌乳期前 31 天到 305 天，特征 1529；
	CM6：第 3 胎泌乳，泌乳期前 15 天到 30 天，特征 1318；
	CM7：第 3 胎泌乳，泌乳期前 31 天到 305 天，特征 1782；
	CM 指数：1/3 * CM1+1/3 * CM2+1/3 * CM3。

7.1.11 致谢

这份文件是 ICAR 工作组在功能性状上的研究结果，该工作组在编译本章节时的成员有：

- Lucy Andrews，Holstein UK，Herts，WD3 3BB 英国；lucyandrews@holstein-uk.org
- Andrew John Bradley，牛奶质量管理服务，英国；andrew.bradley@qmms.co.uk
- John B. Cole，动物改进计划研究所，美国；John.Cole@ARS.USDA.GOV
- Christa Egger-Danner，ZuchtData EDV-Dienstleistungen 有限公司，澳大利亚；egger-danner@zuchtdata.at（从 2011 年开始任主席至今）
- Nicholas Gentler，让布鲁农业大学，比利时；gengler.n@fsagx.ac.be
- Bjorg Heringstad，动物与水产科学/遗传系，挪威生命科学大学，挪威；bjorhe@umb.no
- Jennie Pryce，维多利亚初级产业部，澳大利亚；jennie.pryce@dpi.vic.gov.au
- Katharina Stock，VIT，德国；Friederike.Katharina.Stock@vit.de

• Erling Strandberg，瑞典（2011 年之前为成员和主席）；Erling. Strandberg@ slu. se

• Frank Armitage，英国；Georgios Banos，兽医系，希腊；Ulf

• Emanuelson，瑞典农业科学大学，瑞典；Ole Klejs Hansen，农业知识中心，Denmark and Filippo Miglior，加拿大乳业网和加拿大政府，感谢他们的支持和贡献 . Rudolf Staufenbiel，FU Berlin 和他们的同事们，感谢他们为健康数据记录标准化所作出的贡献。

7.1.12 参考文献

Aamand，G. P.，2006. Data collection and genetic evaluation of health traits in the Nordic countries. British Cattle Conference，Shrewsbury，UK，2006.

Appuhamy，J. A. D. R. N.，Cassell，B. G.，Cole，J. B.，2009. Phenotypic and genetic relationship of common health disorders with milk and fat yield persistencies from producer recorded health data and testday yields. J. Dairy Sci. 92：1 785–1 795.

Aumueller，R.，Bleriot，G.，Neeteson，A. M.，Neuteboon，M.，Osstenbach，P.，Rehben，E.，2009. EADGENE animal–health data comparison recommendations for the future. http：//www. eadgene. info/Portals/0/WP10 _ 1 _ Public _ Downloads/EAD GENE_ Annex_ VF. pdf

Austrian Ministry of Health，2010. Kundmachung des TGD–Programms Gesundheitsmonitor-ingRind. http：//bmg. gv. at/home/Schwerpunkte/ Tiergesundheit/Rechtsvorschriften/ Kundmachungen/Kundmachung_ des_ TGD_ Programms_ Gesundheitsmonitoring_ Rind.

Buch，L. H.，Sorensen，A. C.，Lassen，J.，Berg，P.，Eriksson，J–. A.，Jakobsen，J. H.，Sorensen，M. K.，2011. Hygiene – related and feed – related hoof diseases show different patterns of genetic correlations to clinical mastitis and female fertility. J. Dairy Sci. 94：1 540–1 551.

Capion，N.，Thamsborg，S. M.，Enevoldsen，C.，2008. Prevalence of foot lesions in Danish Holstein cows. Veterinary Record 2008，163：80–96.

Cole，J. B.，Sanders，A. H.，and Clay，J. S.，2006：Use of producer–recorded health data in determining incidence risks and relationships between health events and culling. J. Dairy Sci. 89（Suppl. 1）：10（abstr. M7）.

Ducrocq，V.，2010：Sustainable dairy cattle breeding：illusion or reality？9th World Congress on Genetics Applied to Livestock Production. 1. –6. 8. 2010，Leipzig，Germany.

Egger – Danner，C.，Fuerst – Waltl，B.，Obritzhauser，W.，Fuerst，C.，Schwarzenbacher，H.，Grassauer，B.，Mayerhofer，M.，Koeck，A.，2012. Recording of direct health traits in Austria–experience reportwith emphasis on aspects of availability for breeding purposes. J. Dairy Sci.（in press）.

Egger – Danner，C.，Fuerst – Waltl，B.，Janacek，R.，Mayerhofer，M.，Obritzhauser，W.，Reith，F.，Tiefenthaller，F.，Wagner，A.，Winter，P.，Wöckinger，M.，Wurm，K.，Zottl，K.，2007. Sustainable cattle breedingsupported by health reports. 58th Annual Meeting of the EAAP，August 26–29，2007，Dublin.

Egger-Danner, C. , Obritzhauser, W. , Fuerst-Waltl, B. , Grassauer, B. , Janacek, R. , Schallerl, F. , Litzllachner, C. , Koeck, A. , Mayerhofer, M. , Miesenberger J. , Schoder, G. , Sturmlechner, F. , Wagner, A. , Zottl, K. , 2010. Registration of health traits in Austria-experience review. Proc. ICAR 37th AnnualMeeting-Riga, Latvia. 31. 5. -4. 6. 2010.

Envoldsen, C. , 2010. Epidemological tools for herd diagnosis. XXVI World Buiatric Congress. Santiago, Chile.

European Commission, 2007: European Union Animal Health Strategy (2007-2013): prevention is betterthan cure. http://ec. europa. eu/food/animal/diseases/strategy/animal_ health_ strategy_ en. pdf.

Heringstad, B. , Rekaya, R. , Gianola, D. , Klemetsdal, G. , Weigel, K. A. , 2003. Genetic change for clinicalmastitis in Norwegian cattle: A threshold model analysis. J. Dairy Sci. 86: 369-375.

Heringstad, B. , Chang, Y. M. , Gianola, D. , Klemetsdal, G. , 2005. Genetic correlations between clinicalmastitis, milk fever, ketosis and retained placenta within and between the first three lactations of Norwegian Red (NRF) . In: EAAP-Book of Abstracts No 11: 56th Annual Meeting of the EAAP, 3-4. 6. 2005 Uppsala, Sweden.

Heringstad, B. , Klemetsdal, G. , Steine, T. , 2007. Selection responses for disease resistance in twoselection experiments with Norwegian red cows. J. Dairy Sci. 90: 2 419-2 426.

Interbull, 2010. Description of GES as applied in member countries. http://www-interbull. slu. se/national_ ges_ info2/framesida-ges. htm.

Johansson, K. , S. Eriksson, J. Pösö, M. Toivonen, U. S. Nielsen, J. A. Eriksson, G. P. Aamand. 2006. Geneticevaluation of udder health traits for Denmark, Finland and Sweden. Interbull Bulletin 35: 92-96.

Johansson, K. , J. Pöso, U. S. Nielsen, J. A. Eriksson, G. P. Aamand. , 2008. Joint genetic evaluation of otherdisease traits in Denmark, Finland and Sweden. Interbull Meeting, Interbull Bulletin 38: 107-112.

Kelton, D. F. , Lissemore, K. D. , Martin. R. E. , 1998. Recommendations for recording and calculating the incidence of selected clinical diseases of dairy cattle. J. Dairy Sci. 81: 2 502-2 509.

Koeck, A. , Egger-Danner, C. , Fuerst, C. , Obritzhauser, W. , Fuerst-Waltl, B. , 2010. Genetic analysis of reproductive disorders and their relationship to fertility and milk yield in Austrian Fleckvieh dualpurpose cows. J. Dairy Sci. 93: 2 185-2 194.

Koeck, A. , Heringstad, B. , Egger-Danner, C. , Fuerst, C. , Fuerst-Waltl, B. , 2010. Comparison of differentmodels for genetic analysis of clinical mastitis in Austrian Fleckvieh dual purpose cows. J. Dairy Sci. (in press) .

Koeck, A. , F. Miglior, D. F. Kelton, and F. S. Schenkel (2012a) . Alternative somatic cell count traits to improve mastitis resistance in Canadian Holsteins. J. Dairy Sci. 95:

432-439.

Koeck, A. , F. Miglior, D. F. Kelton, and F. S. Schenkel (2012b) . Health recording in Canadian Holsteins - data and genetic parameters. J. Dairy Sci. (submitted for publication) LeBlanc, S. J. , Lissemore, K. D. , Kelton, D. F. , Duffield, T. F. , Leslie, K. E. , 2006. Major advances in disease prevention in dairy cattle. J. Dairy Sci. 89: 1 267-1 279.

Maier, M., 2009.Erfassung von Klauenveränderungen im Rahmen der Klauenpflege.Diplomarbeit, Universität für Bodenkultur, Vienna.

Maier, M. , 2010. Klauengesundheit durch Zucht verbessern. In: Der Fortschrittliche Landwirt. zar. at/filemanager/download/22445/.

Negussie, M. , M. Lidauer, E. A. Mäntysaari, I. Stranden, J. Pösö, U. S. Nielsen, K. Johansson, J-A. Eriksson, G. P. Aamand. 2010. Combining test day SCS with clinical mastitis and udder type traits: a randomregression model for joint genetic evaluation of udder health in Denmark, Finland and Sweden. Interbull Bulletin 42: 25-31.

Neuenschwander, T. F. - O. , Miglior, F. , Jamrocik, J. , Schaeffer, L. R. , 2008. Comparison of different methodsto validate a dataset with producer-recorded health events. http: //cgil. uoguelph. ca/dcbgc/Agenda0809/Health_ 180908. pdf

Neuenschwander, T. F. O. , 2010. Studies on disease resistance based on producer - recorded data in Canadian Holsteins. PhD thesis. University of Guelph, Guelph, Canada.

Neuenschwander, T. F. - O. , F. Miglior, J. Jamrozik, O. Berke, D. F. Kelton, and L. Schaeffer. 2012. Geneticparameters for producer-recorded health data in Canadian Holstein cattle. Animal DOI: 10. 1017/S1751731111002059.

Nielsen, U. S. , Aamand, G. P. , Mark, T. , 2000. National genetic evaluation of udder health and other traits in Denmark. Interbull Open Meeting, Bled, 2000, Interbull Bulletin 25: 143-150.

Olssen, S. - O., Boekbo, P., Hansson, S. Ö., Rautala, H., Østerås, O., 2001. Disease recording systems and herd health schemes for production diseases. Acta vet.scan. 2001, Suppl.94, 51-60.

Østerås, O. , Sølverød, L. , 2005. Mastitis control systems: the Norwegian experience. In: Hogevven, H. (Ed.), Mastitis in dairy production: Current knowledge and future solutions, Wageningen Academic Publishers, The Netherlands, 91-101.

Østerås, O., Solbu, H., Refsdal, A. O., Roalkvan, T., Filseth, O., Minsaas, A., 2007. Results and evaluationof thirty years of health recordings in the Norwegian dairy cattle population. J. Dairy Sci. 90: 4 483-4 497.

Østerås, O. 2012. Årsrapport Helsekortordningen 2011.pdf. http: //storfehelse.no/6689.cms. Accessed, April 16, 2012.

Phillipson, J. , Lindhe, B. , 2003. Experiences of including reproduction and health traits in Scandinavian dairy cattle breeding programmes. Livestock Production Sci. 83: 99-112.

Pritchard, T. C. , R. Mrode, M. P. Coffey, E. Wall. , 2011. Combination of test day somatic cell count and incidence of mastitis for the genetic evaluation of udder health. Interbull - Meeting. Stavanger, Norway. http://www.interbull.org/images/stories/Pritchard.pdf. Accessed November 2, 2011.

Schwarzenbacher, H. , Obritzhauser, W. , Fuerst-Waltl, B. , Koeck, A. , Egger-Danner, C. , 2010. Health monitoring yystem in Austrian dual purpose Fleckvieh cattle: incidences and prevalences. In: EAAP Book of Abstracts No 11: 61th Annual Meeting of the EAAP, August 23-27, 2010 Heraklion, Greece.

Soyeurt, H. , Dardenne, P. , Gengler, N, 2009a. Detection and correction of outliers for fatty acid contents measured by mid-infrared spectrometry using random regression test-day models. 60th Annual Meeting of the EAAP, Barcelona 24-27, 2009, Spain.

Soyeurt, H. , Arnould, V. M. -R. , Dardenne, P. , Stoll, J. , Braun, A. , Zinnen, Q. , Gengler, N. 2009b. Variability of major fatty acid contents in Luxembourg dairy cattle. 60th Annual Meeting of the EAAP, Barcelona 24-27, 2009, Spain.

Thomsen, P. T. , Klaas, I. C. and Bach, K. , 2008. Short communication: scoring of digital dermatitis during milking as an alternative to scoring in a hoof trimming chute. J. Dairy Sci. 91: 4 679-4 682.

Urioste, J. I. , J. Franzén, J. J. Windig, E. Strandberg. , 2011. Genetic variability of alternative somatic cell count traits and their relationship with clinical and subclinical mastitis. Interbull - meeting. Stavanger, Norway. http://www.interbull.org/images/stories/Urioste.pdfAccessed November 2, 2011.

USDA, 2010. Format 6, the data exchange format health events. http://aipl.arsusda.gov/CFRCS/GetRCS.cfm? DocType=formats&DocName=fmt6.html

Wolff, C. , 2012. Validation of the Nordic Disease Recording Systems for Dairy Cattle with Special Reference to Clinical Mastitis. Doctoral Thesis. Faculty of Veterinary Medicine and Animal Science, Department of Clinical Sciences, Swedish University of Agricultural Sciences, Uppsala 2012. http://pub.epsilon.slu.se/8546/1/wolff_c_120110.pdf

Windig, JJ. , Ouweltjes, W. Ten Napel, J, de Jong, G, Veerkamp RF, De Haas, Y. , 2010. Combining somatic cell count traits for optimal selection against mastitis. J. Dairy Sci. 93 (4): 1 690-1 701.

Zwald, N. R. , Weigel, K. A. , Chang, Y. M. , Welper R. D. , Clay, J. S. , 2004a. Genetic selection for health traits using producer-recorded data. I. Incidence rates, heritability estimates and sire breeding values. J. Dairy Sci. 87: 4 287-4 294.

Zwald, N. R. , Weigel, K. A. , Chang, Y. M. , Welper R. D. , Clay, J. S. , 2004b. Genetic selection for health traits using producer-recorded data. II. Genetic correlations, disease probabilities and relationships with existing traits. J. Dairy Sci. 87: 4 295-4 302.

7.2 奶牛繁殖数据记录、评价和遗传改良指南

7.2.1 技术摘要

本操作指南旨在为奶牛繁殖记录、管理、评估提供指导。在 ICAR 操作指南汇编的人工授精工作对公牛繁殖力评估已做了相关介绍（参见 AI 组织对 NNR 定义的描述）。本章主要介绍建立母牛繁殖记录、数据验证、遗传评估和管理等各方面的工作指南。

建立母牛繁殖记录，应当记录以下几个数据：

产犊日期；

所有人工授精日期，包括自然交配日期；

繁殖障碍信息；

后裔测定结果；

淘汰数据；

体况评分；

激素使用情况。

其他一些异常繁殖预测指标，如基于活动信息（计步器）也越来越普遍。

本文件包括母牛繁殖参数清单和记录、验证这些数据的信息。

7.2.2 介绍

广义上来讲，“繁殖”是指生产后代的能力。在奶牛业中，母牛繁殖力指的是母牛在特定时期内受孕、和维持妊娠的能力。该特定时期由特定的生产体系决定。一些繁殖参数的重要性可能因生产体系的不同而不同，在评估母牛繁殖数据时应该考虑这些差异。

高产奶牛怀孕是目前的重大挑战。科学家、兽医、技术顾问和农场主都非常关注母牛繁殖力。与二三十年前相比，现在高产母牛由于难配导致的淘汰率大大升高，并且受孕率降低，产犊间隔变长。毫无疑问，由于高产和繁殖之间的遗传相关系数为负值，在实际生产中仅选育高产奶牛，而没有关注和重视繁殖性状的选育，造成了全球范围的母牛繁殖力下降（Pryce 和 Veerkamp，1999；Sun 等，2010）。大多数育种公司尝试通过估计繁殖力的育种值，并在奶牛整体多性状选择指标中给予繁殖性状适当权重来扭转这一局面。

通过管理目标选择更高繁殖力育种值是提高繁殖力最重要的方法之一。母牛繁殖性状是复杂的低遗传力的性状，它是几个性状的组合，它们的遗传背景可能是多样的。例如，理想的情况是一头牛在产犊后不久就进入发情周期，发情明显，没有繁殖障碍，授精时受孕率高，整个妊娠期能保住胚胎/胎儿。对于青年小母牛除了产犊外要求具有相同的特点。这涉及了多种生理功能包括激素系统、防御机制与代谢，需要大量参数来反映繁殖功能障碍。所以在记录母牛繁殖数据记录时，通常包含母牛繁殖数据所有好的方面是不实际的。

影响完整的繁殖记录的障碍包括：数据采集，手写数据以及计算机电脑记录的数据如何链接到一个存储多个群体数据的中央数据库。尽管许多国家已经有足够的繁殖数据记录系统，但是记录的数据质量还会因畜群而异。许多农场主已经开始积极提高繁殖率（因为意识到近年来全球奶牛繁殖率下降）。然而，他们并不清楚这项工作的重要性，不了解

提供不同来源繁殖数据可以提高繁殖表现。

记录数据的原则和类型不随生产体系的不同而不同。然而，使用数据的方式，例如繁殖力的测量根据生产体系类型不同可能会有所不同。因此，我们对季节和非季节性群体之间的区别做了区分。

在季节性生产体系的母牛通常在春天产犊，产奶的高峰期和牧草生长的高峰期一致。另一种秋季产犊的牛，将饲喂夏季保存下来的的饲料。真正的季节性生产体系使所有母牛的产犊集中在计划的前8周内。

在全年生产体系中，青年母牛第一次产犊一般在两岁左右，全年每个月都可产犊，因此，产犊模式比较平稳。

7.2.3 数据类型和来源

7.2.3.1 数据类型

7.2.3.1.1 产犊日期

产犊日期是用来计算连续产犊间隔，并确认预产期。

为了减少淘汰造成的偏差，也需要记录牛只淘汰和淘汰原因。

7.2.3.1.2 配种数据

受孕日期可单独使用，也可与产犊日期等数据统一使用来计算间隔特征。如果仅从产犊日期开始测量，那么这种测量方式只适用于母牛。

授精（产犊）日期可以计算出以下性状，在括号内注明测量的是成母牛或者青年母牛：

- 产犊至首次配种时间间隔（成母牛）；
- 从计划开始配种到首次配种时间间隔（成母牛和青年母牛）；
- 不返情率（首次配种不返情或在规定时间内不返情的比例）（成母牛和青年母牛）；
- 受胎率（到受孕时的比例）；
- 一段时间内的产犊率（个体的表型是0或者1）（成母牛和青年母牛）；
- 每次胎次和泌乳期的配次（成母牛和青年母牛）；
- 每次产犊或妊娠所需配次；
- 第一次配种到最后一次配种时间间隔（成母牛和青年母牛）；
- 配种时间间隔（母牛和青年母牛）；
- 产犊至最后输精时间间隔（母牛）。

评价母牛繁殖力没有最好的一种性状。但是推荐从反映繁殖性状特征的多个方面性状来考虑，如从产犊到第一次配种时间间隔或从产犊到首次发情（回到周期性发情）的时间间隔和不返情率（怀孕的概率）等繁殖性状。对于季节性产犊系统，可以用提交率（计划配种时间和初次配种时间间隔）和产犊率替代，见表1 。然而，产犊间隔（两次产犊的间隔）需要的数据最少，只需要连续两次的产犊日期。缺少配次或其他繁殖数据条件下，产犊间隔是用作繁殖力遗传评估的第一步。必须像之前所强调的一样，认真利用这些数据。

7.2.3.1.3 繁殖障碍

这些数据由兽医治疗诊断或牧场观察发现。具体见ICAR健康指南（指导、评价健康性状记录、遗传改良的ICAR操作指南)。

7.2.3.1.4 产奶量和乳成分数据

产奶量与奶牛繁殖力相关，可以作为一个预测指标（例如在繁殖力的多性状分析)，然而，应该注意，因为产奶量的遗传力比奶牛繁殖力的遗传力高，所以产奶量的对于繁殖育种值的贡献可能相对较大，但很难选出在繁殖力和产奶量两方面都很优秀的公牛。总价值指数选育的结果表明，如果对繁殖力赋予一定的权重，则可能稳定繁殖力性状的表现。

近期研究证实了繁殖力和乳成分间的遗传联系。特别指出牛奶脂肪酸的变化可以作为牛繁殖力性状预测的一个有价值的指标（Bastin et al.，2011)。

7.2.3.1.5 妊娠诊断结果和激素检测

怀孕状态可以由兽医通过子宫触诊、B超或使用激素或与怀孕有关的活性肽等信息确诊，因此获得这些数据的时机很重要，一般应咨询兽医从业人员完成。其他激素，例如孕酮可以用来确定产后发情周期的开始和计算从产犊至首次黄体活动的时间间隔（CLA）或其他类似的性状。与产犊到第一次配种时间间隔相比，这种性状的优势在于它不受何时开始配种的影响，但是采集成本高。

7.2.3.1.6 发情监测

在发情期间活动会有所增加，此外还有其他行为的改变，如静立反射和爬跨行为。利用这种表现来检测发情和计算从产犊到重新回到周期性发情的时间间隔。一些国家在母牛尾根上涂颜色或者将颜色瓶挂到尾根用来监测发情。对于较大的群体，用尾根涂色来促进周期性发情牛只受孕，然而，在许多牧场，受孕通常是在产犊结束第一次配种后。在很多实际情况下，收集发情（而没受孕）数据是不实际的。但是近期创新了自动化发情揭发系统，例如，许多牧场繁殖管理计划的一部分是使用计步器和更成熟的活动监视器。因为牛发情时更加活跃，计步器的信息和牛群的一个基准相比，根据计算收集的数据。据文献报道，其发情揭发率为50%~100%(At-Taras和Spahr，2001)。发情揭发的黄金标准仍然是测量孕酮，计步器和孕酮检测发情并不完全一致，因为活动监测器不会揭发安静发情(Lovendahl and Chagunda，2010)。但是有一个明显的优势是孕酮和活动监测发情都不需要牧场繁殖人员观察。

7.2.3.1.7 淘汰数据

淘汰数据和淘汰原因是重要的信息，特别是对于使用较长产犊间隔（即指产犊日期）性状情况下。因繁殖障碍而被淘汰的成母牛或青年母牛的信息是很有价值的，特别是为了消除记录系统中消失的奶牛偏差，即如果公牛许多女儿因不孕而被淘汰，但却没有记录，其验证结果可能会有偏差。

在缺乏准确淘汰数据的情况下，计算产后300天未能怀孕的动物比例是监测畜群繁殖率的一个有用的指标，超过300天没有配种的奶牛最有可能反映因不孕而被淘汰的信息，而配次和未孕的奶牛更可能体现妊娠失败，因为大多数被动淘汰和计划淘汰的奶牛在配种季节开始前就已经决定。

7.2.3.1.8 代谢应激和体况

代谢应激是指代谢负荷的程度，它严重影响着正常生理功能。正常生理功能的畸变可能导致暂时性的不育。当哺乳期不可持续时，代谢负荷太大，以致奶牛无法进行繁殖

(未来妊娠)。Veerkamp 等 (2001) 提出代谢负荷可由能量均衡反应并与产奶量、体况评分 (BCS) 和体重 (LWT) 等性状相关。

活重不是衡量能量平衡的一个特别好的标准，因为高的瘦牛可能和矮些的胖牛具有相似的体重。因此，BCS 常被用来衡量能量均衡的指标。体况评分低的奶牛可能存在健康问题，如子宫炎，这可能是繁殖能力差的根本问题。然而，全球大多数研究表明，体况评分是评估母牛繁殖力一个很好的指标，因为奶牛动员身体组织的能量更有可能使用这种能量来维持哺乳期，而不是用于怀孕。因此，体况评分已被纳入繁殖指标，如在新西兰((Harris et al. , 2007))。体况评分作为后裔测定牧场体型线性评估工作的一部分内容，这项工作可由有牧场技术人员完成。但是在以下情况下，使用体况评分预测繁殖能力性状也被发现有所受限 (Gredler et al. , 2008)。

7.2.3.2 数据来源

母牛繁殖数据有不同的来源，这些数据来源根据信息内容和特殊性不同而不同；例如来自兽医诊断、实验室数据、牛奶记录组织、品种协会和牧场等方面。因此，在理想情况下，收集和分析有关繁殖状况的信息时，应明确说明数据来源。当整合数据时，必须考虑数据的来源。不管数据来源如何，最好从初始记录开始，尽可能减少记录步骤。

7.2.3.2.1 牛奶记录

一头母牛胎次记录从产犊日期记录开始。产犊日期通常由负责记录组织根据养殖者上报的日期进行收集，或在强制性进行出生登记的国家出生登记时收集。产犊日期是评估母牛繁殖力的最基本的数据来源，可用于确定产犊间隔（定义为两次连续产犊之间的天数)。

内容:

产犊日期;

淘汰原因。

具有的优点:

涵盖发情周期和受孕信息;

不需要做额外的记录，因此可以作为评估繁殖能力的第一步;

可以运用已经建立的数据流（产犊报告)。

缺点:

由于产犊问题导致没有产奶日期的牛只不会录入群体产奶记录。

只适用于成母牛，而不适用于青年母牛。

不孕不育的牛通常会在下一次产犊前淘汰，导致产犊间隔数据可能会有遗失。如果能明确牛只淘汰的原因，那么除了产犊间隔数据外，其他因繁殖力低下而淘汰的牛的信息都是非常有用的，低繁殖力的牛（换而言之是因不孕而被淘汰的牛）能与因其他原因被淘汰的牛区分开来。

7.2.3.2.2 人工授精组织或相关从业人员

人工授精 (AI) 组织和其他人工授精操作人员记录配种日期和人工授精所用公牛。配种信息可以先记录在日志中，然后传输到电脑或者直接记录入计算机（有时是手持设备）中。

主要内容：

配种的信息（配种日期，公牛/精液的来源，精液批次，配种人员、技术人员或牧场工作人员）；

记录性控冻精、胚胎移植、细管爆裂等信息；

同期发情处理程序也要记录，因为它可能会影响分析结果。

优点：

如果建立了收集配种数据的要求，就可以从许多牧场中收集数据。

很多繁殖指标可以从授精时期开始（包含产犊日期）计算，见表1。这些时期可以包括妊娠和发情周期。

缺点：

如果建立了收集授精数据的要求，就需要花大量的精力来完善记录。

特别是如果没有明确的文件要求时，记录的完整性可能会有所不同。

如果在自然交配一段时间后，牧场人员再进行人工授精，一些配种日期将会丢失。

7.2.3.2.3　兽医

兽医经常参与监测牛群繁殖力。妊娠诊断或妊娠试验由多个兽医实践和记录，来诊断是否怀孕 。怀孕60天左右子宫直肠触诊/或B超诊断是一个有价值的数据来源，因为它比不返情率更准确。繁殖障碍的治疗也应该记录下来。从经济角度看，繁殖能力好的、不需要进行治疗的牛明显优于在怀孕前被治疗了几次的牛。

内容：

怀孕状态；

繁殖障碍的诊断。

优点：

繁殖能力的第一手资料，不会覆盖产犊和配种数据。

缺点：

需要兽医支持和培训，以确保数据质量及诊断和定义的一致性；

记录的完整性可能取决于牧场工作的工作密度；

准确的动物标识可能是一个问题，因为所使用的数据（兽医诊断数据）可能用来评估畜群水平繁殖力而不是单个牛只的繁殖力；

妊娠诊断数据只能用于一个子群体。

7.2.3.2.4　牧场计算机软件

牧场可以使用多种管理软件来记录自己牧场的数据。一部分软件可以通过标准接口与牛奶记录组织进行数据交互，即在中央数据库和牧场计算机之间进行数据自动传输 。牧场人员可以自己输入产犊、配次、淘汰和受孕等信息。所有数据对遗传评估是重要的，也应记录一些可能或实际的自然交配的信息（如适用）。

内容：

- 配种数据；
- 产犊数据；
- 受孕结果。

优点：

- 无需额外的记录；
- 连续记录。

缺点：

- 虽然许多软件可能确保与遗传评估单位进行数据交换，但还是经常会出现牧场内的软件解决方案、数据标准化传输困难等一系列困难及问题；
- 系统之间的性状定义可能不同，需要对来源数据进行特定处理；
- 配次数据的不完整，例如在某些情况下，因管理需要，只记录最后一次成功的配种记录。

7.2.4　数据安全

在收集和使用现场数据的时候，数据安全是非常重要的。

繁殖数据的使用必须按照所在国家的法律框架要求和数据保密标准制定，牧场人员是数据的所有者，在数据收集、传输或分析之前必须签订正式协议。

7.2.5　文档

建立文档是使用繁殖数据管理和制定育种目标的前提。

必要的信息：

- 奶牛和与配公牛唯一的动物标识；
- 唯一的群体标识；
- 祖先或系谱信息（至少应该记录奶牛的父本信息）；
- 出生登记；
- 中央数据库（通常数据是记录在农场的电脑里，然后将数据上传到中央数据库的牛奶记录部门，数据可以直接在农场电脑和中央数据库之间交换）；
- 其他有用的记录：记录人的信息；
- 单个繁殖事件的细节；
- 人工授精或自然交配；
- 使用的冻精类型（例如性控精液、常规精液）；
- 数据记录的类型和数据传输的方法（软件用于农场记录、在线传送）。

系统使用和繁殖数据的解析需要把不同类型的信息结合起来，如出生日期、性别、品种、公畜和母畜、牧场/群体；产犊日期和性能记录。因此，用于繁殖数据库的唯一的动物个体标识必须与现有数据库使用的动物标识一致（详情请看章节 1.1“ICAR 个体标识的规则、标准和指南”）。

估测母畜繁殖力指标的数据可以来源于牧场软件、牛奶记录组织、兽医、繁殖协会和实验室。理想情况下，尽可能多用电子手段来记录数据，因为电子手段可以减少转录错误。只要数据尽可能不出错，数据的起源也就不那么重要了。并且尽可能少的步骤和尽可能快的时间把数据存储到数据库是最好的选择，年青公牛的基因遗传评估依赖于其繁殖性能的早期信息。

7.2.6 母牛繁殖力的记录

记录繁殖力的逐步决策

制定记录方案或使用数据评估繁殖力性状时，除了收集包含一些测量数据外，也应考虑根据当前数据计算出的数据。例如，产犊日期和产犊间隔是繁殖力最基本的指标。然后，可添加配种日期，计算间隔性状和不返情率（图 1）。

理想情况下，也应记录妊娠诊断结果，因为这些可以作为早期受孕指示，最终，也可加入其他指标，例如繁殖障碍、体型性状、淘汰原因和激素处理等指标。

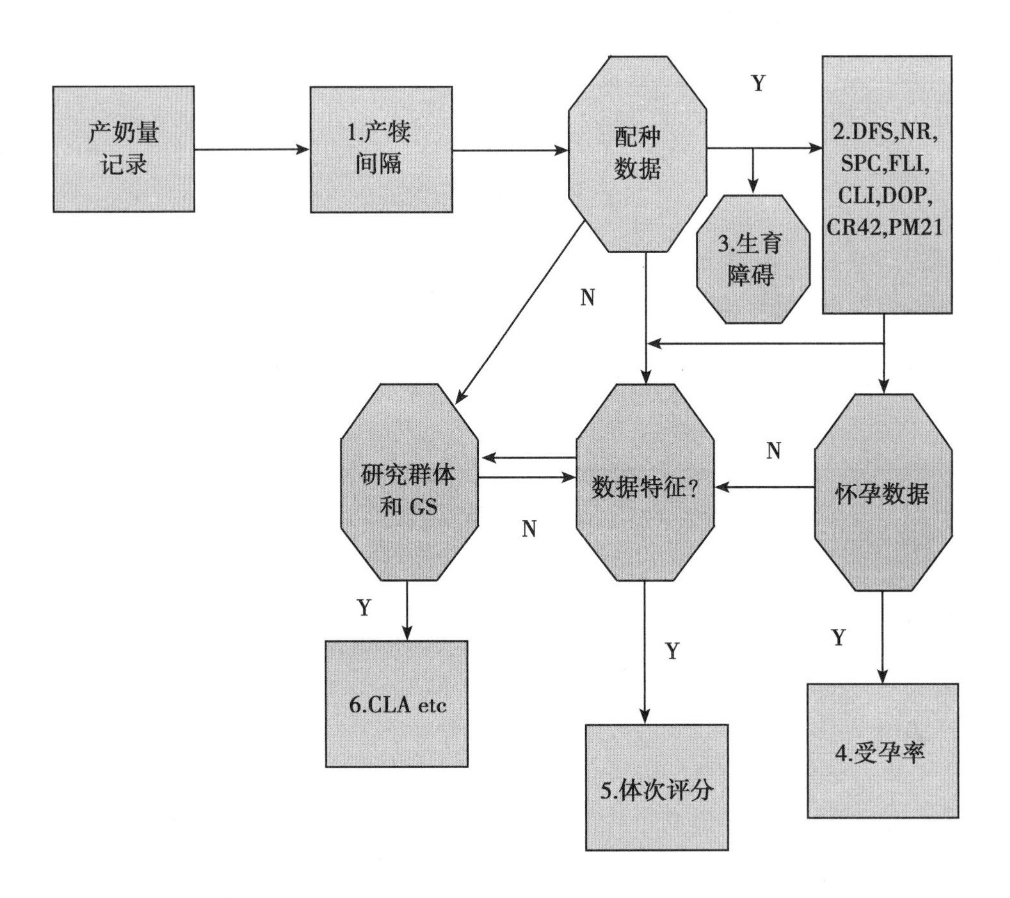

图 1　母畜繁殖记录程序流程

1. 如果只有牛奶记录组织数据可用，那么产犊间隔可以用连续两次产犊时间间隔来测得。

2. 如果配种数据可用，那么第一次配种天数（DFS）、不返情率（NR）、配次（SPC）、首次到最后配种时间间隔（FLI）、产犊到最后配种间隔（CLI）、空怀天数（DOP）。季节性系统适合在与配计划开始后 42 天内受孕和与配计划开始后 21 天内配种指标。繁殖季节开始后需要指定某天开始配种。同样，如果定义了自愿等待期，可以使用第一次配种日期开始计算。

3. 如果有关牛的繁殖障碍（诊断）的信息可用，可以将例如卵巢囊肿、安静发情、子宫炎、胎衣不下或产后诊断等信息作为繁殖指标。

4. 如果受孕诊断/诊断数据可用，则可以计算从受孕或怀孕到第一次（或第二次）配种的时间，在季节性系统中统计从在计划配种到 42 天内的受孕情况。

5. 定期记录体型数据、体况评分情况（度量肥胖和代谢状态），体况评分作为体型线性评分方案的一部分，通常只记录一次，通常仅记录选定的奶牛，因此其可用性会受到一定限制。

6. 如果有研究性的群体或核心群体，那么可以作为参考群体来开始测量活动。如果这些动物也做基因检测，则可以建立适用于动物基因型的基因组预测方程（不是表型）。

7.2.7　数据质量

7.2.7.1　总体情况

一个完整的记录程序，应该由记录数据组成。

- 如果选择了一个群体，该怎么做？
- 参与记录的人（如兽医，牧场人员）是如何选择和培训的？使用了什么标准化记录协议？
- 使用什么类型的记录单或（计算机）程序？使用什么类型的设备？

畜群内是否选择了动物？与国家群体数量相比，数据记录的一致性、完整性和及时性，至关重要。信息量和数据结构决定了数据的准确性，应始终提供提高准确度的措施。

7.2.7.2　综合质量检查

国家评估中心鼓励通过简单方法检查逻辑上不一致的数据。数据检查的例子包括：

- 牧场必须注册或有有效的畜群测试标识。
- 动物的繁殖记录必须登记到各自的牧场。
- 繁殖记录的日期必须适用于一个活着的动物，而不是还没有出生的动物（必须发生在出生和扑杀日期之间）。

一个详细的配种信息必须合理。例如不可能在产犊或出生日期之前进行配种。

7.2.8　数据流的连续性，是长期成功的关键

无论繁殖数据的来源如何，要想获得长期数据并成功进行繁殖改善计划需要各方持续的参与。非常有必要对这些数据记录进行量化。例如对于畜群管理、遗传评估和整合这些性状到选择程序等这些工作，数据都是有用的信息。

7.2.9　性状的定义

7.2.9.1　产犊间隔

产犊间隔是两次连续产犊间隔的天数。产犊间隔涵盖了从发情到妊娠周期性，但其主要缺点是结果有时是有偏差的，因为繁殖力差的母牛经常早早地被淘汰，因此不会重新产犊。产犊间隔数据比许多其他繁殖指标数据得到的更晚，因此产犊间隔对选育决策来说没有太大用处。

7.2.9.2 空怀期

空怀期是产犊日期和最后配种日期之间的间隔。它类似于产犊间隔，假如奶牛在最后一次配种时受孕，空怀期是产犊间隔减去妊娠期。美国目前计算母牛妊娠率公式为 21 /（空怀期-自愿等待期+11）。自愿等待期是产犊后牧场给母牛停配的时间间隔。

7.2.9.3 不返情率

不返情率是指计算首次配种后一段时间内发生新的配次或者受孕的比例。经常研究的间隔是 28 天（NR28）、56 天（NR56）或者 90 天（NR90）。国际公牛协会推荐的参考天数是 56 天，这个性状能够被用来评估青年母牛和成母牛。

7.2.9.4 从产犊到第一次配种的时间间隔

产犊和第一次授精之间的天数有时会受管理方面的影响，在繁殖力评估当中需要考虑到这一方面的影响。然而，它只提供了产犊之后返回发情周期的测量方法，并不会提供受孕信息。

7.2.9.5 从第一配次到妊娠的时间间隔

第一次配种的时间到妊娠诊断阳性时的天数。

7.2.9.6 受胎率

受孕或未受孕占总配次的比例（这可以评估青年母牛和成母牛）。

7.2.9.7 从计划产犊开始的 42 或 56 天产犊率（季节性系统）

奶牛在群体中测量从 42 或 56 天开始按计划交配数量。它通常通过随后的产犊日期确认。畜群计划开配日是指畜群人工授精开始日。

7.2.9.8 配次

哺乳期内或某一时期内的配次（这可以评估青年母牛和成母牛）。

7.2.9.9 发情程度

记录发情程度经常用一个主观的范围。这种范围可以分为不同的方式，可能有不同数量级，但等级应该按强度命名。例如，瑞典的系统有一个五分制（很弱、弱、清晰的迹象、强、很强的发情迹象）），每个点详细描述了阴门的物理表现和爬跨/被爬跨等发情表现。

7.2.9.10 参配率

牧场开始配种后固定的天数内牛参配的百分比。

7.2.9.11 繁殖障碍——繁殖障碍的治疗

特定繁殖障碍信息可作为评估母畜繁殖力的宝贵信息。在 ICAR 健康指南可找到记录细节。

7.2.9.12 体况评分

体况评分（BCS）测定奶牛的肥胖程度，尤其是在腰部、臀部、髋骨和尾根部等区域。泌乳早期 BCS 的变化比单一的平均的繁殖指标反应更好。考虑到体况评分的变化，在泌乳早期必须记录至少两次体况评分并记录测量日期。

7.2.9.13 性状概述

监测奶牛的健康状况，对评估繁殖力也是有用的，从而确保一个完整健康的群体。更多信息参见 ICAR 健康指南。

7.2.10　数据使用

7.2.10.1　改善管理水平（单个农场水平）

虽然这些操作指南主要集中在评估母畜繁殖能力的遗传改良，这些信息对牧场决策也是非常有用的。关键需要兽医按时记录畜群管理的繁殖数据。

7.2.10.1.1　牧场人员

优化畜群管理对牧场经济成功起着重要作用

记录结果可用个体动物或牛群形式呈现，并能区分像产犊指数的“输出”和像输精次数的“输入”。妊娠诊断的结果是为了分析整体性能（Breen 等，2009）。可是对于短期决策（如是否继续配种），牧场的繁殖记录可能是唯一可行的解决办法。更复杂的决策支持可能包括系统的环境影响（如胎次或泌乳阶段）观察水平的校正和时间分析。繁殖报告按年龄分组进行牛群的繁殖性能总结，牧场管理人员也可以将他们的牧场与其他牧场进行比较。及时的繁殖信息是有价值的，它是常规性能记录优化牛群繁殖管理的补充。因此，繁殖数据统计应该增加到牛奶记录组织提供的现有的农场报告中。例如奥地利卫生部所做的报告（2010）。

即时反应

对牧场和技术人员来说，用一个简单快捷的方式了解群体繁殖数据是非常重要的。只有如此，与管理有关的繁殖问题才能被及时发现和解决。一款基于互联网的软件可能对及时记录和查阅数据有很大的帮助。一个准备授精或妊娠诊断的动物表单对工作很有帮助。

长期的调整

可以用概述性报告总结长期（如一年）数据以提供群体的繁殖状态。这样的总结有助于随时监测牧场的发展，以及在区域内和/或省内牧场之间进行比较（Breen 等，2009；Austrian Ministry of Health，2010）。母畜繁殖关键指标的发布将在群体水平层面提供决策支持。一般建议是展现目前最新的平均值（去年）以及近几年的趋势。例如，平均空怀日可与同一地区或同一产奶量水平所有牧场平均空怀日相比较。牧场平均也可能按牧场动物的不同组划分。例如，空怀日可用头胎牛平均值和经产牛相比较。指示哪个组在管理中需要特殊注意。基准的定义是有价值的，为了改善一般繁殖状况，预设导向性目标措施非常重要。

7.2.10.2　健康状况的监测（畜群水平）

政府机构和其他参与动物健康问题的组织对牛群健康状况监测非常感兴趣。消费者也越来越关注食品安全和动物福利的各个方面。无论使用的健康信息来源于哪个方面，都有国家监控项目以满足政府、消费者和生产者的需求。后者可能特别有益于提高消费者对食品生产的安全性的信心。

使用或可能使用的性状和它们与牛繁殖力的潜在联系

生产系统性状	指标				体质	
	返情	发情表现	妊娠可能	保胎能力	季节性	一年一次
两个连续的产犊的间隔（产犊间隔）	+	+	+	+	√	√

（续表）

生产系统性状	指标				体质	
	返情	发情表现	妊娠可能	保胎能力	季节性	一年一次
从产犊到第一次授精的间隔	++	+				√
配种率：例如，从计划开始交配受精到第一次授精间隔	++	+			√	
从产犊到首次黄体活动间隔	++				√	√
体况评分，早期泌乳体重变化、能量平衡	+	+	+	+	√	√
不返情率（56 天、128 天）			++	+		√
第一次授精到妊娠（妊娠诊断确定）			++	+		√
产犊率（例如：42 天或 56 天）从产犊计划开始			++	++	√	
每一次产犊授精的数量		+	++	+		√
从第一次授精到妊娠的间隔（或最后一次授精）		+	++	+		√
授精的间隔		+		(+)		√
热应激		+			√	√
繁殖问题治疗		+			√	√
空怀日，从产犊到妊娠的间隔（或最后授精）	+	+	+	+		√

注：“+”的数量表示测定指标与生育方面的相关程度；“√”表示测定指标与生产系统的适用性

7.2.10.3 Interbull 国际公牛组织

在国家内部和国家之间，繁殖数据是遗传评估很重要的部分。下面一章节来自国际公牛网站（www-interbull. slu. se/Female_ fert/framesida-fert. htm），由国际公牛的督导委员会于 2007 年 8 月确定，并称为 MACE 的繁殖力评估的一部分。Interbull 认为母畜繁殖性状分类如下：

- T1（HC）：青年母牛怀孕能力。主要测量受孕的相关数据，像受孕率（CR）可作为为此类性状。缺少受孕相关数据时，可以用第一次到最后人工授精间隔（FL）、首次配种至受孕时间间隔（FC）、配次（NI）、或不返情率（NR，最好是 56 天不返情率）作为替代指标。
- T2（CR）：奶牛产犊后返情能力。例如产犊到第一次配种的间隔（CF）。如缺少这一性状，可以测量产犊到受孕的时间间隔，如空怀日或产犊间隔（CI）。
- T3（C1）：产奶牛怀孕能力，表示为比例性状。像受胎率（CR）和非返情率（NR，最好是 NR56）都是这种性状。
- T4（C2）：产奶牛怀孕能力（2），主要为间隔性状。第一次配种受孕间隔（FC）或首末配种时间间隔（FL）作为此性状。可以使用配次（NI）作为一种数据进行提交。

若没有记录这些性状，可以使用产犊到配种的时间间隔如空怀日（DO）或产犊间隔（CI）作为替代。所有国家都应该收集此性状组的数据，作为最后的方法，在 T3 下提交的性状也可以作为 T4 提交。

- T5（IT）：产奶牛产犊受孕间隔性状的测量，如开配日（DO）和产犊间隔（CI）。

基于上述性状定义，将这些性状数据提交进行国际间母畜繁殖性状遗传评估。

7.2.11 参考文献

Andersen-Ranberg, I. M, Heringstad, B., Klemetsdal, G., Svendsen, M. & Steine, T., 2003. Heifer

fertility in Norwegian dairy cattle: Variance components and genetic change. J. Dairy Sci. 86, 2 706-2 714.

Austrian Ministry of Health, 2010. Kundmachung des TGD-Programms Gesundheitsmonitoring.

Rind. http://bmg. gv. at/home/Schwerpunkte/Tiergesundheit/Rechtsvorschriften/

Kundmachungen/Kundmachung_ des_ TGD_ Programms_ Gesundheitsmonitoring_ Rind.

Bastin, C., Soyeurt, H., Vanderick, S. & Gengler, N., 2011. Genetic relationships between milk fatty acids and fertility of dairy cows. Interbull Bulletin 44, 190-194.

Breen, J. E., Hudson, C. D., Bradley, A. J. & Green, M. J., 2009. Monitoring dairy herd fertility performance in the modern production animal practice. British Cattle Veterinary Association (BCVA) Congress, Southport, November 2009.

Fuerst, C. & Egger-Danner, C., 2002. Joint genetic evaluation for fertility in Austria and Germany. Interbull Bulletin 29, 73-76.

Fuerst, C. & Gredler, B., 2010. Genetic Evaluation of Fertility Traits. Interbull Bulletin 40, 3-9.

www. interbull. slu. se/bulletins/bulletin40/Fuerst-Gredler. pdf.

GonzÆlez-Recio, O. & Alenda, R., 2005. Genetic parameters for female fertility traits and a fertility index in Spanish dairy cattle. J. Dairy Sci. 88, 3 282-3 289.

GonzÆlez-Recio, O., Alenda, R., Chang, Y. M., Weigel, K. A. & Gianola, D., 2006. Selection for Female Fertility Using Censored Fertility Traits and Investigations of the Relationship with Milk Production. J Dairy Sci. 2006 Nov; 89 (11): 4438-4444.

Gredler, B. Fuerst, C. & Soelkner, H., 2007. Analysis of New Fertility Traits for the Joint Genetic.

Evaluation in Austria and Germany. Interbull Bulletin 37, 152-155.

Harris, B. L., Pryce, J. E. & Montgomerie, W. A., 2007. Experiences from breeding for economic.

efficiency in dairy cattle in New Zealand Proc. Assoc. Advmt. Anim. Breed. Genet. 17: 434.

Heringstad, B., Andersen - Ranberg, I. M., Chang, Y. M. & Gianola, D., 2006. Genetic analysis of nonreturn rate and mastitis in first-lactation Norwegian Red cows. J. Dairy Sci. 89, 4 420-4 423.

ICAR (International Committee for Animal Recording), 2012. International agreement of recording practices. Available online at http://www.icar.org/pages/statutes.htm (assessed 25 May 2013).

Jorjani, H., 2006. International genetic evaluation for female fertility traits. Interbull Bulletin 34, 57-64.

Koeck, A., Egger-Danner, C., Fuerst, C., Obritzhauser, W. & Fuerst-Waltl, B., 2010. Genetic analysis of reproductive disorders and their relationship of fertilty and milk yield in Austrian Fleckvieh dual-purpose cows. J. Dairy Sci. 93, 2 188-2 194.

Pryce, J. E. & Veerkamp R. F., 1999. The incorporation of fertility indices in genetic improvement programmes. Br. Soc. Anim; Vol 1: Occasional Mtg. Pub. 26.

Roxstr? m, A., Strandberg, E., Berglund, B., Emanuelson, U. & Philipsson, J., 2001. Genetic andenvironmental correlations among female fertility traits and milk production in different parities of Swedish Red and White dairy cattle. Acta Agric. Scand., Sect. A., Animal Science 51, 192-199.

Schnyder, U. & Stricker, C., 2002. Genetic evaluation for female fertility in Switzerland. InterbullBulletin 29, 138-141.

Sun, C., Madsen, P., Lund M. S., Zhang Y, Nielsen U. S. & Su S., 2010. Improvement in geneticevaluation of female fertility in dairy cattle using multiple-trait models including milk production traits. J. Anim. Sci. 88: 871-878.

Thaller, G., 1998. Genetics and breeding for fertility. Interbull Bulletin 18, 55-61.

VanRaden, P., 2013. Genetic evaluations for fitness and fertility in the United States and othernations. http://aipl.arsusda.gov/publish/other/2003/raleigh03_ pvr.pdf.

Veerkamp, R. F., Koenen, E. P. C. & De Jong, G. 2001. Genetic correlations among body condition score, yield, and fertility in first-parity cows estimated by random regression models. J. Dairy Sci. 84, 2 327-2 335.

7.2.12 致谢

这个文档是 ICAR 功能特性工作组的研究结果。按字母顺序排列人员名单如下：

- Andrew John Bradley, Quality Milk Management Services, United Kingdom.
- John B. Cole, Animal Improvement Programs Laboratory, USA.
- Christa Egger-Danner, ZuchtData EDV-Dienstleistungen GmbH, Austria; ZuchtData EDV-Dienstleistungen GmbH, (Chairperson of the ICAR Functional Traits Working Group since 2011).
- Nicolas Gengler, Gembloux Agro-Bio Tech, University of Liège, Belgium.
- Bjorg Heringstad, Department of Animal and Aquacultural Sciences / Geno, Norwegian University of Life Sciences, Norway. Bjorg Heringstad.
- Jennie Pryce, Victorian Department of Environment and Primary Industries, Victoria, Australia • Katharina Stock, VIT, Germany.
- Erling Strandberg, Swedish University of Agricultural Science, Uppsala, Sweden.

工作组感谢如下人员的贡献：Brian Wickham（ICAR）和 Pavel Bucek（捷克摩拉维亚育种公司）的文件，Stephanie Minery（Idele，法国），Pascal Salvetti（UNCEIA），奥斯卡冈萨雷的-雷萨克和 Mekonnen Haile-Mariam（DEPI，墨尔本，澳大利亚）and John Morton（Jemora，基隆，澳大利亚）.

7.3　乳房健康的评价、遗传改良和记录指南

7.3.1　一般概念

7.3.1.1　读者说明

这些指南用图解的方式表述，文本框中已经显示条目以及重要的信息，文中重要的部分已由黑体标出。

指南的目的是为参与育种计划的奶牛饲养者提供逐步决策参考，在记录和评估乳房健康（以及相关性状）方面建立良好的记录和评价操作规范。指南文件，可以在第一次繁育计划开始时使用，或者在更新现有的育种计划时使用。除此之外，指南给育种者提供了乳房健康和相关性状的基本信息及生理和基因相关背景。

7.3.1.2　指南的目的

在开发乳房健康记录和评价体系上提供决策参考，支持奶牛遗传改良计划。

7.3.1.3　指南的结构

指南分成4部分：

1. 对主要原则总结的概述。
2. 乳房健康和相关性状背景信息。
3. 乳房健康和相关性状记录决策参考。
4. 乳房健康和相关性状遗传评估逐步决策参考。

经验丰富的动物饲养员使用本指南应该先阅读7.1节的内容，并建议阅读7.2节的表格。没有经验的用户建议阅读第2节全文。

7.3.1.4　概述

健康的乳房是没有乳房炎的乳房。乳房炎是一个炎症反应，一般认为是由细菌引起的。

健康的乳房没有对微生物的炎症反应。

乳房炎被认为是最昂贵的疾病，因为它的发病率高，且对产奶量有影响。许多国家，培育生产性能好的奶牛已经实施了很多年。高产奶牛的选择已经很成功。但是，当产奶量增加时，通常乳房炎就会变得很严重。亚临床型和临床型乳房炎降低了生产性能。

健康乳房减少是一个不利的现象。因为得乳房炎的成本很高，如兽医治疗、产奶量降低、如果不能及时治愈，乳房炎也会造成动物福利受损。

因为生产效率和动物福利，需要减少乳房炎的发病率。

因为乳房炎很复杂，想要根除乳房炎或者开发一个有效的疫苗可能性很小。但是，减少乳房炎的发病率是可能的。减少乳房炎的发病率是育种工作的一个重要组成部分。奶牛育种应该对生产性能（牛奶和肉）和功能性状（如繁殖、可加工性、健康、寿命、饲料

转化率）进行适当平衡。这要求对所有特性记录和评估进行系统的工作。这些指南提供了进行乳房健康记录和评价的指导。对其他性状的建议将获得功能性 ICAR 工作团队制定指南的指导。

可操作性的育种值预测是奶牛遗传改良计划的目标（奶牛遗传改良和功能性状源程序国际研讨会（GIFT）——育种目标和选择方案（1999 年 12 月 7—9 日，瓦格宁根，国际公牛公告第 23 条，221 页）

选择育种值的育种目标性状是可用的。

性状组	性状	
产奶量	牛奶/kg 脂肪 kg 或% 蛋白质 kg 或% 牛奶质量	例如 κ-酪蛋白
牛肉生产	日增重/最终重量 加工或零售% 肌肉 肥胖，大理石花纹	
产犊难易	直接效应 母体效应	平等分裂
死胎		
乳房健康	乳房形态 体细胞数 临床发病率	乳房深度，乳头位置
母畜繁殖力	不返情率 产犊到第一次配种间隔	第一次产犊年龄，发情监测，黄体活动
公畜繁殖力		
肢蹄问题	体型 行动 临床发病率	蹄角度，后肢后视
可使用性	泌乳速度，能力，流量 性情/性格	
寿命		功能，剩余
其他疾病		酮病，代谢问题
持久性	成熟重量	
代谢应激/饲料效率	采食能力 体况得分 能量平衡	

7.3.1.5 记录

乳房健康的选择从记录开始。只有通过记录才能将候选牛乳房健康的育种值区分开来，直接或间接地记录乳房炎的发生情况。

直接记录乳房炎是记录每个泌乳期每头牛患临床型乳房炎的次数。亚临床型乳房炎也可以这么做，主要是记录体细胞数量。产奶量和乳房结构性状是记录乳房炎的间接性状（如乳房深度、前乳房附着、乳头长度）。

乳房健康记录

直接	间接
临床型乳房炎	体细胞数量
亚临床型乳房炎	产奶量 乳房结构性状

临床型乳房炎可以看出来或是有明显的乳腺炎症反应：疼痛、变红、乳房肿胀。炎症反应也可以通过异常乳，或一般牛疾病（如发烧）观察到。亚临床型乳房炎是乳房的一种炎症反应，但是从外部看不出来或是没有明显的迹象。亚临床型乳房炎可以通过检测牛奶的电导率，NAG-ase，细胞因子和体细胞数等判别。

7.3.1.6 前提条件

记录和评估乳房健康需要基本信息，测定直接或间接的性状。如果计划可用，需要更新现有的育种计划，但并不是当一个新的育种计划开始时就开始使用。

7.3.1.7 前提条件信息

- 唯一的动物标识和登记。
- 唯一的群体标识和登记。
- 个体动物系谱信息。
- 出生登记。
- 运转良好的中央数据库。
- 牛奶记录系统（时间信息以及牛奶样品抽样）。

7.3.1.8 评估

应该把不同牧场记录的数据汇总起来，作为遗传改良计划选择后备牛的遗传评估基础（每个区域，国家或国际水平）。遗传评估数据需要以统一的方式记录。需要足够多的数据进行可靠的育种估计。遗传改良的可靠性取决于这些育种估计值的质量。

以育种值为基础，将候选牛进行排名。每个记录的性状都有育种值，或者作为一个综合的“乳房健康指数”。“乳房健康指数”是记录直接或间接性状育种值的加权和。根据乳房健康指数候选牛的排名，选择乳房健康的动物（如减少乳房炎发生率）。乳房健康指数可以与其他重要性状指数一起成为一个更广泛的性能指数来对候选牛进行整体排名。

7.3.1.8.1 荷兰公畜评估

下面的表格显示对乳房健康有重要作用的前10名的公牛。这是以荷兰奶牛育种组织（NVO）为基础计算的。下面显示了乳房健康育种值的计算公式：

$EBV_{UH}=-6.603\times EBV_{SCC}-0.193\times(EBV_{ms}-100)+0.173\times(EBV_{ud}-100)+0.065\times(EBV_{fua}-100)-0.108\times(EBV_{tl}-100)+100$

其中，EBV_{UH}指乳房健康育种值，EBV_{SCC}指取 log^2-后的体细胞数评分；EBV_{ms}指产奶速度育种值；EBV_{ud}指乳房深度育种值：指前乳房附着育种值；EBV_{tl}指乳头长度育种值。

牛名称	耐用性能总和	总分构成	乳房健康指数
SUNTOR MAGIC	52	107	115
CAROL PRELUDE MTOTO ET	217	112	111
WRANADA KING ARTHUR	97	109	111
CAERNARVON THOR JUDSON-ET	87	107	111
MAR-GAR CHOICE SALEM-ET *TL	65	108	111
PRATER	51	112	111
RAMOS	192	108	110
DS-KIRBYVILLE MORGAN-ET	165	108	110
WHITTAIL VALLEY ZEST ET	158	104	110
V CENTA	129	112	110

耐用性能综合（DPS）是荷兰公牛的整体排名的依据。DPS 由生产、健康和耐久性组成。总分是公牛体型得分的综合。这一性状是由体型、乳房结构和肢蹄组成。

7.3.1.8.2 瑞典公牛评估实例

瑞典公牛评估从生产性能、健康性状和其他功能性状、乳房炎分类进行排序（2002年2月）

公牛名称	总效益指数	生产性状					健康性状						功能性状				
		生产性能指数	产奶量（kg）	蛋白量（kg）	脂肪量（kg）	日增重	女儿受孕指数	产犊		乳房炎抗性	其他	长寿性	体型	肢蹄	乳房	产奶速度	性情
								公牛	外祖父								
G. Ross	14	107	103	106	106	97	96	108	96	110	97	106	102	111	105	89	105
Botans	18	119	113	119	115	92	97	104	97	108	100	104	97	96	101	102	102
Stöpafors	12	108	105	108	106	98	95	89	98	106	100	111	108	101	107	105	101
Inlag-ET	13	106	106	106	109	96	105	106	108	104	103	106	96	103	103	107	98
Torpane	11	101	100	100	109	106	105	97	105	104	103	119	103	97	105	108	96
Flaka	21	111	112	111	114	111	107	115	110	104	99	115	100	101	97	92	98
Bredåker	14	106	100	105	113	104	108	96	107	103	103	104	103	104	105	96	
Brattbacka	14	108	95	107	109	97	104	106	102	103	108	112	97	99	104	92	96
Stensjö-ET	20	118	115	117	123	105	100	106	103	102	98	107	94	94	100	110	107

7.3.2 乳房健康的详细信息

7.3.2.1 读者指南

本节（2.0）提供了乳房健康的背景信息和相关特征。包括直接（临床乳房炎）和间接特征（体细胞数、产奶量和乳房结构特征）。经验丰富的读者仅仅阅读粗体文字和表格中的文字就足够。

7.3.2.2 感染和预防

预防微生物感染的第一道防线是乳腺的物理预防。这种物理防御与微生物进入乳头管的容易程度相反，微生物越容易进入，物理防御越弱。防御的质量与产奶量和乳房结构特征如乳头长度和乳房深度相关。但是，当微生物进入乳腺，免疫系统使白细胞聚集到感染的地方，这导致体细胞数量增加。因此，体细胞数量短期升高，有或者没有临床信号是第一道防线失败的标志，但另一方面也标志着适当的免疫反应。下图显示了感染进程，以及牛奶分泌细胞的破坏。

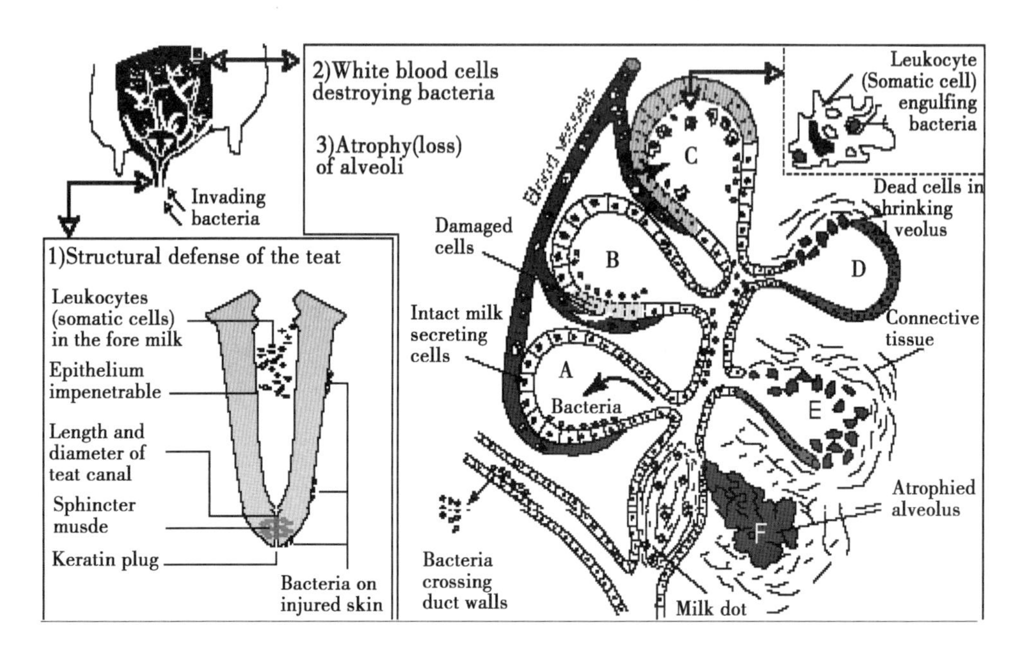

引起乳房炎的细菌

传染性乳房炎：

- 主要来源：受感染牛的乳房；
- 主要在挤奶时感染其他奶牛；
- 导致高体细胞数。

主要由以下方面引起：

- 无乳链球菌（>感染的40%）；
- 金黄色葡萄球菌（感染的30%~40%）。

金黄色葡萄球菌几乎很难根除，但是牛群中的含量可以减少到5%以下。无乳链球菌可以从牛群中根除。

环境乳房炎：

- 主要来源：奶牛的生活环境；
- 高发临床型乳房炎（尤其是抗性较低的泌乳早期的牛）；
- 体细胞数不一定很高（可能少于300 000ml）。

造成的原因：

- 环境链球菌（感染的 5%~10%）；
- 乳房链球菌；
- 牛链球菌；
- 停乳链球菌；
- 肠球菌；
- 粪肠球菌；
- 大肠菌群（<所有感染的 1%）；
- 大肠杆菌；
- 克雷伯氏肺炎菌；
- 产酸克雷伯氏菌。

7.3.2.3　临床和亚临床型乳房炎

乳房炎分为临床和隐性两种。临床性乳房炎是可用肉眼观察到或者可以摸到的乳房和牛奶信号。临床乳房炎是外部观察到的异常乳，像片状，凝结状或水状牛奶，可能会出现乳房红肿、疼痛和带有发热的肿胀的外部特征。

养殖者和兽医不能直接检查出隐性乳房炎，但是可以用指标检测出来。最常用的指标是每毫升牛奶的体细胞数量（体细胞数）。其他很少使用的隐性乳房炎指标是牛奶的电导率，N-乙酰基-β-D-氨基葡萄糖苷酶，牛血清白蛋白，抗胰蛋白酶，钠，钾和乳糖含量。

体细胞计数是最常用的标准，因为它反映奶牛的乳腺健康状况。奶中体细胞数量增加，表明机体有防御反应。乳中的体细胞主要是白细胞或者是脱落的上皮细胞和牛奶分泌细胞的白细胞。乳中的白细胞反应了组织损伤、临床性乳房炎或隐性乳房炎。

当修复受损组织以及由乳房炎造成的组织损伤时，奶牛的免疫系统会启动，牛奶中这些细胞数量就会增加。随着损伤或感染程度的增加，白细胞的含量也增加。乳中的上皮细胞含量一直处在较低水平。它们是乳房自然代谢的结果，其中新的细胞自动替代老的组织细胞。在正常乳中体细胞（SCC）上皮细胞含量<50 000个。分娩时体细胞含量的行业推荐标准是<200 000个。许多群体能够控制在SCC<100 000个，尽可能控制没有乳房炎感染。

体细胞数量是指每毫升牛奶中所含的体细胞数量。正常牛奶中每毫升含量少于200 000个。

所以，体细胞是指部分白细胞或集体防御细胞，它的主要功能是清除感染、修复受损组织。乳腺中体细胞含量和数量不能反映血中全部的抗感染细胞。只有当需要体细胞时它们的含量才会增加。因此，高含量的 SCC 表明乳腺受到感染。一旦乳腺遭到感染，肯定会有一定数量的体细胞。低含量的 SCC 和乳腺细胞修复速度以及细胞代谢能力都是防御感染的主要因素。

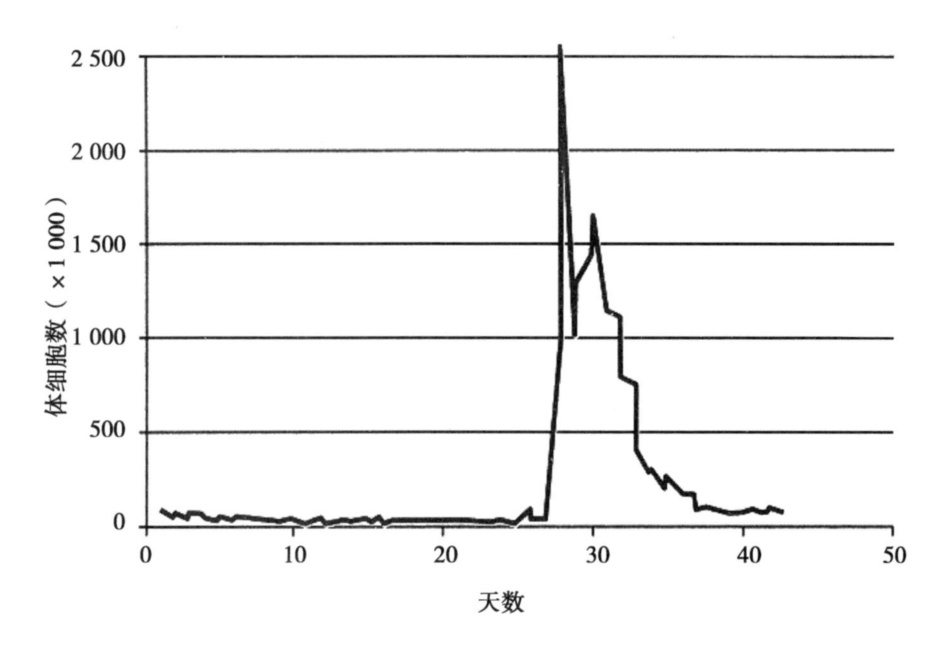

28 天内临床乳房炎每日体细胞数（来源：Schepers，1996）

7.3.2.4 记录临床型和隐性乳房炎

记录临床型乳房炎是可能的，但不是常见的做法。北欧国家是唯一将乳房炎发病率记录在本国记录和评估项目中的地区。其他国家也在致力于国家记录乳房炎发病率评估计划。对临床型乳房炎记录增加的原因是：

- 牧场兽医管理支持（如患病动物的标识和治疗过程的建立）。
- 国家兽医决策（如药品法规以及流行病学预防措施）。
- 公民和消费者对动物健康、福利、产品质量安全的关心（如管理链、产品标签）。
- 遗传改良（如监管群体和基因水平的选择以及选配策略）。

要强调的是，记录临床型乳房炎很困难，因为它需要一个明确的定义（按照给定的指南记录），例如要准确记录信息及奶牛的数量。同样重要的是，记录的原因对利益相关者很明确，而且这些信息不仅是集中收集，也需要获得牧场管理支持对其进行明确处理，最后反馈给牧场。（表型）临床型和亚临床型乳房炎的发生受动物的遗传性状（育种值）及环境的影响。当考虑到动物总表型变化差异时，2%～5%的临床型乳房炎是因为动物之间的遗传差异造成的。其他不同是环境影响及测量误差造成的。例如，随着奶牛的胎次及泌乳阶段的不同，已知系统的环境影响的后果不同。乳房健康性状的评估必须考虑到这些系统的环境影响。

提高管理决策支持

虽然这些指导方针侧重于从基因层面进行改善来评价乳腺健康，但是这些信息决策也非常有用。对临床型乳房炎发病率和体细胞数的定期记录是兽医群体管理的关键。

操作——单个动物水平

可以呈现每个动物的记录结果。为了支持决策，当含量高于某个阈值水平时，记录时会加上注释。例如，当 SCC 高于每毫升200 000个时表明奶牛可能患隐性乳房炎，需要治疗或者建议进行细菌培养。需要对含有高含量SCC的奶牛进行直接关注并提供进一步行动的建议。

更复杂的决策支持可能包括对系统环境影响和泌乳胎次或泌乳阶段的影响的校正(例如)。

由不同细菌引起的乳房炎需要采取不同的预防和治疗措施。因此，细菌培养的信息在牧场管理中非常重要。

策略——群体水平

乳房炎发病率关键数据、细菌培养以及群体水平体细胞报表可以给牧场经营策略提供决策支持。通常建议是提供最近的平均水平，但也可呈现一个长时间的平均水平。并且建议与大群牧场的平均值进行比较。例如，体细胞数的平均值可与相同因素下所有牧场牛奶中的体细胞数进行比较。

牧场的平均数也可分成不同组群体。例如，可以比较第一胎和后面胎次群体的体细胞数量。这表示对特定的组别需要在预防和治疗管理上进行特别关注。

7.3.2.4.1 健康卡

在挪威、芬兰和丹麦的每头奶牛都有一个健康卡，每次兽医对动物进行检查时进行更新。例如，挪威对药物进行严格监管，所有的抗生素都由兽医控制使用，饲养者不允许直接对他们的动物使用抗生素。对管理的完整性和一致性要求非常精确；这个目的是为了让健康卡系统对育种程序起作用。

7.3.2.4.2 质量控制

在荷兰，它包括在“牛奶质量控制链中”，牧场通常由一名兽医进行检测，记录奶牛的健康水平。这就提供了牛群中所有奶牛可以比较的一个“检测日”。这个信息可用于国家兽医监测项目和育种选择项目。

在许多国家，对临床型乳房炎可靠的记录是很难实现的，因此这个性状不是发展乳房健康指数的第一步。体细胞计数（SCC）是遗传上与临床型乳房炎高度相关的：遗传系数为0.60~0.70。这表明，当分析现场数据时，观察到的高含量的SCC通常伴随着临床性乳房炎的发生。换句话说，即使是健康的奶牛的牛奶也可能表现出SCC的变化，大多数SCC的变化是由临床型乳房炎造成的。

鉴于体细胞数和临床乳房炎有如此高的相关性，因此体细胞数是标志乳房健康的一个合适的指标，因为：

- 大多数牛奶体细胞数是定期记录，能够提供更准确、完整和标准化的观察结果；
- 10%~15%的SCC变化是由于动物的育种值不同造成的，这比乳房炎还高；
- 体细胞数也反映了隐性乳房炎的发生率。

体细胞计数

迄今为止，我们已经考虑了动物的SCC含量。此外，牧场平均体细胞计数（BSCC）水平是受到关注的。许多国家把平均体细胞计数作为牛奶定价的基础。平均体细胞计数在决策支持中也起了重要的作用。高平均体细胞计数群体易感染程度较高，主要是隐性乳房炎造成的。隐性乳房炎会造成许多牛被感染、乳房受损及产奶量降低。当隐性感染变成临床性时，它们的症状通常也是轻微的。在高体细胞计数群体中很少见到由环境造成的感染，因为环境致病菌是机会主义者，它们不会与入侵生物竞争。平均体细胞计数低的群体，感染率和入侵的病原体会较低。因此，当它们受到感染时，通常是由环境造成的。环境感染通常多种多样，会造成严重的疾病，也很有可能造成死亡。环境感染是没有攻击性的，但是发生的可能性很大。因此，泌乳早期受到感染的动物通常会发育不全或受到严重的应激。完善的牧场管理可以减少环境型乳房炎的发生。

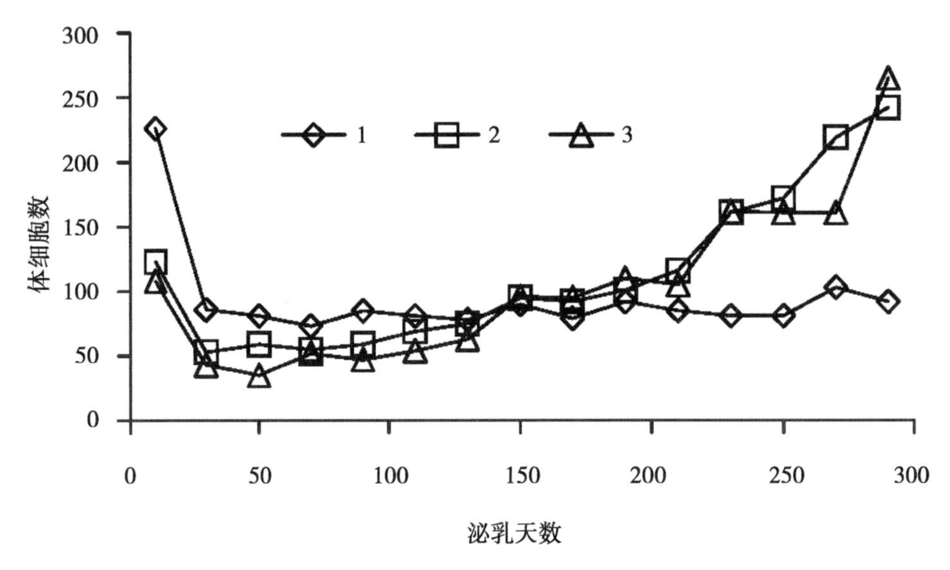

在置信区间 95%的范围内 3 种未受感染奶牛在不同的泌乳天数的体细胞数量（资料来源：Schepers et al. , 1997）。

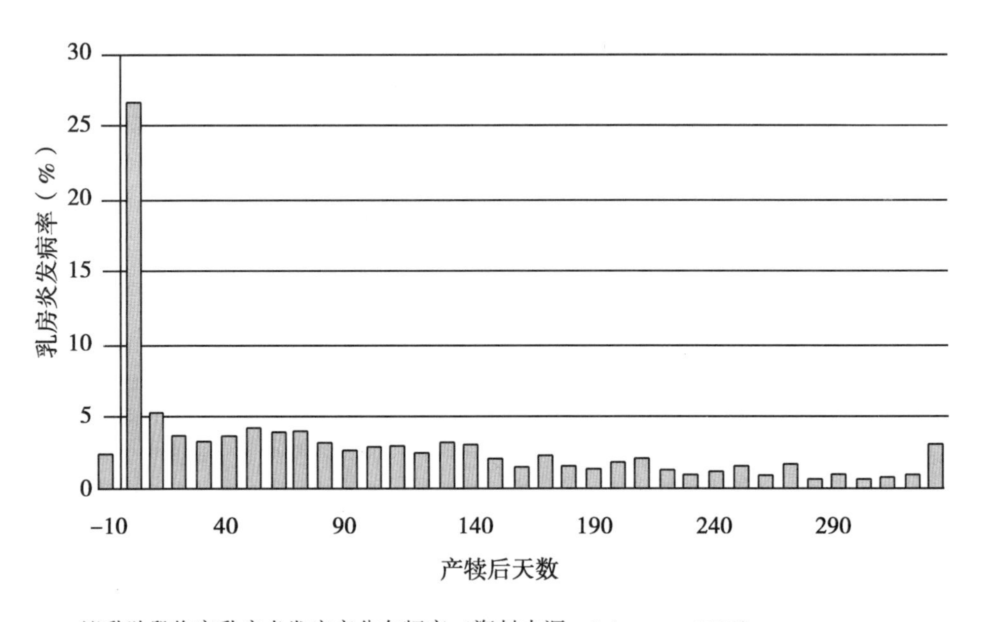

泌乳阶段临床乳房炎发病率分布频率（资料来源：Schepers，1996）

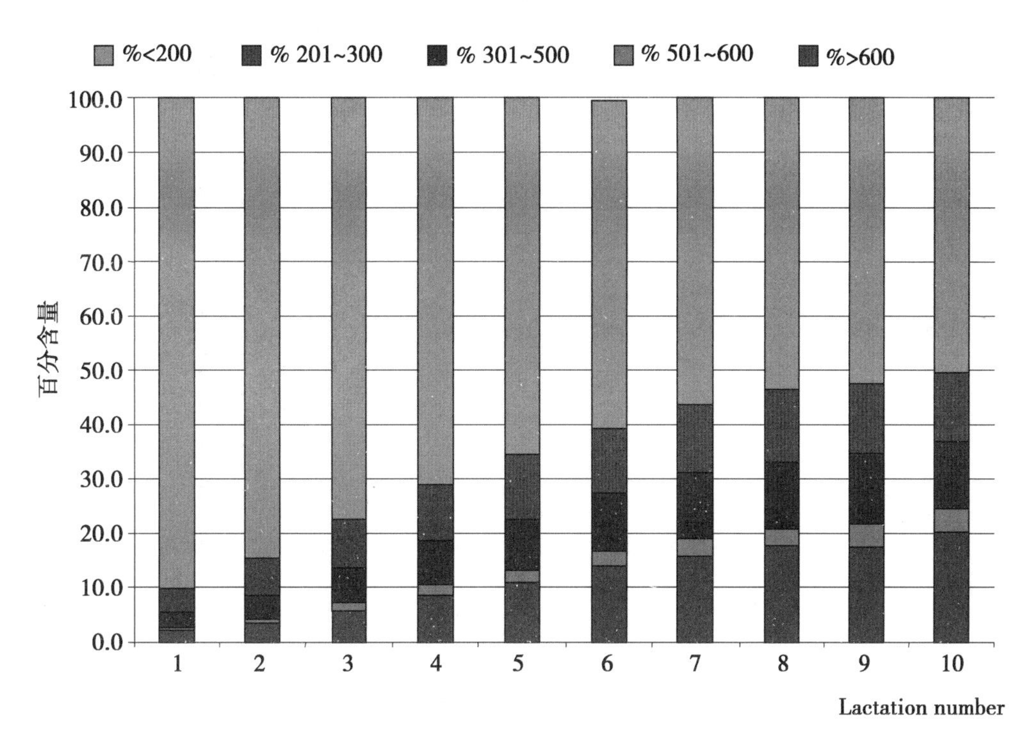

不同奶牛 SCC 等级百分比（×1 000；澳大利亚，2000 年）每个泌乳奶牛（姆斯特拉，2001）。

7.3.2.5　低体细胞数及其相关性

减少临床型乳房炎的发生非常重要（成本高和福利受损），降低隐性乳房炎的发生看起来似乎不太重要。但是，有几个减少隐性乳房炎（牛奶中体细胞数量增加）的理由，例如：

1. 体细胞数低（体细胞的对数转换）的公畜的女儿临床性乳房炎发病率较低，第一胎和二胎时很少发作。

2. 体细胞数量减少表明可以改善。乳产品质量、保质期和干酪产量体细胞数量增加以两种方式降低了干酪产量：

- 降低总蛋白中酪蛋白的百分含量。
- 降低酪蛋白转化为奶酪的效率。

3. 牛奶中高含量的 SCC 影响牛奶的价格。

4. 因为盐的增加，高 SCC 牛奶会降低风味得分。

7.3.2.5.1　低体细胞数的益处

- 临床型乳房炎：发病率和发作率低。
- 改善牛奶制品质量。
- 提高牛奶价格。

7.3.2.5.2　自然防御系统

部分体细胞是白细胞，它们是奶牛免疫系统中的一个必不可少的部分。建议可以尝试降低这些高体细胞（是防御反应的一个指示器）发病几率。不建议将体细胞数降低到正常范围以下。自然防御体系是一个必要部分也与白细胞修复的速度有关。

7.3.2.6 泌乳能力

泌乳能力（泌乳速度、泌乳易度以及奶流速）和体细胞数量之间呈负相关。泌乳快的奶牛可能会含有更高的体细胞数量。通常认为泌乳能力和乳房健康之间有负相关性。这可能是因为有利于泌乳的乳房和乳头通道更容易遭受病原菌的侵入。

但是，关于泌乳能力和乳房健康的关系如下：

非线性：假定的遗传相关性是非线性的。这就意味着低速和中速的产奶速度对乳房健康没有影响。只有当产奶速度极端高时，还有在产奶时发现有漏奶的情况，乳头管太宽有利于微生物的生长。

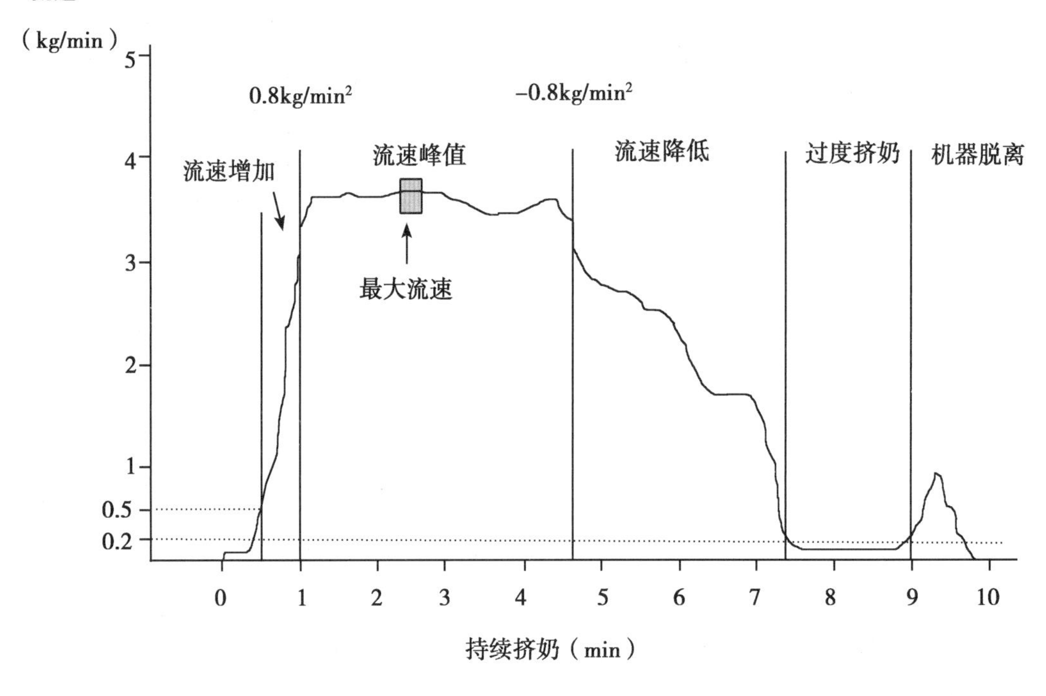

全面表述牛奶流动的曲线

（来自：Dodenhoff et al.，2000）

完整的挤奶程序：每次挤奶，牛奶的最后一部分比第一部分多含有 3~10 倍的体细胞。这取决于从乳房挤出牛奶的完整性，也与挤奶速度有关。挤奶速度快，有利于从乳房中完整地挤出牛奶，但这样易导致高的体细胞数。这就支持了这样一种假设：挤奶速度与体细胞之间是负相关，但是不会造成临床型乳房炎的发生。

还有重要的一点是泌乳速度与牧场挤奶工作时间相关。每头奶牛挤奶速度的增加意味着用电和挤奶设备的花费减少。结合两个主要的方面：

1. 为了乳房健康而降低挤奶速度，或减少漏奶。
2. 为了减少劳动时间而增加挤奶速度。

泌乳速度要有一个最佳水平。

用先进的设备能够记录泌乳速度。这些先进的设备可以是：

（1）群体中安装一个额外的设备每隔一定时间或在一个特定的记录，作为泌乳速度记录项目的一部分。

（2）作为牛场产奶系统的一个必不可少的部分，和牛奶电导率记录一起，为奶农检测奶牛乳房健康提供一个完整的操作决策。

制定一个整体主观泌乳速度评分制度。牧场可以制定一个线性打分表：1 代表非常慢，5 代表非常快（也可见第 5 章）。

7.3.2.7　乳房结构性状

世界荷斯坦牛联合会（WHFF）和 ICAR 组织推荐乳房结构线性评分是奶牛体型记录的一部分（查阅 ICAR 指南 5.1www.icar.org）。主要标准有：

前乳房附着；后乳房高度；

中央悬韧带；乳房深度；

乳头位置；乳头长度。

这些特性的描述查阅第 3 章。批准这组体型评分原因是这些体型可以预测乳房健康或对产奶能力的影响（包括产奶时间）。因此，我们也推荐根据 ICAR/WHFF 推荐规范进行记录乳房结构性状。

根据文献，可以得到一些相对重要的乳房性状特征。对乳房健康影响最大的是乳房深度。浅的乳房明显比深的乳房更健康。这个原因可能是深乳房会使乳房暴露于病原细菌下的可能性增大，更容易受损。

前乳房附着和乳头长度对乳房健康也有重要的影响。主要原因是改善乳房结构（更好的附着和短的乳头）可减少乳房暴露在病原微生物的可能性。

当然，其他的乳房性状也很重要，但是和乳房健康的遗传相关性可能会低，而且不同的性状可能会提供相似的遗传信息。这通常导致乳房健康指数评分只用几个有限的乳房性状。

年龄对乳房结构影响的例子

品种	性状（cm）	泌乳胎次		
		1	2	3
荷斯坦牛	后乳房与地面距离	60.5	55.6	51.8
	前乳头之间的距离	18.1	20.2	21.6
娟姗牛	后乳房与地面距离	51.2	47.5	44.8
	前乳头之间的距离	14.2	14.9	15.5

年龄对荷斯坦奶牛和娟姗牛的影响（来源：Oldenbroek 等，1993）。

动物在生命的不同阶段，乳房结构也会发生改变。而且，在母牛的选择上，有利于选择更好的乳房结构。这意味着根据年龄影响进行调整，或者从一个特定的年龄下选择牛只对其进行遗传评估。通常，国家的评估体系仅仅是针对头胎牛进行评分。

7.3.2.8 总结

最完整的乳房健康指数包括直接或间接的乳房健康特性。一个直接性状的例子是北欧国家发生的临床型乳房炎。在其他一些国家，例如荷兰、加拿大和美国，只用间接性状作为乳房健康指数。这些间接的性状可以划分成 3 组：体细胞数，产奶能力和乳房结构特征。

1. 直接由牧场人员或兽医来记录临床型乳房炎：乳腺和牛奶的外观。

2. 记录隐性乳房炎：不是直接通过视觉观察，而是通过显性指标。最常用的指标是牛奶中体细胞（SCC）数量。

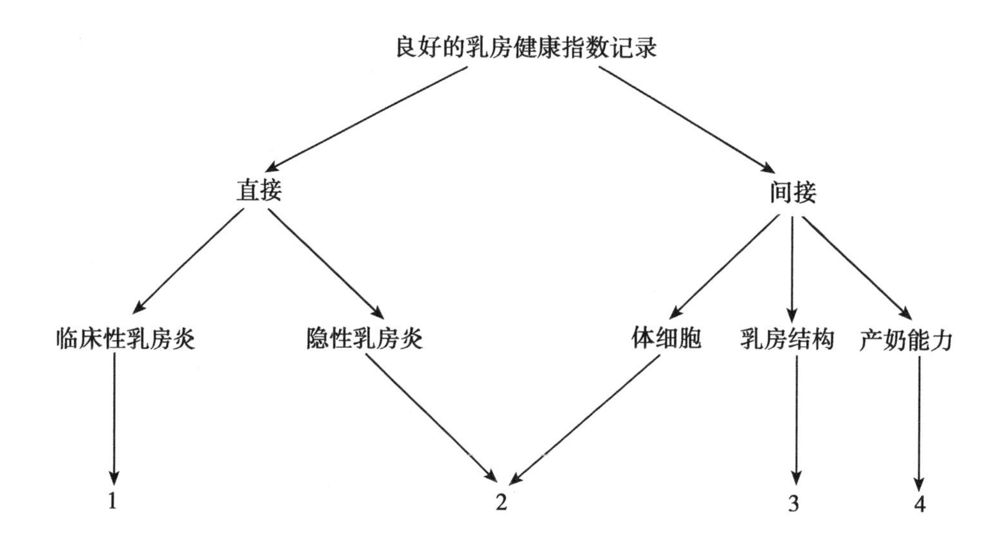

3. 乳房结构评分。有几个乳房结构性状对乳房健康有影响。最重要的一个性状是乳房深度，随后是前乳房附着和乳头长度。

4. 通过测量或牧场评估记录泌乳能力（如产奶速度）。泌乳能力是一个最佳的特征：产奶速度快是有利的，因为它能减少牧场挤奶奶劳动时间，但是会增加牛奶的体细胞数和微生物侵入乳头的几率。

7.3.3 健康记录的决策支持

7.3.3.1 读者指南

本节向我们逐步描述了用来记录乳房健康和相关的可能性性状特征，在乳房健康方面还没有进行太多改善工作。在工作每一步，要详细描述可记录内容，工作人员，工作时间。

7.3.2.2 国际公牛组织推荐的动物标识

每一个动物身份证明都是唯一的，在每个动物出生时对其进行身份登记，并且这个身份证明不会再给其他动物使用。这个身份证明会陪伴它一生，不管是在它出生的国家，还是其他国家。

每个动物登记应提供以下信息：

品种代码　　3个字符；

出生国家代码　3个字符；

性别代码　　1个字符；

动物代码　　12个字符。

7.3.2.3 国际公牛组织推荐的系谱信息

所有动物都应记录动物出生日期和父亲和母亲的ID。遗传评估中心应与其他当事方合作，跟踪和报告缺失ID和系谱信息的动物比例。整体数据质量的定量指标应包括父亲和母亲确定的动物或丢失ID动物的比例。应采取措施，将不能确定亲本的动物和丢失出生信息的动物百分比减少到最低，理想状态为零。这些措施的例子是自然交配和人工授精的监督，避免使用混合精液，监控生产，出生日期与母牛产犊日期的比较，从精液管上得到公牛的身份等。如果对犊牛的亲子关系有所怀疑，则利用基因分析进行判定。

7.3.3.2 步骤0——先决条件

在建立乳房健康系统之前，应当考虑一些先决条件：

- 唯一的动物标识和登记。
- 唯一牛群标识和登记。
- 个体动物系谱资料。
- 出生登记。
- 运作良好的中央数据库。
- 牛奶记录系统（牛奶样品的时间信息和物流）。

通常，对于这些先决条件，我们参考INTERBULL28公告号（2001）。这些INTERBULL建议的两个方面，动物ID和系谱信息如下。

7.3.3.2.1 *总定义*

胎次是指从动物分娩之日开始的。哺乳期结束是指动物停止产奶（进入干奶期）。泌乳天数是指由动物开始泌乳到最后一个哺乳日期的天数。胎次指哺乳动物第一次哺乳期到最后一次哺乳期的数量，泌乳天数表示乳房炎发生时的日期与上一个哺乳期开始日之间的时间段。当乳房炎发生在下一次产犊前的干奶期时，泌乳天数可能为负数。有关哺乳期定义的更详细信息，请参阅ICAR一般指南（www.icar.org，指南第2.1节附录D）。

7.3.3.3 步骤1——使用牛奶记录系统的体细胞计数

需要做的内容：在牛奶记录系统中，每隔一段时间，采集每头奶牛奶样。奶样送到一个正规的实验室进行脂肪和蛋白质含量分析。此外，牛奶样品还可检测牛奶尿素或体细胞计数。

牛奶样品的体细胞计数（SCC）是用 Coulter 计数器或 fossomatic 设备进行检车。国际乳品联合会规定了标准化程序（www. idf. org）。头胎牛奶健康乳房中体细胞数范围50 000~100 000细胞/ml，有炎症感染的乳区 >1 000 000细胞/ml。目前 IDF 隐性乳房炎诊断标准是奶样 SCC> 200 000细胞/ml。

体细胞数可以用绝对体细胞数或基于绝对 SCC 值的分类表示。由于绝对 SCC 的分布不是正态分布的，一般取对数变换表示体细胞评分（SCS）。其他的对数变换也使用，有时包括校正的 SCC 产奶量以及季节和胎次的影响。SCS 可以分析为线性性状或用于定义类别。

SCC 和 SCS 一般定期记录，特别是进行定期牛奶记录计划时。每一次记录，需提供的动物数量和取样日期。当进行定期记录时，可能包括刚刚开始泌乳的动物。牛奶在泌乳期的第一个星期体细胞数有一个快速升高，泌乳 5 天内的奶牛一般不进行分析。

谁来做？

奶样品由牛奶记录组织的技术人员或牧场工作人员采集。样品的运输工作（从牧场到实验室）一般由牛奶记录组织来做。重要的是，要进行严格的唯一的群体标识和每个牛奶样品对应的个体奶牛号码。实验室将结果传送到牛奶记录组织，该组织负责将结果报告给牧场。

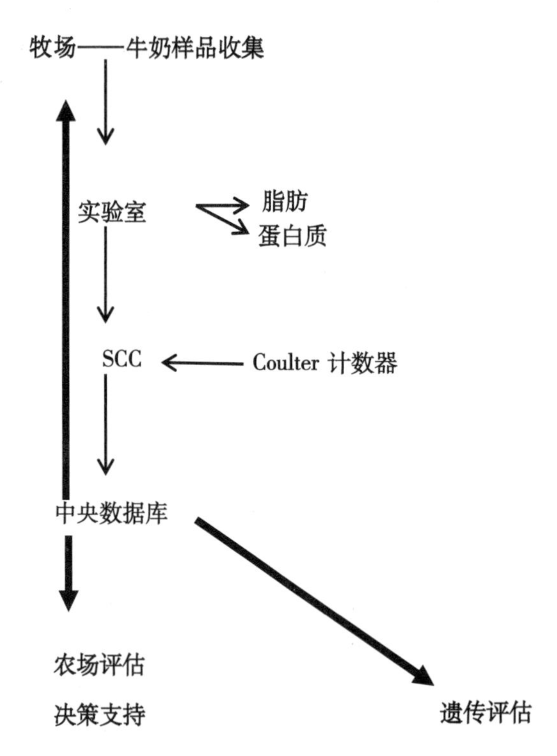

采样时间？

牛奶取样是为了分析乳脂、乳蛋白含量和体细胞数，一般间隔 3~5 周进行一次牛奶取样。常见的一天两次挤奶，早上和晚上都要采样。使用自动挤奶系统（机器人挤奶），采样工作在奶牛 24h 内挤奶时自动执行。

7.3.3.4　步骤2——乳房形状

操作方法

有一些可以测量的乳房结构特征：

最常见的是前乳房附着、前乳头位置、乳头长度、乳房深度、后乳房高度和中央悬韧带（ICAR/WHFF；www.icar.org，指南章节5.1）。这些性状评分从1~9。

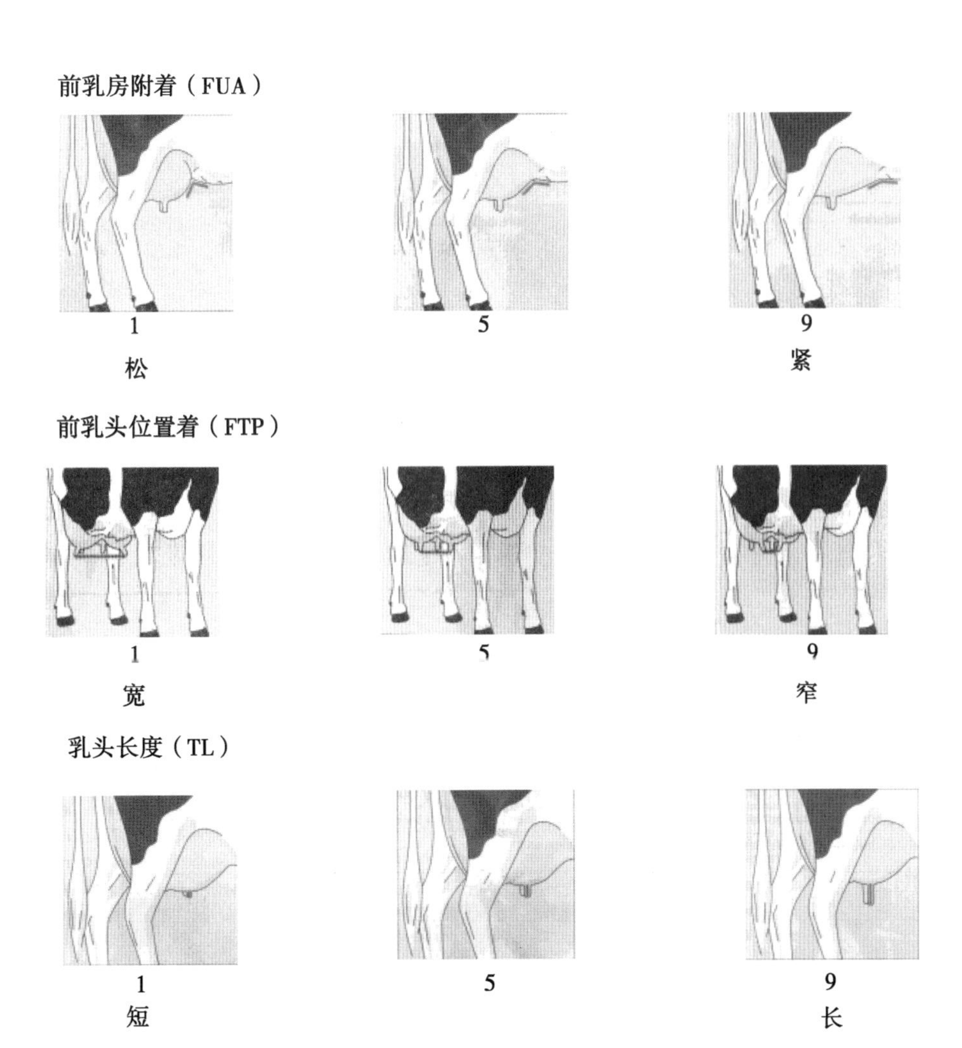

乳房深度（UD）（code 1 is lower than hock）

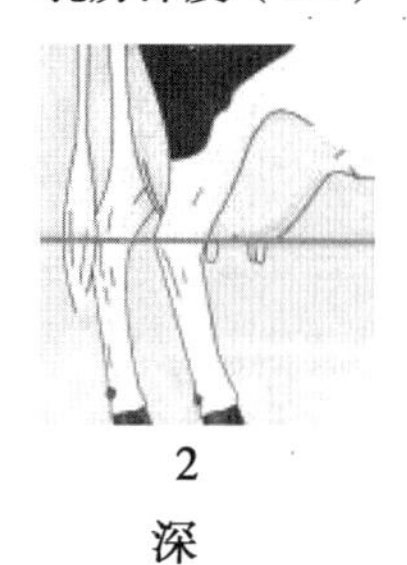

2
深

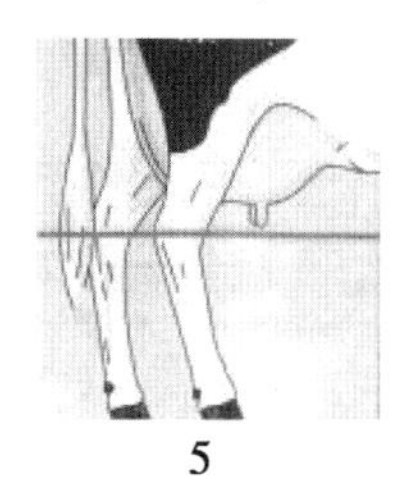

5

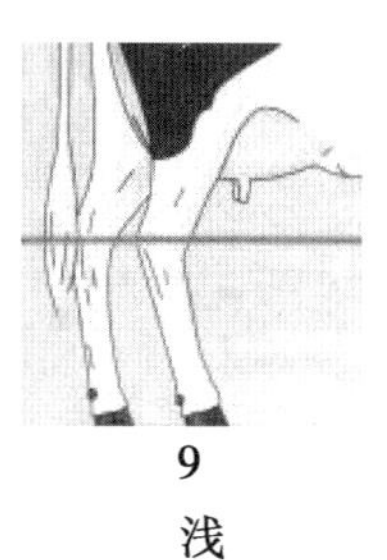

9
浅

后乳房高度（RUH）

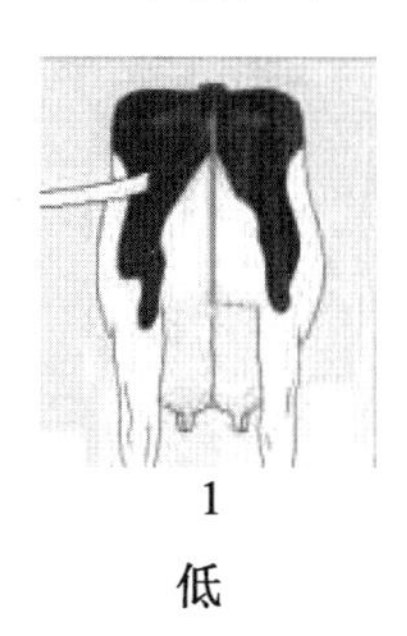

1
低

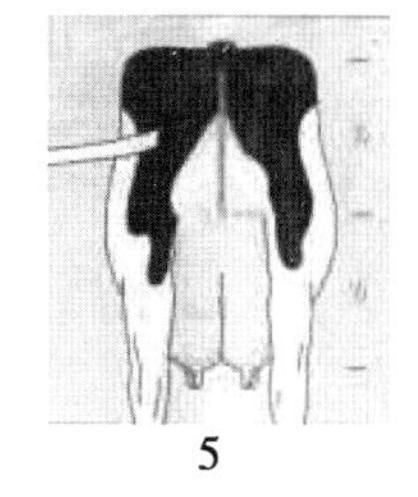

5

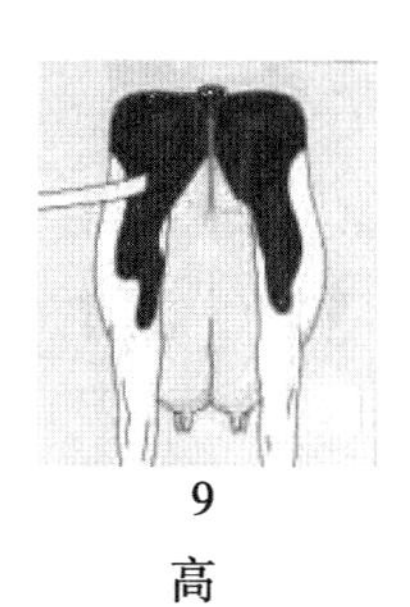

9
高

中部悬韧带（MSL）

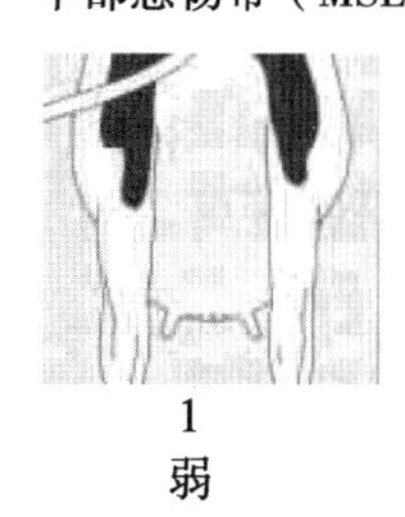

1
弱

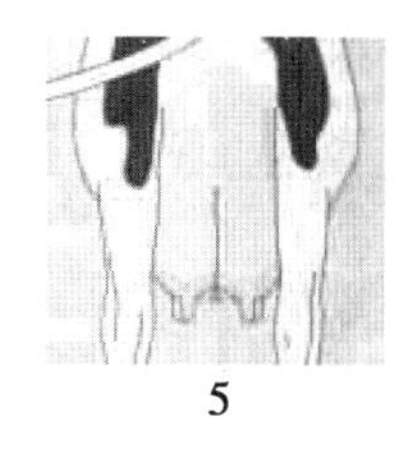

5

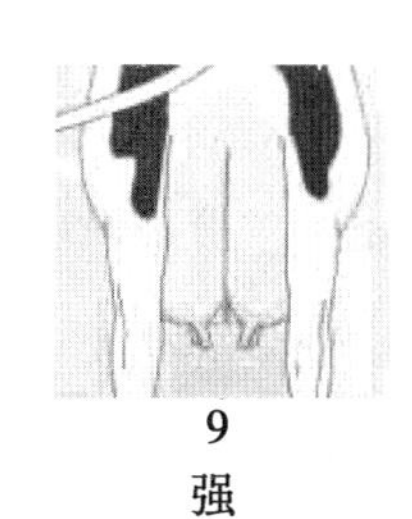

9
强

每个牛的报告由 6 个乳房性状组成。下面给出了一个报告的例子：

检察员	Piet Paaltjes
组织	TOP-COW-BRED
畜群	Hiemstra-Dairy UBN3459678
检查日期	2002/5/24

牛编号	前乳房附着	前乳头位置	乳头长度	乳房深度	后乳房高度	中部悬韧带
154389505385	5	4	3	6	8	7
154389505392	3	3	5	2	4	4
154389505404	7	6	5	7	7	8
154389505413	2	2	6	3	3	4

（续表）

牛编号	前乳房附着	前乳头位置	乳头长度	乳房深度	后乳房高度	中部悬韧带
……						
……						

操作人员。数据处理组织专门的体型鉴定员对乳房结构进行打分。他们可以通过定期培训会议来保证数据准确性，也可以通过讨论得到新的评分方法。WHFF组织的鉴定员按照国际标准对荷斯坦牛进行评定。检查员将评估记录带到数据处理组织，在那里将数据记录处理、储存并用于评估。此外，重要是报告需要包括严格执行的唯一标识群体和牛个体的标识号码。鉴定员也会给牧场留下一个报告备份。为了让乳房性状信息能用来评估乳房的健康，有必要将体细胞数信息和乳房结构相关联。

操作时间。在最新体型评分系统中，只对头胎奶牛进行评分。假设一个产犊间隔为12个月，每年进行评分一次很必要。然而，最好每次评分间隔不超过一年，例如9个月一次。一头产犊间隔11个月的小母牛在9个月后干奶如果每12个月评分一次，这样的小母牛数据会由于没有对其打分导致数据丢失。

7.3.3.5 步骤3——泌乳速度

操作方法。泌乳速度可以通过主观评分大规模测定（少数量的奶牛的泌乳度可以用先进的设备测量）。个体奶牛产奶速度表包括“挤得很慢、慢、平均、快或是很快”的几个评分标准。下面是一个泌乳速度评分表：

个人得分	农民
组织	TOP-COW-BRED
畜群	Hiemstra-dairy UBN 3459678
记录日期	2002年5月24日

奶牛号码	很慢	慢	平均	快速	非常快
154389505385	×				
154389505392		×			
154389505404			×		
154389505413		×			×
……					

谁来做？产奶能力表格必须由牧场填写。牧场可以将表格寄到牛奶记录组织或在记录牛奶时将表格交给牛奶记录组织的工作人员。在此之后信息可以用作评估。还有，重要的一点是表格包括了一个严格的唯一的畜群身份证明和个体牛编号。

为了让泌乳能力信息对乳房健康评估有用，应保证泌乳能力数据和体细胞数信息的连接。

何时做？因为泌乳速度不会随乳汁的增加而改变，只在牛的第一个泌乳期估算产奶速度就足够了。假定产犊间隔 12 个月，对泌乳速度进行一年一次的评分是必要的。

7.3.3.6 步骤 4——临床乳房炎发病率

操作方法。记录乳房健康时，建议定义下面的一般特征性状（遵循 IDF 建议）：

- 临床乳房炎=乳腺的炎症反应：疼痛、红色、乳房肿胀、发热。这会导致异常奶及可能的乳房外观的改变。此外，牛可以表现一般疾病。
- 健康的乳房=无临床或亚临床乳房炎。

牧场记录乳腺炎表格

个人得分	农民	
组织	TOP-COW-BRED	
畜群	Hiemstra-dairy UBN 3459678	
检查日期	2002 年 1—6 月	
牛耳标号	日期	细节
0583	1 月 26 日	极度凝结或水状牛奶
0576	2 月 5 日	—
0529	4 月 17 日	乳头受伤
0541	5 月 31 日	6 月 2 日被剔除
0602	6 月 2 日	兽医治疗

操作人员。兽医或养殖人员可以记录临床乳房炎。获得的信息必须经过处理（在农场，兽医服务部门，牛奶记录组织），并由农场或处理组织通过电话或电脑发送到中央数据库。

操作时间。除了生长期间的一些特定感染之外，乳房炎还与成年母牛的泌乳有关。个别牛乳房炎要记录发病日期，并与数据库链接（使用唯一的动物编号）提供泌乳胎次和泌乳天数。为此，数据库必须包括个体动物的出生日期和产犊日期。

乳房炎的发病率通常按每个泌乳胎次来计算。标准泌乳期的长度是 305 天。然而，对于乳房炎发病率的标准建议在产犊前 15 天直到产犊后 210 天（或淘汰产犊不到 210 天的奶牛）

临床乳房炎可以每天记录。所有（新）乳房炎发生时（第一次）或治疗时（第一次）都要进行登记。没有乳房炎的牛编码为健康。临床乳房炎也可以记录在一个周期的基础上，例如兽医每月拜访牧场，记录所有动物当时生病或健康情况。

淘汰原因中可以找到乳房炎发生的附加信息。淘汰原因有可能标识患乳房炎的淘汰牛，而非代替治疗。当淘汰的原因是乳房炎，这可以视为一个额外的事件。

如果每天登记，可以定义乳房炎发病的长度。然而，这需要非常仔细的观察和登记。当观察或兽医治疗 3 天或更长的时间时，一个乳房炎可以定义为反复发病。乳房的健康的附加信息是乳区记录。

例子

规格数据	规格说明		参考文献
挪威红牛，一胎	临床型乳房炎（0/1）-15～210天，包括剔除的原因	20.5%的牛患有临床型乳房炎	Heringstad等.2001（Livestock Production Science，67：265-272）
荷斯坦奶牛，一胎	临床发作总次数	平均0.48（sd1.03，从0到8）	Nash等.2000（Journal of Dairy Science，83：2305-2360）

7.3.3.6.1 乳房炎总结

基本观察：临床乳房炎，亚临床乳房炎，健康。

编码为：

- 临床 vs（2）亚临床 vs（0）健康；
- 临床 vs（0）亚临床+健康；
- 临床+亚临床 vs（0）健康。

主要数据是唯一的奶牛编码+乳房炎表现+日期。这可以与其他牧群数据、系谱数据、繁殖和牛奶记录数据相结合。这也可以用来计算同期群体平均值（如，基于同一群所有的动物和胎次）。

其他方面：

- 每个泌乳期记录事件——从泌乳期10～210天；
- 在上一次观察后的3天或更长时间为重复观察；
- 包括淘汰的乳房炎作为附加事件。

7.3.3.6.2 其他乳房健康信息

- 用细菌培养方法来鉴定牛奶样品引起炎症的特定细菌（如金黄色葡萄球菌、大肠菌群、无乳链球菌），标准的方法建议是由IDF提供。
- 去除乳头，乳头损伤，有乳头损伤评分标准，但这些在任何官方指南里都没有。对于亚临床乳房炎的记录，我们也可以使用SCC之外的其他方法测量，在产奶厅进行在线分析或牛奶样品集中化分析。在这些建议中，没有对牛奶的电导率、NAG酶和细胞因子进行分析。这方面的许多工作正在发展及完善，其中一部分已经实施。

7.3.3.7 步骤五——数据质量

记录的数据应该始终附有完整的记录程序说明。

- 牛群如何选择？
- 如何选择 记录人员（如兽医和农民）是并进行培训的？需要使用何种标准化记录协议吗？
- 使用什么类型的记录格式或（计算机）程序？使用什么类型的设备？
- 畜群中有什么（改变）动物可供选择？

每一项记录应该至少包括一个唯一的个体动物牛号和记录日期。如果有乳房炎，应记录唯一的负责人。唯一的个体动物编码应该关联系谱文件（如父本）、牛奶记录文件（如产犊日期、出生日期）和唯一畜群编号。当不能建立这些数据链接时，每个关于乳房炎和体细胞数的记录应该还包括系谱，出生日期、产犊日期和胎次和唯一畜群编码。在完成记录后，每个数据检查，调整和选择步骤都要求精确和规范。例如：

• 实行什么类型的数据检查？（例如活着的动物是否存在唯一的数字编码或者记录日期是否在已知的哺乳期内？）

• 平均值和标准偏差是否在畜群或记录的标准范围？

• 在开始进行数据分析之前，每畜群或任何动物是否开始了最基本的记录？记录的一致性和完整性以及数据的代表性是至关重要的。对这点的任何怀疑将在结果讨论里。信息量和数据结构决定结果的准确性；应该始终提供准确的测量方法。

有关数据质量的一般资料，我们将参考 INTERBULL28 号公告和 ICAR 工作组关于数据质量的报告。

7.3.4 遗传评估的决策支持

7.3.4.1 遗传评估

一个牧场的信息可以与其他牧场的信息相结合作为遗传评价的基础（每个地区，国家，或育种组织，甚至国际）。第一个前提当然是信息以统一的方式记录下来。第二个前提是一个具有（国家）系谱文件（种畜登记册、个体标识和注册），牛奶记录文件和记录繁殖数据文件适当数据流的数据库。

7.3.4.2 遗传评估报告

建议应该提供种公牛的乳房健康育种值，即包含在正式的机构列出的种公畜清单。乳房健康指标可以作为一个主要单性状指标。

乳房健康指数最好能够由直接的育种值和间接育种值构成（即乳房结构，体细胞评分和泌乳速度）。结合直接和间接育种值，使临床和亚临床乳房炎抗性选择的精准度最大化。进而使用乳房健康指数应该作为一个整体性状的指数的一部分参与动物的整体排名。

乳房健康指数可以呈现如下：①使用绝对值表示（例如，货币单位或者百分比）。②使用观察值或者标准偏差表示。③相对于一个绝对或相对的遗传基础。（例如，绝对偏差率）。建议选择一个统一的基础来表示功能性状的指标。

在乳房健康指数内，直接和间接的性状的预测育种值（PBVs）权重是基于信息内容——依赖于性状和乳房健康的相关系数以及 PBVs 的准确性（即观察的数量）。因为信息内容一般因父本不同而不同，乳腺健康指数的相对权重应该以个体父本为基础。乳腺健康指数作为一个整体的排名指数是给予其他性状的遗传改良乳房的健康价值（经济、生态和社会文化）。

第 8 章　数据定义和数据传输

8.1　ICAR 公牛精液细管标识指南

8.1.1　目的

本指南定义了在冻精细管上需要标明的基本信息。如果要提供附加信息，本指南也给出了一般性建议。

8.1.2　应用范围

本指南适用于国际贸易间的冻精及鲜精细管标识。

8.1.3　定义

冻精细管上需有冻精识别信息并以条形码形式印刷，以方便技术人员或牧场主的配种工作，相关定义如下：

1. “2a” 指 2 位字母格式。

2. “3n” 指 3 位数字格式。

3. “bovine” “牛”，指牛属、水牛属、野牛属（尤其指普通牛、瘤牛、印度水牛、美洲野牛和欧洲野牛）的家养个体。

4. “Bull” “公牛”，指以上种属的公牛。

5. “Ejaculate” “射精”，指动物一次射精的精液量。

6. “Collection” “采集”，指同一头种公牛同一天射精量的总和。

7. “Collection sequence for a given location and a given day” “特定地域和日期的精液采集顺序”，指单个公牛的采精排序（/n）或全部公牛的采精排序（/nn），也称做采精顺序。

8. “Semen collection centre” “精液采集中心”，指通过认证并受专门监管的精液采集和处理机构。

9. “Semen processing centre” “精液处理中心”，指用于人工授精的精液处理机构。

10. “ISO country code” “ISO 国家代码”，指按照 ISO 3166 标准编制的 2a 国家代码。

11. “International identification” “国际标识码”，指由国家统一规定的，适用于所有牛只个体的唯一登记号码，标注在 ISO 国家代码之前。

12. “Bull code” “公牛编号”，指为了便于管理而制定的公牛标识号。

13. “Uniform bull code” “统一公牛代码”，是指按照 NAAB 规定编制的唯一性的公牛标识码，由“种牛站代码”（3n）、品种代码（2a）和数字（5n、且不与种牛站代码和品种代码中数字相重复）组成。

14. “Bar code”“条形码”，指用于读码器识别的条形字母数字系统。

15. “Batch of semen” “精液批次”，指精液采集中心（SCC）使用相同的处理方法（即，稀释剂、性别鉴定方法、稀释倍比等），在特定日期，从特定公牛采集的一批精液细管的统称。

16. “Batch identification”“批次标识码”，指 SCC 用于标识精液批次的唯一编号，可以是数字格式，或是包含公牛号、采集日期、射精数量等内容的组合。格式由 SCC 制定。

17. “Stud or marketing code”“种公牛站代码或销售代码”，指由 NAAB（美国家畜育种者协会）分配，用于识别精液采集中心或精液销售组织的唯一代码。在美国，首次注册需要支付注册费用，如果存在商业贸易活动则需要每年缴纳费用。

18. “Barcode number”“条码号”，指“种公牛站代码或销售代码” + “批次标识码”的组合。

8.1.4 细管标识码

8.1.4.1 细管标识码的最低要求

- ○ 精液采集或处理中心代码；
- ○ 品种代码（2a）；
- ○ 公牛号；
- ○ 采集代码（YYDDD）。

8.1.4.2 打印

应使用喷墨打印机并确保信息清晰易于辨认。

8.1.4.3 顺序

本指南不对信息的标注顺序进行规定。

8.1.5 精液采集或处理中心信息

精液采集或处理中心应具有标识代码。按照法律规定或行业协定，该代码应该为精液采集中心代码或处理中心代码。在一个国家内，印在冻精细管上的采集中心代码或处理中心代码应有据可查。

按照 88/407 条例的规定，如果精液在欧盟（EU）内部使用，则“精液采集中心代码”由欧盟官方授权并分配。在欧盟之外，精液处理中心可使用其他代码，如 NAAB 分配的“种公牛站代码”。

8.1.6 公牛相关信息

8.1.6.1 品种

推荐采用 2a 格式。

本指南给出了用于精液国际贸易的最相关的品种名单。品种代码可以单独使用，也可作为种公牛唯一标识码的一部分。

8.1.6.2 公牛标识码

可采用国际公牛组织的国际标识码，也可采用全球唯一公牛代码。

国际标识码包括 ISO 国家代码（2a）和本国的公牛注册代码（最多为 12 位数字），例如 FR1234567890。这个标识码可用于包括追溯在内的任何目的。

如果使用公牛代码，必须在其运输单据上提供可与国际标识码互相参照的信息。

公牛代码可以为：

○ NAAB 制定的“唯一公牛代码”（如 132HO12345）。

○ 设置在 ISO 国家代码之后的唯一牛号（如 FR12345）。

8.1.7　精液信息

8.1.7.1　采集代码

打印的精液采集日期推荐使用“Julian 格式”的“YYDDD”，“YY”指年的最后两位数字（如 99，01），“DDD”指天数（从 001 到 366）。

采集顺序可作为附加信息，如果要印在精液细管上，应与日期之间用“/”隔开，如“YYDDD/1”。

8.1.7.2　附加信息格式

（A）名称：可使用缩写名（商业名）或全称。

（B）采集顺序：应与日期之间用“/”隔开，如“YYDDD/1”。

（C）强制性信息：在欧盟，精液产品必须标明其牛传染性鼻气管炎（IBR）的性状，该格式必须符合欧盟委员会的相关规定。

8.1.8　细管的条码标识

冻精细管上需有冻精识别信息并以条形码形式印刷，以方便技术人员或牧场主的配种工作。相关规则如下：

8.1.8.1　一般规则

○ 条形码并不能代替 ICAR 指南 8.1.4.1 部分规定的印在精液细管上的官方标识码。

○ 强烈推荐使用 128C 系统编制的条形码（参见 8.1.9.6 的第 1 条）。

○ 为获得较高的读取成功率，条形码越短越好。按照 2008 年的规定，为获得较好的读取率，条形码最多不应超过 13 位数字。

○ 建议条形码只使用数字格式（参见 8.1.9.6 的第 2 条）。

○ 细管的特征（如颜色等）会影响条形码的可读性，因此建议在使用细管之前要进行识别性能测试。

○ 条形码号（参见 8.1.3）指任意一批精液（参见 8.1.2）的唯一编号。

○ 条形码的数字格式。

——前 3 位数字，指 ICAR 分配的 SCC 代码（参见 8.1.8.2 和 8.1.3）。

——其他数字为唯一的批次代码（参见 8.1.3）。

○ SCC 条码编号由 ICAR 负责分配。它在全球是唯一的，与 NAAB 指定的精液采集中心代码（种公牛站代码或销售代码）相一致。

8.1.8.2　精液采集中心（SCC）代码的分配与条形码印刷格式

○ 任何在全球范围内交易的精液 SCC 条码编号都必须向 ICAR 申请，由 ICAR 分配其唯一的代码。

○ SCC 应向 ICAR 提供 NAAB 已分配的注册代码与销售代码。

○ 代码有效期为 20 年。当 SCC 修改其条形码系统时，代码需保持不变。

○ 与此同时，SCC 应向 ICAR 报告其条形码的数字格式。继而，ICAR 会在互联网上予以公布并向所有使用者开放（§4）。

○ ICAR 和 NAAB 共同管理 SCC 的代码分配系统，并对该系统在运行过程中出现的各种问题进行维护。

8.1.8.3 精液采集中心（SCC）内的代码管理

○ 任何使用条形码系统的 SCC 应建立一个数据库，以保证其条形码号与细管上的官方数据相对应（参见 ICAR 指南章节 8.1）。同时，也可以保存一些附加信息。

○ 任何冻精客户都可通过其供应商（经销商、人工授精公司等）进行条形码与官方细管编号的对照（按照 ICAR 指南章节 8.1 的规定），并了解其他相关信息。

○ 强烈建议使用者将条形码数据储存于自己的数据库中，以便溯源时使用。

8.1.9 注解

本建议的相关注释。

8.1.9.1 历史沿革

若干组织曾经提出过国际细管标识系统：

○ 1995 年 9 月，ICAR；

○ 1998 年 6 月，IFAB；

○ 1998 年 11 月，QualiVet。

这些组织期望将全部信息编号打印在细管上，并尽量满足不同国家的需求。但因标识码太长，最终导致各国之间没有达成共识。

现行的建议是以便于标识为最终目标，而不是在信息内容上达成一致。

基本观念如下：

○ 细管本身不是一个数据库。

○ 对官方记录而言，最基本信息应该包括“精液采集中心/公牛/日期”，而对现场记录而言，则是“公牛/日期”。

○ 从易于使用和提高准确性方面考虑，数字应尽量减少，字体应尽量放大。

8.1.9.2 精液采集中心

“精液采集中心”是一个采集公牛精液的特殊机构，不能混淆，且不能被所有者代码代替。

经核准和监管的“精液采集中心”必须确保精液来自于无传染性疾病的健康公牛，且精液的采集、处理、贮存和运输过程均符合卫生规则要求，并有相关设备和手段保持精液活力。

8.1.9.3 采集代码

对使用者而言，用日期代替代码可以增加辨识度。

绝大多数人更倾向于使用像“1999 年 3 月 11 日”这样的日期格式，而不是“Julian”日期格式（YYDDD）。

选择“Julian”日期格式的主要原因在于，例如“02/05/03”这样的日期格式在不同国家的解读是不同的，可能是“日月年”“年月日”或“月日年”三种形式。另外，“Julian”日期格式的 5 位数字更加简洁，并且按照顺序更易于读取（99032/1）。

通常，采集顺序可作为附加信息。因为许多精液采集中心会把同一头公牛同一天采集的精液混合在一起，这样统一打印“/1”就没有意义。

8.1.9.4 名字

一些人支持使用便于技术人员识读的缩写名，而另一些人则更喜欢使用全称以避免公牛混淆。关于这一方面，目前并没有达成共识。

8.1.9.5 标识码

目前，国际标识码是唯一的全球公认的标识方式。因此其应该被印刷在细管上。但是，由于标识码过长，给实际操作带来了诸多不便，例如在液氮中进行读取时、和牧场填写配种记录时。因此，各国要么使用公牛名称，要么使用公牛代码。目前，针对这一问题达成的共识是，如果该国使用的是唯一性的公牛编号，则不强求使用国际标识码。但若需要，亦可以使用。

8.1.9.6 细管的条形码标识

1. 我们推荐使用 128C 型条形码，主要基于以下原因：读码器不能识别所有类型的条形码，而 128C 型条形码结构紧凑（10 位数条形码约 17mm 长，13 位数条形码长 23~25mm）。但是，这一推荐内容会随着技术的进步而改变。

2. 在 128C 型条形码中，字母字符所占空间是数字字符的 3~4 倍。因此，考虑到细管上空间有限，推荐使用数字型字符。

8.2 细管上品种代码的应用条款

8.2.1 条款 1

通常，列出品种代码的目的是增加精液在国际贸易过程中的可追溯性。因此，一般细管上按照使用国而非来源国来标识品种信息。

8.2.2 条款 2

印于细管上的品种代码不适用于：

○ Interbull 种公牛国际遗传评估时的品种识别。

○ 后裔登记程序：印在细管上的品种代码既不能作为人工授精所产犊牛的品种代码，也不能应用于公牛的品种登记。

8.2.3 条款 3

当某一品种的公牛精液出口量及出口国家达到一定的数量时，可为该品种公牛增加品种代码。

2004 年，对该数量的规定为，出口超过10 000剂并多于 3 个国家。这些标准可依据经验进行修改，并在新的规则中进行发布。

8.2.4 条款 4

任何组织需要增加新品种至代码列表中时，均需提供以下证据：

1. 新品种未被列入现有的品种代码列表。
2. 该品种被公认为一种独立的品种，例如被品种协会认可的品种。
3. 按照条款 3 的规定，新品种的遗传物质在国际间的流通数量足够大。应给出如原产国信息、原产国新品种精液细管的生产数量及出口数量等信息。

8.2.5 条款 5

任何组织需要增加一个新的（地方）品种至现有的品种列表中时，应该提供详细的证明材料。该请求应该得到至少一个已在品种列表中成功申请了新品种的组织的附议。

8.2.6 条款 6

新品种代码应该具有唯一性，且应主要依据其在原产国的品种名称和（或）缩写进行分配。如果 2 个字符代码已经被使用过，则其品种代码中的第 2 个字符应该进行替换。

8.2.7 条款 7

国际公牛组织 Interbull 负责品种代码列表的日常维护。需要更新或增加品种代码时，可通过电子邮件、传真或信件向 Interbull 申请。Interbull 通过其官方网站公布品种代码列表的申请及申请结果。

8.2.8 条款 8

本条款作为“细管标识”章节的附加章节在 ICAR 网站公布并更新。

8.2.9 条款 9

如果申请方对申请结果有异议，可向 ICAR 董事会提交复议，由 ICAR 董事会进行最终裁定。

第9章　遗传评估的ICAR标准方法

9.1　奶牛的遗传评估体系

本指南以“国际公牛组织”的相关指南为基础，例如，国际、国内奶牛生产性状遗传评估体系（INTERBULL Bulletin 28）、最新的国际公牛组织调查报告（INTERBULL Bulletin 24）、“1999—2000年国际公牛组织成员国采用的国家奶牛生产性状遗传评估程序（信息由31个国家的36个组织提供——参见www. interbull. org）”。本手册仅涉及生产性状，但这些原则在大多数情况下也适用于其他性状。

本章中，遗传评估体系包含了牛群结构、数据收集以及结果公布等各个方面。其中以遗传育种为目的的每一个数据处理过程都是遗传评估体系的重要组成部分。

本指南的目的在于促进遗传评估各项事务之间的协调统一。同时，本指南有利于提高国际和国内水平上奶牛遗传评估质量和准确性，并能够更加清晰地展现国家遗传评估体系的生物学和统计学工作背景。

本指南所给出的各个建议是一个有机整体。每一项具体要求都是以接受并遵守其他多个要求为前提的。例如，当某处建议使用“所有动物具有唯一标识码”，其后出现的“动物”均为具有“唯一标识码”的动物。

国家遗传评估中心应存档遗传评估体系所有官方的、详细的、最新版本的文件。所有的遗传评估文件也应在互联网上展示。随着理论的发展和计算机容量的扩大，国家遗传评估中心应通过有效的途径，及时更新互联网上的遗传评估体系相关信息。

9.1.1　评估前工作

9.1.1.1　评估品种的认定

建议所有参与国均要建立国家遗传评估体系，以便对本国的地方品种和国际品种进行遗传评估。如果某个体的75%基因源自A品种，（或者其祖父和外祖父均来自A品种），就可认定该个体为A品种。

9.1.1.2　动物标识

所有动物均应按照ICAR动物标识方法中的标准和指南（参见章节1.1，动物登记和ICAR指南的国际协定）进行标识和登记。

在个体出生国及其他国家，所有动物个体的标识码应该具有唯一性，并在出生时就予以确定，终生使用，不能再用于其他动物。动物的标识码应该包括以下信息：

品种代码	3位数
出生国家代码	3位数
性别代码	1位数

动物编号　　　　　　12 位数

动物标识码的所有部分都需保存完整。如果因为某些原因必须修改动物的原始标识码时，应进行重新登记，并在对照表中完整记录新、旧代码的全部内容。

9.1.1.3　系谱信息

依据 ICAR 有关血缘记录的规则，应通过动物的配种记录和相关鉴定来记录个体的系谱信息。

遗传评估中心及各相关单位应追踪并报告丢失身份标识码和系谱信息的动物比例。数据质量的综合检测信息应该包括父号和母号齐全的比例，或父号母号至少缺失一个的比例。

不能确定的系谱和出生信息应标注为未知（标注其父母的 ID 为 0）。

为保证足够的系谱信息，即使没有可用的生产性状记录信息，遗传评估时应至少包括从个体出生至 3 个世代间隔期内的系谱信息。

9.1.1.4　遗传缺陷

携带有国际品种协会规定的遗传缺陷的动物，一经发现就应将其相关信息向世界公布，以便各方在使用时参考。

9.1.1.5　公牛分类

各国均应对公牛进行清晰准确的分类，以区分国内验证公牛与进口公牛、已生下第一批女儿的青年公牛与生下第二批女儿的验证公牛，最重要的是区分该公牛是自然交配所生还是人工授精方式所生。应该对人工授精公牛的量化指标进行测定。建议相关组织为通过人工授精方式培育的青年公牛建立一个数量较大的后测群体（最好大于 10 头）。

为确保官方评估的独立性，青年公牛的后裔测定可同时在两个或两个以上国家进行，并保证有足够数量的女儿群体以便测定和评估。这些公牛可归类为“平行后裔测定公牛”。

9.1.1.6　性状评估

鼓励对各种性状进行直接测定，并使用十进制系统。记录组织应制定完整的记录方案以确保数据收集和报告的准确性。建议国家遗传评估中心在其网站上提供各个性状的详细标准。标准应包括所有性状数据的核对和处理方法，如表型值、年龄、胎次等的接受范围。

9.1.1.7　各类性状的数据要求

遗传评估中应包括具有 ID 的所有个体的记录数据。

记录数据应含有相关的日期信息（出生日期、产犊日期等）。

记录数据应包括所有的同代个体的形成信息，如群体和群体的地理位置（如地区）。信息应该按照国际标准格式记录。例如，生产性状记录可按照 ICAR A4、A6、B4 等要求记录。

依据性状种类不同，其他相关的信息可包括每天的挤奶次数、饲养方式（如高山放牧、全混合日粮或放牧）、24h 和 305 天产奶量的估测方式、补充方法、调整方法等。

用于遗传评估的生产数据应该包括至少 3 个世代间隔（约 15 年）的持续数据记录。

9.1.1.8　泌乳期数量

用于遗传评估的奶牛的泌乳期数至少应为 3 个。应根据各个泌乳期的表现分别估计单性状育种值，之后针对单一性状将各单性状育种值整合为奶牛终生的复合育种值。其中各个泌乳期单独育种值的权重应根据各泌乳期的经济价值而定。

9.1.1.9 数据质量

无论数据来源如何，所有的奶牛相关数据（牛群登记册、配种记录、产奶记录、治疗记录等），均应进入遗传评估中心数据库。必须执行包括对产奶记录组织的数据编辑工作在内的完整的数据核查程序。所有的成员组织/国家应对数据的质量进行定量评估。国家遗传评估中心应设计简易的方法对异常值进行检测，并排除逻辑矛盾的数据。也要对有违生物学基本规律的现象进行检查。还应采用其他的措施，尽可能地避免计划外数据的选择或引入数据偏差。遗传评估应杜绝低质量的数据。所有用于核查和编辑数据的程序文件的完整性是非常重要的。ICAR鼓励各国家遗传评估中心建立适当的数据质量保障体系。

9.1.1.10 记录内容及其扩展

在记录体系中，应对不同类型的泌乳周期加以区分并分别处理，如泌乳期记录、淘汰个体记录、干奶期记录（即牛虽在泌乳群中，但因妊娠需要或其他管理原因进行人工停奶）、短于305天的自然干奶的记录、长于305天的泌乳期的记录等。

评估信息中应包含45个泌乳日或2个测定日的数据记录。针对不同类型的泌乳期，应通过科学的和已证实的方法来决定是否对泌乳期数据进行补充或剔除。通常对于正在泌乳期而因淘汰造成泌乳期缩短的情况，应对其记录数据进行补充。对305天之前人工干奶或自然停奶的情况，应对其记录进行补充，对产奶天数进行校正，并对不理想的产犊间隔进行调整。泌乳期超过305天的，则应剔除305天之后的记录。

应对数据补充方法和要素进行持续地评估，以确保这些方式和要素是最新的，并且没有计划外的数据选择情况发生。对补充要素的再评估至少应5年进行一次。不同类型的泌乳期应使用相同的补充方法和不同的补充要素。在不同泌乳期之间，补充规则和方法应该相同。无论数据跨度有多少年，数据补充规则和要素都应与各个时期的变化相适应并具有针对性。

9.1.1.11 记录的预处理

在评估模型中，应该包含所有的效应。如果要对记录进行预处理，则应对环境效应进行调整。在评估模型中还应考虑需要额外调整的效应。在任何情况下，应向群体平均值方向调整，而非极端值方向。应针对不同时期，尽可能提高对预处理因素的更新频率（至少每个世代一次）。

9.1.2 评估步骤

9.1.2.1 统计处理方法及其在遗传评估模型中的影响

国家遗传评估体系的负责组织应尽可能简化分析模型，并应尽量避免修改简洁而清晰的分析模型。选择最佳模型时，应充分考虑模型的拟合度和预测能力。

在决定统计处理方法及其在模型中的影响时，应从以下几个方面考虑：

(a) 同期牛群的规模是多少？

(b) 随着时间的推移，评估参数是否保持不变？

(c) 乘法调整因子是否必要？

(d) 对环境效应进行调整有何影响？或者将环境效应作为方差组分有何影响？

(e) 模型中是否包括了主要的随机效应（育种值、残差）?

(f) 参数的不同组合对自由度和模型拟合度有何影响?

在考虑固定效应或随机效应时应考虑以下因素：

- ○ 是否有足够的证据证明该效应与主效应存在非随机的相关性；
- ○ 因子水平数是否较少；
- ○ 群体规模是否较大；
- ○ 效应是否具有可重复性；
- ○ 效应是否用于阐明时间趋势。

针对产奶性状选择评估模型时，应优先考虑以下几组模型对比：

(a) 动物模型与公牛模型相比；

(b) 同一泌乳期内多性状模型与同一泌乳期内单性状模型相比；

(c) 多泌乳期模型与单泌乳期模型相比；

(d) 多性状多泌乳期模型与单性状重复模型相比；

(e) 测定日模型与泌乳期模型相比。

注释：

以上建议几乎完全关注的是产奶性状，而没有考虑其他性状遗传分析模型的影响因素。选择模型的指导原则是可以更好地利用或揭示遗传变异，也就是要选择具有理论优势，或可帮助我们进行动物育种值估计的模型。国际公牛组织建议应遵守先进的理论模型，并鼓励对不能实现理论预期的实际情况进行有效标识。

9.1.2.2 模型的无偏性

国际遗传评估时的最重要标准就是评估的无偏性，但是进行国家遗传评估时无偏性的条件可以视情况适当放宽，例如当为了避免大的预测误差变异时，条件可以放宽。

9.1.2.3 遗传参数

应尽可能经常和准确地（至少每世代一次）估计表型和遗传参数。估计变异组分（数据结构、方法和估计模型、模型所包含的效应等）所使用的评估程序应该尽可能地与育种值的估计程序类似。

9.1.2.4 假定亲本群体的使用

在评估过程中，应将缺失亲本信息的个体进行分组，可按照品种、原产国、选择途径和出生日期，或利用其他方法确定时间趋势。建立假定亲本群体的方法必须特别关注进口个体，以确保国家遗传评估体系的评估正确性。虽然在评估低遗传力性状时需要较大的群体，但是应将假定的亲本群体控制在 10~20 头的小范围内。

9.1.3 评估后步骤

9.1.3.1 官方公布评估结果的准则

一般情况下，获得评估结果的同时可得到评估数据的可靠性。评估结果可作为所有进入国家遗传评估体系动物的官方数据。对于随机抽样的青年公牛，建议其有效女儿贡献（EDC，参见 www. interbull. org 了解更多信息）最低应为 10。国家遗传评估中心官方公布个体估计育种值（EBV）时，需提供以下方面相关的最新图表或信息：

(a) 有效女儿贡献或女儿数量和它们在牛群间的分布（如，女儿数量、牛群数量、在单一群体中女儿的最高比例等）。

（b）被排除在评估之外新生女儿的数量或百分比，以及在第一个泌乳期的305天之前或在第一和第二个泌乳期之间被淘汰的参与评估的女儿数量或百分数。当使用泌乳期数据并对其进行补充时，应该提供泌乳记录（RIP）的百分比。应用测试日模型的国家遗传评估体系，一般认为一头公牛女儿的平均泌乳天数（DIM）与其泌乳期模型的% RIP相当。

（c）理论上期望的评估可靠性。

（d）评估类型，即评估是否为定期进行人工授精操作的结果之一（如计划的后裔测定）。必须对以下个体是否为人工授精后代进行区分：①本国抽样的青年公牛；②开展平行后裔测定的青年公牛；③验证公牛的第二批女儿；④使用进口精液生产的后代（参见章节9.1.1.5，公牛分类）。

（e）遗传基础的培育与界定。

9.1.3.2　系统验证

遗传评估系统应通过数据核查、表型值检查和育种值对比等对遗传评估系统进行验证。

国家遗传评估的验证应使用国际公牛组织建议的3种验证方式。也可对孟德尔抽样和残差进行监测和检查。

9.1.3.3　遗传评估的表述

虽然在国内应用、在复合性状或指数等遗传评估表述时仍可继续使用相对育种值，但一般推荐使用绝对育种值。然而，在度量体系中（如果已应用），为了促进国内公布的育种值的国际化应用，除国内的表示方法外，所有性状都应以绝对育种值（EBV）表示。这些值直接与动物自身的加性遗传效应、以及实际的产量相关。

9.1.3.4　遗传基础

国际公牛组织推荐，在国家层面定义生产性状的遗传基础，应利用在指定的5年周期的起始阶段出生的母牛信息（如下所示）。因此，各成员国应该努力做到：

（a）利用母牛；

（b）利用出生年月；

（c）利用所有纳入国家遗传评估系统的个体；

（d）利用平均的遗传优势（估计育种值）；

（e）利用遗传基础逐步改变；

（f）在尾数为0或5的年份修改遗传基础；

（g）利用新的5年周期初期出生的母牛；

（h）在尾数为0或5的年份的第一次评估时修改遗传基础。

按照以下惯例指定遗传基础：

（1）使用字母表示评估品种（如A、B、G、H、J或S代表不同的品种）；

（2）使用2位数字表示基础建立的年份（如，00代表2000年）；

（3）使用字母表示动物种类（如C和B分别代表母牛和公牛）；

（4）使用字母表示特定事件（如B或C分别代表出生或产犊）；

（5）使用2位数字表示指定事件的发生年份（如95代表1995年）。

9.1.3.5 每年评估的数量

建议国家遗传评估系统制定计划，将当前和最新的评估数据提供给国际公牛组织，目前每年进行 4 次（2 月、5 月、8 月和 11 月）。

9.1.3.6 遗传评估结果公布

鼓励遗传评估中心建立并实施应用遗传评估结果的各项准则。

公布遗传评估结果时，至少应包括以下内容：

a. 评估来源（遗传评估中心）和国家规模（如果有的话）。

b. 评估日期和遗传基础说明。

c. 评估结果的表示形式，如估计育种值（EBV）、预期传递力（PTA）、相对育种值（RBV）。

d. 评估单位，如 kg、lbs。

e. 可靠性。

评估结果应由评估中心使用相同的单位予以公布，不允许使用其他官方单位。

9.1.3.7 指数的使用

鼓励各国依据不同类别的性状和总的经济价值设立单独的指数。

9.1.3.8 预期变动的应对

鼓励遗传评估中心为应对未来各种可能出现的变动设置长期或短期计划。这些计划应提前在世界范围内公布，以便其他遗传评估中心做出相应调整。

9.1.3.9 网址

国家遗传评估中心及其他相关组织应建立专用信息网站，并公布遗传评估系统的全部文件（包括全部的统计信息和公牛的估计育种值）。这些主页的信息内容至少应与国际公牛组织公布的第 24 号公告一样详尽（参见 www. interbull. org）。建议以母语和英语两种语言公布遗传评估系统的相关信息（数据的处理方式）。国家遗传评估中心也应定期更新其在国际公牛组织的主页内容。

9.1.4 国际评估

9.1.4.1 国际间动物评估比较

由国家遗传评估中心负责对动物评估数据进行比较，以检查各国或国际遗传评估数据可能存在的错误。

建议利用国际公牛组织的遗传评估结果，对所有的“国家—品种—性状组合”进行国际比较。

如果这些“国家—品种—性状组合”没有国际公牛组织的评估结果，建议利用“多性状跨国遗传评估（MACE）”的方法进行比较。

在两个国家之间，必要的时候可利用转化公式，通过简单回归分析评估公牛后裔。即利用公牛在一个国家的性能表现预测其在另一个国家的性能表现。

当对一头公牛在几个国家之间同时进行评估时，需要根据国家的变化转换育种值。因此，应广泛推广青年公牛的联合后裔测定工作。

9.1.4.2 相关性的最低限度和相关调整

如果两个国家之间的相关性小于等于 0.7，建议要查找造成低相关性的原因，尤其应检查性状定义、遗传评估模型、身份标识码等因素。在这种情况下，应采取行动对相关国家的遗传评估系统进行调整。

9.1.4.3　多性状跨国遗传评估（MACE）的有效性

在多性状跨国遗传评估分析中，应使用最新且有效的国家评估结果。每次进行育种值预测时，最好同时估计出新的遗传相关性，但必须符合以下要求：

- ○ 参照以前的评估结果，各相关国家的公牛变异变化均超过5%。
- ○ 在任一国家内，发生了方法和基础等方面的变化。
- ○ 在任一国家间，需要评估的公牛数量发生大幅增加或改变。

9.1.4.4　国际公牛组织评估

由国际公牛组织制定规程对参与国际遗传评估的特殊要求进行规定和修改。

9.1.4.5　国际公牛组织（多性状跨国评估）评估结果的公布

国家遗传评估中心决定了各个国家内国际公牛组织评估的状态，以及这一工作是否得到了官方认可。国际公牛组织的“实施规程”和“宣传方针”规定了公牛评估结果的公布和宣传要求。

公布国际公牛组织的评估结果，即公布国内所有公牛（无论其产地）的预测育种值是国家遗传评估中心的职责。在所有参与国际公牛组织评估的国家，公布评估结果，可使国内外各相关组织对结果进行有效利用。与公布国家遗传评估结果一样，所有公牛的预测育种值应与评估结果的可靠性同时公布。

第 10 章　动物识别装置的测试及认证

10.1　ICAR 关于动物识别装置的测试和认证程序

10.1.1　前言

本节概述了 ICAR 关于动物识别装置的测试和认证原则和程序。

国际标准化组织（ISO）于 2007 年 6 月 22 日授权 ICAR 作为注册机构（RA），负责依照 ISO 11784 和 ISO 11785 对无线射频识别（RFID）装置的制造商代码进行登记。

ICAR 制定了相应的管理程序，以确保 RFID 装置符合 ISO 11784 和 ISO 11785 的要求。只有被注册机构认可的测试中心发布的结果才会被承认。另外，ICAR 可以对不同质量和性能的识别装置进行一致性测试，而这种测试对于传统的塑料耳标同样适用。

10.1.2　测试类别

识别装置的测试程序可以分为以下 3 种主要的类别（表 1）。

A. RFID 装置的一致性测试（ISO 24631-1）

一致性测试是对电子应答器是否符合 ISO 11784 和 ISO 11785 的要求进行评估。动物识别装置在用于官方的动物识别之前，必须进行该一致性测试。该测试由 ICAR 服务部进行协调，同时，作为 ISO 授权的注册机构，ICAR 代表 ISO 发布 RFID 装置符合 ISO 11784 和 ISO 11785 的一致性认证。

B. RFID 装置的性能测试（ISO 24631-3）

性能测试是对 RFID 装置的以下特征进行评估：调制幅度、数据容量、最小激活场强度共振频率和感应电压（Vss）。这些评估结果不会作为评判装置是否符合要求的条件，但可以使读取装置进行信息读取时获得许多有用的附加信息。

作为 ISO 授权的注册机构，ICAR 对 RFID 装置进行性能测定，并向设备制造商发布评估报告。

C. 设备材质及环境适应性测试（ICAR）

ICAR 为传统塑料耳标和 RFID 装置提供设备材质及环境适应性测试。这些测试的目的是获得不同动物管理条件下设备的耐用性和各项性能的更多信息。测试的程序将根据装置类型的不同而有所区别。ICAR 将根据 10.7 和 10.8 中描述的不同程序对不同类型的装置进行评估并发布评估报告，颁发 ICAR 认证证书。

表 1　识别装置的测试类别

测试类别	测试说明
一致性测试（ISO 24631-1）	应答器一致性（授权生产商代码）
性能测试（ISO 24631-3）	应答器性能
设备材料及环境适应性测试	额外的实验室测试（适用于任何识别装置及组合类型）

10.1.3　识别装置获得 ICAR 认证证书的范围和流程

本节介绍了 ICAR 对 RFID 装置和传统塑料耳标等识别装置进行测试的规则和程序。表 1 和表 2 对识别装置的认证做了简要的概括。

• 对识别装置进行认证或重新认证时，需由装置制作商向 ICAR 提出测试申请。申请应包含一份申请书和一份申请表，并发送给 ICAR 服务部的秘书处。

• 申请表可在 ICAR 网站上下载，网址如下：

www. icar. org/index. php/icar-certifications/animal-identification/application-for-testing

• ICAR 服务部对申请进行审核，确认符合要求后，将与申请方签订测试协议。

• 制造商需向测试中心和 ICAR 缴纳测试服务费，具体事务由 ICAR 服务部进行协调。

• 制造商需将所有需要测试的装置和必要的配件发送给测试中心。这些装置和配件最终归属于 ICAR，不再返还给制造商。

• 测试中心将按照测试协议中规定的条款对装置进行检测。

• 测试中心将测试报告发送给 ICAR 服务部的秘书处。测试中心需对测试结果进行保密。

• ICAR 服务部将测试报告发送给制造商，如果装置通过测试，由 ICAR 董事长亲笔签发的证明信将同时发送给制造商。如果没有通过测试，ICAR 将给制造商发送一份官方的致谢信，并通知测试结果。

• ICAR 将在网站上公布认证产品目录及其产品认证代码。如果 RFID 装置的证书过期，该装置将不再出现在该产品目录中，但仍然会在注册机构认可产品清单中查到。同时在上述清单所在网页均会公布识别装置的相关照片。

另外，对装置制作材料和环境适应性的测试和认证的有效期为 5 年。

表 2　ICAR 认证的流程和职责归属

步骤	具体流程	职责归属
1	测试申请	识别装置的制造商或经销商
2	测试申请的审核及协议签订	ICAR 服务部
3	测试及报告制作	ICAR 测试中心
4	测试结果通知	ICAR 服务部
5	ICAR 认证	ICAR

10.1.4 测试中心

测试程序必须经 ICAR 认可，测试中心必须由注册机构认证。每次测试必须由 ICAR 服务部确定测试中心并签订测试协议。测试中心必须按照测试协议规定的程序进行测试。同时，测试期间的所有测试细节及测试结果必须严格保密。ICAR 动物识别委员会将对测试中心进行定期审核。

10.1.5 测试结果的发布

通过测试的装置，其测试结果及认证证书将在 ICAR 网站上发布，网址如下：www.icar.org/index.php/icar-certifications/animal-identification/

10.1.6 ICAR 认证证书的使用条件

ICAR 颁发的认证证书有效期为 5 年，在此期间制造商将被列入合格产品目录中。

获得 ICAR 认证后，制造商可以向外界公布自己的认证证书，但 ICAR 并不保证装置在任何环境下都能正常使用。

虽然 ICAR 认证证书的有效期为 5 年，但所有通过认证的 RFID 装置的注册信息将不受限制，都会被列入 ICAR 网站的合格产品目录中。

注意：制造商不得以任何目的使用 ICAR 的标志。

10.2 动物的无线射频识别：ISO 11784 及 ISO 11785 应答器一致性测试及制造商代码的授权

10.2.1 前言

ISO 11785 规定了 RFID 装置的一致性测试和性能测试的程序，ISO 11784 规定了代码结构的一般要求。另外，只有注册机构认可的测试中心得出的评估结果才会被承认。

10.2.2 简介

ISO 11784 和 ISO 11785 涵盖了 4 种用于动物识别的 RFID 装置类型。

1. 植入式应答器：一种可植入动物体内的小型应答器，这种应答器被封装在一种不会产生生物排斥反应的非多孔材料中，例如玻璃材料。

2. 电子耳标：此类应答器多被包裹在塑料材质中，并使用锁定结构固定在动物耳部，以防止耳标在未被破坏或丧失功能时被随意更换。

3. 瘤胃滞留应答器：此类应答器被包裹在高比重的壳体内，通过口服的形式置入反刍动物的瘤胃中，借助壳体的高比重特性使其永久滞留在瘤胃内而不会通过消化系统排出体外。

4. 无固定装置应答器：此类应答器安装在保护壳内，其没有用于固定在动物体上的结构，通过固定在耳标上或通过其他方法达到固定的目的，如脚标、电子项圈等。

ICAR 开展的上述测试获得了欧洲宠物兽医联合会（FECAVA）和世界小动物兽医师

协会（WSAVA）的认可，因此也可应用到宠物领域。

另外，测试费用由测试申请方承担。

10.2.3 参考资料

此节涉及到的标准目录如下。

ISO 11784	农业装备—动物无线射频识别—代码结构
ISO 11785	农业装备—动物无线射频识别—技术标准
ISO 3166	国家及地区名称代码

上述标准的最新版本适用于本指南，并可以在 ISO 官网上下载（www. iso. org）。

10.2.4 ISO 应答器一致性测试程序

申请

制造商可申请的测试程序类型：

A. 完整测试；

B. 部分测试；

C. 清单更新。

A. 完整测试适用于如下情形：

- 非注册机构认证的制造商申请测试时；
- 注册机构认证的制造商在应答器中使用新型芯片（集成电路）或者新技术（HDX 技术或 FDX-B 技术）时；
- 注册机构认证的制造商改变线圈技术（铁氧体线圈或空心线圈）时。

B. 部分测试适用于如下情形：

- 当注册机构认证的制造商仅将 ICAR 认证的应答器的包材进行更换时；
- 当注册机构认证的制造商仅将 ICAR 认证的应答器线圈尺寸进行修改而未改变集成电路的设计时；
- 当注册机构认证的制造商不改变 ICAR 认证的应答器的主体结构，而仅将用于固定的结构或装置进行更换时，例如将玻璃外壳的应答器置入瘤胃滞留装置或耳标中。

C. 清单更新适用于如下情形：

- 如果注册机构认证的制造商未对经 ICAR 认证的应答器进行任何改造，则当 ICAR 对该应答器的认证资质进行询问时，制造商必须递交一份原始测试报告副本和一份制造商的书面声明。

应答器一致性测试的申请应由制造商提出，申请材料包含一份申请表（附录 10.2-A1）和一份申请书。申请表的模板可以在 ICAR 服务部的秘书处获取，也可以在 ICAR 的官方网站上下载。本章的附表均可在下面的网页上下载：

www. icar. org/index. php/icar-certifications/animal-identification/application-for-testing/

申请材料必须以 PDF 格式发送到 ICAR 服务部的秘书处邮箱，邮箱地址是：

manufacturers@ icar. org

制造商有权在 ICAR 认可的测试中心中自主选择一家为其提供测试服务。制造商须向测试中心提供 50 套应答器用于完整测试，如果申请部分测试或清单更新，则仅需提供 10 套应答器。用于完整测试的应答器需使用 999 作为测试代码或使用现有的制造商代码。制造商可以自主选择应答器代码，但应答器代码不能重复。制造商必须提供应答器的十进制代码清单。测试中心将按照 ISO 11784 和 ISO 11785 规定的测试程序进行测试。所有测试的应答器必须能够被测试中心的参考阅读器识别。应答器代码必须符合 ISO 11784 的规定，同时代码必须列在制造商提供的代码清单中。

测试中心将测试结构整理成一份测试报告，并发送给 ICAR 服务部秘书处。对于部分测试和清单更新的测试，测试中心将仅提供一份包含测试结果的简易报告。

ICAR 服务部将会把测试报告发送给制造商，如果通过一致性测试，则由 ICAR 董事长亲笔签发的证明信将会一同发送给制造商，证书副本将发送给 ISO/TC23/SC19/WG3 的秘书处备案。

ICAR 作为注册机构，有权对不同类型的应答器进行代码分配，包括对代码清单的更新。

测试期间由申请方提供的电子应答器将保留在测试中心，作为今后测试的参考装置。

ICAR 作为注册机构，将会在其官方网站上公布所有的已注册的和通过 ICAR 认证的识别装置，并附相关装置的照片资料。

10.2.4.1 应答器的 ICAR 证书使用要求（一致性测试）

通过一致性测试后，ICAR 将向制造商颁发有效期为 5 年的证书，并授予产品认证代码。

通过 ICAR 的一致性测试，表示该应答器符合 ISO 11784 和 ISO 11785 关于代码结构和其他技术要点的要求。

制造商在进行商业活动时，必须对 ICAR 认证的应答器的销售信息进行详细登记，并建立数据库。同时，制造商必须要求一级采购商对所采购的 ICAR 认证应答器进行相同的信息登记。对于采购链条上的所有后续的采购商均要求开展这一工作，直到应答器被最终用于动物生产。

只有通过相关测试并获得 ICAR 认证的应答器，其证书才有效。以下情况，制造商不能使用认证证书及（或）产品认证代码：

1. 非该制造商生产的产品；
2. 与认证时的装置不一致，包括（但不限于）以下方面：
   - 与获得认证的应答器的包材（主要成分和次要成分）不一致；
   - 与获得认证的应答器的生产工艺和制造商不一致；
   - 与获得认证的应答器型号不一致；
3. 使用其他制造商的专有制造商代码；
4. 提供或计划提供认证的应答器给冒充制造商进行贩卖的牟利者，除非满足以下两个条件：
   - 该单位已按照该认证程序获得认证并登记；
   - 该单位与制造商共享制造商代码或拥有专用制造商代码。

ICAR 认证证书生效后，制造商必须履行以下义务：

1. 制造商必须对产品的任何改造做精确且详细的记录，同时，如果ICAR有需要，这些记录必须可以向ICAR提供。这些记录必须包含反映产品性能和质量提升的详细的内测数据。

2. 制造商需在现有的ICAR认证证书到期时提交申请及相应装置进行换证评审。申请不得早于证书到期日前6个月，同时不得晚于证书到期日前5个月。

3. 制造商充分理解并认可ICAR对已认证的产品进行市场抽检的行为。如果在抽检中发现与最初提交申请的装置不一致，ICAR将认为制造商违反了ICAR行为准则或产品的改造未按照本操作指南第10.2.4的规定申请认证。

如果制造商有违反上述条件的行为，ICAR将在下述网页对制造商的违规细节进行通报：www.icar.org/wp-content/uploads/2015/08/Form_ for_ misuse_ reporting.doc

如果对ICAR认证证书的上述使用要求产生争议，以ICAR的最终解释为准。

当ICAR发现与认证不一致的装置时，ICAR有权向制造商发送整改通知。

10.2.5　制造商代码的授予和使用

根据ISO 11784规定，国家有责任通过相应的管理制度确保本国识别代码的唯一性。如果国家尚未就本国的识别代码的分配和注册制定相应的程序，则需要使用制造商代码代替国家代码，从而确保全球范围内识别代码的唯一性。ISO授权ICAR作为注册机构，按照ISO 11784进行制造商代码的分配。

10.2.5.1　共享和专用制造商代码的申请要求

共享制造商代码

一个制造商代码可以分配给多个制造商，这样的代码称为共享制造商代码。如果制造商的RFID装置通过完整测试，ICAR作为注册机构可以授予其一个共享制造商代码。一个共享制造商代码被授予后，ICAR将结合该代码对识别装置的识别代码进行设置，以确保识别装置代码的唯一性。为确保代码的唯一性，ICAR必须制定识别代码分配和注册的相关程序。如果有必要，制造商可以申请增加识别代码设置的其他要求。识别代码的长度由制造商和ICAR协商一致后确定。

专用制造商代码

如果某应答器连续两年实现年销售100万台的业绩，制造商便可以向注册机构申请专用制造商代码，但必须提供相应的业绩证明材料，而这些材料必须是ICAR认可的。这些材料包含制造商的销售记录，以及外聘审计员或公证人的审核报告。

10.2.5.2　制造商代码的申请程序

第一次申请对RFID装置进行一致性测试的制造商需同时向ICAR提交一份制造商代码的申请表，并签署一份“行为守则”。

首次进行完整测试时，申请单位需要同时提供一份申请书，一份完整测试申请表（附录10.2-A1），一份制造商代码申请表（附录10.2-A2）和一份行为守则（附录10.2-A3）。制造商在申请表和行为守则上签字，则表示制造商认可并履行申请材料所列条款并支付申请相关费用。

申请材料必须以PDF格式发送到ICAR服务部的秘书处邮箱，邮箱地址是：manufacturers@icar.org

ICAR 服务部秘书处将对申请材料进行审核，确定申请结果，并向申请单位通报，同时将结果告知 ISO/TC23/SC19/WG3 秘书处。

ICAR 将在其官方网站上公布所有注册制造商名单以及授予的制造商代码。

10.2.5.3 制造商代码使用权的限制

制造商仅被允许在生产 ICAR 注册过的产品时使用其制造商代码。

如果对制造商代码的使用限制产生争议，以 ISO/TC 23/SC19 的最终解释为准。

如果想获得更多的参考信息，建议登陆 ISO 官方网站（www.iso.org）下载并学习 ISO 11784 相关内容。

10.2.5.4 制造商代码和国家代码的使用

按照 ISO 11784、本指南第 10 章相关内容以及行为守则的规定，供应商代码（900~998 号段）将仅限生产电子识别装置（RFID）时使用。

如果一个国家拥有完善的管理制度，可以对本国的电子识别装置进行统一管理，并确保代码的唯一性，则该国的装置制造商可以使用该国在 ISO 3166 中的 3 位数国家代码作为制造商代码，用于动物电子识别代码的设置。

需要注意，用于遗传评估目的的动物国际代码不允许使用供应商代码。（见 9.1.1.2）

10.3 同步与非同步收发器的一致性测试

10.3.1 适用范围

本节概述了依据 ISO 11784 和 ISO 11785 对 RFID 收发器的性能进行一致性测试的程序。如需了解更详细的信息，可以查看相关标准。

10.3.2 参考资料

ISO 11784	农业装备—动物无线射频识别—代码结构
ISO 11785	农业装备—动物无线射频识别—技术标准

上述标准仅涉及对同步收发器评估的程序要求。

10.3.3 参考资料

本节涉及的标准如下：

ISO 11784	农业装备—动物无线射频识别—代码结构
ISO 11785	农业装备—动物无线射频识别—技术标准
ISO 3166	国家及地区代码

上述标准的最新版本适用于本指南，并可以在 ISO 官网上下载（www.iso.org）。

注意：新版删除了原版中的 10.4~10.6 章节，并将主要内容合并到其他章节中。为防止对后续章节引用时出现混乱，之后的章节沿用原版章节编号。

10.4　永久性识别装置的测试和认证——第 1 部分：常规永久性塑料耳标（机器识别或非机器识别）

10.4.1　简介

本节主要介绍了制造商为常规永久性塑料耳标申请首次认证及维持认证资质的程序。

ICAR 针对永久性识别装置的性能和可靠性的测试包括但不限于以下方面的内容：

- 申请和使用的撤销；
- 动物识别率；
- 耐用性和防篡改性能；
- 动物福利和对人体的危害。

下列程序重点关注耳标的设计、印刷质量以及耳标的机器识别性能，其中机器识别性能测试为可选项。

测试程序包括下面三个阶段：

- 第一阶段：制造商提出申请（见 10.7.5.1）；
- 第二阶段：预评估（见 10.7.5.3）；
- 第三阶段：实验室测试——技术评估（见 10.7.5.4）。

该测试必须由 ICAR 认证的实验室进行，测试费用由制造商承担。

当耳标通过测试并获得 ICAR 认证后，ICAR 允许制造商宣传该耳标的具体设计及印刷质量是经过 ICAR 认证的。需要注意的是，通过 ICAR 认证并不意味着该款耳标适用于任何环境，也不意味着其机器识别性能对于所有使用者有效。同时，制造商有义务遵守所在地区的相关法规。

如果制造商未遵守本节所述要求，已获得的耳标认证将被收回。ICAR 以及相关政府机构可以对获得认证的耳标产品展开市场抽检，以确保相关产品始终遵守 ICAR 认证的相关条件。如果违反 ICAR 标准相关要求，产生的一切后果将由制造商承担。

对于未按照 ICAR 认证标准生产的耳标产品，制造商必须向 ICAR 通报所有非标性能参数。另外，对于认证产品在构造设计和印刷质量等方面的改变，制造商也必须向 ICAR 进行明确告知。

ICAR 建议耳标的用户或潜在用户登录 ICAR 网站查询相关产品的认证清单，网址如下：

www. icar. org/index. php/icar-certifications/animal-identification/conventional-eartags-for-bovine-and-ovine/

10.4.2　适用范围

本章介绍了 ICAR 关于常规永久性塑料耳标的构造及性能的测定程序，其中包括可机器识别的耳标。

制造商在向 ICAR 申请常规永久性塑料耳标的测试时，可以选择是否进行机器识别性能的测试。如果制造商提交的耳标为可机器识别耳标，但未要求机器识别性能测试，ICAR 将仅对产品进行可视化的印刷质量评估。

通过本节所述的质量评估程序的耳标将获得 ICAR 认证证书，并推荐使用该类产品用于动物识别。ICAR 将把该类产品其作为肉眼识别类装置发布在 ICAR 官方网站上。

10.4.3 参考资料

ISO 175	热塑性塑料的液体电阻
EN 1122	塑料—镉测试—湿分解法
ISO 1817	硫化橡胶耐液体测定方法
ISO 4650	橡胶—鉴定—红外分光光谱法
ISO 9924	硫化橡胶组成测定方法
ISO 11357	塑料—差示扫描量热法（DSC）
ISO 9352	塑料—利用砂轮的耐磨性测定
ISO 527-1	塑料—拉伸性能测定 第 1 部分：总则
ISO 37	硫化橡胶或热塑性橡胶—拉伸应力应变特性的测定
ISO 4611	塑料—湿热、喷水和盐雾对暴露效果的测定
ENISO 4892-2	塑料—暴露于实验室光源的方法 第 2 部分：氙弧灯
ENISO 4892-3	塑料—暴露于实验室光源的方法 第 3 部分：荧光紫外灯
ISO 15416	信息技术—自动识别和数据捕获技术—条形码印制质量检验规范—线性符号
ISO 11664-4	比色法—第 4 部分：CIE 1976 L * a * b 颜色空间
ISO 7724	色漆和清漆—比色法

上述标准的最新版本适用于本指南。

10.4.4 术语定义

10.4.4.1 认证代码

认证代码由字母和数字组成，第一位是字母“C”（代表已认证），后 3 位是阿拉伯数字。认证代码用于区别耳标是否通过 ICAR 测试程序并进行注册登记。认证代码可以凸印于所有 ICAR 认证的耳标上以便于政府查验。认证代码在耳标上的印刷位置需遵守耳标使用地区主管部门的相关制度。

10.4.4.2 认证耳标

认证耳标是指通过向 ICAR 递交测试申请，由 ICAR 认证的实验室进行测试，最终获得 ICAR 认证的耳标。

10.4.4.3 耳标

耳标通常具有以下 3 个主要的结构特征：

1. 耳标的前面板通常是母扣，但也有例外。如此设计是因为正确的耳标佩戴方式要求前面板在动物耳朵的前侧。

2. 耳标的后面板通常是公扣，但也有例外。如此设计是因为正确的耳标佩戴方式要求后面板在动物耳朵的后侧。

3. 锁定结构由母扣上的锁孔和公扣上的锁钉两部分结构组成。

10.4.4.4 制造商

制造商是指向 ICAR 提交耳标测试申请，并接受本节 10.4.5.3.6 关于常规永久性塑料耳标认证条件的企业或个人。

10.4.4.5 参考颜色

用于实验室测试的耳标要求面板为黄色，印刷需使用黑色。制造商需在面板上使用与字体一致的颜色印刷一个 10mm×10mm 的实心方块。

10.4.4.6 参考数字

用于实验室测试的耳标要求印刷的数字必须选择附录 10.7-B2 中确定的 4 位数字组合，数字的字体及大小必须与制造商生产并上市的产品完全一致。

机器识别耳标需在印刷参考数字的同时，印刷一个 12 位数字条形码用于机器识别性能测试。12 位数字前 3 位为测试代码，后 4 位为参考数字，其他数字均为“0”。

10.4.4.7 测试代码

测试代码由字母和数字组成，第一位是字母“T”（代表测试），后 3 位是阿拉伯数字。印有测试代码的耳标是用于进行实验室测试的耳标样品，制造商必须将测试代码印刷或雕刻在测试耳标上。

10.4.4.8 待测耳标

待测耳标是指随测试申请一起递交给 ICAR 认证的实验室，用于后续测试的耳标样品。

10.4.5 ICAR 测试和认证程序

10.4.5.1 第一阶段：制造商提出申请

按照本节描述的测试程序对一款耳标进行测试，制造商需要向 ICAR 提交测试申请，申请必须使用 PDF 格式，并通过 e-mail 形式发送给 ICAR 服务部的秘书处。邮箱地址如下：

manufacturers@ icar. org

测试申请需包含以下材料：

- 一份申请书；
- 一份申请表（见附录 10.7-B1 和附录 10.7-B3）。

附录 10.7-B1 用于新装置认证申请和已认证装置的换证申请。

附录 10.7-B3 用于对已认证装置进行改造后的重新认证申请。这种情况下，在提交申请表的同时，需提交一份装置改造说明（见附录 10.7-B4），并与原版测试报告一起提交。

以上表格可以在 ICAR 网站上下载，或向 ICAR 秘书处索要。

如果制造商申请测试的耳标具有机器识别代码，需在申请表中选择是否进行机器识别性能测试。申请中应注明使用的代码类型（或语种），例如：QR 码模型 2，ECC200 型二维码（DM），阿兹特克语，128 码，39 码，交叉二五码等。如果耳标已经符合国际自动识别协会（AIM）的质量标准，申请人需在申请中注明。

制造商在申请表上签字，则表示制造商认可并履行 ICAR 测试和认证的所有条款，并承担相关费用，同时制造商理解并同意 ICAR 对已认证耳标的持续监督和评估。

10.4.5.2 第二阶段预评估

对制造商提交的申请材料进行评估，同时评估耳标是否出现严重缺陷，比如用于测试的耳标损坏，锁扣装置故障，设计违背动物福利原则等。耳标将按照预评估程序进行评估。这套程序同样适用于已认证装置的换证申请。

10.4.5.2.1 制造商要求

在预评估阶段，制造商需提供以下材料：

1. 提供 120 个使用参考印刷方式的耳标样品，这些样品必须使用与市场上正在或即将销售的同一产品一样的生产技术和样式。注意：测试过程有可能对标签进行破坏。

2. 额外提供 10 个公扣，用于检查其耐用性以及锁扣装置的松紧程度。

3. 提供 2 对用于给动物打耳标的耳标器或其他等效设备。

10.4.5.2.2 耳标设计

耳标的锁孔结构必须使用平滑的圆角设计，不能使用锐利的边缘结构或有明显的突出。评估需对以下数据进行测量：

1. 闭锁后的耳标重量；

2. 前后面板的尺寸，包括长、宽、高；

3. 锁钉的长度和直径；

4. 锁孔尺寸。

上述测量值如果对动物福利存在潜在的影响，将会在预评估报告中注明。

10.4.5.2.3 锁定结构核查

该项测试的主要目的是确定公扣和母扣闭锁后，无法被完整地拆卸，以确保耳标不会被重复使用。闭锁的耳标无法被随意拆开，从而避免了动物信息被任意篡改。

10.4.5.2.4 应用测试

耳标样品将分成两组进行以下测试：

第一组：选择 80 副耳标样品，将前面板和后面板闭锁，但未固定在动物耳部。

第二组：选择 40 副耳标样品，利用屠宰场获得的动物耳朵材料进行活体闭锁测试。

对上述 120 副耳标的测试结果要求如下：

- 所有的前后面板均能有效闭锁；
- 闭锁测试时所有耳标组件均未受损；
- 闭锁测试后所有耳标组件均未出现变形；
- 在进行一定程度的人为破坏时，未出现锁定结构松开。

测试中心同时会对闭锁后的耳标进行旋转性测试，测试将得到以下几种结果：

- 耳标旋转自如；
- 耳标可以旋转但不顺畅；
- 耳标不可以旋转。

10.4.5.2.5　锁定结构受力测试

第一组测试中的 80 副耳标样品将分为 4 组，每组 20 副。测试中心将对四组耳标进行不同的外力测试，以测定耳标的抗破坏能力或防止锁定结构松开的能力。受力测试的移动速度将保持在 500mm/min。受力过程中，任何一个耳标被破坏或松开，均会进行详细记录。被破坏或松开的耳标要求无法被重复使用。

- 第一组：在 21℃±2℃环境条件下进行轴向受力测试；
- 第二组：在 55℃±2℃环境条件下进行轴向受力测试，这一测试可以使用加热装置将耳标加热到该温度后立即上机测试，或者在人造气候环境中进行直接测试；
- 第三组：在 21℃±2℃环境条件下进行横向受力测试；
- 第四组：在 55℃±2℃环境条件下进行横向受力测试，这一测试可以使用加热装置将耳标加热到该温度后立即上机测试，或者在人造气候环境中进行直接测试；

上述测试的结果要求如下：

- 上述测试中被破坏或松开的耳标无法被重复使用；
- 在上述环境条件下进行轴向测试时，牛用耳标被破坏或松开的力不得低于 280N；
- 在上述环境条件下进行轴向测试时，用于山羊或绵羊的耳标被破坏或松开的力不得低于 200N；
- 在进行横向受力测试中，耳标不能出现破损或其他永久性损坏。

10.4.5.2.6　预评估的结论

测试中心将对耳标预评估程序测试的结果进行整理，并形成综合评估报告。报告将首先提交给 ICAR 组织，由 ICAR 组织向制造商通报。

如果该阶段测试顺利通过，制造商需确定是否愿意进行后续的测试程序。

如果未通过该阶段测试，ICAR 将会向制造商发送测试报告，并解释未通过测试的原因。

10.4.5.3　第三阶段：实验室测试—技术评估

10.4.5.3.1　指定测试中心

通过预评估测试后，如果制造商决定继续进行后续的测试程序，ICAR 服务部将指定一个 ICAR 认可的实验室执行第三阶段的测试。

10.4.5.3.2　授予测试代码

ICAR 将为参加测试的耳标分配一个特定的测试代码。ICAR 将测试代码告知制造商，制造商需将测试代码印刷或雕刻在待测耳标上，用来进行第三阶段的实验室测试。

10.4.5.3.3　制造商要求

在第三阶段测试，制造商需提供以下材料（10.7.5.2.1 中所列材料不包括在内）：

- 200 副印有测试代码并按照 10.7.4 中要求的方式进行打印的待测耳标。如果要对耳标的机器识别性能进行测试，需要在耳标上印刷一个 12 位数字的条形码。注意：ICAR 将为制造商指定 25 个参考数字（见附录 10.7-B2），每个参考数字印刷在 8 个耳标上。
- 一份关于耳标材质的详细说明，例如热塑性橡胶、硫化橡胶等。

10.4.5.3.4 测试程序

10.4.5.3.4.1 参数描述准确性评估

首先将对申请材料中所描述的耳标参数进行评估，以确保描述的准确性。

10.4.5.3.4.1.1 重量和尺寸

需对以下数据进行测量：

1. 闭锁后的耳标重量；
2. 前后面板的尺寸，包括长、宽、高；
3. 锁钉的长度和直径；
4. 锁孔的尺寸。

上述测试结果将与预评估报告进行比较，从而确保样品的一致性。

10.4.5.3.4.1.2 材质

由于耳标往往用在对人类食品生产相关的动物身上，因此耳标的材质必须满足相关国际法律法规的特定要求。此外，还需要检测耳标是否对动物、人体以及环境的安全造成影响。因此，需要对耳标材质的某些成分的理化性质进行详细评估。

此项测试需要 20 副耳标样品。

10.4.5.3.4.1.2.1 耳标塑料面板的性质

为了确定塑料原料的基本组分，测试中心将采用傅里叶变换衰减全反射红外光谱法（ATR-FTIR）对耳标进行光谱分析。耳标面板不需进行前期处理，直接夹在全反射红外光谱仪的棱镜上进行测试。测试的光谱结果将与数据库中的特征光谱进行比对。上述测试之后，测试中心将以 ISO11357 为依据，采用差示扫描量热法（DSC）对耳标材料的热特性进行分析。此分析可以进行连续的红外光谱曲线测定以判断是否有小分子物质作为耳标面板的主要材料。该测试将在两种加热条件下进行：

- 30℃加热到 200℃观察塑料材质的交联特性以检测其加工特性；
- 30℃加热到 400℃分析塑料材质的热力学参数。

10.4.5.3.4.1.2.2 有害物质测试

一些有害的重金属可能存在于有色塑料中，必须进行测定。这些金属包括：镉（Cd）、铅（Pb）、汞（Hg）和铬（Cr）。如果检测到铬，需要进一步分析致癌的六价铬含量。以下是重金属的限值：

镉：100mg/kg；

铅：10mg/kg；

汞：1mg/kg；

铬：10mg/kg（六价铬<1mg/kg）。

10.4.5.3.4.2 预处理方法

下面介绍耳标各项性能测试时的不同前处理方法。下表概括了不同性能测试的前处理要求：

	新耳标			紫外/淋雨老化处理耳标		冷热交替老化处理耳标
	无附加处理	酸浴	碱浴	无附加处理	研磨处理	无附加处理
肉眼识别性能测试						
印刷质量	√			√	√	
颜色对比	√			√		
机器识别性能测试						
条形码扫描	√	√	√	√	√	√
条形码质量核查	√					
锁定结构受力测试	√			√		√

10.4.5.3.4.2.1　酸浴处理

5 副耳标在 50℃酸性液体中浸泡 3 周（醋酸，pH = 3），热塑性橡胶材质的耳标需满足 ISO175 的要求，硫化橡胶材质的耳标需满足 ISO1817 的要求。

此项测试仅对塑料材质的耳标适用，对聚氨酯（PU）材质的耳标不适用。

10.4.5.3.4.2.2　碱浴处理

5 副耳标在 50℃碱性液体中浸泡 3 周（氢氧化钠，pH = 12），热塑性橡胶材质的耳标需满足 ISO175 的要求，硫化橡胶材质的耳标需满足 ISO1817 的要求。

此项测试仅对塑料材质的耳标适用，对聚氨酯（PU）材质的耳标不适用。

10.4.5.3.4.2.3　冷热交替老化处理

按照 ISO 4611 规定，40 副耳标置于人工气候室内进行冷热交替处理 3 周，高温环境要求温度 40℃ ±2℃，湿度 95%，处理时间 12h，低温环境要求温度 -25℃ ±2℃，处理时间 12h。

10.4.5.3.4.2.4　紫外/淋雨老化处理

按照 EN ISO4892-2 中程序 A 规定，40 副耳标用于测试抗日光照射性能。根据标准要求，选用氙弧灯作为照射光源连续照射 1 000h，照射过程每 2h 一个循环，由 102min 单纯照射和 18min 照射结合模拟降雨两个阶段组成。照射强度为 60W/m^2，波长为 300 ~ 400nm。

10.4.5.3.4.2.5　研磨处理

5 副新的无附加处理的耳标和 5 副经紫外/淋雨老化处理的耳标按照 ISO9353 的要求进行耐磨测试。在 21℃ ±2℃ 环境温度下，耳标将承受 1 500圈研磨处理。

耐磨测试选用负载 1 000g（或 9.8 N）的 CS17 砂轮。耳标的前面板将被裁切成直径为 10mm 的圆片，并安装在测试仪器上进行检测。

10.4.5.3.4.3　性能测试

10.4.5.3.4.3.1　肉眼识别性能测试

5 副新的无附加处理的耳标和各 5 副经过下面两种处理方式的耳标用于该项测试：

- 处理一：经紫外/淋雨老化处理，但未进行研磨处理。
- 处理二：经紫外/淋雨老化处理，并进行研磨处理。

在附录 10.7-B2 中随机选择 5 组数字，分别用白色纸打印，字体的大小、格式以及字符间距均与耳标上的字符一致。

待测耳标与打印的白纸将放置在一个竖直的平板上，平板安放在正常平视高度上，试验环境光线事宜。试验选择 5 名观察者，从距离平板 15m 的位置开始，向平板方向移动。每一位观察者试图看清耳标和打印纸上的数字，最终记录下辨别出每一个数字的距离。

每一个数字的平均观察距离将作为最终的结果记录下来。

测试结果的要求如下：

• 新的未做附加处理的耳标：耳标被辨别出的平均距离不得低于打印纸上的数字被辨别出的平均距离的 80%。

• 紫外/淋雨老化处理，未研磨处理和研磨处理的耳标：耳标被辨别出的平均距离不得低于打印纸上的数字被辨别出的平均距离的 65%。

10.4.5.3.4.3.2　对比度变化测试

按照 ISO7724 的要求，选择 3 副新耳标和 3 副老化处理过的耳标，使用分光光度仪对耳标面板与印刷字体的对比度变化进行测量和比较。

老化前后要求 delta-E 值不超过 10 个 CIELAB 单位。

10.4.5.3.4.3.3　机器识别性能测试（可选项）

本项测试为可选测试，如果制造商在申请表中选择进行机器识别性能测试，本项测试才会开展。

对于线性条形码，条形码两端距耳标边缘至少 5mm，条形码的高度应至少 8mm。

10.4.5.3.4.3.3.1　条形码扫描

使用手持式条形码阅读器对耳标进行三轮扫描测试，每一轮测试选用不同的条形码阅读器。条形码阅读器需选择在 ICAR 网站上公布的品牌型号。

所有待测的耳标依次进行扫描测试，第一个耳标被成功识别后，再对下一个耳标进行扫描。每一个耳标最多扫描 4 次。所有的耳标执行相同的测试程序。最后一个耳标测试完成后，再使用另一种条形码阅读器按同样的顺序进行第二轮扫描测试。每一轮测试需执行 60 次扫描操作以保证获得足够的数据用于性能评估。

每一轮扫描测试中，每一个耳标被成功识别需要的扫描次数（1 次，2 次，3 次或 4 次）需要进行记录。

基于耳标被成功读取需要的扫描次数来计算扫描成功的概率，用百分率表示。耳标识别率的最低要求如下表：

需要扫描的次数	识别率
1	95%
2	98%
3	99.7%

测试中心将每一轮测试的识别性能记录在测试报告中，随实验室测试的最终报告发送给 ICAR 服务部。

10.4.5.3.4.3.3.2　条形码印刷质量评估

使用10副新的耳标，按照下述程序进行条形码印刷质量评估。

使用符合ISO15426-1要求的条码校对机，按照ISO15416的规定对线性条码进行印刷质量评估。每一个耳标扫描10次以计算平均等级。

该评估使用从A级（非常好）到F级（非常差）的评级方式对印刷质量的相关特征进行评定。所有的评估结束后，取每一个特征评级中的最低评级作为该特征的最终评级。不符合要求的原因将在报告中说明。

线性条码印刷质量评估结果要求如下：

- 解码评级（使用A或F进行评级）：A级；
- 解码评级：D级以上比例占25%；
- 字符检验（如果有）：合格；
- 字符对比度：D级以上比例占25%。

对二维码的印刷质量评估，需参考AIM国际标准第M章关于矩阵代码印刷质量评估的规定，使用条码校对机对QR码和DM码进行印刷质量评估。

该评估使用从A级（非常好）到F级（非常差）的评级方式对印刷质量的相关特征进行评定。所有的评估结束后，取每一个特征评级中的最低评级作为该特征的最终评级。

二维码印刷质量评估结果要求如下：

- 解码评级（使用A或F进行评级）：A级；
- 字符对比度：D级以上比例占25%；
- X轴和Y轴打印质量评级：A/A，A/B或B/A；
- 轴向一致性评级：A。

上述评估标准仅针对新的、未做任何处理的耳标进行印刷质量评级。

10.4.5.3.4.3.3.3　锁定结构抗性评价方法

30副新的无附加处理的耳标，30副经紫外/淋雨老化处理的耳标以及30副冷热交替老化处理的耳标用于此项测试，通过不断增加外力，确定导致耳标破损或松开所需的力量。

测试在-25℃±2℃、21℃±2℃和55℃±2℃3种不同的温度条件下进行（0℃以上温度处理组要求湿度大于50%），每一个处理组合选用10副耳标。耳标从人工气候室中取出后，立即进行受力测试，受力测试的移动速率设定为500mm/min。受力过程中，任何一个耳标被破坏或松开，均会进行详细记录。被破坏或松开的耳标要求无法被重复使用。对于新的无附加处理的耳标在21℃±2℃条件下进行受力测试，要求在下述情况下不会出现耳标被破坏或松开：

- 牛用耳标，施加280N以下的外力；
- 绵羊和山羊使用的耳标，施加200N以下的外力。

另外，在进行受力测试时，被破坏或松开的耳标如果出现变形，将会被记录下来，用于分析两种老化处理方式对塑料材质的物理特性的影响。

10.4.5.3.5　实验室测试结论

测试中心将测试结果整理成测试报告，并发送给ICAR服务部，ICAR服务部会将报告转发给ICAR小组委员会进行审议。与实验室测试相关的所有信息将严格保密，只有耳标制造商能获得相关信息。如果制造商申请了机器识别性能测试，相关的测试结果也将包含在测试报告中。

通过测试的耳标的测试报告将以汇总表的形式明确该款耳标在不同动物生产系统和环境条件下的适用性。如果耳标未通过本环节测试，ICAR 将会把测试报告发送给制造商，并向制造商说明未通过测试的原因。

10.4.5.3.6 常规永久性塑料耳标的 ICAR 认证条件

1. 通过本章 10.4 的测试程序后，ICAR 将为该装置颁发一份有效期为 5 年的证书，并授予产品认证代码。

2. 该认证证书仅对通过测试并由 ICAR 认证的塑料耳标有效。

3. 下列情况下，制造商不得使用认证证书：

a. 产品不是该制造商生产的；

b. 制造商生产的产品与 ICAR 认证时的产品类型不一致。

4. ICAR 认证证书生效后，制造商必须履行以下义务：

a. 制造商必须对产品的任何改造做精确且详细的记录，同时，如果 ICAR 有需要，这些记录必须可以向 ICAR 提供。这些记录必须包含反映产品性能、质量变化以及材料成分的详细的内测数据。

b. 制造商需在现有的 ICAR 认证证书到期时提交申请及相应装置进行换证评审。申请不得早于证书到期日前 6 个月，同时不得晚于证书到期日前 5 个月。

c. 制造商充分理解并认可 ICAR 对已认证的产品进行市场抽检的行为。如果在抽检中发现与最初提交申请的装置不一致，ICAR 将认为制造商违反了 ICAR 行为准则或产品的改造未按照本操作指南第 10.2.4 节的规定申请认证。

5. 如果制造商未能完全履行上述的所有条件，ICAR 有权收回认证。

6. 如果制造商对上述条件及证书使用要求有任何异议，以 ICAR 的最终解释为准。

7. 如果制造商生产、销售的产品有任何与本章 10.4 关于测试与认证不一致的情况，ICAR 将予以公布。

10.5 永久性识别装置的测试和认证——第 2 部分：外用无线射频识别（RFID）装置

10.5.1 介绍

本节主要介绍了制造商为永久性无线射频识别装置（RFID）申请首次认证及维持认证资质的程序。

ICAR 针对永久性无线射频识别装置（RFID）的性能和可靠性的测试包括但不限于以下方面的内容：

- 申请和使用的撤销；
- 动物识别率；
- 耐用性和防篡改性能；
- 动物福利和对人体的危害。

本章所述仅涉及外用永久性的电子识别装置的认证。

测试程序分以下 3 个阶段：

1. 第一阶段：制造商提出申请（见 10.5.5.1）；
2. 第二阶段：预评估（见 10.5.5.3）；
3. 第三阶段：实验室测试-技术评估（见 10.5.5.4）。

该测试必须由 ICAR 认证的实验室进行，测试费用由制造商承担。

如果制造商未遵守本章所述要求，已获得的认证将被收回。ICAR 以及相关政府机构可以对获得认证的装置展开市场抽检，以确保相关产品始终遵守 ICAR 认证的相关条件。如果违反 ICAR 标准相关要求，产生的一切后果将由制造商承担。

对于未按照 ICAR 认证标准生产的产品，制造商必须向 ICAR 通报所有非标性能参数。另外，对于认证产品在任何构造上的改变，制造商也必须向 ICAR 进行明确告知。

需要注意的是，通过 ICAR 认证并不意味着该款装置适用于任何环境，也不意味着其识别性能对于所有使用者有效。同时，当装置用于动物的身份识别时，必须遵守所在地区的相关法规。

ICAR 建议外用 RFID 装置的用户或潜在用户登录 ICAR 网站查询相关产品的认证清单，网址如下：

www.service-icar.com/tables/Tabella1.php

10.5.2　适用范围

本节介绍了 ICAR 关于外用 RFID 装置的构造及性能的评估程序。

通过本节所述的质量评估程序的装置将获得 ICAR 认证证书，并推荐使用该类产品用于动物识别。通过认证的装置将在 ICAR 官方网站上发布。

10.5.3　参考资料

EN 1122	塑料—测试镉—湿式消解法
ISO 4650	橡胶—鉴定—红外分光光谱法
ISO 9924	硫化橡胶组成测定方法
ISO 11357	塑料—差示扫描量热法（DSC）
ISO 527-1	塑料—拉伸性能测定第 1 部分：总则
ISO 37	硫化橡胶或热塑性橡胶—拉伸应力应变特性的测定
ISO 11664-4	比色法——第 4 部分：CIE 1976 L*a*b 颜色空间
ISO 7724	色漆和清漆—比色法
ENISO 4892-2	塑料—暴露于实验室光源的方法第 2 部分：氙弧灯
EN/IEC 60068-2-1	环境试验——第 2-1 部分：测试—测试 A：低温
EN/IEC 60068-2-2	环境试验——第 2-2 部分：测试—测试 B：干热
EN/IEC 60068-2-32	环境试验——第 2-32 部分：测试—测试 Ed：自由跌落

ISO 4611	塑料—湿热、喷水和盐雾对暴露效果的测定
ISO 11785	动物无线射频识别—技术标准
ISO 24631-1	动物无线射频识别——第一部分：符合 ISO 11784 标准和 ISO11785 标准的无线射频识别应答器的一致性评估
ISO 24631-3	动物无线射频识别——第三部分：符合 ISO 11784 标准和 ISO11785 标准的无线射频识别应答器的性能评估

上述标准的最新版本适用于本指南。

10.5.4 术语定义

10.5.4.1 认证代码

认证代码由字母和数字组成，第一位是字母“C”（代表已认证），后 3 位是阿拉伯数字。认证代码用于区别外用 RFID 装置是否通过 ICAR 测试程序并进行注册登记。认证代码可以凸印于所有 ICAR 认证的外用 RFID 装置上以便于政府查验。认证代码在装置上的印刷位置需遵守使用地区主管部门的相关制度。

10.5.4.2 认证 RFID 装置

认证 RFID 装置是指通过向 ICAR 递交测试申请，由 ICAR 认证的实验室进行测试，最终获得 ICAR 认证证书的 RFID 装置。

10.5.4.3 制造商

制造商是指向 ICAR 提交 RFID 装置测试申请，并接受本章 10.5.5.3.7 关于外用 RFID 装置认证条件的企业或个人。

10.5.4.4 参考颜色

用于实验室测试的外用 RFID 装置要求为黄色，印刷需使用黑色。制造商需在装置背面的适宜位置上使用与字体一致的颜色印刷一个 10mm×10mm 的实心方块。如果因为装置表面积太小无法满足该印刷要求块，可以将尺寸调整为 5mm×20mm。印刷位置可以在公扣上，也可以在母扣上。

10.5.4.5 参考识别代码

用于实验室测试的 RFID 装置的应答器代码设置要求前 3 位为 999，后三位按下述要求设置，中间数字用“0”补全：

- 用于预评估阶段的装置代码设置范围：001~120；
- 用于实验室测试阶段的装置代码设置范围：201~400；
- 每一个用于实验室测试的应答器需将对应的参考识别代码印刷在装置的前侧。印刷使用的字体及大小要求与制造商生产并上市的产品完全一致。印刷使用的字体及大小需在申请表注明（附录 10.8-C1）。

10.5.4.6 RFID 耳标

RFID 耳标是一种可以安装在动物耳部的无线射频识别装置。该装置具备以下 3 个主要的特征：

1. 耳标的前面板通常是母扣，但也有例外。如此设计是因为正确的耳标佩戴方式要求前面板在动物耳朵的前侧。

2. 耳标的后面板通常是公扣，但也有例外。如此设计是因为正确的耳标佩戴方式要求后面板在动物耳朵的后侧。

3. 锁定结构由母扣上的锁孔和公扣上的锁钉两部分结构组成。

10.5.4.7　RFID 脚标

RFID 脚标是一种永久固定在动物小腿上的无线射频识别装置。

10.5.4.8　待测 RFID 装置

待测 RFID 装置是指随测试申请一起递交给 ICAR 认证的实验室，用于后续测试的 RFID 装置。

10.5.5　ICAR 测试和认证程序

10.5.5.1　第一阶段：制造商提出申请

按照本章描述的测试程序对外用 RFID 装置进行测试，制造商需要向 ICAR 提交测试申请，申请必须使用 PDF 格式，并通过 e-mail 形式发送给 ICAR 服务部的秘书处。邮箱地址如下：

manufacturers@icar.org

测试申请需包含以下材料：

- 一份申请书；
- 一份申请表（附录 10.8-C1/C2）。

附录 10.8-C1 用于新装置认证申请。

附录 10.8-C2 用于对已认证装置进行改造后的重新认证申请。这种情况下，在提交申请表的同时，需提交一份装置改造说明（附录 10.8-C3），并与原版测试报告一起提交。

以上表格可以在 ICAR 网站上下载，或向 ICAR 秘书处索要。

制造商在申请表上签字，则表示制造商认可并履行 ICAR 测试和认证的所有条款，并承担相关费用，同时制造商理解并同意 ICAR 对已认证装置的持续监督和评估。

10.5.5.2　第二阶段：预评估

10.5.5.2.1　制造商要求

在预评估阶段，制造商需提供以下材料：

1. 提供 120 个使用参考识别代码和参考印刷方式的 RFID 装置，这些样品必须使用与市场上正在或即将销售的同一产品一样的生产技术和样式。注意：测试过程有可能对装置进行破坏。

2. 额外提供 10 个公扣，用于检查其耐用性以及锁扣装置的松紧程度。

3. 提供 2 对用于给动物安装装置的器械或其他等效设备。

10.5.5.2.2　测试程序

10.5.5.2.2.1　RFID 耳标

预评估主要针对以下内容：核实提交测试的 RFID 耳标与申请表中的信息是否一致，同时检查装置是否存在明显缺陷，比如，机器无法识别，装置出现破损，锁扣装置故障，设计违背动物福利原则等。

10.5.5.2.2.1.1 耳标设计

RFID 耳标的锁孔结构必须使用平滑的圆角设计，不能使用锐利的边缘结构或有明显的突出。评估需对以下数据进行测量：

1. 闭锁后的耳标重量；
2. 前后面板的尺寸，包括长、宽、高；
3. 锁钉的长度和直径；
4. 锁孔尺寸。

上述测量值如果对动物福利存在潜在的影响，将会在预评估报告中注明。

10.5.5.2.2.1.2 机器识别性能测试

使用 ICAR 认可的手持式阅读器对每个待测 RFID 耳标进行机器识别，以测试识别代码是否符合 10.5.4.7 的要求。

10.5.5.2.2.1.3 锁定结构核查

该项测试的主要目的是确定公扣和母扣闭锁后，无法被完整地拆卸，以确保耳标不会被重复使用。闭锁的耳标无法被随意拆开，从而避免了动物信息被任意篡改。

10.5.5.2.2.1.4 应用测试

耳标将分成两组进行以下测试：

- 具有传统标签面的 RFID 耳标（扩展的前面板）：

第一组：选择 80 副耳标样品，将前面板和后面板闭锁，但未固定在动物耳部。

第二组：选择 40 副耳标样品，利用屠宰场获得的动物耳朵材料进行活体闭锁测试。

- 不具有传统标签面的 RFID 耳标：

第一组：选择 40 副耳标样品，将前面板和后面板闭锁，但未固定在动物耳部。

第二组：选择 40 副耳标样品，利用屠宰场获得的动物耳朵材料进行活体闭锁测试。

测试结果要求如下：

- 所有的前后面板均能有效闭锁；
- 闭锁测试时所有耳标组件均未受损；
- 闭锁测试后所有耳标组件均未出现变形；
- 在进行一定程度的人为破坏时，未出现锁定结构松开。

测试中心同时会对闭锁后的耳标进行旋转性测试，具体的测试会存在以下几种结果：

- 耳标旋转自如；
- 耳标可以旋转但不顺畅；
- 耳标不可以旋转。

10.5.5.2.2.1.5 锁定结构受力测试

10.5.5.2.2.1.5.1 具有传统旗标的 RFID 耳标

上述第一组测试中的 80 副耳标样品将分为 4 组，每组 20 副。测试中心将对 4 组耳标进行不同的外力测试，以测定耳标的抗破坏能力或防止锁定结构松开的能力。受力测试的移动速度将保持在 500mm/min。受力过程中，任何一个耳标被破坏或松开，均会进行详细记录。被破坏或松开的耳标要求无法被重复使用。

- 第一组：在 21℃±2℃环境条件下进行轴向受力测试；
- 第二组：在 55℃±2℃环境条件下进行轴向受力测试，这一测试可以使用加热装置将耳标加热到该温度后立即上机测试，或者在人造气候环境中进行直接测试；

- 第三组：在 21℃±2℃环境条件下进行横向受力测试；
- 第四组：在 55℃±2℃环境条件下进行横向受力测试。

上述测试的结果要求如下：

- 上述测试中被破坏或松开的耳标无法被重复使用；
- 在上述环境条件下进行轴向测试时，牛用耳标被破坏或松开的力不得低于 280N；
- 在上述环境条件下进行轴向测试时，用于山羊或绵羊的耳标被破坏或松开的力不得低于 200N；
- 在进行横向受力测试中，耳标不能出现破损或其他永久性损坏。

10.5.5.2.2.1.5.2　不具有传统旗标的 RFID 耳标

上述第一组测试中的 40 副耳标样品将分为 2 组，每组 20 副。测试中心将对两组耳标进行不同的外力测试，以测定耳标的抗破坏能力或防止锁定结构松开的能力。受力测试的移动速度将保持在 500mm/min。受力过程中，任何一个耳标被破坏或松开，均会进行详细记录。被破坏或松开的耳标要求无法被重复使用。

- 第一组：在 21℃±2℃环境条件下进行轴向受力测试；
- 第二组：在 55℃±2℃环境条件下进行轴向受力测试，这一测试可以使用加热装置将耳标加热到该温度后立即上机测试，或者在人造气候环境中进行直接测试；

上述测试的结果要求如下：

- 上述测试中被破坏或松开的耳标无法被重复使用；
- 在上述环境条件下进行轴向测试时，牛用耳标被破坏或松开的力不得低于 280N；
- 在上述环境条件下进行轴向测试时，用于山羊或绵羊的耳标被破坏或松开的力不得低于 200N；

10.5.5.2.2.2　RFID 脚标

预评估主要针对以下内容：核实提交测试的 RFID 脚标与申请表中的信息是否一致，同时检查装置是否存在明显缺陷，比如，机器无法识别，装置出现破损，锁扣装置故障，设计违背动物福利原则等。

10.5.5.2.2.2.1　脚标设计

RFID 脚标必须使用平滑的圆角设计，不能使用锐利的边缘结构或有明显的突出。评估需对以下数据进行测量：

1. 脚标的重量；
2. 脚标的尺寸，包括长、宽、高；
3. 直径调节范围；
4. 锁孔尺寸。

上述测量值如果对动物福利存在潜在的影响，将会在预评估报告中注明。

10.5.5.2.2.2.2　机器识别性能测试

使用 ICAR 认可的手持式阅读器对每个待测 RFID 脚标进行机器识别，以测试识别代码是否符合 10.5.4.7 的要求。

10.5.5.2.2.3　预评估的结论

测试中心将对 RFID 装置预评估程序的测试结果进行整理，并形成综合评估报告。报告将首先提交给 ICAR 组织，由 ICAR 组织向制造商通报。

如果该阶段测试顺利通过，制造商需确定是否愿意进行后续的测试程序。

如果未通过该阶段测试，ICAR 将会向制造商发送测试报告，并解释未通过测试的原因。

10.5.5.3 实验室测试——技术评估

10.5.5.3.1 指定测试中心

通过预评估测试后，如果制造商决定继续进行后续的测试程序，ICAR 服务部将指定一个 ICAR 认可的实验室执行第三阶段的测试。如果制造商希望选择自己更熟悉的实验室进行测试，ICAR 也可以予以考虑，但前提必须是 ICAR 认可的实验室。

10.5.5.3.2 授予测试代码

ICAR 将为参加测试的 RFID 装置分配一个特定的测试代码。ICAR 将测试代码告知制造商，制造商需将测试代码印刷或雕刻在待测装置上，用来进行第三阶段的实验室测试。

10.5.5.3.3 制造商要求

在第三阶段测试，制造商需提供以下材料（10.5.5.2.1 中所列材料不包括在内）：

- 200 副使用参考识别代码及参考印刷方式的待测 RFID 装置。一副用于给动物安装装置的器械或其他等效设备。
- 一份关于 RFID 装置材质的详细说明，例如热塑性橡胶、硫化橡胶等。

10.5.5.3.4 参数描述准确性评估

根据申请材料中所描述的装置参数对待测装置进行核实，以确保描述的准确性。如果允许，预评估报告也可以作为参考资料。

10.5.5.3.4.1 重量和尺寸

对 5 套待测的 RFID 装置进行以下数据的测量：

1. RFID 耳标：10.5.5.2.2.1.1 中所列测量项目；
2. RFID 脚标：10.5.5.2.2.2.1 中所列测量项目。

10.5.5.3.4.2 材质

由于装置往往安装在对人类食品生产相关的动物身上，因此装置的材质必须满足相关国际法律法规的特定要求。此外，还需要检测装置是否对动物、人体以及环境的安全造成影响。

此项测试需要 20 副装置样品。

10.5.5.3.4.2.1 耳标和脚标塑料材质组成测试

为了确定塑料原料的基本组分，测试中心将采用傅里叶变换衰减全反射红外光谱法（ATR-FTIR）对装置进行光谱分析。如果装置具有传统标签面结构，则不需进行前期处理，直接将标签面板夹在全反射红外光谱仪的棱镜上进行测试。对于脚标及不具有传统标签面结构的耳标，则需要对装置进行一定的前处理。测试的光谱结果将与数据库中的特征光谱进行比对。

上述测试之后，测试中心将以 ISO11357 为依据，采用差示扫描量热法（DSC）对装置材料的热特性进行分析。此分析可以进行连续的红外光谱曲线测定以判断是否有小分子物质作为面板的主要材料。该测试将在两种加热条件下进行：

- 30℃加热到 200℃观察塑料材质的交联特性以检测其加工特性；
- 30℃加热到 400℃分析塑料材质的热力学参数。

记录材料的熔点和玻璃化温度，以对塑料的热力学特性进行评估。

10.5.5.3.4.2.2　有害物质测试

一些有害的重金属可能存在于有色塑料中，必须进行测定。这些金属包括：镉（Cd）、铅（Pb）、汞（Hg）和铬（Cr）。如果检测到铬，需要进一步分析致癌的六价铬含量。以下是重金属的限值：

镉：100mg/kg；

铅：10mg/kg；

汞：1mg/kg；

铬：10mg/kg（六价铬 < 1mg/kg）。

10.5.5.3.5　性能评估

本章所述的测试程序的目的是评估 RFID 装置的稳定性和可靠性。下表概括了性能评估的主要内容。

	电子耳标		电子脚标	
	新耳标	人工老化处理	湿热处理	新脚标
人工老化测试（ISO 4892-2，A/1）	√			√
抗跌落测试（IEC 60068-2-32）	√	√		√
抗寒测试（IEC 60068-2-1）	√			√
干热处理（IEC 60068-2-2）	√			√
冷热交替处理（ISO 4611）	√			√
锁定结构受力测试	√	√	√	
肉眼识别性能测试（仅针对有传统标签面耳标）	√	√		
颜色变化	√	√		
机器识别性能（ISO 24631-1，ISO 24631-3）*	√	√	√	√

机器识别性能测试将在所有的测试完成后进行。

10.5.5.3.5.1　第一次识别测试

所有测试项目开始前，将首先对 RFID 装置进行一次识别测试。识别测试将按照 ISO 24631-1 和 ISO 24631-3 的规定执行，识别代码、频段、最小磁场强度以及其他所有相关的性能参数均需测量和记录。

10.5.5.3.5.2　人工老化测试

按照 EN ISO4892-2 中程序 A 规定，40 副装置用于测试抗日光照射性能。根据标准要求，选用氙弧灯作为照射光源连续照射1 000h，照射过程每 2h 一个循环，由 102min 单纯照射和 18min 照射结合模拟降雨两个阶段组成。照射强度为 $60W/m^2$，波长为 300~400nm。

人工老化测试完成后，从 40 副装置中随机抽取 20 副，按照 ISO 24631-1 和 ISO 24631-3 的规定进行识别性能测试，以判断老化处理后装置的识别性能是否符合 ISO 11784 和 ISO 11785 的要求。测量结果将与第一次识别测试结果进行比较。

10.5.5.3.5.3 锁定结构受力测试

该项测试仅适用于 RFID 耳标。

30 副未处理的耳标，30 副经人工老化处理的耳标以及 30 副经湿热处理的耳标用于此项测试。测试在-25℃±2℃、21℃±2℃和 55℃±2℃3 种不同的环境条件下进行（0℃以上温度处理组要求湿度大于 50%），每一个处理组合选用 10 副耳标。

测试耳标锁定结构的抗拉强度，耳标将被固定在一个夹具上，以模拟耳标的真实应用场景，然后不断提高向耳标施加的拉力。第一阶段拉力测试的移动速率设定为 500mm/min，拉力不低于1 000N。

轴向测试中，不断提高施加的拉力，并记录下产生耳标外观破损或功能丧失的最大拉力。

测试结果要求如下：

- 在 21℃±2℃环境下，牛用耳标在 280N 以下的外力作用下不发生损坏或锁定结构松开；
- 在 21℃±2℃环境下，用于绵羊和山羊的耳标在 200N 以下的外力作用下不发生损坏或锁定结构松开。
- 上述最低拉力要求适用于所有处理组（包括人工老化处理和湿热处理等）。

另外，在进行受力测试时，被破坏或松开的耳标如果出现变形，将会被记录下来，用于分析两种老化处理方式对塑料材质的物理特性的影响。被破坏或松开的耳标要求无法被重复使用。

10.5.5.3.5.4 抗跌落测试

按照 IEC 60068-2-32 的要求对 RFID 装置进行抗跌落测试，要求装置在1 000mm 高度跌落到混凝土地面，机体不出现裂缝或爆裂。试验方法如下：

1. 包含应答器的装置组件按照 3 个摆放姿势（正向平放、垂直放置、反向平放）从相同高度自由跌落 2 次；
2. 上述测试选择 3 个未处理的装置和 3 个经人工老化的装置；
3. 上述测试首先在环境温度 21℃±3℃，空气湿润的条件下进行，然后将装置放入-20℃±2℃环境中 1h 后立即取出，重复上述测试。

抗跌落测试完成后，按照 ISO 24631-1 和 ISO 24631-3 的规定对装置进行识别性能测试，以判断自由跌落后装置的识别性能是否符合 ISO 11784 和 ISO 11785 的要求。测量结果将与第一次识别测试结果进行比较。

10.5.5.3.5.5 抗寒测试

按照 IEC 60068-2-1 的要求，10 副新的未处理的装置置于-25℃±2℃温度条件下 24h。

按上述条件对装置进行处理后，立即按照 ISO 24631-1 和 ISO 24631-3 的规定对装置进行识别性能测试，以判断低温环境装置的识别性能是否符合 ISO 11784 和 ISO 11785 的要求。测量结果将与第一次识别测试结果进行比较。

10.5.5.3.5.6　抗干热环境测试

按照 IEC 60068-2-2 的要求，10 副新的未处理的装置置于 55℃±3℃温度条件下 24h。

按上述条件对装置进行处理后，立即按照 ISO 24631-1 和 ISO 24631-3 的规定对装置进行识别性能测试，以判断低温环境装置的识别性能是否符合 ISO 11784 和 ISO 11785 的要求。测量结果将与第一次识别测试结果进行比较。

10.5.5.3.5.7　冷热交替处理

按照 ISO 4611 规定，40 副装置置于人工气候室内进行冷热交替处理 3 周，高温环境要求温度 40℃±2℃，湿度 95%，处理时间 12h，低温环境要求温度-25℃ ±2℃，处理时间 12h。

按上述条件对装置进行处理后，随机选取 10 副装置按照 ISO 24631-1 和 ISO 24631-3 的规定进行识别性能测试，以判断冷热交替处理后装置的识别性能是否保持稳定。测量结果将与第一次识别测试结果进行比较。

10.5.5.3.5.8　肉眼识别性能测试

该项测试仅适用于具有传统标签面的 RFID 耳标。

5 副新的无附加处理的耳标和 5 副经过人工老化处理的耳标用于该项测试。在附录 10.7-B2 中随机选择 5 组数字，分别用白色纸打印，字体的大小、格式以及字符间距均与耳标上的字符一致。待测耳标与打印的白纸将放置在一个竖直的平板上，平板安放在正常平视高度上，试验环境光线事宜。试验选择 5 名观察者，从距离平板 15m 的位置开始，向平板方向移动。每一位观察者试图看清耳标和打印纸上的数字，最终记录下辨别出每一个数字的距离。

每一个数字的平均观察距离将作为最终的结果记录下来。

测试结果的要求如下：

• 新的未做附加处理的耳标：耳标被辨别出的平均距离不得低于打印纸上的数字被辨别出的平均距离的 80%。

• 人工老化处理的耳标：耳标被辨别出的平均距离不得低于打印纸上的数字被辨别出的平均距离的 65%。

10.5.5.3.5.9　对比度变化测试

按照 ISO7724 的要求，选择 3 副新耳标和 3 副老化处理过的耳标，使用分光光度仪对耳标面板与印刷字体对比度的变化进行测量和比较。

老化前后要求 delta-E 值不超过 10 个 CIELAB 单位。

10.5.5.3.6　实验室测试结论

测试中心将测试结果整理成测试报告，并发送给 ICAR 服务部，ICAR 服务部会将报告转发给 ICAR 动物识别小组委员会进行审议。与实验室测试相关的所有信息将严格保密，只有装置制造商能获得相关信息。

通过第三阶段测试后，ICAR 将把测试报告及一份通过 ICAR 认证的官方通知书发送给装置制造商。测试报告中将以汇总表的形式明确该款耳标在不同动物生产系统和环境条件下的适用性。

如果耳标未通过本环节测试，ICAR 将会把测试报告发送给制造商，并向制造商说明未通过测试的原因。

10.5.5.3.7 ICAR 认证证书的使用条件

1. 通过一致性测试后，ICAR 将向制造商颁发有效期为 5 年的证书，并授予产品认证代码。

2. 该证书仅对通过 ICAR 实验室测试并获得 ICAR 认证的外用 RFID 装置有效；

3. 以下情况，制造商不能使用认证证书：

a. 非该制造商生产的产品；

b. 与认证时的装置不一致，包括（但不限于）以下方面：

i. 所采用的技术工艺以及生产厂家是否一致。

ii. 装置型号是否一致。

4. ICAR 认证证书生效后，制造商必须履行以下义务：

a. 制造商必须对产品的任何改造做精确且详细的记录，同时，如果 ICAR 有需要，这些记录必须可以向 ICAR 提供。这些记录必须包含反映产品性能和质量提升的详细的内测数据。

b. 制造商需在现有的 ICAR 认证证书到期时提交申请及相应装置进行换证评审。申请不得早于证书到期日前 6 个月，同时不得晚于证书到期日前 5 个月。

c. 制造商充分理解并认可 ICAR 对已认证的产品进行市场抽检的行为。如果在抽检中发现与最初提交申请的装置不一致，ICAR 将认为制造商违反了 ICAR 行为准则或产品的改造未按照本操作指南第 10.2.4 节的规定申请认证。

5. 如果制造商未能完全履行上述的所有条件，ICAR 有权收回认证。

6. 如果对 ICAR 认证证书的上述使用要求产生争议，以 ICAR 的最终解释为准。

7. 如果制造商的产品有任何与本章 10.8 关于测试与认证不一致的情况，ICAR 将予以公布。

ICAR 认证装置清单

ICIR 装置认证清单可在以下网页上查询：

www.icar.org/index.php/icar-certifications/animal-identification/

第 11 章　产奶记录设备测试、认证及审核的规则、标准和推荐程序

11.1　介绍

产奶记录是畜群管理、改良及建立育种体系的基础。在过去的几年，产奶记录设备发展很快，样式繁多。

1984 年 ICAR 制定了产奶记录设备测试、认证及审核的规则、标准和推荐程序。在本章关于产奶记录设备的标准适用于奶牛、水牛、山羊及绵羊。

本章是 ICAR 记录国际协定的一部分（国际协定第 14 条）

11.2　定义

产奶记录设备需具有以下功能：

- 可对个体动物单次产奶量进行测量（全乳区产奶量或单乳区产奶量）。
- 可用于具有代表性的奶样采集或可实现在线乳成分分析（在线分析指标最少包含乳脂含量和乳蛋白含量）。

设备不影响正常的挤奶过程及生鲜乳质量。

产奶量的测定一般采取称重法，直接或间接体积换算法，或者红外检测法等方法。大多数情况下，产奶记录设备由奶量计和采样器组成。另外也有采样器独立于产奶记录设备的。通常情况定义的产奶记录系统（设备）是奶量计和奶样采集器的统称或奶量计和在线乳成分分析仪的统称。

在线乳成分分析仪与奶量计配合，可测量乳流量和乳成分（例如乳脂、乳蛋白、乳糖和体细胞等）。由在线乳成分分析仪得到的数据可用来指导牧场的日常管理，也可作为官方检测记录。通过在线乳成分分析仪还可得到乳中血液含量、乳中尿素氮含量和乳中激素含量等。这些参数反映了牧场的管理水平。

在牧场中使用的在线乳成分分析仪可分为：

- 内置分析仪：内置分析仪安装在生鲜乳挤奶管道中，在挤奶过程中进行实时乳成分分析或在挤奶过程结束后对代表性样品进行分析。
- 外置分析仪：外置分析仪安装在挤奶设备外，用于挤奶过程结束后对代表性样品进行分析。该设备通常安装在挤奶单元附近，但也有例外。

注：任何由奶量计和采样器或奶量计和在线乳成分分析仪组成的产奶记录设备必须经过测试并满足 ICAR 的要求。

挤奶设备涉及的标准有：

- ISO 3918 挤奶机械设备，术语和定义。
- ISO 5707 挤奶机械设备，结构和性能。
- ISO 6690 挤奶机设备，机械试验。
- ISO 20966 自动挤奶设备——要求和试验。
- IDF 265 号公告：生鲜乳及乳制品中 FFA 的测定方法。
- 在线乳成分分析 ICAR 指南（在编辑中）。

以下缩写在本章中使用：

MRDs：带采样器的产奶记录设备。

MRDa：包含在线乳成分分析仪的产奶记录设备。

11.3 产奶记录设备及系统的要求

产奶记录设备官方认证的目的是确保设备符合 ISO 3918 的相关要求。产奶记录设备需能够在符合 ISO 5707 和 ISO 20966 相关要求的挤奶机正常运行时使用。产奶记录设备所用的制作材料必须满足 ISO 5707/20966 以及成员国的相关法律要求。设备制造商必须在说明书中详细描述设备的使用条件及要求。

产奶记录设备满足产奶量测定及采样所需的最小量程如下：

- 牛奶最小测定量程为 40kg。
- 水牛最小测定量程为 15kg。
- 山羊最小测定量程为 6kg。
- 绵羊最小测定量程为 3kg。

11.3.1 标尺刻度线要求

产奶记录设备用于测量产奶量的计量瓶或样品杯上面需印有永久刻度线，刻度线颜色需使用深色，以便与需要测量的牛奶形成对比。要求标尺刻度线必须可以清楚辨认（例如每隔 5kg 的量程在管壁用实线绕管一圈）。

注意：如果测定产奶量的容器是可拆卸的，则只有被批准的容器型号可用于产奶记录。

刻度线的刻度单位要求在表 11.1 中列出。标尺需设置一条 1mm 宽的垂直标线，水平刻度线设置在垂直标线的一侧。每千克的刻度线必须标注对应的数值，数值位置在对应的水平刻度线远端正中，数值最小高度为 5mm。主间隔刻度线长度为 15mm，宽度为 0.5～1mm；次级间隔长度为 10mm，宽度为 0.25～0.5mm。标尺刻度线的示例见图 11.1。

标尺最小刻度及单位刻度的最小标尺长度（测量 1kg 奶需要的标尺长度）随动物种类的不同有所差别，具体要求见表 11.1。

表 11.1　不同动物产奶记录设备的标尺刻度要求

动物种类	间隔	单位刻度最小标尺长度
奶牛	主间隔：1.0kg 次级间隔：0.2kg	10mm/kg
水牛	主间隔：1.2kg 次级间隔：0.2kg	25mm/kg
山羊和绵羊	主间隔：1.0kg 次级间隔：0.1kg	40mm/kg

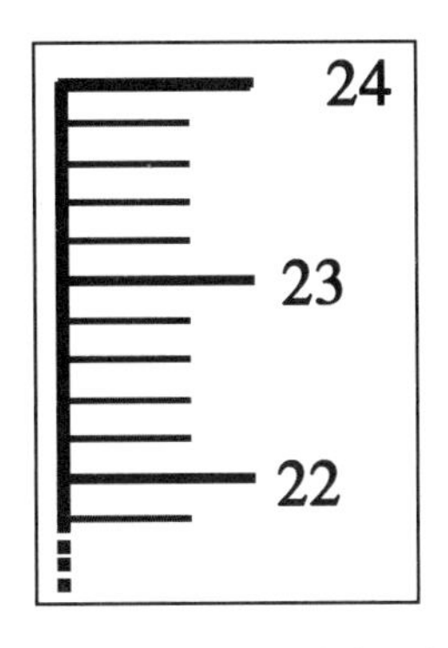

图 11.1　标尺刻度线示例

11.3.2　产奶量电子显示要求

与产奶量电子显示设备相关联的计算机系统必须可以实现产奶量数据的打印和电子表格的导出，以便用于官方产奶记录。数据中必须包含牛号、产奶量、挤奶时间和奶厅号。打印的数据或导出的电子表格必须包含记录当天奶牛的单次挤奶量。如果使用电子显示设备，要求显示的数字或图形高度最少 5mm，且清晰可辨，同时保证在任何光线条件下都能轻易识别。另外，显示设备需使用千克作为产奶量单位，不同动物种类适用的产奶量显示增量设置要求如下：

- 对于奶牛和水牛的显示增量要求不高于 0.2kg，最好为 0.1kg。
- 对于绵羊和山羊的显示增量要求不高于 0.1kg，最好为 0.05kg。

11.3.3　采样

样品要求如下：

- 所采样品必须能够代表当次挤奶过程的全奶，即全过程采样。
- 所采样品的量必须能够满足乳成分分析所需奶量。

所采样品量要求不低于 25ml，而最小可记录产奶量因动物种类的不同而不同，奶牛和水牛的最低可记录产奶量为 2kg，山羊和绵羊则为 0.3kg。

注：不同国家所要求的样品量有所不同，一般在 25～50mL。如果采集早晚两次挤奶的混合样，每次挤奶时采集 25ml 奶样，这样的样本量可以满足所有国家最低样本量的要求。在一些国家，采用早晚两次挤奶分别采样、分别分析的方法，则可以要求更

高的采样量。

样品采集必须易于操作，计量瓶或样品杯（如果使用）必须易于安装和拿取。如果样品杯安装在挤奶台下面，则需考虑采样的方法。如果样品是直接从采样杯下方的采样口取样，则需满足以下要求：

- 采样口底部到采样员工作平台的距离不低于 0.2m。
- 操作环境必须符合当地及国家卫生和安全相关规定。
- 采样口结构和位置的设计应考虑防止气流中的污染物进入对牛奶产生影响。

如果使用遥控取样装置取样，采样器的设计及结构需满足以下要求：

- 操作环境必须符合当地及国家卫生和安全相关规定。
- 采样器应有循环水洗功能。
- 采样器应能避免奶样的残留造成样品间的相互污染（需经过测试验证）。

11.3.4 计量瓶

计量瓶的材料、结构必须符合 ISO 5707 的要求。样品的安装要求便于产量的读取，同时避免人员受伤，例如不会造成操作人员被牲畜踢伤或被设备的移动部件夹住。计量瓶的安装高度要求其标尺最底端与操作人员的操作平台间距离不得超过 1.6m。

计量瓶上的采样口应与奶紧靠，以防止计量瓶与输奶管道之间发生奶的流动。采样装置与计量瓶的位置应尽可能的接近。计量瓶通过进气口进气起到混合奶样的作用，进气口与采样口相互毗连，以防止出现样品混合不均匀的情况。

11.3.5 奶量计

奶量计安装在挤奶设备上，需便于操作人员读取数据以及进行相关操作。另外，奶量计在正常工作条件下，奶量计需能在经受所有的工作环节后稳定工作（例如在奶量测量、奶样采集，清洗，消毒以及运输情况下）。奶量计的易损配件需便于更换。供应商应提供电子奶量计的安装条件。如果奶量计有校准组件或校准功能，要做好充足的预防措施，以防止未经授权更改设置。

11.3.6 内置乳成分分析仪

内置乳成分分析仪需满足以下要求：

- 可检测代表全奶的乳脂和乳蛋白含量。
- 不会对挤奶过程造成影响。

乳成分分析仪安装在挤奶设备上时，需便于操作人员读取数据以及进行相关操作。另外，在正常工作条件下，乳成分分析仪需能在经受所有的工作环节后稳定工作（例如在挤奶、清洗、消毒以及运输情况下）。乳成分分析仪的易损配件需便于更换。制造商应提供设备的安装条件。如果乳成分分析仪有校准组件或校准功能，要做好充足的预防措施，以防止未经授权更改设置。

在线乳成分分析仪要求必须可以检测乳脂和乳蛋白的含量，可以是绝对含量，也可以是百分含量。乳糖、尿素氮和体细胞等参数不做硬性要求，但设备制造商可以申请对上述指标的认证测试。这样的话，这些指标需与必需指标一样满足相应要求。

注：除以上各项参数外，导电率、血乳和孕酮等指标也可在乳中进行检测。但是针对这些指标尚无明确的准确度限制，因此不作为乳成分分析仪的必要检测指标。

乳成分分析仪可用于检测各类乳样品（奶牛、水牛、山羊、绵羊）。而上述要求（初审）是基于牛奶分析制定的。针对其他种类奶样进行检测的乳成分分析仪，需在满足上述要求的前提下，进而满足不同的种类测试的特殊要求。

11.3.7 产奶量测量和乳成分分析的误差范围

产奶量测量和乳脂率测定的误差范围（如果使用有采样器的牛奶记录设备）见表 11.2，该误差范围适用于测定日数据以及每天的日常测试数据。此外使用同方差分析和异方差分析，测定值的偏离率和标准差均应在测定值的范围内均匀分布。如果针对日常测试数据，需要使用连续 5 天的产奶量测试数据的平均值。

表 11.2a 有采样器的产奶记录设备测定不同动物产奶量和乳脂率的误差范围（日常测试数据及测定日数据）

动物种类	产奶量			乳脂率		
	范围	标准差[1]	偏离率[2]	范围	标准差[1]	偏离率[2]
奶牛	2~10kg	0.50kg	0.2kg	2%~7%	0.10%	0.05%
	>10kg	5%	2%			
水牛	1~6kg	0.30kg	0.12kg	3%~15%	0.30%	0.10%
	>6kg	5%	2%			
山羊和绵羊	0.3~0.8kg	0.04kg	0.025kg	2%~12%	0.20%	0.10%
	>0.8kg	5%	3%			

[1] 测定值与参考值的差值平均值或占参考值的百分比；[2] 参考产奶量的公斤或百分比含量

采用在线乳成分分析仪的产奶记录设备，产奶量的误差范围见表 11.2a。

乳成分中必检指标乳脂肪和乳蛋白的误差范围见表 11.2b，对非必检指标的检测误差范围见表 11.2c。对这些指标的认证可向设备供应商索取。

表 11.b 和表 11.2c 所示误差范围均是基于 ICAR 在线分析指南的要求。

表 11.2b 在线乳成分分析仪乳脂及乳蛋白测试准确度要求（牛奶必检指标）

准确度	范围	标准偏差	偏离率
乳脂肪	2.0~6.0g/100g	0.25g/100g	0.13g/100g
	5.0~14.0g/100g	0.25g/100g	0.25g/100g
乳蛋白	2.5~4.5g/100g	0.25g/100g	0.13g/100g
	4.0~7.0g/100g	0.25g/100g	0.25g/100g

表 11.2c 在线乳成分分析仪乳糖、尿素氮和 SCC 测试准确度要求（牛奶非必检指标）

准确度	范围	标准偏差	偏离率
乳糖	4.0~5.5g/100g	0.25g/100g	0.13g/100g
尿素氮	10~70mg/100g	15.0mg/100g	3.0mg/100g
SCC	0~2000	25%	13%

11.3.8 对挤奶及乳品质的影响

包含采样器或在线乳成分分析仪的产奶记录设备应满足以下要求：

- 对乳头末端真空没有影响或影响符合 ISO 5707 的要求，检测方法参见 ISO 6690。
- 对乳中游离脂肪酸（FFA）没有影响或影响有限，测定方法参见第 11 章附录 2，其中规定产奶记录设备对乳中 FFA 的影响应该小于参照设备对 FFA 的影响。
- 对乳中细菌数没有影响或影响有限。产奶记录设备不应造成乳中固形物和细菌的积聚，应按照设备供应商的要求进行设备的清洁。

11.3.9 自动产奶记录系统

自动产奶记录系统可在无人监督和干扰的情况下进行产奶量记录以及奶样采集或在线乳成分分析。自动采样系统多用于自动挤奶系统中，但也可应用于一般挤奶厅。自动产奶记录系统需满足本章 11.3.1~11.3.7 中的要求，同时需满足以下要求：

- 可导出电子数据。数据应包含每次挤奶的牛号、产奶量、挤奶时间和挤奶位。
- 可确保牛号和挤奶时间、产奶量、样品编号以及乳成分分析结果的一一对应。
- 牛只身份识别准确率达到 98%以上（通过其他手段必须保证数据记录中牛只身份识别准确率达到 100%）。
- 标明是否挤奶完全（保证收集至少 80%的牛奶产量）。
- 挤奶后需及时采集牛奶样品，并做合理的处理及保存措施，确保奶样符合乳成分分析的质量要求。
- 在计划采样周期内可以记录和采集每次挤奶的产奶量和奶样。
- 采样或在线乳成分分析需达到一定的速度要求，对下一头奶牛挤奶流程不造成时间延误或影响很小。
- 如果具有采样功能，则采样单元的设计应符合人体工学原理（重量、结构、连通性、操作便利、轻便）。

11.4 审批程序

只有经过 ICAR 批准的产奶记录设备（包括采样器和在线乳成分分析仪）才能用于官方产奶记录。由设备制造商或任何其他第三方生产的新型产奶记录设备，必须通过本章所述的审批程序，确认符合 ICAR 相关要求，才能用于官方产奶记录。只有在 ICAR 批准允许使用某型产奶记录设备之后，ICAR 成员才能允许其用于产奶记录。

例外情况如下：

- 奶牛：在 1992 年 1 月 1 日前由 ICAR 会员认可的设备，可在此日期后继续使用。
- 水牛：在 1997 年 1 月 1 日前由 ICAR 会员认可的设备，可在此日期后继续使用。
- 绵羊和山羊：在 19955 年 1 月 1 日前由 ICAR 会员认可的设备，可在此日期后继续使用。

11.4.1 测试中心和 ICAR 的作用

ICAR 负责产奶记录设备审批的责任主体如下：

- ICAR 秘书长。
- 记录设备小组委员会。
- ICAR 服务部：隶属于 ICAR，负责处理设备制造商、测试中心以及 ICAR 之间的财务及合同事宜。
- 测试中心。审批测试由分布在不同国家的 ICAR 认可测试中心执行（见附件第 11 章附录 1）

审批程序如下：

1. 设备制造商或其他相关方需从 ICAR 网站下载并填写测试申请表格，向 ICAR 服务部秘书处提交正式测试申请。表格下载网址如下：www. icar. org/index. php/icar-certifications/recording-and-sampling-devices/steps-to-submit-adevice-for-icar-testing
2. ICAR 服务部秘书处将与记录设备小组委员会主席沟通以确定检测方法并确定承担本次测试的测试中心。
3. 测试中心草拟测试协议，协议中明确测试方法，测试时间表和相关费用预算。随后，ICAR 服务部将设备制造商（测试申请人）和测试中心之间的正式测试协议发送给双方。
4. 测试申请人需在测试之前向 ICAR 服务部支付测试费用。
5. 测试中心按照测试程序完成所有测试任务，对测试结果进行必要的分析处理，并将测试报告发送给 ICAR 服务部，ICAR 服务部会将检测报告的复印件发送给测试申请人，同时发送给记录设备小组委员会的所有成员，以便获得他们的审批意见，并提请委员会主席审阅。
6. 记录设备小组委员会将在 1 个月内向 ICAR 服务部秘书处告知审议结果（建议通过或建议不通过）。
7. 审议通过后，ICAR 秘书长将立即向申请人签发批准信及批准证书。

11.4.2 提交申请

当申请对一种新型产奶记录设备进行认证时，测试申请人需向 ICAR 服务部提交一份设备序列号清单，以便测试中心进行随机抽选。对不同动物种类、不同类型的设备测试所需的序列号和设备数量要求见表 11. 3a 和表 11. 3b。

表 11.3a　审批测试所需设备数量

动物种类	奶牛	水牛	山羊和/或绵羊
备选序列号数量	50	30	30
实验室测试所需设备数量	2	2	2
现场测试所需设备数量	8	8	4（每种动物）
现场测试牧场数量	2	2	1（每种动物）
备用设备	1（可选）	1（可选）	1（可选）

带有在线乳成分分析仪的产奶记录设备的审批测试需提供 50 个序列号，在其中抽选 2 套设备进行实验室测试，抽选 6 套设备进行现场测试，其中 4 套将安装在一般挤奶厅上进行测试，另外 2 套将安装在自动挤奶系统（挤奶机器人）上进行测试。参见表格 11.3b。

表 11.3b　带有在线乳成分分析仪的产奶记录设备的审批测试所需设备数量

	实验室	一般挤奶厅	挤奶机器人
备选序列号数量	50	50	50
实验室测试所需设备数量	2		
现场测试所需设备数量		4	2
现场测试牧场数量		1	1
备用设备		1（可选择）	

对于固定的产奶记录设备，可选择两个已安装设备的牧场进行测试。对于可同时用于山羊和绵羊产奶记录的设备的测试，需抽选 4 套设备安装在山羊场测试，再抽选同批次的另外 4 套设备安装在绵羊场测试。备用设备是可选择的。如果待测设备出现故障，可使用备用设备进行替换（参见 11.5.2.3）。如果测试过程中未出现上述情况，则最终的测试结果中将不会体现备用设备的测试情况。针对自动产奶记录系统的测试，测试中心将选择 10 个测试单元进行检测（参见 11.4.4）。

其他说明如下：

- 测试申请人需提供设备操作说明书。
- 设备需每年进行一次现场校准测试（参见 11.6.2）。校准测试程序的有效性将在现场测试中进行验证。测试过程最好不要选择有奶牛正在挤奶的时候进行，可以使用水或其他适当的方法进行模拟。测试方法需由设备制造商提出，由测试中心对方法的有效性和重现性进行评估。

设备制造商/测试申请人需负责对实验室测试和现场测试的记录设备进行安装和校准。设备安装完毕后，测试中心将在没有设备制造商/测试申请人在场的情况下对设备进行测试。

11.4.3　产奶记录设备的改造

如果已被认证的产奶记录设备在硬件或软件上进行了改造，影响了测量或测试程序，设备制造商有义务改造情况上报记录设备小组委员会主席。委员会主席将向之前负责该设备审批测试的测试中心进行咨询。委员会主席通过收集到的建议，向设备制造商说明是否需要进行重新测试，如果需要并由制造商提出申请，ICAR 将对该设备的改造进行认证。设备制造商需在测试申请表中汇报设备改造的具体情况，另外，重新测试同样需要由 ICAR 服务部协调签订一份完整测试的协议。

11.4.4　自动产奶记录系统

自动产奶记录系统由产奶量自动记录系统和自动采样系统或乳成分自动分析系统组成。在大多数情况下，产奶量自动记录系统和乳成分自动分析系统每天都进行记录，自动采样系统仅在测试当天进行记录。如果自动采样系统与其他更多类型的挤奶系统或奶量计组合，每一种组合方式都必须经过测试并获得认证后才能进行记录。

在产奶记录系统的审批测试基础上，对自动产奶记录系统的审批测试程序进行以下调整：

- 如果在自动产奶记录系统中使用的奶量计是已认证的型号，则不需要再进行实验室测试。
- 测试中心在至少 10 套牛奶记录设备或采样器中选取 2 套用于测试。每套设备的测试需在两个牧场进行。测试中心将从由制造商/测试申请人或经销商提供的牧场列表中选择测试牧场。
- 对于自动产奶系统，记录设备的测试应作为测试牧场的日常挤奶程序的一部分。
- 在每个测试牧场中，需针对不少于 40 个动物获得至少 50 条有效记录（产奶记录数与样品数之和）。
- 所有数据都要检查以确保正确，同时核对牛号、产奶时间和产奶量是否对应正确。
- 即使由于机械或软件问题导致采样失败，测试仍需核对采样瓶的标识是否正确。
- 制造商/测试申请人需向测试中心提供采样器的用户手册和采样系统操作说明（与挤奶系统、电力系统及管路等的连接方法）。用户手册是 ICAR 测试的必要材料。测试中心将根据用户手册的说明，将采样系统连接到挤奶系统上，开展测试程序。用户手册中需提供核查采样器功能状态的操作说明，并标明环境温度要求。

11.5　审批测试

完整的设备审批测试程序包含实验室测试和现场测试两部分。

11.5.1　实验室测试

本测试的目的是评估设备在几种不同试验环境下的运行状态。因此，在实验室测试中将对产奶记录设备在不同的流量、真空度、排气速率和倾斜角度下的性能进行测定。另外，产奶记录设备对 FFA 和设备真空度的影响也将进行测试。两套设备均需进行测试，最终根据情况采用一套或两套设备的测试结果。

测试需要使用一套专用的测试装置，该装置包含人造乳房结构、标准挤奶杯组（参见 ISO 6690）、脉动系统等结构，在挤奶杯组中有进气阀用于调节真空度以满足测试的要求。

测试溶液

建议使用水作为奶的替代品用于测试，在水中添加部分化学物质（盐或酸）以增加导电性。相关材料由制造商提供。但是，由于设备的测试原理不同，有必要使用鲜乳或人造乳进行测试的，制造商需予以说明。如果使用人造乳进行测试，材料需由制造商提供。如果使用水或人造乳进行测试，要求奶量计的测量原理是通过测量体积，再乘以相应密度进行换算。不同动物种类对应的奶密度使用下列数据：牛奶为 1.030，山羊奶为 1.032，水牛奶和绵羊奶为 1.036。计算得到的质量精确度要求如下：牛奶和水牛奶精确到 0.01kg，山羊奶和绵羊奶精确到 0.005kg。

对于某些测试指标（如游离脂肪酸等），有必要直接在挤奶设备上使用鲜乳测试。开始测试前，奶应在 30℃±2℃条件下保存。奶必须来自健康动物，并具有正常的成分。

测试条件

每次流量测试的最短时间应不少于 2min。设备是在制造商推荐的真空水平下进行测试的，如没有推荐的真空度，则使用挤奶真空度参考范围的中值作为测试真空度（牛和水牛为 40kPa，绵羊和山羊为 38kPa）。±0.5kPa 的真空度差异是可被接受的。挤奶杯组的排气速率要求如下：奶牛和水牛为 10L/min，山羊和绵羊为 6L/min。

记录设备与挤奶杯组的相对高度应按照制造商的推荐确定。记录设备与挤奶杯组或计量瓶之间的接口参考牧场真实环境确定，同时需避免接口的堵塞。

具体测试内容如下：

11.5.1.1 流量对测试准确度和采样的影响测试

用于测试的两套设备均需进行以下测试，每台设备至少获得 20 个测量值，每个流量设置至少获得 3 个测量值。不同动物种类的测试流量设置如下：

- 牛：1.0，2.0，3.0，6.0，9.0，12.0kg/min。
- 水牛：0.3，0.6，1.2，2.5，4.0，6.0kg/min。
- 山羊和绵羊：0.3，0.6，1.2，2.0，3.0，5.0kg/min。

计算不同流量下的偏差（奶量计读数——参考值，乳成分分析仪测定值——参考值）以及采样比例。

奶量计正常工作的流量上限如下：奶牛为 9.0kg/min，水牛为 4.0kg/min，山羊和绵羊为 3kg/min；在更高流量下，乳量仪应仍能工作。这样可以保证记录设备在牧场条件下使用时其重现性和相关性能够满足要求。

11.5.1.2 真空度对精确度和采样的影响测试

选择一套设备进行此项测试，流量和重复次数的设置按照 11.5.1.1 中要求执行，不同的动物种类的真空度设置如下：

- 奶牛和水牛：30，40 和 50kPa。
- 山羊和绵羊：30，38 和 45kPa。

计算不同流量和真空度下的偏差（奶量计读数——参考值）。

注意：如果设备为 MRDa 系统，如果未进行全过程采样，则只需进行不同采样时长的采样比例测试。

注意：如果进行 11.5.1.1 的测试时设定的真空度在 11.5.1.2 中要求的真空度设定值内，则 11.5.1.1 的测试结果也可以用于此测试。

11.5.1.3　排气速率的影响测试

选择一套设备，在 11.5.1 所述的真空度中选择一个作为此项测试的真空度，不同动物种类的排气速率和流量不同（表 11.4）。

表 11.4　排气速率影响测试中流量和排气量设置

动物品种	流量（kg/min）	排气速率（L 自由空气/min）
奶牛	5	0，4，12，20，30
水牛	2.5	0，4，12，20，30
山羊和绵羊	2	0，4，8，16，30

每个排气速率应该至少重复 3 次测试。计算不同排气速率下的偏差（奶量计读数——参考值）和采样比例。

注意：如果设备为 MRDa 系统，如果未进行全过程采样，则只需进行不同采样时长的采样比例测试。

11.5.1.4　设备倾斜的影响测试

选择一套设备在推荐的真空度以及标准排气速率下开展此项测试。不同动物种类的流量和倾斜角度设置见表 11.5。

表 11.5　设备倾斜影响测试的流量和倾斜角度设置

动物种类	流量（kg/min）	放置方式
奶牛	5	水平放置，左右前后各倾斜 5°
水牛	2.5	水平放置，左右前后各倾斜 5°
山羊和绵羊	2	水平放置，左右前后各倾斜 5°

每个倾斜角度至少重复测试 3 次。计算每一种放置方式下的偏差（奶量计读数-参考值）和采样比例。

注意：如果设备为 MRDa 系统，如果未进行全过程采样，则只需进行不同采样时长的采样比例测试。

11.5.1.5　产奶记录设备对乳头末端真空的影响

产奶记录设备应符合 ISO 5707 标准所述要求。设备将根据 ISO 5707 和 ISO 6690 所述方法测试安装和不安装产奶记录设备对挤奶杯组中的真空度的影响。然而，如果制造商指定特定类型的挤奶杯组用于奶量计测试，则需使用指定类型。

11.5.1.6　产奶记录设备对游离脂肪酸的影响

在测试期间产奶记录设备对 FFA 的影响（无取样装置的奶量计或有取样装置的奶量

计）应不超过参考奶量计对 FFA 的影响（附件第 11 章附录 2）。测试程序详见附件第 11 章附录 2。

11.5.1.7 校准方法评价

对制造商提供的设备校准方法进行评估，需要选择两副带有乳成分自动分析装置的奶量计在牧场环境下进行。

11.5.1.8 产奶记录设备的清洗特性评价

测试中心需要对产奶记录设备（MRDs 系统或 MRDa 系统）的清洗特性进行技术评估。评估的主要内容如下：

- 设备的内外部件的设计（如无死角，无清洗液不可到达的部位等）。
- 清洗产奶记录设备时形成充分的湍流（在清洁模式下）。
- 清洗的特殊需要（如特殊的清洗液）。

11.5.2 现场测试

现场测试要在现场条件下，评估产奶记录设备（MRDs 系统和 MRDa 系统）的性能。该测试需在牧场正常的挤奶状态下进行，选择对于该记录设备所应用的动物种类和国家而言，在生产水平、产奶量、流量及乳脂率等方面具有代表性的牧场开展测试。

众所周知，挤奶机的特性和乳流速是影响带有采样器和在线乳成分分析仪的产奶记录设备的精确度的主要因素。因此，开展现场测试的牧场，其挤奶设备的安装必须符合 ISO 5707 相关要求。

11.5.2.1 测试程序

测试将奶量计的读数与奶量参考值进行对比。作为参考，将选定的动物整个产奶过程中所产的全部奶收集在一个合适的桶中称重，重量精度要求如下：牛奶和水牛奶为±0.02kg，山羊奶和绵羊奶为±0.01kg。奶量参考值还用于校正用于乳脂率分析的采样量。

如果是对 MRDs 系统装置进行测试，则需在奶桶中取一个奶样作为参考，再使用采样器取一个奶样。无论如何，奶桶和采样器中的奶在取样之前均需要彻底混匀。如果无法获得两份重复样品，则该样品尽可能地进行两次分析，结果将被视为重复。所采样品需由官方认可的实验室进行乳脂率分析。

如果是对 MRDa 系统进行测试，需将在线乳成分分析仪的测试结果与参考样品的分析结果进行比对。

因为流量可能影响产量测试、采样和乳成分分析的精确度，建议记录每次产奶的平均流量和最大流量。这些数据可以在统计分析中使用，其结果可以取代部分实验室测试数据（参见 11.5.1.1）。

在每次测试过程中，每套设备至少要获得 40 条读数。如果有必要，现场测试可能要持续一天或几天。不同动物种类产奶量和乳脂率的有效读数范围见表 11.6。

表 11.6 现场测试的有效读数范围（最小值和最大值）

动物种类	产奶量（参考）	乳脂率（参考）	乳蛋白率（参考）[a]
奶牛	2~40kg	2%~7%	2，5%~5%

（续表）

动物种类	产奶量（参考）	乳脂率（参考）	乳蛋白率（参考）[a]
水牛	1～15kg	3%～15%	3%～8%
山羊	0.3～6kg	2%～8%	3%～7%
绵羊	0.3～6kg	2%～12%	3%～8%

[a] 乳蛋白率参考范围仅应用于在线乳成分分析仪

11.5.2.2 清洗和消毒

对产奶记录设备的清洗和消毒效果测试，即在现场测试过程中对设备进行外观检查。若发现残留，应检查奶罐中奶的质量和/或进行 ATP 测定以获得附加信息。进行 ATP 测定，需使用棉签在设备可能出现清洗和消毒无效的（或低于预期效果的）位置涂抹取样，例如奶量计的顶端，不同的内腔、采样器或管道内。

下列情况视为奶量计通过该测试：

- 奶接触的表面无可见残留物。
- 奶罐奶的质量测试和/或 ATP 测试结果显示，未出现细菌数量或 ATP 水平的提高。

11.5.2.3 测试中的设备故障

如果由于校准不良或技术缺陷使产奶记录设备出现故障，在其他设备通过测试的情况下，则进行以下处置：

- 测试中心可能会决定使用备用设备更换故障设备，并进行安装和测试。
- 测试中心可能要求制造商对故障设备进行维修和/或校准，然后重新测试该设备。

在最终提交给 ICAR 的测试报告中，将会对产奶记录设备被替换及重新测试的情况及其原因进行描述。

11.5.2.4 操作和运行问题

如果在第一轮测试中出现设备操作和运行问题，将告知制造商，并在不影响产奶记录设备（MRDs 系统或 MRDa 系统）精确度的情况下，允许制造商着手处理相关问题。参与测试的人（包括农场主）对产奶记录设备操作和运行的任何评论，都应记录在报告中，也记录包括在测试期间被解决的问题。

11.5.3 分析（统计）

对测试数据的处理将应用一套专用的软件程序，该软件可以进行数据的统计分析、图表制作并反馈结论，另外，该软件适用于任何畜种。该软件由 ICAR 所有，并提供给 ICAR 测试中心使用。所有参与测试的产奶记录设备都要进行产奶量和脂肪含量的标准偏差和精确度偏差的分析（表 11.2）。如果产奶量或乳脂率的参考值在有效读数范围之外（表 11.6），这些数据将不会用于数据分析。如果乳脂率的重复样测试差异超过 0.11%，这些读数应该被忽略。计算多个参考值和产奶记录设备测试结果的重复值的平均值，并在分析中使用。

评估参考值和使用产奶记录设备获得的产奶量和乳脂率数据之间的差异，并与参考值进行比较。对于参考值和产奶记录设备间的极端差异数据，除非有确切原因判定为错误数据或认定产奶记录设备异常，否则均需用于数据分析。每套产奶记录设备用于统计分析的产奶量和乳脂率均应不少于 35 个数据，否则，有必要对产奶记录设备进行重新测定。

统计学处理是为了找出是否在余下的数据中存在离群数据，以及以何种方式对产奶记录设备相关的偏差进行修正。但是，无论是否有离群数据，都应该执行偏差的标准要求。另外，所有数据都应满足可重复性的标准要求。

偏差和可重复性都要进行同方差性检验。如果产奶记录设备的产奶量和参考值差异的回归残差相等且独立分布，则符合同方差性。同方差性应用卡方检验，比较异方差性假设下回归系数估计值的变异协方差矩阵，该矩阵与同方差性假设下的矩阵模式一致。

首先进行回归残差的同方差性检验。如果残差有同方差性，则当前使用的标准差和重复性计算规则以及数据对应的产奶记录设备的使用条件将予以保留（见 11. 5. 3. 1 和 11. 5. 3. 2）。

如果特异性检验结果证明数据的同方差性，说明数据为异方差性。根据不同类别的结果残差的方差是不同的，并进行每个奶记录设备参考产量的再现性标准差测试。产奶量和乳脂率的等级取决于奶动物种类。在每个类别中，再现性的标准偏差被计算出来且与该类平均参考产量产生的阈值进行比较。对于每个类别，现行程序应用于所有数据（见 11. 5. 3. 1 和 11. 5. 3. 2 ）。如果根据 ICAR 要求的再现性标准差出现一个（或多个）错误，奶记录设备将被拒绝。参考产量测量的最低数量固定为 11 。统计分析也在流程图中描述-见附件奶牛统计分析流程图。

11. 5. 3. 1　产奶量数据分析

测试数据与参考值之间的差异相关性分析。

如果相关性不显著（$P>0.05$），则认定该产奶记录设备的偏差与产奶量无关。使用参考值和产奶记录设备产量数据的平均差作为产奶记录设备的偏差，使用差异的标准偏差作为产奶记录设备的再现性结果。

如果相关性是显著的（$P<0.05$），则认定该产奶记录设备的偏差与产奶量有关。对参考值差异进行回归分析，并用回归分析的剩余标准差作为产奶记录设备的再现性结果。

在这两种情况下，计算不同产量下的绝对差、预期偏差和最大可接受偏差。如果预期偏差超出任何参考产量下的偏差可接受范围，该产奶记录装置将被拒绝。

11. 5. 3. 2　乳脂率数据分析（针对采样器采样结果）

测试数据与参考值之间的差异相关性分析。

如果相关性不显著（$P>0.05$），则认定该产奶记录设备的偏差与乳脂率无关。使用参考样品测定值和产奶记录设备样品测定值的平均差作为产奶记录设备的偏差。使用参考样品和产奶记录设备样品测定平均值差值的标准差作为产奶记录设备准确度的估计值。

如果相关性显著（$P<0.05$），则认定该产奶记录设备的偏差与乳脂率有关。对参考样品和产奶记录设备样品测定值的总体平均值的差值进行回归分析，并用回归分析的剩余标准差作为产奶记录设备的再现性估计值。

在这两种情况下，计算每个测定值总体平均值的绝对差、预期偏差和最大可接受偏差。如果预期偏差超出任何乳脂测定值的可接受偏差范围，该产奶记录装置将被拒绝。

11. 5. 3. 3　乳成分数据分析（仅针对在线测定结果）

对于在线乳成分分析仪审批测试中的所有乳成分测定，其数据均需根据“在线乳成分分析指南”中描述的程序进行分析。

备注：该项测试与“在线乳成分分析指南”中对于牧场数和数据量的要求有所不同。“在线乳成分分析指南”中要求选择 5 个牧场并获得 100 个数据，而该项测试仅要求选择 2 个牧场（1 个全自动挤奶系统，1 个一般挤奶厅）分别测试 2 台设备和 4 台设备。对于每台设备，需要获得 40 个有效数据，与产奶量准确性测试的数据量要求一致。因此，总共 240 个数据用于乳成分测试结果的统计分析。

11.5.4　记录设备/系统的审批

测试中心将编制测试报告，并发送至记录设备小组委员会主席。小组委员会将对结果进行审议，并将审议结果告知 ICAR 董事会。最后，ICAR 董事会将为记录设备/系统签发认证证书。

按照 ICAR 颁发的产奶记录设备/系统认证要求，ICAR 成员组织以及制造商必须遵守下列条款：

1. 制造商需在所有供给市场的 ICAR 认证设备上加装一个不可拆卸的标签，其中需包含制造商名称、设备名称、唯一的序列号、批准年份、动物种类标识和 ICAR 标志等信息。

2. 制造商需向 ICAR 及其成员组织提供有关设备的校准程序、设备的使用说明等的材料（MRDs 系统或 MRDa 系统）。相关信息可在 ICAR 网站上下载，网址如下：www.icar.org/Documents \ Rules and regulations \ Guidelines \ Periodic_ checking_ of_ meters.pdf.

3. 制造商需向 ICAR 成员组织提供设备的所有相关技术信息。

4. 每个制造商需每年向 ICAR 提交一份 11.5.4.1 中所述年度报告。

5. 各成员组织需每年向 ICAR 提交一份 11.5.4.2 中所述年度报告。

11.5.4.1　关于 ICAR 认证设备的市场状况的制造商年度报告

ICAR 将于每年一月与 ICAR 认证的产奶记录设备制造商联系，与制造商沟通 ICAR 认证的设备情况，在 ICAR 网站上列出的产品是否仍在生产并在不同国家销售，以及认证设备在去年年度报告后是否对硬件/软件进行更新。

制造商需就以下内容进行特别声明：

- 该年度获得 ICAR 认证设备的名称和型号。
- 如果有，报告认证设备的改造情况。
- 授权其他公司使用或制造认证设备的情况，以及授权公司名称。
- 如果有，负责汇报由其他授权公司进行的所有设备改造情况。
- 该设备销售市场的国家清单。

制造商在年度报告文件上签名，并在 ICAR 与制造商沟通后的一个月内将文件发送到罗马的 ICAR 秘书处。

11.5.4.2　成员组织设备使用满意度年度报告

ICAR 将于每年春季联系各成员组织，并要求提供其辖区内产奶记录设备的使用情况报告。报告中尤其要包括以下信息：

- 当前使用的 ICAR 认证设备的名称和型号。
- 如果有，自去年年度报告以来对 11.6.2 和 11.6.3 所述校准要求所进行的实地调研情况报告。

- 成员组织对制造商/经销商关于辖区内牧场记录设备问题投诉的文件副本。

11.5.4.3 记录设备小组委员会的年度分析

记录设备小组委员会对制造商和成员组织的年度报告进行分析。如果有充分的证据表明设备存在问题，委员会将与制造商进行沟通以得到响应和处置方案。如果制造商在给定的时间内仍未解决相关问题，小组委员会将撤销或暂停对设备的认证。

如果撤销或暂停设备的认证，ICAR 将通知其成员组织，并明确从一个特定日期开始，ICAR 将不再批准该设备新的安装，因此，使用该型设备获得的记录数据也不再被官方认可。

对于已经撤销或暂停认证的产奶记录设备，在撤销或暂停日期之前已经投入使用的设备，仍可继续用于官方产奶记录。

11.6 安装和校准测试

在开始测试前所有在校准测试中用作参照的磅秤、天平、弹簧秤均应该校准，精度应至少为 0.02kg。

11.6.1 安装测试

在产奶记录设备被安装到一个新的或者扩建的挤奶厅后，设备的性能必须通过一个安装测试来检验。这项测试由成员组织认可，由制造商或授权经销商的技术人员执行。在验收测试进行之前制造商或经销商负责设备的安装、校准和测试。验收测试之前，设备必须根据在产奶厅的位置进行编号。

产奶记录设备的安装测试由挤奶测试、根据操作手册进行的校准测试、校准参数检查等内容组成。只有安装测试的结果在测试的限制范围内，该设备才可用于官方产奶记录。

11.6.1.1 挤奶测试

步骤 1

记录 3 套奶量计的读数及参考值，并计算两者之间的差异。如果平均差异小于或等于表 11.2 中偏差限值的 150%，则奶量计的校准被认为是正确的。如果牧场所有记录设备的平均差异小于或等于表 11.2 中偏差限值的 100%，则不需要进一步的测试。

步骤 2

如果差值超过了测试限值，所涉及的产奶记录设备应重新校准，每一套重新校准的设备需获得 3 个有效读数，并重复步骤 1 中的计算和检查程序。

步骤 3

如果差异仍大于限值的 150%，应再读取 3 个数据，计算 6 个读数的平均差异。如果平均差异小于或等于表 11.2 中偏差限值的 150%，则奶量计的校正被认为是正确的。如果仍未低于限值，则奶量计不能被验收，制造商必须进行重新调试、修理或更换，然后重复上述过程。

注：在某些情况下，产奶记录设备需要超过 3 个以上的观察值以获得正确的挤奶测试。在这种情况下，必须使用制造商提供的并经 ICAR 许可的程序进行测试。

11.6.1.2　参数测试

如果每台设备都有独立的校正系数，这个系数应按照制造商提供的程序在挤奶测试前被记录下来，参数测试的结果将按照成员组织的相关规定存储起来。如果设备在挤奶测试过程中被调整，调整后参数测试必须重新进行。

11.6.2　产奶记录设备的现场校准测试

根据制造商的要求，由于维护保养的原因（磨损）校准测试必须每年至少进行一次。校准测试也包括精度检查。精度方面的校准测试可以按照以下不同的程序进行：

1. 产奶记录设备的校准测试可以根据制造商提供的程序进行。测试程序和误差限值可在制造商的操作手册和 ICAR 网站上找到。如果记录设备包括乳成分分析仪，脂肪和蛋白质含量分析的准确性也是校准测试的一部分。

2. 对于连接电脑系统的产奶记录设备/系统，应将自动错误检查作为产奶记录程序的一部分（这个程序可以由制造商、成员组织或软件供应商提供）。程序必须通过 ICAR 的批准，具体要求见 11.6.2.1。

3. 在上述测试程序的基础上，还可以对测试日当天的大罐奶的产奶量、乳脂率、乳蛋白率（如果有乳成分分析仪）进行测试并与设备读数进行比较。如果差异超过 5%需要进行调查，并按照 11.6.1.2（或其他合适的方法）对产奶记录设备进行核查。

11.6.2.1　定期检查电脑自动化的解决方案

在这里假设，下面所有的电脑自动化方法坚持和遵守以下内容：

a. 如果电脑自动化方法作为基本程序被应用，那么它们可以取代每年常规的精度测试。要求每年至少进行一次统计核查，但为了确保数据质量，建议一年中更频繁地运行核查程序，例如在调查产奶记录时。

b. 这些方法只能用于日常测试，而不能用于安装测试。

c. 当通过电脑自动化方法检验仪表偏差时，它不能取代制造商推荐的常规仪表检验方法。

其他未包含在以下内容中的方法/程序，只要通过 ICAR 的批准，也可以被制造商、成员组织或软件供应商使用。

11.6.2.1.1　几种奶站设施

使用预期的产奶量——原理

预期产奶量和奶量计测量的产奶量的比较被用来估计奶量计是否失准。预期的产奶量可以通过多种计算方法估算（表 11.7）。计算时使用“群体系数”（计算 n°2 和 n°4），它增加了预期产奶量估计的准确性（见附件第 11 章附录 6.1）。使用群体系数将使计算结果没有显著差异，对一个类型的计算，5~10 个产奶日间也没有显著差异。因此，在考虑准确度和数据量之间平衡的最佳方案是使用最后 5 次 Mn 产奶数据（一天中的第 n 次产奶），并用群体系数校正（例如在表 11.7 中计算 n°4）。

第一步：计算预期产奶量

表 11.7 预期产奶量计算公式

	预期产奶量计算公式
1	最后 X 天的平均产奶量和距上一次产奶的时间 $\left(\frac{\sum_{i=1}^{x}(y1+y2)i}{x}\right)$ * 距上一次产奶的时间
2	最后 X 天的平均产奶量和距上一次产奶的时间 * “群体系数” $\left(\frac{\sum_{i=1}^{x}(y1+y2)i}{x}\right)$ * 距上一次产奶的时间 x $\left[\frac{hn(\text{当前挤奶})}{\left(\frac{\sum_{i=1}^{x}(h1+h2)i}{x}\right) * \text{距上一次的挤奶时间}}\right]$
3	最后 X 次产奶的平均产量 $\frac{\sum_{i=1}^{x}yni}{X}$
4	最后 X 次产奶的平均产量 * 群体系数 $\frac{\sum_{i=1}^{x}yni}{X} * \frac{hn(\text{当前挤奶})}{\left(\frac{\sum_{i-1}^{x}hni}{X}\right)}$

其中：

y1 和 y2：一头牛 M1（第 1 潮次产奶）或 M2（第 2 潮次产奶）的产奶量；

y_n：编号为 n 的牛在的 Mn（n 为 1 或 2）产奶量；

h_1 和 h_2：群体的 M1 或 M2 的平均产奶量；

h_n：群体的 Mn（n 为 1 或 2）的平均产奶量；

X：挤奶天数

注：上述计算预期产奶量的方法和实例同样适用于每天 3 次或 4 次挤奶的情况。

步骤 2：个体偏差计算

计算每头家畜个体的预期产奶量。然后，计算预期产奶量和由奶量计测量的产奶量的差异。

$$\text{个体偏差（kg）} = \text{测量产量（kg）} - \text{预期产量（kg）}$$

步骤 3：一次挤奶奶量计测量平均偏差的计算

对于每个奶量计，偏差计算如下：

$$\text{平均偏差（\%）} = \frac{\text{本牛奶流量计测量牛群偏差总和(kg)}}{\text{本牛奶流量计测量牛群预期产奶量总和(kg)}} \times 100$$

步骤 4：奶量计的平均偏差计算

计算奶量计平均偏差时，要求数据量为不少于 9 个且不多于 20 个连续产奶记录。计算奶量计的平均偏差要求数据具有足够的代表性。对每天 3 次挤奶的牛群，计算奶量计的平均偏差要求至少有连续 3 天 9 次产奶量的数据。同样的逻辑也适用于每天 4 次挤奶的牛群。

判定规则如下：

如果奶量计的平均偏差范围在±3%以内，则奶量计的校准被认为是正确的。

如果平均偏差超过该限值，则应当由制造商进行手动校准测试（11.6.2.1）或执行挤奶测试程序（11.6.1.1）。

如果 20%以上的奶量计平均偏差超出限值，建议所有的奶量计执行手动校准测试。

使用条件或要求如下：

使用此方法需要家畜佩戴可靠的电子识别装置。挤奶厅、电子识别装置和计算机之间的联系必须稳定可靠。

如果挤奶厅有 8 个以上的挤奶位，可以用此方法进行奶量计的验证。如果挤奶厅的挤奶位少于 8 个，则该方法和计算结果只能被用作定性工具帮助技术人员判断奶量计的状态。

家畜在挤奶台上随机分布可增加该方法的准确性。

泌乳期的前 30 天，由于产奶量不够稳定，对预期产奶量的估计可靠性较低（Pe'rochon et al.，1996）。因此，在计算之前这些数据必须被删除。所以建议该方法不要用于产犊期的畜群（如果是产犊群）。

产奶量等于 0 被认为是异常数据，在计算之前要删除。

在步骤 3 中，在计算奶量计偏差之前，先计算每头家畜的预期产奶量和实测产奶量的相对偏差。如果相对偏差高于 30%或低于−30%，数据将被删除。

$$\text{奶牛的相对偏差（\%）}=\frac{\text{实测产奶量（kg）}-\text{预期产奶量（kg）}}{\text{预期产奶量（kg）}}\times 100$$

该方法的应用实例请参见附件第 11 章附录 6.1。

11.6.2.1.2　De Mol 和 Andre（2009）模型

原理：

这个方法使用一个动态线性模型（DLM，Wes 和 Harrison，1989）。

计算全部挤奶过程中每个挤奶位的平均产奶量和批次产奶量。每个挤奶位的平均值与整体平均值进行比较。奶量计正常工作则偏差接近于零。DLM 模型是基于每个挤奶位的单次产奶值和整体平均值的比较。这个模型如下：

$$Deviation_{ms}=AveYield_{ms}-AveYield_{m} \quad (1)$$

其中：

$Deviation_{ms}$：第 s 挤奶位的第 m 批次产奶量值的偏差；

$AveYield_{ms}$：第 s 挤奶位的第 m 批次产奶量值的平均值；

$AveYield_{m}$：第 m 批次产奶量值的平均值。

假设挤奶位的偏差与批次产奶量平均值存在相关性：

$$Deviation_{ms}=\mu_{ms}\times AveYield_{m} \quad (2)$$

如果奶量计的记录正确，挤奶位的偏差因素 μ_{ms} 将接近于 0，如果读数偏高则为正值，偏低则为负值。

应用 DLM（动态线性模型）构建观测方程和系统方程。

观测方程：

$$Y_t = F_t'\theta_t + v_t,\ v_t \sim N[0,\ V_t] \tag{3}$$

其中：

Y_t：观测值矢量；

θ_t：描述系统状态的参数矢量；

F_t：描述状态和观测值之间关系的矩阵；

V_t：观查值误差。

系统方程：

$$\theta_t = G_t\theta_{t-1} + \omega_t,\ \omega_t \sim N[0,\ W_t] \tag{4}$$

其中：

G_t：系统矩阵，描述当前和过去状态关系的参数；

ω_t：系统误差；

可将挤奶位 s 和挤奶批次 m 按照如下对应应用带入该模型：

$Y_m = Deviation_{ms}$　　第 s 挤奶位的第 m 批次产奶量值的偏差；

$\theta_m = \mu_{ms}$　　挤奶位偏差系数；

$F_m = AveYield_m$　　第 m 批次产奶量值的平均值；

$G_m = I$　　单位矩阵，假设状态是常数。

通过上述模型计算，可以得到观测方程（3）中的挤奶位偏差系数。系统方程（4）表明可以预料因子没有及时改变。该模型可以估测每批次挤奶后每个挤奶位的偏差系数。

判定规则如下：

当挤奶位的偏差系数在 0.05 的显著性水平上明显偏离零时应当发出警告。这时，奶量计校准应当由制造商进行手动校准测试（11.6.2.1）或执行挤奶测试程序（11.6.1.1）。

如果超过 20%的奶量计失准，建议所有的奶量计执行手动校准测试。

使用条件或要求如下：

该模型适用于动态线性模型分析（DLM's）的程序——只有这个模型使用 Genstat（Payne 等，2006）的统计软件包。产奶的次数被用作权重系数，折现系数用于调节适应速度。

折现系数已被选定是由于拟合模型的可能性最大且观察值误差的序列相关性很低。

使用这个模型要求挤奶厅和计算机之间建立联系。家畜在挤奶位上的随机分布可增加方法的准确性。

如果家畜按照生产性能确定挤奶位，则不适用该模型。产奶量为 0 的数据需从统计分析中删除。

11.6.2.1.3　Trinderup（2009）模型

原理：

估计不同的因素（日期、产奶时间和泌乳期）对产奶量的影响。通过对残差的统计处理来表明奶量计校准状况。该模型如下：

步骤 1：每头奶牛的泌乳曲线模型

$Y_i = \alpha_1(Date_i) + \alpha_2(Milking_i) + \beta_1 * DIM_i + \beta_2 * DIM_i^2 + \beta_3 * DIM_i^3 + \beta_4 * 1/DIM_i + \beta_5(Milking_i) * DIM_i + \beta_6(Milking_i) * DIM_i^2 + \beta_7(Milking_i) * DIM_i^3 + \beta_8(Milking_i) * 1/$

$DIM_i + a\ (Cow_i)\ + \varepsilon_i$

其中：

Y_i：产奶量观测值（kg）；

Cow_i：奶牛个体标识；

$date_i$：产奶日期；

DIM_i：泌乳天数；

$Milking_i$：挤奶模式分类（两次挤奶：上午/下午；三次挤奶：上午/下午/晚上）；

ε_i：残差（kg）。

步骤 2：

使用连续 4 天的奶量平均值计算奶量计的残差相对比较稳定。需要计算奶量计的平均残差和所有奶量计平均残差之间的偏差。

判定规则如下：

如果奶量计的偏差范围在±3%以内，则奶量计的校准被认为是准确的。

如果偏差超过限值，奶量计应当由制造商进行手动校准测试（11.6.2.1）或执行挤奶测试程序（11.6.1.1）。

如果超过 20%的奶量计超出偏差限值范围，建议所有的奶量计执行手动校准测试。

使用条件或要求如下：

该模型的应用需要一个统计软件。

该模型的应用要求提供不能少于 30 天的数据。如果畜群每天挤奶 2 次，则需要 60 次挤奶数据，如果为 3 次挤奶，则需要 90 次产奶数据。

使用此方法需要家畜佩戴可靠的电子识别装置。挤奶厅、电子识别装置和计算机之间的联系必须稳定可靠。

该模型适用于挤奶厅至少有 8 个挤奶位的情况。

家畜在挤奶位上的随机分布可增加方法的准确性。

注意：如果使用较短的时间内的数据，模型可以简化。例如，如果只使用 4 天的数据，模型的步骤 1 可简化为：

$$Y_i = \alpha_2\ (Milking_i)\ + \beta_5\ (Milking_i)\ * DIM_i + a\ (Cow_i)\ + \varepsilon_i$$

11.6.2.1.4　自动挤奶系统（AMS）下全自动奶量计和大罐奶量的比较

原理

比较大罐中收集奶量和全自动奶量计测量奶量加和数之间的差异，用于评估奶量计的校准情况。

- 步骤 1：计算每次收集的流量计的偏差；
- 步骤 2：计算平均偏差。

平均偏差的计算要求至少提供 3 次收集奶量的结果，建议最多 5 次。

在挤奶日期和时间不规则的情况下，我们建议用下面的公式计算平均偏差（而不是步骤 1 的平均偏差计算方法）：

$$平均偏差（\%）= \frac{\sum_{i=1}^{x}(AMS\ 牛奶流量计测定的奶重)i / \sum_{i=1}^{x}(收集奶)i}{\sum_{i=1}^{x}(收集奶)i} \times 100$$

其中：

X＝牛奶收集的次数（3 到 5 次）。

判定规则如下：

如果奶量计的平均偏差范围在+3%以内，则奶量计的校准被认为是准确的。

如果偏差超出限值，奶量计应当由制造商进行手动校准测试（11.6.2.1）或执行挤奶测试程序（11.6.1.1）。

使用条件或要求如下：

使用该方法需要知道奶量计测量牛奶重量的量程。它还需要收集挤奶的日期和具体时间以及确切的动物标识。

奶罐的测量精度和奶罐液面需要每年至少检查一次。

应用这种方法，需要将奶罐的容积换算成重量。4℃时牛奶的平均密度是 1.0340g/mL（Ueda，1999）。

注意：如果 AMS 系统只有一个挤奶仓位，可用该方法进行奶量计有效性测试。如果多于一个，则该方法和计算结果只能被用作定性工具帮助技术人员判断奶量计的整体偏差。

该方法的应用实例参见附件第 11 章附录 6.2。

11.6.3 便携式产奶记录设备的校准测试

校准测试必须至少一年做一次。产奶记录设备应该按照制造商设定的校准测试程序或者按 11.6.2 中所描述的已授权的程序执行。测试程序和允许的误差限值可以在制造商操作手册和 ICAR 网站中找到。

11.7 质量保证与控制措施

第 11 章所述产奶记录装置的审批程序主要针对奶量计和采样器的技术性能审核。数据的有效性由自动系统或人工操作系统下的采样、样品处理、动物相关数据等共同决定。

为保证数据的有效性，需在以下方面加以关注：

- 动物标识、产奶量记录和样品标识的对应性。
- 采样的完整性（样品的缺失率少于 1%）。
- 生产记录的完整性（自动记录系统的缺失率少于 2%，人工操作系统的缺失率少于 1%）。
- 通过比较测试日样品中的脂肪含量的总和与大罐中的脂肪含量来确定采样的准确性。
- 通过比较测试日在线乳成分分析仪给出的乳成分含量的总和与大罐中的乳成分含量来确定采样和分析的准确性（仅限于用在线乳成分分析仪的情况下）。
- 正确的样品处理（不能进行分析的样品应少于 1%）。

此外，ICAR 的质量认证工程也涉及到这方面的内容。

11.7.1　使用电子奶量计和电子识别装置的牧场测试日要求

11.7.1.1　定义

大量数据显示，测试日当天，应用在线电子奶量计收集电子身份信息（ID 信息），并不能保证所有的 ID 信息都能完整、准确和成功地被收集。要意识到，牧场内电子奶量计设备标准应摆放在恰当的地方，这些标准的目的是保证测试当天仪器和电子 ID 能正确使用，以便为奶牛的遗传评估和管理提供尽可能准确和精确的信息。

11.7.1.2　测试当天正确的记录系统及操作实例

进入挤奶厅的第一组奶牛需人工识别牛只编号，并与电子识别系统的识别信息相比对；之后，在每组奶牛中随机选择两个挤奶位进行牛只编号的核实——为了进行目测核查，可以用手写记录或电脑记录的方法确保准确性。

进入挤奶厅的第一组奶牛需人工识别牛只编号，并与电子识别系统的识别信息相比对；之后，每隔 5 组进行一次人工牛只编号的识别——为了进行目测核查，可以用手写记录或电脑记录的方法确保准确性。

进入挤奶厅的第一组奶牛需人工识别牛只编号，并与电子识别系统的识别信息相比对；之后，每组第一头和最后一头奶牛进行牛只编号的核实——为了进行目测核查，可以用手写记录或电脑记录的方法确保准确性。

如果发现任何动物识别错误，则有必要将情况告知奶农，以便发现错误的原因。出现上述情况后，测试当天应该完全利用人工牛号识别，直到把问题全部纠正。

11.7.1.3　验证

电子 ID 识别系统应内置验证核查程序/软件，以保证每一批次牛的正确顺序。此类核查应至少包含以下内容，但不限于此：

• “遗漏”核查——如果感应器正在“读取”A 牛，但是 A 牛的头部缩回同时 B 牛经过，那么当 A 牛正确地进入站位时系统可以识别并纠正错误。

• “随机”检查——在记录日当天执行该核查程序，在每一批次奶牛中随机选择 a% 的牛进行核查——操作人员必须对所选定的挤奶位的牛只编号进行逐一核查，并且只有当所有选定的挤奶位的牛只编号均核查无误后，该批次牛才被放出。

• “漏斗式狭窄入口”——因为大部分的错误发生在每批次牛只进入挤奶位的入口处，所以建议在入口处安装“一头牛长”的漏斗状入口，以防止因牛只之间的碰撞导致个别牛远离感应器。

注意：制造商的技术专家应该向牧场提供建立质量核查系统的最优方案。

11.7.2　动物个体采样的测试日要求

11.7.2.1　定义

世界范围内有各种类型的采样瓶用于测试日个体奶样的采集，其采样程序各不相同。然而，由于样本瓶被各种实体所标定，限制了测试当天对样品和每个单个牛体的标识。奶样除进行一系列常规指标测试外，还可以进行疾病检测、遗传学检测、DNA 测序等任务，因此需要确保奶样与对应的动物个体的正确标识。

11.7.2.2 测试日采样瓶正确标识示例

记录在采样瓶上的动物名称和编号应与该动物在牧场中使用的 ID 相一致，同时也应符合测试中心的检测程序。

采样瓶上使用条形码系统识别对应的动物编号，该系统需与检测中心的操作程序相对应。

采样瓶通过安装或植入 RFID 芯片识别对应的动物编号，该系统需与检测中心的操作程序相对应。

只要符合检测中心的操作程序，任何一种采样瓶均可用于样品采集并正确的标识动物编号。

第 12 章　DHI 分析质量控制指南

12.1　使用范围

本指南包含了奶牛、山羊和绵羊个体的乳脂、乳蛋白、乳糖、乳中尿素和体细胞的检测方法。多数情况下，奶样均用化学防腐剂保存。要考虑到以下这些内容：

- 已授权的参考方法。
- 认可的常规仪器方法。
- 样品质量规范。
- 样品分析质量控制规范。

12.2　分析方法

12.2.1　参考方法

“参考方法”是用于校准常规检测仪器的方法。

参考方法应遵从国际标准方法（例如 ISO、IDF、AOAC 的方法），但在实际应用中，其他一些方法也是允许的（见下方备注）。参考方法见附录 2。

备注：参考方法变换

1. 只要快速的化学方法所获得的结果与参考方法所获得的结果相同，那么快速的化学方法可有效替代耗时的参考方法。（例如 Gerber 测脂肪的方法，Amido Black 测蛋白质的方法）。

2. 如果有集中校准系统的话，可用标准仪表（间接快速的方法）来做其他仪器或实验室的“参考值”。我们认为标准仪表的值就等同于用参考方法所校准的值。集中校准这一概念的应用必须考虑到常规方法对基体效应（乳成分）的灵敏度。

12.3　常规（仪器）方法

常规方法是标准化的方法，或是由国家 DHI 机构官方批准的方法（通过实验室专家使用标准方案对性能进行评估后获得），或是由国际 ICAR 组织批准的方法。在这里，评估的条件和程序，以及 ICAR 批准所需的条件，都定义在由 ICAR 所批准的产奶记录相关的标准方案中。

12.4 DHI 采样要求

样品质量的好坏是保证分析结果的稳定性的首要条件。质量好的样品是保障分析结果准确先决条件。

12.4.1 采样瓶

总的来说，采样瓶及其瓶盖必须符合要求（无洒漏并无污染地将奶带到实验室）。例如，采样瓶中液面上方的空间太大，可能导致乳样在运输过程中剧烈翻动，尤其是对于非冷藏运输的奶样。如果采样瓶中液面上方的空间太小则会导致混合不均匀，如果瓶盖密封不严，奶样中的脂肪就可能溢出、损失。

12.4.2 防腐剂

使用化学物质保存奶样应满足以下几方面要求：

- 在常温下和运输条件下，从取样到分析这段时间内应保持奶样的理化性质稳定；
- 不影响利用参考方法进行分析，确保其影响在实验室的可控范围内；
- 对使用参考方法分析的结果没有影响，对常规检查分析的结果也几乎没有影响（通过校准可以消除有限的影响）；
- 符合当地的卫生法规，对 DHI 和实验室的员工无害；
- 符合当地环境法规，对环境无害。

备注：

1. 保证产奶操作和取样设备的清洁卫生，在低温下，最短的时间和最少的处理保存奶样有利于奶样保存。

2. 在一些相关文件中给出了正确保存样品的标准方法（ISO 9622 | IDF 141 和 ISO 13366 | IDF 148）。不过，一般必须注意以下几点：

- 防腐剂的辅料：就辅料而言——这里一般用盐类——不同的配方其防腐效果不同，另外，不存在纯品的形式（如重铬酸钾和溴硝丙二醇）；
- 有些作示踪剂的染料，会干扰检测仪器的反应（这些染色剂会吸收光或者与 DNA 相结合）。这样就会降低检测方法的灵敏性，所以应该避免使用这类型的染色剂。

12.5 DHI 实验室的质量控制

12.5.1 参考方法的质量控制

参考方法存在的任何系统误差都会导致常规检测结果的整体系统误差。这类型的误差存在于某一国家（或组织）内部、国家之间、甚至像 ICAR 这种国际合作组织的框架内，所以这类型的误差应该在不同层次（国家、国际）上进行性能评估校准。

12.5.1.1 外部控制

每个 DHI 常规实验室都应参与实验室间能力测试（interlaboratory proficiency study,

IPS）计划。能力测试最好由国家 DHI 组织认定的国家级标准实验室或重点实验室来实施。这些标准实验室可通过经常参与一些国际实验室的能力测试来保证分析精度的可追溯性。

备注：

如果一个国家内实验室较少，不足以设置国家标准实验室，那么实验室可参加国内、国际 PT 机构或由邻国的 DHI 机构所组织的 PT 计划。这么做的目的是尽最大可能建立和维持国家间可追溯体系的联系。

每年参加 IPS 计划应不少于 4 次。

国家级的标准实验室应参加 IPS 计划的频率一年不少于 1 次。参加的次数越多越好。

在集中校准和控制系统的特殊情况下，以标准实验室的方法为准，常规实验室没有必要参与 PT 测试。

这些实验是按照国际标准来评定的，如果做不到的话，参考 12.5.1 所阐述的指南或协议执行。

12.5.1.2 内部控制

标准物质（Reference materials，RMs）用于检查两组连续的水平测试结果与正常值比较所得结果的准确性和稳定性。当使用常规方法时，最好用标准物质来检验。

标准物质要求如下：

- 法定标准物质（CRMs）由认可的官方组织生产。
- 二级标准物质（SRMs）由外部机构提供。
- 内部标准物质（IRMs）由实验室自行制作，并已通过 CRMs，SRMs 或 IPS 的比对确认。

无论实验室选择哪一种内控方法，CRMs 和 SRMs 都是按照国际标准来生产和控制质量的，如果做不到，可参考 12.5.1 所述指南和协议执行。

IRMs 是根据生产者或使用者根据自身需求制作的最简易的内控方法。因此，IRMs 只考虑生产和质量控制的要求。实验室需满足自身的质量控制系统的要求，关于这一点可以参照其他相关指南的部分内容。

12.5.2 常规方法的质量控制

使用常规方法进行 DHI 检测时需要检查它们的一致性。具体参考 ISO 8196 | IDF 128（第 II 部分）。

12.5.2.1 外部控制

国家级专业实验室应对检测精确度进行定期控制，或者通过个体外部控制（individual external control，IEC）（通过实验室对代表样品进行常规方法和参考方法的比对进行控制），或者通过所有实验室之间都可进行单独校正的 IPS 计划来实施。如应用后者，则推荐参考 12.4.1.1 和 12.5.1 部分，建议外部控制实施周期每年至少 4 次。

校准方法的重复性和适用性是审核的主要指标。根据实验设计，一些其他影响因素也需要进行评估，如样品的保存和仪器的参数（线性度和协相关）等。

12.5.2.2 内部控制

不论参数如何，必须在实验室常规检测中进行内部质量控制。

一般的标准中（ISO 8196/IDF 128）没有对乳中每种组分的限量进行规定。所以，需具体情况具体分析：

- 脂肪、蛋白质和乳糖（中红外光谱检测法）：ISO 9622/IDF 141；
- 体细胞数：ISO 13366/IDF 148；
- 尿素（中红外光谱检测法）：新版的 ISO 9622/IDF 141。

用于监测仪器稳定性所制备的实验样品应在一定质量保障的前提下制作。（例如，为保证样品的均一性和保存所采取的质量控制措施），这也包含相关的国际标准或指南所提到的一些标准物质。

按照 ISO 8196/IDF 128，以下列出了主要的控制内容：

- 重复性。
- 仪器日常以及短期内的稳定性。
- 校准。

另外，下面列出了与仪器检查相关的具体标准：

- 清洗效率（所有方法）。
- 线性相关（所有方法）。
- 调零（所有方法）。
- 内部校正（红外法）。
- 均质效率（红外法）。

建议应执行附录 1 所提到的频率和限量要求。

12.6 对分析的质量控制和质量保障的要求

12.6.1 遵守国际标准、准则和协议

12.6.1.1 IPS 计划

按照国际标准，在质量保障的条件下组织实施 IPS 计划，如果不能遵照国际标准，则依据指南或协议实施。

在目前已经出版的文档中，可参考如下：

- ISO 指南 43；
- ILAC-G13；
- （化学）分析实验室能力测试的国际统一协定（IDF 公报 342：1999）；
- ISO 13528。

12.6.1.2 标准物质

按照国际标准，以 DHI 分析为目的的标准物质要保障质量，如果不能遵照国际标准，则应按照国际指南和协议执行。

在已出版的文件中，可参考如下：

- ISO 指南 34；
- ILAC-G9；
- ILAC-G12。

12.6.2 分析质量保障（AQA）服务供应商的选择

分析质量保障（Analytical Quality Assurance，AQA）服务供应商的选择—例如，水平测试和标准物质—通过 DHI 实验室形成一种紧密的关系，这种紧密关系存在于服务生产的质量保障体系和作为整体 DHI 分析质量保障体系之间。

服务的供应商应确保质量，并能提供相关的证明材料。

服务供应商应定期进行独立审计，即第三方审计，以保证质量体系的一致性。这些审计应由具有认证资格的评审员，或用户代表委员会，或可作为 DHI 国家级组织履行职能的专家来完成。这些检查人员应提供他们相关的资质来证明他们有能力独立按照 ISO 和 ILAC 的建议来完成检查。

备注：

这些要求都涵盖在评审过程中，在处理大型的 AQA 实验室的服务中，使用专业性还是商业性组织的选择上，我们强烈建议使用后者。在很多情况下，对于那些尚未获得认证的国家来说，或者对于小型和新成立的组织来说，实施内部 QA 系统是最低的要求。

第13章　在线乳成分分析指南

前言

本章内容由ICAR不同的工作组联合执行，详细阐述了以实现牛奶记录为目的，如何在牧场开展乳成分分析工作。牧场乳成分分析工作组（Working Party on On-farm Milk Analysis，WP OMA）成立于2007年夏季，首届会议在2007年11月27日举行，并宣布其相关工作计划。本文于2008年在美国发布，并在之后针对相关建议做了部分修改。

根据不同工作小组负责的内容，将主要工作划分为几个不同的部分，比如标识、产奶量测定、奶样分析、产奶数据记录等。它包含产奶记录过程中的牧场乳成分分析程序的认证。这些程序会在ICAR指南中相应的章节做进一步说明。

（O. Leray，Actilait—
ICAR乳成分分析小组委员会主席）

13.1　介绍

过去几十年，乳成分分析是在配备有自动化快速测定仪器的专业实验室完成的。这些实验室按照ISO/IEC 17025和ISO 9001等国际标准建立质量管理和控制标准程序，并通过主管机构的认证。

最近十年出现了便携式分析仪和分析设备，用于牧场直接在线分析和流动分析。与集中分析相比，这些分析装置完全能够满足官方对产奶记录系统传输数据过程中质量控制和质量管理的要求。

牧场现场分析是基于牧场现场管理的需要下发展和完善的。然而，同时需要满足官方产奶记录的要求。因此要求分析设备同时满足个体和集体的需要。

分析质量保障（AQA）协议由ICAR为实验室乳成分分析而设计。这个协议规定了一些需要遵循的一般性建议，以获得ICAR对于乳成分分析的批准和认证。

未来官方的产奶记录数据将来自不同条件下的不同分析系统，ICAR应该补充现有的AQA系统以确保在使用各种分析系统时记录数据的质量和准确性。

该协议对于用户的质量保障是必须的，同时是制造商制定技术标准和应用范围的必要工具。ICAR制定相应的参考标准来处理与产奶记录分析相关的各方面问题。

在不同的条件下，为满足相关标准和要求，以促进实际的应用，要求分析仪器制造商、原奶生产者都采取适当的措施，以确保乳成分分析的有效性，产奶记录组织在不同的地方要加强执行监管力度。

13.2　概述

牧场分析系统通常与动物标识、产奶量测定和取样设备相关联。

尽管最初是为牧场生产管理而制造的，但是收集的数据有必要使用标准格式以便与其他分析系统相兼容，以便于进行整体的数据分析。随着越来越多的牧场使用乳成分分析仪，必须对泌乳期的计算方法进行统一调整。在安装使用自动挤奶系统（AMS）时，需要特定的准则，以保证测定的结果具有代表性。

相对于实验室的仪器，牧场现场使用的分析仪器应当能够适应不同的温度、湿度和震动等恶劣的条件。相比于实验室仪器具有更低的成本，而去追求更高的抗干扰性和稳定性，这样的分析仪可能会在精确性上表现不好。

虽然现场分析仪器性能低于实验室分析设备，但是在没有系统误差存在时，通过增加检测次数求其平均值是被认可的。因此，在乳成分分析时对分析指标的精确度定义是必要的。协议的修改应该向 ICAR 提供适当的依据，以获取 ICAR 的同意，包括：牧场分析系统的校正、最基本的质量控制措施以及提供能够充分保证产奶记录数据准确性的质量保证程序。

与传统检测设备一样，现场分析设备应该通过 ICAR 质量保证体系认证方可进行产奶记录和遗传评估。

因此，本章节规定了：

1. 牧场现场分析中各种可能的情况。
2. 牧场现场分析设备可以接受的精确性和准确性的上下限。
3. ICAR 评估和认证所需的条件。
4. 质量控制的条件和检查范围。
5. 与已有系统的兼容性（标识系统、数据记录/转移系统、泌乳期计算）。

a. 标识系统；
b. 动物数据记录系统；
c. 泌乳期计算；
d. 挤奶设备的参数。

13.3　术语及定义

13.3.1　乳成分分析仪

专门用于乳成分分析的仪器。通常是指实验室的自动化检测工具，也被延伸用于在牧场现场检测奶样。

13.3.2　牧场的乳成分分析仪

安装在牧场的乳成分分析仪，可以用于检测乳中的各种成分或者特性。

备注：通过特定的采样装置取样，这样进行的乳成分分析可以被认为是代表整个挤奶过程的直接测定结果，或者是通过在线连续测定并根据流量比例加权计算的结果。

13.3.3 外置乳成分分析仪

安装在挤奶管路旁边的乳成分分析仪，用于检测个体的代表性样品。这样的设备并非要安装在挤奶位附近。它们与实验室使用的分析仪有相似的特点，甚至可以看作牧场实验室的一部分。分析仪的数量与挤奶位的数量无关，而与需要检测的样品数量有关。

备注：也被称作离线乳成分分析仪。

13.3.4 内置乳成分分析仪

安装在挤奶管路（例如：输奶管道）上的乳成分分析仪。可在挤奶的过程中进行分析（实时），也可在结束时取样分析（定时）。

备注：也被称作在线乳成分分析仪。

13.3.5 实时乳成分分析仪

实时乳成分分析仪可以在挤奶的过程中通过感应器与刚挤出的奶接触，实时地对乳成分进行分析。连续对奶样进行乳成分（浓度）、流量和时间等的测定和记录，目的是在每一次挤奶完成后计算乳成分的含量和浓度。

它可以是一个内置乳成分分析仪，也可以是单个多路的外置乳成分分析仪，通过单独的内置感应器和连接网络（例如：电线或者光纤）连接到挤奶位上。

13.3.6 精确性

测定的精确度与分析方法有关。准确性采用标准偏差表示，也可以称作总体精度，它与随机误差（精确度）和系统误差有关。该值未考虑校准误差和精确度误差的影响，因此称为“估计精确度”，是用于该类分析仪的替代方案。总体精度可以估计测定不确定度。

13.3.7 测定不确定度

测定的不确定度（即扩展不确定度）是与测定方法的总体精度有关的。它通过标准偏差（标准不确定度）表示事件发生的可能范围，并用因子 k 表示可能发生的概率（通常 k=2 表示 95%的可能性）。一般认为结果产生的误差也是呈正态分布的。

13.3.8 自然的日间变化

对于一个动物个体来说，即使不考虑外界因素的干扰（例如：健康、饲料），在正常的生产条件下，每天的生产参数（例如：产奶量、乳成分）也会发生变化。通常用生产参数的日间标准偏差表示，这与参考的取样方法和分析方法有关（例如：手工取样和化学分析）。

备注：这种变化通常是从大量的测量中估计得到的，需要测量每个动物的一个或多个泌乳期内代表性时间段的大量日间连续记录。统计分析应该排除明显不同于残差平均趋势的非常不稳定的偏差，这种不规则偏离事件与牛群中的变化（例如饲喂，圈舍）有关，并应当对泌乳期每个动物的平均趋势自然偏斜进行补偿。可靠的标准偏差估计可以通过系统分析一定数量的动物和有代表性的泌乳期数据进行计算。

13.4　质量保证——官方产奶记录的要求

参与产奶记录的不同组织要严格按照图 1 的流程执行。各组织的工作标准或者要求已经在 ICAR 指南中加以描述。该方案同样适用于在牧场外检测分析的现有标准。

13.4.1　制造商

制造商制造的分析仪器应该满足 ICAR 所规定的最低性能要求。

具体性能如下：

13.4.1.1　挤奶环境的适应性

- 稳定性（抗震与防水）；
- 耐用性（对环境因素影响的灵敏度）；
- 尺寸、形状、安装位置（不会影响挤奶、安全、卫生等）；
- 温度范围（极端温度测试）。

13.4.1.2　分析参数

- 可重复性；
- 日间稳定性（再现性）；
- 准确性；
- 选择性或者基体效应（相互作用、相互干扰）。

13.4.1.3　设备设施

- 校准设置和控制；
- 奶样采集；
- 设置的自动化程度；
- 样品及动物标识；
- 数据的记录及输出。

13.5　产奶记录组织

13.5.1　牧场乳成分分析质量保障体系

产奶记录组织应承诺其实施的乳成分分析质量保障体系符合 ICAR 的有关指导建议。

13.5.2　牧场乳成分分析仪的审批

牧场乳成分分析仪应该按照 ICAR 有关条款进行评估，通过审批之后才能使用。

13.5.3　校准样品供应单位的审批

校准样品供应单位应该是被公认的/有资质的，或者至少通过了乳成分记录组织质量保障体系的定期审查。

13.6 原奶生产单位

13.6.1 对分析质量控制的承诺

原奶生产单位应承诺其实施的质量控制方案符合 ICAR 的有关指导建议。

13.6.2 对制造商服务的承诺

原奶生产单位应承诺其按照厂家推荐的程序对其牧场设备进行定期维护保养（图 13.1）。

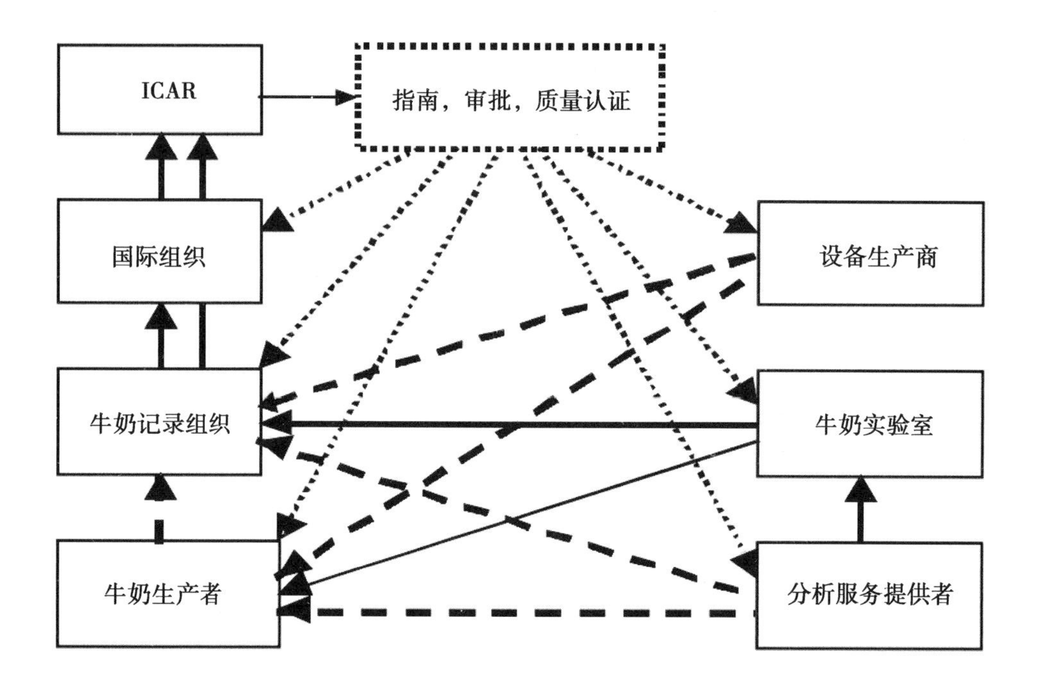

图 13.1 牛奶记录分析过程中的参与者和在 AQA 协议内的委托关系链，箭头指向为承诺方向：连续实线代表实际存在的，间断线代表 OMA 相关的，点线代表 ICAR 指南需规范的

13.7 不同分析类型的定义

根据取样方法和 3 种不同的乳成分分析设备，分为 3 种不同的分析类型，具体标准/要求如下。

13.7.1 实验室分析

ICAR 指南和 ICAR 分析质量保障体系已经涵盖了牛奶记录分析的实际情况。取样和分析是分开的，所有相关设备的精确性必须符合 ICAR 规定的精确性要求。

现行的产奶记录分析准则为实验室分析数据的质量提供了基本条件，同时为可选择的分析系统在不同的地点和时间使用保证数据的一致性提供参考。

13.7.2　牧场外置乳成分分析

取样和分析是分别进行的。取样设备同样可以用于场外分析以及传统（以前）系统，并且应当满足 ICAR 规定的要求和精确度。

外置乳成分分析仪便于牧场主进行更高频次的乳成分分析。因此允许个体乳成分分析具有相对较低的精确度。但是具体的检测条件以及所要求的精确度需要明确。

在大部分乳成分分析记录中，外置乳成分分析通常替代实验室检测分析，例如，在奶样不方便运输到实验室的情况下。需要注意的是，上述分析需要遵守 ICAR 实验室分析指南的相关规定。

13.7.3　牧场内置乳成分分析

同样，内置乳成分分析比传统实验室分析更加频繁，虽然单个结果的精确度较低但也可以接受。另外，具体的检测条件以及所要求的精确度需要明确。

13.8　与传统系统等效的基础和条件

13.8.1　目标

制定乳成分分析的精确度标准，以确保足够的测量精确度；

- 便于原奶生产者更好地进行日常挤奶管理。
- 便于产奶记录组织在进行遗传评估过程中保证数据的精确性。

通过关注不同测定系统在一定时间和空间内的测定不确定度，来评估不同系统之间的一致性和关联性。

13.8.2　对乳成分测定精确度的最大限值

13.8.2.1　基本原理

分析设备的精确度必须确保日间生产数据变化分析的有效性。对于正常生理周期和挤奶条件相关的自然变异进行分析是非常有价值的。因此，分析设备的精确度应优于测定标准的日间波动量，以确保统计的价值。

脂肪浓度的变异用于确定实验室分析仪器的精确度和准确度的最大统计限值。所得限值有助于确定新的乳成分分析仪和质量控制措施在常规检测中的评估限值。

13.8.2.2　自然日间（或任意日间）的脂肪含量变化

自然日间变异用标准偏差 σ_{BDC} 来表示的。收敛实验观察建立的最大可接受限值是 $L\sigma_{BDC}=0.25g/100g$ 或者用置信区间表示为±2. $L\sigma_{BDC}=0.5g/100g$。

13.8.2.3　统计学基础

13.8.2.3.1　*测量误差*

每个单独的乳成分分析结果 C 可以分解如下。

$$C=T+e_{BDC}+e_S+e_A$$

公式中

T=测定值；

e_{BDC}=乳成分的日间误差（自然日）；

e_S=取样器误差（取样误差）；

e_A=分析仪误差（分析误差）。

方差分解的结果：

$$\sigma_c^2=\sigma_{BDC}^2+\sigma_S^2+\sigma_A^2 \quad (1)$$

其中 $\sigma_S^2+\sigma_A^2$ 表示测量总误差。

使用 L 和 F 作为下标用来区分在实验室和牧场分析的相同参数。

13.8.2.3.2　最大可接受分析误差 σ_A

牧场内的测定误差应当低于或等于自然日间变异所产生的误差

$$\sigma_{FS}^2+\sigma_{FA}^2\leqslant\sigma_{BDC}\Leftrightarrow\sigma_{FA}\leqslant(\sigma_{BDC}^2-\sigma_{FS}^2)^{1/2} \quad (2)$$

这里

σ_{BDC}=日间标准差；

σ_{FA}=牧场分析标准差；

σ_{FS}=牧场取样标准差。

关系式（2）中 σ_{FA}的上限是 $L\sigma_{FA}=(L\sigma_{BDC}^2-L\sigma_{FS}^2)^{1/2}$ (3)

a-外置设备分析。表 13.1 中 $L\sigma_{LS}=L\sigma_{FS}$，则极限 $L\sigma_{FA}=0.23g/100g$。

b-内置设备分析。取样的 $\sigma_{FS}=0$，$L\sigma_{FA}=L\sigma_{BDC}$，极限 $L\sigma_{FA}=0.25g/100g$

备注：取样误差在内置分析仪上也可能存在，但是最终它被包含在分析误差中，因此在公式中它被设置为零。

表 13.1　ICAR 指南对于分析误差的上下限值的规定（L-）

误差的组成	标准不确定度的限值
成分分析（F，P，L）： 参考 ICAR 指南对于 DHI 分析的要求，以及 ISO 8196-2	$L\sigma_{LA}=0.103g/100g$ $L\sigma_{LA}=(L\sigma_R^2+L\sigma_{y,x}^2)^{1/2}$ $L\sigma_R=0.025$，$L\sigma_{y,x}=0.10g/100g$
脂肪浓度的采样误差： 参考 ICAR 指南对于采样设备的要求，以及 ISO 8196-2	$L\sigma_{LS}=0.103g/100g$（2.5%） $L\sigma_{LS}=(L\sigma_d^2+L\sigma_d^2)^{1/2}$ $L\sigma_d^2=0.05/2=0.025$ 和 $L\sigma_d=0.10g/100g$
-乳成分的日间变异（%，脂肪） -根据试验得来	$L\sigma_{BDC}=0.25g/100g$ 或者±0.5g/100g
-乳成分记录（脂肪）估计 -根据公式（1）	$L\sigma_{LC}=0.38g/100g$ $L\sigma_{LC}=(L\sigma_{BDC}^2+L\sigma_{LS}^2+L\sigma_{LA}^2)^{1/2}$

13.8.2.3.3　仪器评估和质量控制的统计学限值

用于仪器评价和质量控制的统计参数的限值是通过将实验室分析得到的极限值乘以对应系数或等效系数（FE）来计算的，该系数（FE）定义为牧场分析标准差的限值（$L\sigma_{FA}$）与实验室分析标准差的限值（$L\sigma_{LA}$）之间的比值：

$$FE = L\sigma_{FA} / L\sigma_{LA}$$

其中

a——外置设备分析：FE＝2.3 或降低至 2；

b——内置设备分析：FE＝2.5。

备注：对于外置分析仪的 FE，即使可能低估了对于采样和/或分析设备的精确性，FE 也可降至 2，以便满足规定的限制。采样和分析设备可能由不同的制造商提供，因此，控制整个系统的分析误差的责任由他们共同承担。

根据对三类分析仪器的精确度和使用要求的差异，其 FE 使用如下：

第 1 类：实验室乳成分分析仪 FE＝1；

第 2 类：牧场乳成分分析仪—外置 FE＝2；

第 3 类：牧场乳成分分析仪—内置 FE＝2.5。

计算限值相关的方法和质量控制的统计参数参照表 12.3 和 12.4。

13.8.2.3.4　成分分析不确定度的最低限值

本章节涉及成分估计值 C 的不确定度。它对实验室分析和牧场分析两种情况进行了比较，目的是确定牧场分析中针对个体动物的最小记录数量，通过取平均值获得相同的不确定度，或者确定在一个泌乳期内牧场分析与实验室分析所需的最小记录数量的比值。

将公式（1）应用到牧场环境和实验室环境的分析，再通过以下计算公式估计牧场测试数据，以尽量减少误差：

$$\sigma_{FC}^2/n_{FA} \leqslant \sigma_{LC}^2/n_{LA} \leftrightarrow (\sigma_{BDC}^2+\sigma_{FS}^2+\sigma_{FA}^2)/n_{FA} \leqslant (\sigma_{BDC}^2+\sigma_{LS}^2+\sigma_{LA}^2)/n_{LA} \quad (4)$$

或

$$\sigma_{FC}^2/N \leqslant \sigma_{LC}^2 \leftrightarrow (\sigma_{BDC}^2+\sigma_{FS}^2+\sigma_{FA}^2)/N \leqslant (\sigma_{BDC}^2+\sigma_{LS}^2+\sigma_{LA}^2) \quad (5)$$

其中 $N=n_{FA}/n_{LA}$

N 值是牧场分析与实验室分析相比精确度不足部分的一个补偿值。它通过公式（4）和下述公式计算得出：

$$N \geqslant [(\sigma_{BDC}^2+\sigma_{FS}^2+\sigma_{FA}^2)/(\sigma_{BDC}^2+\sigma_{LS}^2+\sigma_{LA}^2)]$$

通过结合公式（3）和相关限值来设定其具体值

$$N \geqslant (2.L\sigma_{BDC}^2)/(L\sigma_{BDC}^2+L\sigma_{LS}^2+L\sigma_{LA}^2)$$

根据已知的限值（Table 13.1），$N \geqslant [2.0.25^2/(0.25^2+0.10^2+0.10^2)]=1.5$

因此，对于满足限值要求的分析设备，在牧场分析时 N＝2 足以保证与实验室检测同等的不确定度。

在整个泌乳期，为了能够取得同等效果，要求的产奶记录的数量在正常记录数量的基础上乘以因子 1.5。

13.9　ICAR 认可的评估方案

以下两个测试阶段所要遵循的一般性原则。

13.9.1　阶段 1 实验室测试的评估

ICAR 文件的第一部分中涉及阶段 1 的内容是与牧场现场分析设备相关的，旨在调整限值以符合表 13.3 所列的精确度值。

可能在一些章节未提及某些设备，对于这种情况，要求仅在符合仪器检测原理的情况下使用。对于内置实时检测的设备来说，其特殊要求以及可预见的其他影响感应信号和最终结果一致性的因素均需要予以说明。

13.9.2 阶段 2 牧场测试的评估

奶样保存和奶样变质的问题在使用牧场内置分析设备时不需要考虑，如果是牧场外置分析设备，则需要考虑以上两个因素。本条款适用于所有牧场分析设备。

不同分析设备相对应的参考采样方法需要予以明确。对于内置分析仪，挤奶管道中应该安装有相应的监测传感器，以便在质量控制核查中进行校准操作。13.14.1 中列出了对制造商关于实时监控设备运行状态的要求。

13.9.3 内置实时分析仪的特性要求

对于针对每个挤奶位的分析装置以及整个挤奶厅的分析设备，均需要进行分析特性的评定。每个挤奶位的装置都必须分别满足可接受范围的要求，以保证系统的整体精确度。如果每个挤奶位的独立测试均有相同的精确度和准确度，则可以使用平均值来表示整体挤奶设备的特性。

精确度（可重复性和可再现性）

在正常的挤奶条件下，对精确度的直接评估比较困难，主要原因是在一次挤奶过程中无法获得同等品质和数量的重复样品，不能进行重复分析。

因此，可以采用间接方法对精确度进行评估，例如，针对传感器进行测试，以测定精确度的中值水平，并计算最终的精确度值，如表 13.2 所示。该方案的应用很大程度上依赖于设备的原理和设计。

备注：人造乳房和调制乳的使用可以作为评估部分或整个测定系统精确度的一种选择。这种方法要求保持牛奶的完整性并对正常的挤奶因素（温度、脂肪梯度）进行有效模拟。可以选择手工挤奶二次利用，或者使用相同乳成分的新鲜调制乳。人造乳房的制作材料应该不含奶或任何乳成分（内壁，防渗涂层）。

准确度

根据 ISO 8196，针对相关的参考方法来确定准确度特性。

表 13.2 DHI 分析的质量控制方案

控制	频率	模式
参考方法		
外控	每季度	IPS
内控	每周（校准检验）	CRMs，SRMs，IRMs
常规方法		
外控	每季度	IPS/IEC
内控	参照表 13.4	IRMs/ECMs

IPS：精确度比对（实验室和牧场现场设备之间）；

IEC：个体样外部监控；

CRMs：法定的标准物质；

SRMs：二级标准物质；

IRMs：内部控制样品（用于控制、监控和校正）；

ECMs：外部控制样品（服务供应商）。

外部质量控制由一个主管机构负责，从而实现系统与专业实验室的衔接。

13.9.3.1 初始化装置

初始化装置通常用于离线乳成分分析仪。然而，对于内置实时分析装置的传感器测试同样需要对初始化装置的特征值进行检测。另外，离线分析仪的测试程序同样适用于内置分析仪的传感器测试。制造商有责任对其进行适当的测试（表 13.3）。

表 13.3　乳成分分析仪在牛奶记录中的测试评估精确度和准确度的阈值

成分		脂肪	蛋白质	乳糖	尿素	体细胞（SCC）
单位		g/100g	g/100g	g/100g	mg/100g	10^3 个/mL
范围	总			4.0~5.5	10.0~70.0	0~2 000
	低					0~100
	中	2.0~6.0	2.5~4.5			100~1 000
	高	5.0~14.0	4.0~7.0			>1 000
样品数	个体数（Na）	100	100	100	100	100
	畜群数（Nh）	5	5	5	5	5

分析设备		实验室			牧场离线			牧场在线		
等效因子	FE	×1			×2			×2.5		
成分		乳脂、乳蛋白、乳糖	尿素	体细胞	乳脂、乳蛋白、乳糖	尿素	体细胞	乳脂、乳蛋白、乳糖	尿素	体细胞
单位		g/100g	mg/100g	%	g/100g	mg/100g	%	g/100g	mg/100g	%
可重复性								[a]	[a]	[a]
标准偏差（sr）	总范围			4%			8%			10%
	低			8%			16%			20%
	中	0.014	1.4	4%	0.028	2.8	8%	0.035	3.5	10%
	高	0.028	2.8	2%			4%			5%
实验室内可重复性										
标准偏差（sR）	总范围			5%			10%			13%
	低			10%			20%			25%
	中	0.028	2.8	5%	0.056	5.6	10%	0.069	6.9	13%
	高	0.056	5.6	2.50%	0.056	5.6	5%	0.070	7.0	6%
精确度										
动物样品 SD（sy，x）	总范围			10%			20%			25%
	低									
	中	0.10	6.0		0.20	12.0		0.25	15.0	
	高	0.20			0.20[b]			0.25[b]		
校准[c]										

（续表）

分析设备		实验室			牧场离线			牧场在线		
均值偏差（d）	总范围		±1.2	±5%		±2.4	±10%		±3.0	±13%
	中	±0.05			±0.10			±0.13		
	高	±0.10			±0.20			±0.25		
斜率（b）		1±0.05	1±0.10	1±0.05	1±0.10	1±0.10	1±0.10	1±0.13	1±0.10	1±0.13

[a]内置分析仪不同时间的分析结果的相关性；

[b]对绵羊和山羊可乘以校正因子 2，以确保记录数据较少时的精确度；

[c]与制造商的校准相比较。

13.9.3.2 可重复性

一头奶牛不能重复挤两次奶，因此在挤奶时应该均匀采集奶样，用传感器来测量可重复性。通过比较传感器所得结果的平均值与挤奶过程中的记录值，可以对其一致性进行检查。用 sr_s 表示传感器的重复值标准偏差，而用 sd 表示不同样品间的标准偏差，则仪器的重复性标准偏差 $sr=(sd^2-sr_s{}^2/2)^{1/2}$。

通过对所有设备的重复性方差取平均值，获得该系统的重复值标准偏差。

将所得值与表 13.3 中所述的阈值进行比较。

13.9.3.3 可再现性

一头奶牛不能重复挤两次奶，因此在挤奶时应均匀采集奶样，用传感器来测量可再现性。通过比较传感器所得结果的平均值与挤奶过程中的记录值，可以对其一致性进行检查。

代表性的奶样在系统的每个位点（传感器）上进行样品重复分析。然后，从重复样品的分析结果计算所有传感器的重复性标准偏差 sr_s，重复值平均值的标准偏差（$s\bar{x}$）和设备间的标准偏差（s_a）的关系为 $s_a=(s\bar{x}^2-sr_s{}^2/2)^{1/2}$

对于所有设备来说，每一单独设备的可再现性标准差 sR_d 可用下面公式获得：

$$sR_d=(s_a{}^2+sr_s{}^2)^{1/2}$$

系统可重复性标准偏差可通过对可再现性方差求平均值获得。

a. 挤奶系统内的可再现性。在同一挤奶过程中，相同的奶样可通过系统所有的传感器重复分析检测。

b. 挤奶设备间的可再现性。每个奶样在合适的条件下储存（温度，防腐剂），再用上述奶样进行 10 次连续挤奶循环，并用同一台传感器重复分析检测。

所得值与表 13.3 中所述的阈值进行比较。

13.9.3.4 精确度

用认证实验室按照标准方法检测的结果对现场的每个挤奶位的精确度和整个系统的精确度进行评估。精确度的标准偏差可按照 ICAR 关于乳成分分析仪的规定或 ISO8196 标准来计算。

由于每次记录只有一次测量的可能，所以测量的精确度涵盖了所有误差的来源（可重复性、仪器内可再现性、评估的准确性、真实度的偏差）。

通过对相同奶样进行重复分析可以得到分析仪之间比较相近的偏差，但是这仅提供传感器的校正信息，而不能涵盖样品测定和采样造成的偏差。

13.9.3.5 延时

由于大量的奶连续通过该系统，因此实时分析系统不能出现延时现象。

13.9.4 必要的设施及操作

13.9.4.1 采样装置

要求采样系统能获得具有代表性的样品，用于：

- 对牧场分析仪器无法测定的乳成分或特性进行分析；
- 质量控制的比较。

最少样品量应保证质量控制分析的需要，包括通过设备或化学分析仪作为校准参考时需要的最少重复奶样量，一般不低于 30mL。

13.9.4.2　外部样品进入的管道装置

分析装置应该允许对外部来源的样品进行分析，以便通过已知的（参考）样品进行校准检查/调整。

每次检测所消耗的最大样品量应确保装置进行重复测试时奶样的充足。最好不超过 10ml。

如无该装置，生产商应提供其他适当的质量控制和校准程序。

13.9.4.3　定期清洗和归零

为了避免在传感器组件上附着牛奶，并保持仪器响应的稳定性，应该定期进行清洗。

在检测期间每检测一批奶样之前以及达到规定使用频次时，都应进行归零调整。

13.9.4.4　调整安全等级

- 一级权限。打开挤奶机（有锁定和解锁的安全设置）。挤奶之前，用标准样校准（分析、校准以及参数设定、检测）。
- 二级权限。为了对特定的操作程序进行保护（如校准程序），相应的设备接口可以被锁定。它可以在一定条件下对挤奶操作员和服务工程师开放。

其他相关建议均应按照 ICAR 指南执行。

13.9.4.5　稳定性/耐用性

- 湿度、水分。该设备是防水的，或者在设备工作的场所（挤奶厅，AMS，以及其他地方）做好防水防潮措施。
- 温度。该设备在正常温度范围内均可工作（挤奶厅，AMS，以及其他地方），且分析结果应不受到温度变化的影响。
- 酸和碱。设备应对工作场所可能接触到的化学物质（如洗涤剂）不敏感。

物理振动、摇晃。该设备在使用时，应尽量避免受到可能的物理振动（不正常的运转，动物接触，等）或摇晃（泵）。

- 尺寸和形状。该设备的尺寸和形状应适应挤奶设备和环境（挤奶厅，AMS）的状况，以确保挤奶操作可以很容易实施，且没有任何物理障碍。而且尺寸较小，外形光滑，避免钩挂衣服。
- 挤奶机的影响。与产奶量记录装置的共同参数需要统一研究制定，而且在正常的变化因素（如流量、真空度、管道位置等）下不应对记录结果产生影响。

其他相关建议均应按照 ICAR 指南执行。

13.9.4.6　清洗

分析设备的清洗应该在挤奶完成后进行。系统是否恢复初始零值是清洗好坏的一个重要指标。整个挤奶系统清洗后，其中的采样和分析设备所产生的误差是可控的。应重点强调，要避免由于清洗不够导致微生物积累（避免死角）从而加剧污染。

其他相关建议均应按照 ICAR 指南执行。

13.9.4.7　维修

相关维修操作应该进行档案管理，制造商和用户均应接受特定的培训。系统中各部件的更换应该是简单而快速的，应该在挤奶过程中实时解决相关问题，而不妨碍整个挤奶过程。

其他相关建议均应按照 ICAR 指南执行。

13.10 质量控制和校准

13.10.1 一般性建议

实施数据质量控制对于官方产奶数据记录和数据记录用于非个体利益的情况下都是强制性的。否则，建议仅将其作为牧场日常管理的工具。

ICAR 指南（第 12 章）中列出了需要进行质量控制的乳成分测试在不同的检测环境下需要检测的次数，依据表 13.2 进行分析。

13.10.2 牧场分析仪的内部质量控制

本章节所涉及的内部质量控制是针对用于遗传评估的官方产奶记录，所有用于官方产奶记录的分析数据都应该进行适当的质量核查。对于官方的产奶记录而言，对数据有以下要求。如果产奶记录用于其他目的，以下说明仅供参考。

13.10.2.1 特性、频率和范围

场内分析仪的测试频率应该是实验室检测的 2 倍甚至更多。如果检测频率与实验室检测一样，那么这些仪器应该满足实验室分析仪器的精确度要求，并且按照第一类分析仪的要求进行仪器评估。

内部质量控制应该参照实验室仪器的相关操作程序，并满足最低检测频率和最大限值的要求，便于进行仪器间的相关性核查（参照表 13.4）。

13.10.2.2 外部标准样品

检测必须快速并且简便，能够使用标准样来校正和进行内部检查。如果没有特殊的参考值要求（比如对照样本，延时），可在当地牧场采集奶样来制作标准样。

13.10.2.3 内部质量控制的实施

13.10.2.3.1 设备调试

如果设备的推荐程序仅为参考程序，则设备的误差来源（如清洗效率、均质效率）可能是不存在的。对此，制造商必须予以明确。根据 ISO 8196，可在 ICAR 的牛奶分析评估协议中找到适当的程序。

对于内置实时分析仪，应在设备中安装自动检查设备，以方便和简化挤奶前的核查操作。它要存储足够多的记录数据，以便进行质量控制追溯和制造商的进一步维护。

表 13.4　质量控制—最小频率及最大限值（暂定）

乳成分分析仪	实验室			牧场（离线）			牧场（在线）		
	频率	限值（乳脂、乳蛋白、乳糖）	限值（体细胞数）	频率	限值（乳脂、乳蛋白、乳糖）	限值（体细胞数）	频率	限值（乳脂、乳蛋白、乳糖）	限值（体细胞数）
单位		g/100g	%		g/100g	%		g/100g	%
设备调试				[a]			[a]		
均质效率	月	0.05（1.43%）	无	年	0.05（1.43%）	无	不相关		
清洗效率	月	1%	2%	年	1%	2%	不相关		
线性（弯曲）	季度	1%	2%	年	2%	4%	年	25%	5%
组间关联	季度	±0.02	无	年	±0.05	无	年	±0.05	无
一致性（n 个样品）							年	$\pm 0.14/\sqrt{n}$	$\pm 0.35\%/\sqrt{n}$
校准									
平均偏差	周	±0.02	±5%	季度	±0.04	±10%	季度	±0.05	±13%
斜率	季度	1.00±0.02	1.00±0.05	季度	1.00±0.04	1.00±0.12	季度	1.00+/−0.05	1.00+/−0.13
		1.00±0.05[b]			1.00±0.05[b]			1.00±0.05[b]	
日稳定性									
重复性限值（r）	开始	0.04	14%	开始/结束	0.08	28%	开始/结束	0.10	35%
重复性 SD（sr）	开始	0.014	5%	20 批次	0.028	10%	20 批次	0.035	13%
每日/短时间	3/h	±0.05	±10%	3/h	±0.10	±20%	不相关		
再现性限值（R）		0.07	14%	一次	0.14	28%	一次/天	0.17	35%

（续表）

乳成分分析仪	实验室			牧场（离线）			牧场（在线）		
	频率	限值（乳脂、乳蛋白、乳糖）	限值（体细胞数）	频率	限值（乳脂、乳蛋白、乳糖）	限值（体细胞数）	频率	限值（乳脂、乳蛋白、乳糖）	限值（体细胞数）
再现性 SD（sR）		0.025	5%	20 批次	0.05	10%	20 批次	0.06	13%
调零	4/天	±0.03	5 000SC/mL	开始	±0.03	10 000SC/mL	开始	±0.03	13 000SC/mL

a：此项仪器有关；

b：乳糖的限值；

注：如果针对明显高浓度的乳脂、乳蛋白的动物（如绵羊、水牛、特殊的山羊和奶牛品种），需要适当的根据各指标的平均水平相应调整限值范围，在上述基础上乘以一定的因子，如绵羊需乘以 2 比较合适。

13.10.2.3.2　定标曲线的调零和稳定性

分析仪定标曲线的稳定性应该在每次分析过程开始时使用已知的样品分别在低浓度水平和中等浓度水平进行检查。

待检材料的特性取决于当前设备和对设备供应商的选择，举例说明：

- 介质材料可以是长期保存的奶样，可以是标准液体或者固体物质（例如过滤器），其结果与牛奶的平均水平相似。
- 低（零）浓度材料可以是纯水，或者其标准零溶液，或者是固体材料（例如过滤器）。

目标浓度值取决于与校准样品同时分析的样品测试结果，或者上次校准的结果。

在检查阶段，材料应最少一式两份重复分析，取得的平均值应符合表 13.4 的调零和日常校准规定的误差范围。

对于类似于利用传感器进行自动化检测的实时分析设备，应该安装在设备内部以确保设备稳定性。长期稳定的制作材料可以作为设备的一部分安装在设备上。

13.10.2.3.3　重复性和日稳定性

对于外置分析设备，需在每次分析开始和结束环节使用控制样（13.10.2.3.3）。

- 重复分析校正样本得出的差值的范围不应超出表 13.4 中的 r 值。

四次分析过程之间差值不应超出表 13.4 中的 R 值。

在一个固定周期内（例如，连续 20 次分析过程）定期总结和计算重复性和再现性标准偏差，可以提供更多关于方法的规律性的信息，以及分析影响牧场分析设备的测定不确定性的因素。sr 和 sR 值应该符合表 13.4 中的相应限值。

对于类似于利用传感器进行自动化检测的实施分析设备，应确保设备的稳定性。

13.10.2.3.3 和 13.10.2.3.4 条款可以同时使用。

13.10.2.3.4　校准和精确度

对于外置分析仪的校准程序可以与实验室分析仪相同。用已知参考值的奶样进行定期校准。样品可以在牧场采样后用参考方法分析，或者由产奶记录机构认可的供应商提供。

对于内置实时分析仪只能通过对样品进行分析后，用适当的方法进行校准，比如使用参考方法进行测试，或使用其他乳成分分析仪进行适当的校准。然而，由于需要采样，并由有能力的机构（如认证的实验室）进行参考分析，因此不能在短时间内完成这项工作。

外置分析仪的校准至少每季度进行一次，内置分析仪至少每年一次。定标曲线的斜率和偏差值应在表 13.4 的限值范围内。精确度应至少每年使用参考方法进行一次核查，并符合表 13.3 中个体动物的精确度限值要求。

注意：分析传感器的校准在农场是不容易进行的，如果最终结果需与产奶量测定数据相结合，则很难获得设备校准的全部数据。因此所有的数据均需保存以便进行设备的维护。

13.10.2.3.5　测定的一致性

对于与产奶量测定装置相结合内置实时分析仪器，评估最终结果与传感器的测定结果之间的一致性，可以检查测定系统是否正常运行，而这是包含泌乳速度、乳成分、挤奶时间等数据的综合测定结果。

每年，利用内置分析仪的采样装置对所有动物个体每一次挤奶进行采样，并用分析传感器进行重复分析以进行仪器校准。

测定结果和传感器结果的 d_C 值的差异不应超过表 13.4 中的重现性 R 值，且 n 的平均偏差应在±2. $(sR^2+sr^2)^{1/2}/\sqrt{n}$ 范围之外。

13.11 挤奶系统相关要求（记录设备小组委员会）

13.11.1 内置实时分析仪的评估

13.11.1.1 综述

内置实时分析仪的精确度应在制造商所要求的配置条件以及与必要装置相关联的条件下进行评估。

通过测定部分群体的产奶性能来代表最大群体（包括产奶量、乳成分），分析仪的目的是能方便地指示和测量动物的高生产性能。

因为每个动物不能要求同时被挤两次奶：

- 无论是重复性还是再现性（在日间和设备间），关于质量控制的核查都难以在牧场实现，因此用户并不感兴趣。而设备的评估只能在评估实验室通过适当的方法实现。
- 精确度的测定应该包括可重复性的随机误差，包括连续测定日间以及设备之间的再现性误差。

如果采用了适当的程序，例如使用保存的牛奶或替代品来代替鲜奶，则需要明确替代品可以完全模拟鲜奶的挤奶条件，从而避免出现可能的偏差或误差。

在做任何评估时，都应使用被认可的产奶测量、采样（代表性奶样）及分析方法（ISO、IDF 方法）。

13.11.1.2 挤奶设备对精确度影响的评估

13.11.1.2.1 实验室检测

实验室检测的目的是确保检测设备不受挤奶设备和泌乳速度的影响。

包含以下几个方面的评估：

泌乳速度对乳成分分析结果的影响，例如，在给定的真空度和空气进气量下，泌乳速度为 1、3、5 和 9kg/min。

- 不同的真空度，例如在给定的泌乳速度和进气量下，真空度为 40、45 和 50kPa。
- 不同的进气量，例如在给定的泌乳速度和真空度下，进气量为 0、8、12 和 20L/min。

倾斜（除制造商另有声明外）。如果规定了最大的倾斜度，那么需要在给定的泌乳速度、真空度和进气量的情况下对仪器的精确度进行测试。

另外，按照 ISO 5707 要求，当奶牛挤奶时，泌乳速度为 5kg/min 时，安装实时分析仪的设备不能出现大于 5kPa 的真空降。因此，可以在泌乳速度 5kg/min 时比较安装分析仪器与不安装分析仪器的挤奶设备间的真空降水平。

注意：根据产奶动物不同，如山羊、绵羊和水牛等具有不同的产奶量和乳成分，仪器的参数会有所不同，应进行调整。

13.11.1.2.2　现场测试

为保证泌乳速度和乳成分的一致性，现场测试是很有必要的。测试应该在两个不同的牧场最少 4 台设备上进行。

13.12　数据记录和数据管理

因为在不同的国家有不同的数据传输标准，所以 ICAR 无法规定一个国际标准。不同国家使用着不同的数据传输协议（例如：XML、CSV、ADIS 等）和不同的国家数据库，ICAR 只能将标准局限于规定数据记录的必要内容。现有的国际标准有 ISO、ICAR 及 ISO-agriNET 等。因此 ICAR 只规定如何处理数据，而没有限制必须使用的传输协议和数据库。

信息可能在牧场中传递（例如：数据从分析单元向过程控制计算机的传输；数据从过程控制计算机向畜群管理计算机的传输等），或者在业务合作伙伴之间，牧场主与实验室，产奶记录组织和信息中心间进行信息传递。在一个采样周期内，每次挤奶都应当进行数据的记录并进行管理与传输。记录的项目包括：牧场名称、动物编号、泌乳日期与时间、产奶量和挤奶异常记录等。另外，应当利用牧场管理软件计算平均 7 天的泌乳量。

表 13.5 列出了最低限度的数据传输要求。按照国内或者国际的标准，利用这些信息可以计算 24h、48h 和 96h 泌乳量（必填项）（示例 1）。如果因某个分析单元故障导致乳成分检测值异常，则表 2 中的内容必须进行记录，作为对表 13.5 中内容的明确（可选项）（示例 2）。此外，采样瓶可以通过官方实验室的测试来监控牧场分析单元的分析结果。这种情况下，采样瓶必须清晰标识，以使分析单元与采样瓶一一对应。一个数据记录必须包括表 13.5 的必填信息，表 13.6 中的牧场分析单元的测试结果和表 13.7 中的采样瓶唯一性标识信息（可选项和有条件的测试科目）（示例 3）。

一般来说，分析仪制造商必须确保每只动物每次挤奶的所有信息能记录在同一个档案并传输。

表 13.5　牧场内乳成分分析的记录内容（必填项）

项目	数据类型[1]	长度	小数位	描述
牧场名称	N	15	0	牧场识别代码（正式的（在法律上）牧场身份标识的号码或是由产奶记录组织指定的牧场编码）
动物编号	N	15	0	在不同的国家或地区，正式的（在法律上的）动物身份识别代码[2]
日期	N	8	0	开始挤奶日期（年、月、日）20071127 = 2007 年 11 月 27 日
时间	N	6	0	挤奶的起始时间（h、min、s）140145 = 14：01：45
产奶量	N	3	1	在整个挤奶过程中单个动物的产奶量（kg）178 = 17.8kg
记录异常挤奶情况	AN	1	0	T 或 F（F 表示正常挤奶，T 表示挤奶异常中止）

（续表）

项目	数据类型[1]	长度	小数位	描述
7 天产奶量分析	N	3	1	通过管理软件，计算 7 天平均产奶量（kg）[3]

[1]数据类型：N=数字，AN=字母数字。

[2]动物编号，按照 ISO 11784 要求，由国家代码（a）和国家动物识别代码（b）组成。

（a）国家代码，按照 ISO 3166 标准，由表示国家名称的 3 位数字组成。

（b）国家动物识别代码，在国家层面使用 12 位数字代表动物个体，如果国家动物标识代码少于 12 位，用 0 补齐。

[3]每个检测分析值应该根据表 13.5 的要求填写。

表 13.6 中列出的是具有分析价值的可选性指标

表 13.6 具有分析价值的可选指标示例

项目	数据类型	长度	保留小数	描述
乳脂率	数字	4	2	脂肪百分比（%），（0421=4.21%）
乳蛋白质	数字	4	2	蛋白质百分比（%），（0389=3.89%）
乳糖率	数字	4	2	乳糖百分比（%），（0485=4.85%）
体细胞数	数字	5	0	体细胞计数千位（00195=195 000）
尿素含量	数字	3	0	尿素（mg/kg），（224=224mg/kg）
其他				[1]

如果对每头牛的样品进行分析，就必须报告每个样品的结果。这些可以作为单个结果或 n 个样品的平均结果来体现。

如果每头牛的测定结果根据国家或国际标准进行脂肪校正，则报告校正后的值。

[1]其他条目必须由 ICAR 同意，并规定数据传输的标准。

向检测实验室提交采样瓶的可行性必须予以考虑（例如，对分析单位的控制；官方的产奶记录等）。采样瓶必须标识清楚。通过以下方式可以实现采样瓶的唯一性标识：

- 条形码；
- 数据芯片（例如，RFID）；
- 样品瓶编号；
- 样本盘的唯一编号与采样瓶的唯一编号相结合。

因此，应增加表 13.7a 至表 13.7d 中的记录内容（根据情况选择其中一种）。

表 13.7a　使用条形码标识采样瓶示例（可选项）

项目	数据类型	长度	保留小数	描述
条形码	N	10	0	条形码

或

表 13.7b　使用数据芯片标识采样瓶示例（可选项）

项目	数据类型	长度	保留小数	描述
RFID	N	?	0	电子芯片

或

表 13.7c　使用唯一采样瓶编号标识奶样瓶示例（可选项）

项目	数据类型	长度	保留小数	描述
采样瓶编号	N	?	0	每个采样瓶的个体编号

或

表 13.7d　使用样品盘唯一编号与采样瓶唯一编号相结合的示例（可选项）

项目	数据类型	长度	保留小数	描述
样品盘编号	N	6	0	样品盘上的编号
采样瓶编号	N	4	0	采样瓶上的编号

示例 1：数据传输内容的最低要求——产奶量记录

276031239512354 牧场中的两头牛（DK 1 12 321 51235 和 AT 05 1235 4123）在 2007 年 11 月 27 日 14：00 挤奶（自动挤奶系统）。安装的分析单元没有对乳脂、乳蛋白、乳糖、体细胞数、尿素含量进行自动分析。没有用采样瓶收集奶样。数据记录必须包括：

动物 DK 1 12 321 51235：

牧场编码	276031239512354
动物编码	208011232151235
日期	20071127
时间	140145
产奶量	178
异常．挤奶结束．	F
7 天的产奶量	532

动物 AT 05 1235 4123：

牧场编码	276031239512354

动物编码	040000512354123
日期	20071127
时间	141852
产奶量	106
异常 . 挤奶结束 .	F
7 天的产奶量	213

示例 2：分析单元进行乳成分分析，未进行“官方”采样瓶采样

276031239512354 牧场中的两头牛（DK 1 12 321 51235 和 AT 05 1235 4123）在 2007 年 11 月 27 日 14：00 左右通过牧场乳成分分析仪进行分析（自动挤奶系统）。乳脂、乳蛋白、乳糖、体细胞数和尿素含量通过安装的分析装置获得自动分析结果。没用采样瓶进行样品收集，数据记录必须包括：

动物 DK 1 12 321 51235

牧场编码	276031239512354
动物编码	208011232151235
日期	20071127
时间	140145
产奶量	178
异常 . 挤奶结束 .	F
7 天产奶量	532
乳脂率	0421
乳蛋白率	0389
乳糖率	0485
体细胞数	00195
尿素含量	220

动物 AT 05 1235 4123

牧场编码	276031239512354
动物编码	040000512354123
日期	20071127
时间	141852
产奶量	106
异常 . 挤奶结束 .	F
7 天产奶量	213
乳脂率	0409
乳蛋白率	0372
乳糖率	0475
体细胞数	08918
尿素含量	190

示例 3. 分析单元进行乳成分分析，用“官方”采样瓶采样

276031239512354 牧场中的两头牛（DK 1 12 321 51235 和 AT 05 1235 4123）在 2007 年 11 月 27 日 14：00 左右通过牧场在线分析进行分析（自动挤奶系统）。乳脂、乳蛋白、乳糖、体细胞数和尿素含量通过安装的分析装置获得自动分析结果。使用带有条形码的采样瓶进行奶样收集，数据记录应该包括：

动物 DK 1 12 321 51235

牧场编码	276031239512354
动物编码	208011232151235
日期	20071127
时间	140145
产奶量	178
异常．挤奶结束．	F
7 天产奶量	532
乳脂率	0421
乳蛋白率	0389
乳糖率	0485
体细胞数	00195
尿素含量	220
条形码	5863252147

动物 AT 05 1235 4123

牧场编码	276031239512354
动物编码	040000512354123
日期	20071127
时间	141852
产奶量	106
异常．挤奶结束．	F
7 天产奶量	213
乳脂率	0409
乳蛋白率	0372
乳糖率	0475
体细胞数	08918
尿素含量	190
条形码[1]	9371535180

注：[1]可以使用数据芯片、采样瓶唯一性编码或样品盘唯一性编码（结合采样瓶的唯一编码）代替条形码。

13.13 产奶记录中乳成分分析仪的审核程序

免责声明：通过这个程序和使用这些协议，ICAR 承认及确定在所述条件下以及满足相应的技术需求的情况下进行评估，使用者可以使用并进行产奶记录，所以允许 ICAR 会员参考该认证（即 ICAR 批准）而不再需要其他额外的评估（除非有地方要求）。这种认可适用于在评估过程中对应用条件和仪器配置的测试，而不能用于产奶记录以外的任何其他协议。

前言

ICAR 组织对乳成分分析仪的认证是在 2002 年启动的，只要根据 ICAR 的指定协议成功评估并在 3 个不同的国家得到当地批准，分析仪即认证通过。

这项国际认可程序是对 ICAR 组织直接评估的补充，该程序允许制造商不预先获得 3 个国家或地区的批准。

附加规程对乳成分分析仪的初步评估进行了补充。规程包括对非自动化的牛奶分析仪（即手动操作）的评估，该类仪器可作为用于校准的控制仪器，也包括已获 ICAR 批准的制造商所生产的新型分析仪。

13.13.1 ICAR 批准程序

ICAR 仅承认两种乳成分分析仪的评估方法，均以 ISO 8296-3 和 IDF 128-3 为基础。

13.13.1.1 单一国家评估

如国际标准所述，该分析仪已在 3 个不同国家进行评估并批准。这个过程使分析仪通过连续的国家批准逐步走向国际认可，并最终获得 ICAR 的批准。

优点在于在较长的时间内分摊评估成本，并尽可能地限制了不符合评估要求带来的风险。

程序的详情见附录 A.

13.13.1.2 国际评估

它是基于不同国家的 3 次独立评估，但未通过国家评估和批准。它由一个国际组织，即 ICAR 组织执行和监督。因此，测试可以同时进行或连续进行。最终 ICAR 可以直接予以批准。

对于制造商来说，这大大简化了申请程序，仅需要向 ICAR 提交一份申请即可。制造商还可以建议组织者在适当的国家的认可实验室开展评估工作。

风险是，任何针对仪器的可能的修改（例如克服可能的技术缺陷/障碍）都需要执行该评估程序，而供应商需承担延期及评估费用增加的后果。

程序的细节详见附录 B。

13.13.2 评估参考资料

13.13.2.1 参考文件

以下国际标准适用该程序。

ISO 8196-3 | IDF 128-3：牛乳—牛乳分析变异法总准确度的定义和评估—第3部分：牛乳分析变异计量法的评估和批准协议。

该标准适用于任何乳成分分析的变异计量法。它确认并完善了ICAR协议的内容，即“ICAR批准的乳成分分析仪评估协议”，从而使其在ICAR领域之外同样可以得到认可。

13.13.2.2 对手动乳成分分析仪评估的补充

ICAR批准的应用领域还包括非自动乳成分分析仪（手动），可作为实验室监测和校准的主要仪器。

对于这类装置，国际标准化组织建议将第二阶段评估中需在两个常规实验室进行为期两个月的评估调整为在一个常规实验室进行为期两个月的评估。

13.13.2.3 对已经批准的乳成分分析仪新版本评估的补充

这部分是指仪器的配置更改（例如升级为更高的测试速率）或分析仪是前一个版本的更新（更具吸引力，对用户来说有更先进的功能），在分析原理，主要仪器部件，功能和用于测试的配套器具方面没有重大变化。

再认证的目的是证明新的仪器的分析性能没有显著变化，因此必须验证其准确度和精确度均无显著性变化。这可以通过与以前ICAR认可的分析仪进行充分的比较，验证新的分析仪。

ISO 8196-3| IDF 128-3的标准协议适用于所有常规检查的强制性部分，替代以前ICAR对分析仪的认可协议。

这两种仪器都应该用同样的校准材料校准。通过平均差值（与0没有统计学差异）、斜率（与1没有统计学差异）和变异的标准偏差 s_d 和可重复性标准偏差 s_r（两者与可重复性标准偏差 σ_r 没有统计学差异）进行评估。

本协议和遵守范围详见附录C。

新版分析仪具有与旧版分析仪相同或更好的评估结果，ICAR将对设备的认证状态予以延期。

如果评估结果不如预期，超出了规定的范围，表明非等效装置，因此验证应该根据ISO-IDF协议恢复到标准评估程序，之后根据参考方法进行准确性评价。

13.13.3 评估类型

评估类型的选择（13.2.2.1，13.2.2.2，13.2.2.3）取决于设备的技术特点和之前的评估类型。

13.2.2.2和13.2.2.3两种方法并不相互排斥，可以结合使用，例如，从已经认可的自动设备中获得的手动设备。

制造商可以根据技术、战略和经济条件选择评估方法。当其中的技术特征不符合先决条件，或者评估结果不符合规定的限制时，在13.2.3.2.3中提到的简化协议需要升级为完整协议进行评估。

因此，在进行任何评估之前，特别是通过 13. 2. 1. 1 中经 3 个独立的国家评估的方法，建议制造商向 ICAR 秘书处提交仪器特性的相关说明，并与 ICAR 进行沟通以确定最适当的评估方法。ICAR 秘书处将在与 MA SC 协商后，向制造商建议最适当的评估协议，并以附录 G（或类似）的形式告知制造商。

在选择 ICAR 国际评估类型后，ICAR 将在确定评估组织之前拟定适当的评估协议。

13. 14 动物标识相关的要求（动物标识小组委员会）

详见 13. 11。

13. 15 泌乳计算相关的要求（泌乳计算工作组）

正在开发。

13. 16 记录数据的相关要求（动物记录数据工作组）

详见 13. 11。

第 14 章　羊驼的标识及其驼毛标准指南

14.1　羊驼鉴定的 ICAR 规则、标准和方法指南

14.1.1　羊驼鉴定的 ICAR 规则

1. 羊驼标识记录必须是成员国的动物官方身份，且具有唯一性。

2. 如果动物的身份标识不是独一无二的，记录中必须重点申明（例如山羊/绵羊的编号）。用于羊群或牛群的 ID 号码必须对应某只羊（牛）或羊（牛）群。

3. 羊驼的标识易辨识。

4. 羊驼的身份具有唯一性和不可重复性。

5. 羊驼的标识装置和标识方法，必须符合法律的要求。

6. 羊驼一旦失去 ID 编号标识装置必须重新标识，尽可能继续使用原来的编号，但必须有证据表明确实是原来的编号，确保羊驼被正确标识。

14.1.2　羊驼标识的 ICAR 标准方法

1. 羊驼的 ID 编号可以通过标签、图案、照片等方式进行电子存档，也可通过耳牌或电子装置在羊驼上进行标识。

2. 羊驼从一个成员国转移到另一个成员国，尽可能继续使用原来的 ID 编号和名称。

3. 对于进口的羊驼，当 ID 编号改变时，官方记录也应该显示原来的编号和名称。原来的编号和名称必须注明在出口证书、配种目录及进口展示和销售目录上。

4. 在羊驼使用植入的电子装置标识时，羊驼须标记其电子身份标识装置。

14.1.3　标识方法的记录

1. 成员组织所用的标识方法须获得成员国批准。

2. 成员组织使用的羊驼标识方法必须符合成员国法律法规。

14.1.4　羊驼标识的 ICAR 标准

1. 羊驼的 ID 编号最多为 12 位数，代表国家名称的 3 位数字代码需按照 ISO 3166 标明原产国。3 位数字的 ISO 代码用于数据传输和存储。在印刷文件中应使用 ISO 国家代码。

2. 电子标识标准见附录。

14.2 羊驼毛修剪管理、羊驼毛纤维的采集和分级指南

根据认证方法，结合优质羊驼毛育种体系，羊驼纤维收集的关键点是在羊驼毛鉴别、采集方法的正确性、及采集后的分类管理，才能获得适合下一个加工步骤的产品。正确的程序可以纠正在羊驼毛加工链上的错误和最终产品中可能出现的缺陷。

目前的主要关键点包括6个步骤：

- 标准的羊驼毛夹；
- 必要的设备；
- 剪羊驼毛前的准备；
- 剪羊驼毛的正确方法；
- 分级和分类；
- 包装和运输。

严格执行正确的剪毛方法，以及根据纤维特征进行分类管理，才能产生品质好的羊毛制品。羊驼毛主要根据有以下特征分级：

- 细度（羊毛平均直径——μm）；
- 细度同质性（平均直径的变异系数——C. V. %）；
- 长度（毫米——mm）；
- 长度的同质性（豪特长度变异系数——CVH）；
- 有髓羊毛的含量（百分数——%）；
- 杂质的含量（油脂产量和植物性物质所占的百分比——%）；
- 色泽。

羊驼毛采集需要以下装置和设备：

- 剪毛前的准备区；
- 剪毛区；
- 符合标准的剪毛刀；
- 分级区；
- 分级设备；
- 包装和打包区。

羊驼毛正确的剪集和分级管理是我们的最终目标

- 原材料制造商从中受益；
- 最大化经济收益（利润）。

14.2.1 指南

剪毛的工作流程和不同工作区域的工作指南。

步骤1：准备剪毛刀

在羊驼进入剪毛区域时的注意事项：

- 羊驼在剪毛区附近休息；
- 保持羊驼毛干燥；

• 根据羊驼颜色、年龄和性别分组，先给白色羊驼剪毛，获得精细度高的羊毛，这样可以获得色泽和质量更佳的羊驼毛；

选择在羊驼毛生长缓慢的时期剪羊毛。剪毛季节的选择遵循如下几个方面：

a. 环境条件——在天气寒冷且多风的阶段，要注意饲喂和管理，保持环境干燥，至少饲喂10天精料。

b. 繁殖活动——羊驼在繁殖季节会增加羊驼毛污染的几率，同时会降低羊驼毛和羊驼绒产量。

c. 牧草收割期——羊驼毛需在牧草收割前剪掉，因为牧草收割期粘在羊驼毛上的植物种子会污染羊毛，这恰恰也是羊驼毛贬值的主要原因。植物种子在纺织过程中很难剔除。

步骤2：需要的装置

围栏

为了提高羊驼毛的质量，羊驼场需有围栏，必须远离以下物品：

- 包、绳索、麻线和干草打包线；
- 垃圾；
- 废旧机械设备如旧秤杆、旧机器；
- 电线、铁丝网、旧砂纸、螺丝钉、螺栓和链条；
- 烟头。

如果羊驼毛粘了以上物质，会造成羊毛贬值和加工机械的损坏，给羊驼毛纺织过程带来不便。

剪毛区域

划定一片区域专门用于剪毛。根据剪毛流程再将该区域划分成3个不同的功能区：

1. 剪毛前的等待区。该区域必须和其他两个区域隔离开，地面铺设木地板且需要通风和防雨。

2. 剪毛区域。剪毛区域也需要铺木地板，且与其他两块区域隔开，羊驼毛根据细度和毛色分组剪毛，剪完羊驼毛之后所有设备必须清洁干净，避免混入下一组的羊驼毛之中。

3. 羊驼毛分级区域。

羊驼毛根据细度及纤维含量进行分级，不同纤维含量的羊驼毛分装在干净的塑封袋里。储存羊驼毛的区域需要有适当的光照。在剪毛区必须遵守以下规则：

- 剪毛前，保持剪毛区域干净、整齐，并清除不相关的杂物；
- 给剪毛工人提供消毒过的工作服和鞋子；
- 禁止吸烟；
- 禁止吃东西；
- 禁止给羊驼修蹄。

步骤3：剪毛前的准备

开始剪毛之前，必须遵守上述规则，所有的羊驼必须禁食4h以上。根据预先确定的类别（年龄、性别、颜色等）进行剪毛。最后再次核查用于储存羊驼毛的塑封袋有没有污物。

步骤4：剪毛

羊驼的剪毛方法要根据羊驼毛的用途采用不同的剪毛方法。无论是什么方法，剪毛刀需符合以下要求：

- 可以分离各部位不同价值的羊驼毛（比如蹄部和腹部）。
- 羊驼毛尽量不要受损，以便于更好的分级管理。避免两次剪切羊驼毛，这样羊驼毛纤维的平均长度会产生巨大变化，导致羊驼毛产品大幅贬值。

剪毛后羊驼避免阳光直晒和吹风，防止晒伤和感冒。

步骤5：分级分类

羊驼毛分级的主要目的是方便纺织厂直接用来加工生产，避免在生产之前再筛选清洗。同时也降低了成本提高质量。

羊驼毛分级分类的关键点如下：

羊驼毛不得接触地面；

羊驼毛剪完必须尽快放置在分级台上；

每只羊驼的羊驼毛在分级分类后都必须清洗分级台。

羊驼毛分类的标准参考以下几方面：

细度；

色泽；

长度；

有髓纤维和粗纤维含量；

是否有肉眼可见的脏纤维。

分级后的羊驼毛须在包装袋上贴对应级别的代码。

羊驼毛的分类建议

细度分类		
	<20μm	(SP)
	>20μm 和<25μm	(F)
	>25μm 和<30μm	(M)
	>30μm	(S)
	污染	(STD)
颜色		
	白色	W
	浅棕色	FN
	棕色	B
	深棕色	DB
	黑色	BLK

（续表）

颜色	
灰色	G
粉灰色	RG
点棕色	MTB
点黑色	MTBLK
长度	
>85mm<160mm	A. A. A.
>40mm<85mm	A. A.
<40mm	A
>160mm	O. G.

有髓纤维。

非常粗的有髓纤维需要分离出来并标注 S。

步骤 6：原料的包装和标识

羊驼毛有不同的包装方法。无论使用何种方法进行包装，需要保证羊驼毛不被污染并且羊驼毛自身不会变成污染源。硬信封是首选，羊驼毛保存在硬信封里便于运输和储存。每个包装袋有独立的标识，且标识包含两方面的信息：

一个是牧场记录信息：

1. 动物的编号；
2. 牧场名称；
3. 牧场的地址；
4. 牧场的电话号码。

另一个是羊驼毛信息：

1. 细度（代码）；
2. 颜色（代码）；
3. 长度（代码）；
4. 剪毛日期；
5. 羊驼毛平均直径（实验室分析）。

标签示例

农场的数据
动物编号……
农场的名字……
农场的地址……
农场的电话……
羊驼毛信息
羊驼毛类别……
颜色……
长度……
剪毛年份
……

14.3 关于绒山羊鉴定的 ICAR 准则、标准和方法

14.3.1 绒山羊鉴定的 ICAR 规则

1. 绒山羊标识记录必须是成员国的动物官方身份，且具有唯一性。

2. 如果动物标识不具有唯一性，则需要重新标记。用于标记羊群的 ID 号码特指某羊群。

3. 绒山羊的 ID 标识须易辨识。

4. 绒山羊的 ID 标识具有唯一性和不可重复性。

5. 绒山羊的标识装置和标识方法，必须符合法律法规。

6. 绒山羊一旦失去 ID 编号标识装置必须重新被标识，尽可能使用原来的号码，但必须有证据表明确实是原来的编号。

14.3.2 鉴定绒山羊的 ICAR 标准方法

绒山羊的 ID 编号可以通过标签、图案和照片等方式进行电子存档，也可以通过耳标或电子装置标识。

1. 绒山羊从一个成员国转移到另一个成员国，应该继续使用原来的 ID 编号和名字。

2. 对于进口绒山羊，当 ID 编号改变时，官方记录还应显示原始编号和名称。原编号和名称必须注明在出口证书，配种目录及进口展示和销售目录上。

3. 绒山羊使用植入的电子装置标识时，绒山羊必须被标明电子标识装置存在。

14.3.3 标识方法记录

1. 成员组织必须保持标识方法获得成员国批准。

2. 成员国组织必须明确用于记录绒山羊的标识方法符合成员国法律法规的约束。

14.3.4　绒山羊标识的 ICAR 标准

1. 绒山羊的 ID 编号最多 12 位，代表国家名称的 3 位数字代码需按照 ISO3166 标准标识原产国。3 位数字 ISO 代码必须用于数据传输和存储。在印刷文件中应使用 ISO 代码。

2. 电子标识标准见附录。

14.4　绒山羊羊绒纤维的采集和分级指南

根据 CCMI（羊绒，驼绒制造商协会）规定，羊绒被定义为：

绒山羊生产的细毛纤维。

羊毛纤维一般是非髓质的，且平均最大直径是 19μm，平均变异系数不超过 24%，超过 30μm 的羊绒纤维不能超过 3%（参考 IWTO，检测步骤 8）。

根据目前在其他纤维动物先进的动物饲养系统中应用的自动认证方法，已经确定了羊绒羊毛系列关键控制点（CFCCCP）。

CFCCCP 程序应用在畜牧养殖、羊毛管理、纤维收获和分类中，提高了加工链的产品质量。它还能检测出导致成品缺陷的关键环节，定位整个生产体系中的错误步骤。

羊绒是双绒结构，以底毛为特征，值得注意的是，羊绒的获得可以采用两种不同的方式：剪切法和精梳法。现行指南中，梳取是中国和蒙古国羊毛主产区采用的主要方法。

14.4.1　关键控制点

六个生产步骤中的关键控制点：

采羊绒规范化。

结构需要。

采集准备。

采集过程。

分级分类。

包装运输。

为确定纺织工业羊绒纤维产品的质量，羊绒纤维产品的参数和测量方法如下：

细度（纤维平均直径——μm）；

均质性（纤维直径变异系数——C. V. %）；

纤维长度（纤维平均长度——mm）；

髓质化（百分比）或舒适白色羊绒中的深色纤维含量或有色纤维中的白色纤维含量（暗色或白色纤维含量/10g）；

杂质（油脂产量和植物性物质含量%）；

色泽。

为了最大限度地提高羊绒产量，应注意以下几点：

绒山羊采绒前的休息；

采集区域；

羊绒收获过程；

分级区域；

分级设备；

包装和打包区。

正确执行羊绒纤维和羊毛采集的生产步骤的最终目标是：

优化原材料的质量（细度和同质性），提高制造商的自信心。

回报和收益的最大化。

14.4.2 羊绒采集指南

本指南描述了剪毛期间的管理和不同工作区域的划分。

14.4.2.1 步骤1——绒山羊采羊绒前的准备工作

绒山羊在进入在采绒区域前，需要做到以下几点：

保持羊毛干燥且休息区靠近剪毛区；

根据绒山羊年龄、性别和毛色分组剪羊绒，主要是将白色羊绒和细羊绒区分开，这也是获得色泽和质量最佳的羊绒的方法。

由于羊绒生产具有季节性，在羊绒采集过程中应注意季节因素，因此可根据以下几方面选择采绒期：

春季较适宜——当次级卵泡停止发育，羊绒更容易通过梳理采集。

环境条件——绒山羊在剪绒毛之后如遇到寒冷和大风必须圈养在舍内，且保持环境干燥，至少饲喂10天的精料。

14.4.2.2 步骤2——结构需要

围栏

为了减少外界因素对绒毛的影响，绒山羊围栏必须远离：

干草、绳索、麻线和干草打包线；

垃圾；

废旧机械设备如旧秤杆、旧机器；

电线、铁丝网、旧砂纸、螺丝钉、螺栓和链条；

烟头。

如果羊绒毛粘了以上物质，会降低羊绒产品的价值，也会损坏加工机械。

羊绒毛采集区

该区域专门用于羊绒采集，必须与其他区域隔离开：

1. 绒山羊在采绒毛前的休息区应相对独立，并且保证通风和光照。

2. 采集羊毛和羊绒的区域与其他区域隔离，使用木质地板并且保持通风。剪完一组羊绒毛之后所有设备都必须清洁干净，避免不同羊绒纤维混入下一组。

3. 羊绒梳理区域。该区域需要铺木质地板，干燥通风，与其他三块区域隔开，因为这是绒和毛最易受污染的地方。跟之前的区域一样，剪完羊毛之后区域内所有设备必须清洁干净，避免混入下一组的羊毛之中。用于保定山羊的物品必须保证无污染。

4. 羊绒分级区是按细度对羊绒进行分级分类的地方，需要适当的光照及自然光。分级台由木板组成，这些木板之间的缝隙允许杂质通过。分级分类后的羊绒纤维储存在干净的塑封袋里。

在剪毛区必须遵守以下规则：

- 剪毛前，保持剪毛区域干净、整洁，并清除杂物。
- 给剪毛工人提供消毒过的工作服和鞋子。
- 禁止吸烟。
- 禁止吃东西。
- 禁止给山羊修蹄。

14.4.2.3　步骤 3——剪毛前的准备

绒山羊开始剪毛之前，必须遵守上述规则，所有的山羊必须禁食 4h 以上。根据预先确定的类别（年龄、性别、颜色等）进行剪毛。

绒山羊年龄分类梳绒标准

0—6 月龄		羔羊
6 月龄—1.5 岁	第 1 次梳绒	一岁羊
2 岁	第 2 次梳绒	青年羊
3—5 岁	第 3、4、5 次	成年羊
大于 6 岁	6 次及以上	老羊

再次核查用于储存山羊绒毛的塑封袋没有污物。

14.4.2.4　步骤 4——剪毛过程

羊绒使用精梳方法采集，有两个关键步骤：

剪外层羊毛或护毛；

精梳。

操作这两个步骤时，应注意：

剪剪毛和梳绒时需小心操作；

剪绒毛时应避免剪到羊毛的上部。

不同部位遵循一定剪绒毛顺序，首先，剪第 1、2、3 部分和第 5 部分（臀部和前部）之间绒纤维比较细的肩胛骨和肋骨区域；然后剪脚部和腹部。

剪毛后避免山羊被吹冷风，防止感冒。

14.4.2.5　步骤 5——分级分类

分级的主要目的是为制造商提供合格的羊绒，避免生产之前的再筛选和清洗。提供的羊绒毛需要保证一定的细度和长度。分级分类工作做好可以降低成本并提高产品质量。

关键点：采集的羊绒立刻放到分级台上，不得放在地面。

羊毛评级后，清洁分级台。

羊毛根据以下因素分级：

细度；

颜色；

长度；

纤维含量；

杂色羊绒含量；

外部材料的污染。

每个批次标记对应级别的可识别代码，这些代码附在包装袋上。

包装袋的材质必须是棉质或尼龙材质，且不含聚丙烯材料。

14. 4. 2. 5. 1　羊绒纤维分类建议

14. 4. 2. 5. 1. 1　细度分类

<13. 5mm；

13. 5～14. 5mm；

14. 5～15. 2mm；

15. 2～15. 5mm；

15. 5～16mm；

16～17mm；

17. 1～18mm；

18～19mm；

大于 19mm 无羊绒。

14. 4. 2. 5. 1. 2　颜色

类型	代码	范围	子代码
天然白	W		
白色	WW		
黑色	BLK		
棕色	B	深 自然 浅	B-Dk B-Sf B-Lgt
浅黄褐色	LF		
灰（黑色）	GR	深 自然 浅	GR-Dk GR-Sf GR-Lgt
杂（棕色）	RN	深 自然 浅	RN-Dk R-Sf GR-Lgt
粉（浅褐）	PK	深 自然 浅	RN-Dk R-Sf GR-Lgt

14.4.2.5.1.3　长度分类

>60mm	A
>50mm<60mm	B
>45mm<50mm	C
>40mm<45mm	D
>35mm<40mm	E
>25mm<35mm	F
>20mm<25mm	G
<20mm	H

14.4.2.6　步骤 6 原料包装和标签

包装方法有几种，包装袋选择天然材料，如棉花、黄麻等，不含人造纤维、聚酯、聚丙烯和合成纤维。批准使用的合成材料只有尼龙（聚酰胺 6 和 6.6）。

每个包装袋都需要用标签标识，标签内容包含两方面信息，一个是农场信息，包括：

动物的编号；

牧场名称；

牧场的地址；

牧场的电话号码。

另一个是羊绒信息：

羊绒类别（代码）；

采绒部位；

颜色（代码）；

长度（mm）；

羊毛平均直径（实验室分析）。

标签示例

农场的数据

动物编号……………………………………

农场的名字……………………………………

农场的地址……………………………………

农场的电话……………………………………

羊绒信息

羊绒类型……………………………………

采绒部位……………………………………

颜色……………………………………

第15章 牲畜电子数据交换指南：业务要求规范

15.1 范围和目标

本文件的目的是：

- 协调交换数据中的有关定义，使不同信息系统之间能够交换信息。
- 为牲畜开发全球共识数据词典。
- 开发和安装标准化系统，以支持信息系统和农场设备之间的数据交换。

目的是为不同类型的农场设备数据转换过程定义，详细描述业务流程以及数据转换。

该文件未涉及技术实施问题。语法信息（ADI，XML……），转换协议（HTTP，SOAP等），平台和实现语言（Java，J2EE 等）或架构条约（安全性、可靠性、信息冗余等）不属于此范围内。

该指南提供：

用于组织和构建合作伙伴转换的业务规则。

用于交换的精确定义。

指导原则是尽可能独立于特定的技术实施。

15.2 方法

15.2.1 一般原则

该方法是基于目前世界上广泛应用的 UML（统一建模语言）。业务模型以及数据交换模型完全符合 UNCEFACT 文件“业务需求规范”（BRS）的要求。

15.2.2 主要步骤

该方法包括以下内容：

- 业务模型；
- 交换数据的数据模型。

15.2.3 业务建模步骤的描述

这项工作的目标是为了达到：

- 清晰和精确定义业务流程；
- 业务角色的定义；
- 定义不同的活动与数据交换；

- 信息交换流的标识。

15.2.4 交换数据的数据建模步骤描述

这项工作的目标是为了达到：

- 交换数据模型；
- 每个交换数据元素的定义；
- 多重性：可能数值元素的多重性：
  - 1：强制性的，1 次；
  - 0..1：可选的，1 次；
  - 1..n：强制性多次；
  - 0..n：可选，多次。
- 业务术语：元素的名称。
- 关系：元素可以包含在一个简单的元素或涉及另一个系统的复杂元素。
  - Att：元素是一个系统的属性；
  - Ass：元素与另一个系统关联。
- 类型：根据 UML 数据类型的元素类型（见附件）。
- 描述：元素的描述或定义。
- 格式：只针对属性，具体说明如下。
  - 字符串（x）：字符字段，最大长度 x。
  - 数值（x，y）：数值领域，长度为 x+y。如果“y”出现，必须大于零，小数字段要加分隔符。符号“+”或“-”可以是第一个字符。默认符号是“+”。
  - 日期格式：ccyymmdd。
  - 时间格式：hhmmss，hh 是从 00 到 24。

15.3 业务环境

畜牧业主要生产活动环节包括如下分类：

- 饲喂；
- 挤奶；
- 繁殖；
- 健康管理。

越来越多的环节已经实现半自动化或全自动化：自动挤奶系统、发情鉴定系统，自动投料器……

一方面，这些设备的传感器测量并记录越来越多的动物数据，另一方面，自动化处理需要更多来自农场信息管理系统收集登记的数据。

同时，越来越多的牧场主将电脑用于信息系统及农场管理基础数据。这些数据库既可以现场管理农场也可以通过互联网进行远程管理。许多数据记录组织给农场主提供不同来源的畜群管理数据库的数据。牧场顾问也可以使用这些数据库。

此外，随着基因技术对育种评估使用量的不断增加，使得从农场设备收集的数据用于计算高经济价值性状成为可能。自动化进程和农场管理信息系统以及基因育种评估的协同发展，使得牧场自动化设备和信息系统之间电子数据交换的重要性增加。

为了满足这些新的需求，电子数据交换应该是广泛的、自动的、持久的和无延迟的。

由于各地的农场主需求都很相似，而且许多生产农业设备的公司都是国际性的，如何更有效地解决电子数据交换，是全球性的问题。

本指南所定义并开始解决的 UML 在此处用例图的形式表示主要活动（图 1）。

作为这一指南的未来版本将面对一个相对高数量的工作环节，目前，按照“处理区”进行一致分类将它们分在一起是非常必要的：

- 挤奶；
- 饲喂。

过程（操作）区以 UML 包装图表（图 1）的形式呈现。

过程区（操作）属于商业区：畜群管理。

畜群管理是商业领域的一部分：农业。

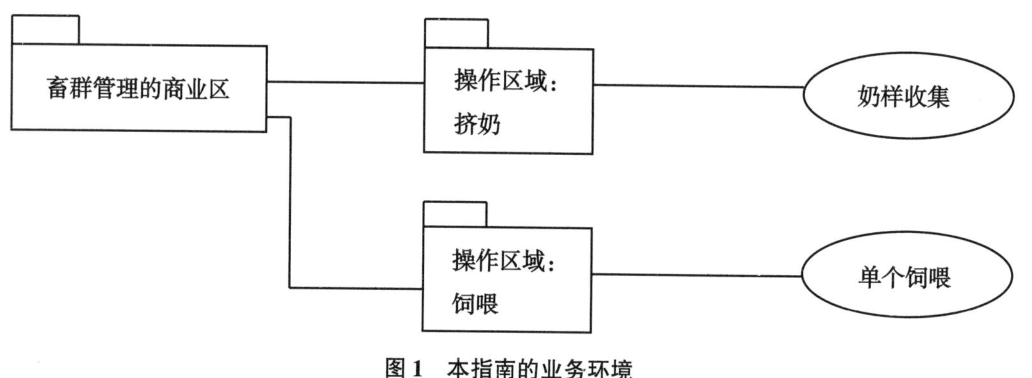

图 1　本指南的业务环境

图 1 可以通过添加辅助元素得到进一步扩展。

15.4　一般原则

15.4.1　数据传输管理

15.4.1.1　接收方

数据应该被转移到一个或多个信息系统（如农场管理信息系统，记录组织的信息系统，咨询信息系统......）

信息系统既可以位于农场也可以处于远程状态。

15.4.1.2　传输过程

设备开始传输。

传输将不需要任何手动操作。

传输在设备完成任务（例如一个会议......）后或在一个预先定义的时刻（例如每小时......）持续进行。

在开始一个传输过程时，任何先前尚未传输完毕的数据应该完成传输，即便是在传输和数据捕获期间发生了延迟。

当设备接收到来自信息系统的确认信号时，信息系统的一个传输才是完整的。确认只涉及数据传输，不涉及传输后的数据处理。数据虽然传输成功但数据经传输后可能被信息系统完全处理或部分处理。

将数据传输到一个特定的信息系统的状态（传输/不传输）应由设备根据信息系统来进行管理；数据可能已被成功转移到一个信息系统而不是其他信息系统。

15.4.1.3　责任

数据处理过程中产生的误差应由设备操作员和信息系统管理者之间达成的协议来解决。

在没有收到信息系统的确认前，设备操作者对传输负责。

自确认信息发送到设备起，数据处理由信息系统管理者负责。

15.4.2　动物标识和动物数量

15.4.2.1　支持标准

数据交换的频率和数量要求一个共享的和可靠的动物标识。同一动物根据用途可以同时具有多个动物编码（例如针对设备，针对政府，针对畜群登记册的…），并且一些动物在其生命周期内编码可能会改变，故应遵循以下原则：

1. 动物编码的改变应该使用设备应答器存储。

2. 动物的编码应遵循下列任一标准：

6 位数编码按照 ISO 标准 11788-2，设备生产商有义务对所提供的应答器进行注册。

15 位数编码前 3 位为生产商编码的，需按照 ISO 11784 标准要求，通过 ICAR 认可的应答器进行注册。

15 位数编码前 3 位为国家代码的，按照 ISO 11784 标准要求，通过 ICAR 认可的应答器进行注册。

15.4.2.2　责任

信息系统的责任就是允许遵照以上动物编码的标准的数据处理过程中带来适当的变化。

当信息系统和设备使用不同类型的动物编码时，信息系统的主要作用是向农场主提供适当的程序来管理不同动物编码之间的交叉引用。更新不同编码间的交叉引用是农场主的责任。

15.5　信息建模的一般原则

15.5.1　概述

不同的信息包含 3 个元素（图 2）。

- 信息标题；
- 动物；
- 一套处理动物信息的数据：
    - 产奶系列结果；
    - 动物饲喂结果。

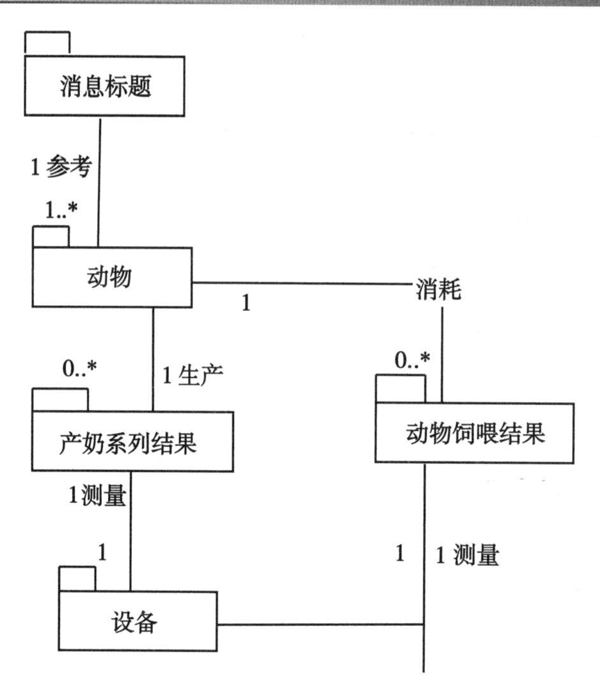

图 2 所有信息的整体数据模型图

15.5.2 信息标题

15.5.2.1 数据模型：消息标题

如图 3，每个信息的发送方应该确认，发送方是独一无二的，负责所有消息内容的发送。

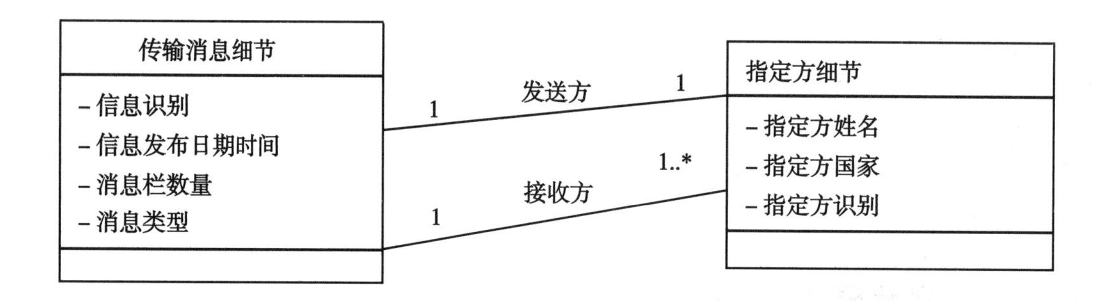

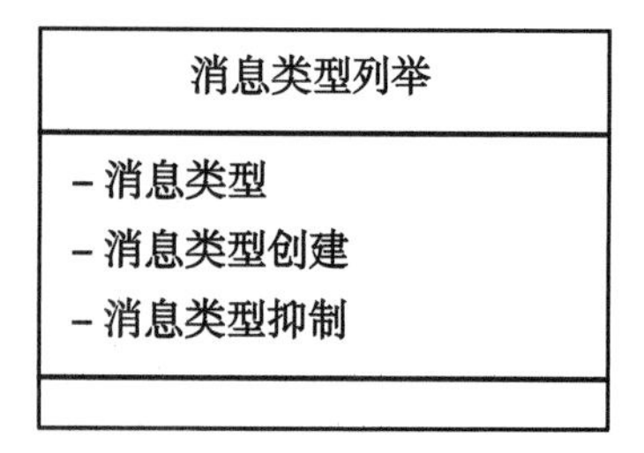

图 3 “数据标题”的数据模型图

接收方可能是多个，因为相同的消息可能会同时发送至不同的信息系统：农场管理信息、育种机构、顾问……

15.5.2.2 系统描述：信息交互的细节

系统包含关于信息的基本资料（组织、日期……）

多重性	业务术语	关系	类型	描述	格式
1	信息标识	Att	标识符	独特的数字由发送人确定消息	字符串（6）
1	信息发布日期时间	Att	日期时间	消息发布的日期和时间	
0..1	信息行数	Att	数量	信息的行数	数字（6）
1	信息类型	Att	代码	列举描述消息类型	字符串（3）
1	发送方	Ass	发送指定方	负责信息发送的组织或个人	
1..n	接收方	Ass	接收指定方	负责处理接收信息的组织或个人	
1..n	动物	Ass	参考	动物标识	

15.5.2.3 系统描述：特定方的细节

系统包含名称和标识符的一方可能是发送者或接收者。

多重性	业务术语	关系	类型	描述	格式
1	指定方标识	Att	标识符	确定指定方	脚注[1]
1	指定方名称	Att	名称	文中的名称表达	脚注[2]
1	指定方国家代码	Att	标识符	ISO 国家代码（2 字符代码 ISO 3166-1-Alpha-2）	字符串（2）

[1]见 UNCEFACT 规范核心部分；

[2]见 UNCEFACT 规范核心部分。

15.5.2.4 系统描述：消息类型列举

系统包含不同类型的消息。

多重性	业务术语	关系	类型	描述	格式
1	信息类型	Att	代码	由系列代码给出不同的信息类型	字符串（3）
1	信息类型创建	Att	日期	创建类型的日期	
0..1	信息类型抑制	Att	日期	抑制类型的日期	

15.5.3 动物

15.5.3.1 数据模型：动物

动物的描述（图 4）包括：

- 设备使用的动物数量描述。
- 测量期间动物的位置。

一个动物应该指向一个位置。

位置类型不同是可能的。

动物标识的不同类型列举如下。

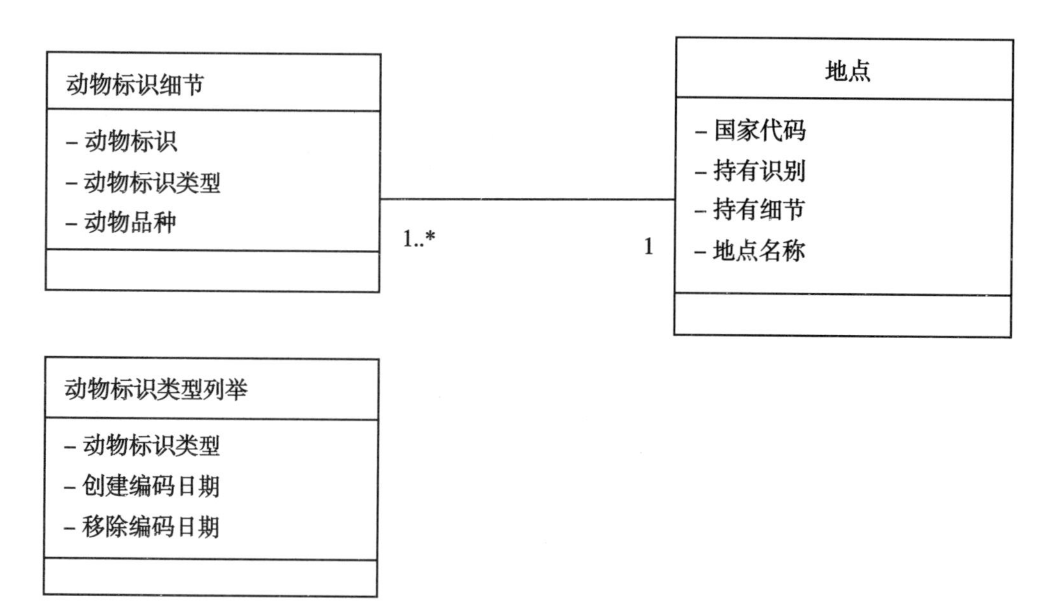

图 4 “动物”数据模型图

15.5.3.2 系统描述：动物标识细节

系统包含动物标识和它的类型

多重性	业务术语	关系	类型	描述	格式
1	动物标识	Att	标识符	动物的编号	字符串（15）
1	动物标识类型	Att	代码	列举标识类型	字符串（3）
1	动物物种	Att	代码	动物的物种（牛、绵羊......）	字符串（2）
0..1	动物隔离标识	Att	代码	动物次级号码如“农场号码”用于标识动物身份改变	字符串（15）
0..1	动物隔离标识类型	Att	代码	动物标识次级类型	字符串（3）

（续表）

多重性	业务术语	关系	类型	描述	格式
0..1	动物名称	Att	标识符	用于标识动物身份改变的动物名称	字符串（24）
1	位置	Att	位置	数据收集期间的动物位置标识符	字符串（15）
0..n	产奶期间结果	Ass	生产	指定动物指定产奶过程的结果	
0..n	动物饲喂结果	Ass	消费	指定动物特定期间消耗饲料的数量	

15.5.3.3　系统描述：位置

系统包含测量期间动物位置和位置类型的描述。

多重性	业务术语	关系	类型	描述	格式
1	国家代码	Att	代码	位置的 ISO 国家代码（2 字符代码 ISO 3166-1-Alpha-2）	字符串（2）
1	持有标识	Att	标识符	提供数据的描述	字符串（12）
0..1	持有细节	Att	标识符	由小圆点分开的地址序列的细节描述（如 1.17.28）[a]	字符串（25）
0..1	地点名称	Att	姓名	名字表达为文本	字符串（24）

[a]见 ADED 数据元素 901002

15.5.3.4　列举描述：动物标识类型

列举包含使用的动物标识类型的列表

多重性	业务术语	关系	类型	描述	格式
1	动物标识类型	Att	标识符	4 字符动物身份类型	字符串（4）
1	代码创建日期	Att	日期	类型创建的日期	
0..1	代码删除日期	Att	日期	类型抑制的日期	

15.5.3.5　代码集：动物标识类型

动物标识类型	描述
FAN	农场动物数量根据 ISO 11788-2[a]
ISM	动物 ISO 代码显示制造商代码 ISO 11784
ISC	根据 ISO 11784 来自转换器的带有国家代码的动物代码

[a]见 ADED 数据元素 900070

15.5.4 设备

15.5.4.1 定义

可用于产奶或饲喂测量的设备。

15.5.4.2 系统描述：设备

这个系统给出了用于测量设备的标识。

多重性	业务术语	关系	类型	描述	格式
1..1	设备 ID	Att	标识符	对于可能隐藏的设备，由MAC地址和一个额外的四位数字组成 如果没有隐藏的设备，使用000。MAC地址和序列号被微小的标志分开[a]	字符串（17）
1..1	设备类型	Att	代码	产奶和饲喂设备，见代码集	字符串（3）
1..1	设备名称版本	Att	姓名	设备的硬件版本。每个制造商可以自由定义硬件版本[a]	字符串（20）
1..1	制造商代码	Att	标识符	ISO 17532 制造商 ID 结构：国家代码：国家制造商代码。国家代码：ISO 3166-1 数字，3 位数字。国家制造商代码：12 位数字	字符串（15）

15.5.4.3 代码集描述：设备类型

设备类型	描述
MIL	挤奶设备
FEE	饲喂设备

15.6 收集奶样过程的数据交换

15.6.1 商业模型

15.6.1.1 业务合作总体描述

本文包含了全自动或半自动挤奶系统中数据交换的使用实例（图 5）。

在某种程度上，该实例是一个相对更加广泛的业务流程，其中包括：

- 确定是否必须收集奶样。
- 将奶牛与感应器相连。
- 挤奶设备校准。
- ……

结果如下：

1. 发送挤奶过程系列的数据结果到指定的信息管理系统。

2. 将奶样连接到产奶系列中。

该过程中的关键因素有（见上面的图表）：

1. “操作人员”列出进行采样的奶牛清单，以及采样方式（每头牛采一个样，或者每次挤奶采一个样）。

2. 挤奶系统：由一系列的挤奶设备组成：

- 奶样采集。
- 样品装瓶。
- 数据记录。
- 将挤奶过程的数据发送到信息系统。

3. “信息系统”，存储产奶过程的信息。

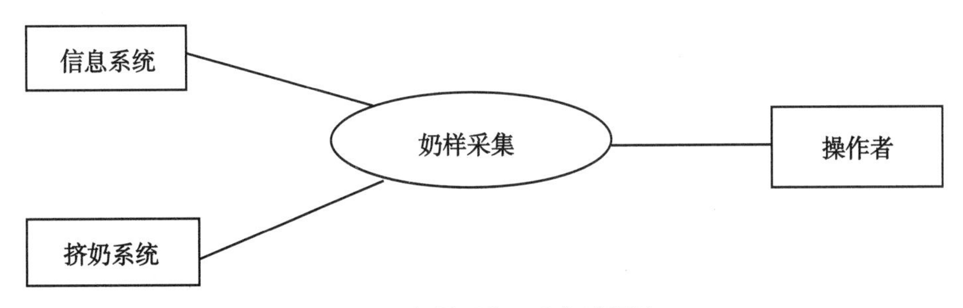

图 5　“奶样采集”业务过程图

15.6.1.2　业务合作细节

图 6 列出了业务合作的细节。

起始步骤是选择一头需要进行挤奶的奶牛。

收集奶样是一项复杂的工作，主要结果有：

- 收集来自奶牛的奶样。
- 收集挤奶过程中的数据。
- 始终根据挤奶系统操作者的要求采集奶样（参见采样参数注册部分）。

当挤奶结束后，如果挤奶系统需要将数据传输到至少一个信息系统时，就会生成一个包含挤奶过程中所收集数据的信息（参见“信息描述”部分）。

会有一个特定环节来确定是否传输信息（参见“数据传输管理”部分）。它可以规定是否传送信息到一个或多个信息系统，以及是否持续传输信息，或在指定的时间间隔传输信息（例如，每隔一小时）。

在向每个特定的信息系统传送信息时，所有尚未发送的信息都将发送出去（参见“信息传送”部分）。

当挤奶设备接收到信息系统发出的确认后，就会更新数据状态（参见“信息状态更新”部分）。如果没有得到响应，则表明传输未完成，此异常状况将被系统处理（参见“数据传输管理”部分）

信息系统接收信息后（参见“信息接收”部分），会对信息的内容进行处理（参见

“信息处理”部分）。

15.6.2 信息交互

15.6.2.1 信息整体数据模型

整体数据模型参见图 2。

15.6.2.2 数据模型：挤奶过程结果

挤奶过程结果 提供了一头奶牛单次挤奶过程中所收集的数据。

图 6 给出了该数据模型的细节。

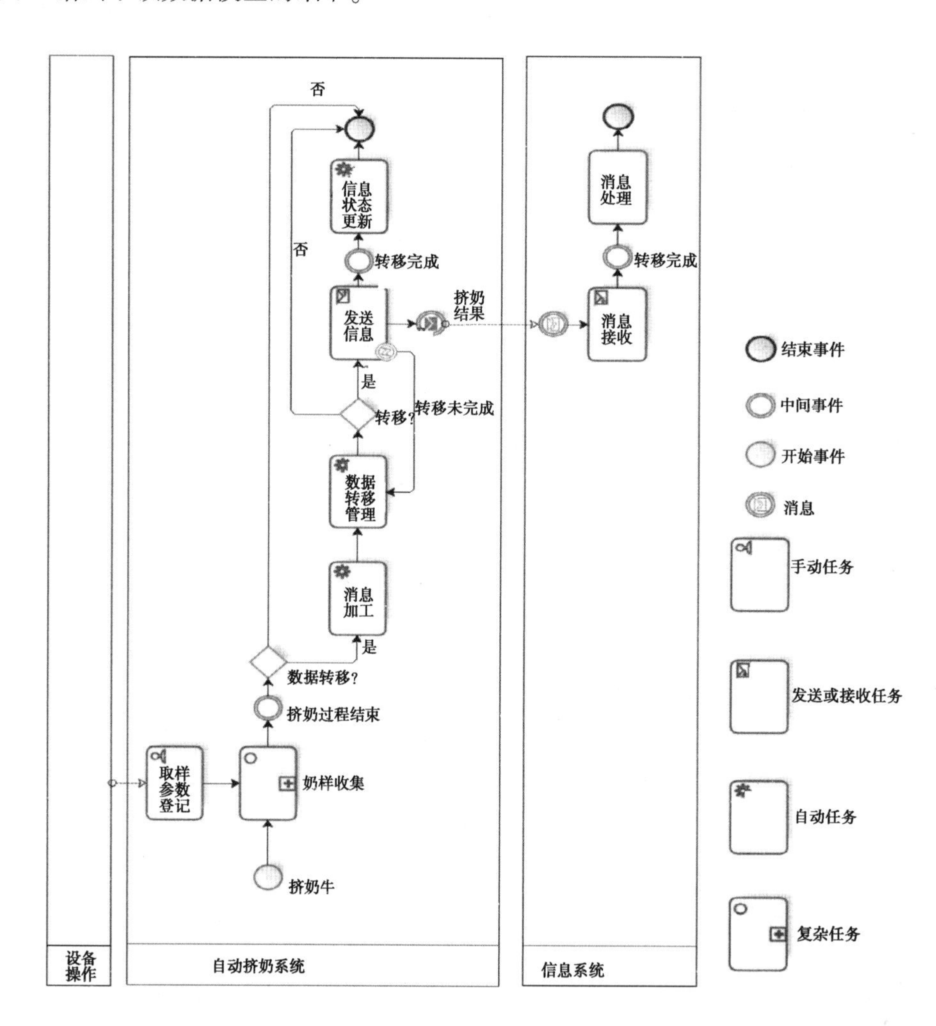

图 6 “收集奶样”这一业务流程的任务和内容

在一次挤奶过程中，不同乳区的结果均可被记录下来。单乳区挤奶（Quarter Milking）可提供每个乳区在挤奶过程中的信息。这些结果是可选的。

在一次挤奶过程中，乳成分（Milk Components）提供了一个挤奶过程中收集的牛奶的特定成分的值。可对挤奶过程中奶样进行分析：乳脂率、乳蛋白率、体细胞数、乳糖、尿素含量。这些结果是可选的。

如果在挤奶过程中进行采样，那么通过样品检测就可以明确瓶中奶样的乳成分指标。

15.6.2.3　系统描述：挤奶过程总体结果

下面列出了一头奶牛在挤奶过程中的所有采集数据结果。

多重性	业务术语	关系	类型	描述	格式
1	起始时间	Att	日期时间	挤奶开始时间	
1	挤奶结果类型	Att	代码	挤奶的类型，参见下列代码集	字符串（1）
1	挤奶持续时间	Att	持续时间	挤奶持续时间（s）：（ISO 3918；挤奶机器工作时间）	数值（3）
1	牛奶重量	Att	测量	牛奶重量（kg）	数值（3.1）
1	正确产奶指示器	Att	代码	挤奶过程正确的指示	字符串（1）
0..1	平均电导率	Att	测量	牛奶平均电导率值（mS/cm）	数值（2.1）
0..1	最大电导率	Att	测量	牛奶最大电导率值（mS/cm）	数值（2.1）
0..1	平均流速	Att	测量	单次产奶的平均泌乳速率（kg/min）	数值（3.1）
0..1	最大流速	Att	测量	单次产奶的最大泌乳速率（kg/min）	数值（3.1）
1	挤奶厅数量	Att	标识	挤奶厅数量	字符串（4）
1	测量	Ass	测量	提供了用于测量的设备	
0..4	分布	Ass	单乳挤奶	提供了每个乳区的挤奶结果	
0..1	样品	Ass	样品	提供了包含有样品的采样瓶的标识	
0..n	乳成分	Ass	牛奶组分	提供了牛奶成分的分析结果	

15.6.2.4　系统描述：分乳区挤奶

该系统可提供单个乳区的挤奶过程结果。

多重性	业务术语	关系	类型	描述	格式
1	乳区编号	Att	代码	结果所对应的乳区命名： LF：左前 RF：右前 LR：左后 RR：右后	字符串（2）
1	单乳区挤奶持续时间	Att	测量	单乳区挤奶持续时间	数值（3）
1	单乳区挤奶量	Att	测量	单乳区挤奶的重量（kg）	数值（3.1）
1	单乳区正确挤奶指示器	Att	代码	挤奶过程正确的指示，参见代码集	字符串（1）

（续表）

多重性	业务术语	关系	类型	描述	格式
0..1	单乳区平均电导率	Att	测量	单乳区平均电导率值（mS/cm）	数值（2.1）
0..1	单乳区最大电导率	Att	测量	单乳区最大电导率值（mS/cm）	数值（2.1）
0..1	单乳区平均流速	Att	测量	单乳区挤奶的平均泌乳速率（kg/min）	数值（3.1）
0..1	单乳区最大流速	Att	测量	单乳区挤奶的最大泌乳速率（kg/min）	数值（3.1）
0..1	单乳区温度	Att	测量	牛奶温度（℃）	数值（2.1）

15.6.2.5 系统描述：乳成分

该系统可提供牛奶中乳成分的信息。

多重性	业务术语	关系	类型	描述	格式
1	成分类型	Att	标识符	测得的乳成分	字符串（3）
1	成分含量	Att	数量	测得的乳成分含量	字符串（12）

15.6.2.6 列举描述：成分类型

多重性	业务术语	关系	类型	描述	格式
1	成分类型	Att	代码	乳成分的类型	字符串（3）
1	成分名称	Att	名称	乳成分的名称	字符串（20）
1	成分单位	Att	单位	乳成分数值的单位，如%	字符串
1	成分准确度	Att	准确度	乳成分数值数量的准确度，如3.1	数值（2.2）
1	类型创建时间	Att	日期	成分类型创建的日期	
0..1	类型移除时间	Att	日期	成分类型移除的日期	

15.6.2.7 系统描述：样品

该系统可标识挤奶过程中所采集的样品。

多重性	业务术语	关系	类型	描述	格式
1	挤奶位序号	Att	标识符	挤奶位或挤奶仓的编号	字符串（4）
1	样品架序号	Att	标识符	放置采样瓶的样品架序号	字符串（6）
0..1	采样瓶标识符	Att	标识符	从条形码或无线射频识别装置读取的采样瓶标识符	字符串（20）

（续表）

多重性	业务术语	关系	类型	描述	格式
0..1	采样瓶标识符类型	Att	代码	采样瓶标识符类型	字符串（1）
0..1	正确采样指示器	Att	代码	与预设值相符合的正确采样指示器。参见代码集	字符串（1）

15.6.2.8　描述用代码集：成分类型

成分类型	描述
FAT	乳脂率
PRO	乳蛋白率
SCC	体细胞数
LAC	乳糖
BLD	血乳
ACT	丙酮
URA	尿素
BHB	β-羟丁酸
LDH	乳酸脱氢酶
PRO	孕酮

15.6.2.9　描述用代码集：挤奶结果类型

挤奶结果类型	描述
1	牛奶记录组织提供的官方控制样对照结果
2	ICAR 批准的设备的测量结果
3	未被批准的挤奶设备的测量结果
9	预期值

15.6.2.10　描述用代码集：正确挤奶指示器

正确挤奶指示器	描述
0	成功产奶（>预期奶量的 80%）
1	不完全（<预期奶量的 20%）或中断的产奶
2	产奶完全但是测量值不完全（20%到 80%之间）

15.6.2.11 描述用代码集：正确采样指示器

正确采样指示器	描述
0	成功充满（>期望值的 80%，<期望值的 120%）
1	不完全充满（<期望值的 80%）
2	过度充满（>期望值的 120%）

15.7 动物饲喂过程中的数据交互

15.7.1 商业模型

15.7.1.1 业务合作总体描述

参见图 7。

该过程是以下活动的结果（图 7）：

- 个体动物的饲喂。
- 特定农场特定时间段内个体动物饲喂的汇总登记。

该过程中涉及的因素包括：

1. 饲喂系统：饲喂状态系统包括一系列饲喂状态（单个动物的饲喂）以及对系统中的数据进行存储和检索的路径。饲喂系统：

- 饲喂动物；
- 收集数据；
- 处理信息中收集的数据；
- 传递信息；
- 发送数据。

2. 接收和处理信息的信息系统

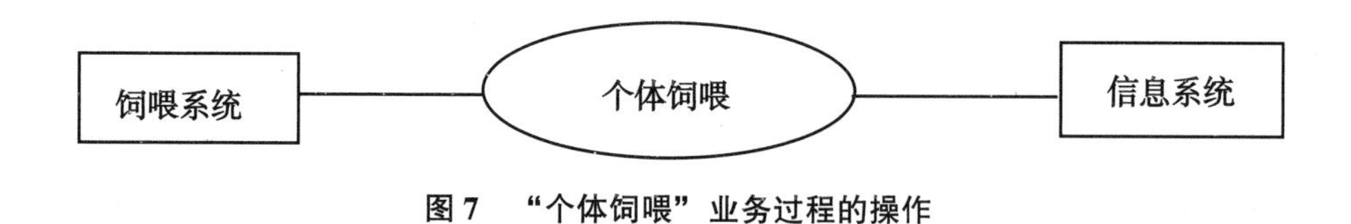

图 7 “个体饲喂”业务过程的操作

15.7.1.2 业务合作细节

参见图 8。

当某一动物激活饲喂站后，饲料会直接从与饲喂站相连的贮粮仓中卸载（参见“储粮仓饲料卸载”部分）。

饲喂站饲喂动物（参见“动物饲喂”部分）。

当单次动物饲喂完成后，如果饲喂系统需要将数据至少传送到一个信息系统时，信息就通过饲喂过程中收集的数据来准备（参见“信息加工”部分）。

会有一个特定环节来确定是否传输信息（参见“数据传输管理”部分）。它可以规定是否传送信息到一个或多个信息系统，以及是否持续传输信息，或在指定的时间间隔传输信息（例如，每隔 1 小时）。

饲喂系统会发送信息到信息系统。如果在传送过程中发生了错误，该传输没有完成时，系统会自动尝试进行新一次的传输。(参见“数据传输管理”部分)。当传输完成后，信息的状态会进行更新（参见“信息状态更新”部分)。

信息系统接收信息（参见“接收信息”部分)。当传输完成后，信息系统会对信息进行处理（参见“信息处理”部分)。

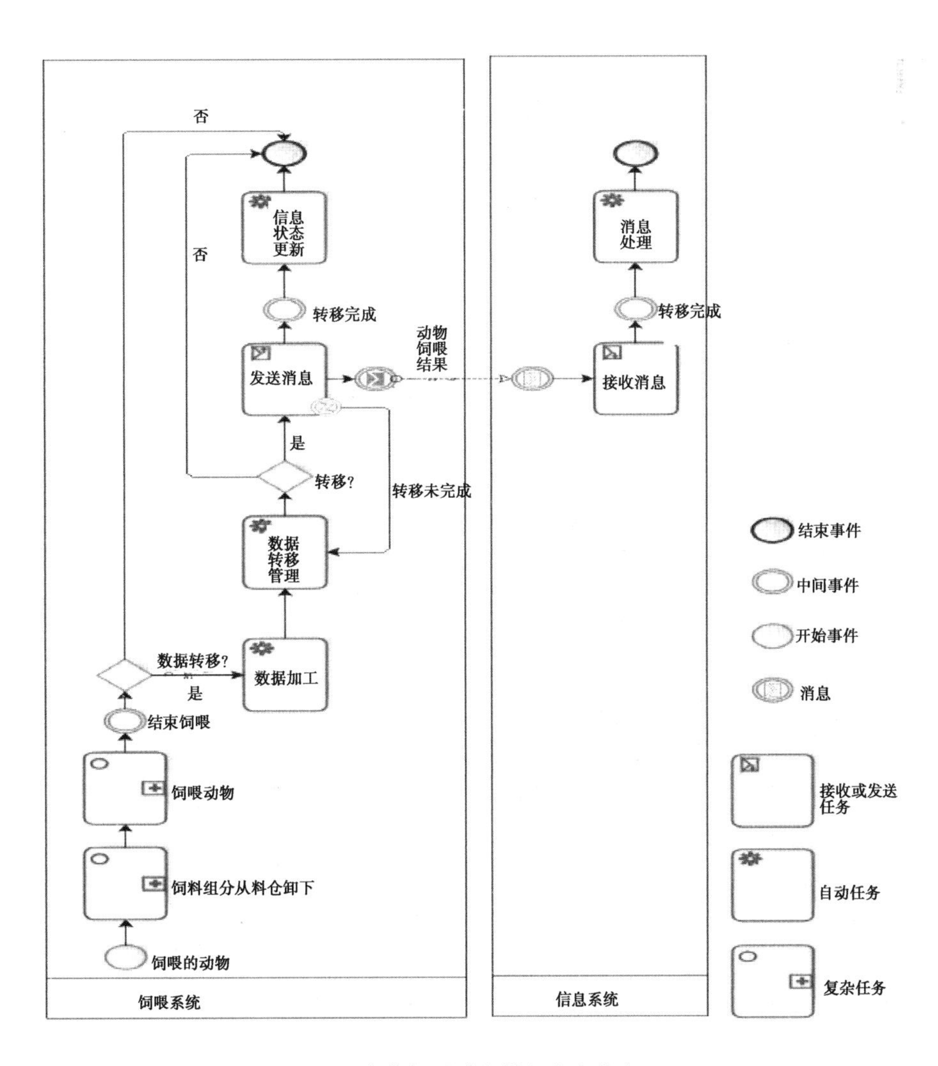

图 8　个体饲喂过程的任务和信息

15.7.2 信息交互的数据模型

15.7.2.1 整体数据模型

参见图 9 的整体信息模型。

15.7.2.2 数据模型：动物饲喂结果

对于一个特定的动物来说，会有一个或几个不同的饲喂阶段。

在一个特定的饲喂阶段里，动物会摄取不同的饲料成分。

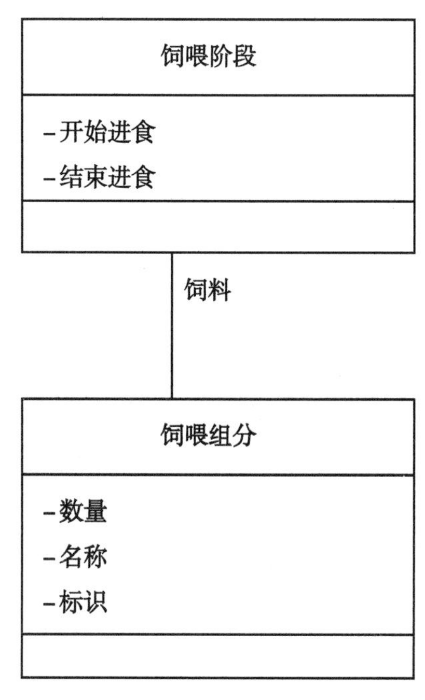

图 9 单个饲喂结果的数据模型图

15.7.2.3 系统描述：饲喂阶段

该系统提供了被测量饲料消耗的具体阶段。

Mult.	名称	关系	类型	描述	格式
1	进食开始	Att	时间	饲喂开始的时间	
1	进食结束	Att	时间	饲喂结束的时间	
1-n	饲料	Ass	饲料成分	该系统给出了饲料中每种组分的量	

15.7.2.4 系统描述：饲料组成

该系统给出了特定阶段，特定动物的某一特定组分在饲料中的含量。

Mult.	名称	关系	类型	描述	格式
1	标识	Att	标识符	组分的鉴定	字符串（10）

（续表）

Mult.	名称	关系	类型	描述	格式
0..1	名称	Att	名称	组分的名称（文本格式）	字符串（20）
1	数量[a]	Att	数量	组分量（kg）	数值（3.3）
1	设备	Ass	测量	用于饲喂动物的装置	

[a]见 ADED 90060

15.8 参考文献

UN / UNCEFACT Modeling Methodology User Guide（CEFACT / TMG/N093）

UN / UNCEFACT Business Requirements Specifications Document Template（CEFECT/ICG/005）

ISO 11787：Electronic data interchange between information systems in agriculture-Agricultural data interchange syntax

ISO 11788：Electronic data interchange between information systems in agriculture-Agricultural data element dictionary-Part 1：General description-Part 2：Dairy farming

ISO 17532：Stationary equipment for agriculture - Data communications network for livestock farming

ISO 11784：Radio frequency identification of animals-Code structure

ISO 3166-1：Country code

15.9 UML 数据类型

类型	定义	注释	组成内容及补充内容	核心元素的原始类型
日期	进展中的特定日期		日期 . 内容 日期 . 格式 日期 . 时区偏移量	字符串 字符串 字符串
时间	进展中的特定时间点		时间 . 内容 时间 . 格式 时间 . 时区偏移量	字符串 字符串 字符串
持续时间	没有固定的起始或结束时间的一段时间。通常用年、月、日、小时、分钟、秒以及零点几秒表示		持续时间 . 内容 持续时间 . 格式 持续时间 . 时区偏移量	字符串 字符串 字符串

（续表）

类型	定义	注释	组成内容及补充内容	核心元素的原始类型
代码	为了简化或/和语言独立被用来表示或代替特定值或特性的特征字符串（字母、图形或符号	不能用来表示真实的对象或物体，应该用名称来表示	代码．内容 代码．名称 代码．标识符列表 代码．代理标识符列表 代码．代理名称列表 代码．代理标识符图表 代码．标识符版本列表 代码．语言标识符 代码．本地语言标识符 代码．语言标识符列表 代码 代码．代理语言标识符 列表代码 代码．代理语言名称 列表 代码．LRI 列表 代码．URI 方案列表	字符串 字符串 字符串 字符串 字符串 字符串 字符串 字符串 字符串 字符串 字符串 字符串 字符串 字符串 字符串 字符串 字符串
标识符	用于在同一方案中鉴别某一种特定物体的特征字符串		标识符．内容 标识符．方案标识符 标识符．方案名称 标识符．方案代理标识符 标识符．方案代理名称 标识符．方案版本 标识符．URI 方案数据 标识符．URI 方案	字符串 字符串 字符串 字符串 字符串 字符串 字符串 字符串
测量	通过具体的测量单位测量某一物体得到的数值		测量．内容 测量．单位代码 测量．单位代码标识符 测量．单位代码版本标识符 测量．代理标识符代码列表 测量．代理名称代码列表	数值 字符串 字符串 字符串 字符串 字符串
名称	用于定义某一特定人物、地点、时间或概念的单词或短语		名称．内容 名称．语言标识符 名称．地点标识符 名称．名称标识符代码列表 名称．语言代理标识符代码列表 名称．语言代理名称代码列表	字符串 字符串 字符串 字符串 字符串 字符串

15.10　致谢

这份文件是 ICAR 动物数据记录工作小组辛勤工作的结果，其成员有：Daniel Aberneth（澳大利亚奶牛群改良计划委员会—澳大利亚），Pavel Bucek（捷克摩拉维亚育种联盟，捷克共和国），Martin Burke（ICBF—爱尔兰），Johannes Frandsen（丹麦奶牛联合会，丹麦），Suzanne Harding（英国荷斯坦协会—英国），Bert van't Land（CRV—荷兰），Erik Rehben（IDELE—法国，主席），Andreas Werner（巴登—符腾堡州动物育种研究所（LKV）—德国）。

同时也感谢 Clément Allain（IDELE），Martin Burke（ICBF），Johannes Frandsen（丹麦奶牛联合会），Arnold Herbers（荷兰 CRV 公司），Leo Kool（Lely），Tom Kromwijk（Fullwood Fusion），Bert van't Land（CRV），Louise Marguin（IDELE），Sjors Meijers（Lely），Ronald Need，Hubert Rothfuss（GEA），Magnus Storbjorde（Delaval）和 Conny Svahn（Delaval）的特殊贡献。

附　　录

附录　章节 2.2　奶山羊的生产性能记录

章节 2.2—附录 1：所有情况下必须遵守的规则和标准

2.2.1　母羊的记录

当对记录群体进行（定量的）乳量记录时，必须记录所有确定泌乳的母羊（涉及育种计划的品种或基因型），即只有当母羊完全与其羔羊分离时才能实现乳量记录。在方法 E 的情况下，可能不遵守这些规则。

2.2.2　生奶记录的类型和表示

- 唯一强制性的乳量记录是奶量（即定量的乳量记录）。也就是说，乳成分的检测（或脂肪和蛋白质的定性检测）不是强制的。
- 生奶可以用重量（g）或体积（mL）来计量。重量（g）换算成体积的换算系数为 1.036，相当于标准山羊奶的密度。
- 测定的最小日产奶量设定为 150g 或 150mL。
- 误差极限（标准差或误差）为 40g 或 40mL。

2.2.3　乳量记录访查的频率

- 月度法

记录时长（h）	平均日记录间隔（±10%）	代号	真实性
24	30	4	A4/B4/C4/E4

- 其他

间隔值 36			
24	36	5	A5/B5/C5
间隔值 42			
24	42	6	A6/B6/C6

交替挤奶			
24	30	T 作为第二个字母	AT/BT/CT/ET
校正挤奶			
24	30	C 作为第二个字母	AC/BC/CC/EC

间隔取决于羊群中羔羊的情况

注释 1：

AT，BT，CT，ET：月交替试验（只记录每天两次挤奶中的一次）；

AC，BC，CC，EC：对早/晚差异进行月校正（只记录每天两次挤奶中的一次）；

并考虑在两次挤奶中整体羊群产奶量的总体积（散装罐重）。

注释 2：

未设定每年记录访查的总次数（由每个官方组织表述）。

章节 2.2—附录 2：产羔期的产奶计量规则

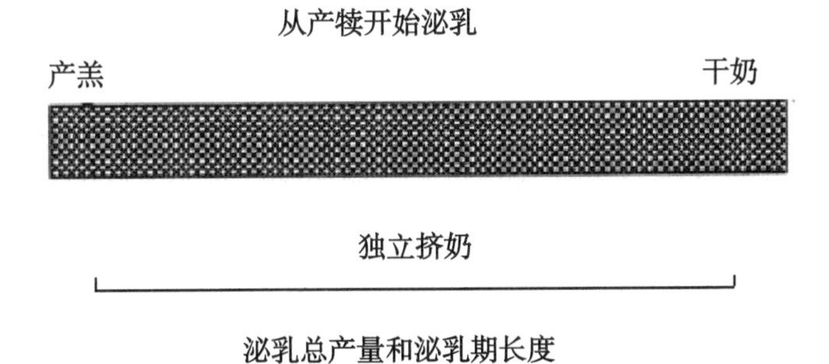

从产羔开始挤奶

单位（L）

3
2.5
2
1.5
1
0.5
0

泌乳阶段（天）

总产奶量

我们建议由批准的机构为每一个品种和类别的母羊（年龄或胎次）规定每个泌乳期的参考产奶量，标准泌乳期接近所选品种的平均泌乳期（根据其繁育体系）。

章节 2. 2—附录 3：泌乳后期的产奶计量规则

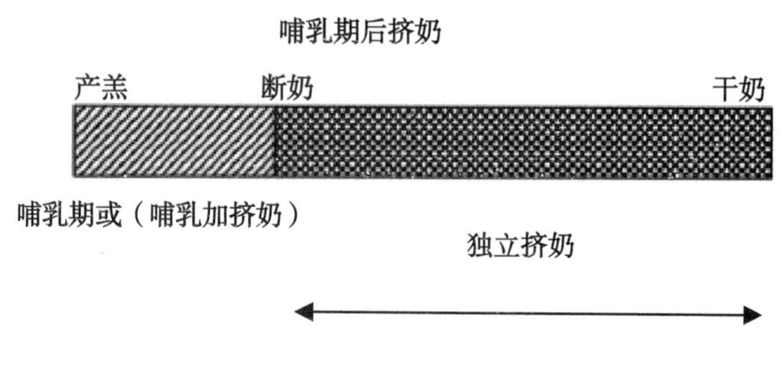

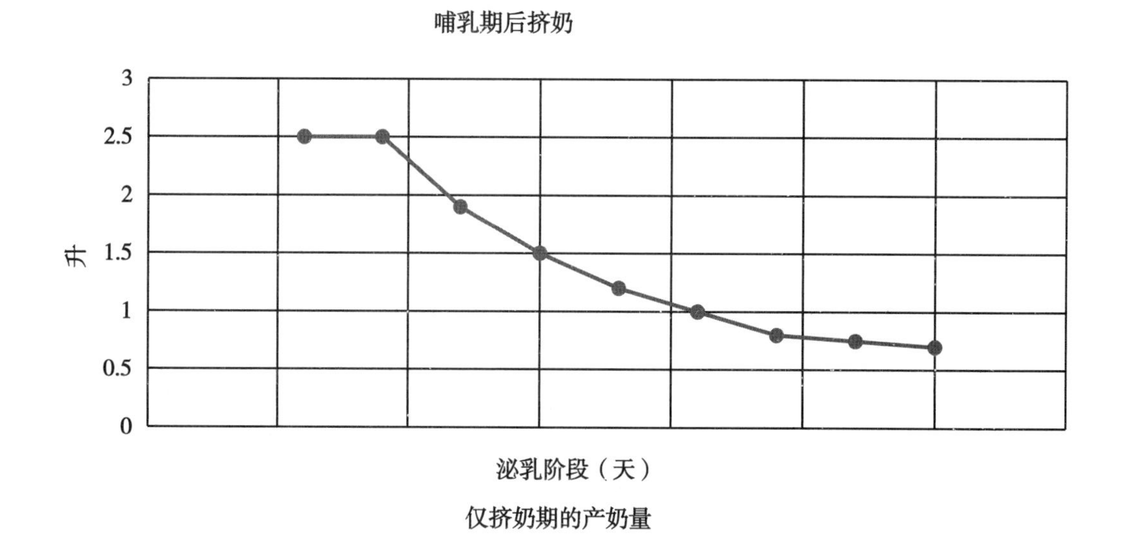

仅挤奶期的产奶量

我们建议由批准的机构为每一个品种和类别的母羊（年龄或胎次）规定泌乳期中仅哺乳期间标准和仅泌乳期间标准下的参考奶产量，接近所选品种哺乳期和仅泌乳期间的平均产奶量（根据其繁育体系）。

附录　第4章—DHI和其他技术的应用

第4章—附录1：基于微卫星技术的牛亲子鉴定调查表

1. 详细地址（填满）

国家：

实验室名称：

联系人：

地址：

电话：

E-mail：

2. 管理者或操作者的教育、培训和经验情况

a. 实验室负责人的学历（勾选并描述）

博士就读于：

硕士就读于：

学士就读于：

其他学历：

无：

b. 高级主管的工作经历（勾选）

超过5年：

2~5年：

低于2年：

3. 认证和设备

a. 认证（勾选并发送一份认证副本至ICAR秘书处，必要的时候进行英文翻译；请注意ISO认证是最低要求）：

ISO 17025认证

ISO 9001认证

其他认证或无认证（这种情况下无需继续申请）

设备型号	购买日期	最后升级日期

4. 国际动物遗传学会（ISAG）相关测试的参与情况和测试成绩

未参加环比测试（这种情况下无需继续申请）

ISAG 环比测试参加者：

a. 最近一次参加 ISAG 环比测试是（　　）年

最近一次 ISAG 环比测试成绩。请注意：①当结果只能通过 ISAG 推荐的微卫星验证并描述时（ISAG 2009-10 环比测试开始使用 12 个微卫星，之前的环比测试使用 9 个微卫星），请提供一份 ISAG 证书副本。②阐明“基因型数量”的意思，例如，使用 12 个微卫星对 20 个个体进行环比测试并产生 240 个基因型。

样本数：________________

微卫星标记的数量：________________

正确基因型的数量：________________

缺失基因型的数量：________________

错误基因型的数量：________________

5. 标记组合和命名方法

ISAG 和其他标记组合的使用（请勾选并在下方进行描述）

ISAG 微卫星标记组合

其他微卫星标记

....

....

其他的标记类型（例如 SNP，请注明）

....

....

....

....

命名法（请勾选并在下方进行描述）

ISAG

其他（请注明）................................

每头动物选择的微卫星标记类型

....

....

....

....

....

....

....

....

使用这些标记类型的动物数量

2008 年：................................

2009 年：................................

2010 年：................................

2011 年：................................

当上述列表中的标记类型无法确定亲缘关系时，使用何种备用标记类型：

使用这些标记类型的动物数量

2008 年：--

2009 年：--

2010 年：--

2011 年：--

每一种标记的排除能力（单亲）：

用于计算排除概率（单亲）的动物数量和种类

用于计算排除概率（单亲）的方法（公式和参考来源）

标记	PE
----------------	----------------
----------------	----------------
----------------	----------------
合计	----------------

每一种标记的排除能力（双亲）：

用于计算排除概率（双亲）的动物数量和种类

用于计算排除概率（单亲）的方法（公式和参考来源）

标记	PE
----------------	----------------
----------------	----------------
----------------	----------------
合计	----------------

第 4 章—附录 2：牛 DNA 亲子（血统）鉴定的 ICAR 认证

ISAG 推荐的微卫星列表：

基因位点		引物序列（5′端至 3′端）
BM1824	Forward	GAG CAA GGT GTT TTT CCA ATC
	Reverse	CAT TCT CCA ACT GCT TCC TTG
BM2113	Forward	GCT GCC TTC TAC CAA ATA CCC
	Reverse	CTT CCT GAG AGA AGC AAC ACC
INRA023	Forward	GAG TAG AGC TAC AAG ATA AAC TTC
	Reverse	TAA CTA CAG GGT GTT AGA TGA ACT C
SPS115	Forward	AAA GTG ACA CAA CAG CTT CTC CAG
	Reverse	AAC GAG TGT CCT AGT TTG GCT GTG
TGLA122	Forward	CCC TCC TCC AGG TAA ATC AGC
	Reverse（1）	AAT CAC ATG GCA AAT AAG TAC ATA C
	Reverse（2）*	AAT CAC ATG GCA AAT AAG TAC ATA
TGLA126	Forward	CTA ATT TAG AAT GAG AGA GGC TTC T
	Reverse	TTG GTC TCT ATT CTC TGA ATA TTC C
TGLA227	Forward	CGA ATT CCA AAT CTG TTA ATT TGC T
	Reverse	ACA GAC AGA AAC TCA ATG AAA GCA
ETH10	Forward	GTT CAG GAC TGG CCC TGC TAA CA
	Reverse	CCT CCA GCC CAC TTT CTC TTC TC
ETH225	Forward	GAT CAC CTT GCC ACT ATT TCC T
	Reverse	ACA TGA CAG CCA GCT GCT ACT
BM1818	Forward	AGC TGG GAA TAT AAC CAA AGG
	Reverse	AGT GCT TTC AAG GTC CAT GC
ETH3	Forward	GAA CCT GCC TCT CCT GCA TTG G
	Reverse	ACT CTG CCT GTG GCC AAG TAG G
TGLA53	Forward	GCT TTC AGA AAT AGT TTG CAT TCA
	Reverse	ATC TTC ACA TGA TAT TAC AGC AGA

第 4 章—附录 3：基于 SNP 技术的牛亲子鉴定调查表

第一部分 基本信息

1. 详细地址（填满）

国家：..

实验室名称：..

联系人：..

地址：..

电话：..

E-mail：..

2. 管理者/操作者的教育、培训和经历情况

a. 实验室负责人的学历（勾选并描述）

博士就读于：..

硕士就读于：..

学士就读于：..

其他学历：..

无：

b. 高级主管的工作经历（勾选）

超过 5 年：..

2~5 年：..

低于 2 年：..

3. 认证，实验室规程和设备

c. 认证（勾选，描述，发送一份认证副本至 ICAR 秘书处，必要的时候进行英文翻译；请注意，目前 ICAR 不需要任何认证）。

国际认证

....

国家认证

....

没有认证（今后将把认证作为必须要求）

d. 如果没有认证，请简要描述：

处理新到样品的程序

....

存储和检索信息的程序

....

交叉污染的控制程序

....

错误和可重复性检验的程序

....

e. 设备（描述）

设备型号	购买日期	最后升级日期

f. 基因型测定技术（描述）

....

第二部分　环比测试的参与情况和测试成绩

国际环比测试的参与情况和成绩（勾选）

≥两次国际环比测试

<两次国际环比测试

最近一次的国际环比测试（勾选并描述）

ISAG（国际动物遗传学会）

其他（描述标记，样本和参与国的数量）

最近一次国际环比测试是（　　）年

最近一次国际环比测试的成绩（请注意：①如果参加过 ISAG 试验，请提供一份 ISAG 认证的副本，并描述以 ISAG 推荐的 SNPs 所获得的结果；②阐明“基因型数量”的意思，例如，使用 96 个 SNPs 对 20 个个体进行环比测试，分析产生1 920个基因型）

样本数：________________

SNP 标记数量：________________

正确基因型数量：________________

缺失基因型数量：________________

错误基因型数量：________________

以前的国际环比测试（勾选并描述）

ISAG

其他（描述标记，样本及参与国的数量）

以前的国际环比测试在（　　）年

以前的国际环比测试的成绩

样本数：________________

SNP 标记的数量：________________

正确基因型的数量：________________

缺失基因型的数量：________________

错误基因型的数量：________________

国内环比测试

≥2 次国内环比测试

<2 次国内环比测试

请描述最近一次国内环比测试

参加环比测试的国家：________

最近一次环比测试的年份是：________年

参与者数量：________

最近一次国内环比测试的成绩

样本数：________________

SNP 标记数量：________________

正确基因型的数量：________________

缺失基因型的数量：____

错误基因型的数量：____

请描述以前所参加的国内环比测试

以前国内环比测试的国家：________

以前环比试验的年份：________年

参与者的数量：________

以前国内环比试验的成绩

样本数：____

SNP 标记物数量：____

正确基因型的数量：____

缺失基因型的数量：____

错误基因型的数量：____

未参加环比试验

a. 标记组合和命名方法

b. ISAG 或其他标记组合的使用（请勾选并提供 SNPs 列表）

ISAG　SNP 标记组合

其他 SNP 标记（请注明）

....

c. 命名方法（请勾选并描述）

ISAG

其他（请注明）..

d. 使用这些标记检测的动物数量

2007 年：..

2008 年：..

2009 年：..

2010 年：..

2011 年：..

e. 用 SNP 标记检测的排除能力（排除概率，单亲）（请用独立文件发送表格）：

用来估算排除概率的动物数量和种类（单亲）

....

估算排除概率的方法（公式和参考来源）（单亲）

....

________综合排除能力

f. 用 SNP 标记检测（双亲）的排除能力（请用独立文件发送表格）

用来估算排除概率的动物数量和种类（双亲）

....

估算排除概率的方法（公式和参考来源）（单亲）

....

________综合排除能力

第4章—附录4：SNP列表

SNP名称（iSelect）	SNP名称（Bovine SNP50）	基因序列	贝勒架构Btau 4.0版			马里兰大学2009年8月发布版		
			基因组架构版本	染色体	坐标位置	基因组架构版本	染色体	坐标位置
ARS-USMARC-Parent-AY761135-rs29003723	ARS-USMARC-Parent-AY761135rs29003723	TTCTTTATTACGCTCCTCTGAAGAAG-GAAAAACGATTTCTCTTATTCATGAGAA-GGTAAG［A/T］GTCTTGGGTCCCCTG-AACCTCCTAGCTCCACTGCAATGATTCT-CAAACTTTAATTGCAAG	4	1	128561273		1	127426647
ARS-USMARC-Parent-AY776154-no-rs	ARS-USMARC-Parent-AY776154-no-rs	TAAGTACATAAGTACATATCTACTGG-CCTTTGATCTGACTAGTTCCCCAGTCT-CAGGTCT［A/G］TTTGCTGTTAA-TCACCAGTGAGAGAAGGTCCTAC-CCTATCTTAAGTGGTTCTCATRTCTC	4	2	21560142		2	26997623
ARS-USMARC-Parent-AY842472-rs29001941	ARS-USMARC-Parent-AY842472rs-29001941	TCTATTAATTACTAATTGTATATCTTGCT-GCTCAGATGTCTAGAGCACCTGTTTCCATAT［C/G］TGTAAAACYGAGTTGGGAGCT-GAGACTGTGACTGAGGAGGGAAGGCAGRA-GACTATTGCT	4	3	43155987		3	40399136
ARS-USMARC-Paren-tAY842473-rs29001956	ARS-USMARC-Paren-tAY842473-rs29001956	CACTGAGTTTCAGAGAGGGCCAGAACTCT-TCTGTCCACAAGGTCTGGCTCCATCCTGGTG［A/G］GGTGGGCAGAGAACCATGAGTTCT-TGAGTAGCTCCAAGACCTATGGCAT-CAAGTGGCATG	4	3	52858297		3	49703647

（续表）

SNP 名称（iSelect）	SNP 名称（Bovine SNP50）	基因序列	贝勒架构 Btau 4.0 版			马里兰大学 2009 年 8 月发布版		
			基因组架构版本	染色体	坐标位置	基因组架构版本	染色体	坐标位置
ARS-USMARC-Parent-AY842474-rs29003226	ARS-USMARC-Parent-AY842474-rs29003226	AAACAAGATAGTCTTTGCTCTTCAATT-TAGGTCAAGGTACAATTGGACCATGAYTG-AGAA [C/G] TTTAGAGGAGGGAGAGA-CAATATCCATGTGCAGTGGTGAACCTG-CAGCAGGTGAAATGCA	4	3	50318221		3	51976646
ARS-USMARC-Parent-AY842475-rs29002127	ARS-USMARC-Parent-AY842475-rs29002127	AAGGTATTATGAGTTGTGTGGGTTTTTA-AAAGCTTGCATCTCTAAGCTGTATGTGTG-AGC [A/G] TGTGWGTTAGATTTAATAA-CATCTCTGATAAAGCTCAGATTAGGTA-AGAGGATGTATCAG	4	4	298879		4	20181749
ARS-USMARC-Parent-AY844963-rs17871338	ARS-USMARC-Parent-AY844963-rs17871338	ACAGACTCTTTGTATGTTTTAAATCTT-GTTTTTCCTTCTGTAGATGTTAACTGGTAAC-CA [A/G] TGTACAAAAGGGTTGGATCT-CACCTTCAGGATATCTGAAATTTACAGTT-TATTGTCCGTT	4	5	64666892		5	98102349
ARS-USMARC-Parent-AY849381rs-29003287	ARS-USMARC-Parent-AY849381-rs29003287	TGGGAAACCCTATGAGCCAGAGTT-TACGTCTGATGATTTGCTGGCACAAGGTGA-GCTGTG [A/G] GAGAACCAGGTGCCCT-GAGCCAGTGTCACCTCCATCCTGACCCT-GAAAGGGGCTGAGGGA	4	6	13138268		6	23562312
ARS-USMARC-Parent-AY850194-no-rs	ARS-USMARC-Parent-AY850194-no-rs	CTGGCCCAAACTCATCACACTCATTGTGT-CAATCATAGAGGAAGATAAGAATTCCTAC-AC [T/C] CTCGTTCTGAACCAGTAAGTAT-CACCTCACTTGGCYTTTCTGTTTGGTGGT-TGGTTTGTC	4	8	32577724		8	59996431

（续表）

SNP 名称（iSelect）	SNP 名称（Bovine SNP50）	基因序列	贝勒架构 Btau 4.0 版			马里兰大学 2009 年 8 月发布版		
			基因组架构版本	染色体	坐标位置	基因组架构版本	染色体	坐标位置
ARS-USMARC-Parent-AY851162-no-rs	ARS-USMARC-Paren-tAY851-162-no-rs	GAAACCCTCTCTCCCTAAAGAAAGCCAT-ACCCAGGGAGTCCACKTGGGCTGAATAAC-CCC［A/G］AGGACTGGCAGAAGGGAAGG-GAAGAATGTAGCTGCAGCCTGAACT-TCACTGTTGTCTKAT	4	11	32873366		11	46411100
ARS-USMARC-Parent-AY851163-rs17871661	ARS-USMARC-Paren-tAY851163-rs17871661	CCGAGGCCGCACCCGCTGGCCTCCCTGC-CCCGTGAGAGGGGGAGGCAGGAACATCCC-ATC［T/C］GGAAGTAGCCGCTCTTC-CAAGTCTGGAATCAGGAGGAGCTCAGTA-AATGCTGGTTGAATG	4	0	0		11	103047474
ARS-USMARC-Paren-tAY853302no-rs	ARS-USMARC-Paren-tAY853302-no-rs	CTTTCTATGTGGCTTCCTGTATTCCCTTT-GTTGTCTAATGTCAGAAACTATAACTATCTA［A/G］TTCACACTAGGTTCTCTATAAAT-TATTTGCTGAACAAAATATTTCTTCTTTT-GAAAATAA	4	13	29637300		13	47397987
ARS-USMARC-Paren-tAY853303-no-rs	ARS-USMARC-Paren-tAY853303-no-rs	GGGAGTGGAGAGTGGATTGGGAAGCCT-GGGGAACTGTGGACCTGTGGGCAATCCCTT-AGC［T/C］TTTCTGAGCCTCAGTTTCTC-CATCTGTACAAAAGGGGCAATCATACC-MATTTCACAGTCA	4	13	54843495		13	75383374
ARS-USMARC-Paren-tAY856094-rs17871190	ARS-USMARC-Paren-tAY856094-rs17871190	AGCTAATTCTCTTGACTTGCAGGCG-GAGACTGAGGCTCAACAAGGGGGCTTCAGC-AACCC［A/G］TGGAGATGCAGCTCTTTC-CCCTCACATCCAATTCAGTGCTTTTATT-GAGTTATTGACTTT	4	29	6514423		29	9160939

（续表）

SNP 名称（iSelect）	SNP 名称（Bovine SNP50）	基因序列	贝勒架构 Btau 4.0 版			马里兰大学 2009 年 8 月发布版		
			基因组架构版本	染色体	坐标位置	基因组架构版本	染色体	坐标位置
ARS-USMARC-Paren-tAY858890-rs29002256	ARS-USMARC-Paren-tAY858890-rs29002256	TATATTCCCAATTAACATACTCTAGAATG-GTTGTAAAGTTTACCCTTTTACTAATAGCAT［C/G］TGCTTTTCTACGTCCTTACCAAC-ACTGGTTATTATAAATCTTTTCTTTGATA-GATTGAGA	4	17	19983637		17	29936157
ARS-USMARC-Paren-tAY860426-no-rs	ARS-USMARC-Paren-tAY860426-no-rs	CCAGATTCAATCGACTGGGTTCATGTC-CCCTCACATAGTTTTTAAGGTTATTTATTTA-AA［T/G］GTCTAATGTATTTTATTGTAA-CAGACATTGTTTTGCCAACATTGC-CTATTTCAGTGGCAC	4	17	34818241		17	56512519
ARS-USMARC-Paren-tAY863214rs17871744	ARS-USMARC-Paren-tAY863214rs17871744	GGGTCTGGGGGCCTGGGTTCTTGGGTCCA-GAGGATGAAGTGGCAGGGGACGCCGATTC-TT［T/C］GGTCCCAAGAGAGGAAGGGC-CTGAGTCTTGCTGAAGGAGGAGACTGG-GACCTCAATTTCT	4	18	37564714		18	46647177
ARS-USMARC-Paren-tAY914316rs17871403	ARS-USMARC-Paren-tAY914316rs17871403	TTRGTCACTTCTTCATCCATGGGAGG-GAGAGGAGAGCTCTTCTCAGATTGCCTGAT-TTCC［T/G］ATTCCTTTCATCCTCAGCCG-GCTCTTCCCAGACAAGGAGAGCATGCTT-GATGCGGCTTTC	4	18	44145110		18	48812014
AR-SUSMARC-Parent-AY916666-no-rs	ARS-USMARC-Paren-tAY916666-no-rs	CCTGAGTCCCTGCCCAGCCGGGACTGCCT-GGATCTGAGAGGTGGGACAAGGAGGTGG-CTT［A/G］GCCGCAGGTCACCGGCTCG-CAAGTCTGAGTCTCTGGGAAAGGCAAGT-GTCCCGTTGAMTK	4	19	37367050		19	44799390

（续表）

SNP 名称（iSelect）	SNP 名称（Bovine SNP50）	基因序列	贝勒架构 Btau 4.0 版			马里兰大学 2009 年 8 月发布版		
			基因组架构版本	染色体	坐标位置	基因组架构版本	染色体	坐标位置
ARS-USMARC-Parent-AY919868-rs29002211	ARS-USMARC-ParentAY919868-rs29002211	TGCAAGATCTGAAGGAATTGAAAATGTC-TACCATTTATATGAAAAGTATTGTTTAAAC-TG［A/G］AAGGATACATTTTTTAACCT-GAAAAGCTTTCAGACAGTTAATCGCTAAT-TGTAGAAGTTC	4	20	31525850		20	46066109
ARS-USMARC-Parent-AY929334-no-rs	ARS-USMARC-ParentAY929334-no-rs	GCCCCACCCCTCAGGCCTCTGTTGGCTC-CCTGGCCCCACTCTCAAAATCTGAGACTTG-TA［T/C］TCAACCCTTTTCTTTCCCA-GGAGGTTCTAGATCTCCTCAGATTCCT-TCAACAGCCTCTTC	4	23	8790333		23	7219975
ARS-USMARC-ParentAY937242-rs17872223	ARS-USMARC-ParentAY937242-rs17872223	TTCTAGGTTCTGTGAATACAGTTRTGAA-CAAAACAGAGCAAAAATCCTTGCCTTCA-TGGG［A/G］TAGGGAATGGGGAGACA-GACAATATACATAATAAATAACTAAATG-TATTTTTTGTGTTAA	4	23	25106717		23	27306795
ARS-USMARC-Parent-AY939849-rs17870274	ARS-USMARC-ParentAY939849-rs17870274	TTTTATGTCTAGCCCTCACTCCCAGTGTA-AACCTGTTGTGTTTCCCTGTATTTTCCTGCA［A/G］TGTTGTCACAGAGGAAGTGGG-GTAGTGTAGTTCTGCCTTGATCACGCTK-TCTCTRTCTTA	4	24	44567434		24	56415794
ARS-USMARC-ParentAY941204-rs17872131	ARS-USMARC-ParentAY941204-rs17872131	TTTTATGTCTAGCCCTCACTCCCAGTGTA-AACCTGTTGTGTTTCCCTGTATTTTCCTGCA［A/G］TGTTGTCACAGAGGAAGTGGG-GTAGTGTAGTTCTGCCTTGATCACGCTK-TCTCTRTCTTA	4	25	17192835		25	14683151

（续表）

SNP 名称（iSelect）	SNP 名称（Bovine SNP50）	基因序列	贝勒架构 Btau 4.0 版			马里兰大学 2009 年 8 月发布版		
			基因组架构版本	染色体	坐标位置	基因组架构版本	染色体	坐标位置
ARS-USMARC-Parent-AY943841-rs17871566	ARS-USMARC-Parent-AY943841-rs17871566	TCAGATGATCAGGACAGCCAAGGAAACTC-TAGAGGGCCTAAACTCCAAATCTTCTGTCCC［A/G］AGTCAAGTGTCTTTGTGAGAAG-CAGGCCACAAGGAACAATATGTTTCATTC-TAGAGTCTT	4	1	160223705		1	138583183
ARS-USMARC-Parent-DQ381152-rs29002408	ARS-USMARC-Parent-DQ381152-rs29002408	CTCAAAGCACACATGTATATTTATGTATA-TACATACACACGCATATATTCTTTGGTTTTC［A/T］TTTCACATAGACTGAATGCTTTA-AAATTCTTTAAACCTGCCCCTTTCCT-CAGATATGATG	4	17	10136525		17	17616950
ARS-USMARC-Parent-DQ381153-rs29012842	ARS-USMARC-Parent-DQ381153-rs29012842	TCTGAGTGTTCATTGCTGCACCGCCTCTC-CAAGCTCCCAAGGGCATCTCTCTACGTAATA［T/G］TAATGCCTGGCCAGGTCCCATCCAT-TCTGACAGACAAAGGACARRCGCTACTT-TACATTT	4	1	3083497		1	3249057
ARS-USMARC-Parent-DQ404149-no-rs	ARS-USMARC-Parent-DQ404149-no-rs	GATTCTTAAAGGGGCTCATAAGATA-AAGCTTTTGCTTCTCTCAGAATTTCAGCAT-TTCTT［T/C］GAGATTACTCCATC-CCATTTTCAAGGAGTTCTATGC-CCCATCTCTGGCCCTCCCAGGACA	4	1	100876222		1	99314925
ARS-USMARC-Parent-DQ404150rs29012530	ARS-USMARC-Parent-DQ404150rs29012530	GCTTAAAGTTCTAAACCAATCAACAATT-GTTTTTCAAAAAGATAAATGCAAGAAAAA-AAT［T/G］CTTCCTAATTGTCTCCTATGC-CTTTGAGTGAAAGTGGCTTTACTTGTTT-TAGAAGAGCTC	4	1	59799326		1	59409838

（续表）

SNP 名称（iSelect）	SNP 名称（Bovine SNP50）	基因序列	贝勒架构 Btau 4.0 版			马里兰大学 2009 年 8 月发布版		
			基因组架构版本	染色体	坐标位置	基因组架构版本	染色体	坐标位置
ARS-USMARC-Parent-DQ404151-rs29019282	ARS-USMARC-Parent-DQ404151-rs29019282	TTTCTCTCATCTTTCCTTTTCTCCATGAT-ACTGCTGAATTACTGCTCCCATGATACGCAC［T/C］CCCCRCCCCCTACAATGTT-GGGCGATTGTTCCTCCGGGTCCTTTATGT-GTGACGGTTCTT	4	1	110940741		1	151349514
ARS-USMARC-Parent-DQ404152-rs29022245	ARS-USMARC-Parent-DQ404152-rs29022245	TTTGAAAGCMAAGAGCAGCTGGTTTCCTA-TACCTGTGCCATYGGGCCCYTCCTTCCCCTC［A/G］CCCCCTCTCCTAGGGTCAT-AGGGCACATCCTGGGCTGTCTGCATATCT-TCTCCCCTACAT	4	0	0		2	5306838
ARS-USMARC-Parent-DQ404153-no-rs	ARS-USMARC-Parent-DQ404153-no-rs	TTTGAAAGCMAAGAGCAGCTGGTTTCCTA-TACCTGTGCCATYGGGCCCYTCCTTCCCCTC［A/G］CCCCCTCTCCTAGGGTCAT-AGGGCACATCCTGGGCTGTCTGCATATCT-TCTCCCCTACAT	4	29	39386276		29	44756502
ARS-USMARC-Parent-DQ435443-rs29010802	ARS-USMARC-Parent-DQ435443-rs29010802	TTTTAAAAGTGCTATCATGTGCCTTGAAG-GTTGTAGCAGAAGGCGAAATAATTCATAATT［A/C］TTTTAGCTAGGTTGGTGACCAC-TAGATAGTAGGCTGCTTTAAAGTCTGT-GTTTTATTTAC	4	3	49982202		3	58040470
ARS-USMARC-Parent-DQ451555-rs29010795	ARS-USMARC-Parent-DQ451555-rs29010795	TTTTATTATGCTTCATATTTGAATGATAA-GAYACCTGTAATTTTAATTTCAGGACTATTT［A/G］TTGGATACCAAGACTAAATTCTTC-CATTGAGTGTTTCTCAATTATGAAGGCA-CAGACTAA	4	0	0		1	29524658

（续表）

SNP 名称（iSelect）	SNP 名称（Bovine SNP50）	基因序列	贝勒架构 Btau 4.0 版			马里兰大学 2009 年 8 月发布版		
			基因组架构版本	染色体	坐标位置	基因组架构版本	染色体	坐标位置
ARS-USMARC-Parent-DQ468384-rs29003967	ARS-USMARC-Parent-DQ468384-rs29003967	GAGGGGAGGGGAGGGGAGGGTTGCCCTC-CTACACCTGGCCCCACCTGTACCTCCTTCY-GT [T/G] AGCCTTTGTTC-TAGCTAGAAGGGCCCCTGAATTCTCCAGG-TAACCCCTGAGAGGGAAGGA	4	5	119771495		5	113137320
ARS-USMARC-Parent-DQ470475-no-rs	ARS-USMARC-Parent-DQ470475-no-rs	TGATAGCATTCATAGTAATGCTTC-CATTTCTCTGTGGAAACATAAGCGGGAAGC-ATGAAG [A/T] AGACAGGGGA-GAGAGTCTCAGGAAAAGCAACTGGCTT-GCTTTCATTCCTGTGTTCACTCT	4	5	6528587		5	7651053
ARS-USMARC-Parent-DQ489377-rs29026932	ARS-USMARC-Parent-DQ489377-rs29026932	GYGTGCCTGGCTCTGTACAGCAGGAGAAA-TAGCAATATTGAACCTTTAGTTGTGGTTTGT [T/C] TGATGCAGGTCATCAYGGCCACGT-GAGGTCGGCACAGGGCAGTGAGGTCRGC-CACCCAGC	4	3	77883376		3	98188384
ARS-USMARC-Parent-DQ500958-no-rs	ARS-USMARC-Parent-DQ500958-no-rs	CYGCAGCAAGGTGAGTGGTCCAGCACTC-CCTTCCCAGAACAGGGATGCTAAAATCTGA-AA [A/G] CATTAGCAGAGTGGGGAGG-GATGCTGAAAAAGCATTGACCTTTGTCT-GGGTGGGCAAGGG	4	5	30554943		5	27825118
ARS-USMARC-Parent-DQ647186-rs29014143	ARS-USMARC-Parent-DQ647186-rs29014143	CCTCCTATACTTACCCATGTATGTG-TAGCTGGCTAGGGATCTGACTGCTTCCTCA-CAGCT [A/G] TGTCTTTTCTCATAA-ACTTTCCCTTCTCCCTGTCTTCCTCAGT-GTCCTAYRGAGAACTGC	4	4	16533095		4	17200594

（续表）

SNP 名称（iSelect）	SNP 名称（Bovine SNP50）	基因序列	贝勒架构 Btau 4.0 版			马里兰大学 2009 年 8 月发布版		
			基因组架构版本	染色体	坐标位置	基因组架构版本	染色体	坐标位置
ARS-USMARC-Parent-DQ647187-rs29010510	ARS-USMARC-Parent-DQ647187-rs29010510	GACTTTTCACATGTGAGGCAAACGTGATA-ACCACTACACCACGGAAAGGCGACAGTCG-CT [A/G] CCACTGAGCCCTGTATCCAG-GAAAACCCAAGGTTCAGCCGCCACTATC-CAAGCCACCAAC	4	3	22958653		3	21146877
ARS-USMARC-Parent-DQ647189-rs29012226	ARS-USMARC-Parent-DQ647189-rs29012226	CATCTGAAAAACTCAGGCATGAGCTAC-TATTATCTGGGTACTTCTGAGAGCATGTG-GGAG [T/C] GGGGTCTGTCCTGAAAAG-GCCTCACTCGGTTACATCAGCAGTGAGTC-CTGCTCGGTTACA	4	5	67701053		5	63273386
ARS-USMARC-Parent-DQ647190-rs29013632	ARS-USMARC-Parent-DQ647190-rs29013632	GTGATTCTGTTCAGTGATTCTGCAATTG-GTCCAGGGACACCAGTCTATGGGCTCCATG-TC [A/G] TTGGAACATCACTAAC-CCTTTCGTACTTGGGTCCTTCATATGTTC-CTAACTGTTTATAGC	4	6	13856010		6	13897068
ARS-USMARC-Parent-DQ650635-rs29012174	ARS-USMARC-Parent-DQ650635-rs29012174	TGGGATAATCTTTAGCAATCAGAGGCTA-ATTACACAAAGAATTTCAGGGTTCAGAAA-CAC [T/C] CAGTTGAGTGGGGAAGCT-CAAGTTGTCAGTATGRGAACTGTTA-CAAGCGGGGAGAAGAGG	4	0	0		7	55116289
ARS-USMARC-Parent-DQ650636-rs29024525	ARS-USMARC-Parent-DQ650636-rs29024525	CTATGTGTATGACTTATAACCAGCACCT-GGGTCATGGAATGGAAAATTATCAAAGTC-TTC [T/C] ACATASATGACTGCTATCCT-GATTTTTAATAGCAGGAMATTAATT-TATTTTGCCTCCTTT	4	8	30490121		8	28799249

（续表）

SNP 名称（iSelect）	SNP 名称（Bovine SNP50）	基因序列	贝勒架构 Btau 4.0 版			马里兰大学 2009 年 8 月发布版		
			基因组架构版本	染色体	坐标位置	基因组架构版本	染色体	坐标位置
ARS-USMARC-Parent-DQ674265-rs29011266	ARS-USMARC-Parent-DQ674265-rs29011266	ATTCTTCCCRTAACTATGTCYTCACGGA-CAAAAGCTTTAACATGCACGGTGSCACAT-GCC［T/C］GAAGTTAGACTACTTGTGAA-CAGCTCAGTAGCTTTAAAGATTCAGAATA-AACTATGTATG	4	8	109814328		8	106174871
ARS-USMARC-Parent-DQ786757-rs29019900	ARS-USMARC-Parent-DQ786757-rs29019900	AAACGAAATAAAAACTTGCTGCCAGG-GAAGGTTCTGATGTTGTGTGATATTGCA-TAGGCA［A/G］TTATAAACAACTGTGTCT-GATAGYAGTTATCCACTGATATGTGC-CTCGTGCCCTACTTCC	4	2	115024546		2	111155237
ARS-USMARC-Parent-DQ786758-rs29024430	ARS-USMARC-Parent-DQ786757-rs29019900	TTGAGATGAACTCTAGTGGTTTCTTGAGT-TGGGAATGCAGTTTTTCTCCTCTAATGTTAT［T/G］GTTTGAAGTTAGTCTTTTATTCTGT-GCTCTTGGCCATGTTTGAAAAAGCATG-GAGGCATA	4	7	15211136		7	18454636
ARS-USMARC-Parent-DQ786759-rs29026696	ARS-USMARC-Parent-DQ786757-rs29019900	GACACACATACYACTGCACAATCACATA-AACCACACGCTCAGGAGTGAACCGTGCCA-AAG［A/G］AGGAGGAAGACAGATTTAAG-CAAGAATAACAAGAATAAATGAACATTG-CATGTGGTATTG	4	7	92980093		7	94259472
ARS-USMARC-Parent-DQ786761-rs29012840	ARS-USMARC-Parent-DQ786761-rs29012840	AAATTAAGAATACATATACCATAG-TATTTTTTCCCTTAGCTTACTGAATATGAA-GTTAAA［T/C］CTTATAAAAAGCACYTA-AGAAACAAAAGAAACTT-GAAAAGGGTCTAGTATTTCTAATAAT	4	10	44093122		10	44103665

（续表）

SNP 名称（iSelect）	SNP 名称（Bovine SNP50）	基因序列	贝勒架构 Btau 4.0 版			马里兰大学 2009 年 8 月发布版		
			基因组架构版本	染色体	坐标位置	基因组架构版本	染色体	坐标位置
ARS-USMARC-Parent-DQ786762-rs29010772	ARS-USMARC-Parent-DQ786762-rs29010772	ACAGAAGCACGTGCAAGGTGACCTGTTAC-CTGGGCTTCATGGTGATGCGCTTTTCTAACA［T/G］AAGATTCACCCATTCAGCCAGTGCT-TACTCATTACATACAAATCATCTATGC-CGAGTCGT	4	0	0		10	81572252
ARS-USMARC-Parent-DQ786763-rs29020472	ARS-USMARC-Parent-DQ786763-rs29020472	GTTATCAATTATTTGCAGATGCCACRGT-CATAGAAGCTTCTGGCCCAGAGACTCAAA-TGT［A/T］GTTTGCTAAAACAGCTAA-AATAATGTGGGGACTCAGGAAAAGA-CAAGTCTATCRTTTGAC	4	12	10435764		12	11824653
ARS-USMARC-Parent-DQ786764-no-rs	ARS-USMARC-Parent-DQ786764-no-rs	TAATAATAAATAATAATAATATGCAGGGT-TGGCAAGCTTAGGAGGAAACCAGTCATCT-CA［T/G］ATGACTCGGTTCAAGATTAA-CCTGATGGAACTCTTCCGAAAAGTAGTTT-GGTAATACGTA	4	12	25363425		12	25668974
ARS-USMARC-Parent-DQ786766-rs29012070	ARS-USMARC-Parent-DQ786766-rs29012070	CACTTTCTAGGTCCATCCATGTTGCTG-CAAATTGCTCATCATGGATCCTGTGATC-TATC［A/G］GTTCCATTCCTAGGTATA-TCCTATAGGCAAAGTCACAGGTGAAGGT-GTTCTTGGCCAGTA	4	10	3099875		10	3530271
ARS-USMARC-Parent-DQ789028-rs29017713	ARS-USMARC-Parent-DQ789028-rs29017713	GGTGCCATGTGGATTTGCCTTTTCAAAG-CAACACATCTGGTCATCACTCACCAACCT-GCT［T/C］GGCTCTTCCTGGAATA-TTTTCACTGCCTTTYCACTTCACT-CAGATTTGAGAGAGTTAATT	4	6	29239361		6	46936182

（续表）

SNP 名称（iSelect）	SNP 名称（Bovine SNP50）	基因序列	贝勒架构 Btau 4.0 版			马里兰大学 2009 年 8 月发布版		
			基因组架构版本	染色体	坐标位置	基因组架构版本	染色体	坐标位置
ARS-USMARC-Parent-DQ837643-rs29018818	ARS-USMARC-Parent-DQ837643-rs29018818	AAGGGATATTATGTTTTAATGCACTGCTG-TATAATTCATCAGCCCTCACCCCTCCCAGTC［A/G］AAATTACTGATGGAAATAAGCAAA-CACCCCAAATTTGCTATTTCCCTTTC-CCAATGCCAA	4	11	51480969		11	66341589
ARS-USMARC-Parent-DQ837644-rs29010468	ARS-USMARC-Parent-DQ837644-rs29010468	GTACAAGATAGGCYGCCAAAGGCTKC-CTCTCTTTCAGGCCAAAATCCTCAAGGC-AATTRC［A/C］AAGCCTTGATATCTG-CTAGAAATATGGAGCAGATACTTGAG-GAAAATAGAATAGATATTT	4	8	91886013		8	88974063
ARS-USMARC-Parent-DQ837645-rs29015870	ARS-USMARC-Parent-DQ837645-rs29015870	AGAACGCAGTGCGCAAGGGTGTGGGGACA-GACAACAGGTGGCAGCTCGGCAGCAGTCG-GC［T/C］GYGGGGGAGATGAGCGGAG-GACCTCCTAGCATTTGGGAAGAGGGGGTC-CTGACCAGCAGG	4	11	19117263		11	24553007
ARS-USMARC-Parent-DQ839235-rs29012691	ARS-USMARC-Parent-DQ839235-rs29012691	AGAACGCAGTGCGCAAGGGTGTGGGGACA-GACAACAGGTGGCAGCTCGGCAGCAGTCG-GC［T/C］GYGGGGGAGATGAGCGGAG-GACCTCCTAGCATTTGGGAAGAGGGGGTC-CTGACCAGCAGG	4	3	123358772		3	116448759
ARS-USMARC-Parent-DQ846688-rs29023691	ARS-USMARC-Parent-DQ846688-rs29023691	AGAACGCAGTGCGCAAGGGTGTGGGGACA-GACAACAGGTGGCAGCTCGGCAGCAGTCG-GC［T/C］GYGGGGGAGATGAGCGGAG-GACCTCCTAGCATTTGGGAAGAGGGGGTC-CTGACCAGCAGG	4	5	78222735		5	119261609

（续表）

SNP 名称（iSelect）	SNP 名称（Bovine SNP50）	基因序列	贝勒架构 Btau 4.0 版			马里兰大学 2009 年 8 月发布版		
			基因组架构版本	染色体	坐标位置	基因组架构版本	染色体	坐标位置
ARS-USMARC-Parent-DQ846690-no-rs	ARS-USMARC-Parent-DQ846690-no-rs	TCAGAGGAGAATGTCTAGTTTAGAACTTA-AAAACAGCTTAGTTCCACTGTGATCTATACC［T/C］CATGCCACCTTGCAGCTGGCCTG-CAGCTCCGTCACACTGACCCCTGTGACG-GCAGAGCCT	4	14	2757891		14	10171919
ARS-USMARC-Parent-DQ846691-rs29019814	ARS-USMARC-Parent-DQ846691-rs29019814	CAGAGATCTAAAAAAAGAGAT-GAATTTCAAGGTTGTATGCTAGTTTGTGA-ACTGAGTTCA［T/C］TTTARTTAAACA-TCWCTATATCCGCATGTTTCRTGGGGT-TCTCTCTCTTCCTCTTTACCT	4	14	43507909		14	48380429
ARS-USMARC-Parent-DQ846692-rs29010281	ARS-USMARC-Parent-DQ846692-rs29010281	AGTGCCTAAGGGTAATGAATGTCCCAT-AGTCAGCACTTTGTAAGCACCCACTAACT-TGCA［A/G］CCAAAATGAACATTTAT-CTGTTGGAATTCATAGTTTATAGAATATT-AGAGATACTTTTTA	4	14	76520019		14	80082923
ARS-USMARC-Parent-DQ846693-rs29017621	ARS-USMARC-Parent-DQ846693-rs29017621	AGTCCAGTGAGTAAAAGAC-CAGGGTTTTCAGGCTTTATGTCTGTACAGC-ATTTGCCTATG［A/G］TTGCCTGTTTG-CAGARCTGCCCAGAAGCCAAGAAGCTG-GTCTATYAATTTGGGGGGAATT	4	16	7693002		16	9855276
ARS-USMARC-Parent-DQ866817-no-rs	ARS-USMARC-Parent-DQ866817-no-rs	TATTCAGATTGATGGTCCAGCATCTTTA-ACCCTGACTAAATAGGTTTGGGACAATCT-ACT［A/G］AAATTCCTGTGGTGGA-CATATTTCCTGAAAGCCTCTTTGAGAT-CACCACTCCTAGAGGCT	4	15	36330324		15	38078775

（续表）

SNP 名称（iSelect）	SNP 名称（Bovine SNP50）	基因序列	贝勒架构 Btau 4.0 版			马里兰大学 2009 年 8 月发布版		
			基因组架构版本	染色体	坐标位置	基因组架构版本	染色体	坐标位置
ARS-USMARC-Parent-DQ866818-rs29011701	ARS-USMARC-Parent-DQ866818-rs29011701	GACATCTTTGCTTTCTGTGATTTCAGGT-GTCAGCTCCTGAGCTTTAGAACATGGCT-GCTA［A/C］AAGCAATGTGACTGAAA-TCATTTTCTTGGGATTCTCCCAGAAC-CAGGGTGCCCAGAAGGT	4	15	78342209		15	79187295
ARS-USMARC-Parent-DQ888309-rs29013741	ARS-USMARC-Parent-DQ888309-rs29013741	GTTCACTGCAGTTTAAACTTGAAAATGC-CTTTAAAAAAAATCACTCAAAAATAGTTG-TTA［T/G］TTATAAAGGCACATT-GAAATCTCATTAAATTGAAGTTATTTACT-GAATACACCGTCCCTG	4	7	8443680		7	8272794
ARS-USMARC-Parent-DQ888310-rs29012422	ARS-USMARC-Parent-DQ888310-rs29012422	GGCAGGGACTTAGAATGGACTCCATAGCT-GATACGGCCATTGGTTGGGAGCTAAATCAG-A［A/C］AATGCTTCCAGCTGAGCTCTCTG-GCCAGACAAGGTCACCAGTTTGGCTCTG-CAGATAGCC	4	17	1076846		17	887216
ARS-USMARC-Parent-DQ888311-rs29017313	ARS-USMARC-Parent-DQ888311-rs29017313	CTGTGGCAGCAGCCCGATTCTAAACAGAG-CAGCTTGTCTTTAGGATGGCCAGCTCTCCAG［A/C］GGAGCCCCCTGGCCTTCAGCAGT-GGGGTGAGCACCGCCTCCTCTTAAC-CTCTCTTAGCTC	4	19	5743150		19	8505317
ARS-USMARC-Parent-DQ888313-no-rs	ARS-USMARC-Parent-DQ888313-no-rs	CTCATTTAACTGCATCGTTAAACTGGCTC-CTGGCAGAGTTCGGGTTTAGTCACCATGCC-A［T/C］GTAAATGGTGGGTGAGCTCC-AGAAGCAGATTAAAAAGTTGGGTTC-CRTTTTTTTTCTCCC	4	20	10194185		20	17837675

（续表）

SNP 名称（iSelect）	SNP 名称（Bovine SNP50）	基因序列	贝勒架构 Btau 4.0 版			马里兰大学 2009 年 8 月发布版		
			基因组架构版本	染色体	坐标位置	基因组架构版本	染色体	坐标位置
ARS-USMARC-Parent-DQ916057-rs29009979	ARS-USMARC-Parent-DQ916057-rs29009979	AAAAAACTCAGTAGAGGCATTCCATTA-ATTTAGTTTAACTTAGTCTAGTTTAATTTCT-GA［A/T］ATKTTCCTCACAGTTGGGTT-GACTGTGGAAGAAAACTATGTTCTGT-CAAACTAAAACAAA	4	7	51918029		7	81591587
ARS-USMARC-Parent-DQ916058-rs29016146	ARS-USMARC-Parent-DQ916058-rs29016146	GTGGATGCGCACAGTCCCAACCACTGGAG-CACCAGGGCATTACCTATCACAGAATTTTAA［A/G］GGAAACGGACAGCCCGCGGCTT-GAGAATCTATTAAGAGCGCCAAGTCTAAC-CACTGACGT	4	0	0		8	1554706
ARS-USMARC-Parent-DQ916059-rs29009907	ARS-USMARC-Parent-DQ916059-rs29009907	AAACACCAATATGACATTCCTCCACATA-CATGTTGCTTTCCTGGCCACAAAGCAGTCC-AC［T/C］GTTAGAGCCTTTGTTTTGCTTT-GTTTCATCTATTCATTAACAATCATATGT-GGGGCACCT	4	18	3213957		18	23426214
ARS-USMARC-Parent-DQ984825-rs29012457	ARS-USMARC-Parent-DQ984825-rs29012457	CACTCAGACGTCCCCAACCGACTCCTTC-CTTCCCCATCTCCATTTCGAACTAAGAGA-GAC［T/C］GAGCCTTTAAAAGCCAT-TCAGAGAAGAACACTTGAATCTTGC-CGAACCCGAGTTATTATA	4	10	72176472		10	98230479
ARS-USMARC-Parent-DQ984826-rs29027559	ARS-USMARC-Parent-DQ984826-rs29027559	TGGCCTCTGTGGGTTGTAGTAGCAG-CAGATTCTAAGGTTGGAAATACTGCTCCAG-CCCCA［A/T］TGCTAAGTGAACCAAAAG-GCTACCTACMAGCTCTGAATGTGACT-GGGTGTCATCAGGSTC	4	14	11179889		14	27751888

（续表）

SNP 名称（iSelect）	SNP 名称（Bovine SNP50）	基因序列	贝勒架构 Btau 4.0 版			马里兰大学 2009 年 8 月发布版		
			基因组架构版本	染色体	坐标位置	基因组架构版本	染色体	坐标位置
ARS-USMARC-Parent-DQ984827-rs29012019	ARS-USMARC-Parent-DQ984827-rs29012019	TTGCATACTAAAATACAAATGCAGGCACT-GAAATYRTACAAAAACACTACTTATCAGTAC［T/C］TTAAGTAAAGGCAGTGAACATACT-CATTTGAAAGAATACAGGGTACCTATG-GAATAATGG	4	10	43279115		10	55611885
ARS-USMARC-Parent-DQ990832-rs29015065	ARS-USMARC-Parent-DQ990832-rs29015065	CCAAGAACCACTGTGATAGGAGTAGC-CCAACACTGGGGATTGAGGAGAGCTCCAG-ATTCC［A/G］CTCTCTGGCCAGGAG-CAAGTCTTGTTCCCTCTTTTCTTA-AAAAAATTATTTATTTTTAAT	4	22	43279115		22	11038205
ARS-USMARC-Parent-DQ990833-rs29010147	ARS-USMARC-Parent-DQ990833-rs29010147	CCAAGAACCACTGTGATAGGAGTAGC-CCAACACTGGGGATTGAGGAGAGCTCCA-GATTCC［A/G］CTCTCTGGCCAGGA-GCAAGTCTTGTTCCCTCTTTTCTTA-AAAAAATTATTTATTTTTAAT	4	24	15870014		24	15447771
ARSUSMARCParentD-Q990834rs29013727	ARS-USMARCParent-DQ990834rs29013727	CCAAGAACCACTGTGATAGGAGTAGC-CCAACACTGGGGATTGAGGAGAGCTCCA-GATTCC［A/G］CTCTCTGGCCAGG-AGCAAGTCTTGTTCCCTCTTTTCTTA-AAAAAATTATTTATTTTTAAT	4	26	8434010		26	8221270
ARS-USMARC-Parent-DQ995976-no-rs	ARS-USMARC-Parent-DQ995976-no-rs	TTAAAATATTGGCTCCTTAAATAGCCATG-CACCTGATGGGTTGTTTGTAGCATCCATTAC［T/C］ACTGACCAAATGATTTGTTGTTTT-TAATTAAATCCAGCAACAGTTTATTGC-CCCTTTTGC	4	21	1016752		21	3088886

（续表）

SNP 名称（iSelect）	SNP 名称（Bovine SNP50）	基因序列	贝勒架构 Btau 4.0 版			马里兰大学 2009 年 8 月发布版		
			基因组架构版本	染色体	坐标位置	基因组架构版本	染色体	坐标位置
ARS-USMARC-Parent-DQ995977-rs29020834	ARS-USMARC-Parent-DQ995977-rs29020834	GTACAAGGGYGAGGCTGCCAGGTGTCACG-GCGAGGGGCTGAGACTCTGGTGCCACGGG-GT［T/C］GGGAGGAAGGTACTGGGCCT-CAGGGCAGGCACACCTGGGCTAC-CTTTTCATGAAACGAAT	4	24	1360061		24	1854953
ARS-USMARC-Parent-EF026084-rs29025380	ARS-USMARC-Parent-EF026084-rs29025380	GTACAAGGGYGAGGCTGCCAGGTGTCACG-GCGAGGGGCTGAGACTCTGGTGCCACGGG-GT［T/C］GGGAGGAAGGTACTGGGCCT-CAGGGCAGGCACACCTGGGCTAC-CTTTTCATGAAACGAAT	4	19	11856766		19	15345312
ARS-USMARC-Parent-EF026086-rs29013660	ARS-USMARC-Parent-EF026086-rs29013660	TCTTTCTTTTCATCCTTACCATAGCTAG-GAAAGGACTCATAGGCCCGCCTGGATAAT-CTA［T/C］AGTATGTTCCCCATST-YAGGGTTTGTAGCCTTGATCACATCTG-CAAAYTCCTTTGTCGTT	4	28	29697792		28	35331560
ARS-USMARC-Parent-EF026087-rs29011643	ARS-USMARC-Parent-EF026087-rs29011643	TTCCTTTGGGTTTTGCCTTCCACCCACCT-GCTCTGACAGACCTTTAATTTTGGAYCRC-TG［T/C］GGTTGAAGCCCGTGGATGCA-CAGTCCCCAAAGCCAGCACTAACTTGTTT-GCTTTGGAGAG	4	13	2087524		13	1982209
ARS-USMARC-Parent-EF028073-rs29014953	ARS-USMARC-Parent-EF028073-rs29014953	CAAGATGATAAGGATTGTATTTAAGGTT-GTCTGATAAGACATTGACAGRGGCAGGGT-AGA［T/C］ACTAATTAATGCGAG-GCAACTTGATTATTGACAGGCAGGACCTG-GTATTGTGGGCATCAA	4	18	993755		18	1839733

（续表）

SNP 名称（iSelect）	SNP 名称（Bovine SNP50）	基因序列	贝勒架构 Btau 4.0 版			马里兰大学 2009 年 8 月发布版		
			基因组架构版本	染色体	坐标位置	基因组架构版本	染色体	坐标位置
ARS-USMARC-Parent-EF034080-rs29024749	ARS-USMARC-Parent-EF034080-rs29024749	ATATCACACAACTCCTAGAAGCCAACAC-CACGGTCACATGATCCTGGTGGCCAATAT-GGC［A/G］GTGCTTCTACACTATAGAA-TGGAATACGTATTAATAGCTYTTACAT-TATTGGCTTCATTT	4	29	29741734		29	28647816
ARS-USMARC-Parent-EF034081-rs29009668	ARS-USMARC-Parent-EF034081-rs29009668	GCTAGGACTGAGGACTTCTCCTCCTTATG-TAAGCATCAATCAGAAAATGCTGGGTTGA-CA［A/T］GCACTACTATCTATAAA-ATAGATGGCTGGTGGAAAGCTGCTGTAT-AGCACAGGGAGCTCA	4	13	24831805		13	25606469
ARS-USMARC-Par-entEF034082-rs29013532	ARS-USMARC-Par-entEF034082-rs29013532	CGCAGCTATCATAGTATGTTCTTTTCCCT-TATAAACAACTTTGTTGGTGGTATATTTTAC［A/G］KATCCTGAGATTTATTTATTGCAG-GAATRTACTTCAGTGATTTTTAGTAAATT-TACATAG	4	22	57362460		22	56526462
ARS-USMARC-Parent-EF034083-rs29018286	ARS-USMARC-Parent-EF034083-rs29018286	GACAGACCAGGCGGAGGTTTGGACTCTT-GTTTTCTCCCCATAGAACTTGGCACATTTTGC［T/G］TGAAGATTGACTATAGAATGGGAG-GTGCTGGCCAGCTTGGCAGTTGTCAGGGT-GTGGCTG	4	25	4110046		25	3126438
ARS-USMARC-Parent-EF034084-rs29016185	ARS-USMARC-Parent-EF034084-rs29016185	CTTCTTCATGAGAAAT-CAGCCCACATATCATGCAATTCACACTCA-CATATATCAGTT-GAA［C/G］GASTGTGAGAAATCAGAAAT-CATATWATTTACAGTGTTTAAATACATTA-CACAGCAGGTA	4	27	18046911		27	21480570

（续表）

SNP名称（iSelect）	SNP名称（Bovine SNP50）	基因序列	贝勒架构Btau 4.0版			马里兰大学2009年8月发布版		
			基因组架构版本	染色体	坐标位置	基因组架构版本	染色体	坐标位置
ARS-USMARC-Paren-tEF034085-rs29025677	ARS-USMARC-Parent-EF034085-rs29025677	AATCTTAGAAACAGCCTSCCAGGCAGATG-GTTTTAACACACGGTGCAGAATGTAGACTCA［A/G］TAATGCCAGAATAGCCACGTGAT-TCATATAAAACCCAGCACTACAGTC-TATATTATCTTT	4	28	4150240		28	5913226
ARS-USMARC-Parent-EF034086-no-rs	ARS-USMARC-Parent-EF034086-no-rs	CCAACCTGTTCAGCACATTTGAATTTG-CAAATAATCTCTTATTTACTCTCAGAGT-ATCCA［T/C］GAAGCTGAAGCTTGTGAT-GGGTTTTTATTATGTGGTAATAAGTACT-GTTGGGGAAGATCT	4	26	38309859		26	38233337
ARS-USMARC-Parent-EF034087-no-rs	ARS-USMARC-Parent-EF034087-no-rs	CTCTGTGGCCAAGTATGAAACCTGAT-CACTCAATTAGTTAACACTCTGGACACAG-CATTG［T/C］GTCTAAAAATACCCGCCTT-GGGRAATGTAAAGGTTTCCCCTGACTC-CTAGTAAGGAGGCC	4	28	11844442		28	16097749
ARS-USMARC-Parent-EF042090-no-rs	ARS-USMARC-Parent-EF042090-no-rs	CATTTAAGAGATACTTGTCTTCTT-GCTTTTGGCAGCATATAAAATCATCTTG-AGAAAGAC［A/G］ATGGATGG-GAAAGAAGACATCTTTTCATATTTGCAG-CATATTTTAGATTYTAGAAACAGT	4	15	10301215		15	21207529
ARS-USMARC-Parent-EF042091-rs29014974	ARS-USMARC-Parent-EF042091-rs29014974	TCCTYCTTTATCACAGCTTTTCTCCYAT-GATGAAGCAATAAGGCACTGATGAATTG-TGGT［A/G］AAGGGCTGGGCTC-CCAAAAGTTTGGAGGTGATGAGTTTAC-CTTTAAGCACCAAGGAACTA	4	28	44007258		28	44261945

（续表）

SNP 名称（iSelect）	SNP 名称（Bovine SNP50）	基因序列	贝勒架构 Btau 4.0 版			马里兰大学 2009 年 8 月发布版		
			基因组架构版本	染色体	坐标位置	基因组架构版本	染色体	坐标位置
ARS-USMARC-Parent-EF093509-rs29015170	ARS-USMARC-Parent-EF093509-rs29015170	CTGTGTGATTGGCCAAAAGGTATTACAT-TCATTCTTTCACAAACAAACAATACTAAA-ATC［A/T］ATTATCTTCTCTCATGTG-GTTTTCTATTTATTCATTCATTTATTTGC-TAAGGACACCAYG	4	22	23047100		22	22573121
ARS-USMARC-Parent-EF093511-rs29012316	ARS-USMARC-Parent-EF093511-rs29012316	GACYAYCAGGGAAGTCCCTTGTGCT-CATCTTTATTTGGTTAGGAAACTCTCCTCC-GTCAG［T/G］TGCTGGTGAATGCAGCTCT-TCCTATAACCAGCCCCAAG-GAAAGGGGCGTGGTCTACTTCT	4	21	21597598		21	26620013
ARS-USMARC-Parent-EF093512-rs29013546	ARS-USMARC-Parent-EF093512-rs29013546	GTTTCTTGTGTTTCTTTGCTTATAGCTG-GATGTTGCAACTTTGGCAAAGATTAGATC-AAG［C/G］TTGTTGTAAAAAGATCAAG-GTTGTTAATAAAAACAACCCAGTCCCAG-GATCATGGAATTT	4	27	12431518		27	15141319
ARS-USMARC-Parent-EF141102-rs29015783	ARS-USMARC-Parent-EF141102-rs29015783	GGAATAGCTTGCAATTTATTTTTTTGTC-CTTTTTCATTTTGTAAAATTTCCAGCTCAGAA［A/G］TCCCTCAGTGTTTTGATTATTCTC-CTCTGGATATGTACCAGTTTGAT-AGTCTTTTTAAAA	4	27	40240122		27	37513923
ARS-USMARC-Parent-EF150946-rs29023666	ARS-USMARC-Parent-EF150946-rs29023666	TGATGGCAGACCCCAGCCRTATGGCCACS-CACACTTCTCTCTCTGCTTTCCCACCACCGC［A/G］TGGTTATTGCCACTTCCTGCCT-TTTTTCTTGGTGCCCTTCTGGAACAC-CGTCTCTATTCC	4	26	10836280		26	13229219
ARS-USMARC-Parent-EF164803-rs29011141	ARS-USMARC-Parent-EF164803-rs29011141	GGGCAGGGAGGGGGCCCTTG-GACGCTTTCTCATGTTATTCCGTGGGTTAT-CTCTGAGAC［A/G］GTGTGAATGAGAG-CACGGTCACAGTGCCCTGACCCCGACCCT-GGGCCACGGCCCTTCCTG	4	19	47383083		19	55174260

第 4 章—附录 5：基于基因型分析的亲子鉴定调查表

1. 详细地址

国家：..

组织名称：..

联系人：..

地址：..

电话：..

E-mail：..

2. 负责人的教育、培训和经历情况

负责人的学历（勾选并描述）

□博士就读于：..

□硕士就读于：..

□学士就读于：..

□其他：..

□无：

3. 认证

组织必须提供其具有亲子鉴定服务能力的证明，ISO 17025 认证是可被接受的。如果没有，最初类似的合格证明也是可以的。

a. 认证（勾选，描述，发送一份认证副本至 ICAR 秘书处，必要的时候进行英文翻译；请注意，目前 ICAR 不需要任何认证）。

□国际认证

....

□国家认证

....

□没有认证（今后将把认证作为最低要求）

b. 如果没有认证，请简要描述：

接受、存储和检索信息的程序

....

....

描述所采用的质量管理体系

....

....

....

....

4. 数据分析

描述所使用的标记类型及如何选择

....

亲子鉴定技术（描述）

错误和重复性检验的程序

----

5. 环比测试的参与情况和成绩

国际环比测试的参与情况和成绩（勾选）

□ 4 年内进行 1 次国际环比测试

□ 尚未参加国际环比测试

最近一次国际环比测试是（　）年

请提交一份最近一次环比测试报告的副本。

附录 第 6 章—繁育记录

附录 6.1 排除短期返情选项的发生率

如下：

“N” 指在一定时期内首次人工授精的母畜总数。

“n1” 到 “n4” 指人工授精日期后不同的时间间隔内返情的母畜数量。

“n5” 指人工授精 60 天内未返情的母畜数量。

例如 N = n1+n2+n3+n4+n5

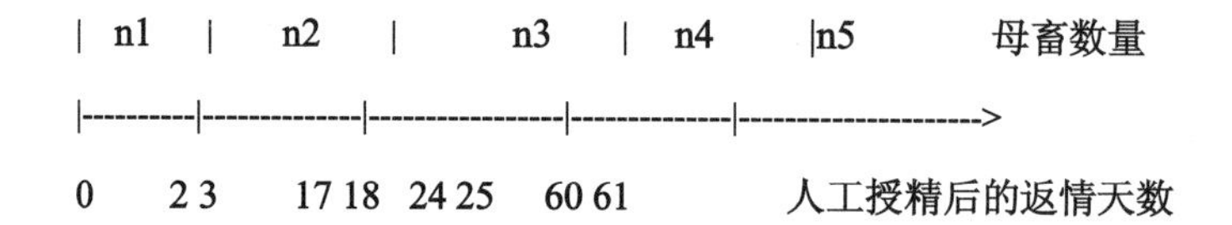

如果所有的返情都考虑在内，60 天不返情率 = $\frac{n_5}{N}$。

如果短期返情被排除在外，可选择下表两个计算方式计算 NNR。

短期返情母畜界定	未返情的母畜（怀孕）	未受胎的母畜
3～60 天 NRR=	$\frac{n_1+n_5}{N}$	$\frac{n_5}{N-n_1}$
18～24 天 NRR=	$\frac{n_1+n_2+n_4+n_5}{N}$	$\frac{n_4+n_5}{N-(n_1+n_2)}$

附录 6.2 牛生殖生理周期的计算

周期起点：

0 天：开始统计总返情数。

3 天：排除因为发情检测错误而引起的短期的返情。

18 天：排除因母牛自身问题所引起的返情，而非精液或技术问题。

周期终点：

24 天：不考虑后期胚胎死亡率而得出早期报告。

90 天：更精确地反应公牛繁育能力，但是对鉴定不可预测问题时间相对较晚，指导意义不强。

56 天：是人工授精机构所选择的折中方案。

附录 6.3 胚胎储存和运输

冷冻胚胎被收集后存放在存贮中心，在被移植之前可能会从存贮中心运输到其他的中心。

胚胎运输必须遵守以下条件：

- 胚胎必须在认可的胚胎库之间转移。
  - ○ 登记的批准代码和地址。

注：对于任何的入库和出库，都需要及时记录。

- 唯一性胚胎标识方法参照正文第 6. 2. 4. 3 节所列记录内容。
- 入库日期和之前的储存地点（收集牧场或经批准的储存中心的代码）。
- 出库日期和目的地。

胚胎相关文件需按照当地国家规范随胚胎一同转移（可以用电子文件替代书面文件），推荐项目如下：

- 胚胎标识相关文件。
- IETS 表单，或者与其相关的任何技术表单。
- 系谱资料。
- ISAG 标记信息（或血型信息）。
- 健康证明。

附录 6.4 胚胎数据有效性检验

在对胚胎生产（或进口）或转移的数据进行记录以后，这些数据在被用于遗传系统之前必须经过一系列的有效性检验。根据组织和设备的不同情况，进行不同水平的检验。一般认为，胚胎相关数据应和其他繁殖数据（例如人工授精）一样执行相似的检验程序。对于相关组织维持和更新数据库的方式无相关推荐程序。

附录 4.1 数据的完整性和真实性

必须对每项记录的数据模型进行检查，以证明数据的正确性。在处理之前，必须获得所有必要数据。

附录 4.2 一致性检验

附录 4. 2. 1 胚胎转移之前的相关信息，必须在数据库中记录胚胎是体内获得、体外培养还是采购获得的。

为证明文件信息与实际信息的一致，必须对以下项目进行检验：

- 在数据库中存在批准组织的代码。
- 操作员代码已由相关组织公布。

- 牛群已注册登记。
- 胚胎供体已注册登记（或遗传学母亲）。
- 人工授精的公牛已注册登记。

此外，关于胚胎供体需核实信息如下：

- 供体身份信息与登记的母畜相符。
- 如果同一天对同一头母畜做了两次人工授精，必须编辑警告信息。

附录4.2.2 胚胎移植过程相信息，必须对现有文件进行核查

在胚胎移植前，必须对现有的文件中下述项目进行核查，以证明其与实际信息的一致性：

- 在数据库中存在批准组织的代码。
- 操作员代码已由相关组织公布。
- 牛群已注册登记。
- 移植受体已注册登记。

此外，关于移植受体需核实信息如下：

- 受体身份信息与登记的母畜相符。
- 母畜已达到孕育年龄。
- 母畜是在群的。

附录4.3 可能性检验

为了确保该信息的安全，必须进行可能性检验。

附录4.3.1 胚胎生产

- 在胚胎回收或卵母细胞采集当天，供体母畜已经在群体中登记注册。
- 当公牛精液被使用时，该头公牛已被允许作为人工授精公牛。
- 人工授精时间在体内获得胚胎的时间之前（体外授精的胚胎移殖除外）。
- 被选定的畜群是一个活跃群体（牛被登记在这个特别的群体内）。

附录4.3.2 胚胎移植

- 受体母畜在胚胎移植时已经登记注册。
- 被选定的畜群是一个活跃群体（牛被登记在这个特别的群体内）。
- 移植的胚胎信息已在数据库中。

附录 6.5　关于 ICAR 成员国胚胎生产和移植的数据记录和有效性调查的总结

1998 年，ICAR 董事会成立了人工授精及其他相关技术的 ICAR 工作组（WG 人工授精与 ORT），以满足其成员的需求。工作组的职责是依据参考条款制定相关标准及建议，以提升世界各地用于遗传评估和提升育种效率的记录质量。

就胚胎和相关技术而言，需要有计划的涉及以前未曾解决的关键环节，因此，考虑数据的记录和处理，对确认数据在遗传应用的有效性是十分重要的，这是因为：

- 胚胎技术，旨在从奶牛群中选择最好的奶牛，来进行繁殖生产。
- 该技术可以用于核心牛群管理。
- 该技术是引进优质遗传资源的很好的手段。

胚胎技术，主要是指从供体中采集胚胎（体内或体外），进行胚胎冷冻、储存和移植。与之相关的新的技术也逐步出现并有效应用，诸如胚胎基因型标识（性别标识，揭示基因缺陷或实现胚胎期分子标记辅助选择）和克隆技术。目前正在针对涉及到特殊性状的胚胎（性别，用来克隆的核移植等）的统一规范进行研究。

对此，既要考虑到国家或国际法规的限制，还要考虑到现有的胚胎记录和数据交换的国际体系。

- 欧盟已经先后发布了两项决议，规定“下载牛种的纯种繁殖动物的精液和胚胎的标本血统证书……88/124/EEC”，并针对引进种源动物的精液，卵子，胚胎，制定系谱和畜牧证书，列入欧盟决议 96/510/CE 中。

备注：这项 2004 年提出的欧盟决议即将过期（新版本较前一个版本变化不大）。

- IETS 制作了一套表格，自 1985 年以来不断更新，用于胚胎处理、加工、冷藏、移植质量控制、出口等各种的技术问题的处理，以促进从业者的工作和各种技术项目编码的标准化。

看来，根据国际组织和客户的要求，就严格执行规定以及使用正式表格的指导方针方面，各国之间有所不同。然而可以提供针对各种需求的数据处理方案。这一点必须澄清。

下面调查表介绍的是工作组 2003 年至 2004 年间所做工作的总结。工作组成员均是人工授精技术方面的专家，他们来自在人工授精数据处理和利用方面处于世界领先的 7 个国家。

姓名	组织	国家
G. Doak[1]	NAAB	美国
H. Gustafson[1]	Swedish Un. or Agric. Science	瑞典
A. Malafosse（主席）	UNCEIA	法国
C. S. Schaefer	ADR	德国
F. Pizzi	Universita di Milano	意大利
G de Jong	CR Delta	荷兰

（续表）

姓名	组织	国家
U. Witschi	S. V. K. B.	瑞士

[1]接替美国的 Erikson J. A；R. Powel 和 K Weigel 是候补专家，Irma Robertson 对调查表给予了大力的支持，并代表 IETS（国际胚胎移植学会）方面提出相关意见。

为了达到目标，工作组将采用下面的方法：

• 由主席起草一份调查问卷，由成员会议讨论并根据需要提出问题。通过电子邮件进行调查。

• 每个成员在有或没有相关专家的帮助下回答所有问题，个人的回答将被收集并尽快发送回工作组。

• 工作组会议讨论调查结果：进行必要的解释和说明。

• 对答复验证之后的总结摘要将由主席来完成，并通过项目组确认。

这个由来自 7 个国家的答复所构成的材料，将作为 ICAR 建议的信息来源。

调查必须涉及以下内容：

主题	详细信息
一般原则	• 记录需求
数据记录	• 一般组织和信息记录； • 国家间的不同需求
处理和验证	• 数据流； • 测试； • 质量控制
在遗传数据系统中数据的整合和利用	• 亲子评估 • 系谱印记

附录 6. 5. 1 一般原则

从胚胎产生，到源于这些胚胎的犊牛出生，必须明确下列步骤：

1 收集供体牛自然交配或体外授精产生的胚胎。

2 胚胎可从本地生产或从其他国家进口。

3 冷冻胚胎被移植之前的储存和运输必须实现全程追踪。

4 胚胎需移植到受体母牛体内。

5 出生犊牛的父母必须是“遗传学上的父母”：供体牛+公畜。

6 胚胎组织需要执行整个过程的各个步骤，而在整个过程中可能涉及到多个相关组织。

7 胚胎组织需得到官方正式批准。

关于处理与胚胎技术相关数据的议题如下：

• 组织必须向操作者提供有关正确处理胚胎以达到成功受孕的所有数据，以达到胚胎移植后获得犊牛的合理比例。

• 经胚胎移植得到犊牛，必须同时具有能确立其亲缘关系所必须的所有畜牧学资料，该技术的用户必须通过 ET 小组或其他机构得到这些相关资料。

• 胚胎移植像其他的受孕过程一样需要建立犊牛的亲缘关系。

• 一份服务记录或受胎记录资料，使用标准的或被认可的数据标识方法或数据记录程序对胚胎冷冻和移植过程中的相关事件进行记录，以确保产生后代的正确亲子关系。

• 追踪记录在牧场或者在实验室产生的胚胎，直到胚胎被移植到奶牛的子宫中。

需要补充的是，胚胎是产生种畜的完整遗传实体。很多胚胎都是非常昂贵的，因为胚胎是一个完整的遗传实体，其必须随所有的记录文件一同转移。

对于出口或进口胚胎必须提供供体的健康状况资料。这些重要数据不会在这些调查表中涉及，而是由国家主管部门统一管理、统一对外。

附录 6.5.2 数据记录

在大多数国家，从供体母牛收集胚胎（7 个国家中的 5 个明确表示，5/7）或胚胎移植到受体（7 个国家中的 7 个，7/7）的相关记录均很完善，从而将其用于胚胎标识（5/7）。

在进行胚胎销售时，关于胚胎的系谱信息、特性（冷冻，质量）信息、分子信息或血型等，均可以获得并跟随胚胎转移。胚胎采购时也是如此（7 个国家中的 7 个，7/7）。

胚胎组织一般由农业部正式批准。由国家或国际机构公布正式名单。组织必须建立完善的质量控制程序，并及时申请对已经批准的要求和规则的更新。

该过程的每个步骤中的数据记录如下：

1. 在胚胎收集过程中
   - ○ 收集参考编号（5/7）；
   - ○ 收集胚胎日期（7/7）；
   - ○ 供体牛群编号（6/7）；
   - ○ 可能的公畜（7/7）；
   - ○ 自然交配和人工授精都可能（4/5）；
   - ○ 活体取卵/体外受精的数据记录（4/4）。
2. 技术特性（IETS 指南）
   - ○ 冲洗胚胎的胚龄（5/7）；
   - ○ 透明带的完整性（7/7）；
   - ○ 胰蛋白酶的洗涤（7/7）；
   - ○ 发育阶段和品质（7/7）；
   - ○ 性别（5/7）。
3. 参考号码
   - ○ 胚胎收集：组织（7/7）/内部小组（5）/工作年限（3）；
   - ○ 胚胎内部小组数量（2/7），胚胎收集工作年限（7/7），畜群（6/7），操作员（7/7）。

4. 移植
  - ○ 胚胎鉴定（7/7）；
  - ○ 受体（7/7）；
  - ○ 日期（7/7）；
  - ○ 畜群（6/7）；
  - ○ 组织（7/7）。

在大多数情况下，胚胎移植组织使用软件进行记录和信息传输。而在国家之间并没有统一软件系统。

在胚胎细管标识方面未获得一致的方案。

供体（和公牛）DNA 样品由官方认证的专业组织的人员进行收集。这些组织有调取相关记录信息的权限。

胚胎贮存管理通常不是由胚胎移植组织执行。

很少一部分机构实施胚胎收集和移植的 ISO 质量管理体系。

附录 6.5.3　数据的处理及验证

评估胚胎移植产生犊牛的亲缘关系，根据各国不同的规定处理和验证相关数据。

1. 在大多数国家，记录胚胎（收集或进口）的数据登记在数据库中以用于胚胎移植之前的亲缘评估。在其他国家，登记的牛群数据资料只用于移植。在第一种情况下，胚胎收集及胚胎相关信息均被登记到到数据库。在第 2 种情况下，国家没有统一的标准，根据个体组织的不同，数据传输的差异较大。

当进口胚胎时，参考信息传输登记的要求与上述一致。所用系谱是由种畜登记机构提供的。血统由种畜登记的机构进行发布。在任何情况下，数据和参考信息在移植时都是有效的。

2. 为了评估血统，在数据库中，移植和胚胎的数据信息必须匹配。在大多数情况下，移植过程处理胚胎数据就像人工授精处理精液信息一样，只是用胚胎信息取代精液信息而已。在犊牛出生之前在建立亲子关系的数据库中引入移植和胚胎信息，在数据资料中犊牛的出生基础信息包括了父母身份等信息。最终用犊牛和它的父母 DNA 标记来确定亲子关系。

一些国家，在犊牛出生时便进行数据的记录和处理。然后通过 DNA 信息强制性验证亲子关系。

3. 在 B 部分描述了亲子标识前检查胚胎移植的数据记录完整性和一致性，测试一致性、连贯性和可能性与在人工授精过程中进行的测试是一样的：在数据库中登记团队、供体、公牛、受体，当移植开始时，供体和受体是在已经登记的牛群内，记录日期必须符合生物学规律。

4. 在出生时所用的标准与人工授精的标准是一样的。胚胎的年龄很少考虑。如果出现两个可能父本，应该用 DNA 做亲子鉴定进行判定。

附录 6.5.4 在基因数据系统中数据的整合和利用

品种登记组织（或农业部）正在建立规则来描述亲子关系评估的过程。这些规则对所有品种登记过程是一致的。

在遗传系统中胚胎数据和移植数据只用于系谱鉴定而不用做其他用途。

只有极少数国家的胚胎是为了得到期望的性状（QTL 数量性状基因座）而进行基因分型，相关数据由胚胎所有者保存。如果相关基因型指示颜色基因缺陷性状，胚胎移植组织的代表（或直接）作为胚胎拥有者可以向品种登记组织提供相关数据。

附录 6.6 健康数据记录的关键

一个非常全面的健康信息实例是按层次结构构造的，因此适用于 12.1 列出的不同国家使用的健康数据记录程序。第 7 章附录内容与不同国家的不同健康关键信息相关。这包括北欧国家和奥地利基于养殖者观察的健康信息和基于兽医诊断的健康信息。

附录 第 7 章—功能性性状的记录

附录 健康数据记录关键点

健康数据记录关键点（版本 1.1，2012 年 1 月 25 日）

编号	术语	别名，解释说明
1	器官疾病	
1.01	皮肤、皮下组织、皮毛疾病	
1.01.01	皮肤、皮下组织和皮毛的遗传性疾病	
1.01.01.01	遗传性角化不全	角蛋白生产的遗传性紊乱
1.01.02	皮肤、皮下组织、皮毛畸形	
1.01.02.01	先天性脱毛	先天性乏毛症
1.01.03	皮肤肿瘤	
1.01.04	皮肤、皮下组织、皮毛损伤	
1.01.05	毛发杂乱	
1.01.05.01	脱毛症	
1.01.06	痤疮	毛囊和皮脂腺的化脓性炎症
1.01.07	疖病	毛囊和皮脂腺化脓重度扩散
1.01.07.01	尾疖病	尾根的毛囊和皮脂腺化脓重度扩散
1.01.08	皮脂溢/糠疹	皮脂产量异常增多
1.01.09	湿疹	表面皮疹
1.01.10	疹	表面皮疹伴随斑痧或发烧
1.01.10.01	荨麻疹	麻疹、风疹
1.01.11	皮炎	皮肤重度炎症
1.01.11.01	日光性皮肤炎	光感性皮炎，主要是光敏作用；增加的光敏度导致的皮肤炎症
1.01.12	皮肤角化病	角质化异常增加（角蛋白产量增多）
1.01.13	角化不全	角质化紊乱，产生多脂角蛋白
1.01.14	皮下气肿	皮下气体集聚
1.01.15	皮下水肿	皮下浆液集聚
1.01.16	皮下血肿	皮下血液集聚
1.01.17	蜂窝织炎	皮下结缔组织炎症

（续表）

编号	术语	别名，解释说明
1. 01. 17. 01	盆腔蜂窝织炎	骨盆结缔组织炎症
1. 01. 18	皮下脓肿	皮下密封脓液集聚
1. 01. 99	其他皮肤、皮下组织、皮毛异常	
1. 02	躯干疾病	
1. 02. 01	躯干遗传学疾病	
1. 02. 02	躯干畸形	
1. 02. 02. 01	先天性疝气（遗传性疝）	
1. 02. 02. 01. 01	先天性脐带疝	遗传性肚脐破裂
1. 02. 02. 01. 02	遗传性腹股沟疝	
1. 02. 02. 01. 03	遗传性腹壁疝	
1. 02. 02. 01. 04	遗传性隔疝	遗传性隔膜缺陷
1. 02. 03	躯干肿瘤	
1. 02. 04	躯干损伤	
1. 02. 05	脐炎	
1. 02. 05. 01	脐静脉炎	脐带静脉炎症
1. 02. 05. 02	脐动脉炎	脐带动脉炎症
1. 02. 05. 03	脐尿囊炎	尿囊纤维残留物炎症
1. 02. 06	后天性疝（获得性疝）	
1. 02. 06. 01	后天性腹股沟疝	
1. 02. 06. 02	后天性腹壁疝	
1. 02. 06. 03	后天性会阴疝	
1. 02. 06. 04	后天性膈疝	
1. 02. 07	隔膜破裂	
1. 02. 08	损伤引起的断尾	
1. 02. 99	其他躯干疾病	
1. 03	角病	
1. 03. 01	遗传性角病	
1. 03. 02	角畸形	
1. 03. 03	角肿瘤	
1. 03. 04	角损伤	
1. 03. 04. 01	角覆盖物缺失	

（续表）

编号	术语	别名，解释说明
1. 03. 05	角变形	
1. 03. 06	角突起骨折	
1. 03. 07	角切除（缩短）	
1. 03. 08	截角（去角）	
1. 03. 99	其他角病	
1. 04	淋巴系统疾病	
1. 04. 01	遗传性淋巴系统疾病	
1. 04. 02	淋巴畸形	
1. 04. 03	散发性淋巴瘤	
1. 04. 04	淋巴组织增生（淋巴结肿胀）	
1. 04. 05	淋巴腺炎（淋巴结炎症）	
1. 04. 06	淋巴管炎（淋巴管炎症）	
1. 04. 99	其他淋巴系统异常	
1. 05	心血管系统疾病	
1. 05. 01	遗传性心血管疾病	
1. 05. 01. 01	BLAD=牛白细胞粘附缺陷	遗传性免疫系统障碍
1. 05. 02	心血管系统畸形	
1. 05. 02. 01	第二中隔孔未闭（第二中隔孔特有）	左右心房间永久性短缺口引起的先天性心脏缺陷
1. 05. 02. 02	室间孔未闭（室间孔特有）	左右心室间永久性短缺口引起的先天性心脏缺陷
1. 05. 02. 03	博塔洛氏管未闭（动脉导管特有）	主动脉和躯干动脉（如肺动脉）间永久性短缺口引起的先天性心脏缺陷
1. 05. 03	心血管系统肿瘤	
1. 05. 04	心血管系统损伤	
1. 05. 05	心脏疾病	
1. 05. 05. 01	心功能不全	
1. 05. 05. 02	心律不齐	
1. 05. 05. 03	心内膜炎（心脏内层炎症）	
1. 05. 05. 03. 01	心脏缺陷（心脏瓣膜异常）	
1. 05. 05. 04	心肌炎（心脏肌层炎症）	
1. 05. 05. 05	心包炎（心包膜炎症）	

（续表）

编号	术语	别名，解释说明
1.05.05.05.01	创伤性心包炎（创伤引起的心包膜炎症）	外伤性心包炎；摄取异物穿透前胃后引起的心包膜炎症
1.05.06	血管异常	
1.05.06.01	循环机能不全	
1.05.06.02	休克（急性循环不足）	
1.05.06.02.01	低血容量性休克	
1.05.06.02.02	内毒素引起的休克	革兰氏阴性菌细胞壁成分引起的败血性循环功能不足
1.05.06.03	出血	
1.05.06.04	血栓性静脉炎（二次血栓形成静脉炎）	
1.05.06.04.01	血栓性腔静脉炎（尾部腔静脉炎症）	
1.05.06.05	血栓性动脉炎/动脉栓塞	动脉血管闭塞
1.05.07	血液病	
1.05.07.01	贫血	
1.05.07.01.01	再生障碍性贫血（血球减少引起贫血）	
1.05.07.01.02	出血性贫血（失血引起的贫血）	
1.05.07.01.03	溶血性贫血（血细胞溶解引起的贫血）	
1.05.07.01.03.01	血红蛋白尿（水中毒）	摄取过量水后红细胞溶解引起的血红蛋白尿
1.05.07.01.03.02	产后血红蛋白尿	产后红细胞溶解引起的血红蛋白尿
1.05.07.01.03.03	卷心菜引起的贫血	摄取卷心菜后引起的红细胞溶解
1.05.07.01.04	营养缺乏性贫血	缺乏红细胞生成所需物质引起的贫血
1.05.07.02	浓血症	
1.05.07.03	红细胞增多症	血红细胞数量增多
1.05.07.04	白细胞减少症	循环白血球数量减少
1.05.07.05	白细胞增多症	循环白血球数量增多
1.05.08	出血体质	血凝障碍引起出血
1.05.08.01	凝血障碍	凝集作用受损引起的血凝障碍
1.05.08.02	血小板病	血小板功能受损引起的血凝障碍

（续表）

编号	术语	别名，解释说明
1. 05. 08. 03	Vasopathia 病	血管功能受损引起的血凝障碍
1. 05. 09	脾脏功能失调	
1. 05. 09. 01	脾肿大	
1. 05. 09. 02	脾脏破裂	
1. 05. 09. 03	脾炎（脾脏炎症）	
1. 05. 09. 03. 01	化脓性脾炎（脾脏脓性炎症）	
1. 05. 99	其他循环系统疾病	
1. 06	呼吸道疾病	
1. 06. 01	遗传性呼吸道疾病	
1. 06. 02	呼吸道畸形	
1. 06. 03	呼吸道肿瘤	
1. 06. 04	呼吸道损伤	
1. 06. 05	鼻腔和鼻侧鼻窦疾病	
1. 06. 05. 01	鼻出血	
1. 06. 05. 02	鼻炎（鼻粘膜炎症）	
1. 06. 05. 03	鼻窦炎（鼻侧粘膜炎症）	
1. 06. 05. 04	鼻腔和鼻旁窦异物引起的功能失调	
1. 06. 06	喉和气管疾病	
1. 06. 06. 01	软骨偏瘫（喉头一侧无力）	
1. 06. 06. 02	软骨水肿（喉头水肿）	喉头浆液集聚
1. 06. 06. 03	喉炎（喉头炎症）	
1. 06. 06. 03. 01	喉滤泡炎（喉头滤泡的炎症）	
1. 06. 06. 03. 02	喉类白喉炎（喉头类白喉炎症）	
1. 06. 06. 04	气管炎（气管炎症）	
1. 06. 06. 04. 01	气管类白喉炎（气管的类白喉炎症）	
1. 06. 06. 05	杂物引起的喉头和气管功能失调	
1. 06. 07	支气管和肺部疾病	
1. 06. 07. 01	新生儿窒息	新生儿呼吸机能不全
1. 06. 07. 01. 01	早期窒息（子宫内窒息）	母胎气体传输紊乱引起新生儿呼吸衰竭
1. 06. 07. 01. 02	晚期窒息（出生后窒息）	肺脏不成熟引起的新生儿呼吸衰竭

（续表）

编号	术语	别名，解释说明
1.06.07.02	Atelektasis pulmonum 病（肺组织萎陷）	
1.06.07.03	肺脏出血引起的咯血	
1.06.07.04	肺水肿	肺泡和间质浆液渗出
1.06.07.05	肺气肿	气态夹杂入肺
1.06.07.05.01	急性肺泡气肿	急性/临时性过量空气入肺泡
1.06.07.05.02	慢性肺泡气肿	慢性/永久性过量空气入肺泡
1.06.07.05.03	间质性肺气肿	空气夹杂入肺间质组织
1.06.07.05.04	再生草热	牛接触丰富的牧草后引起肺水肿和肺气肿并伴随间质性肺炎
1.06.07.06	支气管肺炎（小支气管和肺部炎症）	
1.06.07.06.01	卡他性支气管炎（支气管卡他性炎症）	
1.06.07.06.02	卡他性支气管肺炎（支气管和肺卡他性炎）	
1.06.07.06.03	纤维性支气管肺炎（支气管和肺纤维性炎症）	
1.06.07.06.04	化脓性支气管肺炎（脓性支气管肺炎）	支气管和肺的化脓性炎症
1.06.07.06.05	坏疽性支气管肺炎	支气管和肺的坏疽性炎症
1.06.07.06.06	慢性间质性肺炎	肺的慢性间质性炎症
1.06.07.06.07	牛的流行性肺炎	牛的多因子肺炎
1.06.07.07	胸膜和胸腔疾病	
1.06.07.07.01	胸膜炎（胸膜的炎症）	
1.06.07.07.02	胸腔积液	胸腔浆液性渗出
1.06.07.07.03	血胸	胸腔血液积聚
1.06.07.07.04	气胸	胸腔气体积聚
1.06.07.07.05	乳糜胸	胸腔淋巴液积聚
1.06.99	其他呼吸道疾病	
1.07	消化道疾病	
1.07.01	遗传性消化道疾病	
1.07.02	消化道畸形	
1.07.02.01	直肠闭锁	直肠和肛门缺失

（续表）

编号	术语	别名，解释说明
1.07.03	消化道肿瘤	
1.07.04	消化道损伤	
1.07.05	口腔疾病	
1.07.05.01	口腔炎	口腔黏膜炎症
1.07.05.02	舌炎	舌头炎症
1.07.05.02.01	舌溃疡（舌背部溃疡）	
1.07.05.02.02	舌麻痹（舌头麻痹）	
1.07.05.03	牙齿疾病	
1.07.05.04	口腔异物	
1.07.06	颌和颌肌疾病	
1.07.06.01	面颊脓肿	
1.07.06.02	下颌关节炎	
1.07.06.03	面神经麻痹（面部神经麻痹）	
1.07.06.04	三叉神经麻痹/咀嚼肌麻痹	
1.07.07	唾液腺疾病	
1.07.07.01	流涎	
1.07.07.02	唾液腺炎（唾液腺炎症）	腮腺炎（腮腺炎症）/下颌唾液腺炎（下颌唾液腺炎症）/舌下腺炎（舌下腺炎症）
1.07.07.03	唾液腺杂物	
1.07.08	咽病	
1.07.08.01	咽炎（咽的炎症）	
1.07.08.02	咽腔麻痹	
1.07.09	食道疾病	
1.07.09.01	食管炎	
1.07.09.02	食道障碍	
1.07.09.03	食道狭窄	
1.07.09.04	食道扩张/食道憩室（食道扩增形成憩室）	
1.07.09.05	Oesophagospasmus（食道肌肉抽搐）	
1.07.09.06	食道麻痹	
1.07.10	网胃和瘤胃疾病	

（续表）

编号	术语	别名，解释说明
1.07.10.01	食管沟功能障碍	食管沟关闭反射功能受损
1.07.10.02	断奶仔畜消化不良	断奶期间消化功能受损
1.07.10.03	消化不良	反刍牛消化功能受损
1.07.10.04	单纯前胃功能障碍	低饲喂量引起的前胃活动减少
1.07.10.05	瘤胃碱中毒	瘤胃 pH 值大于 7.5 引起的前胃功能紊乱
1.07.10.05.01	瘤胃腐败	细菌和霉菌改变瘤胃微生物区系，从而引起的瘤胃内容物腐败
1.07.10.06	瘤胃酸中毒	瘤胃 pH 值降到 6.0 以下
1.07.10.06.01	急性瘤胃酸中毒	产生过量乳酸引起的瘤胃 pH 值迅速下降
1.07.10.06.02	亚急性瘤胃酸中毒	对瘤胃微生物区系不适应引起瘤胃 pH 值持续下降
1.07.10.06.03	慢性隐性性瘤胃酸中毒	挥发性脂肪酸积聚引起的瘤胃微生物功能改变
1.07.10.07	瘤胃鼓气	瘤胃膨胀
1.07.10.07.01	气体积聚引起的瘤胃急性膨胀	气体膨胀。由于采食后发酵气体积聚，瘤胃和网胃迅速过度伸张
1.07.10.07.02	气体滞留于泡沫中引起的瘤胃鼓气	泡沫状鼓气，发酵气体滞留于泡沫后，瘤胃和网胃过度伸张
1.07.10.07.03	异物聚结导致的食道到前胃损伤	
1.07.10.08	迷走神经引起的消化不良	Hoflund 综合征，迷走神经病变引起的前胃功能受损
1.07.10.08.01	前功能性狭窄	网胃—瓣胃口摄取和运转功能紊乱
1.07.10.08.02	后功能性狭窄	皱胃摄取和运转功能紊乱
1.07.10.09	瘤胃角化过度（瘤胃上皮细胞角化过度）	瘤胃内层角化过度（角蛋白产量）
1.07.10.10	瘤胃角化不全（瘤胃上皮细胞角化不全）	瘤胃内层角化不全（角蛋白产量）
1.07.10.11	蜂窝胃炎，瘤胃炎，非创伤性瘤网胃炎	非前胃中的异物引起的网胃和/或瘤胃炎症
1.07.10.12	创伤性网胃腹膜炎	创伤性胃炎，前胃异物引起的创伤性胃和腹膜炎症
1.07.11	瓣胃疾病	
1.07.11.01	牛瓣胃炎	瓣胃炎症
1.07.11.02	便秘，轻瘫（牛百叶便秘和固定）	

（续表）

编号	术语	别名，解释说明
1.07.12	皱胃疾病	
1.07.12.01	牛皱胃鼓气	牛皱胃膨胀
1.07.12.02	皱胃炎（皱胃炎症）	
1.07.12.03	皱胃溃疡	
1.07.12.04	皱胃堵塞	
1.07.12.05	皱胃脱位，扩张性脱位（皱胃移位）	下腹皱胃侧方移位
1.07.12.05.01	皱胃脱位，皱胃扩张转位（左侧皱胃移位）	膨大皱胃移位到腹部左侧（瘤胃和左侧腹壁之间）
1.07.12.05.02	皱胃扩张	没有侧方移位的皱胃简单性扩张
1.07.12.05.03	皱胃脱位，皱胃扩张脱位，皱胃扭转性扩张脱位（扭转和非扭转引起的皱胃移位）	扭转和非扭转膨大皱胃移位到腹部右侧（瘤胃和左侧腹壁之间）
1.07.12.05.04	皱胃右侧脱位（皱胃扭转和侧方移位）	
1.07.12.06	皱胃外科手术	
1.07.12.06.01	皱胃外科手术缝合技术（按照 Hull 方法）	暗线缝合，皱胃的经皮固定的旋转方法
1.07.12.06.02	Sterner & Grymer 的皱胃固定旋转方法	缝合，栓钉，皱胃放气后的经皮固定旋转方法
1.07.12.06.03	Janowitz 的腹腔镜检查	皱胃的微创性手术固定
1.07.12.06.04	根据 Numans 的内侧胃壁固定	Utrechter 方法，采集皱胃中央固定的左侧外科手术
1.07.12.06.05	根据 Dirksen 的侧面胃壁固定	采用皱胃侧面固定的右侧外科技术
1.07.12.07	外科去除皱胃异物	
1.07.12.08	诊断性剖腹	以诊断为目的的腹部手术
1.07.13	肠病	
1.07.13.01	肠炎（肠的炎症）	
1.07.13.01.01	卡他性肠炎	肠的卡他性炎症
1.07.13.01.02	出血性肠炎	肠的出血性炎症
1.07.13.01.03	假膜性肠炎	肠的假膜性炎症
1.07.13.01.04	坏死性肠炎	肠的坏死性炎症
1.07.13.01.05	牛的腹泻综合征	
1.07.13.02	肠绞痛和肠阻塞（肠功能障碍）	
1.07.13.02.01	肠套叠	

（续表）

编号	术语	别名，解释说明
1.07.13.02.02	肠禁闭	
1.07.13.02.03	肠扭转	
1.07.13.02.04	肠系膜扭转	肠系膜的扭转
1.07.13.02.05	盲肠扩张	
1.07.13.02.06	盲肠扩张扭转	盲肠的扩张和扭转
1.07.13.02.07	肠梗阻（麻痹性肠梗阻）	肠麻痹引起的梗阻
1.07.13.02.08	肠痉挛	
1.07.13.03	直肠和肛门脱垂	
1.07.14	肠系膜和腹膜疾病	
1.07.14.01	腹腔瘤病	腹腔脂肪组织坏死
1.07.14.02	网膜黏液囊炎（网膜积脓症）	网膜化脓性炎症
1.07.14.03	腹膜炎	腹膜的炎症
1.07.14.04	腹腔积液	腹腔浆液渗出
1.07.15	肝和胆道疾病	
1.07.15.01	黄疸	
1.07.15.02	肝营养失调/肝衰竭	
1.07.15.03	肝炎	肝脏炎症
1.07.15.04	肝脏脓肿	
1.07.15.05	胆囊炎和胆道炎	胆囊和胆道炎症
1.07.15.06	肝光敏性皮炎	次级光敏作用，肝功能不全引起的光敏性皮肤炎症
1.07.16	胰腺疾病	
1.07.16.01	胰腺炎	胰腺炎症
1.07.99	其他消化道疾病	
1.08	泌尿道疾病	
1.08.01	泌尿道遗传性疾病	
1.08.02	泌尿道畸形	
1.08.02.01	脐尿管瘘管	脐尿管未闭
1.08.03	泌尿道肿瘤	
1.08.04	泌尿管损伤	
1.08.05	肾脏疾病	
1.08.05.01	血红蛋白尿	小便排泄血红蛋白

（续表）

编号	术语	别名，解释说明
1. 08. 05. 02	血尿	小便排泄血液
1. 08. 05. 03	肾机能不全	肾衰竭
1. 08. 05. 03. 01	尿毒症	
1. 08. 05. 03. 02	肾淀粉样变性	
1. 08. 05. 04	肾炎	肾脏炎症
1. 08. 05. 05	肾盂肾炎	肾盂炎症
1. 08. 05. 05. 01	化脓性肾盂肾炎	肾盂的化脓性炎症
1. 08. 06	膀胱疾病	
1. 08. 06. 01	膀胱炎	膀胱炎症
1. 08. 06. 01. 01	牛血尿症（慢性地方性血尿症）	慢性膀胱排出血尿
1. 08. 06. 02	膀胱麻痹	
1. 08. 07	泌尿道收集系统疾病	
1. 08. 07. 01	泌尿道收集系统缩窄	
1. 08. 07. 02	尿结石	形成尿石
1. 08. 99	其他泌尿道疾病	
1. 09	运动器官疾病	
1. 09. 01	遗传性运动器官疾病	
1. 09. 01. 01	轻度瘫痪（遗传性局部痉挛）	痉挛/膝关节和跗关节引起的后肢不完全麻痹
1. 09. 01. 02	脊椎疾病	后肢滞后生长导致的生长不完全
1. 09. 01. 03	侏儒症	
1. 09. 02	运动器官畸形	
1. 09. 02. 01	屈肌腱收缩	屈肌腱痉挛
1. 09. 03	运动器官肿瘤	
1. 09. 04	运动器官损伤	
1. 09. 05	跛行	
1. 09. 05. 01	支撑性腿跛行	
1. 09. 05. 02	摇摆性腿跛行	
1. 09. 05. 03	混合性跛行	
1. 09. 06	骨骼疾病	
1. 09. 06. 01	骨裂缝	
1. 09. 06. 02	骨折	

（续表）

编号	术语	别名，解释说明
1.09.06.02.01	髋骨骨折	
1.09.06.03	骨膜炎	骨膜的炎症
1.09.06.04	骨髓炎	骨髓的炎症
1.09.07	关节疾病	
1.09.07.01	关节病（变形性关节病）	
1.09.07.02	关节炎	关节的炎症
1.09.07.02.01	多发性关节炎	多关节炎症
1.09.07.02.02	膝关节炎	膝关节炎症
1.09.07.02.03	跗骨炎	踝关节炎症
1.09.07.02.04	腕关节炎	腕关节炎症
1.09.07.03	关节周炎	关节周围组织炎症
1.09.07.03.01	关节周炎	踝关节周围组织炎症
1.09.07.03.02	关节周炎	腕关节周围组织炎症
1.09.07.04	畸变	
1.09.07.05	半脱位	不完全脱位
1.09.07.06	脱臼	
1.09.07.06.01	膝盖骨脱臼	
1.09.08	滑囊疾病	
1.09.08.01	水囊瘤	滑囊液体集聚
1.09.08.02	黏液囊炎	滑膜囊炎症
1.09.08.02.01	早发性腕关节滑囊炎	腕关节滑囊炎，腕骨水囊瘤，腕骨背部滑膜囊炎症
1.09.08.02.02	跗骨滑囊炎	跗骨侧部滑膜囊炎症
1.09.08.02.03	跟骨滑囊炎	跟骨后部滑膜囊炎症
1.09.09	肌腱疾病	
1.09.09.01	腱炎	肌腱炎症
1.09.09.02	腱鞘炎	腱鞘滑液鞘炎症
1.09.09.03	肌腱破裂	
1.09.09.04	肌腱坏死	
1.09.09.04.01	深处屈肌腱坏死	
1.09.09.05	后天性肌腱收缩	
1.09.10	肌肉疾病	

（续表）

编号	术语	别名，解释说明
1.09.10.01	肌肉炎	肌肉炎症
1.09.10.02	肌肉断裂	
1.09.10.02.01	内收肌群破裂	
1.09.10.03	肌肉坏死	
1.09.10.03.01	股骨肌缺血性坏死	供血不足引起的股骨肌坏死
1.09.11	外周神经疾病	
1.09.11.01	神经炎	周围神经炎症
1.09.11.02	周围神经麻痹	
1.09.11.02.01	神经丛挫伤（骨盆神经挫伤）	
1.09.11.02.02	闭孔神经麻痹	
1.09.11.02.03	坐骨神经麻痹	
1.09.11.02.04	股骨神经麻痹	
1.09.11.02.05	胫骨神经麻痹	
1.09.11.02.06	桡骨神经麻痹	
1.09.11.02.07	腓骨神经麻痹	
1.09.99	其他外周神经疾病	
1.10	蹄部疾病	
1.10.01	遗传性蹄病	
1.10.02	蹄部畸形	
1.10.03	蹄部肿瘤	
1.10.04	蹄部损伤	
1.10.04.01	异物穿透蹄部	
1.10.05	蹄部变形	
1.10.05.01	脚增生	脚趾增生，前面和侧面脚趾过长
1.10.05.02	蹄脚负增长	脚趾不正常的过短
1.10.05.03	脚残断	蹄部前角过尖，脚趾和后跟壁等高
1.10.05.04	螺旋形蹄	蹄部脚趾向内扭曲，侧壁呈圆柱形生长，并超过脚底
1.10.05.05	蹄部分岔	标准载荷下脚趾分散生长引起的蹄病
1.10.05.06	剪刀蹄	内部扭曲和横越脚趾引起的蹄病
1.10.06	非化脓性蹄病	

（续表）

编号	术语	别名，解释说明
1.10.06.01	角状柱	受限制圆柱状或爪内壁棒形角质副产物
1.10.06.02	蹄部垂直裂纹	纵向蹄裂
1.10.06.03	蹄部水平裂	水平蹄裂
1.10.06.04	白线病	蹄白线扩大呈现缺口
1.10.06.05	蹄壁局部松散	从平行于脚底到承重面蹄壁层状松散
1.10.06.06	蹄壁局部分离	蹄壁和真皮下面之间的层状分离
1.10.06.07	双脚底	脚底下方，新生蹄角和错误覆盖的蹄角间双层形成的空腔
1.10.06.08	蹄皮炎	蹄部真皮局部非化脓性炎症
1.10.06.09	蹄叶炎	蹄部真皮弥散性非化脓炎症
1.10.06.09.01	急性蹄叶炎	急性蹄部真皮弥散性非化脓炎症
1.10.06.09.02	慢性蹄叶炎	慢性蹄部真皮弥散性非化脓炎症
1.10.06.10	趾间增生	鸡眼
1.10.06.11	腱鞘炎（非化脓性屈肌腱鞘炎症）	
1.10.06.12	趾间关节变形	脚或冠关节变形
1.10.06.13	第三或第二关节断裂	
1.10.06.13.01	末端（第三）趾骨断裂	蹄骨骨折
1.10.07	化脓性爪病	
1.10.07.01	局部化脓性蹄皮炎	蹄部真皮局部化脓性炎症
1.10.07.02	化脓性弥散性蹄皮炎	蹄部真皮弥散性化脓性炎症
1.10.07.03	慢性局部化脓性蹄皮炎（脚底溃疡）	蹄部真皮慢性局部化脓和坏死性炎症
1.10.07.04	局限性慢性化脓性坏死性蹄皮炎（脚趾溃疡）	蹄部脚趾真皮的局限性化脓性和坏死性炎症
1.10.07.05	局部慢性化脓性蹄皮炎（Rusterholz 溃疡）	典型部位的局部溃疡；位于脚后跟和脚底角质层（靠近轴壁）之间真皮的局限性化脓性和坏死性炎症，主要位于后肢的外蹄
1.10.07.06	局部外周型败血性蹄皮炎	壁角和部分分离的蹄壁下的真皮的局部感染性化脓性炎症
1.10.07.07	蹄趾间坏疽	蹄趾间坏死菌病，腐烂（脚腐烂），腐蹄病；蹄指间组织的感染性化脓和坏死性炎症
1.10.07.08	蹄的蜂窝织炎	瘭疽；蹄冠的炎性水肿
1.10.07.08.01	蹄冠蜂窝织炎	蹄冠瘭疽；蹄后跟炎性水肿

（续表）

编号	术语	别名，解释说明
1.10.07.08.02	蹄后跟蜂窝织炎	蹄后跟瘭疽；蹄后跟趾间炎性水肿
1.10.07.08.03	蹄趾间蜂窝织炎	腐蹄病，蹄趾间瘭疽；趾间部位的炎性水肿
1.10.07.09	蹄后跟糜烂	浆状蹄后跟；蹄后跟和脚底背部第三处角质层坏死
1.10.07.10	蹄趾皮炎	毛疣（乳头状瘤型蹄趾间皮炎，pdd），mortellaro 病；蹄趾间感染性炎症，伴随草莓样表皮损伤
1.10.07.11	蹄趾间皮炎（IDD）	持续性腐蹄病，烫伤（脚烫伤）；蹄趾间裂缝皮肤的感染性炎症
1.10.07.12	第三指骨坏疽	脚趾坏死，趾骨骨髓炎；蹄骨退化
1.10.07.13	深层屈指肌腱指端坏死	
1.10.07.14	普遍屈指肌腱鞘的化脓性炎症	
1.10.07.15	远端指间关节的化脓性炎症	
1.10.07.16	近端指间关节的化脓性炎症	
1.10.08	爪的截取	
1.10.09	深层屈指肌腱末端截除	外科手术切除深层屈指肌腱末端
1.10.10	远端趾间关节的截除	外科手术切除远端趾间关节
1.10.11	受医疗条件限制，蹄部的治疗效果并不稳定	
1.10.99	蹄的其他疾病	
1.11	中枢神经系统和感觉器官疾病	
1.11.01	中枢神经系统和感觉器官的遗传性疾病	
1.11.02	中枢神经系统和感觉器官畸形	
1.11.02.01	脑水肿	
1.11.02.02	小脑发育不全	“Hereford 疾病”；小脑发育不全
1.11.02.03	小眼畸形	遗传性眼睛发育不全
1.11.02.04	皮样囊肿	
1.11.02.05	先天性内斜视	先天性内斜视，先天性眼睛汇聚性斜视
1.11.03	中枢神经系统和感觉器官肿瘤	
1.11.04	中枢神经系统和感觉器官损伤	
1.11.05	脑疾病	
1.11.05.01	脑膜脑炎	大脑和脑膜炎症
1.11.05.01.01	散发性牛脑脊髓炎	

（续表）

编号	术语	别名，解释说明
1.11.05.01.02	大脑基膜与囊肿相关的综合征	
1.11.06	脊髓疾病	
1.11.06.01	脊髓炎	脊髓炎症
1.11.06.01.01	化脓性脑膜脑脊髓炎	脑，脊髓和脑膜的炎症
1.11.06.01.02	马尾神经炎（尾部肌肉麻痹，膀胱和肛门括约肌麻痹）	
1.11.07	眼睛疾病	
1.11.07.01	结膜炎	眼结膜炎症
1.11.07.02	角膜炎	角膜炎症
1.11.07.03	虹膜睫状体炎（前葡萄膜炎）	眼色素层炎症
1.11.07.04	脉络膜炎	眼脉络膜炎症
1.11.07.05	白内障	眼睛内水晶体呈浑浊状
1.11.07.06	黑蒙症	全盲
1.11.07.07	视网膜脱离	视网膜的神经上皮层与色素上皮层的分离
1.11.07.08	眼球疾病	
1.11.07.08.01	斜视	眼球倾斜
1.11.07.08.02	眼球震颤	眼球呈震颤样运动
1.11.07.08.03	眼球突出	眼球向外突出
1.11.07.08.04	眼球内陷	眼球向内凹陷
1.11.07.08.05	全眼球炎	眼球所有部位都有炎症
1.11.07.09	眼球摘除术（外科手术摘除眼球）	
1.11.07.10	摘除术（外科手术摘除眼睛的部分内容）	
1.11.08	耳疾病	
1.11.08.01	耳血肿	
1.11.08.02	外耳炎	耳道/外听道炎症
1.11.08.03	中耳炎	中耳的炎症
1.11.08.04	内耳炎	内耳的炎症
1.11.99	中枢神经系统和感觉器官的其他疾病	
1.12	乳房疾病（除了乳腺炎）	
1.12.01	遗传性乳房疾病	

（续表）

编号	术语	别名，解释说明
1.12.02	乳房畸形	
1.12.03	乳房萎缩	
1.12.04	乳房变形	
1.12.04.01	乳房形状异常	
1.12.05	乳房癌症	
1.12.06	乳房损伤	
1.12.06.01	乳房血肿	
1.12.06.02	乳头损伤	
1.12.06.03	乳腺损伤	
1.12.06.04	乳腺异物	
1.12.06.05	乳头瘘	
1.12.06.06	乳头顶端角化过度	
1.12.07	乳房皮肤和皮下组织疾病	
1.12.07.01	乳房疹（乳房上的特征皮肤疹）	乳房皮肤疹，伴随瘀气或发热
1.12.07.01.01	营养型乳房疹	饲料相关性乳房皮肤疹
1.12.07.01.02	过敏性乳房疹	乳房由于过敏导致的皮肤疹
1.12.07.02	乳房湿疹	乳房上的先天性皮肤疹
1.12.07.02.01	乳房痤疮	乳房脓包；乳房上毛囊和皮脂腺的化脓性炎症
1.12.07.03	乳房皮炎	乳房皮肤炎症
1.12.07.03.01	侧乳房和大腿内侧皮炎	磨损，侧乳房疼痛；侧乳房和大腿内侧皮肤皮炎
1.12.07.03.02	前内侧乳房皮炎	前乳房疼痛；前面与腹部皮肤连接间乳房前部的坏死性炎症
1.12.07.03.03	乳房疖疮病	乳房上毛囊和皮脂腺的散发性深度化脓性炎症
1.12.07.03.04	伪牛痘（类牛痘）	“Miker's 瘤”；感染类痘病毒 2 所致
1.12.07.04	乳房水肿	乳房组织内有浆液累积
1.12.07.04.01	分娩前乳房水肿	分娩前乳房发生水肿，与产犊相关的乳房组织内浆液积累
1.12.07.04.02	慢性乳房水肿（周期性的乳房水肿）	乳房组织中浆液慢性和反复累积

（续表）

编号	术语	别名，解释说明
1. 12. 08	牛奶流动扰乱	
1. 12. 08. 01	血奶	因乳腺内血管破裂，牛奶中含有血液
1. 12. 08. 02	牛奶排出失败	
1. 12. 08. 03	乳管疾病	
1. 12. 08. 03. 01	乳管炎	乳管炎症
1. 12. 08. 03. 02	乳头狭窄	乳腺导管狭窄
1. 12. 08. 03. 03	乳头条纹管疾病	
1. 12. 09	乳头内窥镜检查	
1. 12. 99	乳房其他疾病（除了乳腺炎）	
1. 13	乳腺炎	
1. 13. 01	乳腺炎说明	乳腺炎的炎症标记
1. 13. 01. 01	扰乱乳汁分泌	乳汁中体细胞非感染性增加
1. 13. 01. 02	急性卡他性乳腺炎	
1. 13. 01. 03	慢性卡他性乳腺炎	
1. 13. 01. 04	出血性乳腺炎	乳腺出血和血液混合物进入乳汁中的乳腺炎症
1. 13. 01. 05	坏死性乳腺炎	组织坏死和乳汁中含有坏死组织的乳腺炎症
1. 13. 01. 06	化脓性乳腺炎	脓肿形成和脓性组织退化的乳腺炎症
1. 13. 01. 07	非化脓性间质性乳腺炎	乳腺间结缔组织的非化脓性炎症
1. 13. 01. 08	肉芽肿型乳腺炎	伴随肉芽肿退化的乳腺炎症
1. 13. 01. 09	乳腺蜂窝织炎	急性乳腺炎症，伴有分泌组织坏死和乳房中浆液的大量累积
1. 13. 01. 10	亚临床乳房炎	无临床标记的感染性乳腺炎症
1. 13. 02	乳腺炎—病原学	乳房炎症—能分离出病原
1. 13. 02. 01	链球菌引起的乳腺炎	
1. 13. 02. 01. 01	无乳链球菌感染引起的乳腺炎（ScB）	
1. 13. 02. 01. 02	停乳链球菌感染引起的乳腺炎（Scb）	
1. 13. 02. 01. 03	乳房链球菌引起的乳腺炎	
1. 13. 02. 01. 04	其他链球菌引起的乳腺炎	
1. 13. 02. 02	微球菌感染引起的乳腺炎	
1. 13. 02. 02. 01	金黄色葡萄球菌感染引起的乳腺炎	

（续表）

编号	术语	别名，解释说明
1. 13. 02. 02. 02	凝固酶阴性葡萄球菌感染引起的乳腺炎（KNS）	
1. 13. 02. 02. 03	其他葡萄球菌感染引起的乳腺炎	
1. 13. 02. 03	杆菌感染引起的乳腺炎	
1. 13. 02. 03. 01	大肠杆菌感染引起的乳腺炎	
1. 13. 02. 03. 02	克雷伯氏杆菌感染引起的乳腺炎	
1. 13. 02. 03. 03	其他杆菌感染引起的乳腺炎	
1. 13. 02. 04	化脓隐秘杆菌感染引起的乳腺炎	
1. 13. 02. 05	铜绿假单胞菌感染引起的乳腺炎	
1. 13. 02. 06	分支杆菌感染引起的乳腺炎	
1. 13. 02. 06. 01	乳房结核	牛分支杆菌或者结核分支杆菌感染引起的乳腺炎症
1. 13. 02. 06. 02	非典型分支杆菌病	非典型分支杆菌（如鸟分枝杆菌）感染引起的乳腺炎症
1. 13. 02. 07	诺卡菌感染引起的乳腺炎	
1. 13. 02. 08	支原体感染引起的乳腺炎	
1. 13. 02. 09	酵母菌感染引起的乳腺炎	
1. 13. 02. 10	原壁菌感染引起的乳腺炎	
1. 13. 02. 11	其他病原体感染引起的乳腺炎	
1. 13. 99	乳房其他炎症	
2	雌性的繁殖障碍	
2. 01	雌性繁殖系统的疾病	
2. 01. 01	雌性生殖系统的遗传性疾病	
2. 01. 02	雌性生殖系统畸形	
2. 01. 02. 01	异性双胎雌性不育	
2. 01. 02. 02	雌性生殖器畸形	
2. 01. 02. 03	雌性幼稚病	
2. 01. 02. 04	阴道组织连结	
2. 01. 02. 05	卵巢发育不全	卵巢发育不全
2. 01. 03	雌性生殖系统癌症	
2. 01. 04	雌性生殖系统损伤	
2. 01. 05	阴户疾病	
2. 01. 05. 01	阴户闭合不足	

（续表）

编号	术语	别名，解释说明
2.01.06	阴道疾病	
2.01.06.01	肺阴道	因闭合不足，阴道持续吸入空气
2.01.06.02	阴道下垂	
2.01.06.03	阴道炎	阴道发生炎症
2.01.07	子宫颈疾病	子宫颈发生的疾病
2.01.07.01	子宫颈炎	子宫颈炎症
2.01.08	子宫疾病	
2.01.09	输卵管疾病	
2.01.09.01	输卵管炎	输卵管炎症
2.01.10	卵巢疾病	
2.01.99	雌性生殖系统其他障碍	
2.02	妊娠期疾病	
2.02.01	胎膜和羊水缺陷	
2.02.01.01	羊膜和尿囊积水	胎膜内或胎膜间流出液体
2.02.01.01.01	尿囊积水	尿囊等流出液体例如，胎儿的膀胱
2.02.01.01.02	羊水过多	羊膜等内胎膜里面流出液体
2.02.02	胚胎和胎儿发育障碍	
2.02.02.01	妊娠早期终止（繁殖损失）	
2.02.02.01.01	胚胎死亡	在胎龄50日妊娠终止
2.02.02.01.02	胎儿木乃伊化	妊娠终止，伴有胎儿失水变干
2.02.02.01.03	胎儿浸软	妊娠终止，伴有胎儿软化
2.02.02.01.04	胎儿肺气肿	妊娠终止，伴有胎儿内有腐化气体积累
2.02.02.02	流产	
2.02.02.02.01	早期流产（胎儿未成熟）	210日胎龄前的流产
2.02.02.02.02	晚期流产（胎儿早产）	牛胎儿提前出生；210日胎龄后的流产
2.02.02.03	妊娠延长	妊娠期大于290天
2.02.03	妊娠终止	
2.02.99	其他妊娠期疾病	
2.03	产犊时的疾病	
2.03.01	分娩障碍	
2.03.01.01	难产	产犊困难

（续表）

编号	术语	别名，解释说明
2.03.01.01.01	绝对牛犊过大	
2.03.01.01.02	相对牛犊过大	
2.03.01.02	死犊	产出已死亡的小牛
2.03.01.03	畸形胎	
2.03.01.04	牛犊有异常	
2.03.02	分娩障碍	
2.03.02.01	滞产	
2.03.02.02	过劳	
2.03.03	产道狭窄	
2.03.04	胎膜提前破裂	
2.03.05	非常规牛犊位置	
2.03.05.01	非常规牛犊姿势	牛犊出生姿势不呈伸展势，如牛犊四肢呈弯曲状
2.03.05.02	牛犊位置不正常	牛犊出生不呈上位姿势，如牛犊椎轴向上
2.03.05.03	牛犊表现不正常	前部和后部表现不正常，如母牛和牛犊纵轴不平行
2.03.06	产犊相关的子宫疾病	
2.03.06.01	子宫扭转	
2.03.07	产科干预	
2.03.08	引产术	
2.03.09	截胎术	
2.03.10	剖宫产	
2.03.99	其他产犊障碍	
2.04	产后疾病	
2.04.01	产犊造成的生殖系统损伤	
2.04.01.01	产犊造成的阴户损伤	
2.04.01.02	产犊造成的阴道损伤	
2.04.01.03	产犊造成的子宫颈损伤	
2.04.01.04	产犊造成的子宫损伤	
2.04.01.05	会阴裂伤	

（续表）

编号	术语	别名，解释说明
2.04.02	子宫下垂	
2.04.03	胎盘滞留	产后胎膜滞留母体内
2.04.04	子宫弛缓	
2.04.05	产后疾病	产后雌性生殖道再生障碍
2.04.05.01	子宫积恶露	产后分泌物滞留在子宫内
2.04.05.02	子宫炎	全子宫壁的炎症
2.04.05.03	产后中毒	恶露感染，伴随发热和一般疾病标记
2.04.05.04	产后败血症	恶露感染导致的全身性感染
2.04.99	其他产后疾病	
2.05	雌性不孕	
2.05.01	子宫性不孕	由于子宫内部病变导致的不孕
2.05.01.01	子宫内膜炎	子宫黏膜的炎症
2.05.01.01.01	E1 型子宫卡他性内膜炎	子宫黏膜的卡他性炎症
2.05.01.01.02	E2 型子宫黏脓性内膜炎	子宫黏膜的黏脓性炎症
2.05.01.01.03	E3 型子宫化脓性内膜炎	子宫黏膜的化脓性炎症
2.05.01.01.04	E4 型子宫积脓	子宫腔充满脓液
2.05.02	卵巢性不孕	卵巢病变导致的不孕
2.05.02.01	卵巢繁殖周期紊乱	
2.05.02.01.01	体液循环停止	卵巢失活导致不发情
2.05.02.01.02	性欲缺乏	静止发情；卵巢活动正常但不发情
2.05.02.01.03	发情周期间隔不规律	
2.05.02.01.03.01	发情周期间隔缩短	发情周期间隔<19 天
2.05.02.01.03.02	发情周期间隔延长	发情周期间隔>23 天
2.05.02.01.03.03	不规律的发情周期间隔	
2.05.02.01.04	异常排卵	
2.05.02.01.04.01	排卵延迟	

（续表）

编号	术语	别名，解释说明
2.05.02.01.04.02	无排卵发情周期	
2.05.02.01.05	发情周期的其他紊乱现象	
2.05.02.02	慕雄症	
2.05.02.03	雄性化	奶牛雄性化
2.05.02.04	卵巢囊肿	囊肿卵巢病
2.05.02.04.01	卵泡囊肿	
2.05.02.04.02	黄体囊肿	
2.05.02.04.03	囊肿卵巢退化	
2.05.02.05	黄体持续存在	黄体衰退延迟
2.05.02.06	卵巢萎缩	
2.05.02.07	卵巢营养不良	
2.05.03	检测不孕	
2.05.04	治疗不孕	
2.99	其他雌性不孕病	
3	雄性繁殖缺陷	
3.01	雄性繁殖系统的遗传性疾病	
3.01.01	隐睾病	睾丸并未完全沉降至阴囊
3.01.02	睾丸发育不良	
3.01.03	精子畸形	
3.01.04	中肾管发育不全	雄性不发育生殖系统
3.02	雄性生殖系统畸形	
3.02.01	包皮系带滞留	阴茎头和包皮间由永久组织连结在一起
3.03	雄性生殖系统肿瘤	
3.04	雄性生殖系统损伤	
3.05	包皮疾病	
3.05.01	包皮过长	包皮口狭窄
3.05.02	包皮炎症	
3.06	阴茎疾病	
3.06.01	阴茎发育不全	阴茎发育不完全
3.06.02	阴茎炎症	
3.06.03	阴茎下垂	

（续表）

编号	术语	别名，解释说明
3.06.04	阴茎麻痹	
3.07	睾丸疾病	
3.07.01	睾丸炎	睾丸炎症
3.07.02	睾丸退化	
3.07.03	睾丸纤维化	
3.08	附睾疾病	
3.08.01	附睾炎	附睾炎症
3.09	阴囊疾病	
3.09.01	阴囊炎症	
3.10	阳痿（雄性不育）	
3.10.01	生育不能	缺乏可育精子
3.10.02	交媾不能	勃起无能
3.99	其他雄性繁殖缺陷	
4	传染性疾病和其他微生物相关疾病（除乳房和蹄爪地方性传染病）	
4.01	感染性蛋白质病	
4.01.01	牛海绵状脑病（BSE，疯牛病）	
4.01.02	其他感染性蛋白质病	
4.02	病毒传染病（除乳房和蹄爪地方性病毒传染病）	
4.02.01	轮状病毒感染	
4.02.02	冠状病毒感染	
4.02.03	细小病毒感染	
4.02.04	副流感病毒感染（PI）（感染3种副流感病毒）	
4.02.05	牛病毒性腹泻/黏膜病	
4.02.05.01	牛病毒性腹泻（BVD）	
4.02.05.02	黏膜病（MD）	
4.02.06	牛恶性卡他热（BMCF）	
4.02.07	腺病毒感染	
4.02.08	牛呼吸道合胞病毒感染（BRSV）	
4.02.09	1型牛疱疹病毒感染（BHV1）	

（续表）

编号	术语	别名，解释说明
4.02.09.01	传染性牛鼻气管炎（IBR）	
4.02.09.02	传染性脓疱外阴阴道炎（IPV）	
4.02.09.03	传染性阴茎头包皮炎（IBP）	传染性阴茎包皮炎
4.02.10	多发性乳头瘤病	乳头瘤病毒感染引起的皮肤和黏膜肉瘤
4.02.11	牛痘	牛痘病毒引起的疾病
4.02.12	口蹄疫（FMS）	
4.02.13	水泡型口腔炎	
4.02.14	牛丘疹口炎	
4.02.15	伪狂犬病	
4.02.16	地方性牛白血病（EBL）	牛淋巴细胞增生，淋巴细胞瘤；牛白细胞病毒感染引起的疾病
4.02.17	狂犬病	
4.02.18	蓝舌病（BT）	
4.02.19	牛瘟	
4.02.99	其他病毒感染	
4.03	细菌感染（除乳房和蹄爪的地方性细菌性传染病）	
4.03.01	大肠杆菌传染病	
4.03.01.01	大肠杆菌性白血病	大肠杆菌感染引起的全身性疾病
4.03.01.02	大肠杆菌性腹泻	大肠杆菌感染引起的腹泻
4.03.02	耶尔森菌性小肠炎	
4.03.03	沙门氏菌	沙门氏菌感染引起的疾病
4.03.03.01	都柏林沙门氏菌感染	
4.03.03.02	伤寒沙门氏菌感染	
4.03.03.03	肠炎沙门氏菌感染	
4.03.03.04	其他沙门氏菌感染	
4.03.04	类结核病（约翰病）	类结核分支杆菌感染引起的肠道病
4.03.05	巴氏杆菌病	运输热；巴氏杆菌感染引起的疾病
4.03.05.01	急性巴氏杆菌病	出血性白血病；巴氏杆菌感染引起的严重全身性疾病

（续表）

编号	术语	别名，解释说明
4.03.05.02	慢性巴氏杆菌病	巴氏杆菌感染引起的胸膜和肺的慢性炎症改变
4.03.06	急性肺炎链球菌感染	
4.03.07	支原体感染	
4.03.08	化脓隐秘杆菌感染	
4.03.08.01	化脓杆菌病	化脓隐秘杆菌感染后引起脓肿的形成
4.03.08.02	化脓隐秘杆菌感染子宫	
4.03.09	葡萄球菌感染	
4.03.09.01	葡萄球菌感染性痘	葡萄球菌感染引起的毛囊和皮脂腺的化脓性炎症
4.03.09.02	葡萄球菌感染引起的疗疮	葡萄球菌感染引起的毛囊和皮脂腺的扩散性化脓性炎症
4.03.10	放线杆菌病	木舌病；放线杆菌感染引起的肉芽肿型炎症，这类感染主要影响软组织，如舌头
4.03.11	放射菌病	肿块状颌；牛型放射杆菌感染引起的肉芽肿型炎症，这类感染主要影响下颚和上颌骨
4.03.12	梭菌/节瘤拟杆菌感染	
4.03.12.01	坏死菌病	坏死性梭菌感染引起的器官化脓性和坏死性炎症
4.03.12.02	犊牛白喉	犊牛感染坏死性梭菌引起的口腔和/或喉黏膜的化脓性和坏死性炎症
4.03.13	梭状芽孢杆菌引起的疾病	梭状芽孢杆菌感染和破伤风杆菌毒素中毒
4.03.13.01	黑腿病	黑腿病；梭状芽胞杆菌感染引起的肌肉内液体和气体积累
4.03.13.02	羊炭疽	败血梭状芽胞杆菌感染引起的肌肉和结缔组织中液体和气体积累
4.03.13.03	恶性水肿	诺维氏梭状芽胞杆菌和产气荚膜梭状芽胞杆菌感染引起的肌肉和结缔组织中液体和气体积累
4.03.13.04	气性水肿病	多种产气性细菌混合感染引起的组织内液体和气体的积累
4.03.13.05	黑疫	诺维氏梭状芽胞杆菌感染引起的肝脏坏死和严重全身性疾病
4.03.13.06	产气荚膜梭菌肠毒血症	产气荚膜梭状芽胞杆菌感染引起的肠道炎症
4.03.13.07	破伤风	损伤后由于感染破伤风杆菌引起的
4.03.13.08	肉毒杆菌中毒	肉毒杆菌毒素引起的瘫痪

（续表）

编号	术语	别名，解释说明
4.03.14	莫氏杆菌病	
4.03.14.01	传染性牛型角膜炎（IBK）	粉眼；牛型莫氏杆菌或其他菌感染引起的眼角膜和眼结膜的传染性炎症
4.03.15	肾棒状杆菌感染	
4.03.16	血栓性脑膜脑炎（TEME）	睡眠嗜血杆菌感染引起的具有神经症状的血栓病
4.03.17	弯曲杆菌感染	
4.03.17.01	地方性动物弯曲杆菌感染性流产	弯曲杆菌性病，牛属生殖器弯曲杆菌病，生殖器弧菌感染；雌性生殖道感染弯曲杆菌后引起的胎儿流产；性病
4.03.17.02	弯曲杆菌肠炎（冬季痢疾）	冬季泻病，弧菌小肠炎；弯曲杆菌感染引起的痢疾
4.03.18	衣原体感染	
4.03.18.01	牛流行性流产	感染鹦鹉热衣原体后引起的流产
4.03.18.02	衣原体支气管肺炎	衣原体感染引起的非支气管炎和肺的炎症
4.03.18.03	衣原体多发性关节炎	衣原体感染引起的多个关节的炎症
4.03.18.04	散发性脑脊髓炎	
4.03.19	丹毒杆菌感染	
4.03.20	诺卡放射菌病	诺卡放射菌感染引起的化脓性炎症，伴随肉芽肿形成
4.03.21	李氏杆菌病	感染李斯忒氏菌引起的疾病
4.03.22	细螺旋体病	感染细螺旋体引起的疾病
4.03.23	昆士兰热	感染贝纳特氏引起的疾病
4.03.24	炭疽	炭疽杆菌感染引起的严重出血性疾病
4.03.25	肺结核	牛型结核菌和分支结核杆菌感染引起疾病
4.03.26	布鲁氏菌病	布鲁氏菌感染引起的疾病和流产
4.03.27	胸膜肺炎（传染性牛型胸膜肺炎）	蕈状支原体感染引起的肺和胸膜的严重炎症
4.03.99	其他细菌感染	
4.04	真菌病（除乳房和蹄爪的地方性真菌感染）	
4.04.01	牛皮癣	癣菌病；疣发癣菌感染引起的霉菌性皮肤病
4.04.02	曲霉病	曲霉感染引起的疾病
4.04.03	念珠菌病	白色念珠菌感染引起的疾病

（续表）

编号	术语	别名，解释说明
4.04.99	其他真菌病	
4.05	真菌中毒症	真菌毒素中毒导致的疾病
4.05.01	麦角中毒	摄取紫色麦角菌的毒枝菌素导致的疾病
4.05.02	黄曲霉毒素中毒	摄取曲霉菌和青霉菌产生的黄曲霉毒素引起的疾病
4.05.03	曲霉中毒	曲霉菌产生的毒素引起的疾病
4.05.04	穗霉菌中毒	葡萄状穗霉菌毒素引起的疾病
4.05.05	镰刀菌中毒	镰刀霉菌毒素引起的疾病
4.05.06	锈菌中毒	主要由柄锈菌属产生的锈菌毒素引起的疾病
4.05.07	黑穗病中毒	由腥黑粉菌属或黑穗菌属产生的黑穗毒素引起的疾病
4.05.99	其他真菌中毒症	
4.99	其他感染性疾病和与微生物相关的疾病（除乳房和蹄爪的感染性疾病）	
5	寄生虫感染	
5.01	原虫感染（寄生性原虫群袭）	
5.01.01	牛毛滴虫病	胎儿三毛地产感染
5.01.02	球虫病	疥虫引起的痢疾，球虫引起的肠胃炎；来源于双孢子球虫的艾美虫属的感染
5.01.03	隐孢子原虫病	隐孢子原虫感染
5.01.04	弓形虫病	弓形虫感染
5.01.05	肉孢子虫病	肉孢子虫形成的肌肉囊肿
5.01.06	梨形虫病，如巴贝西虫病（羊快疫）和泰勒虫病	梨浆虫属寄生虫感染引起的疾病，如巴贝虫和泰勒虫感染
5.01.99	其他原生动物感染	
5.02	蠕虫感染	
5.02.01	吸虫感染	
5.02.01.01	片形吸虫病	肝片吸虫属寄生虫感染
5.02.01.02	动物披针状吸虫病	矛形双腔吸虫感染
5.02.02	同端吸盘虫病	胃吸虫病，肠端片吸虫病；同端吸盘虫感染
5.02.03	裸头绦虫病和莫尼茨绦虫病	裸头绦虫属寄生虫和莫尼茨绦虫感染

（续表）

编号	术语	别名，解释说明
5.02.04	囊虫病，如棘球蚴病和多头蚴病等	感染绦虫的棘球绦虫和猪带绦虫的包囊引起的疾病
5.02.05	动物肺虫病（寄生虫性支气管肺炎）	蠕虫性支气管炎；感染小圆线虫引起的肺和支气管的炎症
5.02.06	类圆线虫病	类圆线虫属寄生虫感染
5.02.07	毛圆线虫病	消化道圆形线虫病；消化道线虫感染
5.02.07.01	细颈线虫病	细颈线虫属寄生虫感染
5.02.07.02	血毛线虫病	血毛线虫属寄生虫感染
5.02.07.03	棕色胃虫病	胃虫属寄生虫感染
5.02.07.04	毛状线虫病	毛状线虫属寄生虫感染
5.02.07.05	古柏线虫病	古柏线虫属寄生虫感染
5.02.08	结节线虫病	结节线虫属寄生虫感染
5.02.09	钩虫病	仰口线虫属寄生虫感染
5.02.99	其他蠕虫病	
5.03	节肢动物侵袭	
5.03.01	蜱虫病	蜱目隐喙蜱科蜱虫侵袭
5.03.02	蠕形螨虫病	牛型蠕形螨侵袭
5.03.03	恙螨病	新恙螨属寄生虫侵袭
5.03.04	疥癣	癞疥；疥癣虫侵袭
5.03.04.01	疥螨病	疥疮，头部疥疮；感染掘洞螨引起的病
5.03.04.02	痒疥疮	兽疥癣，体疥癣；感染吸血螨所致
5.03.04.03	食皮疥癣	食皮螨病，尾巴和四肢疥癣；感染
5.03.05	虱病	吸虱感染；牛血虱或短鼻吸虱和长颚虱属寄生虫或者长鼻吸虱感染
5.03.06	牛毛虱病	感染牛毛虱所致
5.03.07	蚋病	感染体外寄生虫蚋所致
5.03.08	感染虻科和蝇科的体外寄生虫	
5.03.09	蝇蛆病	感染苍蝇幼虫所致
5.03.10	皮下蝇蛆病	Warble 病；感染皮蝇的幼虫所致
5.03.99	其他节肢动物寄生虫感染	
5.99	其他寄生虫感染	
6	代谢性疾病和缺陷	

（续表）

编号	术语	别名，解释说明
6.01	能量、碳水化合物和脂肪代谢紊乱	
6.01.01	高酮血症/丙酮血	血液中酮体含量增加
6.01.02	酮症	慢性热；碳水化合物代谢紊乱，伴随血液中酮体增加
6.01.02.01	原发性酮症	碳水化合物代谢的原发性紊乱，伴随血液中酮体的增加和葡萄糖的降低
6.01.02.01.01	亚临床原发性酮症	碳水化合物代谢的原发性紊乱，伴随血液中酮体的增加和葡萄糖的降低，但没有其他症状
6.01.02.01.02	明显原发性酮症	碳水化合物代谢的原发性紊乱，伴随血液中酮体的增加和葡萄糖的降低，伴有其他症状
6.01.02.02	继发性酮症	继发性即伴随其他疾病发生，碳水化合物代谢的原发性紊乱，伴随血液中酮体的增加和葡萄糖的降低
6.01.02.02.01	亚临床继发性酮症	继发性即伴随其他疾病发生，碳水化合物代谢的原发性紊乱，伴随血液中酮体的增加和葡萄糖的降低，伴有有其他症状
6.01.02.02.02	明显继发性酮症	继发性即伴随其他疾病发生，碳水化合物代谢的原发性紊乱，伴随血液中酮体的增加和葡萄糖的降低，但没有其他症状
6.01.03	肝脂质沉淀/肝脂质变性（脂肪肝）	肝脂肪下渗和变性
6.01.03.01	肝性昏迷	严重能量代谢紊乱，伴随肝功能衰竭
6.01.04	肥胖	
6.01.04.01	母牛肥胖综合征	脂代谢综合征；能量摄入不足的肥胖母牛能量代谢紊乱，伴随过度的脂肪利用
6.01.05	过度失重	
6.01.05.01	怀孕母牛瘦弱综合征	怀孕后期，体重过度减少
6.01.06	麻痹性肌红蛋白尿	碳水化合物代谢紊乱，伴有麻痹症状和排出的尿中有肌血球素
6.01.99	其他能量、碳水化合物和脂肪代谢紊乱	
6.02	蛋白质代谢紊乱	
6.02.99	其他蛋白质代谢紊乱	
6.03	微量元素代谢紊乱	
6.03.01	钙磷平衡紊乱	
6.03.01.01	生产瘫痪（产乳热）	奶牛永久性瘫痪，伴随血液中钙磷含量降低

（续表）

编号	术语	别名，解释说明
6. 03. 01. 01. 01	典型产奶瘫痪/产奶瘫痪阶段 1 和阶段 2	低血钙产奶瘫痪；产犊后瘫痪，伴随血液中钙磷含量降低，有或没有低反应性
6. 03. 01. 01. 02	临产晕厥/产奶瘫痪阶段 3	产犊后瘫痪，伴随血液中钙磷含量降低，有严重低反应性
6. 03. 01. 01. 03	非典型产奶瘫痪	原因不明的产犊后瘫痪，伴有低反应性
6. 03. 01. 01. 04	倒牛综合征	产犊后瘫痪，对钙输液治疗无反应
6. 03. 01. 01. 05	哺乳期麻痹	与产犊无关，哺乳期奶牛瘫痪，伴有血液中钙含量减少
6. 03. 01. 02	骨病，由于钙磷平衡紊乱所致	
6. 03. 01. 02. 01	牛犊软骨病	
6. 03. 01. 02. 02	奶牛骨软化	
6. 03. 01. 02. 03	育肥公牛骨软化	
6. 03. 01. 02. 04	掌骨或跖骨骨骺分离	掌骨或者跖骨的骨末端缺失
6. 03. 01. 02. 05	腓肠肌或筋腱断裂（Achilles 筋腱断裂），因钙磷平衡紊乱所致	
6. 03. 01. 02. 06	骨软骨炎	关节软骨退行性改变，因钙磷平衡紊乱所致
6. 03. 02	镁平衡紊乱	
6. 03. 02. 01	低血镁型手足抽搐	瘫痪的标志，伴随血液中镁含量降低
6. 03. 02. 01. 01	牛犊低血镁型手足抽搐	哺乳犊牛低镁血，伴随兴奋过度，肌肉痉挛和抽搐
6. 03. 02. 01. 02	牧草强直症	牧草痉挛；过度兴奋，肌肉痉挛和吃草后因血液中镁含量降低导致的抽搐（像喝醉的样子）
6. 03. 02. 01. 03	持续性痉挛	动物缺乏营养，血液中镁含量降低，导致动物过度兴奋，肌肉痉挛和抽搐
6. 03. 02. 01. 04	迁徙性手足抽搐症	长过程运输后，因血液中镁含量降低导致动物肌肉痉挛和抽搐
6. 03. 03	钠元素平衡紊乱	
6. 03. 03. 01	钠元素缺乏症	
6. 03. 04	氯化物平衡紊乱	
6. 03. 04. 01	氯化物缺乏症	
6. 03. 05	硫元素平衡紊乱	
6. 03. 05. 01	硫元素缺乏症	
6. 03. 06	钾元素平衡紊乱	

（续表）

编号	术语	别名，解释说明
6.03.99	其他常量元素平衡紊乱	
6.04	微量元素平衡紊乱	
6.04.01	铁元素缺乏症	
6.04.01.01	犊牛缺铁性贫血	因体内缺乏铁元素导致的哺乳期奶牛贫血
6.04.02	铜元素缺乏症	
6.04.02.01	缺铜性贫血	因体内缺乏铜元素导致的贫血
6.04.03	锌元素缺乏症	
6.04.03.01	锌元素不足型角化不全	因体内缺乏锌元素导致的角化紊乱
6.04.04	硒元素缺乏症	
6.04.05	锰元素缺乏症	
6.04.06	碘元素缺乏症	
6.04.07	钴元素缺乏症	
6.04.99	其他微量元素平衡紊乱	
6.05	维生素平衡紊乱	
6.05.01	缺乏 β-胡萝卜素	维生素 A 原缺乏
6.05.02	缺乏维生素 A	
6.05.03	缺乏维生素 E	
6.05.04	缺乏维生素 D	
6.05.05	缺乏维生素 B_1	
6.05.05.01	脑皮质坏死（CNN）	脑灰质软化；因缺乏维生素 B_1（硫胺素），导致大脑皮质变软坏死
6.05.06	缺乏维生素 B_{12}	
6.05.07	缺乏生物素	
6.05.08	缺乏叶酸	
6.05.99	其他维生素平衡紊乱	
6.99	其他代谢性疾病和缺乏症	
7	中毒	
7.01	食物成分和添加剂导致的中毒	
7.01.01	氯化钠中毒	
7.01.02	硝酸盐中毒	
7.01.03	尿素中毒	

（续表）

编号	术语	别名，解释说明
7.02	金属，半金属及其盐类导致的中毒	
7.02.01	铅中毒	铅中毒
7.02.02	铜重度	铜中毒
7.02.03	硒中毒	硒中毒
7.02.04	慢性钼中毒	钼中毒
7.02.05	汞中毒	汞中毒
7.02.06	铁中毒	
7.02.07	砷中毒	
7.02.08	氟中毒	
7.02.09	镉中毒	
7.03	药物中毒	
7.03.01	维生素 D 过多症	体内维生素 D 含量过多
7.03.01.01	钙质沉着症	体内钙含量过多
7.03.02	维生素 A 过多症	体内维生素 A 含量过多
7.03.03	磷酸酯中毒	
7.03.04	氯化碳氢化物中毒	
7.03.05	呋喃唑酮中毒	
7.04	消毒剂中毒	
7.04.01	碱中毒	
7.04.02	酸中毒	
7.04.03	苯酚中毒	
7.04.04	醛中毒	
7.04.05	卤化物中毒	
7.05	化肥中毒	
7.06	除草剂和杀虫剂中毒	
7.07	植物毒素和有毒植物中毒	
7.07.01	洋葱中毒	

（续表）

编号	术语	别名，解释说明
7.07.02	紫衫中毒	
7.08	动物性毒素中毒	
7.09	工业污染物中毒	
7.10	其他中毒	
8	一般的行为障碍	
8.01	假吮	
8.02	吸奶	
8.03	舌癖	
8.04	饮尿	
8.05	舔癖	
8.06	踢腿	
8.07	由于行动不便，治疗粉碎性蹄骨折时无法固定	
8.08	生产性能衰退	
8.09	身体发育缓慢	
8.10	消化紊乱	
8.11	发热	
8.12	卧姿	
8.13	腹泻	
8.99	其他行为紊乱和一般结果	
9	健康—相关信息不能作为诊断结果	
9.01	不能诊断	
9.02	关键部位无法诊断	
9.03	管理—相关药物的使用	
9.03.01	生物技术检测	
9.03.01.01	子宫清洗中前列腺素的应用	
9.03.01.02	诱导发情	
9.03.01.03	同期发情	
9.03.01.04	同期排卵	

（续表）

编号	术语	别名，解释说明
9.03.01.05	子宫内螺旋	
9.03.02	预防性检测	
9.03.02.01	接种疫苗	
9.03.02.01.01	怀孕奶牛接种疫苗	奶牛怀孕期进行疫苗接种，是为了保护新生犊牛
9.03.02.01.02	BHV1 疫苗接种	牛疱疹病毒 1 疫苗的接种
9.03.02.01.03	BVD/MD 疫苗接种	牛病毒性腹泻/黏膜病的疫苗的接种
9.03.02.01.04	BT 疫苗接种	牛蓝舌病的疫苗的接种
9.03.02.01.05	BRSV 疫苗接种	牛合胞病毒疫苗的接种
9.03.02.01.06	PI3V 疫苗接种	副流感病毒 3 疫苗的接种
9.03.02.01.07	巴氏杆菌疫苗接种	
9.03.02.01.08	沙门氏菌疫苗接种	
9.03.02.01.09	梭状芽孢杆菌疫苗接种	
9.03.02.01.10	动物肺虫病疫苗接种	
9.03.02.01.11	牛皮癣疫苗接种	
9.03.02.01.12	狂犬病疫苗接种	
9.03.02.01.13	多发性乳头瘤病疫苗接种	
9.03.02.01.14	Mortellro 疫苗接种	接种疫苗以防止末端皮炎
9.03.02.01.15	结核病疫苗接种	
9.03.02.01.16	其他疫苗接种和畜群特异性接种	
9.03.02.02	预防寄生虫	
9.03.02.02.01	预防动物肺虫病	
9.03.02.02.02	预防疥癣	
9.03.02.02.03	预防咬虱	
9.03.02.02.04	预防苍蝇	
9.03.02.02.05	预防酸中毒	
9.03.02.02.06	预防隐孢子虫病	
9.03.02.03	干奶	

（续表）

编号	术语	别名，解释说明
9.03.02.03.01	哺乳阶段的干奶治疗	
9.03.02.03.02	非哺乳阶段的干奶治疗	
9.03.02.04	预防代谢性疾病	
9.03.02.04.01	预防酮症	
9.03.02.04.02	预防产乳热	
9.03.02.04.03	预防维生素和微量元素缺乏	
9.03.02.05	预防消化道紊乱	
9.03.02.05.01	应用瘤胃磁铁	
9.03.02.06	预防蹄部疾病	
9.03.02.07	预防胎衣滞留	

附录 第 8 章—数据定义及数据传输

附录 1 由 InterBull 分配的用于牛细管精液国际贸易的品种代码

状态：2012 年 6 月 19 日

品种	品种代码(1) 3-ch.	品种代码(2) 2-ch.	国际品种 名称附录
阿帮当斯（Abondance）	ABO	AB	
安格斯（Angus）	AAN	AN	2.1
奥布拉克（Aubrac）	AUB	AU	
爱尔夏（Ayrshire）	RDC	AY	2.1
肉用短角牛（Beef Shorthorn）	BSH		
肉牛王（Beefmaster）	BMA	BM	
比利时种牛（Belgian Blue）	BBL	BB	
比利时蓝混合（Belgium Blue Mixt）	WBL		
比利时红白花（Belgium Red & White）	BER		
金黄阿奎顿牛（Blonde d´Aquitaine）	BAQ	BD	
布雷德牛（Braford）	BFD	BO	
婆罗门牛（Brahman）	BRM	BR	
布兰德路得牛（Brand Rood）	BRR		
布兰格斯菜牛（Brangus）	BRG	BN	
英国黑白花牛（British Frisian）	BRF		
瑞士褐牛（Brown Swiss）	BSW	BS	2.1
夏洛来牛（Charolais）	CHA	CH	
契安尼那牛（Chianina）	CIA	CA	
乳用短角牛（Dairy Shorthorn）	MSH		
德文郡牛（Devon）	DEV		
德克斯特牛（Dexter）	DXT	DR	
迪克比牛（Dikbil）	DIK		
荷兰白带牛（Dutch Belted- Lakenvelder）	DBE		
荷兰弗里斯兰（Dutch Frisian）	DFR		
东佛兰德红白花 （Eastern Flanders White Red）	BWR		

（续表）

品种	品种代码[1] 3-ch.	品种代码[2] 2-ch.	国际品种名称附录
欧洲乳用红牛（European Red Dairy Breed）	RDC	RE	2. 1
盖洛威牛（Galloway）	GLW	GA	2. 2
加斯科涅（Gascon）	GAS		
格尔布威（Gelbvieh）	GVH	GV	
格兰唐纳山（Glan Donnersberg）	GDB		
格拉宁格（Groninger）	GRO		
格恩西奶牛（Guernsey）	GUE	GU	
赫里福德牛（Hereford）	HER		
高原牛（Highland Cattle）	HLA	HI	
荷斯坦（Holstein）	HOL	HO	2. 2
荷斯坦，红白花（Holstein，Red and White）	RED	RW	2. 2
泽西种乳牛（Jersey）	JER	JE	
黑色小乳牛（Kerry）	KER		
利穆赞（Limousin）	LIM	LM	
朗恩（Longhorn）	LON		
马尔基贾尼（Marchigiana）	MAR	MR	
马雷马尼（Maremmana）	MAE		
默兹-莱茵-伊赛尔牛（Meuse Rhine Yssel）	MRY		
蒙贝利亚（Montbéliard）	MON	MO	
莫瑞灰牛（Murray-Grey）	MGR	MG	
内洛尔牛（Nellore）	NEL		
诺曼底牛（Normandy）	NMD	NO	
挪威红（Norwegian Red）	RDC	NR	
帕特奈兹牛（Parthenaise）	PAR		
皮埃蒙特（Piedmont）	PIE	PI	2. 2
品茨高什牛（Pinzgau）	PIN	PZ	
红色安格斯牛（Red Angus）	RAN		
罗马诺拉牛（Romagnola）	ROM	RN	
普雷斯红牛（Rouge des Pres）	RDP	2. 2	

（续表）

品种	品种代码[1] 3-ch.	品种代码[2] 2-ch.	国际品种名称附录
沙希华牛（Sahiwal）	SAH	SW	
萨勒牛（Salers）	SAL	SL	
圣热特鲁迪斯牛（Santa Gertrudis）	SGE	SG	
西门塔尔牛/弗莱维赫（Simmental / Fleckvieh）	SIM	SM	2. 2
塔朗泰兹牛（Tarentaise）	TAR	TA	
塔克斯牛（Tux）	TUX		
提洛尔灰牛（Tyrol Grey）	TGR	AL	2. 2
改良红牛（Verbeter Roodbont）	VRB		
和牛（Wagyu）	WAG		
威尔士黑（Welsh Black）	WBL	WB	
西佛兰德斯肉牛（Western Flanders Meat）	BRV		
西佛兰芒红牛（West-Vlaams Rood）	BRD		
Witrik	WRI		

[1] 国际公牛组织品种代码 2009；

[2] 牛细管精液的国际贸易品种代码。

附录 2 不同国家的品种名称

地方品种名称	地方名称	
安格斯（Angus）	包括	亚伯丁安格斯（Aberdeen Angus）
		加拿大安格斯（Canadian Angus）
		美国安格斯（American Angus）
		德国安格斯（German Angus）
艾尔夏（Ayrshire）	包括	澳大利亚艾尔夏
		加拿大艾尔夏
		哥伦比亚艾尔夏
		捷克艾尔夏
		芬兰艾尔夏
		肯尼亚艾尔夏
		新西兰艾尔夏

（续表）

地方品种名称	地方名称	
		挪威艾尔夏
		俄罗斯艾尔夏
		南非艾尔夏
		瑞典艾尔夏
		英国艾尔夏
		美国艾尔夏
		津巴布韦艾尔夏
比利时蓝（Belgian Blue）	法国：	比利时蓝白花（Blanc-bleu Belge）
	弗兰德：	比利时蓝（Witblauw Ras van Belgie）
瑞士褐牛（Brown Swiss）	德国：	Braunvieh
	意大利：	Razza Bruna
	法国：	Brune
	西班牙：	Bruna，Parda Alpina
	克罗地亚：	Slovenacko belo
	捷克：	Hnedy Karpatsky
	罗马尼亚：	Shivitskaja
	俄罗斯：	Bruna
	保加利亚：	B'ljarska kafyava
	荷兰：	
欧洲乳用红牛（European Red Dairy Breed）	包括	丹麦红牛
		格尔恩牛
		爱沙尼亚红
		拉脱维亚棕
		立陶宛红
		白俄罗斯红
		苏格兰波兰红
		乌克兰波兰红
		（法国红弗兰芒?）
		（比利时红弗兰芒?）
盖洛威牛（Galloway）	包括	黑色和褐色盖洛威
		盖洛威

（续表）

地方品种名称	地方名称	
		白带盖洛威
		红盖洛威
		白盖洛威
荷斯坦牛，黑白花 (Holstein, Black and White)	荷兰：	HolsteinSwartbont
	德国：	Deutsche Holstein,
		schwarzbunt
	丹麦：	Sortbroget Dansk
		Malkekvaeg
	英国：	Holstein Friesian
	瑞典：	Svensk LåglandsBoskap
	法国：	Prim Holstein
	意大利：	HolsteinFrisona
	西班牙：	HolsteinFrisona
荷斯坦牛，红白花 (Holstein, Red and White)	荷兰：	Holstein, roodbunt
	德国：	Holstein, rotbunt
	丹麦：	Roedbroget Dansk
		Malkekvaeg
皮埃蒙特（Piedmont）	意大利：	Piemontese
普雷斯红牛 (Rouge des Pres)	法国：	Maine Anjou
西门塔尔牛/弗莱维赫 (Simmental / Fleckvieh)	包括乳肉兼用牛和肉用牛	
	法国：	Simmental Française
	意大利：	Razza Pezzata Rossa
	捷克：	Cesky strakatý

（续表）

地方品种名称	地方名称	
	斯洛伐克：	Slovenskystrakaty
	罗马尼亚：	Baltata românească
	俄罗斯：	Simmentalskaja
提洛尔灰牛（Tyrol Grey）	德国：	Tiroler Grauvieh
		Oberinntaler Grauvieh
		Rätisches Grauvieh
	意大利：	Razza Grigia Alpina

附录 第 10 章—动物识别装置的测试和认证

附录中所列申请表仅作为样表，正式申请时，申请表需向 ICAR 服务部秘书处索要，或在 ICAR 网站上下载。

重要须知：

由授权人签署并填写正确日期的申请表必须通过电子邮件发送 PDF 格式给 ICAR 服务部秘书处，邮箱地址如下：

manufacturers@ icar. org

10. 2 动物的无线射频标识：ISO 11784 及 ISO 11785-应答器一致性测试及制造商代码的授权

附录 A1 RFID 应答器的 ISO 一致性测试申请表

公司名称：		公司地址：		
Email 账号：				
公司的增值税或税务登记号：				
测试类型：	完整☐	部分☐	清单更新☐	重新认证☐
设备类型：	植入式应答器 ☐	无固定装置应答器 ☐		
	电子耳标 ☐	瘤胃滞留应答器 ☐		
		其他 ☐		
设备名称：				
技术：	HDX ☐	FDX-B ☐		
物理特性				
长度：	直径：	重量：	颜色：	
包材：				
	主要成分：			
	次要成分：			
	设备照片：			
签名人同意遵守 ICAR 指南关于“动物的无线射频标识：ISO 11784 及 ISO 11785-应答器一致性测试及制造商代码的授权”规定的所有条件				
日期：		姓名（请打印）：		
职位：		签名：		

附录 A2　制造商代码申请表

（只在制造商第一个申请 ISO 一致性测试时使用）

申请表格通过电子邮件发送 PDF 格式给 ICAR 服务部秘书处，邮箱地址如下：manufacturers@ icar. org

<table>
<tr><td colspan="2">公司名称：</td><td>公司地址：</td></tr>
<tr><td colspan="3">E-mail 账号：</td></tr>
<tr><td colspan="3">公司的增值税或税务登记号：</td></tr>
<tr><td colspan="3">□第 1 步：共享制造商代码</td></tr>
<tr><td></td><td>□第一次申请，主要的标识代码集</td><td></td></tr>
<tr><td></td><td>□第二次申请，附加的标识码集</td><td></td></tr>
<tr><td colspan="3">□第 2 步：专用制造商代码（仅适用于第 1 步已通过时）</td></tr>
<tr><td colspan="3">签名人同意遵守 ICAR 指南关于“动物的无线射频标识：ISO 11784 及 ISO 11785-应答器一致性测试及制造商代码的授权”规定的所有条件</td></tr>
<tr><td colspan="2">日期：</td><td>姓名（请打印）：</td></tr>
<tr><td colspan="2">职位：</td><td>签名：</td></tr>
</table>

附录 A3　行为守则

本守则仅当制造商第一次申请 ISO 一致性测试时提交。

为了增强使用者对符合 ISO 11784 和 ISO 11785 要求的 RFID 装置的实用性和功能的信心，制造商或供应商必须确保他们提供给市场使用的产品可用于动物身份标识（并确保标识的唯一性），声明自己的产品符合 ISO 11784/11785 的要求：

- 完全符合上述两项标准。认证机构颁发的认证证书和 ICAR 向制造商授予制造商代码的证明信可以作为证明。
- 严格遵守 ICAR 关于供应商代码使用的相关条件。
- 999 测试代码仅用于实验室测试阶段的设备，该编码不会被用于商业销售的设备。
- 所有符合上述标准的身份识别装置的流通途径以及装置芯片的来源，都能被追踪。
- 用于动物识别的应答器，如果所在国家主管部门未对动物识别装置进行统一管理，制造商有义务通过其销售渠道掌握应答器的流向，确保可追溯性。

RFID 技术的制造商或供应商有义务提供符合 ISO 11784/11785 的 RFID 技术、产品和性能方面的准确信息，并积极支持标准的提升。这包括由已批准的认证机构核实的已被证明的性能信息。

公司名称：	公司地址：	
Email 账号 签名人同意遵守 ICAR 指南关于“动物的无线射频标识：ISO 11784 及 ISO 11785-应答器一致性测试及制造商代码的授权”规定的所有条件。签名人明确并认可如果违背其中任何一条内容，ICAR 有权随时撤回任何产品认证证书或制造商代码		
日期：	姓名（请打印）：	

附录 A4 ISO 24631-3. RFID 应答器性能测试申请表

生产商名称		生产商地址	
Email 账号：			
公司的增值税或税务登记号：			
测试类型： 已经过一致性测试的应答器 □ 同时进行应答器一致性测试 □			
设备种类：植入式应答器 □ 无固定装置应答器 □ 电子耳标 □ 瘤胃滞留应答器 □ 其他 □			
设备名称：		RA 产品代码：	
技术： HDX □ FDX-B □			
物理特性			
长度：	直径：	重量：	颜色：
包材： 主要成分： 次要成分：			
设备照片：			
签名人同意遵守 ICAR 指南关于“动物的无线射频标识：ISO 11784 及 ISO 11785-应答器一致性测试及制造商代码的授权”规定的所有条件			
日期		姓名（请打印）	
职位		签字	

10.3　ISO 11784/11785 同步与非同步收发器一致性测试

附录 A5　ISO 11784/11785 同步收发器一致性测试申请表

申请表格通过电子邮件发送 PDF 格式给 ICAR 服务部秘书处，邮箱地址如下：manufacturers@ icar. org

<table>
<tr><td colspan="2">生产商名称</td><td colspan="2">生产商地址</td></tr>
<tr><td colspan="4">Email 账号：</td></tr>
<tr><td colspan="4">公司的增值税或税务登记号：</td></tr>
<tr><td></td><td>ISO 11784/11785 技术：</td><td>其他技术：</td><td></td></tr>
<tr><td>收发器类型：</td><td>ISO □</td><td>ISO+……</td><td>□</td></tr>
<tr><td>同步的</td><td></td><td>……Destron/Fecava
……Datamars
……Trovan
其他配置</td><td>□
□
□
□</td></tr>
<tr><td>便携式收发器：</td><td colspan="3">□</td></tr>
<tr><td>固定式收发器：</td><td colspan="3">□</td></tr>
<tr><td colspan="4">物理特性：</td></tr>
<tr><td>尺寸（长＊宽＊高）：</td><td></td><td>重量：</td><td></td></tr>
<tr><td>独立天线：</td><td>否□</td><td>是□</td><td rowspan="2">（如果是，请提供应用说明书）</td></tr>
<tr><td>串行通信：</td><td>否□</td><td>是□</td></tr>
<tr><td>设备序列号：</td><td></td><td></td><td></td></tr>
<tr><td colspan="4">设备照片：</td></tr>
<tr><td colspan="4">下述签署人同意遵守 ISO 文档“RFID 设备一致性评估，第 2 部分：ISO 11784/11785-便携式识读器一致性”中规定范围内的所有条件</td></tr>
<tr><td colspan="2">日期：</td><td colspan="2">姓名（请打印）：</td></tr>
<tr><td colspan="2">职位：</td><td colspan="2">签名：</td></tr>
</table>

附录 A6 非同步收发器一致性测试申请表

申请表格通过电子邮件发送 PDF 格式给 ICAR 服务部秘书处：manufacturers@ icar. org

公司名称		公司地址	
Email 账号：			
公司的增值税或税务登记号：			
	ISO 11784/11785 技术：	其他技术：	
收发器类型：	ISO □	ISO+……	□
非同步：		……*Destron/Fecava*	□
		……*Datamars*	□
		……*Trovan*	□
		其他构造	□
便携式收发器：	□		
固定式收发器：	□		
物理特性：			
尺寸（长 * 宽 * 高）：		重量：	
独立天线：	否□	是□	（如果有，请提供应用说明书）
串行通讯：	否□	是□	
设备序列号：			
设备照片：			

下述签署人同意遵守 ISO 文档“RFID 设备一致性评估，第 3 部分：非同步收发器识读 ISO11784/11785 应答器的一致性检测”中规定的所有条件。

日期：	姓名：	职位：

附录 A7　ISO 24631-3. 手持收发器性能测试申请表

申请表格通过电子邮件发送 PDF 格式给 ICAR 服务部秘书处：manufacturers@ icar. org

公司名称：		公司地址：	
Email 账号：			
公司的增值税或税务登记号：			
设备类型：	带有内置集成天线的手持式收发器		□
	带有外置天线的的手持式收发器		□
	带有内置集成天线和可选择的外置天线的手持式收发器		□
	其他：		□
附通过 ETSI EN 300 330 认证的文件　□			
设备名称：			
设备序列号：		ICAR 批准编号：	
物理特性：			
尺寸（长＊宽＊高）：		重量：	
独立天线：	否□	是□	如果有，请提供应用说明书
	否□	是□	
设备照片：			

下述签署人同意遵守 ISO 的文件“RFID 设备性能评估，第 2 部分：ISO 11784/11785 手持收发器性能”中的所有条件。	
日期：	姓名（请打印）：
职位：	签名：

10.7 永久性识别装置的测试和认证

附录 B1 永久性识别装置测试申请表：常规塑料耳标（机器/非机器识别）

申请表格通过电子邮件发送 PDF 格式给 ICAR 服务部秘书处：manufacturers@ icar. org

公司名称：

公司地址：

公司的增值税或税务登记号：

耳标设计者：

设计者地址：

Email 账号：

设备名称和型号

设备类型：

是否有机器识别码： 是 □ 否 □

是否评估机器识别码：是 □ 否 □

评估字节： 6 位□ 9 位□ 12 位□

机器识别语言符号描述：（QR 码模型 2、ECC200 型二维码（DM）、阿兹特克码、128 码、39 码或交叉二五码）

字体型号和大小描述：

安装用耳标钳的描述：

物理特性

形状：

重量：

锁扣装置：

颜色：

材料：MSDS/SDS（不强制）

原料特性：

有金属部件：否□ 是□，如果有，描述金属部件和类型：

第 2 页（续前页）

设备主要用于：
牛　Y/N　绵羊　Y/N
设备还推荐用于：
实验动物　Y/N　马　Y/N
猪　Y/N　其他：..............................
山羊　Y/N　宠物　Y/N

制造商样品交付要求：
预评估：ICAR 操作指南 10. 7. 5. 2. 1　□
实验室测试：ICAR 操作指南 10. 7. 5. 3. 3　□
重新认证测试（初步评估申请协议）　□

请附上设备照片：（重新认证测试需附原测试报告）

签署人同意遵守 ICAR 操作指南 10. 7 中“永久性识别装置的测试和认证”规定的所有条款，特别要遵守如下条款：

- 仅使用申请中描述的原材料制作耳标
- 提交的耳标将进行 ICAR 要求的所有相关测试并缴纳相应费用
- 遵守 ICAR 关于生产和销售的任何附加条款，包括维持 ICAR 证书所需费用
- ICAR 认证耳标的销售需遵守销售国的相关法规

日期　姓名（打印体）

职位：　签字：

附录 B2 用作参考印刷的数字列表

序号	数字
1	8 080
2	7 117
3	3 883
4	5 656
5	8 808
6	3 383
7	1 717
8	3 038
9	9 989
10	4 949
11	9 444
12	2 727
13	2 772
14	7 222
15	1 441
16	1 114
17	1 414
18	5 665
19	6 555
20	1 234
21	5 678
22	9 012
23	0 888
24	8 998
25	8 999

附录 B3 永久性识别装置测试申请表（常规塑料耳标改进）

在 5 年的认证期内，对常规塑料耳标进行改进，除提交该表格外，同时需按照附录 B4 格式进行装置变更声明。

申请表格通过电子邮件发送 PDF 格式给 ICAR 服务部秘书处：manufacturers@ icar. org

公司名称：

公司地址：

公司的增值税或税务登记账号：
耳标设计者：
设计者地址：
Email 账号：

设备名称和型号
参考耳标：
申请修改的耳标：

附件：
设备变更声明：
参考耳标测试报告：

设备适用于：

牛	Y/N	绵羊	Y/N
山羊	Y/N	其他：	

制造商样品交付要求：
根据实验室测试计划的需要提供

请附上设备照片：（重新认证测试附上原测试报告）

签署人同意遵守 ICAR 操作指南 10.7 中“永久性识别装置的测试和认证”规定的所有条款，特别要遵守如下条款：

- 仅使用申请中描述的原材料生产耳标
- 提交的耳标将进行 ICAR 要求的所有测试并缴纳相应费用
- 遵守 ICAR 关于生产和销售的任何附加条款，包括维持 ICAR 证书所需费用
- ICAR 认证耳标的销售需遵守销售国的相关法规

日期	姓名（打印体）
职位	签字

附录 B4 装置变更声明（DCN）（仅适用 ICAR 认证的可视永久识别装置）

申请表格通过电子邮件发送 PDF 格式给 ICAR 服务部秘书处：manufacturers@ icar. org

制造商及原装置详细信息

制造商名称：--

制造商地址：--

Email：--

原参考装置商品名称：--

原参考装置认证代码：--

改进装置详细信息

改进装置商品名称：--

如果不变更商品名称，解释原因：--

设备变更影响

耳标设计和构造：--

耳标及公扣尺寸：--

耳标及公扣材料：--

耳标及公扣的结构特征：--

锁扣结构 * --

* 如果锁扣结构发生变化，必须要求进行实验室拉伸测试

描述装置所有的变化

（续前页）

变更照片

请提供改进前认证装置照片

请提供改进后装置照片

制造商声明

我确认 DCN 列出的本装置所有修改均已声明
我确认所有的描述和解释都是真实的和准确的
我确认 DCN 列出的所有修改都不会对下述方面产生负面影响：

- 装置使用期限
- 装置性能
- 佩戴该装置后的动物健康和福利
- 动物使用该装置对人的健康和福利的影响

我遵守 ICAR 关于装置的改进需要合适的实验室进行测试的决定。

我经____________________（制造商名称）授权做出上述声明。

姓名（打印体）：……………………………………

签字：……………………………………

日期：……………………………………

10.8 永久性识别装置的测试和认证

附录 C1 外用 RFID 装置构造和环境性能测试申请表

生产商名称：

生产商地址：

公司增值税或税务登记号：

耳标设计者：

设计者地址：

Email：

装置名称和型号

装置类型：

RFID 耳标　是 □　否 □

RFID 脚标　是 □　否 □

装置安装所需工具描述：

物理特性：

外形结构：

重量：

锁扣装置：

尺寸：前部

后部

颜色：

材料：MSDS/SDS（不强制）

设备主要用于：

牛	Y/N	马	Y / N
实验动物	Y/N	绵羊	Y / N
猪	Y/N	其他：	
山羊	Y/N	宠物	Y / N

（续前页）

请附设备照片：

制造商样品交付要求：

预评估：ICAR 操作指南 10. 8. 5. 2　□

实验室测试：ICAR 操作指南 10. 8. 5. 3. 3　□

签署人同意遵守 ICAR 操作指南 10. 8 “永久性识别装置测试和认证 第二部分 外用 RFID 装置” 规定的所有条款，特别要遵守如下条款：

- 仅使用申请中描述的原材料生产耳标
- 提交的耳标将进行 ICAR 要求的所有相关测试并缴纳相应费用
- 遵守 ICAR 关于生产和销售的任何附加条款，包括维持 ICAR 证书所需费用
- ICAR 认证耳标的销售需遵守销售国的相关法规

日期	姓名（打印体）
职位	签字

附录 C2　外用 RFID 装置测试和认证申请表（装置改进）

在 5 年的认证期内，对常规塑料耳标进行改进，除提交该表格外，同时需按照附录 C3 格式进行装置变更声明。申请表格通过电子邮件发送 PDF 格式给 ICAR 服务部秘书处：manufacturers@ icar. org

---

生产商名称：..........
生产商地址：..........
耳标设计者：..........
设计者地址：..........
公司增值税或税务登记号：..........

装置名称和型号
参考装置：..........
申请修改的装置：
RFID 耳标　是 □　否 □
RFID 脚标　是 □　否 □
装置安装所需工具描述：..........

附件：
设备变更声明：..........
参考测试报告：..........

设备适用于：

牛	Y / N ________	绵羊	Y / N ....
山羊	Y / N ________	其他	....

制造商样品交付要求：
根据实验室测试计划的需要提供

签署人同意遵守 ICAR 操作指南 10. 8 “永久性识别装置测试和认证 第二部分 外用 RFID 装置” 规定的所有条款，特别要遵守如下条款：
- 仅使用申请中描述的原材料生产耳标
- 提交的耳标将进行 ICAR 要求的所有相关测试并缴纳相应费用
- 遵守 ICAR 关于生产和销售的任何附加条款，包括维持 ICAR 证书所需费用
- ICAR 认证耳标的销售需遵守销售国的相关法规

日期	姓名（打印体）
职位	签字

附录 C3　装置变更声明（DCN）（仅适用 ICAR 认证的可视永久识别）

申请表格通过电子邮件发送 PDF 格式给 ICAR 服务部秘书处：manufacturers@ icar. org

1-制造商及原装置详细信息

制造商名称：……………………………………………………………

制造商地址：……………………………………………………………

Email：……………………………………………………………

原参考装置商品名称：……………………………………………………………

原参考装置认证代码：……………………………………………………………

2-改进装置详细信息

改进装置商品名称：……………………………………………………………

如果不变更商品名称，解释原因：……………………………………………………………

装置变更影响

装置设计和构造

装置变更影响：

装置设计和构造

装置尺寸	□	公扣尺寸	□
装置材料	□	公扣材料	□
装置结构特征	□	公扣结构特征	□
锁扣结构 *	□		

* 如果锁扣结构发生变化，必须要求进行实验室拉伸测试

描述设备所有的变化

……………………………………………………………

……………………………………………………………

……………………………………………………………

……………………………………………………………

第 2 页（续前页）

3-变更照片

请提供改进前认证装置照片

请提供改进后装置照片

4-生产商声明

- 我确认 DCN 列出的本装置所有修改都已经声明
- 我确认所有的描述和解释都是真实和准确的
- 我确认 DCN 上列出的所有变化都不会对下述方面产生负面影响：

— 设备使用期限

— 设备性能

— 设备附带的动物健康和福利

— 应用或插入设备的人的健康和福利

- 我遵守 ICAR 关于装置的改进需要合适的实验室进行测试的决定。

我经________________（制造商名称）授权做出上述声明。

姓名（打印体）：________________

签字：________________

日期：________________

附录 第11章—产奶记录设备的测试、认证和审核

第11章—附录1 ICAR 2014年5月批准的测试中心

有ICAR批准的测试中心的国家如下：

- 法国：BP 85225-35652，Le Rheu。
- 意大利：意大利畜牧业协会（AIA），Via G. Tomassetti 9，00161罗马。
- 德国：ATB波茨坦，Max-Eyth-Allee 100，14469波茨坦。
- 荷兰：瓦赫宁根大学动物科学研究，P. O. Box 65. NL 8200 AB莱利斯塔德。

ICAR批准的产奶记录设备测试中心需要具备的条件如下：

1. 候选实验室向ICAR递交成为ICAR测试中心的申请。
2. 记录设备小组委员会在对申请单位的设备进行考察和评估后，向ICAR董事会提出是否批准的建议。
3. ICAR服务部代表ICAR董事会进行授权，将与新的测试中心签署一份3年期的测试中心协议。
4. 新测试中心在进行第一次测试工作时须在记录设备小组委员会监督下进行，以确认测试中心能够按照ICAR测定程序开展测定工作。
5. 每次测试的费用由ICAR服务部与测试中心协商确定。

11.1.1 参考流量计和流速

一些流量计的测试结果必须与参考流量和流速进行比对。在测定流量计对乳头末端真空的影响时应该采用参考挤奶机。参考流速用于描述不同水平的功能。参考流量计也用于测定流量计对乳中游离脂肪酸（FFA）的影响。

奶牛、水牛、绵羊和山羊的参考挤奶机应在大部分国家内广泛使用。

11.1.2 参考流速

11.1.2.1 水流速

参考值为5.0kg/min。

11.1.2.2 空气流速

奶牛和水牛的参考值为12.0L/min，山羊和绵羊的参考值为8.0L/min。可参照IDF出版的小型反刍动物的参考标准。

11.1.3 参考流量计

11.1.3.1 奶牛和水牛

按照附录3方法测定流量计对游离脂肪酸（FFA）的影响，使用13mm入口和出口的Tru Test HI型流量计作为参考流量计。

11.1.3.2 山羊和绵羊

目前还没有参考流量计。

第 11 章—附录 2 检测对游离脂肪酸影响的方法

在测试期间，应该测定产奶记录设备对游离脂肪酸的影响并与标准的产奶记录设备的影响进行比较（对于无固定采样器的流量计要对连接采样器和不连接采样器两种状态进行测定）。测定的牛奶最好取自泌乳后期或者是被证实对脂解作用比较敏感的奶牛。测定最好在低真空压条件下进行（参见 ISO 6690 附录 A），因为电子产奶记录设备主要被用于低真空压系统。真空压必须设置为产奶记录设备推荐的水平范围，如果没有特别说明，设定为 42kPa。另外，要保证待测的产奶记录设备与参考产奶记录设备输送管的倾斜角度和安装高度一致。每次测试需要至少 50kg 新鲜牛奶，并且测试工作必须在挤奶并收集到新鲜牛奶后 1~3h 内开始。所有奶样要在 30℃ ±2℃ 温度条件下彻底混匀。所有奶样需分成两份，在 10~12℃流动水中水浴 1h，然后在 4℃环境下放置 24~28h 再进行分析检测。分析方法参照 IDF bulletin nr. 265（1991 年）的“乳及乳制品中游离脂肪酸的测定”。待检奶样在实验开始和结束都要做脂肪酸分析，以此判定奶样中游离脂肪酸是否增加。两个样品检测的结果之差不能高于 0.08meq/100g 乳脂。随机安排检测顺序［未安装产奶记录设备，安装产奶记录设备（有采样器、无采样器），参考产奶记录设备］。每组测试分别在 3kg/min 和 1kg/min 流量下进行 4 次。奶牛和水牛气流设置为 12L/min，山羊和绵羊设置为 8L/min。每次测试需要 10~12kg 的奶流经产奶记录设备。

任何产奶记录设备对 FFA 的影响用仅安装挤奶杯与同时安装挤奶杯和产奶记录设备靓装状态下测得的 FFA 之间的差异表示。统计分析表明待测的产奶记录设备与参考产奶记录设备之间不存在负相关关系。

第 11 章—附录 3 奶牛统计分析流程图

3.2.1 安装电子流量计的条件

首先确保电子流量计控制和运行功能良好，并进行定期维护，最佳的安装要求如下：

1. 显示器的位置

—将显示器和流量计按照正确顺序连接。而且尽可能将显示器放于流量计上方。

—连接好的显示器和流量计都附有一个清晰的编号。

2. 流量计安装在挤奶坑道边缘

安装仪表最好在挤奶坑道边缘。此位置可以确保在挤奶过程中更方便的接近和操控仪表。安装需遵循以下原则：

—安装步骤参照图纸 1；

—采样装置需要安装到比较容易接近的位置；

—采样装置的底部到地面的距离（R1）不能少于 20cm。

3. 在挤奶坑道边缘的下方安装仪表。如果不能将仪表安装在挤奶坑道边缘的位置，

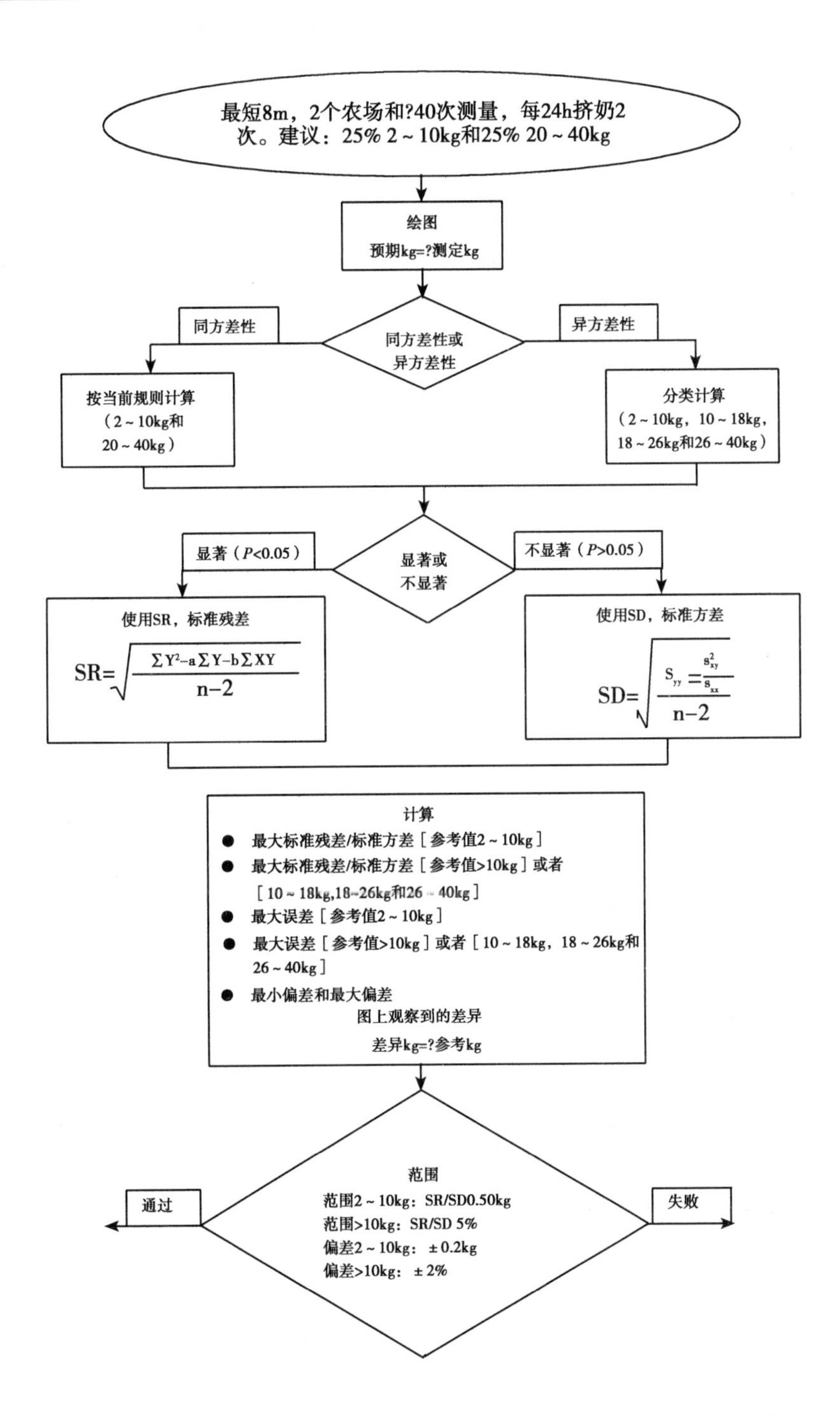

可以按照以下原则将仪表安装到坑道边缘的下方。

—安装原则与图纸 2 一致；

—安装距离标准见下表。

距离	最小值	最大值
R1	20cm	—
R2	—	10cm
R3	5cm	20cm
R4	40cm	—

—采样设备需要安装到比较容易接近的位置；

—在流量计或采样器的前面不要安装其他的设备或管线。

4. 在任何情况下都要确保挤奶厅良好的采光

第 11 章—附录 4　双刻度杠杆式天平性能测试

- 需要表观检查：刻度的易读性、支撑点；
- 检查刻度杆顶部固定螺丝的功能和砝码重量；
- 使用一个牢固的固定装置，将天平的刻度杆悬在与眼睛齐平的高度上；
- 两个刻度杆刻度设置为“0”。如果两个指针都处于垂直方向，零点设置就是正确的；
- 加上一个 10kg 重的砝码；
- 顶部刻度杆应适当的侧向放置，保证处于稳定的水平状态，两个垂直指针位置协调。此时显示的重量应为 10kg±0. 2kg；
- 对顶部刻度杆显示的重量进行±0. 1kg 的调整。检查刻度杆是否对此调整产生反应；
- 顶部刻度杆应在零点位置进行修正。
- 下部刻度杆应适当的侧向放置，确保处于稳定的水平状态，2 个垂直指针相互协调。显示的重量是 10. 0kg±0. 2kg。
- 下部刻度杆显示的重量进行±0. 1kg 的调整。检查刻度杆是否对此调整产生反应。
- 所有条件均得到满足后，如果指针保持在零点位置，那么显示的重量对应的测试重量就是 10kg±0. 2kg，天平的精度为 0. 1kg。

4.1.2　产奶记录设备测试申请表

制造商：……………………………………

地址：……………………………………

税务编号：……………………………………

产品负责人：……………………………………

合同负责人：……………………………………

引言：

测试申请中通常涉及设备的组合。例如：流量器、采样器、控制部件或自动产奶系统上的自动采样器，这将在下面指定。

请在下面内容中指定产品使用地点，适用哪些动物和什么类型的挤奶厅。

完整的测试包括实验室测试和牧场测试，对于改进装置的测试是基于修改内容进行部分测试，网站将仅对设备名称（品牌）或相关文件进行更新。ICAR 记录设备小组委员会将与 ICAR 测试中心一起制定针对这种情况的测试方案。

设备名称以及产品代码（如果有）：

用途：

- 产奶计量和采样 □
- 牛奶采样 □
- 数据分析（基础数据的处理） □
- ……………… □

应用物种：

- 奶牛 □
- 水牛 □
- 绵羊 □
- 山羊 □

应用环境（申请）：

- 传统奶厅
  - 低真空压系统 □
  - 中/高真空压系统 □
- 自动化系统 □
- 畜棚 □

申请测试类型

- 完整测试 □
- 改进测试 □
- ICAR 网站更新 □

设备的技术特征和照片：

在下方说明设备的技术参数。适用的流量计、采样器、控制器和软件（如果可用于管理和控制软件）。包括流量计、采样器、控制器以及带自动挤奶系统的采样器的照片

如果有更清楚地描述上述信息的文件材料，请一同提交并将文件名称填写在下面。

申请开展测试的日期（MM/YY）：

签署者同意遵守 ICAR 指南文件中第 11 章 第 4 部分“产奶记录设备的审批”中规定的条件。

日期：

名称：

公司/位置

签名：

第 11 章—附录 5　弹簧秤

• 在进行牛奶称重时，需在第一次将奶倒入容器之前对容器进行一次称重（即皮重），之后的每次称重均使用该皮重。在空桶状态下，将秤的指针调至零点（去皮）并用适当的方法将秤固定好。如果不能去皮或无法固定，则需要将皮重计入产奶记录数据表中以便更准确地计算每一头奶牛的真实产奶量。

• 整个产奶记录过程中，必须使用同一个容器，不得更换。

• 整个产奶记录过程中，读取重量数值的必须是同一人。

• 数值需在指针稳定后再读取。

• 弹簧秤的精度不能低于 0. 1kg。

第 11 章—附录 6. 1　预期产奶量方法的应用实例

表 11. 8　不同算法间产奶量测量值与预期值之间的相关性（Rouzaut 和 Allain，2011）

预期的产奶量计算	相关性			数据量
	X = 5	X = 7	X = 10	
1	0. 946	0. 947	0. 948	52 191
2	0. 954	0. 956	0. 957	52 191
3	0. 935	0. 936	0. 935	53 276
4	0. 957	0. 958	0. 958	53 276

第一步：计算预期产奶量

例如用 4044 号奶牛最后 5 天的 M1 产奶量数据来估计预期产奶量。

日期	时间	测定的产奶量（kg）y_i	群体平均产奶量（kg）h_j
2011-06-04	M_1	y_1=20.2	h_1=14.7
	M_2	y_2=12.2	h_2=9.5
2011-06-05	M_1	y_1=18.8	h_1=14.4
	M_2	y_2=10.2	h_2=9.1
2011-06-06	M_1	y_1=19.2	h_1=14.2
	M_2	y_2=10.8	h_2=9.1
2011-06-07	M_1	y_1=16.3	h_1=14.2
	M_2	y_2=10.3	h_2=9.1
2011-06-08	M_1	y_1=17.2	h_1=14.4
	M_2	y_2=10.2	h_2=8.6
2011-06-09	M_1	y_1=18.4	h_1=14.4
	M_2	y_2=10	h_2=8.4

往前推5天　当前产奶量

因此，通过当前产奶量估计预期产奶量公式如下：

$$
\text{预期产奶量} = \frac{\sum_{i=1}^{5} y1i}{5} \times \frac{h1(\text{当前产奶量})}{\left(\frac{\sum_{i=1}^{5} h1i}{5}\right)} = \frac{20.2 + 18.8 + 19.2 + 16.3 + 17.2}{5} \times \frac{14.4}{\left(\frac{14.7 + 14.4 + 14.2 + 14.2 + 14.4}{5}\right)} = 18.3\text{kg}
$$

第二步：产奶量偏差计算

产奶量偏差（kg）＝测定产奶量（kg）－预期产奶量（kg）＝

18.4−18.3＝0.1kg

第三步：使用一潮次产奶量计算流量计偏差

例如：2011 年 6 月 9 日，M1 挤奶，5 号流量计（ 28 位转盘挤奶厅）

牛号	预期产奶量（kg）	偏差（kg）	相对偏差（%）
4044	18.3	0.1	0.5
7072	14.5	0.3	2.0
7138	14.7	-0.9	-6.5
7122	13.5	4.3	31.9
8541	13.0	2.1	13.9

需删除的数据（7122）

$$相对偏差(\%) = \frac{该流量计偏差总和}{使用该流量计的奶牛预期产奶量总和} \times 100 =$$

$$\frac{0.1 + 0.3 + 0.9 + 2.1}{18.3 + 14.5 + 14.7 + 13.0} \times 100 = 5.26\%$$

表 11.9　2011 年 6 月的 5 号流量计偏差的计算

日期	泌乳	相对偏差（%）	最后 10 次相对偏差平均值（%）	最后 20 次相对偏差平均值（%）
2011/06/01	M1	0.8		
2011/06/01	M2	-2.1		
2011/06/02	M1	-2.3		
2011/06/02	M2	-2.6		
2011/06/03	M1	-0.2		
2011/06/03	M2	0.2		
2011/06/04	M1	-0.2		
2011/06/04	M2	2.5		
2011/06/05	M1	-3.5		
2011/06/05	M2	-0.6	-0.8	
2011/06/06	M1	-0.5	-0.9	
2011/06/06	M2	-0.6	-0.8	
2011/06/07	M1	2.3	-0.3	
2011/06/07	M2	-4.3	-0.5	
2011/06/08	M1	-0.3	-0.5	
2011/06/08	M2	0.9	-0.4	
2011/06/09	M1	2.6	-0.2	
2011/06/09	M2	-2.2	-0.6	
2011/06/10	M1	-0.3	-0.3	
2011/06/10	M2	-1.6	-0.4	-0.6
2011/06/11	M1	5.9	0.2	-0.3

（续表）

日期	泌乳	相对偏差（%）	最后 10 次相对偏差平均值（%）	最后 20 次相对偏差平均值（%）
2011/06/11	M2	6.3	0.9	0.1
2011/06/12	M1	1.1	0.8	0.2
2011/06/12	M2	4.5	1.7	0.6
2011/06/13	M1	4.9	2.2	0.9
2011/06/13	M2	4.3	2.6	1.1
2011/06/14	M1	0.3	2.3	1.1
2011/06/14	M2	-2.9	2.3	0.8
2011/06/15	M1	-1.5	2.1	0.9
2011/06/15	M2	-4.3	1.9	0.7
2011/06/16	M1	-3.7	0.9	0.6
2011/06/16	M2	3.6	0.6	0.8
2011/06/17	M1	2.4	0.8	0.8
2011/06/17	M2	-1.9	0.1	0.9
2011/06/18	M1	0.3	-0.3	0.9
2011/06/18	M2	-2.5	-1	0.8
2011/06/19	M1	-0.1	-1.1	0.6
2011/06/19	M2	-3.5	-1.1	0.6
2011/06/20	M1	1.4	-0.8	0.7
2011/06/20	M2	-0.5	-0.5	0.7
2011/06/21	M1	0.3	-0.1	0.4
2011/06/21	M2	-1.3	-0.5	0
2011/06/22	M1	1.8	-0.6	0.1
2011/06/22	M2	-2.1	-0.6	-0.3
2011/06/23	M1	-0.1	-0.7	-0.5
2011/06/23	M2	-1.5	-0.6	-0.8
2011/06/24	M1	-1.4	-0.7	-0.9
2011/06/24	M2	-4.6	-0.8	-1
2011/06/25	M1	-1.7	-1.1	-1
2011/06/25	M2	-2.9	-1.4	-0.9
2011/06/26	M1	2.5	-1.1	-0.6
2011/06/26	M2	-4.8	-1.5	-1
2011/06/27	M1	3.3	-1.3	-1
2011/06/27	M2	1.6	-1	-0.8
2011/06/28	M1	-1.9	-1.1	-0.9
2011/06/28	M2	3.3	-0.7	-0.6
2011/06/29	M1	-2.2	-0.7	-0.7

（续表）

日期	泌乳	相对偏差（%）	最后 10 次相对偏差平均值（%）	最后 20 次相对偏差平均值（%）
2011/06/29	M2	0.9	-0.2	-0.5
2011/06/30	M1	1.5	0.1	-0.5
2011/06/30	M2	2.8	0.7	-0.3

第四步：流量计平均偏差计算

例如：用最后 10 次挤奶数据（表 11.9 中 6 月 26—30 日的数据）

平均偏差（%）= 最后 20 次平均相对偏差 =

$$\frac{2.8+1.5+0.9-2.2+3.3-1.9+1.6+3.3-4.8+2.5}{10}=0.7 \rightarrow \text{流量计校正值}$$

例如：用最后 20 次挤奶数据（表 10.9 中 6 月 21—30 日的数据）

平均偏差（%）= 最后 20 次平均相对偏差 =

$$\frac{2.8+1.5+0.9-2.2+3.3-1.9+1.6+3.3-4.8+2.5-2.9-1.7-4.6-1.4-1.5-0.1-2.1+1.8-1.3+0.3}{20}=$$

0.3 → 流量计校正值

将较长一段时期的测定结果用图表示，可以直观地看到过去几周以来偏差的变化趋势和发生的偶然事件。

例如下图表示的是 6 月份的一个流量计（n°5）的记录。三个曲线分别代表：未校正、校正 10 次产奶量和校正 20 次的产奶量。

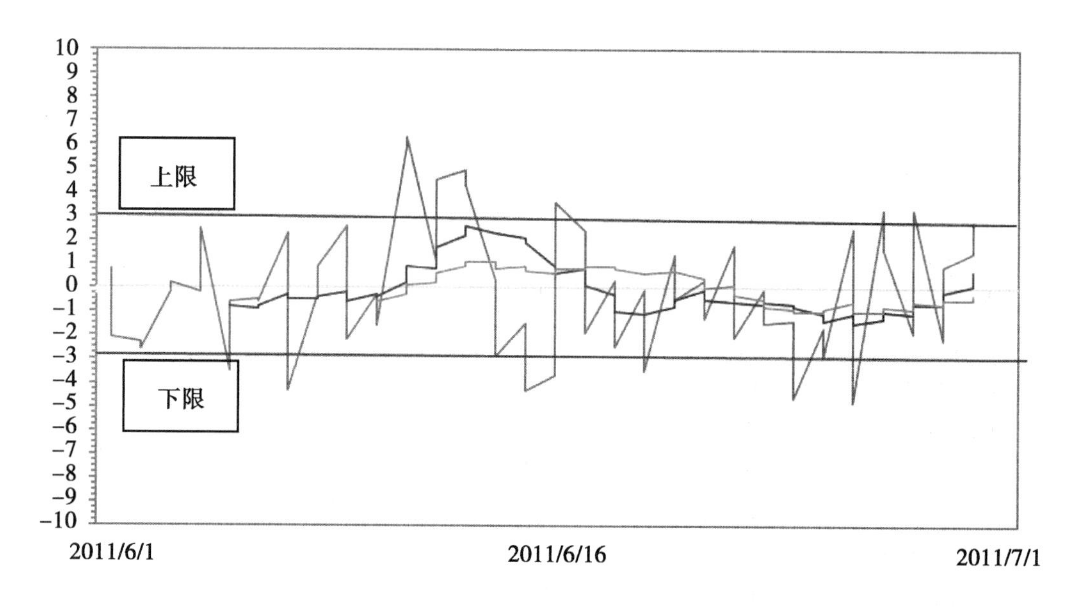

第 11 章—附录 6.2 自动挤奶系统和储奶罐数据比较应用实例

第一步：使用一潮次奶量计算流量计偏差

例如：自动挤奶系统在两个时间点之间所有的记录数据（4 月 16—18 日）：

挤奶开始	挤奶结束	奶牛 ID	产奶量（kg）	奶去向
2011/04/16 12:08	2011/04/16 12:15	51	9.7	储奶罐
2011/04/16 12:16	2011/04/16 12:23	58	14	储奶罐
2011/04/16 12:23	2011/04/16 12:31	45	7.5	储奶罐
2011/04/16 12:31	2011/04/16 12:40	4	13.8	储奶罐
2011/04/16 12:40	2011/04/16 12:53	19	11.8	储奶罐
2011/04/16 13:29	2011/04/16 13:44	33	19.5	储奶罐
2011/04/16 13:44	2011/04/16 13:50	50	16.9	废弃
2011/04/16 13:51	2011/04/16 14:08	60	10.9	储奶罐
2011/04/16 14:08	2011/04/16 14:19	53	9.9	储奶罐
2011/04/16 14:19	2011/04/16 14:30	37	8.1	储奶罐
2011/04/16 14:31	2011/04/16 14:37	11	6.2	储奶罐
2011/04/16 18:14	2011/04/16 18:27	26	10.2	储奶罐
2011/04/16 18:28	2011/04/16 18:38	24	11.3	储奶罐
2011/04/16 18:38	2011/04/16 18:47	16	17.2	储奶罐
2011/04/16 18:48	2011/04/16 18:57	42	11.6	储奶罐
2011/04/16 18:58	2011/04/16 19:06	15	10.2	储奶罐
2011/04/16 19:07	2011/04/16 19:15	38	7.1	储奶罐
2011/04/16 19:15	2011/04/16 19:22	47	13.2	储奶罐
2011/04/16 19:22	2011/04/16 19:27	30	8.6	储奶罐
2011/04/16 19:28	2011/04/16 19:36	32	12.5	储奶罐
2011/04/16 19:37	2011/04/16 19:44	56	16.2	储奶罐
2011/04/16 19:44	2011/04/16 19:50	5	15.5	储奶罐
2011/04/16 19:51	2011/04/16 19:58	20	11.9	储奶罐
⋮	⋮	⋮	⋮	⋮
2011/04/17 11:11	2011/04/17 11:21	28	14.1	储奶罐
2011/04/17 11:21	2011/04/17 11:28	27	16.3	储奶罐
2011/04/17 11:28	2011/04/17 11:40	19	9.9	储奶罐
2011/04/17 11:40	2011/04/17 11:46	59	17.7	储奶罐
2011/04/17 11:46	2011/04/17 11:53	48	14.5	储奶罐
2011/04/17 11:53	2011/04/17 12:00	9	11.1	废弃
2011/04/17 12:21	2011/04/17 12:31	20	11.6	储奶罐
2011/04/17 12:31	2011/04/17 12:43	33	13.9	储奶罐
2011/04/17 13:25	2011/04/17 13:31	39	7.9	储奶罐
2011/04/17 13:31	2011/04/17 13:39	49	11.7	储奶罐
2011/04/17 13:39	2011/04/17 13:49	31	10.1	储奶罐
2011/04/17 13:49	2011/04/17 13:55	47	8.1	储奶罐
2011/04/17 13:55	2011/04/17 14:14	60	16.8	储奶罐
2011/04/17 14:15	2011/04/17 14:26	41	19.2	储奶罐

2011年4月16日13:05奶量数据采集

计算这两个时间点之间AMS记录总奶量与输送到储奶罐中的奶量

2011年4月18日13:05奶量数据采集

=0.3%

表 11.10 收集几个奶量数据计算流量计偏差

收集日期	收集时间	储奶罐容积（L）	储奶罐中奶的重量（kg）	流量计测定的总产奶量	偏差（%）
2011/04/16	13：05	—	—	—	—
2011/04/18	13：05	2 400	2 481.6	2 475	−0.3
2011/04/20	13：05	2 494	2 578.8	2 575	−0.2
2011/04/22	13：05	2 434	2 516.8	25 096.	−0.3
2011/04/24	13：05	2 321	2 399.9	2 389.1	−0.5
2011/04/26	13：05	2 364	2 444.4	2 424.9	−0.8

第二步：平均偏差计算

最后 3 次收集的奶量计算平均偏差（表 11.10 中 4 月 22—26 日）：

$$平均偏差(\%)=\frac{\sum_{i=1}^{3}(奶罐收集的奶量值)i \mid \sum_{i=1}^{3}(奶罐收集的奶量值)i}{\sum_{i=1}^{3}(奶罐收集的奶量值)i}\times 100=$$

$$\frac{(2\,429.9+2\,389.1+2\,509.6)\mid(2\,444.4+2\,399.9+2\,516.8)}{2\,444.4+2\,399.9+2\,516.8}\times 100=0.5\rightarrow$$ 流量计校正值

最后 5 次收集的奶量计算平均偏差（表 10.10 中 4 月 18—26 日）

$$平均偏差(\%)=\frac{\sum_{i=1}^{5}(奶罐收集的奶量值)i \mid \sum_{i=1}^{5}(奶罐收集的奶量值)i}{\sum_{i=1}^{5}(奶罐收集的奶量值)i}\times 100$$

$$=\frac{(2\,429.9+2\,389.1+2\,509.6+2\,575+2\,475)\mid(2\,444.4+2\,399.9+2\,516.8+2\,578.8+2\,481.6)}{2\,444.4+2\,399.9+2\,516.8+2\,578.8+2\,481.6}\times$$

$100=0.4\rightarrow$ 流量计校正值

用偏差趋势图可以更直观地描述流量计偏差：

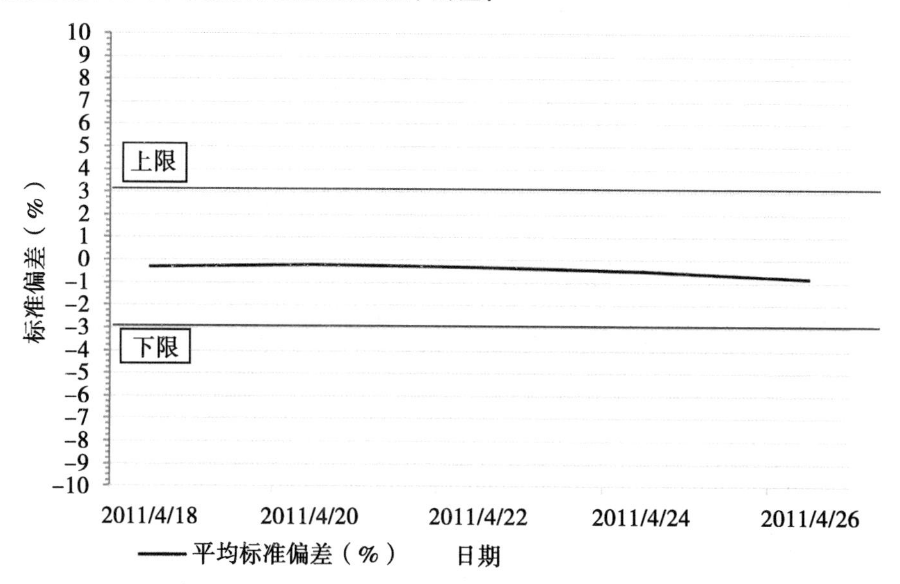

第 11 章—附录 7　批准的流量计信息查询

牛用流量计批准名录

ICAR 批准的最新牛用流量计名录可从以下网址查询：

www. icar. org/pages/Sub_ Committees/sc_ recording_ devices_ approved_ milkmeters. htm

暂时被批准的牛用流量计名录

ICAR 暂时批准的最新牛用流量计名录可从以下网址查询：

www. icar. org/pages/Sub_ Committees/sc_ recording_ devices_ approved_ milkmeters. htm

绵羊和山羊流量计批准名录

ICAR 批准的最新绵羊和山羊流量计名录可从以下网址查询：

www. icar. org/pages/Sub_ Committees/sc_ recording_ devices_ approved_ milkmeters_ sheepgoats. htm

暂时批准的计量瓶名录

计量瓶

不同制造商的计量瓶在满足第 5 部分指南规定要求的同时，必须在 1992 年 1 月 1 日前获得过至少 3 个成员国的认可，则批准使用。新型计量瓶必须进行全面测试。

ICAR 临时认可的牛用计量瓶最新名单可从以下网址查询：

www. icar. org/pages/Sub_ Committees/sc_ recording_ devices_ approved_ jars. htm

附录　第 12 章—DHI 分析质量控制指南

第 12 章—附录 1　奶样分析实验室质量控制建议

通过制定相关建议，将为实验室奶样分析提供一个最低质量要求，同时也可以确保实验室之间以及国家之间具有相似的质量要求。如果以下方案不能立即执行，就应该将其作为一个目标。

A. 质量控制因素和推荐频率

质量控制	频率	方式
参考方法		
—外部控制	每季度	IPS
—内部控制	每周（每次检查平均偏差为 0）	CRMs，SRMs，IRMs
常规方法		
—外部控制	每季度	IPS/IEC
—内部控制	（参见 B 部分）	IRMs

IPS：实验室间能力测试；

CRMs：法定标准物质 ；

IEC：个体外部控制；

SRMs：二级参考物；

IRMs：内部标准物质

B. 常规方法核查的频率和范围

后面所说的频率和范围，部分是 ISO/IDF 标准中定义的，或者是建议。其他部分只是尝试性的，因此是参考性的和暂时性的，未在标准中明确。可以根据经验判断这些暂时的标准是否适用于所有实验室。

下面所列范围是作为内部仪器管理的“参数控制”建议。对使用者来说，这些信息仅作为技术信息使用，对于外部评估并不适用。

检查	频率	脂肪-蛋白-乳糖	范围	体细胞数	
仪器核查					
—均质性能	每月	≤ 0.05% 单位或 ≤ 1.43%相对值	(a)	无	
—清洗效率	每月	≤1%	(a)	(≤2%)	(c)
—线性（曲率）	每季度	≤1%的范围	(a)	(≤2%)	(c)
—内部校正校准	每季度	±0.02	(a)	无	

（续表）

检查	频率	脂肪-蛋白-乳糖	范围	体细胞数	
—平均偏差	每周	±0.02%单位	(b)	±5%相对值	(b)
—斜率	每季度	1.00±0.02 (1.00±0.03)* (1.00±0.05)**	(b) (c) (c)	1.00±0.05 (1.00±0.07)*	(b) (c)
整体日常稳定性					
重复性（sr）	每日/每次启动时	0.014%单位 0.020%单位*	(a) (a)	5%相对值	(a)
每日/短期稳定性	≥3/h	±0.05%单位	(a)	±10%相对值	(b)
调零设置	≥4/天	(±0.03%单位)	(c)	(≤5 000个/ml)	(c)

(a)：在 ISO 9622/IDF 141 或 ISO 13366/IDF 148 中规定的范围；

(b)：在 ISO 9622/IDF 141 或 ISO 13366/IDF 148 中规定的范围；

(c)：在相关的国际标准中没有规定值而暂定（参考）的范围；

*：第一代仪器范围；

**：乳糖范围。

注释 1：计算值超出范围但没有统计学差异时，没有必要调整仪器设置。因此，有必要为质量核查准备充足的代表性样品或任何有外部测定数据的样品。与此有关的还有样品的类型与数量、重复样数量以及浓度水平。

注释 2：(a) 高脂肪和高蛋白浓度的奶（水牛、绵羊、特殊品种的奶牛和山羊的奶），由于高脂肪与高蛋白含量其变异范围更大，因此其重复性与短期稳定性的参考限值可通过奶牛的限值乘以水牛（或绵羊）平均水平与奶牛平均水平的比值来确定。

(b) 山羊奶，其乳脂肪与乳蛋白质含量与奶牛相近时，范围与奶牛相同。在乳脂肪与乳蛋白含量高时参照（a）项执行。

C. 回测

均质核查：在红外分析中，天然脂肪球的大小对脂肪测定的影响非常大，因此在测定前要对脂肪进行均质化处理以缩小脂肪球。低效的均质化将导致重复性差和数据漂移。

清洗效率核查：当连续测试的样品乳成分差异很大时，有可能会受前一个奶样测试时在管线中残留奶样，搅拌器和输入管路污染的影响。由于连续的稀释效应，误差大小与前一个样品和该样品的浓度比有关。无论如何应使总的残留物影响降到最低，不超过规定范围。

线性核查：准备能覆盖所有日常测试样品浓度范围的特定样品组，检验仪器测量值与样品实际浓度是否成正比。曲率可以通过下式估计：测定值残差范围×100/标准值范围。

内部校正核查：准备特定样品组，通过对样品中一种成分进行调整，验证一个特定成分的改变是否会对其他成分的测定结果造成显著影响。设置内部校正核查程序的目的，是对因测定方法的非特异性导致的不同组分间的自然交互影响。内部校正不完全时，校正的浓度范围越大，潜在误差就越大。

平均偏差核查：使用成分浓度在平均水平的代表性奶样，用于检测设备校准的有效性，并防止由于成分浓度的改变或仪器的不断磨损而导致的偏移。零点核查和平均偏差需满足国家标准以使设备在所有浓度范围内维持有效校准状态。

斜率核查：准备能覆盖所有日常测试样品浓度范围的特定样品组，检查斜率是否在规定的范围内。核查目的是使仪器测量值与参考值之差不会随浓度升高成比例上升，而是一个稳定的常数。在斜率调整不足时，浓度范围越大，极端值的误差就越大。

重复性核查：重复性核查是检验仪器是否工作正常的最简单的检验。在测试工作开始前，重复性核查通过一个奶样（或控制样）重复测定 10 次来进行。在日常测试过程中，重复性核查可以使用一组 20 个不同的样品进行连续 2 次重复测试来进行。重复性的标准偏差应在规定的范围内。

每日和短期稳定性：每天或一个工作日的特定时间段，使用控制样（或试验样）检查仪器状态是否稳定。测定值与参考值之差不应超过国家标准规定范围±L。建议使用 n 个连续测定值，计算各差值的平均值，该值不应超过±L/n 范围。

调零设置：需要定期清洗设备管道系统，并进行零点核查，以防止牛奶残渣沉积在测定仪器管道或观察室的壁上造成信号漂移（此项取决于设备）。

第 12 章—附录 2　参考资料

附录 2.1　国际标准方法

脂肪	
重量法（Röse-Gottlieb）	ISO 1211/IDF1
	AOAC 905.02（IDF-ISO-AOAC-Codex）
重量法（改良毛氏提取法）	AOAC 989.05（IDF-ISO-AOAC）
蛋白	
滴定法（凯式定氮法）	ISO 8968/IDF 20
	AOAC 991：20（IDF-ISO-AOCA）
	AOAC 991：21
	AOAC 991：22（IDF-ISO-AOAC）
	AOAC 991：23（IDF-ISO-AOAC-Codex）
酪蛋白	
滴定法（凯式定氮法）	ISO 17997/IDF 29
	AOAC 927.03
	AOAC 998.05
	AOAC 998.06
	AOAC 998.07

乳糖	

高效液相色谱法（HPLC）是ISO/IDF推荐的目前用于常规测试的参考方法，相关国际标准（ISO DIS 22662/IDF 198）正在修订中。在此期间，该标准方法可以作为下面第2部分提到的其他方法使用。

尿素	
差异pH方法（参考方法）	ISO 14637/IDF 195
体细胞数	
显微镜法（参考方法）	ISO 13366/IDF 148-1

附录2.2　其他方法（次要参考方法）

脂肪	
Butyrometric法（盖勃氏法）	ISO 2446
	AOAC 2000.18
巴布科克法（Babcock）	AOAC 989.04
蛋白	
染色法（酰胺黑）	ISO 5542/IDF 98
	AOAC 975.17（IDF-ISO-AOAC）
染色法（橙12）	AOAC 967：12
杜马斯法（Dumas）	ISO 14891
乳糖	
酶法	ISO 5765/IDF 79
AOAC 984.15	
称重法	AOAC 930.28
偏振测定法	AOAC 896.01
相关标准	
高效液相色谱法	ISO DIS 22662/ IDF 198
差异pH方法	ISO WD/IDF（工作草案）

附录2.3　常用标准方法

脂肪	
自动比浊法Ⅰ	AOAC 969.16
自动比浊法Ⅱ	AOAC 973.22

蛋白	
自动染色法（酰胺黑）	AOAC 975.17（FIL-ISO-AOAC）
脂肪—蛋白—乳糖	
中红外光谱法	ISO 9622/IDF 141
	AOAC 972.16
尿素	
可考虑正在修订的 ISO 9622/IDF 141	
体细胞数	
电子计数器（库尔特计数器）	废除的国标
荧光染色法	ISO 13366-2/IDF 148-2
	AOAC 978.26

附录 2.4　ICAR 成员国使用的仪器常规测定方法

下面列表是 1994 年和 1996 年 ICAR 调查问卷结果。此后又补充了新的经验证分析仪。不再生产和使用的仪器或方法用斜体字表示。

脂肪		
比浊法		
	MilkoTester（FOSS 仪器，丹麦）	
脂肪+蛋白		
比浊法/染料结合法		
	MTA-PMA（FOSS 仪器，丹麦）	
脂肪+蛋白（+乳糖）		
中红外光谱法		
	Milkoscan（FOSS 仪器，丹麦）	102，103，104， 104A/B），133A133B，134（A/B）， 203A，203B，300255（A 或 B）， 605（A 或 B）， 4000 系列（A 或 B）， FT120（FTIR）， FT 6000（FTIR）
	Multispec（Multispec 公司，英国）	MK1 MK2 Micro-null
	Bentley（本特利公司，美国）	150 2000（A 或 B）
	Lactoscope（Delta 仪器，荷兰）	300，500，750， Filter Automatic 200

（续表）

	Aegys（Anadis 仪器，法国）		MI 600（FTIR）
尿素			
比色法			
	1，4 对二甲氨基苯甲醛法（DMAB）		
	二乙酰一肟法（DAM）		
自动酶解法			
	电导分析法		贝克曼，BUN 分析仪
	差分 pH 值测定法		欧罗化工，CL10，汉密尔顿，E. F. A.
	紫外分光光度法		流动注射分析（FIA）
	可见分光光度法		Chemspec 150（Bentley，美国），Skalar 流动分析仪
中红外光谱法			
	Milkoscan（FOSS 仪器，丹麦）		4000 型， FT 120 型（FTIR） FT6000 型（FTIR）
	Lactoscope（Delta 仪器）		FTIR Auto 400
体细胞计数			
粒子计数法			
	Coultronic（英国）	库尔特计数器	
荧光染色法			
血细胞计数法			
	Foss Electric（丹麦）	体细胞自动分析仪	90， 180， 215， 250， 360， 400
流式细胞仪法			
	Anadis（法国）	体细胞计数仪	300， 500
	Bentley（美国）	Somacount	150， 300， 500
	Chemunex 公司（D）	Partec CA 11	

（续表）

	Delta 仪器（荷兰）	超声波检查仪	MKII Manual, MKII Auto200, MKIIAuto 400
	Foss Electric（丹麦）	体细胞自动分析仪	5 000

附录　第 13 章—在线乳成分分析指南

第 13 章—附录 A　通过国家独立评估和认证开展审核程序

13.1　向 ICAR 申请批复前的准备工作

仪器必须已经由 3 个国家按照 ICAR 乳成分分析仪评估协议开展评估，评估结果符合此协议要求。评估报告需由制造商或申请评估的组织收集。

13.2　认证申请

认证申请和评估报告（3 份）以及相关机构出具的批准证书由制造商或申请机构送往 ICAR 秘书处。相关表格见附件 D 和 E。

秘书处登记请求，并将相关文件转交给审查委员会，该委员会至少由 3 位 MA SC 指定的专家组成，他们也可能是 MA SC 成员。

13.3　审查和决议

报告由专家审查，如有必要，还需在会上与 MA SC 商议。另外，审查人员需按照附录 F 中所列的审查要点逐一进行审查，对每一项做出判定并得出最终结论。假若得出否定结论，则需要充分解释和论证。审查周期从 ICAR 秘书处派发后不得超过 2 个月。

审查委员会得出结论后，交由工作小组审核，如未通过工作小组审核，则需要重新进行审查，直到最终达成共识（2 个月内完成），主席会将小组决议通知秘书处，具体内容如下：

a. 认可：被 ICAR 董事会认可，添加到 ICAR 认证的器械装置列表中，发表在 ICAR 通讯和 MA SC 的网站上（有 ICAR 许可日期的器械装置列表），3 份报告只在申请期间有效。

b. 否决：所有有必要改进的工具、方法或者评估等要素的标注和注释都必须在进一步申请批复前确定。

13.4　行政管理和技术审查相关费用

申请机构承担整个过程的行政管理费用（注册、技术数据审查、出版印刷等），以欧元计的固定费用（增值税除外）由 ICAR 科学研究实验室确定，且每年复核。在审核开始时向申请单位开具发票。

13.5　ICAR 认证交付

根据来自乳成分分析小组委员会认可的结论，ICAR 董事会签署 ICAR 认证书，在所有费用付清之后，将其正式交付给制造商或者申请机构，并通过 ICAR 的各种媒介进行通报告知。

第 13 章—附录 B 直接国际评估认证

13.1 评估和认证要求

为了顺利开展评估工作，制造商需要给 ICAR 秘书长提交一份正式的申请书，以利于 ICAR 明确分析设备的性能，所有关于分析设备的测定原理和功能的技术性描述必须在申请书内注明。

13.2 程序

ICAR 秘书处登记并将包含有效文件的申请书移交给乳成分分析小组委员会，委员会在一个月内在技术层面（原理、功能、契合度）为 ICAR 提供建议，咨询委员会至少由 3 名乳成分分析小组委员会专家成员组成。

ICAR 会联系制造商，以便可以在评估机构和评估费用方面达成一致。最终确定 3 个国家和实验室进行相应的评估，这 3 家实验室是从在被 ICAR 认可的分析仪器评估实验室列表中选取的。

ICAR 将和评估实验室建立联系，从而在各自承担的任务方面达成协议，并确定评估费用支付方案。

ICAR 将向制造商进行报价，并与制造商签订合同。

评估实验室根据 ISO-IDF 协议的要求开展评估并制造评估报告，将所有评估信息整理到相应的结果汇总表中，最后由 ICAR 秘书处进行整理。

ICAR 将向评估实验室支付服务费，同时 ICAR 将向制造商开具相应额度的发票，其中包含 ICAR 承担的所有组织和技术审查的费用额度。

13.3 审查和决议

同附录 13A。

13.4 行政管理和技术审查费用

同附录 13A。

13.5 ICAR 认证交付

同附录 13A。

第 13 章—附录 C　对已认证的乳成分分析仪进行选择性比较评估

如果修改后的新型分析仪和之前的设备版本只存在微小的改变，比如软件升级和变化对分析精度产生的影响可以忽略（如，对检测速度的提升）时，可以进行选择性比较评估。这是一种可以避免在使用参考方法进行评估时密集的评估工作和高昂费用的简便方法。

之前认证的仪器（如旧版本的分析仪器，在原理和硬件方面是相似的）如果在所有的技术参数方面均未发生改变，则可以用于与新型分析仪进行比对，以判断新型分析仪在精确度（平均值和标准偏差的差异）和可重复性（重复测试的变异范围）方面是否与之前型号相似。

13.1　仪器

之前认证的仪器与新评估的仪器必须在相同条件（也就是相同的地点和环境条件）下进行比较，测试需要使用相同的样品和重复数（最少 2 个），在几乎相同的时间开展。

13.2　样品

样品应该具备最好的理化性质，使用合理的方法分成适当数量的重复样品，以确保重复样测试结果不受样品差异的影响（比如，两台仪器都需设置 4 个重复样品）。

13.3　分析

分析过程必须按照 ISO 8196-3 执行，特别注意对样品数和重复数的要求。分析前，所有仪器需使用同样的标准物质按照 ISO 8196-2 进行校准。

13.4　重复性

依据 ISO 8196-3 进行相同的计算，两台设备必须获得重复值，并符合标准关于重复度限值的要求。

13.5　准确度

用之前认证的相同类型的仪器作为参考，依据 ISO 8196-3 进行相同的数据分析，包括对疑似异常值和替代参数（比如平均差值和标准偏差）的计算。斜率必须符合重复性误差的限值要求，具体如下：

	乳脂肪	乳蛋白	乳糖	尿素氮	体细胞
限值 s_r	0.014	0.014	0.014	1.4	4%
限值 d	0.014	0.014	0.014	1.4	4%
限值 b	1±0.03	1±0.03	1±0.03	1±0.03	1±0.03
限值 $S_{y,x}$	0.014	0.014	0.014	1.4	4%

13.6 承诺

如果没有达到符合规定的限值，那么就可以得出结论：两台比较的仪器中有一台或者两台没有达到最佳状态，因此，有问题的仪器应当被校正后再重新比较。如果一直无法满足规定限值，则可认定两种方法存在差异，制造商将被要求使用参考方法进行完整评估。

注意：

a. 通常使用特制的样品瓶，以防止样品处理和加热过程中产生的潜在误差和样品污染。然而，异常残差（即所谓的偏离了回归线的离群值）可能由样品质量较差（如样品损坏或分装导致的样品差异）引起。关于样品差异的确认，通常可以通过复测（利用其他设备）离群值对应的样品进行。如果因为离群值的存在而导致未能符合规定，则需要计算并报告结果有无异常值。

b. 如果重复性符合限值但精确度不符合，而样品量足够，需用先前核准的仪器来重新分析待评估仪器的样品，复检结果一致则表明精确度因受样品质量的影响，需另取样品重新评估，通过样品一致性检验可以保证样品间的最小标准偏差 。例如，乳脂率偏差不超过 0.008%。

c. 如果精确度不符合限值，则需要研究线性关系以及奶样组分间的互作效应（MIR 分析后进行内部修正）。

d. 如果经过线性优化并对奶样组分的互作效应进行校正后仍不合规，则可判断装置性能存在差异。

第 13 章—附录 D　ICAR 乳成分分析仪评估申请书

-ICAR 乳成分分析仪评估申请书-

申请机构：______________________　国家：______________

地址：______________________　电话：______________

______________________　传真：______________

______________________　E-mail：______________

代表人（先生，女士）：______________　职务：______________

特此，

向 ICAR 提交该申请，期望乳成分分析仪通过 ICAR 国际评估，以允许用于产奶记录工作。详细内容如下：

制造商名称： 仪器名称：		
-型号 -配置（ * ）		
-分析原理		

动物种类					
-乳成分/检测标准 →乳脂（F） →乳蛋白（P） →乳糖（L） →尿素氮（U） →体细胞（SCC） → →	奶牛	绵羊	山羊	水牛	其他
最大检测速度（检测次数/h）					

（＊）例：集成机或组合机

3 个国家认证的附加文档：

国家 评审中心/组织 官方认证书（Doc 文档） 技术报告（Doc 文档）	

日期：＿＿＿＿＿＿

署名：＿＿＿＿＿＿

邮寄至：意大利，罗马 00161，ICAR 服务体系，ICAR 秘书处，托马塞蒂·维亚

Tel：+39/ 06 442 02 639. Fax：+39/ 06 442 66 798 . E-mail：icar@ icar. org

第 13 章—附录 E　乳成分分析仪评估结果汇总表

申请机构：

仪器/型号/厂商：　　/　　/　　/　　　　动物种类：

	评估 1					评估 2					评估 3				
评估中心 国家															
参考方法															
评估标准 （单位）	评估的统计参数测定值														
	乳脂肪（g/100g）			乳蛋白（g/100g）			乳糖（g/100g）			尿素（mg/100g）			体细胞（1 000/mL）或%		
	评定 1	评定 2	评定 3	评定 1	评定 2	评定 3	评定 1	评定 2	评定 3	评定 1	评定 2	评定 3	评定 1	评定 2	评定 3
范围：最小—最大 参考值平均数 参考值标准差															
清洗效率															
线性度 $\Delta e/\Delta L$															
重复性 平均 SD：S_r 相对 Sr： 平均 Sr% 最低 Sr% 中值 Sr% 最高 Sr%															

第 2 页（续前页）

评估标准（单位）	评估的统计参数测定值														
	乳脂肪（g/100g）			乳蛋白（g/100g）			乳糖（g/100g）			尿素（mg/100g）			体细胞（1 000/mL）或%		
	评定 1	评定 2	评定 3	评定 1	评定 2	评定 3	评定 1	评定 2	评定 3	评定 1	评定 2	评定 3	评定 1	评定 2	评定 3
实验室再现性 平均 SD：S_R 相对 S_R： 平均 S_R% 最低 S_R% 中值 S_R% 最高 S_R%															
精确性 个体样本 $S_{y,x}$ N^{ber}个体样本 Na N^{ber}畜群 Nh1 畜群样本：$S_{y,x}$ N^{ber}群样本 Nh2															
校准值 平均偏差：±d 斜率：$b \pm s_b$															

第 13 章—附录 F　审查委员会乳成分分析仪评估报告

审查报告

审查员姓名：　　　　　　　　　　　　　　国家：
审查日期：
仪器/型号/厂商：　　　/　　　　　/
动物种类：
乳成分：

评估情况：
1. 日常精度（重复性和短期稳定性）
2. 清洗效率
3. 线性关系
4. 测量范围（高低限值）
5. 重复性
6. 精度/准确度
7. 重现性
8. 实用性/便利性

专家建议：1. 批准有效：是/否　　　　2. 批准无效：是/否

注解：（不予批准的理由，给制造商的建议等）

第 13 章—附录 G　ICAR 评估类型建议申请书

-ICAR 评估类型建议申请书-

申请机构（姓名）：________________　　国家：____________
地址：____________________　　电话：____________
　　　____________________　　传真：____________

________________　　E-mail：________

代表人姓名：________________　　职务：________

特此，

向 ICAR 申请提供进行 ICAR 国际核准评估的适当的评估类型的建议，下表列出相关乳成分分析仪用于产奶记录的相关规格参数和技术文件。

制造商（名称）：
仪器设备（名称）：
型号：
配置＊：
分析原理：

动物种类	奶牛	绵羊	山羊	水牛	其他
乳成分/ 检测标准 →乳脂肪（F） →乳蛋白（P） →乳糖（L） →尿素氮（U） →体细胞（SCC）					
最大检测速度（检测次数/h）					

（＊）集成机或组合机

日期：________

署名：________

邮寄至：意大利，罗马 00161，ICAR 服务体系，ICAR 秘书处，托马塞蒂·维亚

Tel：+39/ 06 442 02 639. E-mail：icar@ icar. org

（下方由 ICAR 回复时填写）

ICAR 建议申请下面所选设备评估类型（在下面方框中打钩）

2. 1 常规设备□　2. 2 手动设备□　2. 3 更新设备□

附加说明和建议：………………………………

………………………………

………………………………

日期：________

署名：________

ICAR 小组委员会和工作组清单
二级委员会

动物标识

Ken Evers（主席）
Department of Economic Development，Jobs，Transport and Resources
Regulation and Compliance | Biosecurity Assurance
PO Box 2500
3554 Bendigo DC，Victoria
Australia
电话：+61 03 5430 4478
传真：+61 03 5430 4520 电子邮件：Ken. Evers@ dpi. vic. gov. au

国际公牛组织

Reinhard Reents（主席）
VIT Verden
Heideweg 1
Verden
Germany
电话：+49-04231-955173
传真：+49-04231-955111
电子邮件：rreents@ vit. de

乳成分分析

Gavin Scott
MilkTestNZ
P. O. Box 10208
3241 Hamilton（Waikato）
New Zealand
电话：+64 7 849 6010
传真：+64 7 849 6013
电子邮件：gavin@ milktest. co. nz

产奶记录设备

Martin Burke（主席）
Irish Cattle Breed Federation

Highfield House, Shinagh
Bandon, Co. Cork,
Ireland
电话：+353（023）8820222
传真：+353（023）8820229
电子邮件：mburke@ icbf. com

工作组

动物数据交换

Erik Rehben（主席）
Institut de l'Élevage, Département Contrôle des Performances
149, rue de Bercy
Paris Cedex 12
France
电话：+33-1-40045192
传真：+33-1-40045299
电子邮件：Erik. Rehben@ idele. fr

动物纤维

Marco Antonini（主席）
ENEA secondment at the University of Camerino
Via Gentile Ⅲ° da Varano
62032 Camerino（MC）
Italy 电话：+39-0737-402760
传真：+39-0737-402846
电子邮件：marco. antonini@ unicam. it

人工授精和 R. T.

Gordon Doak（主席）
National Association of Animal Breeders/Certified Semen Services
401 Bernadette PO Box 1033, Columbia, Missouri
USA 电话：+1-573-4454406
传真：+1-573-4462279
电子邮件：gdoak@ naab-css. org

育种协会

Matthew Shaffer（主席）
Holstein Australia

24-26 Camberwell Road，P. O. Box 489
3122 Hawthorn East，Victoria
Australia
电话：+61 03 98357600
传真：+61 03 98357699
电子邮件：MShaffer@ holstein. com. au

一致性记录

Gerben De Jong（主席）
NRS Division
P. O. Box 454，6800 AL，Arnhem
The Netherlands 电话：+31-263898793
传真：+31-263898777
电子邮件：jong. g@ cr-delta. nl

奶牛产奶记录

Pavel Bucek（主席）
Czech Moravian Breeder's Corporation Inc.
Hradištko 123，Hradištko
Czech Republic 电话：+420-257-896 223
传真：+420-257-740 491
电子邮件：bucek@ cmsch. cz

饲料和废气

Irish Cattle Breeding Federation
Highfield House，Shinagh
Co. Cork
Ireland
电子邮件：roel. veerkamp@ wur. nl

功能性状

Christa Egger-Danner
ZuchtData EDV-Dienstleistungen Gmbh
Dresdner Strasse 89/19 5 Stock，
1200 Vienna
Austria
电话：+43-1-334172116

传真：+43-1-334172113

电子邮件：Egger-danner@ zuchtdata. at

遗传分析

Wim van Haeringen

Dr. Van Haeringen Laboratorium b. v.

P. O. Box 408

6700 AK Wageningen

The Netherlands

电话：+31-317-416 402

传真：+31-317-426117

电子邮件：info@ vhlgenetics. com

羊奶记录

Zdavko Barac（主席）

地址：Croatian Agricultural Agency，Ilica 101 P. O. Box 160，10000 Zagreb，Croatia

电话：+385-1-3903111

传真：+385-1-3903191

电子邮件：zbarac@ hpa. hr

国际肉牛组织

Andrew Cromie（主席）

Irish Cattle Breeding Federation

Highfield House，Shinagh

Co. Cork

Ireland 电话：+353-1-7067770

电子邮件：bwickham@ icbf. com

亲缘记录

Suzanne Harding（主席）

Holstein UK

Scotsbridge House，Scots Hill

WD3 3BB Rickmansworth，Herts

United Kingdom

电话：+44-0192-3695217

电子邮件：Suzanne@ holstein-uk. org

奶山羊生产性能记录

Jean-Michel Astruc（主席）
INRA-SAGA，Centre de Recherches de Toulouse
B. P. 27，F-31326
Castanet Tolosan Cedex
France
电话：+33-561-285165
传真：+33-561-285353
电子邮件：astruc@ toulouse. inra. fr